Kunststoffe

Herausgegeben von

Wilhelm Keim

Beachten Sie bitte auch weitere interessante Titel zu diesem Thema

Elias, H.-G.

Macromolecules

4 Bände
2005–2008
ISBN 3-527-31171-8

Xanthos, M. (Hrsg.)

Functional Fillers for Plastics

2005
ISBN 3-527-31054-1

Matyjaszewski, K., Gnanou, Y., Leibler, L. (Hrsg.)

Macromolecular Engineering

Precise Synthesis, Materials Properties, Applications

4 Bände
2007
ISBN 3-527-31446-6

Advincula, R. C., Brittain, W. J., Caster, K. C., Rühe, J. (Hrsg.)

Polymer Brushes

Synthesis, Characterization, Applications

2004
ISBN 3-527-31033-3

Meyer, T., Keurentjes, J. (Hrsg.)

Handbook of Polymer Reaction Engineering

2 Bände
2005
ISBN 3-527-31014-2

Elias, H.-G.

An Introduction to Plastics

2003
ISBN 3-527-29602-6

Kunststoffe

Synthese, Herstellungsverfahren, Apparaturen

Herausgegeben von
Wilhelm Keim

WILEY-VCH

WILEY-VCH Verlag GmbH & Co. KGaA

Herausgeber

Prof. Dr. em. Wilhelm Keim
RWTH Aachen
Institut für Technische Chemie und
Makromolekulare Chemie
Worringerweg 1
52074 Aachen

1. Auflage 2006

Bibliografische Information der Deutschen Bibliothek
Die Deutsche Bibliothek verzeichnet diese Publikation in der Deutschen Nationalbibliografie; detaillierte bibliografische Daten sind im Internet über <http://dnb.ddb.de> abrufbar.

Gedruckt auf säurefreiem Papier.

Satz Typomedia GmbH, Ostfildern
Druck Strauss Offsetdruck GmbH, Mörlenbach
Bindung Litges & Dopf Buchbinderei GmbH, Heppenheim

Printed in the Federal Republic of Germany

ISBN-13: 978-3-527-31582-6
ISBN-10: 3-527-31582-9

Inhalt

Herausgeber und Autoren

Herausgeber

Prof. Dr. em. Wilhelm Keim
RWTH Aachen
Institut für Technische Chemie und
Mikromolekulare Chemie
Worringerweg 1
52074 Aachen

Autoren

Dr. Klaus Albrecht
Röhm GmbH & Co. KG
Kirschenallee
64293 Darmstadt
(Abschnitt 4.6)

Dr. Franz-Erich Baumann
Reitacker 17
48249 Dülmen
(Abschnitt 4.8)

Prof. Dr. Ludwig Böhm
ehemals Basell Polyolefine GmbH
Industriepark Höchst, C 657
65926 Frankfurt am Main
(Abschnitt 4.1)

Dr. Burkhard Boeke
VESTOLIT GmbH & Co. KG
Leiter BU-Paste
Postfach 10 23 60
45753 Marl
(Abschnitt 4.3)

Dr. Radu Bordeianu
VESTOLIT GmbH & Co. KG
Forschung
Postfach 10 23 60
45753 Marl
(Abschnitt 4.3)

Dr. Davide Brizzolara
VESTOLIT GmbH & Co. KG
Forschung / Prozessentwicklung
Postfach 10 23 60
45753 Marl
(Abschnitt 4.3)

Prof. Dr. Harald Cherdron
Eichenweg 40
65207 Wiesbaden-Naurod
(Kapitel 1 und 2)

Jürgen Fietz
Bayer MaterialScience AG
BMS PUR-GMI-EMEA-TSU-PAC
Geb. B 211
51368 Leverkusen
(Abschnitt 5.2)

Prof. Dr. Dr. habil. Gerhard Fink
Max-Planck-Institut für Kohlenforschung
Kaiser-Wilhelm-Platz 1
45470 Mülheim a. d. Ruhr
(Abschnitt 4.2)

Dr. Herbert Fitz
Kantstr. 41
84508 Burgkirchen an der Alz
(Abschnitt 4.5)

Andreas Frahm
Bayer MaterialScience AG
BMS PUR-GMI-EMEA-TSU-PAC
Geb. B 211
51368 Leverkusen
(Abschnitt 5.2)

Dr. Wolfgang Friederichs
Bayer MaterialScience AG
Polyurethanes Innovation
LEV, Gb. B108
51368 Leverkusen
(Abschnitt 4.14)

Dr. Thorsten Goldacker
Degussa Methacrylate
Röhm GmbH & Co. KG
FEA Formmassen
Kirschenallee
64293 Darmstadt
(Abschnitt 4.6)

Dr. Heinrich Hähnsen
Bayer MaterialScience AG
Polycarbonates
Technical Product Management
R 79
47829 Krefeld
(Abschnitt 4.7)

Dr. Wilfried Hatke
Ticona GmbH
Professor-Staudinger-Str.
65451 Kelsterbach
(Abschnitt 4.16)

Dr. Hanno Hückstädt
Ticona GmbH F&E
Polyester /Building R300/C002
Prof.-Staudinger-Straße
65451 Kelsterbach
(Abschnitt 4.9)

Dr. Oliver Jünger
Ticona GmbH
BL Vectra Europa
Prof.-Staudinger-Str.
Gebäude R 300
65451 Kelsterbach
(Abschnitt 4.17)

Prof. Dr. em. Wilhelm Keim
RWTH Aachen
Institut für Technische Chemie und Makromolekulare Chemie
Worringerweg 1
52074 Aachen
(Abschnitt 4.10)

Dr. Klaus Konejung
Bayer MaterialScience AG
PUR-GMI-EMEA-BS-ICM
Building B108
51368 Leverkusen
(Abschnitt 5.1)

Dr. Mirko Kreitschmann
BASF Aktiengesellschaft
GKF/C – B001
67056 Ludwigshafen
(Abschnitt 4.15)

Dr. Udo Maier
Bayer MaterialScience AG
BMS PUR-GMI-EMEA-TSU-PAC
Building B211
51368 Leverkusen
(Abschnitt 5.2)

Dr. Marta Martín-Portugués
BASF Aktiengesellschaft
GKF/C – B001
67056 Ludwigshafen
(Abschnitt 4.15)

Dr. Gerben Meier
Basell Polyolefine GmbH
Industriepark Höchst, E 413
65926 Frankfurt am Main
(Abschnitt 4.1)

MER Dr. Thierry Meyer
EPFL
Institute of Chemical Sciences and Engineering
ISIC-GPM, Station 6
1015 Lausanne – Schweiz
(Kapitel 3)

Dr. Karl-Friedrich Mück
ehemals Ticona GmbH
Prof.-Staudinger-Straße
65444 Kelsterbach
(Abschnitt 4.4)

Philip Nising
EPFL
Institute of Chemical Sciences and Engineering
ISIC-GPM, Station 6
1015 Lausanne – Schweiz
(Kapitel 3)

Dr. Georg Oenbrink
Degussa AG
High Performance Polymers
Paul-Baumann-Str. 1
45764 Marl

Dr. Jochem Pater
Basell Poliolefine Italia S.p.a.
Centro Ricerche Giulio Natta
P. le Donegani, 12
44100 Ferrara – Italy
(Abschnitt 4.1)

Dr. Janosch Recker
BASF Aktiengesellschaft
GKF/C – B001
67056 Ludwigshafen
(Abschnitt 4.15)

Dr. Oliver Reese
BASF Aktiengesellschaft
GKF/C – B001
67056 Ludwigshafen
(Abschnitt 4.15)

Gunter Reitzel
Ticona GmbH F&E
Prof.-Staudinger-Straße
65451 Kelsterbach
(Abschnitt 4.11)

Dr. Gerhard Reuschel
Ticona GmbH F&E
Prof.-Staudinger-Straße
65451 Kelsterbach
(Abschnitt 4.11)

Thomas Rüb
Bayer MaterialScience AG
BMS PUR-GMI-EMEA-TSU-PAC
Geb. B 211
51368 Leverkusen
(Abschnitt 5.2)

Dr. Eva Rüba
BASF Aktiengesellschaft
GKF/C – B001
67056 Ludwigshafen
(Abschnitt 4.15)

Dr. Günter Scherr
BASF Aktiengesellschaft
GKF/C – B001
67056 Ludwigshafen
(Abschnitt 4.15)

Theodorus J. B. Schroots
Du Pont de Nemours International S. A.
European Technical Centre
146, route du Nant-d'Avril
1217 Meyrin / Geneva
Switzerland
(Abschnitt 4.5)

Dr. Joachim Seibring
BASF Ultramid A
Fabrik II/III, G-KTI/LC-F601
Carl-Bosch-Str.
67056 Ludwigshafen
(Abschnitt 4.12)

Dirk Steinmeister
Bayer MaterialScience AG
BMS PUR-GMI-EMEA-TSU-PAC
Geb. B 211
51368 Leverkusen
(Abschnitt 5.2)

Hans-Guido Wirtz
Bayer MaterialScience AG
BMS PUR-GMI-EMEA-TSU-PAC
Geb. B 211
51368 Leverkusen
(Abschnitt 5.2)

Prof. Dr. Peter Zugenmaier
TU Clausthal
Institut für Physikalische Chemie
Arnold-Sommerfeld-Str. 4
38678 Clausthal-Zellerfeld
(Abschnitt 4.13)

Vorwort

Kunststoffe wurden ursprünglich als künstliche Ersatzprodukte anstelle von Naturprodukten entwickelt. Historisch reicht ihr Ursprung weit zurück (1869 Celluloid, 1894 Celluloseacetate). Kunststoffe sind hochmolekulare Substanzen, die auch als Makromoleküle oder Polymere bezeichnet werden. Seit der Vater der Polymerchemie, H. Staudinger, in den 1920er Jahren die Existenz von Makromolekülen experimentell bestätigte, setzte eine stürmische Entwicklung ein. Eine Vielzahl neuer Polymere wurde in den Laboratorien von Universitäten, von Forschungsinstituten und in der Chemischen Industrie entwickelt. Diese Polymere fanden breite Anwendung in nahezu allen Lebensbereichen, und Produkte der Polymer-Chemie prägen nahezu alle Branchen unserer Volkswirtschaft. Kunststoffe sind Makromoleküle, mithilfe derer natürliche Werkstoffe ersetzt oder ergänzt werden können. Auf das Volumen bezogen werden heute mehr Kunststoffe als Eisen hergestellt. Man könnte simplifiziert sagen: *»Nach der Steinzeit, Bronzezeit und Eisenzeit hat das Kunststoffzeitalter begonnen«*.

Vor dem Hintergrund der großen Bedeutung von Kunststoffen ist es wünschenswert, dass möglichst viele über ein grundlegendes Wissen auf diesem Gebiet verfügen. Dies betrifft vor allem die industrielle Herstellung und die Einsatzbereiche von Kunststoffen. Das Buch richtet sich daher an die in der Industrie Tätigen, aber auch an Studierende in den Ingenieur- und Angewandten Naturwissenschaften. Es bietet auch Nutzern und Herstellern von Kunststoffprodukten wertvolle Informationen bezüglich von Produkteigenschaften, Anwendungen und Herstellern.

Das Buch ist in vier Bereiche gegliedert:

- Synthesemethoden und Herstellverfahren für Kunststoffe;
- Apparaturen zur Herstellung, Aufarbeitung und Konfektionierung von Kunststoffen;
- Verfahren zur Herstellung der wichtigsten Kunststoffe;
- Verarbeitung von thermoplastischen Formmassen und Polyurethanrohstoffen.

Das Gebiet der Kunststoffe ist so umfangreich, dass nicht alle Bereiche in einem Buch gebührend berücksichtigt werden können. Aus diesem Grund sind zum Beispiel Biopolymere, leitfähige Polymere, Nanomaterialien und Recycling nur am Rande behandelt. Auch die Entwicklung und das Maßschneidern von Werkstoffen und Funktionsmaterialien auf Basis synthetischer aber auch nativer Polymere sind zwangsläufig lückenhaft. Herstellungsverfahren und Verarbeitung der wichtigsten Polymere dominieren.

Der überwiegende Teil der Autoren kommt aus der Industrie und verfügt über langjährige Erfahrung auf seinem Fachgebiet. Dies macht die besondere Stärke dieses Buches aus: Praxisbezug und Anwendungsorientierung auf technischem Niveau. Die technische Betrachtungsweise überwiegt.

Ich möchte an dieser Stelle allen Autoren, die das Zustandekommen dieses Buches so tatkräftig durch ihren Beitrag unterstützt haben, meinen ganz besonderen Dank aussprechen.

Ich bin überzeugt, dass dieses Buch eine wertvolle Quelle zur Herstellung, Verarbeitung und Anwendung von Kunststoffen darstellt und dass das faszinierende Gebiet der Technik der Kunststoffe verständlich gemacht wird.

Aachen, im September 2005 *Wilhelm Keim*

1
Einleitung

Als Kunststoffe werden hochmolekulare Substanzen (Makromoleküle, Polymere) bezeichnet, aus denen sich mittels geeigneter Verarbeitungsprozesse Formkörper herstellen lassen, die bei Raumtemperatur hart und steif sind. Sie zählen genauso wie die Fasern, Folien, Elastomere, Schaumstoffe, Lacke und Klebstoffe zu der umfangreichen Klasse der Polymerwerkstoffe.

Die erste und weitaus größte Gruppe der Kunststoffe besitzt die Eigenschaft der Thermoplastizität und wird deshalb Thermoplaste genannt. Thermoplaste sind amorph oder kristallin, erweichen oberhalb einer bestimmten Temperatur und lassen sich dann über die Schmelze verarbeiten. Beim Abkühlen erstarren sie wieder. Dieser Vorgang ist reversibel.

Die zweite Gruppe der Kunststoffe sind die Duromeren (Duroplaste). Hierunter versteht man hoch vernetzte und daher unschmelzbare Produkte, deren makromolekularer Endzustand erst während oder nach der Verarbeitung erreicht wird. Im Gegensatz zu den Thermoplasten geht man also bei den Duromeren nicht mit hochmolekularen festen Substanzen in den Verarbeitungsprozess, sondern mit niedermolekularen und meist zähflüssigen Verbindungen, die dann während oder nach der Formgebung zu den hochmolekularen, vernetzten und festen Endprodukten reagieren.

Die Kunststoffe verdanken ihren Namen der geschichtlichen Entwicklung. Sie wurden ursprünglich als künstliches Ersatzprodukt anstelle von Naturprodukten, wie z. B. Harzen, eingesetzt. Diesen Charakter haben sie heute völlig verloren. Aufgrund ihrer besonderen Eigenschaften oder Eigenschaftskombinationen sind die modernen Kunststoffe hoch entwickelte und unentbehrliche Werkstoffe, welche die Naturstoffe ergänzen, in der Mannigfaltigkeit ihrer Einsatzmöglichkeiten sogar oft übertreffen.

Der Ursprung der Kunststoffe reicht weit bis in das vorige Jahrhundert zurück und beginnt mit der chemischen Umwandlung von Naturstoffen. Durch Behandlung von Papier mit Zinksalzlösungen erhielt Taylor 1859 das Vulkanfiber, und im Jahr 1869 begann Hyatt die technische Produktion von Celluloid (mit Campher weich gemachte Nitrocellulose). Die grundsätzliche Acetylierbarkeit von Cellulose wurde 1894 von Cross und Bevan beschrieben, die ersten gut verarbeitbaren 2- bis 2,5-Acetate der Cellulose stammten von Miles (1905). Das Galalith, ein mit Formaldehyd modifiziertes (»gehärtetes«) Casein (Krische und Spitteler) wurde im Jahr 1904 entwickelt. Um die Jahrhundertwende begannen dann Arbeiten zum Aufbau von Kunststoffen aus niedermolekularen Produkten (Monomeren). Baekeland entdeckte 1907 die Phenol/Formaldehyd-Kondensate (Bakelite), Röhm (Acrylverbindungen) und Klatte (Vinylverbindungen) fanden die ersten synthetischen Polymeren mit einer Kohlenstoff-Hauptkette (1912 bis 1914).

Durch die grundlegenden Arbeiten von Staudinger ab Mitte der 1920er Jahre wurde die bis dahin als »Schmierenchemie« abqualifizierte Entwicklung der Kunststoffe auf eine solide wissenschaftliche Basis gestellt. Die Existenz von Makromolekülen wurde eindeutig bewiesen und viele Gesetzmäßigkeiten des Aufbaus

Kunststoffe
Herausgegeben von Wilhelm Keim

ISBN: 3-527-31582-9

und der Eigenschaften von natürlichen und synthetischen Polymeren wurden erkannt. Parallel dazu wurde die Forschung in den Industrielaboratorien verstärkt. Die Entwicklung der Suspensions- und Emulsionspolymerisation bei der IG Farbenindustrie und bei RÖHM und HAAS führten zu technischen Verfahren für die Herstellung von Polyvinyl- und Polyacrylverbindungen. Im Werk Ludwigshafen wurde die erste technische Anlage zur Substanzpolymerisation von Styrol in Betrieb genommen. Das Hochdruckverfahren der ICI ermöglichte die Herstellung von Polyethylen (1934). Arbeiten von CAROTHERS (Du Pont) über Polykondensation führten zu den Polyamiden. In der IG Farben Industrie wurden die Caprolactam-Polymerisation (Perlon) durch SCHLACK und die Polyurethane durch O. BAYER (1937) entdeckt. Während des 2. Weltkrieges kamen in den USA die Fluorpolymeren und die Silicone als neuartige Kunststoffe hinzu. Durch die bahnbrechende Entdeckung der Niederdruckpolymerisation von Ethylen mit metallorganischen Mischkatalysatoren durch ZIEGLER (1953) und der damit möglichen stereospezifischen Polymerisation von α-Olefinen und Dienen (ZIEGLER und NATTA, 1954) wurde die wirtschaftliche Herstellung neuer Kunststoffe möglich (Hoechst). Zur gleichen Zeit wurden in den USA (Phillips Petroleum Comp. und Standard Oil) Mitteldruckverfahren für die Ethylenpolymerisation entwickelt.

Die jüngere Zeit ist durch erhebliche Verbesserungen der Synthesemethoden und der Herstellverfahren für Standardkunststoffe sowie durch die Entwicklung von Spezialkunststoffen für technische Einsatzgebiete gekennzeichnet, wie z. B. die Polycarbonate (Bayer, 1958), Polyoxymethylene (Du Pont, Celanese, Hoechst), Polyphenylenoxid (General Electric, 1964), Polysulfon (Union Carbide, 1965), Polyphenylsulfid (Philipps Petroleum Comp.), thermotrope flüssig-kristalline Polyester (Celanese) und Cycloolefin-Copolymere (Mitsui Petrochemicals, Hoechst).

Das stürmische Vordringen der Kunststoffe in viele bekannte und neue Anwendungsgebiete wäre allerdings nicht möglich gewesen, wenn nicht gleichzeitig zu der Produkt- und Verfahrensentwicklung die Entwicklung von geeigneten Verarbeitungstechnologien mittels rationell arbeitender Maschinen vorangetrieben worden wäre.

2
Synthesemethoden und Herstellverfahren für Kunststoffe

Kunststoffe bestehen aus Makromolekülen, deren Molmasse[1] zwischen mehreren Tausend und einigen Millionen liegen kann. Je nachdem, ob diese Makromoleküle aus einem oder aus verschiedenen Monomeren aufgebaut sind, spricht man von Homopolymeren oder von Copolymeren. Bei den Copolymeren unterscheidet man je nach der Anordnung der Monomerbausteine zwischen statistischen Copolymeren, alternierenden Copolymeren, Pfropfcopolymeren und Blockcopolymeren[1].

1 Zur Definition dieser Begriffe sei auf die Literatur [2.1, 2.2, 2.9] verwiesen.

Abgesehen von einigen in der Natur vorkommenden makromolekularen Verbindungen sind Polymere immer Gemische von Makromolekülen mit unterschiedlicher Molekülgröße. Die an einer Polymerprobe gemessene Molmasse ist also ein Mittelwert. Zu dieser molekularen Uneinheitlichkeit kommt in vielen Fällen noch eine chemische und eine sterische Uneinheitlichkeit hinzu. So besitzen z. B. nicht alle Makromoleküle einer Probe den gleichen Verzweigungsgrad und in einem statistischen Copolymeren schwankt die Bruttozusammensetzung von Makromolekül zu Makromolekül um den analytisch gefundenen Mittelwert (chemische Uneinheitlichkeit). Entsprechendes gilt für das *cis/trans*-Verhältnis in einer Polydienprobe oder für den Taktizitätsgrad einer Polypropylenprobe (sterische Uneinheitlichkeit).

Alle diese Eigenschaftsmerkmale werden durch die Synthesemethode und durch das angewandte Herstellverfahren entscheidend und meistens nachträglich nicht mehr korrigierbar beeinflusst. Die Kenntnis des Zusammenhangs zwischen Kinetik und Verfahrenstechnik und der Struktur und Morphologie der entstehenden Makromoleküle ist demnach für eine gezielte Synthese eine unbedingte Voraussetzung. Die Aussage ist nicht auf die Kunststoffe beschränkt, sondern gilt auch für die in den nachstehenden Abschnitten behandelten Polymerwerkstoffe.

2.1 Synthesemethoden

Die Synthese von Kunststoffen [2.1–2.5, 2.11] kann auf zweierlei Art und Weise erfolgen:

- Verknüpfung von geeigneten reaktiven niedermolekularen Verbindungen (Monomere) zu Makromolekülen durch Polymerisation, Polykondensation oder Polyaddition;
- chemische oder physikalische Modifizierung von natürlichen oder synthetischen Makromolekülen.

Die zum Aufbau von Makromolekülen aus Monomeren geeigneten Synthesemethoden lassen sich nach ihrem Reaktionsmechanismus in Kettenreaktionen und Stufenreaktionen einteilen.

Bei Kettenreaktionen entstehen mittels eines aktiven Initiators oder Katalysators durch eine meist sehr rasch ablaufende Wachstumsreaktion Makroradikale oder Makroionen, die beim Kettenabbruch inaktive Makromoleküle bilden. Das Reaktionsgemisch enthält also schon nach kleinen Umsätzen hochmolekulare Produkte. Zu diesem Reaktionstyp gehören die meisten Polymerisationen (englisch: chain-growth polymerization).

Bei Stufenreaktionen (englisch: step-growth polymerization) erfolgt der Aufbau der Makromoleküle dagegen durch schrittweise Verknüpfung der Monomeren, Oligomeren und Polymeren mit reaktiven Endgruppen ohne eigentliche Start- und Abbruchreaktion; die Molmasse nimmt also mit dem Umsatz zu. Hierunter fallen Polykondensationen und Polyadditionen (englisch: condensation polymerization and addition polymerization).

2.1.1
Synthese von Kunststoffen durch Polymerisation

Unter Polymerisation versteht man eine chemische Reaktion, bei der monomere Verbindungen, die reaktionsfähige Mehrfachbindungen oder ebensolche Ringe enthalten, durch fortlaufende Addition an aktive Kettenenden in Makromoleküle übergehen. Das charakteristische Merkmal einer Polymerisation ist ihr kinetischer Ablauf als Kettenreaktion. Die durch Polymerisation entstandenen hochmolekularen Produkte werden Polymerisate genannt, die relativ niedermolekularen Anfangsglieder einer polymerhomologen Reihe (Dimere, Trimere usw.) bezeichnet man als Oligomere.

Je nach dem Mechanismus der Start- bzw. Wachstumsreaktion unterscheidet man zwischen radikalischer, kationischer, anionischer und koordinativer Polymerisation. Dabei sind folgende Teilschritte unterscheidbar: Kettenstart, Kettenwachstum, Kettenabbruch und in vielen Fällen auch Kettenübertragung.

Für die *radikalische Polymerisation* einer Vinylverbindung ergibt sich demnach folgendes allgemeines Reaktionsschema:

Kettenstart:

$$\text{Initiator} \longrightarrow 2\,\text{R}\cdot \qquad (2\text{-}1)$$

$$\text{R}\cdot + \text{CH}_2{=}\underset{\text{X}}{\underset{|}{\text{CH}}} \rightarrow \text{R—CH}_2\text{—}\underset{\text{X}}{\underset{|}{\dot{\text{C}}\text{H}}} \qquad (2\text{-}2)$$

Kettenwachstum:

$$\text{R—CH}_2\text{—}\underset{\text{X}}{\underset{|}{\dot{\text{C}}\text{H}}} + n\,\text{CH}_2{=}\underset{\text{X}}{\underset{|}{\text{CH}}} \rightarrow \text{R}\!\left(\text{CH}_2\text{—}\underset{\text{X}}{\underset{|}{\text{CH}}}\right)_{\!n}\text{CH}_2\text{—}\underset{\text{X}}{\underset{|}{\dot{\text{C}}\text{H}}} \qquad (2\text{-}3)$$

Kettenübertragung:

$$\text{R}\!\left(\text{CH}_2\text{—}\underset{\text{X}}{\underset{|}{\text{CH}}}\right)_{\!n}\text{CH}_2\text{—}\underset{\text{X}}{\underset{|}{\dot{\text{C}}\text{H}}} + \text{ZH} \rightarrow \text{R}\!\left(\text{CH}_2\text{—}\underset{\text{X}}{\underset{|}{\text{CH}}}\right)_{\!n}\text{CH}_2\text{—}\underset{\text{X}}{\underset{|}{\text{CH}_2}} + \text{Z}\cdot \qquad (2\text{-}4)$$

(das Radikal Z· reagiert dann wie R· weiter)

Kettenabbruch durch Kombination zweier Makroradikale:

$$\text{R}\!\left(\text{CH}_2\text{—}\underset{\text{X}}{\underset{|}{\text{CH}}}\right)_{\!m}\text{CH}_2\text{—}\underset{\text{X}}{\underset{|}{\dot{\text{C}}\text{H}}} + \text{R}\!\left(\text{CH}_2\text{—}\underset{\text{X}}{\underset{|}{\text{CH}}}\right)_{\!n}\text{CH}_2\text{—}\underset{\text{X}}{\underset{|}{\dot{\text{C}}\text{H}}}$$

$$\rightarrow \text{R}\!\left(\text{CH}_2\text{—}\underset{\text{X}}{\underset{|}{\text{CH}}}\right)_{\!m}\text{CH}_2\text{—}\underset{\text{X}}{\underset{|}{\text{CH}}}\text{—}\underset{\text{X}}{\underset{|}{\text{CH}}}\text{—CH}_2\!\left(\underset{\text{X}}{\underset{|}{\text{CH}}}\text{—CH}_2\right)_{\!n}\text{R} \qquad (2\text{-}5)$$

Kettenabbruch durch Disproportionierung zweier Makroradikale:

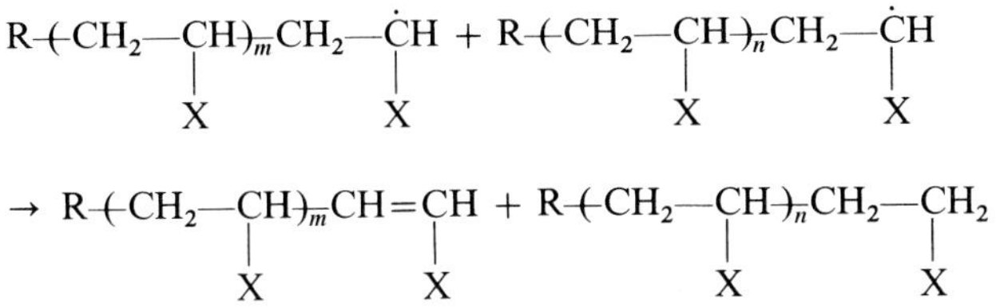

(2-6)

Sieht man zunächst einmal von Kettenübertragungsreaktionen ab, dann lässt sich hieraus folgendes vereinfachtes kinetisches Schema ableiten [2.1, 2.2]:

Für die Geschwindigkeit ν_i der primären Radikalbildung (Gl. (2-1)), etwa durch Zerfall eines Initiators I, gilt:

$$\nu_i = k_i \cdot [\mathrm{I}] \tag{2-7}$$

In der Geschwindigkeitskonstanten k_i steckt ein Faktor, der die Ausbeute an startwirksamen Radikalen angibt, denn nicht alle aus den Initiatormolekülen gebildeten Radikale lösen auch eine Polymerkette aus, sondern ein nicht unbeträchtlicher Anteil wird durch Nebenreaktionen verbraucht.

Für die Geschwindigkeit ν_w der Wachstumsreaktion (Gl. (2-3)) gilt:

$$\nu_\mathrm{w} = k_\mathrm{w} \cdot [\mathrm{M}] \cdot [\mathrm{P}\cdot] \tag{2-8}$$

Dabei wird angenommen, dass die Wachstumskonstante k_w unabhängig von der Zahl der bereits angelagerten Monomermoleküle M ist. $[\mathrm{P}\cdot]$ bedeutet die Radikalkonzentration im System.

Die Geschwindigkeit ν_ab der Abbruchreaktion gemäß Gleichungen (2-5) oder (2-6) ist dann:

$$\nu_\mathrm{ab} = k_\mathrm{ab} \cdot [\mathrm{P}\cdot]^2 \tag{2-9}$$

Bei einer stationären Kettenreaktion muss die Zahl der pro Zeiteinheit gebildeten und verschwindenden Radikale gleich sein. Dieses Bodensteinsche Stationaritätsprinzip kann man für die weitaus meisten Polymerisationen anwenden. Danach gilt:

$$\nu_i = \nu_\mathrm{ab} \tag{2-10}$$

und entsprechend Gleichungen (2-7) und (2-9):

$$k_i[\mathrm{I}] = k_\mathrm{ab} \cdot [\mathrm{P}\cdot]^2 \tag{2-11}$$

Die Radikalkonzentration errechnet sich hieraus zu:

$$[\mathrm{P}\cdot] = \left(\frac{k_i}{k_\mathrm{ab}}\right)^{1/2} \cdot [\mathrm{I}]^{1/2} \tag{2-12}$$

Setzt man diesen Wert in Gleichung (2-8) ein, dann erhält man als Geschwindigkeitsgleichung für die Wachstumsreaktion:

$$\nu_\mathrm{w} = k_\mathrm{w} \left(\frac{k_i}{k_\mathrm{ab}} \right)^{1/2} \cdot [\mathrm{M}] \cdot [\mathrm{I}]^{1/2} \tag{2-13}$$

ν_w ist gleichbedeutend mit der Bruttoreaktionsgeschwindigkeit ν_br, da sie bei genügender Kettenlänge fast ausschließlich den Verbrauch des Monomeren M bestimmt. Daraus folgt, dass die Geschwindigkeit der radikalischen Polymerisation proportional ist der Monomerkonzentration und der Wurzel aus der Initiatorkonzentration. Entsprechende Beziehungen für den Polymerisationsgrad siehe [2.1, 2.2].

Aus diesen Beziehungen lässt sich auch der Temperatureinfluss auf radikalische Polymerisationen ableiten. Eine Temperaturerhöhung bewirkt demnach einen Anstieg der Bruttogeschwindigkeit, da insbesondere die Zerfallsgeschwindigkeit des Initiators und damit die Zahl der je Zeiteinheit gebildeten Startradikale zunimmt. Gleichzeitig sinkt aber der mittlere Polymerisationsgrad, denn nach Gleichung (2-9) hängt die Abbruchreaktion ebenfalls von der Konzentration der vorhandenen Radikale ab. Höhere Temperaturen begünstigen außerdem Nebenreaktionen wie Übertragungen und Verzweigungen (durch Übertragungsreaktion mit dem Polymeren).

Trotz gewisser vereinfachter Annahmen geben die obigen Gleichungen die Kinetik vieler radikalischer Polymerisationen richtig wieder. Allerdings ändern sich die Verhältnisse, wenn die Polymerisation in heterogener Phase abläuft, wie dies bei Fällungs- und Emulsionspolymerisationen (vgl. Abschnitt 2.2.4) der Fall ist. Zur kinetischen Behandlung derartiger Polymerisationen sei auf die Literatur [2.1, 2.2, 2.7, 2.8] verwiesen.

Bei *ionischen Polymerisationen* [2.1, 2.2] unterscheidet man zwischen kationischen und anionischen Polymerisationen, die beide nach dem Mechanismus einer Kettenreaktion ablaufen. Allerdings sind im Gegensatz zur radikalischen Polymerisation hier die Reaktionsträger Makroionen und zwar Carboniumionen im Falle der kationischen Polymerisation und Carbanionen im Falle der anionischen Polymerisation von C=C-Verbindungen:

kationische Polymerisation:

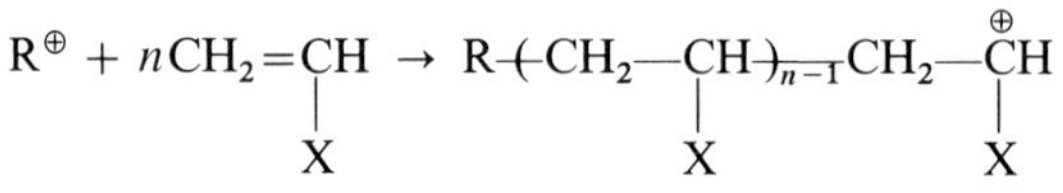

(2-14)

anionische Polymerisation:

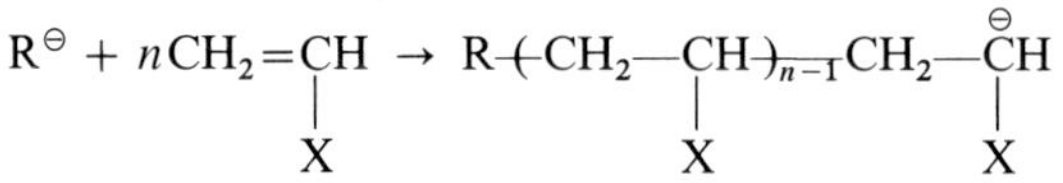

(2-15)

Im Gegensatz zur radikalischen Polymerisation gibt es keinen Kettenabbruch durch Kombination, weil sich die Makroionen infolge ihrer gleichen Ladung elektrostatisch abstoßen. Kettenabbruch findet daher nur durch Substanzen statt, die mit den wachsenden Ketten reagieren können. Unter bestimmten Bedingungen können ionisch wachsende Polymerketten selbst nach vollständigem Verbrauch des Monomeren ihre Wachstumsfähigkeit über längere Zeit beibehalten; sie werden als »lebende Polymere« bezeichnet.

Die Kinetik ionischer Polymerisationen ist meistens sehr viel komplizierter und nicht so zu verallgemeinern wie die radikalischer Polymerisationen. Dies liegt zum einen an der chemischen Verschiedenheit der einsetzbaren Monomeren (neben Verbindungen mit C=C-Bindungen lassen sich auch solche mit C=O- und N=C-Bindungen sowie eine Reihe von Heterocyclen ionisch polymerisieren), zum anderen aber auch an der dadurch erhöhten Zahl möglicher Nebenreaktionen. Schließlich spielt die Art des Initiators und des Lösemittels eine größere Rolle als bei radikalischen Polymerisationen. Es muss dazu auf die in den einzelnen Abschnitten zitierte Spezialliteratur verwiesen werden. Gleiches gilt für die koordinative Polymerisation.

Unterwirft man gleichzeitig zwei oder mehr verschiedene Monomere einer Polymerisation, dann spricht man von einer Copolymerisation. Die entstehenden Produkte werden Copolymerisate genannt, wobei man, je nachdem in welcher Reihenfolge die einzelnen Comonomeren angelagert werden, zwischen statistischen Copolymeren, alternierenden Copolymeren, Blockcopolymeren und Pfropfcopolymeren unterscheidet.

Statistische Copolymere [2.1, 2.2] entstehen bei der radikalischen Polymerisation der Monomeren M_1, M_2, M_3 ... M_n, wenn keines der denkbaren, wachsenden radikalischen Kettenenden

$$\left.\begin{matrix} M_1^* \\ M_2^* \\ M_3^* \\ \vdots \\ M_n^* \end{matrix}\right\} M_1, M_2, M_3 \ldots M_n$$

ausschließlich mit dem gleichen, bereits das Kettenende bildenden Monomeren reagiert und wenn außerdem jedes wachsende Kettenende mit jedem der anwesenden Monomeren unter Kettenverlängerung reagieren kann. Andernfalls würden Blöcke aus nur einer Monomereinheit oder alternierend aufgebaute Copolymere entstehen.

Das Mengenverhältnis, in dem die Monomeren in statistisch aufgebaute Copolymerisate eintreten, ist abhängig von ihrer molaren Konzentration im Ansatz $[M_1]$, $[M_2]$, $[M_3]$ ... $[M_n]$ und vom Verhältnis der Reaktionsgeschwindigkeiten, mit denen die wachsenden Kettenenden jeweils mit einem gleichen oder einem anderen Monomeren weiterreagieren.

Wir beschränken uns hier auf den Fall der gemeinsamen Polymerisation von zwei Monomeren; dann sind grundsätzlich vier verschiedene Wachstumsreaktionen möglich: Das Monomere M_1 kann mit einer Polymerkette reagieren, deren wachsendes (radikalisches oder ionisches) Kettenende aus dem Monomeren M_1 oder aus dem Monomeren M_2 gebildet wird; entsprechendes gilt für das Monomere M_2:

$$-\mathrm{M}_1^* + \mathrm{M}_1 \xrightarrow{k_{11}} -\mathrm{M}_1 - \mathrm{M}_1^*, \tag{2-16}$$

$$-\mathrm{M}_1^* + \mathrm{M}_2 \xrightarrow{k_{12}} -\mathrm{M}_1 - \mathrm{M}_2^*, \tag{2-17}$$

$$-\mathrm{M}_2^* + \mathrm{M}_1 \xrightarrow{k_{21}} -\mathrm{M}_2 - \mathrm{M}_1^*, \tag{2-18}$$

$$-\mathrm{M}_2^* + \mathrm{M}_2 \xrightarrow{k_{22}} -\mathrm{M}_2 - \mathrm{M}_2^*, \tag{2-19}$$

k_{11}, k_{12}, k_{21}, k_{22} sollen die Geschwindigkeitskonstanten dieser Wachstumsreaktionen darstellen, wobei der erste Index die Art des aktiven Kettenendes, der zweite die des anzulagernden Monomeren angibt. Sofern die kinetische Kettenlänge relativ groß ist, werden die Geschwindigkeiten der Wachstumsreaktionen bestimmend; es tritt wie bei der Homopolymerisation ein quasistationärer Zustand ein. Dann lässt sich zeigen, dass bei kleinen Umsätzen (< 10%) das Verhältnis des Verbrauchs der beiden Monomeren, also ihr (molares) Einbauverhältnis m_1/m_2 im Copolymeren, durch folgende Copolymerisationsgleichung beschrieben werden kann:

$$-\frac{d[\mathrm{M}_1]}{d[\mathrm{M}_2]} = \frac{m_1}{m_2} = \frac{[\mathrm{M}_1]}{[\mathrm{M}_2]} \cdot \frac{r_1[\mathrm{M}_1] + [\mathrm{M}_2]}{[\mathrm{M}_1] + r_2[\mathrm{M}_2]}, \tag{2-20}$$

$r_1 = \frac{k_{11}}{k_{12}}$ und $r_2 = \frac{k_{22}}{k_{21}}$ bezeichnet man als Copolymerisationsparameter. $[\mathrm{M}_1]$ und $[\mathrm{M}_2]$ stellen die molaren Konzentrationen in der ursprünglichen Monomerenmischung dar. Die Zusammensetzung eines Copolymeren ist also abhängig vom Mischungsverhältnis der zur Polymerisation eingesetzten Monomeren. Da die Parameter r_1 und r_2 Verhältnisse von Reaktionsgeschwindigkeiten sind, drücken sie die Neigung der wachsenden Ketten, das gleiche oder das andere Monomere anzulagern, aus. Liegt ein Wert für r nahe bei 1, so folgt daraus, dass ein bestimmtes aktives Kettenende statistisch etwa gleich häufig Moleküle der Monomeren M_1 und M_2 addiert; $r > 1$ bedeutet, dass die Anlagerung eines Monomeren an das Kettenende mit dem gleichen Grundbaustein stark bevorzugt ist. Als Quotienten zweier Geschwindigkeitskonstanten sind die Copolymerisationsparameter nicht sehr stark temperaturabhängig, gelten aber natürlich streng nur für eine bestimmte Polymerisationstemperatur, die deshalb stets angegeben werden muss.

Durch Umformen kann daraus eine Beziehung gewonnen werden, die den Molenbruch Y eines Monomerbausteins im sich bildenden Copolymeren als Funktion des Molenbruchs X dieses Monomeren und der Copolymerisationsparameter wiedergibt:

$$Y = \frac{1 + r_1 \cdot \dfrac{X}{1-X}}{2 + r_1 \cdot \dfrac{X}{1-X} + r_2 \cdot \dfrac{1-X}{X}} \tag{2-21}$$

Daraus folgt, dass mit Ausnahme des Vorliegens gleicher Polymerisationsparameter ($r_1 = r_2$) und mit Ausnahme des Sonderfalles der Polymerisation am azeotropen Punkt (Abb. 2.1, Kurve I) die Zusammensetzung des sich bildenden Polymeren

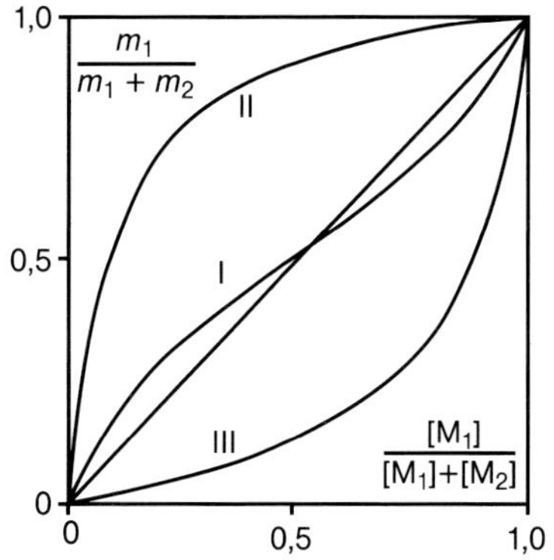

Abb. 2.1 Copolymerisationsdiagramme für das Gemisch Styrol(M_1)/Methylmethacrylat(M_2)
I radikalisch bei 60 °C ($r_1 = 0{,}52$; $r_2 = 0{,}46$)
II kationisch bei 25 °C mit $SnBr_4$ ($r_1 = 10{,}5$; $r_2 = 0{,}1$)
III anionisch bei –50 °C mit Na in flüssigem NH_3 ($r_1 = 0{,}12$; $r_2 = 6{,}4$)

nicht mit der Zusammensetzung des Monomerengemisches übereinstimmt. Für den Sonderfall der Polymerisation am azeotropen Punkt vereinfacht sich die Polymerisationsgleichung zu

$$-\frac{d[M_1]}{d[M_2]} = \frac{m_1}{m_2} = \frac{[M_1]}{[M_2]} \tag{2-22}$$

und weiter

$$-\frac{[M_1]}{[M_2]} = \frac{r_2 - 1}{r_1 - 1} \tag{2-23}$$

Comonomere können demnach nur dann ein Azeotrop bilden, wenn beide Copolymerisationsparameter ≤ 1 oder ≥ 1 sind. Der Fall, dass r_1 und $r_2 > 1$ sind, wurde bisher nicht beobachtet. Monomerenpaare, bei denen ein Polymerisationsparameter > 1, der andere dagegen < 1 ist (Abb. 2.1, Kurven II und III), bilden kein Azeotrop.
Wie man Abbildung 2.1 entnehmen kann, entspricht die Polymerenzusammensetzung in den wenigsten Fällen der Zusammensetzung des verwendeten Monomerengemisches, d. h. $[M_1]/[M_2] \neq m_1/m_2$. Die Zusammensetzung des Copolymeren ändert sich also mit fortschreitendem Umsatz und führt zu einer chemischen Uneinheitlichkeit der Reaktionsprodukte, die zusätzlich zur üblichen Uneinheitlichkeit der Molmassen auftritt [2.1, 2.2]. Durch Integration der Copolymerisationsgleichung (2-20) kann man sich einen Überblick über die chemische Uneinheitlichkeit eines Copolymeren in Abhängigkeit von Monomerenzusammensetzung und Umsatz verschaffen und graphisch darstellen. Aus derartigen Auftragungen lässt sich dann auch ablesen; in welchem Maße man das reaktivere Monomere während der Polymerisation zudosieren muss, um Copolymerisate konstanter Zusammensetzung bis zu hohen Umsätzen zu erhalten.

2.1.2
Synthese von Kunststoffen durch Polykondensation

Unter Polykondensation (condensation polymerization) versteht man eine aus einzelnen Kondensationsschritten bestehende Stufenreaktion von mindestens bifunktionellen Komponenten, wobei unter Abspaltung von einfachen Molekülen, wie Wasser oder Alkohol, makromolekulare Stoffe entstehen. Für die Darstellung von linearen Polykondensaten aus bifunktionellen Verbindungen gibt es grundsätzlich zwei Möglichkeiten: Entweder man geht von *einem* Monomeren aus, welches zwei ungleiche, zur Polykondensation geeignete Gruppen enthält (Typ I) oder man geht von *zwei verschiedenen* Monomeren aus, die jeweils zwei gleiche reaktive Gruppen enthalten und miteinander reagieren können (Typ II).

Zum Typ I gehört beispielsweise die Polykondensation von Hydroxycarbonsäuren:

$$n\,HO{+}CH_2{+}_x COOH \rightleftharpoons HO\left[{+}CH_2{+}_x\underset{\underset{O}{\|}}{C}{-}O\right]_{n-1}{+}CH_2{+}_x COOH + (n-1)\,H_2O \qquad (2\text{-}24)$$

Zum Typ II zählt die Polykondensation von Diolen mit Dicarbonsäuren:

$$n\,HO{+}CH_2{+}_x OH + n\,HOOC{+}CH_2{+}_y COOH \rightleftharpoons$$

$$H\left[O{+}CH_2{+}_x O{-}\underset{\underset{O}{\|}}{C}{+}CH_2{+}_y\underset{\underset{O}{\|}}{C}\right]_n OH + (2n-1)\,H_2O \qquad (2\text{-}25)$$

Der Aufbau von Polykondensaten geht schrittweise vor sich. So entsteht bei der Polykondensation einer Hydroxycarbonsäure (Typ I) im ersten Schritt ein Dimeres, das die gleichen Endgruppen besitzt wie die monomeren Ausgangsverbindungen:

$$2\,HO{+}CH_2{+}_x COOH \xrightarrow{-H_2O} HO{+}CH_2{+}_x\underset{\underset{O}{\|}}{C}{-}O{+}CH_2{+}_x COOH \qquad (2\text{-}26)$$

Die Endgruppen dieses Dimeren können nun im nächsten Schritt entweder mit der monomeren Verbindung oder einem anderen Dimermolekül reagieren usw. Somit steigt die Molmasse der entstehenden Makromoleküle – im Gegensatz zu den nach einem Kettenmechanismus ablaufenden Polymerisationen – während der Reaktionszeit fortlaufend an. Die in den voneinander unabhängigen Einzelreaktionen entstehenden Zwischenstufen sind oligomere bzw. polymere Moleküle mit denselben funktionellen Endgruppen, wie sie die monomeren Ausgangsstoffe besitzen. Sie lassen sich grundsätzlich isolieren und sind danach weiterhin reaktionsfähig im Sinne ihrer Bildungsreaktion.

Geht man davon aus, dass bei jedem einzelnen Reaktionsschritt immer eine Reaktion einer Endgruppe des Moleküls M_i mit einer Endgruppe des Moleküls M_j stattfindet, dass also jede Einzelreaktion in gleicher Weise zwischen funktionellen Gruppen stattfindet, dann vereinfacht sich die kinetische Behandlung der Polykondensation beträchtlich. Eine solche vereinfachende Annahme setzt natürlich voraus, dass die Reaktionsfähigkeit der Endgruppen unabhängig von der Molmasse des Moleküls ist, an dem sie sich befinden; dieses »Prinzip der gleichen Reaktivität« wurde sowohl bei Polykondensationen als auch bei Polyadditionen bestätigt. Aufgrund dieser Voraussetzungen wurde die Kinetik der Polykondensation schon vor vielen Jahren abgeleitet.

Das Fortschreiten einer Polykondensation kann man in einfacher Weise durch analytische Bestimmung der noch freien funktionellen Gruppen verfolgen. Bei einer Äquivalenz der miteinander reagierenden Gruppen, die man meist anstrebt, genügt die Bestimmung einer der beiden Gruppen, z. B. der Carboxylgruppe bei der Polyveresterung. Bezeichnet man deren anfangs vorhandene Zahl mit N_0 und die Zahl der nach einer bestimmten Zeit t noch vorhandenen funktionellen Gruppen mit N, so ist das Ausmaß p der Kondensation definiert als der Bruchteil aller funktionellen Gruppen, die in dem gegebenen Zeitpunkt bereits reagiert haben:

$$p = \frac{N_0 - N}{N_0} \qquad (2\text{-}27)$$

Multipliziert man p mit 100, so erhält man den Umsatz in %.

Der mittlere Polymerisationsgrad $\bar{P}_n$ ist bei Polykondensationen definiert durch das Verhältnis der Zahl N_0 der ursprünglich vorhanden monomeren Moleküle zu der Gesamtzahl N der Moleküle in dem betreffenden Stadium der Reaktion (die noch nicht umgesetzten Monomermoleküle werden dabei in die Berechnung eingeschlossen). Unter Berücksichtigung von Gleichung (2-27) erhält man:

$$\bar{P}_n = \frac{N_0}{N} = \frac{1}{1-p} \qquad (2\text{-}28)$$

$\bar{P}_n$ ist also vom Umsatz ($p \cdot 100$) abhängig; dies wird in Tabelle 2.1 an einigen Zahlenbeispielen veranschaulicht:

Tab. 2.1 Polymerisationsgrad $\bar{P}_n$ bzw. Molmasse $\overline{M}_n$ in Abhängigkeit vom Umsatz bei Polykondensationen und Polyadditionen*)

Umsatz (%)	$\bar{P}_n$	$\overline{M}_n$
50	2	200
75	4	400
90	10	1000
95	20	2000
99	100	10000
99,5	200	20000
99,7	300	30000
99,95	2000	200000
99,97	3000	300000

*) Die Molmasse eines Strukturelementes im Polymeren wurde zu 100 angenommen.

Aus Tabelle 2.1 geht hervor, dass zur Erreichung von Molmassen zwischen 20 000 und 30 000, wie sie beispielsweise bei Polyestern und Polyamiden technisch interessant sind, die Reaktion bis zu einem Umsatz von mehr als 99 % getrieben werden muss.

Außer durch den Umsatz wird der Polymerisationsgrad $\bar{P}_n$ aber auch durch das molare Verhältnis der miteinander reagierenden funktionellen Gruppen A und B beeinflusst. Sind N_A und N_B die Anzahl der ursprünglich vorhandenen funktionellen Gruppen A und B und $q = N_A/N_B$ deren Verhältnis, dann gilt für den mittleren Polymerisationsgrad $\bar{P}_n$:

$$\bar{P}_n = \frac{1+q}{2q(1-p)+1-q} \qquad \text{(2-29)}$$

Bei Äquivalenz der beiden funktionellen Gruppen A und B, d. h. für $q = 1$, geht Gleichung (2-29) in Gleichung (2-28) über.

Haben sämtliche A-Gruppen reagiert (d. h. $p = 1$), dann vereinfacht sich Gleichung (2-29) zu:

$$\bar{P}_n = \frac{1+q}{1-q} \qquad \text{(2-30)}$$

In Tabelle 2.2 wird der Einfluss der Nichtäquivalenz der Komponenten auf den Polymerisationsgrad (bei vollständigem Umsatz) an einigen Zahlenbeispielen dargelegt.

Tabelle 2.2 zeigt, wie wichtig es ist, bei Polykondensationen auf eine genaue Äquivalenz der funktionellen Gruppen zu achten; denn schon bei einem Überschuss von nur 1 Mol% liegt der maximal erreichbare Polymerisationsgrad $\bar{P}_n$ unterhalb 200. Bei Polyreaktionen vom Typ I (z. B. bei Hydroxycarbonsäuren und Aminosäuren) ist diese Äquivalenz gegeben, da das Monomere beide Gruppen im Molekül enthält. Bei Polykondensationen und Polyadditionen vom Typ II (z. B. zwischen Diol und Dicarbonsäure) dagegen bewirkt schon ein geringer Überschuss der einen Komponente, dass die Reaktion nach einiger Zeit zum Stillstand kommt, weil dann nur noch die Endgruppen der im Überschuss vorhandenen Komponente vorhanden sind, die aber nicht miteinander reagieren können.

Selbst wenn zu Beginn der Reaktion beide funktionellen Gruppen in äquivalenten Mengen vorhanden waren, kann sich im Verlauf der Reaktion durch Verdamp-

Tab. 2.2 Polymerisationsgrad $\bar{P}_n$ in Abhängigkeit von der Äquivalenz der funktionellen Gruppen A und B bei Polykondensationen (Umsatz = 100 %*))

Überschuss der Komponente B (Mol %)	$q = \frac{N_A}{N_B}$	$\bar{P}_n$
10	0,9	19
1	0,99	199
0,1	0,999	1999
0,01	0,9999	19 999

*) bezogen auf die funktionellen Gruppen von A; d. h. vollständiger Umsatz der Komponente A.

fen oder Sublimieren oder durch Nebenreaktionen des einen Reaktionspartners diese Äquivalenz verschieben. In der gleichen Weise wie ein Überschuss einer bifunktionellen Komponente wirkt eine monofunktionelle Verbindung, die mit einem der bifunktionellen Reaktionspartner reagieren kann. Daher ist die hohe Reinheit der Monomeren unbedingte Voraussetzung, wenn man durch Polykondensation oder Polyaddition Polymere mit hohen Molmassen herstellen will; andererseits ist es aber auch möglich, entweder durch gezielten Überschuss der einen Komponente oder durch Zusatz einer monofunktionellen Verbindung die mittlere Molmasse genau einzustellen.

Außer den in den Gleichungen (2-28) und (2-29) wiedergegebenen Einflüssen, die sowohl für die Polyaddition als auch für die Polykondensation gelten, sind bei Polykondensationen zusätzlich noch zwei weitere Faktoren zu berücksichtigen.

An erster Stelle ist hier die Einstellung eines Kondensationsgleichgewichts zu nennen, das den Umsatz und damit die mittlere Molmasse begrenzt. Wie bei Veresterungen monofunktioneller Verbindungen handelt es sich auch bei entsprechenden Polykondensationen um Gleichgewichtsreaktionen[2], die dem Massenwirkungsgesetz unterliegen. Dieses lautet nach FLORY und SCHULZ beispielsweise für die Polyveresterung von je 1 mol Hydroxylgruppen (1/2 mol Diol) und 1 mol Carboxylgruppen (1/2 mol Dicarbonsäure):

$$K = \frac{p \cdot n_{\mathrm{W}}}{(1-p)^2} \tag{2-31}$$

Dabei gibt p wiederum den Bruchteil der funktionellen Gruppen an, der bereits reagiert hat, also die Mole der gebildeten Estergruppen, $(1 - p)$ die Mole der noch freien Hydroxyl- bzw. Carboxylgruppen und n_{W} die Mole Wasser, die im Reaktionsgemisch vorhanden sind. Durch Auflösen dieser Gleichung nach p erhalten wir als obere Grenze des Umsatzes in Abhängigkeit vom Verhältnis $\beta = K/n_{\mathrm{W}}$:

$$p = \frac{1}{2\beta}\left(1 + 2\beta - \sqrt{1+4\beta}\right) \tag{2-32}$$

Da das Zahlenmittel des Polymerisationsgrades $\bar{P}_n$ den noch freien funktionellen Gruppen $(1 - p)$ umgekehrt proportional ist

$$\bar{P}_n = \frac{1}{(1-p)} \tag{2-33}$$

erhält man als durch das Gleichgewicht bedingte obere Grenze des Polymerisationsgrads:

$$\bar{P}_n = \frac{2\beta}{\sqrt{1+4\beta-1}} \tag{2-34}$$

2 Prinzipiell gibt es auch bei Polyadditionen Gleichgewichte (z. B. die Rückspaltung von Urethangruppen), die aber meistens erst bei höheren Temperaturen merkbar werden.

Da man praktisch in allen Fällen einen möglichst hohen Umsatz erzielen will, d. h. Werte von p anstrebt, die sehr nahe bei eins liegen, vereinfachen sich die Gleichungen (2-32) und (2-34) und man erhält:

$$p \cong 1 - \sqrt{1/\beta} \tag{2-35}$$

und

$$\bar{P}_n \cong \sqrt{\beta} = \sqrt{K/n_\mathrm{w}} \tag{2-36}$$

Sofern die Gleichgewichtskonstante K einen Wert in der Größenordnung von 1–10 hat, genügen bereits Bruchteile eines Promilles von dem insgesamt entstandenen Wasser im Reaktionsgemisch, um die Bildung wirklich hochmolekularer Polykondensate zu verhindern. Daraus folgt, dass eine möglichst weitgehende Entfernung bei der bei Polykondensation abgespaltenen niedermolekularen Reaktionsprodukte (z. B. H_2O) außerordentlich wichtig ist.

Schließlich muss man bei Polykondensationen noch Austauschreaktionen berücksichtigen, die zwischen freien Endgruppen und bereits gebildeten Verknüpfungsstellen, also beispielsweise zwischen OH-Endgruppen und Estergruppen eines Polyesters erfolgen können (Umesterung).

Dadurch wird zwar weder die Zahl der freien funktionellen Gruppen noch die Zahl der Moleküle, d. h. auch nicht das Zahlenmittel des Polymerisationsgrads, geändert. Dagegen können derartige Austauschreaktionen sehr wohl die Molmassenverteilung ändern: So können beispielsweise zwei gleichgroße Makromoleküle unter Bildung eines sehr großen und eines sehr kleinen miteinander reagieren; umgekehrt können ein sehr großes und ein sehr kleines Makromolekül sich zu zwei Makromolekülen ähnlicher Größe umsetzen. In jedem Falle wird sich unabhängig von der Anfangsverteilung durch solche Austauschreaktionen ein (dynamischer) Gleichgewichtszustand einstellen, in dem Bildung und Verbrauch von Molekülen eines bestimmten Polymerisationsgrads gleich sind. Hieraus resultiert eine Gleichgewichtsverteilung der Molmasse, die formal mit der bei rein statistischer Polykondensation erhaltenen übereinstimmt; die Austauschreaktionen werden also, auch wenn sie häufig erfolgen, bei normalen Polykondensationen die Molmassenverteilung nicht verändern. Dagegen wird z. B. beim Mischen eines hochmolekularen und eines niedermolekularen Polyesters in der Schmelze, vor allem wenn noch Katalysatoren anwesend sind, sich sehr bald die Gleichgewichtsverteilung mit nur einem Maximum – statt zwei, wie bei einer unveränderten Mischung – einstellen. Außer bei Polyestern sind solche Austauschreaktionen zwischen den Endgruppen und den Verknüpfungsstellen auch bei Polyamiden, Polysiloxanen und Polyanhydriden bekannt.

Polykondensationen werden technisch z. B. zur Herstellung von Polyamiden (s. Abschnitt 4.8) von Polyethylenterephthalat, von ungesättigten Polyestern (s. Abschnitt 4.9) und von Alkydharzen durchgeführt.

2.1.3
Synthese von Kunststoffen durch Polyaddition

Unter einer Polyaddition (addition polymerization) versteht man eine aus einzelnen Additionsschritten bestehende Stufenreaktion von mindestens bifunktionellen Verbindungen, die zum Aufbau von Makromolekülen führt. Im Gegensatz zur Polykondensation werden aber hierbei keine niedermolekularen Verbindungen abgespalten, die Verknüpfung der Monomeren erfolgt vielmehr unter gleichzeitiger Wanderung jeweils eines Wasserstoffatoms. Dies sei am Beispiel der Polyurethanbildung aus Diol und Diisocyanat schematisch dargestellt:

$$n\,\mathrm{HO}{+}\mathrm{CH_2}{+}_x\mathrm{OH} + n\,\mathrm{O{=}C{=}N}{+}\mathrm{CH_2}{+}_y\mathrm{N{=}C{=}O} \rightarrow \qquad (2\text{-}37)$$

$$\mathrm{HO}(\mathrm{CH_2})_x\mathrm{O}\left[\underset{\substack{\|\\ \mathrm{O}}}{\mathrm{C}}-\underset{\substack{|\\ \mathrm{H}}}{\mathrm{N}}(\mathrm{CH_2})_y\underset{\substack{|\\ \mathrm{H}}}{\mathrm{N}}-\underset{\substack{\|\\ \mathrm{O}}}{\mathrm{C}}-\mathrm{O}(\mathrm{CH_2})_x\mathrm{O}\right]_{n-1}\underset{\substack{\|\\ \mathrm{O}}}{\mathrm{C}}-\underset{\substack{|\\ \mathrm{H}}}{\mathrm{N}}(\mathrm{CH_2})_y\mathrm{N{=}C{=}O}$$

Wie bei der Polykondensation werden auch hier die Makromoleküle in voneinander unabhängigen Einzelschritten stufenweise aufgebaut. Die in den einzelnen Stufen gebildeten oligomeren bzw. polymeren Verbindungen besitzen dieselben funktionellen Endgruppen und die gleiche Reaktivität wie die monomeren Ausgangsstoffe. Daher gelten die bei der Polykondensation abgeleiteten kinetischen Gesetzmäßigkeiten einer Stufenreaktion (Gl. (2-27)–(2-30)) auch bei Polyadditionen.

Beispiele für technisch ausgeübte Polyadditionsverfahren sind z. B. die Herstellung von Polyurethanen.

2.1.4
Synthese von Kunststoffen durch Modifizierung von Makromolekülen

Unter der Modifizierung von makromolekularen Stoffen werden chemische und physikalische Maßnahmen verstanden, die nach der eigentlichen Synthese, d. h. am fertigen Makromolekül vorgenommen werden. *Chemische Modifizierungen* sind z. B. die Umwandlung von Ester-Seitengruppen in Hydroxygruppen, chemischer Abbau und Vernetzungsreaktionen. Eine große Bedeutung in der industriellen Praxis haben auch *physikalische Modifizierungen* von makromolekularen Stoffen. Hierzu zählen die Zugabe von Additiven, um beispielsweise die Verarbeitbarkeit zu verbessern (Verarbeitungshilfsmittel) oder um die Beständigkeit gegen Sauerstoff und Licht zu erhöhen (Antioxidantien, Lichtstabilisatoren). Schließlich gibt es noch einige Maßnahmen, mit denen vor allem die mechanischen Eigenschaften von Polymeren nachträglich beeinflusst werden können. Zu nennen sind hier das Zumischen von anorganischen Füllstoffen (»Gefüllte Polymere«), das Einbringen von anorganischen oder organischen Fasern (»Verstärkte Polymere«), das Zumischen von anderen Polymeren (»Polymerblends«) sowie das Verstrecken und Verschäumen.

Für die weitaus meisten Anwendungsgebiete müssen Polymere durch eine oder mehrere der genannten Modifizierungen optimal angepasst werden.

2.1.4.1 Synthese von Kunststoffen durch chemische Umsetzungen an Makromolekülen

Bei der Herstellung makromolekularer Stoffe durch Polymerisation, Polykondensation und Polyaddition nützt man die Reaktionsfähigkeit niedermolekularer Verbindungen aus. Es sind jedoch auch zahlreiche chemische Umsetzungen an fertigen Makromolekülen bekannt, von denen einige auch technisch ausgeführt werden. Solche Reaktionen an Hochpolymeren [2.2] können entweder an funktionellen Gruppen der Grundbausteine unter Erhalt des Makromolekülgerüstes, also des durchschnittlichen Polymerisationsgrads, ablaufen (polymeranaloge Umsetzungen) oder unter Abbau der Ketten vor sich gehen. In vielen Fällen tritt beides gleichzeitig ein. Schließlich gibt es Reaktionen, bei denen eine Vergrößerung der Makromoleküle erfolgt; sie führen entweder zu Kettenverlängerungen, Kettenverzweigungen oder Vernetzungen.

Auch hier gibt es einige Besonderheiten zu beachten:

Wenn zwei niedermolekulare Stoffe A und B miteinander reagieren, so können sich in der Regel außer dem gewünschten Produkt C auch noch Nebenprodukte D bilden:

$$\mathrm{A} + \mathrm{B} \longrightarrow \mathrm{C} + \mathrm{D} \tag{2-38}$$

Außerdem enthält das Reaktionsgemisch gegebenenfalls noch nicht umgesetztes Ausgangsprodukt A bzw. Reagenz B.

Wendet man dieses allgemeine Reaktionsschema auf Umsetzungen an Polymeren an, so bedeutet dies, dass die umzusetzenden Gruppen A Bestandteile der Makromoleküle M sind. Demzufolge sind sowohl die durch die Reaktion mit dem Reagenz B entstandenen Gruppen C (Hauptprodukt) als auch die Gruppen D (Nebenprodukt) ebenfalls durch Hauptvalenzen an die Makromoleküle M gebunden; sie sind daher im Gegensatz zu Umsetzungen an niedermolekularen Verbindungen nicht abzutrennen:

$$\begin{gathered}\mathrm{M(A)}_n + \mathrm{B} \longrightarrow \mathrm{M(A)}_x\mathrm{(C)}_y\mathrm{(D)}_z \\ (x + y + z = n)\end{gathered} \tag{2-39}$$

Je nach der Struktur und der Zusammensetzung des Ausgangspolymeren (z. B. Homopolymeres oder Copolymeres) kann n Werte zwischen eins und dem Polymerisationsgrad haben; im letzteren Fall enthält jeder Grundbaustein eine reaktive Gruppe. Die Anzahl der Gruppen A, C und D im umgesetzten Polymeren wird durch x, y und z angegeben. Es sei besonders hervorgehoben, dass nicht alle Makromoleküle des gebildeten Polymeren die gleiche Anzahl dieser Gruppen enthalten; x, y und z stellen also Mittelwerte dar. Der Fall, dass $x = z = 0$ und $y = n$, d. h. dass ausschließlich die gewünschte Umsetzung eingetreten ist, wird selten erreicht.

Außerdem spielen bei Umsetzungen an Polymeren auch sterische und statistische Faktoren eine Rolle. Da sich die reaktiven Gruppen an Makromolekülen befinden, sind sie von vornherein nicht völlig frei beweglich. Seitenständige reaktive Gruppen werden außerdem durch die Hauptkette der Makromoleküle einseitig abgeschirmt. Eine Abschirmung – und damit eine Erschwerung der Reaktion – wird auch dadurch hervorgerufen, dass Makromoleküle in Lösung in mehr oder weniger stark geknäuelter Form vorliegen. Diese Form ändert sich meistens im Verlaufe der Reaktion, so dass die Umsetzung erleichtert oder erschwert werden kann.

Eine Begrenzung des Umsatzes aus statistischen Gründen ist immer dann zu erwarten, wenn jeweils zwei benachbarte Gruppen des Makromoleküls an der Umsetzung beteiligt sind, wie z. B. bei der Acetalisierung von Polyvinylalkohol, wobei je zwei Hydroxylgruppen benachbarter Grundbausteine mit einem Aldehydmolekül unter Ringschluss reagieren. Bei solchen Reaktionen ist nach Berechnungen von Flory nur ein Umsatz von maximal 86,5% aller funktionellen Gruppen möglich; dies wird verständlich, wenn man bedenkt, dass jede aus statistischen Gründen isoliert gebliebene funktionelle Gruppe nicht mehr in der angestrebten Weise reagieren kann, da die dazu notwendige Nachbargruppe fehlt.

Werden schließlich Makromoleküle mit bifunktionellen Reagenzien umgesetzt, so kann die Reaktion nicht nur intra-, sondern auch intermolekular verlaufen. Im letzteren Fall treten Vernetzungen auf, und die Reaktionsprodukte werden dadurch unlöslich und meistens unschmelzbar. Solche Reaktionen werden häufig auch absichtlich ausgeführt.

Die genannten Besonderheiten erfordern eine besondere Auswertung der analytischen Daten bzw. besondere Definition von Ausbeute und Umsatz [2.2].

Zu den technisch wichtigen Umsetzungen an Polymeren gehören z. B. die Verseifung von Polyvinylacetat zu Polyvinylalkohol, die Acetalisierung von Polyvinylalkohol sowie Umsetzungen an Cellulose, wie die Acetylierung und die Überführung in Dithiokohlensäureester. Auch die Acetalisierung der Halbacetal-Endgruppen von Polyoxymethylen wird technisch durchgeführt. Schließlich werden bei vielen Ionenaustauschern die funktionellen Gruppen erst nachträglich in die (meist vernetzten) makromolekularen Stoffe eingeführt.

2.1.4.2 Mischungen von Polymeren (Polymerblends)

Ähnlich wie bei anderen Werkstoffen, beispielsweise den Metallen, ist es auch bei makromolekularen Stoffen grundsätzlich möglich, die Eigenschaften durch Mischen von zwei oder mehreren verschiedenen Polymeren zu variieren. Allerdings muss man beim Mischen von Makromolekülen beachten, dass man dabei in den meisten Fällen phasenseparierte, also heterogene Produkte erhält. Sie bestehen aus einer kontinuierlichen Phase (Matrix), in welche eine diskontinuierliche (disperse) Phase in Form von mehr oder weniger regelmäßigen Partikeln eingelagert ist. Dieses Phänomen lässt sich thermodynamisch erklären (s. Abschnitt 5.1.2.2).

Durch Mischen von Polymeren zu Polymerblends eröffnen sich vielfältige Möglichkeiten, neue Stoffe mit speziellen Eigenschaftskombinationen herzustellen, die durch Copolymerisation nur schwierig oder überhaupt nicht zu erhalten sind. Von besonderem technischen Interesse sind heterogene Polymerlegierungen mit einem harten, aber spröden Thermoplasten als Matrix und einem weichen, aber zähen Elastomeren als disperser Phase. Dieses morphologische Prinzip liegt vielen schlagzähen Kunststoffen zugrunde, wie etwa dem schlagzähen Polystyrol, den ABS-Polymeren, den schlagzähen Polyestern (s. Abschnitt 4.9), Polyamiden und Polyoxymethylenen (s. Abschnitt 4.4). Ebenfalls von technischem Interesse sind heterogene Polymerblends aus zwei harten Thermoplasten. Hierzu zählen z. B. die Polycarbonat/Polybutylenterephthalat-Blends und die Polycarbonat/ABS-Blends.

Die Eigenschaften von Polymerblends hängen ab von den physikalischen und chemischen Eigenschaften der beteiligten Polymeren und vom Phasenzustand (homogene oder heterogene Blends). Bei heterogenen Blends kommen als weitere Parameter noch die Phasenmorphologie (Teilchenform und Größe sowie deren Größenverteilung) sowie die Grenzflächenhaftung zwischen den Phasen hinzu (auch partielle Verträglichkeit oder partielle Mischbarkeit genannt). Die Auswirkung des Phasenzustandes auf die Eigenschaften lässt sich sehr gut an den Glastemperaturen erkennen. Bei heterogenen Blends aus zwei Polymeren mit unterschiedlichen Glastemperaturen findet man auch in der Mischung meist zwei Glastemperaturen, nämlich die des Polymeren A und die des Polymeren B. Homogene (einphasige) Blends besitzen dagegen immer nur eine Glastemperatur, die von den Massenanteilen der Polymeren A und B abhängt und die sich in vielen Fällen nach bestimmten Mischungsregeln vorherberechnen lässt. Hinsichtlich der Glastemperatur (und auch einiger mechanischer Eigenschaften) sind demnach die heterogenen Blends mit Block-Copolymeren und die homogenen Blends eher mit statistischen Copolymeren vergleichbar.

Aufgrund der großen Bedeutung der Phasenmorphologie und der Grenzflächenhaftung für die Materialeigenschaften spielt bei heterogenen Blends das Herstellverfahren eine wichtige Rolle. Es soll zunächst gewährleisten, dass eine bestimmte Teilchenform, Teilchengröße und Teilchengrößenverteilung der dispersen Phase reproduzierbar eingestellt werden kann. Gleichzeitig muss diese Phasenmorphologie die Verarbeitungsschritte bei Anwendern, d. h. ein erneutes Aufschmelzen und Scheren im Extruder oder in der Spritzgussmaschine weitgehend unverändert überstehen. Dies erreicht man beispielsweise durch Vernetzen der dispersen Phase. Darüber hinaus müssen – wie oben erwähnt – Maßnahmen ergriffen werden, durch welche die Grenzflächenhaftung zwischen Matrix und disperser Phase erhöht wird. Im Labor und auch im technischen Maßstab werden folgende Herstellverfahren für Polymerblends angewandt: Gemeinsames Ausfällen aus Lösung; Copräzipitation von Latexmischungen; Mischen von Polymerschmelzen; Polymerisation von Monomeren, die ein anderes Polymeres gelöst enthalten.

2.2 Herstellverfahren

Vom verfahrenstechnischen Standpunkt lassen sich die Herstellverfahren in drei Gruppen einteilen:
- Polyreaktionen in Substanz,
- Polyreaktionen in Lösung,
- Polyreaktionen in Dispersion.

Nachstehend werden kurz die allgemeinen Charakteristika dieser Verfahren [2.5–2.7, 2.10, 2.11] dargelegt. Spezielle Ausführungsformen werden bei den einzelnen Produkten beschrieben.

2.2.1
Besonderheiten bei der Herstellung von Kunststoffen

Der grundlegendste Unterschied zur Synthese von niedermolekularen Verbindungen ist darin zu sehen, dass die Eigenschaften von Makromolekülen ganz entscheidend durch die Wahl der Synthesemethode beeinflusst werden. So ist z. B. Polyethylen, das durch radikalische Polymerisation bei hoher Temperatur und hohem Druck hergestellt wird, langkettenverzweigt und hat demzufolge deutlich unterschiedliche Eigenschaften verglichen mit einem mittels Ziegler/Natta-Katalysatoren in Suspension hergestellten Produkt, das nahezu linear ist. Polydiene, die durch ionische Polymerisation in Lösung erhalten werden, haben einen wesentlich anderen sterischen Aufbau als solche, die durch radikalische Polymerisation in wässriger Emulsion hergestellt wurden.

Aber selbst bei gegebener Synthesemethode hängen einige Eigenschaften vom angewandten Herstellverfahren ab (z. B. Polyvinylchlorid nach einem Suspensionsverfahren oder nach einem Emulsionsverfahren, s. Abschnitt 4.3.2), ja sogar innerhalb des gleichen Herstellverfahrens werden durch Änderungen in der Reaktionsführung Änderungen in den Eigenschaften hervorgerufen. So lassen sich bei der radikalischen Substanzpolymerisation von Styrol nur durch eine geänderte Reaktionsführung Polymere gleicher mittlerer Molmasse, aber mit entweder breiter oder enger Molmassenverteilung herstellen, was sich in der Verarbeitbarkeit und in einigen Festkörpereigenschaften bemerkbar macht.

Ein weiterer wesentlicher Unterschied zu Synthesen von niedermolekularen Verbindungen besteht darin, dass es bei Polymersynthesen im technischen Maßstab praktisch unmöglich ist, das Reaktionsprodukt nachträglich zu reinigen. Schon die Abtrennung niedermolekularer Bestandteile, wie Lösemittel, Initiatorreste, Monomerreste, kann sehr schwierig und kostspielig sein und erfordert meistens besondere Apparate (vgl. Abschnitt 3). Im technischen Maßstab nahezu unmöglich ist die Auftrennung des immer entstehenden Polymergemisches in Makromoleküle gleicher Molekülgröße, gleicher Zusammensetzung und gleicher Struktur.

Aus der Reaktionskinetik von Polyreaktionen ergibt sich eine weitere Besonderheit. Radikalische und ionische *Polymerisationen* laufen nach einer Kettenreaktion ab, wobei die stationäre Konzentration der aktiven Kettenenden, d. h. der wachsenden Makroradikale bzw. Makroionen, sehr gering ist. Bei radikalischen Polymerisationen liegt sie bei etwa 10^{-8} mol l^{-1}. Aus diesem Grunde sind Polymerisationsreaktionen außerordentlich empfindlich gegen Verunreinigungen, die mit Radikalen oder mit Ionen reagieren können. Reagieren diese Verunreinigungen mit den wachsenden Kettenenden, dann kann eine Verlangsamung oder ein Abbruch der Polymerisation oder eine Erniedrigung der Molmasse durch eine Kettenübertragung resultieren. Eine Reaktion mit dem Initiator oder mit dem Katalysator kann sowohl zu einer Inhibierung als auch zu einer Beschleunigung führen (Redoxkatalyse; Cokatalyse). Schließlich wird die sterische Anordnung der Monomeren (*cis/trans*-Isomerie; Taktizität) ebenfalls durch geringe Mengen bestimmter Verbindungen stark beeinflusst. Bei *Polykondensationen und Polyadditionen* bifunktioneller Monomerer müssen zum Erreichen hoher Molmassen Monomerumsätze von über 99% erzielt werden, was nur bei weitestgehendem Ausschluss von monofunktionellen Verbindungen möglich ist. Daher sind bei Polyreaktionen die Reinheitsanforderungen, die an Monomere und Hilfsstoffe gestellt werden, außergewöhnlich hoch; in vielen Fällen liegt die Toleranzgrenze für bestimmte Verunreinigungen im ppm-Bereich.

Eine nächste Besonderheit ergibt sich aus der Tatsache, dass sowohl Polymerschmelzen als auch Polymerlösungen eine sehr hohe Viskosität besitzen, die von der Größe und Gestalt der Makromoleküle hervorgerufen wird. Bei Polymerisationen in der Schmelze oder in homogener Lösung steigt daher die Viskosität des Reaktionsansatzes oft um viele Zehnerpotenzen an. Neben einer Behinderung des Stofftransports (Trommsdorff-Effekt, siehe Abschnitt 2.2.2.1) führt eine hohe Viskosität auch zu Schwierigkeiten beim Pumpen, Rühren und Mischen. Zwar lässt sich durch eine Temperaturerhöhung die Viskositätszunahme prinzipiell kompensieren, doch setzen die thermische Stabilität mancher Polymerer, vor allem aber kinetische Faktoren, enge Grenzen. Eine Temperaturerhöhung führt nämlich bei vielen Polymerisationen zu einer starken Reduzierung der Molmasse und zu einer Zunahme von Nebenreaktionen (Übertragungsreaktionen, Vernetzungen). Schließlich behindert die hohe Viskosität des Reaktionsgemisches auch den Wärmetransport ganz erheblich. Da fast alle Polymerisationen und Polyadditionen stark exotherm sind, bereitet die rasche Abführung der großen Wärmemenge, vor allem, wenn man in Substanz oder in Lösung arbeitet, große Schwierigkeiten. Außerdem sind Polymere schlechte Wärmeleiter, so dass der Wärmeübergangskoeffizient mit steigender Polymerkonzentration sinkt. Auch die mit zunehmender Viskosität sich verstärkende laminare Grenzschicht an der Reaktorinnenwand, die selbst bei wandgängigen Rührern nicht ganz vermieden werden kann, trägt zu einer weiteren Verminderung des Wärmedurchgangs bei. Wesentlich günstiger sind in dieser Beziehung die Polymerisationen in Dispersion, weil dabei das Reaktionsgemisch niedrig viskos bleibt und somit turbulentes Rühren und relativ hohe Wärmedurchgangszahlen möglich sind. Im Falle von Polyreaktionen in wässrigem Medium trägt die hohe spezifische Wärme des Wassers zusätzlich zur besseren Wärmeabfuhr bei.

2.2.2
Polyreaktionen in Substanz

Polyreaktionen in Substanz, häufig auch Masse-Verfahren (bulk process) genannt, sind dadurch gekennzeichnet, dass sie in Abwesenheit von Löse- oder Verdünnungsmitteln ablaufen. Dadurch lassen sich bei oft hohen Reaktionsgeschwindigkeiten hohe Molmassen erreichen. Die entstehenden Produkte sind sehr rein, da der Reaktionsansatz nur die Monomeren und gegebenenfalls Initiatoren oder Katalysatoren, aber keine Fremdstoffe enthält. Auch vom ökonomischen und ökologischen Gesichtspunkt sind Polyreaktionen in Substanz vorteilhaft, da die Rückgewinnung und Reinigung von Löse- oder Dispergiermitteln oder die Abwasseraufbereitung (wie bei wässrigen Suspensions- bzw. Emulsionspolymerisationen) entfällt. Demgegenüber stehen oft erhebliche Schwierigkeiten in der verfahrenstechnischen

Durchführung, die sich vor allem aus der Abführung der Reaktionswärme und der Handhabung zäher Polymerschmelzen ergeben. Schließlich treten bei Polyreaktionen in hochviskosen Substanzen der Trommsdorff-Effekt (vgl. Abschnitt 2.2.2.1) oder verstärkt Nebenreaktionen wie z. B. Kettenübertragungen auf. Dadurch werden die Produkteigenschaften beeinflusst.

Je nachdem, ob das Polymere in seinem Monomeren gelöst bleibt oder nicht bzw. ob die Polyreaktion oberhalb oder unterhalb der Schmelztemperatur des Polymeren durchgeführt wird, unterscheiden wir homogene oder heterogene Polyreaktionen in Substanz.

2.2.2.1 Homogene Polyreaktionen in Substanz

Nach diesem Verfahren, bei dem das Polymere in seinen Monomeren gelöst bleibt bzw. bei dem oberhalb der Schmelztemperatur des Polymeren gearbeitet wird, lassen sich Polymerisationen, Polykondensationen und Polyadditionen durchführen.

Bei *Polymerisationen* in homogener Phase, die nach einem Radikalkettenmechanismus ablaufen, sollten nach den in Abschnitt 2.1.1 behandelten kinetischen Beziehungen Bruttoreaktionsgeschwindigkeit v_{br} und Polymerisationsgrad $\bar{P}_n$ – entsprechend einer Reaktion 1. Ordnung bezüglich des Monomeren – linear mit dem Umsatz abnehmen. Bei einigen Monomeren (z. B. bei Styrol, Acryl- und Methacrylestern, Vinylestern) trifft dies allerdings nur bis zu einem Umsatz von etwa 20% zu. Danach nimmt die Bruttogeschwindigkeit sehr stark zu, um nach Durchlaufen eines Maximums auf null abzusinken, noch bevor ein vollständiger Umsatz erreicht ist. Einen ähnlichen Verlauf nimmt der momentan gebildete Polymerisationsgrad, der zusätzlich noch durch Übertragungsreaktionen am Polymeren, die zu Verzweigungen führen, beeinflusst wird. Dieser abweichende Reaktionsverlauf kommt dadurch zustande, dass in dem mit fortschreitender Polymerisation viskoser werdenden Reaktionsmedium die Makroradikale in ihrer Diffusion behindert werden, während die sehr viel kleineren Monomermoleküle zunächst noch ungehindert diffundieren können. Dies hat zur Folge, dass die Wachstumsgeschwindigkeit gleich bleibt, die Abbruchgeschwindigkeit aber sinkt. Die Radikalkonzentration ist also nicht mehr stationär, sondern steigt an, ebenso wie die Polymerisationsgeschwindigkeit v_{br} und der Polymerisationsgrad $\bar{P}_n$ der entstehenden Makromoleküle. Dieser Reaktionsverlauf wird als Trommsdorff- oder Gel-Effekt bezeichnet. Im weiteren Umsatzverlauf steigt die Viskosität dann so stark an, dass auch die Diffusion des Monomeren behindert wird, man nähert sich dem Glasübergang. Ist dieser erreicht, d. h. ist die Reaktionstemperatur gerade gleich der Einfriertemperatur des Reaktionsgemisches, kommt die Polymerisation praktisch zum Erliegen (Glas-Effekt) und kann nur durch Temperaturerhöhung weitergeführt werden.

Kinetische Berechnungen der Substanzpolymerisation von Styrol und Methylmethacrylat über den gesamten Umsatzbereich und unter Berücksichtigung des Trommsdorff-Effekts sowie von Nebenreaktionen finden sich in der Literatur [2.6, 2.7].

Polykondensationen und Polyadditionen in homogener Phase sind großtechnisch die am meisten angewandten Verfahren zur Herstellung von Polykondensaten bzw. Polyaddukten. Da diese Polymeren meistens hochschmelzende Substanzen sind und außerdem mit fortschreitender Reaktion die Molmasse und damit die Schmelzviskosität zunimmt, muss man hier, zumindest gegen Ende der Reaktion, oft bei Temperaturen von 250 °C und höher arbeiten. Aber auch dann wird bei Polykondensationen die Entfernung der abgespaltenen, leicht flüchtigen Reaktionsprodukte (Wasser, Alkohol), die zur Erzielung hoher Molmassen unbedingt nötig ist, schwierig, sofern man nicht durch intensives Mischen und Anlegen von Vakuum für große Oberflächen und kurze Diffusionswege sorgt. Schließlich müssen durch geeignete verfahrenstechnische Maßnahmen die bei Polykondensation und Polyaddition aus der Reaktionskinetik abgeleiteten Voraussetzungen (vgl. Abschnitte 2.1.2 und 2.1.3), wie hoher Umsatz, Endgruppenäquivalenz und Gleichgewichtsverschiebung, erfüllt werden. Wegen der hohen Reaktionstemperaturen, verbunden mit langen Reaktionszeiten, sind Polykondensationen und Polyadditionen in homogener Phase nur dann anwendbar, wenn sowohl die Ausgangskomponenten als auch die entstehenden Polymeren thermisch stabil sind. Eine Reihe von hochschmelzenden Polyamiden ist daher auf diesem Wege nicht zugänglich; sie lassen sich aber durch Lösungs- oder Grenzflächenpolykondensation herstellen.

2.2.2.2 Heterogene Polyreaktionen in Substanz

Diese Verfahren sind dadurch gekennzeichnet, dass das entstehende Polymere in seinem Monomeren unlöslich ist und dass die Polyreaktion unterhalb der Schmelztemperatur des Polymeren durchgeführt wird. Sie werden großtechnisch vor allem zur Durchführung von Polymerisationen eingesetzt. Diese können sowohl im flüssigen, festen oder gasförmigen Monomeren ablaufen. Zur erstgenannten Variante zählen die radikalische Polymerisation von flüssigem Vinylchlorid, die Polymerisation von flüssigem Propylen mit Ziegler/Natta-Katalysatoren und die Polymerisation von geschmolzenem Trioxan. Beispiele für eine heterogene Substanzpolymerisation von festen Monomeren, die aber großtechnisch noch nicht durchgeführt werden, sind die Polymerisation von kristallinem Acrylamid und von kristallinem Trioxan. Auch die Gasphasenpolymerisation von Ethylen und Propylen zählt zu den heterogenen Substanzpolymerisationen. Der Name Gasphasenpolymerisation soll hier aber lediglich zum Ausdruck bringen, dass die Reaktion mit gasförmigen Monomeren durchgeführt wird. Die eigentliche Polymerisation findet nicht in der Gasphase statt, das Monomere wird vielmehr an den festen Katalysatorpartikeln adsorbiert und in diesem Zustand polymerisiert. Mit fortschreitender Polymerisation werden die Katalysatorpartikel von festem Polymeren umhüllt. Das Monomere muss dann aus der Gasphase durch die Polymerhülle zu den polymerisationsaktiven Zentren diffundieren. Das Reaktionsmedium ist also letztlich eine Gas/Feststoff-Dispersion aus festem Polymeren in seinem eigenen gasförmigen Monomeren.

Wegen der Mehrphasigkeit heterogener Substanzpolymerisationen werden häufig Abweichungen im kinetischen Ablauf zu Substanzpolymerisationen in homogener Phase beobachtet. Ähnliches gilt wegen des unterschiedlichen Stofftransports und der wesentlich niedrigeren Viskosität des Reaktionsansatzes auch für die verfahrenstechnische Durchführung.

2.2.3
Polyreaktionen in Lösung

Bei Polyreaktionen in Lösung unterscheidet man zwei Fälle: Wenn sowohl das Monomere als auch das entstehende Polymere im Lösemittel löslich ist, spricht man von einer homogenen Lösungspolyreaktion. Fällt dagegen das Polymere im Laufe der Reaktion aus, dann spricht man von einer Fällungspolyreaktion. Durch Zusatz eines Lösemittels lassen sich verschiedene Effekte erzielen. Zunächst wird, verglichen mit einer Polyreaktion in Substanz, die Viskosität des Reaktionsmediums stark herabgesetzt und dadurch Wärmeübergang, Stofftransport und Handhabbarkeit erhöht.

Bei *Polymerisationen* kommen noch eine Reihe zusätzlicher Gesichtspunkte hinzu. Bei radikalischer Polymerisation lässt sich z. B. der unerwünschte Trommsdorff-Effekt durch Wahl der Konzentration und der Art des Lösemittels ganz oder teilweise unterdrücken. Bei Lösemitteln mit hohen Übertragungskonstanten führen Reaktionen mit den wachsenden Makroradikalen zu einer Erniedrigung des Polymerisationsgrads und zu einer Einführung von Endgruppen, die gegebenenfalls die thermische und chemische Stabilität des Polymeren herabsetzen können. Bei ionischen Polymerisationen ist der Einfluss des Lösemittels auf den Ablauf der Reaktion noch ausgeprägter. Neben Übertragungsreaktionen können beispielsweise noch Reaktionen mit dem Initiator oder Solvatation des wachsenden Kettenendes stattfinden. In einigen Fällen hat das Lösemittel einen starken Einfluss auf die sterische Anordnung der Monomerbausteine (z. B. bei der Polymerisation von Dienen). Die Auswahl des Lösemittels für Polymerisationen muss also sehr sorgfältig auf den speziellen Fall abgestimmt werden. Sofern keine Nebenreaktionen eintreten, gelten bei homogenen Lösungspolymerisationen die gleichen kinetischen Gesetzmäßigkeiten wie bei der homogenen Substanzpolymerisation. Bei Fällungspolymerisationen muss man allerdings häufig mit Abweichungen rechnen.

Die bei Lösungspolymerisationen praktikablen Feststoffkonzentrationen liegen meistens unterhalb 20% und damit deutlich niedriger als bei der Suspensions- oder Emulsionspolymerisation.

2.2.4
Polyreaktionen in Dispersion

Viele Polyreaktionen, vor allen Dingen Polymerisationen, lassen sich schon von Reaktionsbeginn an in heterogener Phase durchführen.

Bei *Polymerisationen* wird hierzu das flüssige Monomere in einer mit dem Monomeren nicht mischbaren Flüssigkeit durch Rühren zu feinen Tröpfchen emulgiert und in dieser Form polymerisiert. Allerdings tritt während der Polymerisation ein Wechsel im Aggregatzustand der dispersen Phase ein, denn die entstehenden Makromoleküle sind Feststoffe. Die anfängliche Flüssig/flüssig-Dispersion (Emulsion) geht also in eine Fest/flüssig-Dispersion (Suspension) über. Bei Unlöslichkeit des Polymeren im Monomeren (z. B. bei Polyacrylnitril) setzt dieser

Übergang schon zu Beginn ein, im Falle der Löslichkeit des Polymeren im Monomeren (z. B. bei Polystyrol) dagegen erst bei höheren Umsätzen. Der Begriff Suspensionspolymerisation wurde im Hinblick auf den Endzustand, der Begriff Emulsionspolymerisation dagegen im Hinblick auf den Anfangszustand des Systems geprägt. Trotz dieser Ähnlichkeit unterscheiden sich aber beide Verfahren doch in einigen wesentlichen Merkmalen, so z. B. in der Größe der entstehenden Polymerisatteilchen (0,1–0,5 µm bei der Emulsionspolymerisation und 0,5 µm–2 mm bei der Suspensionspolymerisation) sowie im kinetischen Ablauf. Beiden Verfahren gemeinsam sind folgende Vorteile:

- Wegen der Aufteilung des Monomeren in kleine Tröpfchen und wegen der hohen Wärmekapazität des Wassers kann die Reaktionswärme rasch abgeführt werden.
- Das Reaktionsgemisch bleibt auch bei hohen Umsätzen noch leicht beweglich, da die Viskosität nur in den Monomer/Polymertröpfchen stark ansteigt, wovon die Viskosität des Gesamtsystems aber nicht so sehr beeinflusst wird.

Aus diesen Gründen sind Polymerisationen in Dispersion verfahrenstechnisch relativ einfach auch in Rührkesseln bis 200 m^3 durchführbar.

Auch *Polykondensations- und Polyadditionsreaktionen* können in Dispersion ausgeführt werden, so z. B. die Grenzflächenpolykondensation.

2.2.4.1 **Polyreaktionen in Suspension**

Bei einer radikalischen *Polymerisation* in Suspension wird das flüssige Monomere, das meistens einen wasserunlöslichen, aber monomerlöslichen Initiator (z. B. Dibenzoylperoxid) enthält, durch Rühren emulgiert und anschließend bei höherer Temperatur polymerisiert. Die Polymerisation erfolgt also in den Monomertröpfchen und verläuft deshalb auch nach den kinetischen Gesetzmäßigkeiten der Substanzpolymerisation. Sowohl um die Emulgierung der Monomeren zu erleichtern, vor allem aber um im Verlaufe der Polymerisation eine Koagulation der durch das Monomere angequollenen Polymerisatteilchen zu verhindern, müssen Suspensionshilfsmittel (Dispergatoren) zugegeben werden. Hierfür kommen entweder wasserlösliche Makromoleküle (so genannte Schutzkolloide) oder feinkörnige und unlösliche anorganische Verbindungen, die so genannten Pickering-Emulgatoren (z. B. Calciumcarbonat), in Mengen von 0,1–0,5 % bezogen auf das Monomere in Frage. Auch Kombinationen von beiden Dispergatortypen werden verwendet. Das Volumenverhältnis von Monomer- zur Wasserphase liegt meistens zwischen 25 : 75 und 50 : 50. Bei einheitlicher Tropfengröße lässt sich aus räumlichen Gründen ein Verhältnis von 74 : 26 nicht überschreiten. Um möglichst hohe Umsätze zu erzielen, werden oft Radikalbildner mit unterschiedlichen Zerfallskonstanten verwendet und die Temperatur gegen Ende der Polymerisation erhöht.

Die bei der Suspensionspolymerisation flüssiger Monomere anfallenden Polymerisatteilchen haben etwa die gleichen Dimensionen wie die ursprünglichen Monomertröpfchen, falls keine Sekundäraggregation auftritt, wie z. B. beim PVC. Sofern das entstehende Polymere in seinem Monomeren unlöslich ist, fallen sie in Form eines regellos geformten Pulvers an (z. B. bei Polyacrylnitril). Ist dagegen das

Polymere im Monomeren löslich, dann entstehen regelmäßige Polymerisatkügelchen (z. B. beim Polystyrol). In diesem Spezialfall der Suspensionspolymerisation spricht man von Perlpolymerisation. Bei vielen technischen Suspensionspolymerisationen (z. B. beim expandierbaren Polystyrol oder beim PVC ist man an einer bestimmten Teilchengrößenverteilung und Teilchenmorphologie interessiert. Diese hängen in oft komplexer Weise von vielen Faktoren ab, wie beispielsweise vom Phasenverhältnis Monomer/Wasser, von Art und Konzentration des Dispergators, von der Reaktorgeometrie und von der Rührintensität.

Großtechnisch werden Suspensionspolymerisationen nicht nur in wässriger Phase radikalisch initiiert, sondern auch mit Ziegler/Natta-Katalysatoren in aliphatischen Kohlenwasserstoffen durchgeführt, wie z. B. die Polymerisation von Ethylen und von Propylen.

2.2.4.2 **Polyreaktionen in Emulsion**

Polyreaktionen in Emulsion beschränken sich im Wesentlichen auf radikalische Polymerisationen in Wasser. Wie bei der Suspensionspolymerisation besteht das Prinzip darin, dass man ein weitgehend wasserunlösliches Monomeres in Wasser emulgiert und in dieser Form polymerisiert. Zwischen beiden Verfahren stehen aber folgende Unterschiede:

- Die Emulgierung des Monomeren erfolgt in Gegenwart von wasserlöslichen Substanzen (Emulgatoren), die Micellen bilden können. Das Monomere liegt daher zu Beginn der Polymerisation sowohl in Form von Monomertröpfchen als auch in den Micellen vor.
- Zur Initiierung verwendet man fast ausschließlich wasserlösliche Radikalbildner, z. B. Kaliumperoxodisulfat oder Redoxsysteme.
- Die Polymerisation findet nicht in den Monomertröpfchen, sondern in den Micellen statt, die dann zu Latexteilchen aufquellen.
- Die Polymerisationsgeschwindigkeit hängt von der Zahl der Micellen und damit von der Emulgatorkonzentration ab. Polymerisationsgeschwindigkeit und Polymerisationsgrad lassen sich gleichzeitig erhöhen.
- Die Durchmesser der entstehenden Polymerisatteilchen sind wesentlich kleiner als bei der Suspensionspolymerisation.

Der Verlauf einer Emulsionspolymerisation und die Eigenschaften des fertigen Polymerlatex hängen entscheidend vom Emulgator ab.

Emulgatoren sind Moleküle, die aus einem hydrophilen und einem hydrophoben Rest bestehen. Je nach dem elektrischen Ladungszustand des hydrophilen Anteils unterscheidet man zwischen anionischen, kationischen und nicht ionischen Emulgatoren.

Anionische Emulgatoren sind z. B. K-, Na- und NH_4-Salze von Fettsäuren, Na-Laurylsulfat, Salze alkylsubstituierter Benzol- oder Naphthalinsulfonsäuren.

Kationische Emulgatoren sind z. B. quartäre Ammoniumsalze, die wenigstens einen hydrophoben Substituenten besitzen.

Nicht ionische Emulgatoren sind z. B. oxethylierte Phenole, Alkohole und Carbonsäuren sowie Blockcopolymere aus Ethylenoxid und Propylenoxid.

In sehr verdünnter wässriger Lösung verhalten sich die Emulgatoren wie isolierte Moleküle oder auch wie Elektrolyte. Bei steigender Emulgatorkonzentration tritt jedoch eine sprunghafte Änderung einiger physikalischer Eigenschaften der Lösung ein, z. B. der Oberflächenspannung, der Viskosität, der elektrischen Leitfähigkeit und des osmotischen Drucks. Die Konzentration, bei der diese sprunghaften Änderungen zu beobachten sind, wird kritische Micellkonzentration (KMK) genannt. Sie ist für einen bestimmten Emulgator charakteristisch. Unterhalb der kritischen Micellkonzentration ist der Emulgator molekular gelöst, dagegen lagern sich oberhalb der KMK die Emulgatormolekel zu Molekülaggregaten, den sog. Micellen, zusammen, und zwar dergestalt, dass die hydrophoben Reste nach innen, die hydrophilen Reste nach außen, also zur wässrigen Phase hin gerichtet sind. Diese Micellen besitzen einen Durchmesser von etwa 3,5 nm. Die Größe der Micellen wächst bei der Zugabe von Monomeren deutlich an (Durchmesser: 4,5–5 nm). Trotzdem ist der Durchmesser der Monomertröpfchen mit etwa 1000 nm sehr viel größer als der der Micellen (vgl. Abb. 2.2). Die Emulgatorkonzentration beträgt im Allgemeinen 0,5–5 %, bezogen auf das Monomere. Die Wassermenge variiert bei den üblichen Öl-in-Wasser-Emulsionen zwischen der Hälfte und dem Vierfachen der Monomermenge.

Die Micellen enthalten größenordnungsmäßig etwa 100 Emulgatormoleküle und liegen in Konzentrationen von etwa 10^{18} Micellen cm^{-3} vor. Demgegenüber ergibt sich die Menge an Monomertröpfchen nur zu 10^{10} cm^{-3}. So kommt es, dass trotz des größeren Volumens der Monomertröpfchen die Micellen eine sehr viel größere Oberfläche bilden. Ein in der wässrigen Phase gebildetes Radikal wird also sehr viel öfter eine mit Monomermolekülen gefüllte Micelle treffen als ein Monomertröpfchen. Die Polymerisation findet deshalb praktisch nur in den Micellen und nicht in den Monomertröpfchen statt.

Der kinetische Ablauf einer Emulsionspolymerisation lässt sich nach den Theorien von HARKINS bzw. SMITH und EWART in drei Perioden unterteilen:

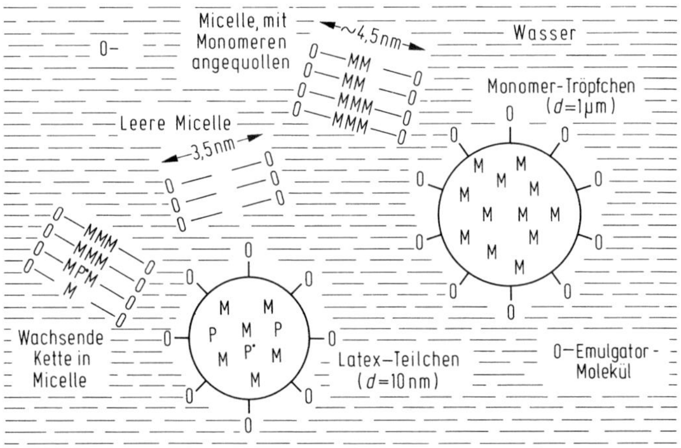

Abb. 2.2 Schematische Aufteilung der Komponenten bei einer Emulsionspolymerisation – Emulgatormolekül, M Monomermolekül, P Polymermolekül, P* Polymerradikal

Zunächst nehmen die Micellen mit fortschreitender Polymerisation schnell an Größe zu und gehen in die sog. Latexteilchen über, die nun neben Monomerem auch Polymeres enthalten. Auch diese sind noch sehr viel kleiner als die Monomertröpfchen und besitzen zu Anfang einen Durchmesser von etwa 20–40 mm, was etwa 10^{14} Teilchen cm^{-3} entspricht. Das verbrauchte Monomere wird über die wässrige Phase aus den Monomertröpfchen laufend nachgeliefert. Zur Stabilisierung werden aus der wässrigen Phase auch immer mehr Emulgatormoleküle an der Oberfläche der Latexteilchen adsorbiert; dabei verschwinden die Micellen, die noch kein Polymeres enthalten, langsam. Die Konzentration des noch freien Emulgators sinkt so schließlich unter die kritische Micellkonzentration; in diesem Moment steigt die Oberflächenspannung deutlich an. Von nun an können praktisch keine neuen Latexteilchen mehr entstehen. Die Periode I der Emulsionspolymerisation, die sog. Teilchenbildungsperiode, ist damit nach etwa 10–20% Umsatz abgeschlossen.

Die Polymerisation findet von nun an nur noch in den Latexteilchen statt, deren Zahl jetzt konstant bleibt. Die Monomertröpfchen dienen weiter als Vorratsbehälter, welche die wachsenden Latexteilchen mit der notwendigen Monomermenge beliefern, so dass die Monomerkonzentration in den Latexteilchen und damit auch die Polymerisationsgeschwindigkeit konstant bleibt. In dieser Periode II ist die Reaktion also nullter Ordnung bezüglich der Monomerkonzentration.

Wenn die Polymerisation soweit fortgeschritten ist, dass alle Monomertröpfchen verschwunden sind, was nach 60–80% Umsatz der Fall ist, befindet sich alles Monomere in den Latexteilchen. Die Monomerkonzentration nimmt nun mit fortlaufender Polymerisation stetig ab, d. h. in dieser Periode III ist die Reaktion erster Ordnung. Am Ende der Polymerisation besteht die Emulsion schließlich aus Polymerisatteilchen mit einer Größenverteilung zwischen 50 und 150 nm, die damit größer sind als die ursprünglichen Micellen, aber immer noch kleiner als die ehemaligen Monomertröpfchen.

In Abbildung 2.3 sind die Änderungen der Oberflächenspannung und der Bruttogeschwindigkeit mit dem Umsatz graphisch dargestellt.

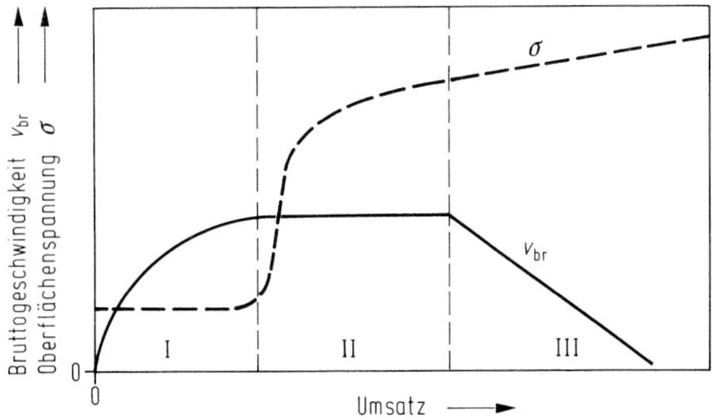

Abb. 2.3 Bruttogeschwindigkeit ν_{br} und Oberflächenspannung σ in Abhängigkeit vom Umsatz bei der Emulsionspolymerisation

Die bei der Emulsionspolymerisation entstehende Polymerdispersion (Latex) mit bis zu 60 % Feststoff und Teilchendurchmessern von 0,1–0,5 µm wird häufig als solche weiterverwendet. Man isoliert hieraus aber gelegentlich auch das feste Polymere, wozu besondere Verfahrenstechniken entwickelt wurden.

Eine besondere Ausführungsform ist die inverse oder umgekehrte Emulsionspolymerisation. Hierbei wird ein hydrophiles Monomeres in Wasser gelöst und diese Lösung unter Verwendung von speziellen Wasser-in-Öl-Emulgatoren in einer mit Wasser nicht mischbaren organischen Flüssigkeit emulgiert. Mittels wasser- oder öllöslicher Radikalbildner wird dann die Polymerisation ausgelöst. Man erhält einen Latex, der aus sehr kleinen, mit Wasser gequollenen und in der Ölphase suspendierten Polymerisatteilchen besteht. Technisch wird dieses Verfahren zur Herstellung von sehr hochmolekularen Polyacrylamiden ausgeübt.

In Tabelle 2.3 sind für die wichtigsten Kunststoffe die technisch ausgeübten Herstellverfahren kurz aufgelistet. Detailangaben sind den Einzelabschnitten zu entnehmen.

Tab. 2.3 Die wichtigsten Kunststoffe und ihre technischen Herstellverfahren

Polymeres	**Struktureinheit**	**Herstellverfahren**
Polyethylen (PE)	$\left[CH_2-CH_2 \right]_n$	1. Radikalische Polymerisation in Substanz (LDPE) 2. Koordinative Polymerisation in Substanz (Gasphase), Suspension oder Lösung (HDPE, LLDPE)
Polypropylen (PP)	$\left[CH_2-CH(CH_3) \right]_n$	1. Koordinative Polymerisation in Suspension 2. Koordinative Polymerisation in Substanz (Gasphase oder Flüssigphase)
Polybuten-1 (PB)	$\left[CH_2-CH(CH_2-CH_3) \right]_n$	Koordinative Polymerisation in Suspension
Polystyrol (PS)	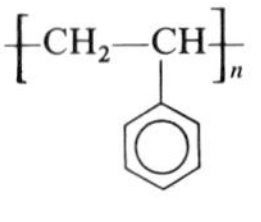	1. Radikalische Polymerisation in Suspension 2. Radikalische Polymerisation in Substanz 3. Radikalische Polymerisation in Emulsion
Polyvinylchlorid (PVC)	$\left[CH_2-CH(Cl) \right]_n$	1. Radikalische Polymerisation in Suspension 2. Radikalische Polymerisation in Emulsion 3. Radikalische Polymerisation in Substanz
Polyoxymethylen (POM)	$\left[CH_2-O \right]_n$	1. Anionische Polymerisation in Suspension (Formaldehyd) 2. Kationische Polymerisation (Copolymerisation) in Substanz (Trioxan)

Tab. 2.3 Fortsetzung

Polymeres	**Struktureinheit**	**Herstellverfahren**
Polytetrafluorethylen (PTFE)	$-[CF_2-CF_2]_n-$	1. Radikalische Polymerisation in Suspension 2. Radikalische Polymerisation in Emulsion
Polymethylmethacrylat (PMMA)	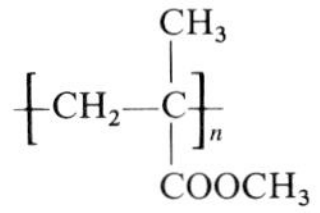	1. Radikalische Polymerisation in Suspension 2. Radikalische Polymerisation in Substanz
Polycarbonat (PC)	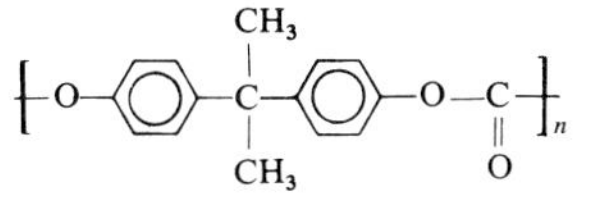	1. Polykondensation von Bisphenolen mit Phosgen in Lösung 2. Umesterung von Diphenylcarbonat mit Bisphenolen in Substanz
Aliphatische Polyamide (PA)	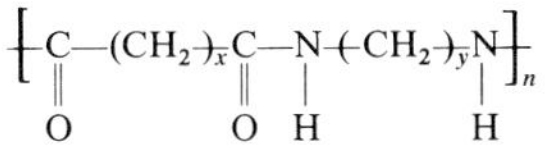	1. Polykondensation von Dicarbonsäuren und Diaminen in Substanz 2. Ring öffnende Polymerisation von cyclischen Amiden (Lactamen) in Substanz
Aromatische Polyamide (Aramide) (PA)	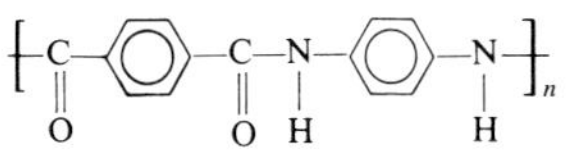	Polykondensation von Dicarbonsäurechlorid mit Diamin in Lösung oder in Suspension (Grenzflächenpolykondensation)
Polyester (PET, PBT)	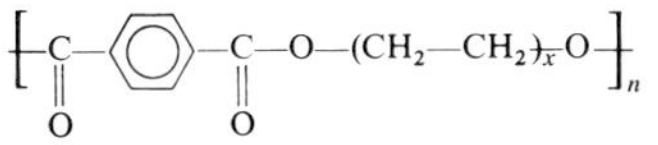	1. Polykondensation von Terephthalsäuredimethylester mit aliphatischen Diolen in Substanz 2. Polykondensation von Terephthalsäure mit Ethylenglykol in Substanz
Polyphenylenoxid (PPO)	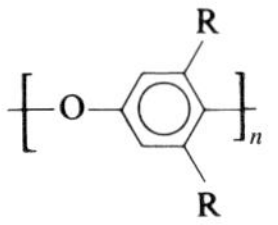	Dehydrierende Polykondensation von substituierten Phenolen in Lösung
Polyurethane (PUR)	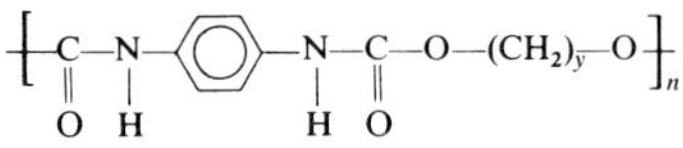	Polyaddition von Diisocyanat mit Diol in Lösung oder in Substanz (Polyurethanschaum)
Phenol/Formaldehyd-, Harnstoff/Formaldehyd-, Melamin/Formaldehyd-Kondensate (PF, UF, MF)	–	Polykondensation in Substanz
Ungesättigte Polyesterharze	–	Radikalische, vernetzende Copolymerisation in Substanz

3
Apparaturen zur Herstellung, Aufarbeitung und Konfektionierung von Kunststoffen

Bei der Herstellung von Kunststoffen kommen die verschiedensten Verfahren und Technologien zum Einsatz. Der normale Herstellungsprozess moderner Polymere erstreckt sich – bis auf wenige Ausnahmen – von der eigentlichen Polymerisationsreaktion über die Entgasung und Compoundierung bis hin zur schlussendlichen Formgebung beziehungsweise Granulierung. Die zum Einsatz kommenden Anlagen und Apparate basieren auf den unterschiedlichsten Fachgebieten, wie der Reaktionstechnik, den thermischen Trennverfahren, der Pumpen- und Extrudertechnologie, aber auch der Hochdruck- und Hochviskostechnik. Entsprechend der Vielfalt von Kunststofftypen und Copolymeren ist die Anzahl verwendeter Apparate und Verfahren sehr groß.

Die technischen Entwicklungen der letzten Jahre sind von einem Trend hin zu Polymeren für Spezialanwendungen geprägt, wie z. B. niedermolekulare Coatings oder extrem schlagzähe Kunststoffe, was für die Verfahrenstechnik neue Herausforderungen bedeutet. Bei den Commodity-Polymeren, deren Jahresproduktionen weltweit stetig steigen, geht der Trend hingegen zu Anlagen mit immer größer werdenden Kapazitäten mit dem Ziel sinkender Investitionskosten (Abb. 3.1).

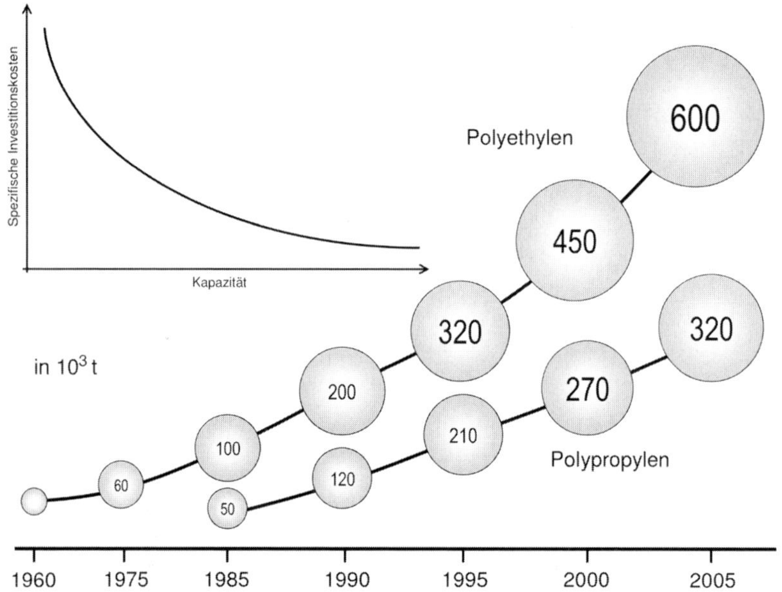

Abb. 3.1 Entwicklung der weltweiten Produktionskapazitäten am Beispiel von PE und PP sowie Investitionskosten in Abhängigkeit der Anlagengröße [3.1]

3.1 Reaktoren

Wie bei allen anderen chemischen Produktionsverfahren unterscheidet man auch in der Polymerisationstechnologie zwischen drei grundsätzlich verschiedenen Reaktorfahrweisen: Batch- oder Satzfahrweise, halbkontinuierliche (Semibatch-) Fahrweise und kontinuierliche Verfahren. Am Anfang der Konzeption eines Verfahrens steht somit die Auswahl der in Frage kommenden beziehungsweise der am besten geeigneten Fahrweise. Bei manchen Polymeren, wie z. B. äußerst hochmolekularen Acrylgläsern, die seit über 50 Jahren im Gussverfahren hergestellt werden, ist diese Auswahl bereits durch Produkteigenschaften wie Viskosität oder zu erzielende Molekulargewichte eingeschränkt. Ein weiteres Beispiel hierfür sind Polyurethane, deren Polymerisationsgeschwindigkeit so hoch ist, dass die Monomeren direkt in Formen eingespritzt und dort auspolymerisiert werden müssen (reactive injection moulding, RIM).

Die Batchvariante zeichnet sich vor allem durch ihre Vielseitigkeit aus und ist deshalb weit verbreitet bei Spezialpolymeren mit niedrigen Produktionskapazitäten. Ihre Anwendbarkeit ist stark eingeschränkt durch relativ niedrige erreichbare Viskositäten und schlechte Wärmabfuhrmöglichkeiten, insbesondere während der zum Erreichen hoher Molekulargewichte entscheidenden Schlussphase von Massepolymerisationen [3.2]. Die Semibatch-Fahrweise bietet sich vor allem bei Polymerisationen an, bei denen anfallende niedermolekulare Substanzen zwecks Gleichgewichtsverschiebung aus dem Reaktor entfernt werden müssen (Polykondensationen), oder über den gesamten Reaktionsverlauf Initiatoren, Katalysatoren beziehungsweise Monomer zudosiert werden müssen. Batch- und Semibatch-Verfahren sind jedoch für den Einsatz in Anlagen mit hohen Produktionskapazitäten ungeeignet aufgrund der zeitaufwändigen Beschickungs- und Entleerungsvorgänge, so dass man hier zu kontinuierlich betriebenen Reaktoren übergeht.

Während bei satzweise betriebenen Reaktoren die Reaktionszeit für den gesamten Reaktorinhalt gleich ist, variiert bei kontinuierlichen Verfahren die Verweilzeit im Reaktor zum Teil beträchtlich. Dies muss bei der Auswahl der Verfahrensweise in Hinblick auf die gewünschte Produktqualität unbedingt berücksichtigt werden. Besonders kontinuierlich betriebene Rührkessel und Rührkesselkaskaden haben ein verhältnismäßig breites Verweilzeitspektrum und mäßige bis hohe Rückvermischungsgrade. Die im Prinzip kontinuierliche Variante des Batchreaktors sind die Rohrreaktoren, welche die Vorteile eines kontinuierlichen Verfahrens mit den grundlegenden Eigenschaften des Batchreaktors kombinieren [3.3].

Um schließlich den für die jeweilige Polymerisationsreaktion geeignetsten Reaktortyp sowie eventuell benötigte Aggregate zur Wärmeabfuhr und Durchmischung etc. zu finden, sind zahlreiche weitere Aspekte zu berücksichtigen. Die Wichtigsten sind in Tabelle 3.1 aufgelistet.

Nach welchem Polymerisationsverfahren polymerisiert wird (Masse, Lösung, Suspension, Emulsion, Gasphase) hängt stark vom Monomer und von den gewünschten Produkteigenschaften ab. Die Massepolymerisation zeichnet sich vor allem durch hohe Durchsätze und Produktreinheit aus, da das Monomer nicht verdünnt

Tab. 3.1 Wichtige Aspekte zur Auswahl geeigneter Reaktortypen

Charakteristika	
Art der Polymerisationsreaktion	Massepolymerisation Lösemittelpolymerisation Emulsions-/Suspensionspolymerisation Gasphasenpolymerisation Polykondensation etc.
Verfahrensweise	Batch, Semibatch, Kontinuierlich
Chemische und physikalische Eigenschaften der Einsatzstoffe und Produkte	Monomeren und Lösemittel (flüssig, gasförmig) Katalysatoren (Feststoffe) Initiatoren (flüssig, fest)
Reaktionsbedingungen	Temperatur, Druck, Verweilzeitverteilung, Reaktionswärme, Viskosität, Molekulargewicht
Wirtschaftliche Aspekte	Kapazität, Investitionskosten, Flexibilität

wird und somit am Ende auch keine Lösemittel abgetrennt werden müssen. Durch Auswahl von Verweilzeit und Initiatorkonzentration lässt sich der Umsatz präzise einstellen und so die Viskosität im Reaktor begrenzen. Jedoch bleibt das Risiko des »Durchgehens« der Reaktion und es werden immer noch relativ hohe Viskositäten erreicht. Außerdem bilden sich bei langen Produktionszeiträumen hochmolekulare Polymerbeläge auf innen liegenden Oberflächen. Bei der Lösemittelpolymerisation umgeht man zu hohe Viskositäten und erzielt bessere Homogenität im Reaktor. Dem Monomer werden hierbei bis zu 50% Lösemittel zugemischt, die im Anschluss allerdings energieaufwändig abgetrennt werden müssen. Je nach Lösemittel finden außerdem Radikaltransferreaktionen zum Lösemittel statt, was sich auf das Molekulargewicht auswirkt. Bei der Suspensionspolymerisation werden Monomer und darin gelöster Initiator in Form kleiner, mit Hilfe von Schutzkolloiden stabilisierter Tröpfchen in einer inerten Phase verteilt und auspolymerisiert. Ähnlich verfährt man auch bei der Emulsionspolymerisation, nur ist hier der Initiator in der homogenen Phase gelöst und man verwendet Emulgatoren anstelle von Kolloiden. Beiden Verfahren ist gemeinsam, dass die Viskosität selbst bei hohen Umsätzen niedrig bleibt, was gut für Wärmeabfuhr und Homogenität ist, und das Polymer direkt in Pulver- oder Granulatform anfällt. Allerdings sind die Durchsätze im Vergleich zur Massepolymerisation deutlich niedriger und die Aufarbeitung nach der Reaktion ist relativ aufwändig. Des Weiteren können größere Mengen Polymer in der kontinuierlichen Phase gelöst sein und umgekehrt, was weitere Aufarbeitungsschritte nötig macht. Gasphasenreaktionen bieten sich für gasförmige Monomere an, da diese direkt und in reiner Form polymerisiert werden können. Die Wirbelschichtverfahren haben sich zum Standard bei den Gasphasenpolymerisationen durchgesetzt.

Eine Übersicht der unterschiedlichen Polymerisationsarten ist in Tabelle 3.2 gegeben.

Tab. 3.2 Polymerisationsarten und ihre Vor- bzw. Nachteile

Polymerisation in:	Vorteile	Nachteile	Polymere
Masse	+ Hoher Durchsatz + Niedrige Aufarbeitungskosten + Hohe Produktreinheit + Keine Transferreaktionen zum Lösemittel	– Hohe Viskosität (Probleme mit Wärmeaustausch und Durchmischung) – Belagbildung auf den Oberflächen (Fouling) – Pumpen schwierig	LDPE, HDPE, PS, PB, PMMA, PC, PP, HIPS, EVA, PA
Lösung	+ Niedrige Viskosität + Bessere Homogenität (thermisch und Konzentration) + Kein Risiko der Verstopfung des Reaktors	– Geringere Produktdurchsätze – Aufwändige Abtrennung von Lösemittel – Transferreaktionen zum Lösemittel	
Suspension	+ Niedrige Viskosität + Guter Wärmeaustausch + Niedrigere Aufarbeitungskosten im Vergleich zu Emulsion	– Geringe Durchsätze – Aufarbeitung des Dispergiermittels und der kontinuierlichen Phase	PVC, PTFE, PMMA, EPS, LDPE, HDPE, PP
Emulsion	+ Niedrige Viskosität + Guter Wärmeaustausch + Schnelle Reaktionsgeschwindigkeiten + Hohe Molekulargewichte	– Hohe Aufbereitungskosten durch Flüssig-Flüssig-Trennung – Emulgator als Verunreinigung im Produkt	SBR, PVC, PTFE, zahlreiche Copolymere
Gasphase	+ Gasförmige Monomere können direkt polymerisiert werden + Einfache Aufarbeitung	– Geringe Umsätze – Aufwändig (Gasstrom, Feststoffhandling)	PVC, HDPE, PP, LLDPE

3.1.1
Reaktortypen

Nach wie vor die Hauptrolle in der Polymerisationstechnik spielt der Rührkesselreaktor (vgl. Tab. 3.3). Ob in Satzfahrweise oder in kontinuierlichen Verfahren, wo er oft in Kombination mit anderen Reaktortypen bzw. als Kaskade Verwendung findet, zeichnet sich der Rührkessel durch seine vielseitige Einsetzbarkeit und Anpassungsfähigkeit an die verschiedensten Reaktionsbedingungen aus. Hohe Drücke sind ebenso wenig ein Problem wie große Reaktorvolumina, jedoch wird mit größer werdendem Volumen die Wärmeabfuhr und Durchmischung von viskosen Lösungen zunehmend schwerer. Spezielle Einbauten wie Hochviskosrührer und Wärmetauscher ermöglichen den Einsatz bis zu relativ hohen Viskositäten, auch wenn – zumindest bei Massepolymerisationen – der maximal erreichbare Monomerumsatz stark begrenzt werden muss (üblicherweise auf ca. 50 %, bei höheren Temperaturen auch bis zu 70 % [3.4]), will man das Polymer nicht anschließend »bergmännisch

Tab. 3.3 Gängige Polymerisationsreaktoren (schematisch) (s. auch Chemische Reaktionstechnik, Bd. 1)

Reaktortyp		Fahrweise		Phase			Volumina	Drücke	Verweilzeitverteilung	erreichbare Viskositäten	Anwendungsbeispiele
		batch	kont.	Lösung	Emulsion	Gasphase	(m^3)	(bar)			
Rührkessel		x	x	x	x		1–50	< 2500	eng – breit	niedrig	PVC, PMMA, PS, ABS, PVA, PTFE, SAN, PC
Rührkesselkaskade	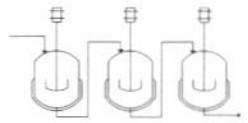		x	x	x		1–16	< 16	breit	niedrig	ABS, SBR, SAN, NBR, HIPS, EPDM
Rohrreaktor - einf. Durchlauf			x	x	x		< 50	< 3500	eng	hoch	HDPE, LDPE, PS, PMMA, PA, EVA
- Schleife	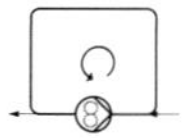							< 100			
Kombination Rührkessel/Rohrreaktor	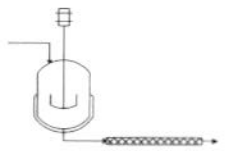		x	x	x				eng – breit	hoch	PS, PMMA, PC
Wirbelschicht	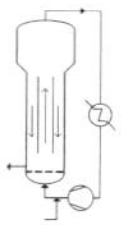		x			x	100–500	< 100	breit	Feststoff	PP, HDPE, LLDPE
Knetreaktoren (Mixer Kneader)	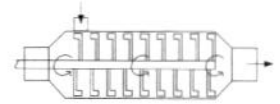	x	x	x			< 1	< 10	breit	hoch	PU, PA
Blasensäulen/Slurry-Reaktoren			x		x		< 120	< 30	eng	niedrig/Feststoff	PVC
Spinning Disc	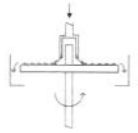		x	x			< 0,1	< 10	sehr eng	hoch	
Gießformen		x		x			< 1	1		Feststoff	PMMA, PUR

abbauen« müssen. Dies gilt nicht für Lösungsmittel- oder Emulsions-/Suspensionspolymerisationen, bei denen die Viskosität durch Lösemittel, respektive durch die kontinuierliche Phase niedrig gehalten wird.

Um Polymere mit breiteren Molekulargewichtsverteilungen zu erhalten oder Reaktionen unter anderen Reaktionsbedingungen bzw. mit anderen Monomerzusammensetzungen fortzusetzen (z. B. bei der Herstellung besonders schlagzäher Polystyrole [3.5]), werden in der Regel Rührkesselkaskaden oder Kaskaden aus Rührkesseln und Turmreaktoren verwendet. Dabei lassen sich in jedem Reaktor andere Bedingungen einstellen (durch Volumenwahl etwa die Verweilzeit) oder auch Monomere und Zusatzstoffe zudosieren.

Üblich bei Lösemittel- und Massepolymerisationen hingegen ist die Kombination aus kontinuierlichem Rührkessel und Rohreaktor. Im Rührkessel stellt man hierbei durch Wahl von Verweilzeit und Initiator mittlere Umsätze ein und setzt die Reaktion dann im Rohrreaktor, teils bis zu sehr hohen Umsätzen (bis hin zum Totalumsatz), fort. Mitunter wird hierzu Initiator zwischen Kessel und Rohr, bzw. über die gesamte Länge des Rohrreaktors nachdosiert. Es ist jedoch der Druckverlust zu berücksichtigen, der durch die jeweils nötigen Mischelemente verursacht wird. Aus diesem Grund kann die Zahl der Dosierstellen nicht beliebig hoch sein und wird in industriellen Reaktoren meist auf vier beschränkt [3.6].

Eine Alternative zum kontinuierlichen Rührkessel ist der Schleifen- oder Loopreaktor. Hierbei wird der Kessel durch einen Rohrreaktor in Schlaufenform mit hohen Umpumpraten ersetzt, wobei das Verhältnis zwischen Durchsatz und Umpumpstrom etwa 1 : 20 bis 1 : 40 betragen sollte, um ähnliche Bedingungen wie im Rührkessel zu erhalten [3.7]. Vorteil ist die höhere spezifische Oberfläche, die der Rohrreaktor im Vergleich zum Rührkessel bietet, durch die die Wärmeabfuhr deutlich verbessert werden kann [3.8]. Allerdings ist, wie bei jedem Rohreaktor, die unerwünschte Bildung von Polymerbelägen auf statischen Mischern und in eventuellen Totvolumina an Flanschen nicht außer Acht zu lassen.

Rohrreaktoren an sich kommen für Lösungspolymerisationen sehr häufig zum Einsatz. Dank unterschiedlicher Einbauten (s. Abschnitt 3.1.2) verfügen sie über sehr gute Wärmeaustausch- und Durchmischungseigenschaften. Sie können bis in hohe Viskositäts- und Druckbereiche eingesetzt werden und zeichnen sich durch geringe Rückvermischung und sehr enge Verweilzeitverteilungen aus. Die Verweilzeit ist allerdings bei Rohren mit einfachem Produktdurchlauf begrenzt, weshalb man häufig auf Schleifenreaktoren oder Kombinationen aus Schleife und einfachem Rohr zurückgreift. Neuerdings werden Rohrreaktoren auch für Emulsionspolymerisationen vorgeschlagen [3.9].

Bei der Polyolefinsynthese haben sich seit langem die Wirbelschichtreaktoren durchgesetzt. Diese ermöglichen die Polymerisation in der Gasphase, ohne die meist gasförmigen Monomere zunächst in Lösung zu bringen. Bei diesem Verfahren werden Polymerpartikel unter Zugabe eines Katalysators in Form sehr feiner Partikel in einem vertikalen Rohr durch einen von unten eingeleiteten Gasstrom in einen fluidisierten Zustand gebracht. Der Gasstrom enthält das oder die Monomere sowie in manchen Fällen Inertgase, die der Mischung zugesetzt werden, um Konzentration oder Taupunkt des Gasgemischs zu erniedrigen und somit Kondensation im Reaktor zu vermeiden. Der Gasstrom wird am oberen Ende des Reaktors entnommen, wo normalerweise durch eine Querschnittserweiterung die Gasgeschwindigkeit verringert und somit der Austrag von Partikeln vermieden wird. Da der Monomerumsatz pro Umlauf in der Regel nur bei wenigen Prozent liegt, wird der anfallende Gasstrom aufbereitet und wieder dem Reaktor zugeführt. Im Bereich der Wirbelschicht wachsen auf der Katalysatoroberfläche ständig neue Polymerpartikel, welche ebenfalls kontinuierlich dem Reaktor entnommen werden müssen, um Volumen und Masse der Wirbelschicht konstant zu halten. Die Reaktionswärme wird durch den Gasstrom abgeführt, der zu diesem Zwecke auch vorgekühlt werden kann. Die transportierbare Wärmemenge und somit die zulässige, produzierte Reaktionswärme ist allerdings durch den maximal möglichen Gasstrom beschränkt. Bezüglich Inneneinbauten kommen verschieden Varianten zum Einsatz. Zum einen gibt es Wirbelschichten mit bewegten Inneneinbauten, um die Fluidisierung zu erleichtern und den für diese benötigten Gasstrom zu verringern [3.10, 3.11], zum anderen Reaktoren mit Einbauten, die den Reaktionsraum in mehrere Zonen einteilen, um Anbackungen zu verringern bzw. die Wirbelschicht stabiler zu machen [3.12]. Auch horizontale Wirbelschichtreaktoren sind bekannt [3.13].

Knetreaktoren sind die moderne aber kostenintensivere Alternative zu Rohrreaktoren mit statischen Mischern. Sie sind geeignet für Polymerisationen bis zu extrem hohen Viskositäten und vereinen meist mehrere Funktionen in einem Apparat, wie z. B. Reaktion, Entgasung und Compoundierung. Spezielle selbstreinigende Knetelemente, meist zwei oder mehr in paralleler Anordnung, verhindern Belagbildung, wie sie bei statischen Mischern häufig auftritt. Statische Einbauten ermöglichen zudem die Aufteilung in verschiedene Reaktionszonen.

Eine weitere Verfahrensvariante für die Suspensionspolymerisation sind die Blasensäulenreaktoren. Diese finden Anwendung bei der Herstellung von Polymerkügelchen (Perlpolymerisate), wie sie unter anderem für Ionenaustauscher benötigt werden. Die Initiator enthaltende Monomerlösung wird durch Düsen oder perforierte Platten direkt in die kontinuierliche Phase (meist Wasser) geleitet, die einen Stabilisator enthält, wobei aufgrund der Nichtlöslichkeit der Monomerlösung kleine Bläschen entstehen, die bei korrekt eingestelltem Dichteunterschied zwischen beiden Lösungen langsam aufsteigen und auspolymerisieren. Die Schwierigkeit ist hierbei, möglichst gleichmäßige Durchmesser der Blasen und somit der Polymerpartikel zu erhalten. Deshalb muss der Bereich der Blasenbildung genauestens ausgelegt sein, und Düsen werden meist zusätzlich durch horizontale Schwingungen angeregt [3.14], um die Blasenablösung zu unterstützen und Agglomerate der Blasen zu verhindern. Beim Slurry-Prozess handelt es sich um einen dreiphasigen Vorgang, bei dem ein meist fester Katalysator in der kontinuierlichen Phase verteilt wird und gasförmiges Monomer durch den Reaktionsraum strömt. Die entstehenden Polymerpartikel sind in der kontinuierlichen Phase unlöslich und bilden den »Slurry« (Englisch für Schlamm), welcher zusätzlich noch im Kreis gefahren werden kann. Dieses Verfahren findet für Ziegler-Natta Polymerisationen von Polyethylen und Polypropylen Anwendung.

Reaktoren wie der Spinning-Disc-Reaktor sind bisher wenigen Spezialanwendungen und der Forschung vorbehalten. Bei dieser Art Reaktor wird eine bereits vorpolymerisierte viskose Polymerlösung auf eine schnell rotierende Scheibe gegeben, wo sie durch die Rotation zu einem dünnen Film wird, der sich radial nach außen bewegt. Somit werden hohe Scherkräfte, schnelle und gute Durchmischung sowie sehr einheitliche Verweilzeiten (im Sekunden- bis Minutenbereich) bei überaus niedriger Rückvermischung erreicht [3.15, 3.16].

Einige Polymere, wie die bereits erwähnten hochmolekularen Acrylgläser oder die sehr schnell polymerisierenden Polyurethane, müssen direkt in Formen auspolymerisiert werden. Im Falle der Acrylgläser wird die Monomerlösung hierzu in Glasformen mit den gewünschten Dimensionen gefüllt, die anschließend auf Reaktionstemperatur gebracht werden. Die Herausforderung besteht hierbei in der schlecht abführbaren Wärmemenge, die zu Blasenbildung bei Überhitzung führen kann sowie in der für Acrylate sehr hohen Volumenkontraktion, die man bei Auslegung der Formen berücksichtigen muss. Gegenteilig verhält sich die Sache bei Polyurethanen, die bereits kurz nach Zusammenbringen der Ausgangsstoffe meist ohne Wärmeeinwirkung und unter Schaumbildung polymerisieren. Zur Herstellung von Werkstücken aus Polyurethanschäumen wird deshalb die reaktive Mischung erst in der Form selbst erzeugt. Diese Verfahrensweise nennt man auch Reaktivspritzguss (reactive injection moulding, RIM).

3.1.2
Mischvorrichtungen

Man unterscheidet bei Mischvorrichtungen in der Polymerisationstechnik zwischen bewegten und statischen Mischelementen (s. Abschnitte 5.1.2.2 und 5.1.3.3.2).

Unter bewegten oder aktiven Mischelementen versteht man die Gruppe der Rührer und Extruder. Tabelle 3.4 gibt eine Übersicht gängiger Rührertypen, deren Einsetzbarkeit stark von der Viskosität des zu rührenden Mediums abhängig ist. Nur mit wenigen Rührern lassen sich in viskosen Flüssigkeiten homogene Bedingungen erzeugen, da aufgrund der Zähigkeit Umdrehungszahlen beschränkt sind und das Prinzip der radialen oder axialen Beschleunigung nicht mehr funktioniert und somit Totzonen entstehen. Vielmehr muss der gesamte Reaktorinhalt »durchgewalkt« werden. Für Prozesse mit hoher oder stark steigender Viskosität kommen deshalb nur im gesamten Volumen wirkende, langsam drehende Rührer, wie der Wendelrührer in Frage. Schnell drehende Impeller- und Mehrstufenrührer (Turbine, MIG) werden hingegen für etwas niedriger viskose Suspensions- und Emulsionspolymerisationen verwendet. Sie erzeugen turbulente Strömungszustände, können aber durch die hohe Beschleunigung auch empfindliche Partikel zerstören und Emulsionen destabilisieren. Bei scherempfindlichen Prozessen kommen deshalb eher Gitter-, Blatt- und Ankerrührer zum Einsatz. Für diese Rührertypen ist jedoch die Reaktorgröße wegen der mechanischen Stabilität der Rührer begrenzt.

Als horizontale Alternative stehen die in Abschnitt 3.1.1 erwähnten Knetmischer (Mixer-Kneader) zur Verfügung, welche selbst für hochviskose Polymerschmelzen noch verwendet werden können und auch bei extremen Viskositätsunterschieden noch gute Mischergebnisse erzielen [3.17].

Tab. 3.4 Standardmäßig verwendete Rührertypen in der Polymerisationstechnik

Rührertyp		**Strom-störer**	**überwiegende Strömungsrichtung**		**Visko-sität**	**Reaktor-volumen**	**Anwendung**		
		nötig	radial	axial	(Pa s)	(m^3)	Lösung, Substanz	Emul-sion	Suspen-sion
Impeller-		ja	x		< 10	< 200	(x)		
Turbine	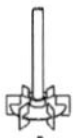	ja	x		< 10	< 100	(x)	x	
Gitter-		nein	x		< 5	30		x	
Blatt-		nein	x		< 5	10		x	
Anker-		nein (ja)	x		< 50	1	x	x	x
Wendel-		nein		x	> 50	70	x		
Propeller		ja		x	< 0.8	< 100	(x)		x
MIG®		ja	(x)	x	< 80	< 100	x	x	x
INTERMIG®	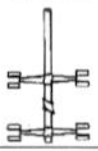	ja	(x)	x	< 80	< 100	x	x	x

Neben der homogenen Vermischung des Reaktorinhalts und der Verbesserung der Wärmeabfuhr ist die Energieaufnahme ein weiterer Aspekt bei der Auswahl des geeigneten Rührers. Dieser Wert kann von Typ zu Typ sehr unterschiedlich sein. In der Regel liegt der Energiebedarf eines Rührers bei 0,5–2 kW m^{-3} für niedrigviskose und bei > 5 kW m^{-3} für viskose Lösungen und Schmelzen. Mehrstufenrührer, wie die MIG®/INTERMIG® Rührer (Ekato), haben in der Regel die besten Wirkungsgrade und somit einen sehr niedrigen Energiebedarf.

Ebenfalls stets zu berücksichtigen ist der Energieeintrag durch den Rührer selber, da die von diesem dissipierte Energie zur Destabilisierung von Emulsionen oder bei hochviskosen Lösungen zu starkem Erhitzen führen kann. Eine detaillierte Anleitung zur Auswahl und Auslegung von Rührern findet sich in [3.18].

Statische Mischer kommen in Rohrreaktoren und Rohren, in denen Flüssigkeiten unterschiedlicher Viskositäten homogenisiert werden sollen, zum Einsatz. Hier wird die zum Mischen nötige Energie von den Umlaufpumpen (meist Zahnradpumpen) erzeugt. Verschiedene Mischertypen sind auf dem Markt, wobei zu den bekanntesten sicherlich die SMXL und SMX bzw. SMR Mischer (Sulzer Chemtech) zählen. Sie erfüllen nicht nur die Aufgabe des Mischens, sondern auch der Wärmeabfuhr, wobei sie sich durch sehr gute und, im Falle des SMR Typs, der aktiv beheiz-

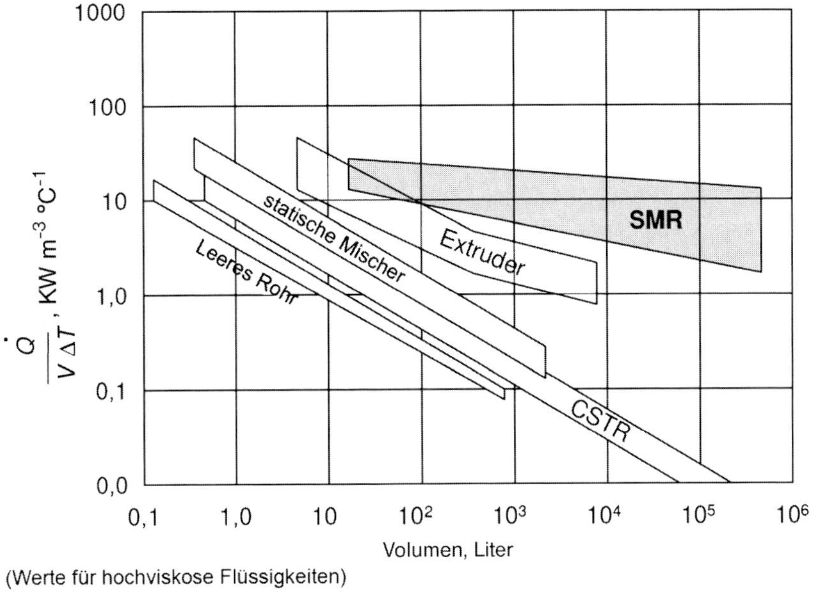

Abb. 3.2 Vergleich der Wärmeübertragungskapazitäten für viskose Lösungen [3.19]

bzw. kühlbar ist, vom Reaktorvolumen fast unabhängige Wärmeübertragungskapazitäten auszeichnen (Abb. 3.2). Statische Mischer existieren für Rohrdurchmesser von DN2 bis DN1500 und erzeugen selbst bei hochviskosen Lösungen noch annähernd Propfenströmung. Sie werden zurzeit vor allem in Anlagen für die Polymerisation von Styrol mit Kapazitäten bis zu 300 000 t a^{-1} verwendet.

Als Beispiel ist in Abbildung 3.3 der schematische Aufbau eines Rohrreaktors mit statischen Mischern des Typs SMR zu sehen. Ein Problem bei statischen Mischern, insbesondere bei Substanzpolymerisationen, ist oft die Bildung hochmolekularer Polymerbeläge über lange Produktionszeiträume, die nur schwer entfernbar sind.

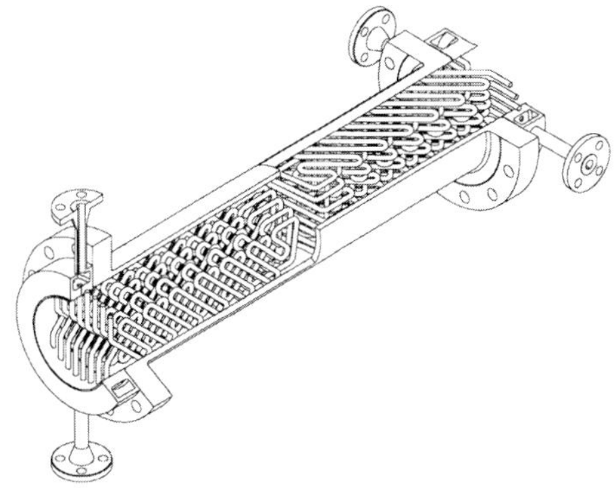

Abb. 3.3 Schematischer Aufbau eines Rohrreaktors mit statischen SMR Mischelementen

3.1.3 Wärmeabfuhr

Ein wichtiger Punkt bei der Konzipierung eines Polymerisationsprozesses und für dessen sicheren Ablauf ist die Wärmeabfuhr (s. Tab. 3.5). Polymerisationsreaktionen verursachen gewöhnlich eine sehr intensive Wärmetönung, was höchst unerwünschte Effekte haben kann, von Beeinträchtigungen der Produktqualität bis hin zu gefährlichen Situationen wie z. B. der Beschleunigung der Reaktion mit weiterem Temperaturanstieg, was die Reaktion unkontrollierbar macht, oder auch dem Verdampfen einzelner Komponenten, was zu einem enormen Druckanstieg führt. Insbesondere bei Polymerisationen mit ausgeprägtem Geleffekt (z. B. PMMA) werden durch einen Temperaturanstieg schnell unkontrollierbare Bedingungen erreicht, bis hin zum Auspolymerisieren des Reaktors bei Substanzpolymerisationen. Bei der Wahl des geeigneten Kühlsystems spielt neben der Leistungsfähigkeit auch das Stoffsystem eine entscheidende Rolle. Mit zunehmendem Reaktorvolumen nimmt die zur Verfügung stehende Kühlfläche ab [3.2]. Die einfache Mantelkühlung von Reaktoren kommt somit schnell an ihre Grenzen und es müssen zusätzliche Vorrichtungen zur Wärmeabfuhr vorgesehen werden. Abhängig von Viskosität und Siedepunkten der einzelnen Komponenten kommen indirekte und direkte Verfahren zur Wärmeübertragung in Frage.

Abbildung 3.4 zeigt die gängigen Kühlmethoden am Beispiel eines Rührkessels. Bei der indirekten Wärmeabfuhr wird die Wärme über die Reaktorwand oder zu-

Tab. 3.5 Wärmeabfuhr bei Polymerisationsreaktoren

Art der Wärmeübertragung	Reaktorgröße (m^3)	Einsatzbereich Viskosität niedrig	mittel	hoch	Wärmedurchgangskoeffizient k ($W\,m^{-2}\,K^{-1}$)	Besonderheiten
indirekt						– Belagbildung – Mischen beeinflusst – begrenztes Reaktorvolumen
Kühlmantel	< 200	×	×	×	150–500	
Innenkühler						
Schlange	< 30		×	×	100–600	
Kerze	30–100	×			400–800	
Spezialeinbauten	beliebig	×	×	×	400–800	
SMR (Rohr)	DN 100–1500	×	×	×	300–400	– spez. Oberfläche sehr groß ($85\,m^2\,m^{-3}$)
Außenkühler (Umpump)	beliebig	×			400–800	
direkt						– Belagbildung im Kondensator – Katalysator darf nicht flüchtig sein – Schäumen
Verdampfung	< 200	×			400–800	
Verdunstung	< 120	×			150–300	
Unterkühlter Feed	beliebig	×	×	×	–	
Gaskühlung	< 150				< 150	– Wirbelschicht

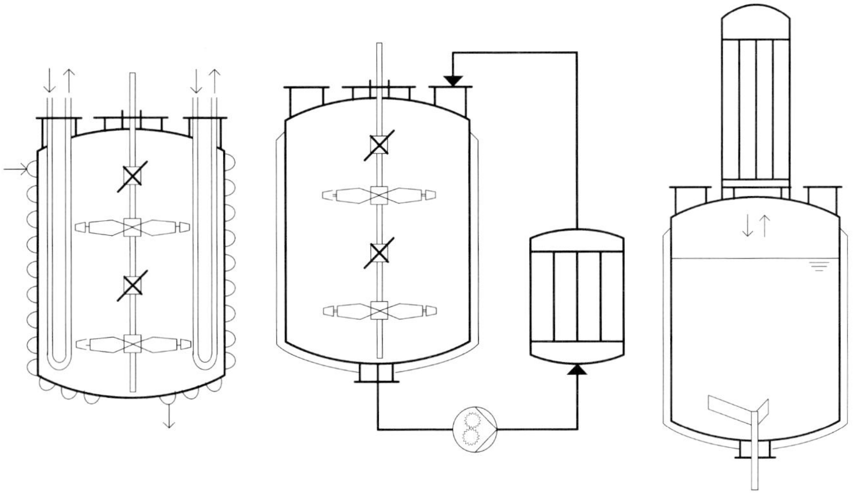

Abb. 3.4 Schematische Darstellung der drei am häufigsten vorkommenden Kühlsysteme (a) Innenkühlung, (b) Außenkühlung, (c) direkte Siedekühlung

sätzliche interne bzw. externe Kühlflächen durch Wärmedurchgang an ein Kühlmedium abgeführt. Mit Innenkühlern lassen sich große Übertragungsflächen erzielen, jedoch haben diese den Nachteil, dass sie häufig das Mischen behindern. Bei Rührkesseln bietet sich deshalb auch ein Umpump mit externem Wärmetauscher an, allerdings wird das Umpumpen aufwändiger mit zunehmender Viskosität des Reaktionsmediums. Mit steigender Viskosität verschlechtert sich gleichzeitig der Wärmeübergang und es kann zur Bildung von isolierenden Polymerschichten kommen. Es ist deshalb an Wärmeübertragungsflächen immer auf ausreichenden Produktaustausch zu achten.

Rohrreaktoren mit statischen Mischern, die gleichzeitig die Funktion eines Wärmetauschers erfüllen (Sulzer SMR), haben sehr hohe spezifische Wärmeaustauschflächen (85 $m^2\ m^{-3}$) im Vergleich zum einfachen Rührkessel (ca. 1–4 $m^2\ m^{-3}$).

Eine Art der direkten Wärmeabfuhr ist die Siedekühlung. Sie kommt in Frage, wenn eine der Reaktionskomponenten (Lösemittel oder Monomer) verdampft, an einem außerhalb des Reaktors befindlichen Wärmetauscher kondensiert und anschließend wieder der Reaktion zugeführt werden kann. Dieses System ist sehr wirkungsvoll und in der Regel nur von der größtmöglichen Dampfmenge limitiert, die abgezogen werden kann ohne dass der Reaktorinhalt aufschäumt oder sprudelt. Ein Problem stellt hierbei oft die Bildung von Belägen auf den Wärmeübertragungsflächen dar, hervorgerufen durch mitgerissene Polymer- oder Katalysatorpartikel [3.20], welche den Produktionsablauf empfindlich stören können. Die Rückführung und Vermischung des niedrigviskosen Kondensats kann bei viskosen Reaktorinhalten ebenfalls problematisch sein. Direkte Kühlung findet bei Wirbelschichtreaktoren durch das Kühlen des umlaufenden Gasstroms statt. Wegen der geringen spezifischen Wärmekapazität von Gasen sind allerdings recht hohe Volumenströme nötig, was zusammen mit dem schlechten Wärmedurchgangskoeffizienten für Gase zudem zu sehr großen Austauschflächen der Wärmetauscher führt. Gegebenenfalls kann das zirkulierende Monomer auch kondensiert und flüssig in die Wirbelschicht gebracht werden, um die Kühlleistung zu erhöhen.

3.1.4 Produktaustrag

Der kontinuierliche Produktaustrag stellt in Polymerisationsprozessen eine weitere Herausforderung an die Verfahrenstechnik dar. Ob nun der Austrag von viskosen Polymerschmelzen oder das Ausschleusen von festem Polymer aus einer Wirbelschicht: Zum Erfüllen dieser Aufgaben kommen meist speziell entwickelte Apparate zum Einsatz. Während bei der Dosierung niedrigviskoser oder gasförmiger Ausgangsstoffe noch »gewöhnliche« Pumpen- bzw. Kompressortechnologie verwendet werden kann, versagen diese Apparate ab einer bestimmten Viskosität respektive bei Vorhandensein von Feststoffen.

Für den kontinuierlichen Austrag von sehr viskosen Lösungen bis hin zu Polymerschmelzen stehen spezielle Zahnradpumpen zur Verfügung. Diese sind in der Regel beheizbar bis zu Temperaturen oberhalb 300 °C, um die Polymerschmelzen in fließendem Zustand zu halten. Des Weiteren verfügen sie über eine weite, konische Öffnung an der Eintrittsseite, um das Kavitieren der Pumpe durch eine gewisse Vorkomprimierung bei gleichzeitiger Erhöhung der Fließgeschwindigkeit zu vermeiden. Diese Pumpen können bei sehr hohen Differenzdrücken betrieben werden, von Vakuum an der Saugseite bis über 250 bar an der Druckseite [3.21] und pumpen Schmelzen mit Viskositäten von bis zu 20'000 Pas. Die Dimensionen dieser Pumpen erreichen schnell sehr große Ausmaße. So gibt es Pumpen mit Kapazitäten von 30 t h^{-1}, die mehrere Tonnen wiegen und von der Größe eines Kleinwagens sind. Abbildung 3.5 zeigt eine moderne Polymerschmelzenaustragspumpe der Firma MAAG.

Was Wirbelschichtverfahren angeht, so kommen heute meist noch diskontinuierliche Austragstechniken zum Einsatz. Dies ist nicht weiter problematisch, da ge-

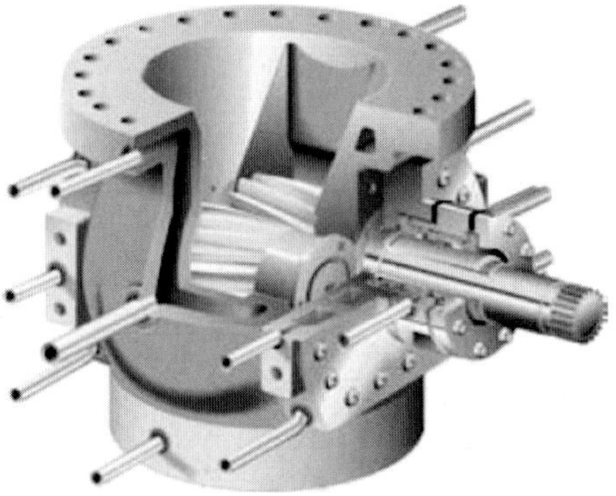

Abb. 3.5 Aufbau einer Polymerschmelzenaustragspumpe (MAAG Vacorex)

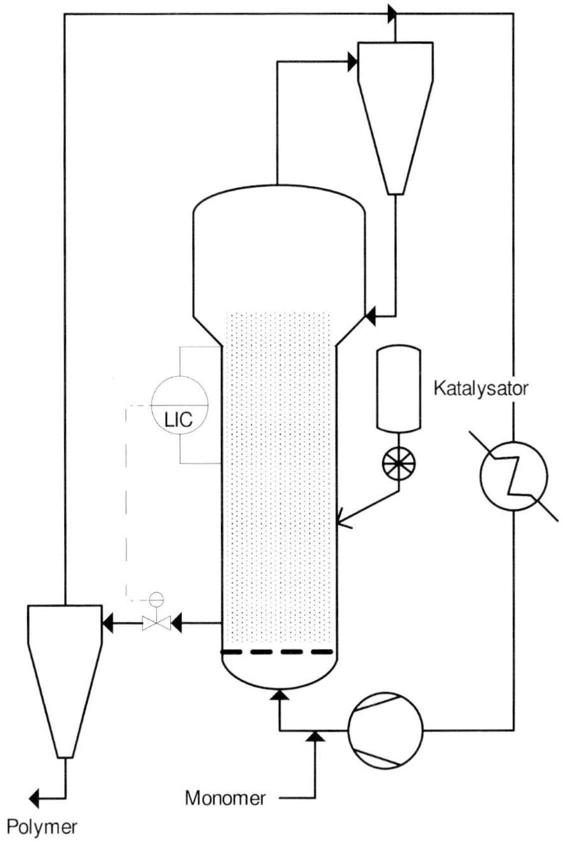

Abb. 3.6 Kontinuierlicher Produktaustrag aus einer Wirbelschicht

ringe Schwankungen der Betthöhe tolerierbar sind. Bei diesem System befinden sich seitlich, zum Teil über die gesamte Höhe des Reaktors verteilt, Entnahmeventile, über die taktweise Polymer mitsamt Gasphase entnommen und in einen Entgasungsbehälter überführt wird. Hier werden Gas und Feststoff voneinander getrennt und die Gasphase nach Kompression wieder in die Wirbelschicht zurückgeführt. Das Polymer wird in nachfolgenden Stufen weiter entgast [3.22]. Nachteile sind die relativ unflexible Arbeitsweise und ebenso auftretende Schwankungen des Druckverlusts in der Wirbelschicht. Kontinuierliche Austragsverfahren arbeiten mit Zyklonen, in denen Gas und Polymerpartikel kontinuierlich separiert werden können [3.23, 3.24]. Abbildung 3.6 zeigt stark vereinfacht den Aufbau einer solchen Austragstechnik.

Für Slurry-Prozesse bieten sich ähnliche Verfahren an, d. h. auch hier kommen Hydrozyklone sowie Sedimentierbehälter zur Fest-Flüssig-Trennung zum Einsatz und die abgetrennte flüssige Phase wird dem Prozess wieder zugeführt. Eine Alternative stellt die Produktentnahme in Rohrbögen dar, bei der aufgrund der höheren

Dichte der Polymerpartikel diese an die Rohraußenwand gedrückt werden und dort in konzentrierter Form entnommen werden können. Dies funktioniert jedoch nur bei ausreichend hohen Strömungsgeschwindigkeiten und Dichteunterschieden.

3.2 Aufarbeitung

Ein aus dem Reaktor ausgetragenes Polymer entspricht in den seltensten Fällen den Produktanforderungen für die Weiterverarbeitung. Zunächst gilt es, Restkonzentrationen von Monomer und Lösemitteln zu verringern und diese, je nach Umfang, wieder dem Prozess zuzuführen. Toxische Monomere sollten direkt nach der Synthese entfernt werden, um die Exposition von Mensch und Maschinen während der folgenden Aufbereitungsschritte zu vermeiden. Bei Polymeren, die durch Emulsions-, Suspensions- oder im Slurry-Verfahren hergestellt wurden sind zudem eine Abtrennung von Flüssigphase und dann auch meist noch eine Waschung nötig, um Rückstände wie Katalysatoren oder Dispergiermittel zu entfernen. Letztere können die Produktqualität deutlich mindern. Im Anschluss an eine Waschung folgt dann in der Regel noch ein Trocknungsschritt, um die Lagerstabilität zu gewährleisten und das Verdampfen von großen Mengen Restfeuchte aus dem Polymer in späteren Konfektionierungsschritten zu vermeiden.

3.2.1 Entmonomerisierung

Hohe Restmonomer- und Lösemittelanteile verbieten sich insbesondere bei toxischen Monomeren (Beispiel Vinylchlorid: Hier ist die erlaubte Monomerkonzentration im Polymer in der EU seit 1979 auf 1 ppm beziehungsweise 10 ppb für Lebensmittelanwendungen beschränkt [3.25]) und bei Anwendungen in Bereichen, in denen das Polymer mit Nahrungsmitteln in Berührung kommt (z. B. Flaschen aus PET). Zudem kommt es, hochgerechnet auf die heutigen Produktionskapazitäten von Kunststoffen, zu gewaltigen Monomeremissionen (insbesondere aus großflächigen Bauteilen, wie z. B. in der Bauindustrie) an die Umwelt. Seit längerem in der Diskussion ist unter anderem die Emission von Bisphenol-A, einem Monomer zur Synthese von Polycarbonat und Epoxydharzen, dem östrogene Eigenschaften zugeschrieben werden [3.26, 3.27]. Es ist also von zentraler Bedeutung, die Konzentration an Restvolatilen auf ein Minimum zu reduzieren. Entsprechend dem eingesetzten Polymerisationsverfahren enthält das den Reaktor verlassende Polymer große (Substanz- oder Lösungspolymerisation) oder kleinere (Suspensions- oder Emulsionspolymerisation) Mengen volatiler Komponenten (*engl.* VOC »volatile organic compounds«). Der nötige Aufwand ist dementsprechend sehr unterschiedlich und hängt außerdem in hohem Maße von der gewünschten Endkonzentration an Monomer, Lösemittel, etc. ab.

Die Entgasung von viskosen Polymerlösungen und -schmelzen ist stark diffusionslimitiert. Zur Verbesserung des Stofftransports kommt es deshalb auf besonders große Oberflächen an. Ähnlich wie bei den Mischern gibt es statische Verfahren zur Entgasung, wie die einfache Flashkammer, und Verfahren mit bewegten Teilen zur Oberflächenvergrößerung und -erneuerung, wie Entgasungsextruder oder Dünnschichtverdampfer. Der Reaktion nachgeschaltet ist in der Regel immer eine Flash-Stufe, in der das vorgeheizte, unter Druck stehende Polymer an einem Ventil in eine Vakuumkammer entspannt wird. Hierbei verdampft ein Großteil der flüchtigen Komponenten und kann anschließend kondensiert in den Prozess zurückgeführt werden. Diese Stufe kann durch Schäumen des Polymers und Blasenbildung [3.28] oder Strangbildung noch erheblich verbessert werden. Je nach Stoffsystem können durch einstufige Flash-Entgasungen Monomerkonzentrationen von 5000 bis zu unter 1000 ppm erreicht werden [3.29]. Oft werden der Schmelze auch noch so genannte Strippmittel (Inertgase, Wasser, Kohlenwasserstoffe) zugesetzt, um Monomer und Lösemittel beim Entspannen durch Blasenbildung »auszutreiben« [3.30]. In Kombination mit statischen Mischern, wie in Abbildung 3.7 abgebildet, werden hier Konzentrationen unter 100 ppm erreicht [3.31, 3.32].

Will man den Monomergehalt weiter reduzieren, so sind nachgeschaltete Entgasungsstufen mit bewegten Einbauten nötig. Dies sind typischerweise Hochviskos-Dünnschichtverdampfer oder Extruder. Mit Entgasungsextrudern lassen sich extrem niedrige Restmonomerkonzentrationen erreichen. Hierbei wird die beispielsweise in einem Entspannungverdampfer vorentgaste Polymerschmelze in einen beheizten Extruder überführt, der in verschiedenen Stufen evakuiert wird (siehe Abb. 3.8). Um die relativ schlechten Entgasungsbedingungen (geringe Oberfläche, hohe Viskosität) zu verbessern werden als Strippmittel geringe Mengen Wasser in die Entgasungszonen dosiert (Prinzip der Wasserdampfdestillation). Für Polymerlösungen mit höheren Lösemittelanteilen kommen auch Knetmischer zum Einsatz, wie in Abschnitt 3.1.1 beschrieben, die sich von den Extrudern darin unterscheiden, dass in ihnen das Produkt nicht streng in eine Richtung transportiert wird, sondern eine Rückvermischung auftritt [3.33]. Als wichtiger Punkt bei den genannten Verfahren ist die thermische Belastung des Polymers während der Entgasung zu berücksichtigen. Alle bisher beschriebenen Verfahren setzen das Heizen der Schmelze

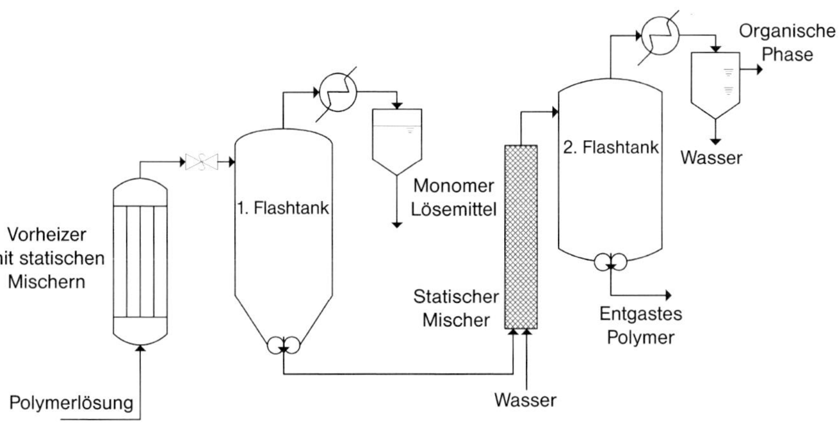

Abb. 3.7 Prozessschema für eine zweistufige, statische Entgasungsanlage

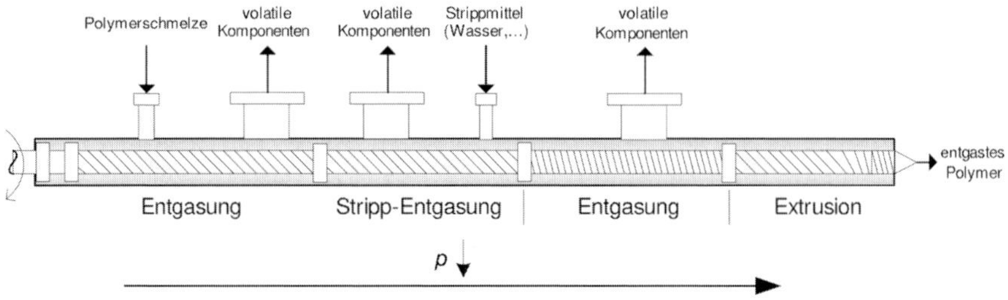

Abb. 3.8 Aufbau und Funktionsweise eines Entgasungsextruders mit Strippmitteldosierung

bzw. der Lösung voraus, und zwar oft bis zu Temperaturen, die der Zersetzungstemperatur der Polymere sehr nahe kommen. Bei zu hoher Verweilzeit kann es deshalb zu Verfärbungen kommen, beziehungsweise – wie im Fall des PMMA, das sich zu Monomer zersetzt – sogar zu einer Verschlechterung der Monomerkonzentration.

Bei Perlpolymerisaten oder Polymerpulvern aus Emulsions- oder ähnlichen Polymerisationsverfahren kommen häufig Verfahren zum Einsatz, bei denen Wasserdampf im Gegenstrom durch das Produkt geleitet wird (Wasserdampfdestillation). Im Falle der Suspensionspolymerisation von PVC wird nach Belüftung des Reaktors direkt der wässrige Reaktorinhalt mit einem Gehalt von noch ca. 2–3 % Vinylchlorid in eine Wasserdampf-Gegenstromkolonne geleitet und auf diese Weise das Restmonomer bis auf weniger als 1 ppm entfernt [3.34]. Pulverförmige Polymere werden nach einem ähnlichen Prinzip in Schneckenapparaten oder siloförmigen Behältern entgast. In Tabelle 3.6 sind die Eigenschaften noch einmal zusammengefasst. Eine genauere Übersicht der Verfahren zur Entgasung gibt [3.35].

Tab. 3.6 Wichtigste Eigenschaften der Entgasungsverfahren

Verfahren	**Merkmale**
Statische Verfahren	(+) einfach und kostengünstig
• Flash-Entgasung	(+) keine bewegten Teile
• Strangentgasung	(–) Restmonomer auf ca. 100–1000 ppm begrenzt
• Entgasungstank	(–) zum Teil hohe Verweilzeiten (thermische Belastung)
Verfahren mit bewegten Einbauten	(+) sehr niedrige Monomerkonzentrationen erreichbar
• Dünnschichtverdampfer	(–) hoher apparativer Aufwand (Kosten)
• Entgasungsextruder/-schnecken	(–) schlechte Entgasungsbedingungen in Extrudern (Viskosität, Oberfläche) machen Einsatz von Strippmitteln nötig
• Knetmischer	
Gegenstromverfahren	(+) extrem niedrige Restkonzentrationen
• Wasserdampfdestillation (Siebbodenkolonne, Wirbelbett)	(–) begrenzte Anwendungsmöglichkeit
	(–) aufwändige Phasentrennung
	(–) apparativer Aufwand

3.2.2
Aufbereitung von Polymerisaten aus Emulsions- und Suspensionsverfahren

Bei mehrphasigen Polymerisationen ist – mit Ausnahme der Wirbelschichtverfahren – nach der Reaktion zunächst eine Abtrennung des Polymers von der flüssigen Phase nötig, die volumenmäßig die polymere Phase meist übertrifft. Zur Trennung von fester und flüssiger Phase bzw. Aufkonzentrierung von Polymerpartikeln bieten sich die standardmäßig in der chemischen Industrie verwendeten Verfahren an: Siebe, Filterpressen, Zentrifugen/Dekanter und Membranverfahren. Siebe eignen sich aufgrund ihrer Maschenweite hauptsächlich für Granulate und Perlpolymerisate. Sie arbeiten kontinuierlich oder diskontinuierlich und werden oft durch oszillierende Bewegungen angeregt (Vibrationen, Schwingungen), um das Ablösen der Flüssigkeit vom Feststoff zu beschleunigen. Filter mit Kuchenbildung finden ausschließlich bei sehr feinkörnigen Polymerpulvern Anwendung. Bandfilter arbeiten kontinuierlich und können entweder als Vakuum- oder als Druckfilter betrieben werden. Filterpressen und -nutschen funktionieren taktweise und sind deshalb eher für kleinere Produktionskapazitäten geeignet. Eine sehr ausführliche Übersicht über gängige Filtertypen gibt [3.36].

Unter dem Begriff Zentrifuge versteht man eine Reihe unterschiedlicher Apparate, die für die Abtrennung von Feststoffen aus einer Suspension oder auch zur Trennung von Flüssigkeiten unterschiedlicher Dichte im Zentrifugalfeld ausgelegt sind. Allen gemein ist, dass sie über eine schnell rotierende Trommel verfügen, in der spezifisch schwerere Teile an die Außenwand gedrückt werden und dort entnommen werden können. Dekanter haben eine Vollmanteltrommel und eine Austragsschnecke, die Feststoffe oder allgemein die schwerere Phase von der Außenwand Richtung Produktaustrag transportiert, und arbeiten deshalb relativ langsam. Bei Schubzentrifugen ist die Trommel perforiert (Siebtrommel) und der sich bildende Feststoffkuchen wird durch oszillierende Bewegungen so genannter Schubringe aus der Trommel gedrückt (siehe Abb. 3.9). Es gibt ein- und mehrstufige Schubzentrifugen, wobei bei der mehrstufigen Variante die Möglichkeit besteht, einen Waschschritt zu integrieren. Bei Schälzentrifugen kratzt ein einschwenkbares

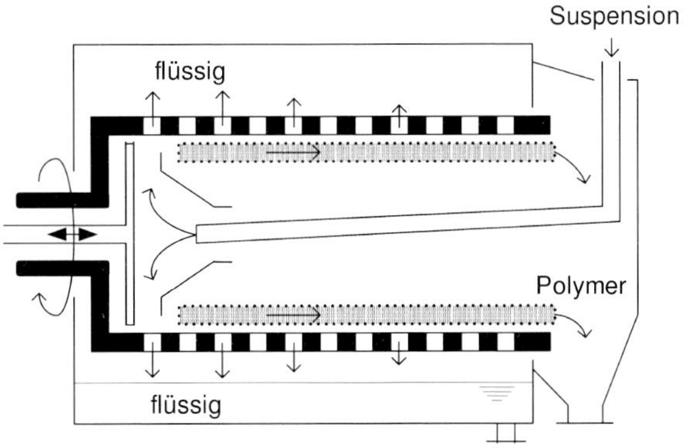

Abb. 3.9 Einstufige Schubzentrifuge (schematische Darstellung)

Schälmesser periodisch den Feststoff von der Außenwand. Siebschneckenzentrifugen funktionieren nach dem Prinzip des Dekanters, allerdings ebenfalls mit einer Siebtrommel. Eine genaue Beschreibung heutzutage verwendeter Zentrifugen gibt [3.37].

Zentrifugen sind weniger störanfällig und haben höhere Durchsätze als Filter. Zudem lassen sich mit ihnen sehr niedrige Restfeuchten erzielen. Siebtrommelzentrifugen können Partikel bis 100 µm Teilchengröße verarbeiten. Noch darunter arbeiten Dekanter bis zu ca. 20 µm ohne nennenswerten Produktdurchschlag.

Membranverfahren sind in den letzten Jahren stetig weiterentwickelt worden und finden heute in vielen Bereichen Anwendung. In der Polymerisationstechnik verwendet man vor allem die Ultrafiltration zum Eindicken von Emulsionen vor der Sprühtrocknung [3.38, 3.39]. Die Emulsion wird hierzu unter geringem Druck (2–10 bar) mit hohen Strömungsgeschwindigkeiten durch Rohrmembranen mit Porengrößen zwischen 0,005 und 0,05 µm gepumpt. Die flüssige Phase (meist Wasser) wird hierbei durch die Poren teilweise nach außen gedrückt, wohingegen die Latexteilchen zurückgehalten und aufkonzentriert werden. Somit lassen sich im nachfolgenden Trocknungsschritt große Mengen Verdampfungsenergie einsparen.

Das beim Filtern, Zentrifugieren oder bei der Ultrafiltration anfallende Permeat enthält meist noch Katalysatorreste und geringe Mengen gelöstes Polymer. Während Lösemittel und Dispergierhilfsmittel wiederverwertet werden können ist eine Anreicherung polymerer Substanzen im Prozess zu verhindern. Deshalb ist eine gründliche Aufarbeitung durch Destillation, je nach der Menge gelösten Polymers auch mit Hilfe von Dünnschichtverdampfern, nötig. Hierbei anfallende eingedickte Polymerlösungen werden entweder weiterverarbeitet oder entsorgt. Sind im eigentlichen Polymer noch größere Verunreinigungen durch Katalysatorreste, Dispergierhilfsmittel oder Ähnlichem vorhanden, sind weitere Waschungen bzw. Extraktionen nötig. Zum Beispiel kann das Vorhandensein größerer Mengen Oligomere (Di-, Trimere) die Polymerqualität massiv verschlechtern. Waschungen lassen sich in der Regel mit Filter- oder Zentrifugiertechniken kombinieren, was eine gewisse Zeit- und Kostenersparnis mit sich bringt. Sollen im Polymer gelöste Substanzen entfernt werden, müssen diese mit geeigneten Lösemitteln unter großem apparativem Aufwand extrahiert werden. Verwendet werden hierzu Extraktionsapparate, die nach dem Gegenstromprinzip arbeiten (Kolonnen, Mixer-Settler).

Die meisten Suspensions- oder Emulsionspolymerisate enthalten nach der mechanischen Flüssigkeitsabtrennung noch eine gewisse Restfeuchte, die sich nicht mechanisch entfernen lässt. Im Falle des Wassers unterscheidet man Haftwasser, welches an der Partikeloberfläche haftet, internes Wasser, das physikalisch adsorbiert oder in Kapillarräumen befindlich und schwer entfernbar ist, und zuletzt das nur sehr schwer zu entfernende, chemisch gebundene Wasser. Trocknungsvorgänge folgen im Allgemeinen der in Abbildung 3.10 dargestellten Trocknungskurve, die für jeden Materialtyp durch Trocknungsexperimente gemessen werden muss. Die Endfeuchte ist hierbei druck- und temperaturabhängig. Geringe Endfeuchten sind mitunter wichtig für die Lagerstabilität von Polymeren [3.40].

Die zum Verdampfen notwendige Energie kann dem Trockengut entweder durch Konvektion, durch direkten Kontakt oder durch Strahlung zugeführt werden. Zu

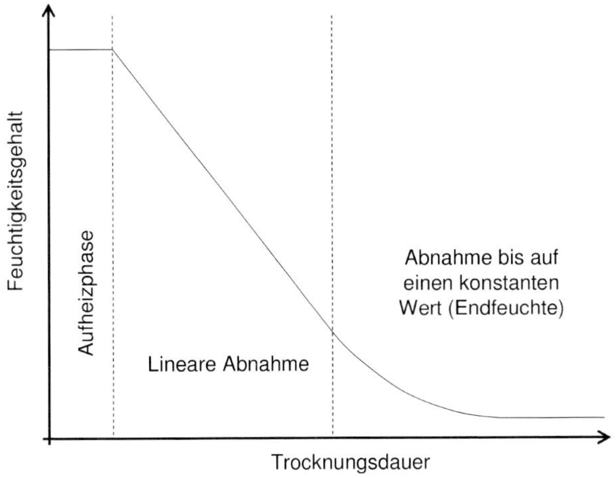

Abb. 3.10 Trocknungskurve für Feststoffe

den Konvektionstrocknern zählen der Stromtrockner, der Zyklontrockner, der Wirbelschichttrockner, der Fließbetttrockner und der Schachttrockner. Der Stromtrockner besitzt die einfachste Bauweise. Das rieselfähige Produkt wird hier in einem Heißgasstrom durch eine Rohrleitung gefördert und anschließend in einem Zyklon abgetrennt. Die Verweilzeiten sind äußerst gering, so dass das Trocknungsgas sehr heiß sein muss, um ausreichende Endfeuchten zu erzielen. Dies führt zu sehr hohen thermischen Belastungen des Produkts. Außerdem nachteilig ist, dass sich das Trocknungsgas schnell mit Feuchtigkeit sättigt, so dass die Endfeuchte limitiert ist. Ein wesentlicher Teil der Trocknung findet in dem Zyklon statt, wo Trennung von Gas und Feststoff den Stoffübergang verbessern. Beim Zyklontrockner hat man das Stromrohr gänzlich weggelassen und gibt Trockengut und Trockengas direkt in den Zyklon. Durch Kammerung lässt sich die Verweilzeit im Vergleich zum Stromrohr deutlich erhöhen. Eine dominierende Rolle in der Trocknungstechnik spielen Wirbelschicht- und Fließbetttrockner. Sie sind sehr vielseitig einsetzbar und erlauben flexible Trocknungszeiten. Zudem können sie mit ruhenden Wärmetauschern ausgestattet werden, um den Energieeintrag zu erhöhen. Einzige Voraussetzung ist die Rieselfähigkeit des Trockenguts und eine nicht allzu starke Verklumpungsneigung. Der Schachttrockner eignet sich nur für gut rieselfähige Produkte und wird vornehmlich für die Endtrocknung eingesetzt. Er ist prinzipiell ein umfunktioniertes Silo, in dem das Trockengut gegen einen Heißgasstrom, dessen Geschwindigkeit unter der Fluidisationsgeschwindigkeit der Schüttung liegt, nach unten wandert.

Der Sprühtrockner ist zum Standard in der Emulsionspolymerisation geworden und zählt auch zu den Konvektionstrocknern, allerdings mit der Besonderheit, dass hier eine Polymeremulsion direkt in einen heißen Gasstrom versprüht wird und die entstehenden Partikel beim Fallen austrocknen.

Kontakttrockner sind unter anderem Drehrohrtrockner, Schaufeltrockner und Taumeltrockner. In ihnen lassen sich längere Verweilzeiten erreichen als in Konvek-

Tab. 3.7 Industrietrockner für Kunststoffe

Trockner	Wärmeübertragung		Eduktanforderung	Verweilzeit	Betrieb	
	Konvektion	Kontakt			kont.	diskont.
Stromtrockner	×		rieselfähig	Sekunden	×	
Zyklontrockner	×		rieselfähig	Sekunden	×	
Wirbelschichttrockner	×	×	rieselfähig	Minuten	×	×
Fließbetttrockner	×		rieselfähig	Minuten	×	
Drehrohrtrockner	×		rieselfähig	Minuten	×	
Schachttrockner	×		rieselfähig oder grobkörnig	Stunden	×	×
Sprühtrockner	×		flüssig	Sekunden	×	
Schaufeltrockner		×	rieselfähig	Stunden	×	×
Taumeltrockner		×	rieselfähig oder pastös	Stunden		×
Schneckentrockner (Extruder)		×	pastös/Schmelze	Minuten	×	

tionstrocknern. Da der Wärmeeintrag ausschließlich über die Kontaktflächen stattfindet, muss das Trockengut bewegt werden, was entweder durch Rührorgane oder Dreh- bzw. Taumelbewegungen des Trockners erreicht wird. Kontakttrockner sind weniger aufwändig als Konvektionstrockner, da kein partikelbeladener Gasstrom entsteht, der mühsam aufbereitet werden muss. Allerdings treten bevorzugt Anbackungen an den Heizflächen auf, die den Wärmeübergang stark beeinflussen. Kontakttrockner können zusätzlich auch als Konvektionstrockner betrieben werden, in dem man heiße Luft durch den Trockenraum leitet.

Weniger verbreitet in der Kunststoffindustrie sind Strahlungstrockner wie der Infrarot-Tunneltrockner, der hauptsächlich zum Trocknen von Polymerfilmen verwendet wird. In Tabelle 3.7 sind die wichtigsten Trocknungsverfahren nebeneinander aufgelistet (s. auch Abschnitt 5.1.2.5). Weitergehende Information finden sich bei [3.41].

3.3 Konfektionierung

Nach Synthese und Aufarbeitung liegen die Polymere in Form farbloser, unförmiger Stränge, Partikel oder Pulver vor und erfüllen meist noch nicht die für ihre Endanwendung nötigen Anforderungen. Sie müssen eingefärbt, hitzebeständiger gemacht, mit UV-Schutz versehen oder mit anderen Polymeren gemischt werden, bevor sie die endgültige Verkaufsform haben (s. auch Abschnitt 5.1.3). Außerdem ist eine möglichst einheitliche Partikelgröße für die Weiterverarbeitung in Spritzguss- und Extrusionsverfahren erforderlich. Die meisten Polymere sind in Granulatform oder als Pulver auf dem Markt. Granulate können durch Strangextrusion mit nachgeschalteten Granulatoren erzeugt werden. Pulver werden bevorzugt bereits durch Auswahl des Polymerisationsverfahrens hergestellt und am Ende nur noch durch Agglomeration bzw. Zerkleinerung auf die gewünschte Korngröße gebracht.

3.3.1 Compoundierung und Granulatherstellung

Compoundierung und Granulierung erfolgen meist in einem Schritt in einem oder zwei hintereinander geschalteten Extrudern und einem Granulator. Die Rohware wird als Pulver oder bereits als Granulat in einen Extruder (s. auch Abschnitt 5.1.3.2) eingezogen und durch Erwärmen, Verdichten und Scheren in eine homogene Schmelze überführt. Einige Polymere neigen bei zu hohen Feuchtigkeitsgehalten zu hydrolytischem Abbau, und Wasserdampf kann im Extruder außerdem zu Blasenbildung führen. Um eine einwandfreie Extrusion zu gewährleisten, sollte der Feuchtigkeitsgehalt unter 0,1 % liegen [3.42]. Bei Polymeren mit höherer Restfeuchte werden deshalb Entgasungsextruder verwendet. Sollten sich im Polymer bereits Stabilisatoren befinden, so ist allerdings bei der Entgasung Vorsicht geboten, da einige dieser Additive (z. B. UV-Stabilisatoren) flüchtig sind und somit entfernt würden. [3.43] beschreibt das Entgasen in Extrudern. Es wird hauptsächlich durch die Schneckengeometrie bestimmt. Die Polymerschmelze wird zunächst in einem Metering-Bereich homogenisiert. Durch ein Rückförderelement oder eine Barriere erhöht man kontinuierlich den Druck und expandiert danach die Schmelze in einen Bereich mit vermindertem Druck. Der Ablauf ist in Abbildung 3.11 prinzipiell dargestellt.

Im Anschluss an die Entgasung wird die Schmelze erneut homogenisiert, die nötigen Zusatzstoffe zudosiert und durch unterschiedliche Scherbelastungen gut mit dieser vermischt. Am Ende des Extruders sorgt eine Düse für einen erneuten Druckaufbau der Schmelze. Zielkriterium bei der Extrusion ist der Durchsatz, der ebenfalls stark von der Schneckengeometrie abhängig ist. Zwei Beispiele für unterschiedliche Extruderschnecken sind in Abbildung 3.12 gezeigt. Schnecken mit

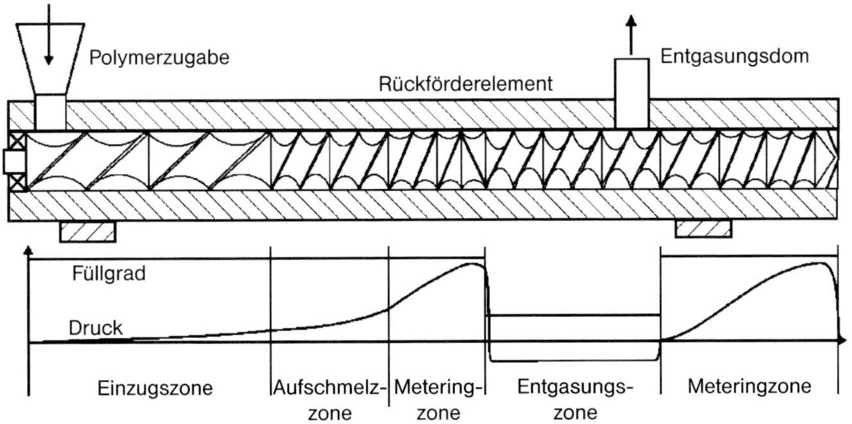

Abb. 3.11 Prinzipieller Ablauf der Entgasung in einem Extruder [3.43]

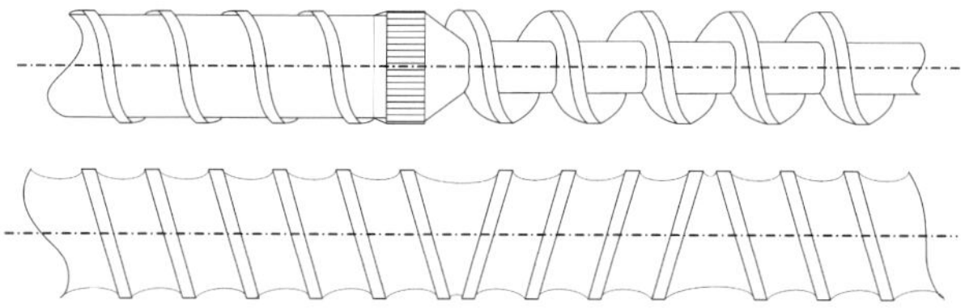

Abb. 3.12 Beispiel zweier Schneckengeometrien (a) mit Staustufe und (b) mit Scherbereich

Durchmessern bis zu 200 mm und Durchsätzen von über einer Tonne pro Stunde sind in Verwendung.

Je nach durchzuführenden Misch- und Entgasungsschritten erreichen die Schneckenlängen das 30–40fache des Schneckendurchmessers. Doppelschneckenapparate, wie in Abbildung 3.13 dargestellt, können den Durchsatz noch einmal erhöhen und sind aufgrund ihrer ineinander kämmenden Geometrie zudem meist selbstreinigend.

Durch Extrusion eingemischte Additive sind je nach Anwendung des Kunststoffes Füllstoffe, Farbpigmente, Flammschutzmittel, Gleitmittel oder UV-Stabilisatoren. Am Ausgang des Extruders werden oft Zahnradpumpen, so genannte Boosterpumpen, installiert, um den Ausstoß zu vereinheitlichen und den Druck für nachfolgende Schritte mit Düsen (Strang-, Platten-, Rohrextrusion) zu erhöhen. Einen Überblick über die Extrusionstechnik gibt unter anderem [3.44]. Zur Granulatherstellung wird die Schmelze strangextrudiert und dann entweder noch im heißen (Heißgranulierung) oder im abgekühlten Zustand (Kaltgranulierung) in einem Granulator durch Messer in ca. 1–5 mm große, quader-, zylinder- oder linsenförmige Teilchen zerschnitten. Bei der Heißgranulierung wird die Schmelze durch eine Lochplatte in einen Strom kalten Wassers gedrückt und von einem rotierenden Messer in die gewünschte Länge zerteilt. Die durch die Abkühlung erstarrten Partikel werden vom Wasserstrom mitgerissen und aus dem Granulator gefördert. Somit lassen sich sehr hohe Durchsätze (bis zu 20 t h^{-1}) erreichen. Bei nicht zu Verklebung neigenden Kunststoffen kann auch eine Luftkühlung ausreichend sein, was den Vorteil hat, dass eine Trocknung des erzeugten Granulats nicht nötig ist. Bei der Kaltgranulierung werden die Polymerstränge zunächst in einem Bad unter ihre Erstarrungstemperatur abgekühlt und anschließend im Granulator zurechtgeschnitten.

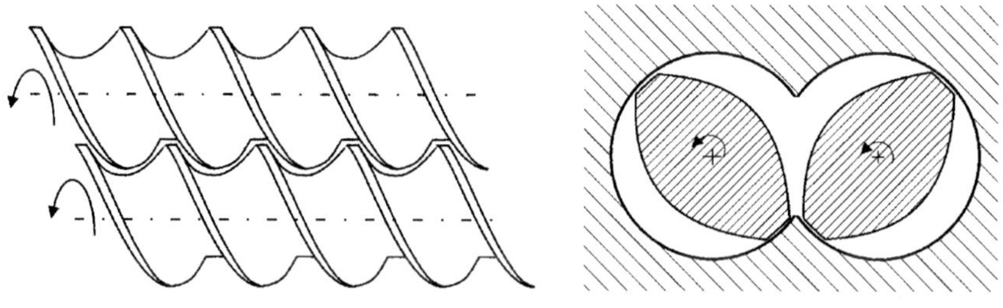

Abb. 3.13 Prinzip der Doppelschnecke [3.43]

3.3.2
Polymerpulver

Kunststoffe lassen sich wegen ihres zähplastischen Verhaltens nur sehr schwierig zermahlen und auch nur unter enormem Energieaufwand. Es ist deshalb ratsam, Polymerpulver bereits durch Auswahl eines geeigneten Syntheseverfahrens herzustellen und im Anschluss nur noch die Partikelgröße einzustellen. Polymerpulver im µm-Bereich lassen sich z. B. durch Dispersionspolymerisation in überkritischem CO_2 herstellen [3.45, 3.46]. Ansonsten muss das Polymer in Strahlmühlen oder nach vorherigem Kühlen in flüssigem Stickstoff vermahlen werden. Zur Aufbereitung der Pulver kommen Klassieren (zur Auftrennung nach Korngröße) oder Agglomerieren und Kompaktieren vor. Klassiert werden kann das Polymer durch Sieben oder Sichten. Das Sieben führt zu schärferer Trennung und benötigt weniger apparativen Aufwand. Sichter hingegen arbeiten kontinuierlich ohne die Gefahr des Verstopfens von Siebböden. Statische Aufladung der sich bewegenden Polymerpartikel muss bei beiden Verfahren stets berücksichtigt werden und kann nur durch Flüssigkeitszugabe verhindert werden, was allerdings weitere Trocknungsschritte erfordert.

Kompaktieren bzw. Agglomerieren liefert größere Partikel und wirkt sich vorteilhaft auf die Rieselfähigkeit und Schütteigenschaften des Pulvers aus. Zudem lassen sich so nicht staubende Pulver herstellen. In der Regel reicht ein leichtes Anschmelzen unter Rühren zur Bildung von Agglomeraten. Das Pulver kann auch in einer Wirbelschicht mit Agglomeriermitteln besprüht werden [3.47], z. B. Polyvinylalkohol. Das Ausüben von Druck (Kompaktieren) in Walzenapparaten führt zu noch dichteren Teilchen. Auf diese Weise kann auf das weit aufwändigere Granulieren oft verzichtet werden.

3.4
Ausblick

Neben den immer größer werdenden Anlagenkapazitäten bei Commodity-Polymeren wie den Polyolefinen, Polystyrolen und Polycarbonaten zur Deckung des weltweit steigenden Bedarfs, geht der Trend in der Polymer-Verfahrenstechnik zu Verfahren, mit denen sich sehr spezifische Produkte herstellen lassen. So ist die Living Free-Radical-Polymerisation zur Herstellung von sehr engen Molekulargewichtsverteilungen seit kurzem ein etabliertes Verfahren. Reaktoren wie Taylor-Reaktor und Spinning-Disc-Reaktor, mit denen sich ebenfalls maßgeschneiderte Molekulargewichte und Copolymere herstellen lassen, stehen noch in der Anfangsphase ihrer technischen Anwendung. Dispersionspolymerisationen in überkritischem CO_2 führen zu Polymerpulvern im nano-Bereich und eröffnen völlig neue Möglichkeiten für die Anwendung bestimmter Polymere. Weiterhin werden zunehmend Reaktoren entwickelt, die mehrere Funktionen gleichzeitig erfüllen, wie z. B. Rohrreaktoren oder Knetmischer zur Substanzpolymerisation, in denen gleichzeitig Entgasung und Compoundierung durchgeführt werden können. Die »Spray-Polymerisierung«, eine Weiterentwicklung der Emulsionspolymerisation, ist ein weiteres Verfahren zu Herstellung von Mikropartikeln. Durch neue Verfahren lassen sich oft mit »alten«

Monomeren durch Veränderung oder Vereinheitlichung der Molekülgeometrie neue Produkte mit unterschiedlichen Eigenschaften herstellen.

Bei den Standardverfahren hingegen geht die Entwicklung nach wie vor in Richtung Prozessintensivierung, d. h. bestehende Prozesse zu vereinfachen, Reaktionen zu beschleunigen oder auf Lösemittel zu verzichten, um am Ende höhere Raum-Zeit-Ausbeuten zu erzielen. Einfachere Verfahren machen die Produktion kostengünstiger und robuster für den Export an weniger technisierte Standorte. Gleichzeitig geht der Trend zu hoch spezialisierten Polymeren weiter, die bevorzugt in multifunktionellen Anlagen synthetisiert werden, die für eine Vielzahl unterschiedlicher Produkte verwendet und somit trotz geringer Durchsätze optimal betrieben werden können.

Ebenfalls weiter geht die Entwicklung von Modellen zur Beschreibung von Polymerisationsprozessen, um bestehende und neue Verfahren noch besser ausreizen zu können. Dies wird vor allem vor dem Hintergrund wachsenden Wettbewerbs und stetig steigender Rohstoffpreise deutlich, da durch eine funktionierende Modellierung des Prozesses gewaltige Einsparmöglichkeiten erarbeitet werden können. Dank moderner Software und intensiver Grundlagenforschung auf dem Gebiet der Modellentwicklung von Stoffübergang in komplizierten Medien oder auch dem Entstehen und Wachsen von Polymerpartikeln in den Dispersionsverfahren sind große Fortschritte in der Simulation von Polymerisationsprozessen erzielt worden. Dieser Trend wird auch in Zukunft und nicht allein aufgrund des Kostendrucks in der Industrie (Simulationen sind günstiger als Pilotversuche) weitergehen.

4 Herstellung der wichtigsten Kunststoffe

4.1 Polyolefine

4.1.1 Polyethylene

Produktion und Verbrauch von Polyethylenen liegen 2003 bei etwa 60 Mt und machen somit rund 25% der Weltproduktion aller Polymeren aus [4.1-1, 4.1-2]. Unter allen Polymeren stellen also Polyethylene die mengenmäßig größte Gruppe dar. Die Entwicklung von Produktion und Verbrauch ist in Abbildung 4.1-1 für Polyethylene hoher Dichte (PE-HD), lineare Polyethylene tiefer (low) Dichte (PE-LLD) und Polyethylene tiefer (low) Dichte (PE-LD) graphisch dargestellt.

Die Graphik zeigt den stetigen Anstieg von Produktion und Verbrauch dieser Polymeren und diese Entwicklung wird sich weiter fortsetzen, allerdings in unterschiedlicher Weise für PE-HD, PE-LLD und PE-LD.

Eine so außergewöhnliche Entwicklung kann nur dann ablaufen, wenn technische, ökonomische und ökologische Vorteile bei Verarbeitung und Gebrauch dieser Werkstoffe vorliegen. Polyethylene haben im Wettbewerb mit anderen Polymeren, aber auch mit anderen Werkstoffen wie Glas, Papier, Beton und Stahl signifikante

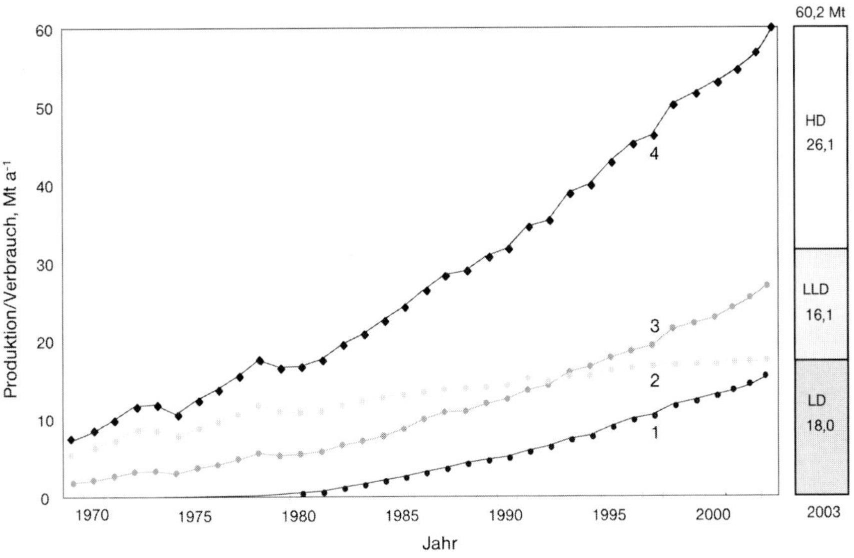

Abb. 4.1-1 Produktion und Verbrauch von Polyethylenen Jahre 1970–2003
1 PE-LLD, 2 PE-LD, 3 PE-HD, 4 PE gesamt

Vorteile. Ausgehend von Ethylen, einem in großen Mengen und zu akzeptablen Kosten zur Verfügung stehenden Monomeren, ist eine breite Palette von Produkten durch Copolymerisation mit ebenfalls leicht zugänglichen 1-Olefinen (Propen, 1-Buten, 1-Hexen, 1-Okten u. a.) zugänglich. Diese Produkte unterscheiden sich in der Dichte (PE-HD, PE-LLD, PE-LD), in der mittleren Molmasse, der Molmassenverteilung, im Comonomergehalt und in der Comonomerverteilung. Zur Synthese dieser Polyethylene stehen verschiedene technische Verfahren in unterschiedlichen Varianten zur Verfügung. Das Hochdruckverfahren ist ein radikalischer Polymerisationsprozess zur Herstellung von PE-LD, alle anderen Niederdruckverfahren sind katalytische Polymerisationsprozesse zur Herstellung von PE-HD und PE-LLD.

Die entscheidenden Erfolgsfaktoren, welche diese Entwicklung angetrieben haben und weiter antreiben, sind:

- leicht zugängliche, kostengünstige Monomere und Comonomere.
- niedrige Produktionskosten als Folge moderner, Energie sparender, Umwelt freundlicher Technologien.
- Polyethylene sind ressourcenschonende Produkte und haben in vielen Anwendungsbereichen, vor allem im Verpackungsbereich, bessere Ökobilanzen als andere Werkstoffe [4.1-3–4.1-5]. Sie tragen somit zum Prinzip eines nachhaltigen Wirtschaftens (sustainable development) bei [4-16, 4.1-7].
- Polyethylene sind umweltfreundlich. Sie verschmutzen weder Luft noch Wasser noch Böden nachhaltig, auch nicht bei längerem Verbleib in der Umwelt. Dennoch sollten sie nicht in die Umwelt gelangen, weil sie dort nur sehr langsam abbauen und somit lange die Landschaft verschmutzen.

- Polyethylene haben den gleichen Energieinhalt wie Erdöl selbst. Diese Energie kann nach Verlust der Gebrauchsfähigkeit genutzt werden (z. B. als Energieträger in Müllverbrennungsanlagen) [4.1-8].
- Polyethylene können aber auch wie andere thermoplastische Polymere rezykliert und wieder verwendet werden.
- Durch Variation des Polymeraufbaus und der Zusammensetzung des polymolekularen Gemisches (mittlere Molmasse, Molmassenverteilung, Copolymerzusammensetzung und Comonomerverteilung) ist ein breites Produktportfolio für unterschiedliche Anwendungen zugänglich. Es reicht von niedermolekularen Wachsen bis zu ultrahochmolekularem Polyethylen und von Produkten mit hoher Dichte bis zu Produkten mit tiefer Dichte herunter bis zu den Elastomeren (Ethylen,Propen-Copolymeren).
- Alle diese Polymere können heute maßgeschneidert werden, um sowohl das Verarbeitungsverhalten der Polymerschmelze als auch die Fertigteileigenschaften auf die Anwendung hin zu optimieren.

In Abbildung 4.1-2 ist das Produktportfolio in einem Dichte [4.1-9], Schmelzindex (MFR) [4.1-10]-Diagramm dargestellt. Die wesentlichen Anwendungsbereiche sind angegeben.

Abbildung 4.1-2 zeigt, dass Polyethylene nach den Dichten eingeteilt werden [4.1-11]. Polyethylene hoher Dichte (PE-HD) kennzeichnen Produkte mit Dichten größer 0,941 g cm^{-3}, Polyethylene mit tiefer (low) Dichte (PE-LD, PE-LLD) liegen im Dichtebereich von 0,915–0,930 g cm^{-3}. Polyethylene mit Dichten im Bereich von 0,931–0,940 g cm^{-3} bezeichnet man als PE-MD (medium density). Den Bereich mit

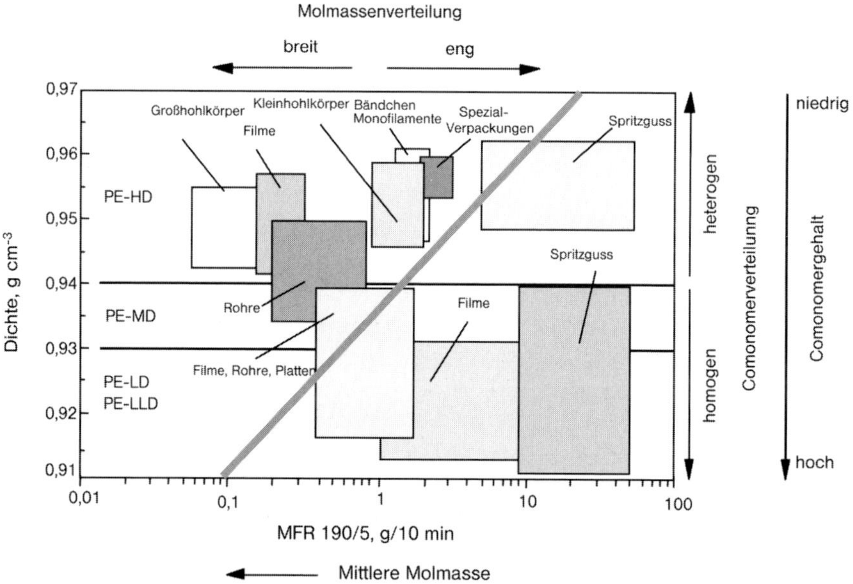

Abb. 4.1-2 Polyethylene Produktportfolio: Dichte, Schmelzindex (MFR 190/5)-Diagramm

sehr tiefen Dichten von kleiner 0,915 g cm^{-3} und damit den Übergangsbereich zu den Elastomeren bezeichnet man mit PE-VLD (very low density), die Produkte selbst als Plastomere [4.1-12, 4.1-13].

Das Produktportfolio lässt sich durch die diagonale Linie in zwei Bereiche auftrennen: Polyethylene für Anwendungen mit höherer Wertschöpfung (added value products) wie Polyethylene für Rohre (Trinkwasser, Abwasser, Gasverteilung, Industrierohre), Hohlkörper (KFZ-Tank, Gefahrgutverpackung) oder hochwertige, hochdichte Folien. Das sind insbesondere Polyethylene mit höheren Dichten (PE-HD, PE-MD), niedrigen MFR-Werten oder hohen bis sehr hohen mittleren Molmassen, breiten bis sehr breiten Molmassenverteilungen (bimodal oder multimodal), geringen Comonomergehalten, und heterogener Comonomerverteilung (das 1-Olefin ist überwiegend in die hochmolekularen Anteile eingebaut).

Polyethylene für Standardanwendungen (commodities), vor allem für den Verpackungsbereich, haben eine tiefere Dichte (PE-LD, PE-LLD, PE-VLD). Sie sind weiter gekennzeichnet durch höhere MFR-Werte, haben also niedere bis mittlere Molmassen, engere Molmassenverteilungen (unimodal), höhere Comonomergehalte oder eine höhere Zahl von Kurzkettenverzweigungen und eine homogene Comonomerverteilung.

Selbstverständlich findet man in beiden Bereichen auch Produkte für Standardanwendungen oder für Anwendungen mit höheren Wertschöpfungen.

Zur Synthese dieser Produkte stehen verschiedene technische Verfahren zur Verfügung. In Abbildung 4.1-3 sind diese technischen Verfahren in das Dichte,

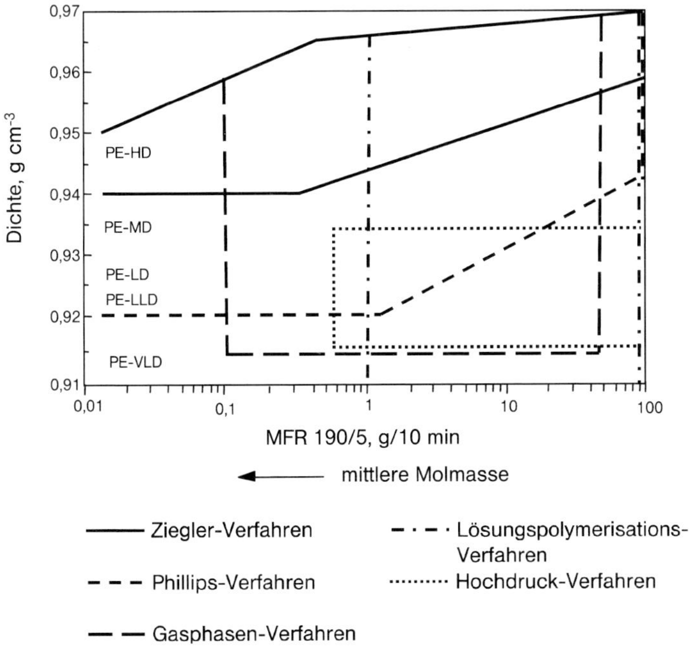

Abb. 4.1-3 Technische Verfahren zu Herstellung von Polyethylenen – zugängliche Produktbereiche

Schmelzindex (MFR)-Diagramm (vgl. Abb. 4.1-2) eingezeichnet. Daraus ist zu entnehmen, welchen Produktbereich die Verfahren im Prinzip abdecken können.

Mit dem Hochdruck-Polymerisationsverfahren können Produkte im Dichtebereich 0,915 bis maximal 0,935 g cm^{-3} und mit MFR-Werten (190/2,16) bis etwa 0,25 g/10 min als untere Grenze hergestellt werden. Mit dem Ziegler-Suspensionspolymerisations-Verfahren (höher siedende aliphatische Kohlenwasserstoffe als Reaktionsmedium) können Produkte mit Dichten größer als 0,940 g cm^{-3} und allen MFR-Werten (190/5) kleiner 100 g/10 min, einschließlich der ultrahochmolekularen Polyethylene hergestellt werden. Mit dem Phillips-Suspensionspolymerisations-Verfahren (Isobutan als Reaktionsmedium) können Produkte mit Dichten bis herunter zu 0,920 g cm^{-3} (Produkte mit engen Molmassenverteilungen), ansonsten mit Dichten größer 0,935 g cm^{-3} bei breiten Molmassenverteilungen und MFR-Werten (190/5) kleiner 100 g/10 min hergestellt werden. Mit dem Lösungspolymerisations-Verfahren können Produkte über den gesamten Dichtebereich (auch Elastomere) und allen MFR-Werten (190/2,16) größer 0,5 g/10 min (auch die niedermolekularen Wachse) hergestellt werden. Das Gasphasen-Polymerisationsverfahren erlaubt im Prinzip Produkte mit allen Dichten (ausschließlich Elastomere) und allen MFR-Werten (ausschließlich ultrahochmolekulare Polyethylene und Wachse) herzustellen. Man bezeichnet diese Technologie deshalb als Swing-Prozess.

Das Verfahren zur Herstellung von Polyethylenen unter hohem Druck (1500–3500 bar) und bei hohen Temperaturen (200 bis maximal 330 °C) wurde 1933 bei ICI in Großbritannien von Fawcett und Mitarbeitern [4.1-14, 4.1-15] entdeckt. Hierbei handelt es sich um eine radikalische Polymerisation in überkritischem, hoch verdichtetem Ethylen als Reaktionsmedium. Dieses Verfahren wird seit 1938 technisch betrieben.

Im Jahre 1953 wurden unabhängig voneinander bei Phillips Petroleum, USA [4.1-16–4.1-18] und am Max-Planck-Institut für Kohlenforschung, Mülheim, Deutschland [4.1-19–4.1-21] metallorganische Katalysatorsysteme entdeckt, mit denen bei niedrigen Drücken (< 50 bar) und mäßig hohen Temperaturen (< 100 °C) Ethylen in Polyethylene umgewandelt werden kann. Diese Niederdruck-Polyethylene haben andere physikalische Eigenschaften (z. B. höhere Dichten im festen Zustand im Normklima) als Hochdruck-Polyethylene. Sie weisen als Homopolymere eine andere Polymerstruktur auf. Sie sind weitgehend linear aufgebaut, während Hochdruck-Polyethylene Kurz- und Langkettenverzweigungen enthalten.

1953 wurde bei Phillips Petroleum gefunden, dass Chromoxide auf Aluminiumsilicaten oder Siliciumdioxid Katalysatoren ergeben, welche Ethylen bei niederen Drücken und mäßig hohen Temperaturen polymerisieren können [4.1-16–4.1-18]. Dieses Verfahren hat sich technisch durchgesetzt (erste Anlage 1956 bei Phillips Petroleum) und wird bis heute weltweit betrieben.

Ebenfalls 1953 entdeckten Ziegler und Mitarbeiter [4.1-19–4.1-21], dass bei der Umsetzung von Übergangmetallverbindungen der 4.–8. Gruppe mit metallorganischen Verbindungen der 1.–3. Gruppe Katalysatorsysteme gebildet werden, welche wiederum bei niederen Drücken und mäßig hohen Temperaturen Ethylen in Polyethylene umwandeln. Dieses Verfahren hat sich technisch durchgesetzt (erste Anlage 1955 bei Hoechst) und wird bis heute weltweit betrieben.

Alle Produktionsanlagen können dem heutigen Stand der Technik entsprechend mit Kapazitäten bis zu 300 000 $t\,a^{-1}$, das Gasphasenverfahren sogar mit bis zu 450 000 $t\,a^{-1}$ gebaut werden [4.1-22].

4.1.1.1 **Hochdruck-Polymerisationsverfahren**

Die Hochdruckpolymerisation von Ethylen wird technisch bei Drücken von 1500–3500 bar und Temperaturen von 200 °C bis maximal 330 °C durchgeführt. Es gibt zwei Verfahrensvarianten, den Autoklaven-Prozess und das Rohrreaktor-(tubular) Verfahren. Die Reaktionstemperatur ist nach oben begrenzt, weil sich dann Ethylen in einer stark exothermen Reaktion zu Kohlenstoff und Methan zersetzt [4.1-23].

Die Hochdruckpolymerisation von Ethylen ist eine in hoch verdichtetem, überkritischem Ethylen ablaufende, radikalische Kettenreaktion (Substanz-(bulk)Polymerisation). Der Kettenstart kann durch Sauerstoff oder Radikale bildende Verbindungen wie organische Peroxide initiiert werden. Neben dem Kettenstart laufen folgende Teilreaktionen ab:

Wachstumsreaktion

$$C_2H_4 + R_nCH_2-\overset{\displaystyle H}{\underset{\displaystyle H}{C}}\cdot \longrightarrow R_nCH_2-CH_2-CH_2-\overset{\displaystyle H}{\underset{\displaystyle H}{C}}\cdot$$

Abbruch durch Kombination

$$R_nCH_2-\overset{\displaystyle H}{\underset{\displaystyle H}{C}}\cdot + R_mCH_2-\overset{\displaystyle H}{\underset{\displaystyle H}{C}}\cdot \longrightarrow R_nCH_2-CH_2-CH_2-CH_2-R_m$$

Abbruch durch Disproportionierung

$$R_nCH_2-\overset{\displaystyle H}{\underset{\displaystyle H}{C}}\cdot + R_mCH_2-\overset{\displaystyle H}{\underset{\displaystyle H}{C}}\cdot \longrightarrow R_nCH=CH_2 + R_mCH_2-CH_3$$

Intramolekularer Radikaltransfer (back biting reaction)

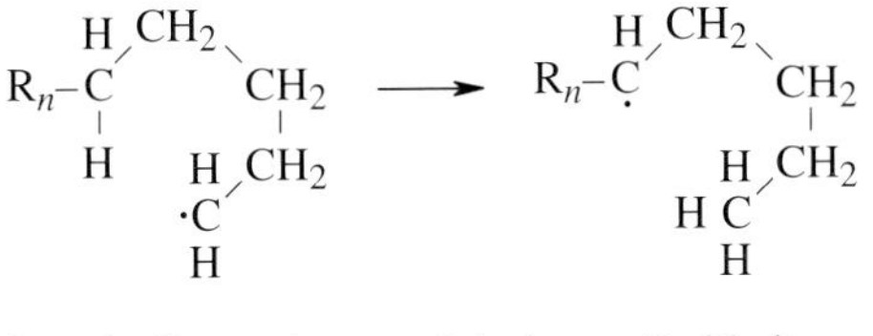

Durch diesen intramolekularen Radikaltransfer werden *n*-Butylseitenketten (Kurzkettenverzweigungen) gebildet, wenn die Wachstumsreaktion am innenständigen Radikal-C-Atom weiterläuft.

Intermolekularer Radikaltransfer

$$R_nCH_2-\overset{H}{\underset{H}{C}}\cdot + R_n-CH_2-CH_2-R_m \longrightarrow R_n-CH_2-CH_3 + R_n-\overset{H}{\underset{\bullet}{C}}-CH_2-R_m$$

Durch diesen intermolekularen Radikaltransfer werden Langkettenverzweigungen gebildet, wenn die Wachstumsreaktion am innenständigen Radikal-C-Atom weiterläuft.

Das Verhältnis der Geschwindigkeiten von Wachstumsreaktion und Kettenabbruch durch Kombination oder Disproportionierung bestimmt die mittlere Kettenlänge und damit die mittlere Molmasse des Polyethylens. Durch die intramolekulare Radikalübertragung entstehen Kurzkettenverzweigungen (bis zu 30 *n*-Butylseitenketten pro 1000 Ketten-C-Atome) Dadurch wird wesentlich die Dichte des Polymeren unter Normalbedingungen (23 °C) bestimmt [4.1-24]. Die intermolekulare Radikalübertragung führt zu Langkettenverzweigungen (≤ 1 pro 1000 Ketten-C-Atome). Dadurch wird vor allem die Rheologie der Polymerschmelze und damit das Verarbeitungsverhalten des Polymeren beeinflusst. Um die mittlere Kettenlänge und damit die mittlere Molmasse gezielt einzustellen, werden auch Kettenüberträger (z. B. Propen, Acetaldehyd u. a.) in geringen Mengen eingesetzt.

Die Polymerisation von Ethylen ist eine stark exotherme Reaktion: Ethylen (Gas) $\longrightarrow$ Polyethylen (fest, 50 % Kristallinität): $\Delta H = -108$ kJ mol^{-1}. Das bedeutet, dass bei der Polyethylensynthese eine große Wärmemenge freigesetzt wird (ca. $3{,}9 \cdot 10^3$ kJ kg^{-1}), welche aus dem Reaktionsraum abgeführt werden muss, vor allem deshalb, um nicht in den Bereich der Zersetzungsreaktion von Ethylen zu gelangen [4.1-23].

Überkritisches Ethylen und Polyethylen bilden ein komplexes Phasendiagramm. Es gibt einen zweiphasigen Bereich, in dem sich Polyethylen abhängig von Temperatur, Druck und Polymergehalt als Feststoff abscheidet [4.1-25, 4.1-26]. Die Kenntnis dieses Phasendiagramms ist notwendig, um Produktablagerungen im Reaktionsraum an den Reaktorwänden zu unterdrücken.

4.1.1.1.1
Technische Verfahren

Es gibt zwei technische Verfahren, den Autoklaven-Prozess (Firmen: EniChem, Equistar, ExxonMobil, ICI-Simon Carves) und das Rohrreaktorverfahren (Firmen: Basell/LupotechTS/TM, DSM, Equistar, ExxonMobil). Bei beiden Verfahren ist die Peripherie um den Polymerisationsreaktor ähnlich ausgelegt.

Ethylen wird eingesetzt wie vom Cracker (polymerisation grade) geliefert. Es wird dann in zwei Stufen verdichtet – dabei erwärmt sich Ethylen und muss gekühlt werden: Niederdruckkreislauf (200–300 bar) und Hochdruckkreislauf (1500–2000 bar oder 2500–3500 bar, abhängig vom Verfahren) (vgl. Abb. 4.1-4). Bei den hohen Reaktionstemperaturen liegt Polyethylen nach der Abtrennung von Ethylen und von niedermolekularen Nebenprodukten (z. B. Ethylenoligomeren, Wachse) als Polymerschmelze vor, welche dem Extruder zugeführt wird, um daraus des verkaufsfähige

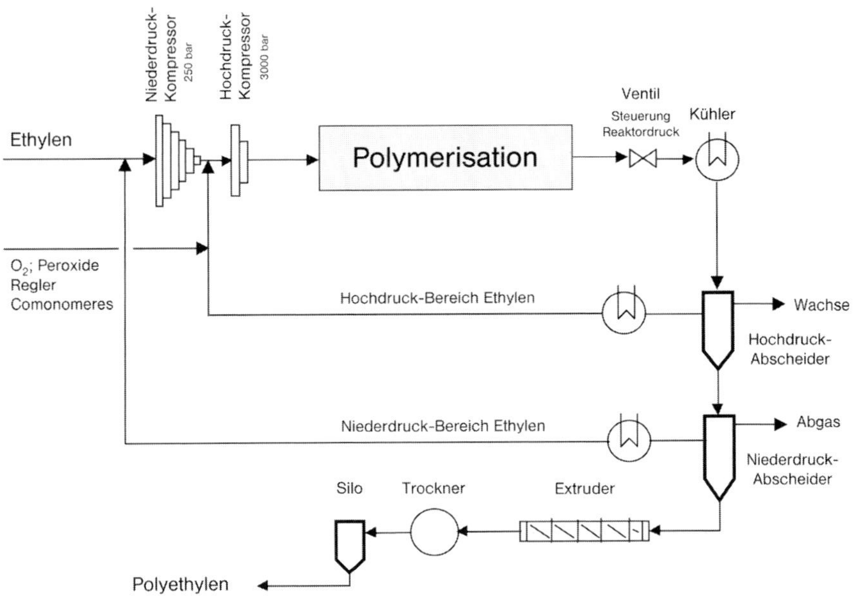

Abb. 4.1-4 Prozessschema Hochdruck-Polymerisationsverfahren

Granulat herzustellen (s. auch Abschnitt 5.1.3.2). Um eine Anreicherung von Inerten wie Methan, Ethan u. a. im Reaktionsraum zu verhindern, muss ständig etwas Gas (überwiegend Ethylen) aus dem Ethylenkreislauf ausgeschleust werden.

Autoklaven-Prozess (Abb. 4.1-5)

Bei diesem Prozess werden Autoklaven mit einem Volumen von bis zu 3000 dm^3 mit Rührorganen eingesetzt. Es gibt drei Varianten: den kontinuierlichen Rührkessel, den Mehrkammerreaktor und die Reaktorkaskade mit zwei hintereinander geschalteten Reaktoren (z. B. Rührkessel plus Rohrreaktor).

Die Reaktoren werden im Druckbereich 1100–2000 bar betrieben. Es wird ein Ethylenumsatz von etwa 20% bei einer mittleren Verweilzeit im Bereich um eine Minute erreicht. Die Raum-Zeit-Ausbeuten liegen bei etwa 7000 kg m^{-3} h^{-1}. Da der Wärmedurchgang durch die dicken Stahlwände sehr niedrig ist, läuft der Polymerisationsprozess quasi adiabatisch ab. Um die Reaktionstemperatur in dem vorgegebenen Rahmen zu halten, wird gekühltes Ethylen den Autoklaven zugeführt. Beim Mehrkammerreaktor geschieht das in jeder Kammer getrennt. Mit Ethylen werden alle anderen Komponenten wie Initiatoren (O_2, Peroxide) und Regler (Propen, Acetaldehyd) zudosiert.

Rohrreaktorverfahren (Abb. 4.1-6)

Der Reaktionsraum ist ein gewinkeltes Rohr mit Innendurchmessern von 10–80 mm und einer Länge von bis zu 2500 m. Es gibt zwei Varianten mit der Einspei-

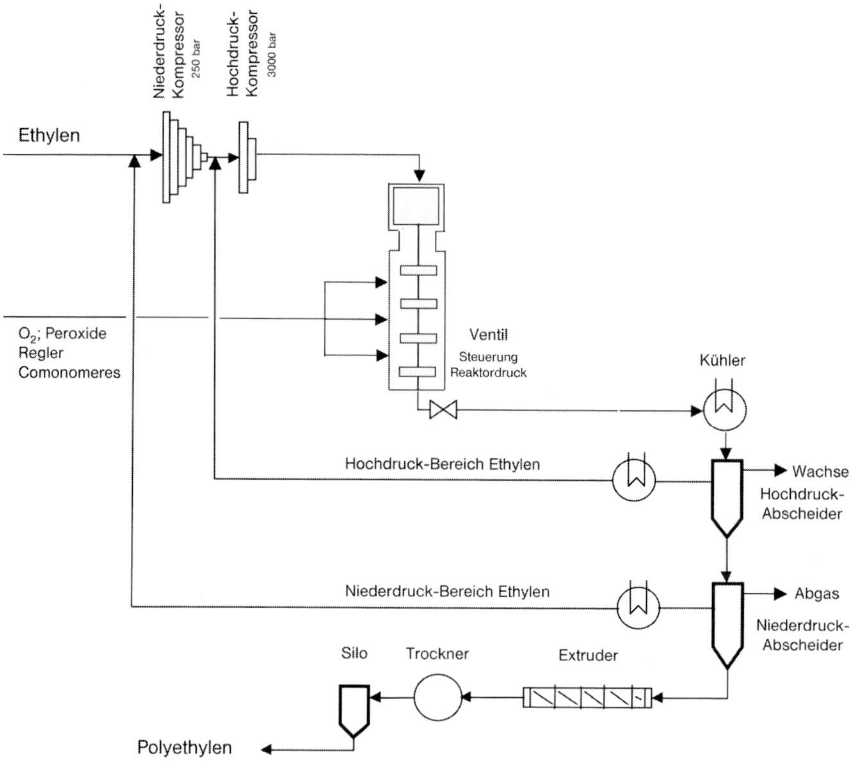

Abb. 4.1-5 Hochdruck-Polymerisationsverfahren: Autoklaven-Prozess (Mehrkammerreaktor)

sung von gekühltem Ethylen am Eingang des Rohrreaktors (TS: Tubular, Single) oder aber die Einspeisung von gekühltem Ethylen an mehreren Stellen des Rohrreaktors (TM: Tubular, Multi).

Auch dieser Prozess läuft quasi adiabatisch und auch hier wird die Reaktionswärme durch Einspeisung von gekühltem Ethylen abgeführt. Dieses Rohrreaktorverfahren wird im Gegensatz zum Autoklaven-Prozess bei höheren Drücken bis 3500 bar und höheren Temperaturen bis 330 °C gefahren. Bei vergleichbaren mittleren Verweilzeiten ist hier der Ethylenumsatz fast verdoppelt und liegt bei bis zu 40 %. Die Raum-Zeit-Ausbeute ist ebenfalls höher und kann bis zu 30 000 kg m^{-3} h^{-1} erreichen.

Der Autoklaven-Prozess und das Rohrreaktorverfahren sind heute gut verstandene Prozesse. Die chemischen Reaktionen und die entsprechenden kinetischen Konstanten sind bekannt. Phasendiagramme von Polyethylen und überkritischem, hoch verdichtetem Ethylen und die Strömungsvorgänge sowie die Temperaturverteilung in den Reaktoren können sehr genau simuliert werden. Es gibt gute Modelle zur Beschreibung dieser Verfahren, welche sowohl die Polymerkenndaten als auch

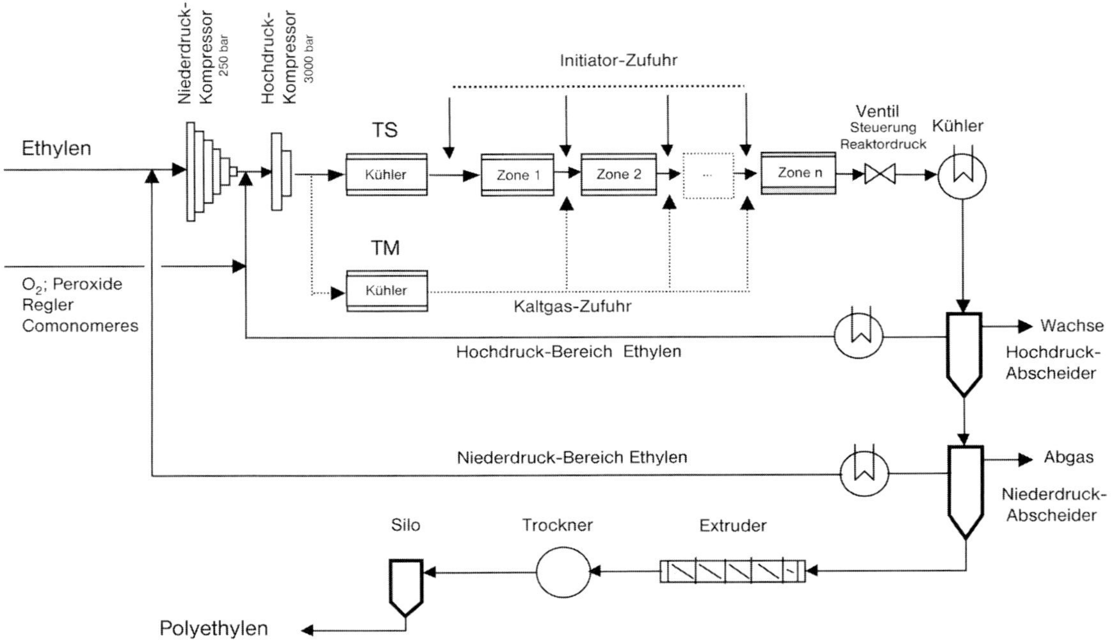

Abb. 4.1-6 Hochdruck-Polymerisationsverfahren: Rohrreaktorverfahren

die Prozessdaten in ausgezeichneter Übereinstimmung mit den gemessenen Werten wiedergeben [4.1-27–4.1-39].

4.1.1.1.2 Produktportfolio

Mit diesen Hochdruckverfahren lässt sich ein breites Spektrum von Polyethylenen im Dichtebereich 0,915–0,935 g cm^{-3} mit MFR (190/2.16)-Werten zwischen 0,25 und 20 herstellen. Diese Produkte werden vor allem zu Folien aller Art (Müllsäcke, Schwergutsäcke, Schrumpffolien, Beschichtungsfolien, Verbundfolien, Sanitärartikel) verarbeitet. Hochdruck-Polyethylene (PE-LD) zeichnen sich durch ein ausgezeichnetes Verarbeitungsverhalten im Folienblasverfahren aus (s. auch Abschnitt 5.1.3.2.3). Diese Folien haben sehr geringe Gelanteile (Stippen), sind geruchs- und geschmacksfrei, haben gute optische Eigenschaften (gloss, haze), haben gleichmäßige Foliendicken und sie können schrumpfen (Anwendung als Schrumpffolien). Weitere Einsatzgebiete sind Rohre und Rohrbeschichtungen (hier wird das Polyethylen auch vernetzt), Kleinbehälter, Kabelummantelungen und Spritzgussanwendungen.

Dieser radikalische Polymerisationsprozess ist auch geeignet, Copolymere mit Vinylacetat (E/VA) oder Acrylaten (E/A) herzustellen. Die Comonomeranteile liegen im Bereich bis zu 40 Gew.-% für E/VA und bis zu 20 Gew.-% bei E/A. Diese Copolymeren werden vor allem zur Herstellung von Filmen eingesetzt.

Die Produkteigenschaften von PE-LD und der Copolymeren sind verfahrensabhängig und können teils besser im Autoklaven-Prozess, teils besser im Rohrreaktorverfahren erreicht werden. Eigenschaften und Anwendungsbereiche werden ausführlich und detailliert in den technischen Broschüren der Polymerhersteller [4.1-40], in Übersichtsartikeln [4.1-41] oder in Handbüchern [4.1-42–4.1-44] beschrieben.

4.1.1.1.3 Wirtschaftlichkeitsbetrachtungen

Polymerisationen sind überwiegend sehr selektive Prozesse. Zur Herstellung von einer Tonne PE-LD werden 1010–1020 kg Ethylen benötigt, d. h. dass mehr als 98% des Rohstoffes in das Produkt überführt wird. Der Rest wird in Oligomere umgewandelt. Diese können schwerem Heizöl zugemischt und energetisch verwertet werden.

Für Standardpolymere wie PE-LD sind allein die Fertigungskosten über Ethylen entscheidend. Sie setzen sich zusammen aus den kapitalabhängigen Kosten, den Personalkosten, den Wartungskosten und den Kosten für Energien (elektrische Energien (750–1000 kWh t^{-1}), Kühlwasser (75–120 m^3 t^{-1}), Einsatzstoffen wie Initiatoren und Additive und Sonstige (z. B. Reststoffentsorgung). Die benötigten 800–1000 kg t^{-1} Dampf werden aus der Polymerisationswärme erzeugt. Um die Fertigungskosten zu reduzieren, wird in neue Anlagen mit großen Kapazitäten (world scale plants) investiert [4.1-22]. Anlagen mit Kapazitäten von über 300 000 t a^{-1} sind bereits in Betrieb (Basell Polyolefins, Aubette) und Anlagen mit Kapazitäten bis 400 000 t a^{-1} sind in Planung. Mit solchen Anlagen können die Fertigungskosten deutlich reduziert werden, jedoch ist es nicht sinnvoll, diese Zahlen anzugeben, weil sie von vielen spezifischen Faktoren abhängen. Als Richtwerte können für eine moderne Anlage mit einem optimierten Produktmix Werte im Bereich (Basis Westeuropa) von 160–180 Euro/t abgeschätzt werden.

Anlagen mit diesen Kapazitäten beinhalten aber auch große wirtschaftliche Risiken. Bei Durchsätzen von 40 t h^{-1} ergeben sich hohe Verluste durch Produktionsstillstände, wenn die Anlage wegen Ausfall eines Aggregates abgestellt werden muss. Das gilt vor allem für die Ethylenverdichter und den Extruder, welche nicht redundant ausgelegt werden können. Ein weiterer Nachteil ist, dass nur großvolumige Typen unter Nutzung der wirtschaftlichen Vorteile hergestellt werden können. Die höchste Wirtschaftlichkeit wird dann erreicht, wenn ständig nur eine Produkttype produziert wird. Die wirtschaftlichen Vorteile werden also mit deutlich höheren Risiken und deutlich geringeren Flexibilitäten erkauft.

4.1.1.2 Niederdruck-Polymerisationsverfahren

Alle Niederdruck-Polymerisationsverfahren (Suspensions-, Lösungs- und Gasphasen-Polymerisationsverfahren) arbeiten heute mit hochaktiven Katalysatoren (high mileage catalysts), deren Aktivitäten in den technischen Verfahren so hoch liegen, dass die Katalysatorenreste im Polyethylen verbleiben können. Die Einführung dieser hochaktiven Katalysatoren bedeutete einen enormen technischen Fortschritt und ohne diese Katalysatoren hätten Polyethylene niemals die heutige technische und wirtschaftliche Bedeutung erreichen können [4.1-45].

Hochaktive Phillips-Katalysatoren (Übergangsmetall Chrom) sind auf Siliciumdioxid (SiO_2)-Trägern fixierte Chromverbindungen, meist als CrO_3, welche nach einem thermischen, chemischen Aktivierungsprozess ohne Cokatalysatoren eingesetzt werden [4.1-46–4.1-48]. Hochaktive Ziegler-Katalysatoren (Übergangsmetall Titan) sind auf $MgCl_2$-Trägern fixierte Titankomponenten, meist $TiCl_4$, welche mit Aluminiumalkylverbindungen als Cokatalysatoren aktiviert werden [4.1-49]. Polyethylene hoher und mittlerer Dichte (PE-HD, PE-MD) werden nahezu ausschließlich mit Ziegler- und Phillips-Katalysatoren produziert. In Bereich tiefer und sehr tiefer Dichten (PE-LLD, PE-VLD) werden neben Ziegler-Katalysatoren auch single site-Katalysatoren (Übergangsmetall Titan, Zirconium für Metallocene) [4.1-50–4.1-54] oder andere [4.1-55, 4.1-56] verwendet. Diese Katalysatoren werden als lösliche Komponenten im Lösungspolymerisations-Verfahren oder auf Siliciumdioxid geträgert für Suspensions- und Gasphasen-Polymerisationsverfahren mit Cokatalysatoren wie Methylaluminoxan (MAO) [4.1-57, 4.1-58] oder Perfluorboraten [4.1-59, 4.1-60] eingesetzt. Single site-Katalysatoren werden deshalb eingesetzt, weil sie wegen des sehr gleichmäßigen Comonomereinbaus und wegen der deutlich engeren Molmassenverteilung Qualitätsvorteile bei diesen tiefdichten Produkten bringen [4.1-61, 4.1-62].

4.1.1.2.1 Suspensionspolymerisations-Verfahren

Die Suspensions-(slurry) Verfahren sind Fällungs-Polymerisationsverfahren, weil Polyethylene bei den Prozessbedingungen in den Suspensionsmitteln (gesättigte, aliphatische Kohlenwasserstoffe wie Isobutan, Leichtbenzin (Hexanfraktion), Benzine, Dieselöl) unlöslich sind. Das Phasendiagramm von Polyethylenen und aliphatischen Kohlenwasserstoffen ist in Abbildung 4.1-7 schematisch dargestellt [4.1-63, 4.1-64].

Dieses Phasendiagramm wird durch die Trübungskurve **1** in zwei Teile getrennt. Bei Temperaturen oberhalb der Linie **1** sind Polyethylene in diesen Kohlenwasser-

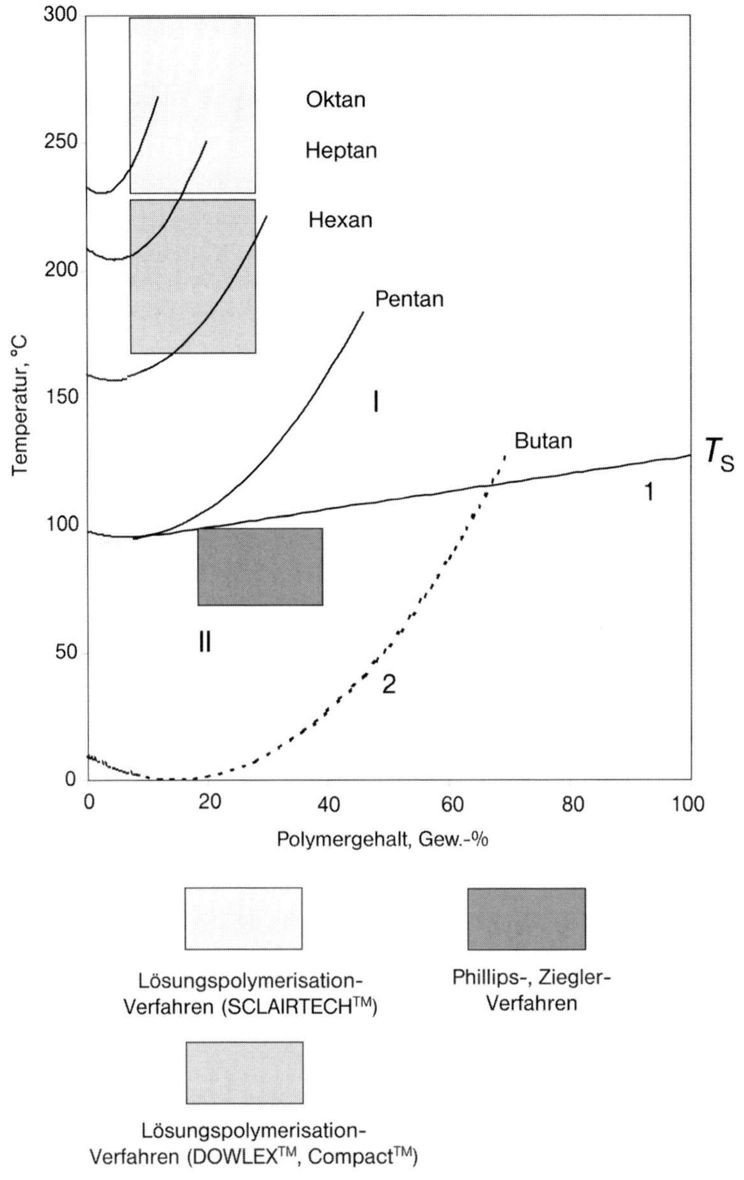

Abb. 4.1-7 Phasendiagramm Polyethylene – aliphatische Kohlenwasserstoffe

stoffen löslich (hier ist der Bereich **I** der Lösungspolymerisations-Verfahren), unterhalb sind die Polyethylene unlöslich (hier ist der Bereich **II** der Suspensionspolymerisations-Verfahren). Die Trübungskurve **1** wird durch den Schmelzpunkt des Polyethylens $\mathbf{T_S}$ bestimmt und weil dieser sich zu tieferen Temperaturen hin mit steigendem Comonomeranteil oder abfallender Dichte verschiebt, können mit diesen Suspensionsverfahren nur PE-HD und PE-MD hergestellt werden. Das Phasendiagramm zeigt weiter die Existenz von unteren, kritischen Entmischungskurven **2**, bei denen sich die homogene Phase in eine polymerreiche Gelphase und eine polymerarme Solphase trennt. Diese Linien hängen stark von der Kettenlänge des Kohlenwasserstoffs ab. Weil die untere kritische Entmischungskurve für Butane unterhalb der Trübungskurve liegt, können mit diesem Suspensionsmittel auch PE-MD-Produkte und bei Polymeren mit enger Molmassenverteilung und gleichmäßiger Comonomerverteilung auch PE-LLD-Produkte gefahren werden. Bei allen höher siedenden Suspensionsmitteln können nur PE-HD-Produkte hergestellt werden, weil sonst die löslichen niedermolekularen, comonomerreichen Anteile über den technisch beherrschbaren Grenzwert von etwa 2 Gew.-% hinausgehen. In diesem Phasendiagramm sind die Felder für das Phillips- und Ziegler-Verfahren und für die Lösungspolymerisations-Verfahren eingezeichnet. Dass die untere, kritische Entmischungskurve für Hexan das Feld des Lösungspolymerisations-Verfahrens durchläuft, ist ohne Bedeutung für das technische Verfahren.

Bei allen Suspensionspolymerisations-Verfahren wird der unlösliche, heterogene, sehr feinteilige Katalysator (10–50 µm) als Suspension im Kohlenwasserstoff in den Polymerisationsreaktor eingetragen. Im Verlaufe der Polymerisation wandeln sich diese Katalysatorteilchen in Polymerteilchen um. Diesen wichtigen Vorgang bezeichnet man als Teilchenbildungsprozess (particle forming process). Aus jedem Katalysatorteilchen entsteht in der Regel ein Polymerteilchen. Jedes dieser polymerisierenden Teilchen ist ein kleiner Reaktor (Mikroreaktor) mit eigener Stoff- und Wärmebilanz. Dieser Vorgang ist heute sehr gut verstanden und kann modellmäßig zutreffend beschrieben und modelliert werden (vgl. Abschnitt 4.1.1.2.1.7) [4.1-64–4.1-67].

Weil das Polyethylen als feste Phase anfällt, ist die Viskosität der Suspension unabhängig von der Molmasse. Es ist also möglich, Polyethylene über den gesamten mittleren Molmassenbereich bis zu den ultrahochmolekularen Produkten zu produzieren. Die Viskosität der Suspension hängt nur vom Feststoffgehalt und der Morphologie des Polymerpulvers ab [4.1-68]. In den technischen Verfahren werden Feststoffgehalte bis zu 40 Gew.-% erreicht.

Es gibt zwei Varianten von Suspensionspolymerisations-Verfahren: das Phillips-Verfahren (Firma Chevron Phillips) und das Ziegler-Verfahren (Firmen Basell/Hostalen™, Equistar, Mitsui Chemical). Darüber hinaus können diese Verfahren in Kaskaden-Fahrweise mit zwei oder mehreren Reaktoren in Serie geschaltet oder aber auch mit anderen Niederdruckverfahren wie dem Gasphasenverfahren kombiniert werden. Ein Beispiel hierfür ist ein Phillips-Reaktor plus ein oder mehrere Gasphasenreaktoren.

4.1.1.2.1.1
Phillips-Verfahren

Beim Phillips-Verfahren (Abb. 4.1-8) [4.1-18, 4.1-69, 4.1-70] wird die Polymerisation in einem Schleifen-(Loop) Reaktor durchgeführt. Dieser Reaktor ist eine Rohrschleife, in welcher der Reaktorinhalt mit hoher Geschwindigkeit umgepumpt wird. Wegen des großen Verhältnisses von Oberfläche zu Volumen ist dieser Schleifenreaktor besonders für stark exotherme Reaktionen geeignet.

Als Suspensionsmittel wird Isobutan verwendet. Die Polymerisation läuft bei Temperaturen zwischen 90 und 105 °C ab. Der Druck im Reaktor beträgt etwa 40 bar. Die Raum-Zeit-Ausbeuten liegen im Bereich von 250 kg m^{-3} h^{-1} bei einer mittleren Verweilzeit von rund 1 h. Bei einem Durchsatz von 25 t h^{-1} wird also ein Reaktionsvolumen von 100 m^3 benötigt. In der Technik hat der Reaktor mehrere Schleifen mit mehreren Turbinen und Produktentnahmestellen).

In diesem Schleifenreaktor werden kontinuierlich eingetragen das rezyklierte Isobutan, Ethylen und das Comonomere 1-Hexen. In einer separaten Dosierung wird der Katalysator mit frischem Isobutan in den Reaktor als feinteilige Suspension zugegeben. In einem Austragssystem am tiefsten Punkt des Polymerisationsreaktors wird die Polymersuspension gesammelt. Das Polymerpulver setzt sich dort ab (settling leg) und wird im Gegenstrom mit frischem Isobutan gewaschen. Diese polymerreichere Suspension wird aus dem Reaktor ausgetragen. Isobutan und 1-Hexen werden dann in einem Apparat (Flash-Tank) verdampft. Das Polymere wird in weiteren Schritten weitestgehend von Kohlenwasserstoffresten befreit und geht dann

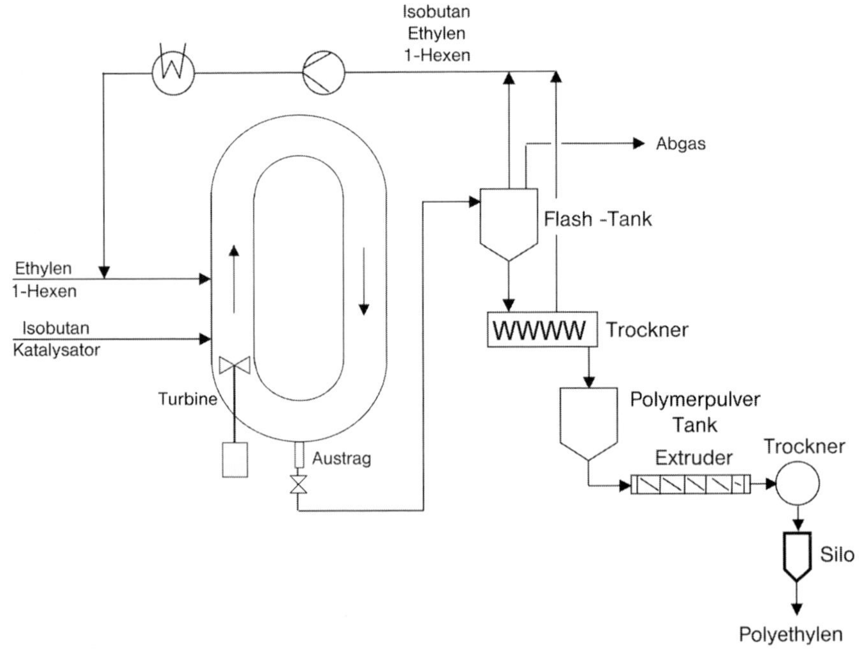

Abb. 4.1-8 Phillips-Verfahren

nach Zusatz von Additiven zur Granulierung. Im Extruder wird aus dem Polymerpulver das verkaufsfähige Granulat hergestellt. Das 1-Hexen enthaltende Isobutan kann direkt in den Polymerisationsreaktor zurückgeführt werden. Ein Teil dieses Gemisches wird destillativ in Isobutan und 1-Hexen aufgetrennt, um die notwendige Menge frisches Isobutan bereit zu stellen. Das hierbei anfallende 1-Hexen wird ebenfalls in den Prozess zurückgeführt.

Mit diesem Verfahren können Polyethylene mit MFR-Werten von 0,15–100 g/10 min und durch Copolymerisation von Ethylen und 1-Hexen mit Dichten zwischen 0,920 g cm^{-3}, aber nur für Produkte mit engen Molmassenverteilungen und homogenem Comonomereinbau, und 0,970 g cm^{-3} produziert werden. Die mittlere Molmasse ist vorgegeben durch den Katalysator und kann durch Variation der Reaktionsbedingungen, vor allem der Temperatur, nur in engen Grenzen eingestellt werden. Der Katalysator bestimmt weiter die Molmassenverteilung.

Um also eine Produktpalette herstellen zu können, müssen verschiedene Typen von Phillips-Katalysatoren zur Verfügung stehen [4.1-46–4.1-48, 4.1-71]. In diesem Verfahren werden heute auch Ziegler-Katalysatoren (vgl. Abschnitt 4.1.1.2.1.7) und single site-Katalysatoren [4.1-72] eingesetzt.

4.1.1.2.1.2
Phillips-Katalysatoren

Phillips-Katalysatoren werden durch Imprägnieren von Siliciumdioxidträgern mit Chromverbindungen und anschließende Aktivierung hergestellt [4.1-47, 4.1-48, 4.1-70, 4.1-71]. Siliciumdioxidträger sind hochporöse Partikel (1–3 $cm^3\ g^{-1}$) mit großer spezifischer Oberfläche (200–400 $m^2\ g^{-1}$) und auf das Verfahren angepasster Kornmorphologie (mittlere Korngröße, Korngrößenverteilung, Kornform). Diese Träger sind kommerzielle Standardprodukte. Die Belegung mit der Chromverbindung liegt zwischen 0,1–3 Gew.-%. In der Regel wird der Siliciumdioxidträger in wässriger Lösung mit Chromaten behandelt und anschließend bei hohen Temperaturen im Bereich von 300–850 °C mit O_2 oder anderen Komponenten aktiviert. Die Temperatur ist nach oben durch die Sintertemperatur des Siliciumdioxidträgers begrenzt. Bei diesem Vorgehen bilden sich zum überwiegenden Teil isolierte Chromate der folgenden Struktur, welche geeignete Vorstufen für aktive Zentren von hochaktiven Phillips-Katalysatoren sind [4.1-47, 4.1-48, 4.1-71, 4.1-73]:

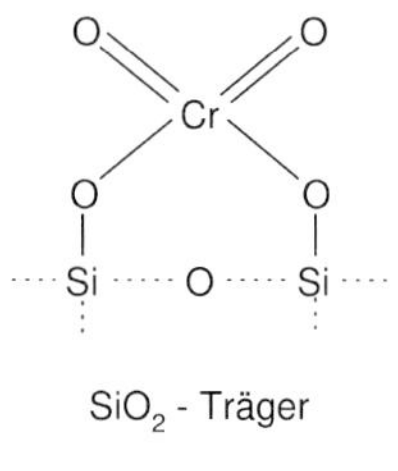

Dieser Cr-Komplex kann bei Temperaturen oberhalb 300 °C mit CO in die polymerisationsaktive Form überführt werden, welche eine Cr^{II}-Verbindung sein kann [4.1-48, 4.1-74, 4.1-75]:

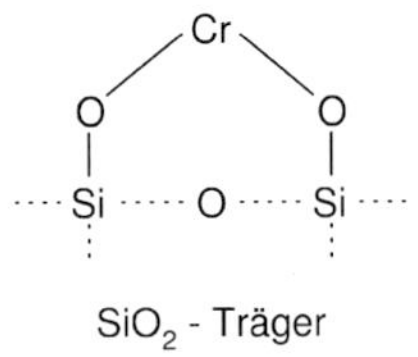

Die polymerisationsaktive Form kann auch im Polymerisationsreaktor durch Reduktion mit Ethylen gebildet werden und dieser Vorgang läuft dann parallel zur Polymerisationsreaktion ab. Das bedeutet aber, dass der Katalysator erst mit der Zeit die volle Aktivität entwickelt [4.1-71, 4.1-73, 4.1-76]:

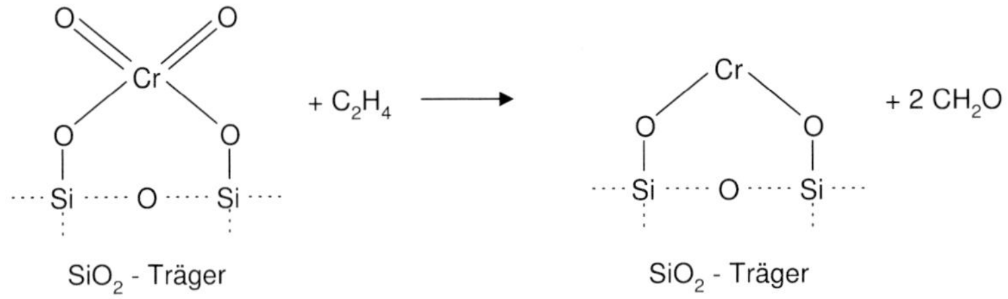

Wie die Überführung dieses Cr^{II}-Komplexes in die polymerisationsaktive Spezies abläuft, ist nicht genau bekannt [4.1-73, 4.1-76]. Damit eine aktive Spezies entsteht, sollte am Cr^{II} entweder eine Alkylgruppe oder ein H-Atom kovalent gebunden sein [4.1-48]. Es liegt dann ein aktives Zentrum vor, an dem die Kettenwachstumsreaktion durch Komplexierung von Ethylen und anschließende Insertion in eine Cr-C-Bindung erfolgen kann.

Phillips-Katalysatoren können in ihren Eigenschaften verändert und somit auf die Anwendung hin optimiert werden. Das geschieht durch physikalische und chemische Veränderung des Trägers, durch zusätzliche Belegung mit anderen Komponenten, wie Verbindungen des Titans, durch Behandlung mit Aluminium- oder Fluorverbindungen sowie durch Variation des Aktivierungsprozesses [4.1-71].

Die bei weitem wichtigste Kettenübertragungsreaktion beim Phillips-Katalysator ist die β-Eliminierung [4.1-48, 4.1-71], bei welcher am Ende der wachsenden Polymerkette eine Vinylgruppe gebildet wird, unter gleichzeitiger Bildung einer Cr-H-Bindung, welche durch Insertion eines Ethylens wieder in eine Cr-Ethyl-Bindung überführt wird. Dadurch wird die Bildung einer neuen Polymerkette gestartet.

Es gibt Chromkatalysatoren, welche Ethylen zu 1-Hexen trimerisieren. Damit kann man 1-Hexen im Polymerisationsreaktor erzeugen und dann copolymerisieren. Da hierbei die Polymerkenndaten schwieriger zu kontrollieren sind, wird diese Möglichkeit nicht oder nur sehr eingeschränkt genutzt [4.1-77].

4.1.1.2.1.3
Produktportfolio

Mit dem Phillips-Verfahren können Produkte im hoch- und mitteldichten Bereich [4.1-42–4.1-44] und mit mittleren bis zu sehr hohen Molmassen zur Herstellung von Hohlkörpern aller Art mit ausgezeichneten Eigenschaftskombinationen produziert werden (vgl. Abb. 4.1-2). Diese Hohlkörper werden im Extrusions-Blas-Verfahren hergestellt. Das ist eine große Stärke des Phillips-Verfahrens [4.1-78, 4.1-79]. Zu diesen Produkten zählen sowohl solche für Kleinhohlkörper für die Verpackung von Flüssigkeiten und Feststoffen aller Art (Pharmaverpackung, Spülmittel-, Waschmittelverpackung) [4.1-80] als auch für Großhohlkörper wie Behälter für industrielle Güter (intermediate bulk container – IBC), Fässer, Kanister, Tanks zur Bevorratung von Heizöl und auch Kraftstoffbehälter für Automobile (Kunststoff-Kraftstoff-Behälter – KKB) [4.1-81]. Hierzu gehören auch die Gefahrgutverpackungen, welche besonders strengen Sicherheitsanforderungen unterliegen [4.1-82]. Alle diese Produkte zeichnen sich weiter durch ein ausgezeichnetes Verarbeitungsverhalten aus. Weiter hervorzuhebende Eigenschaften sind die hohe Spannungsrissfestigkeit [4.1-83] bei hoher Steifigkeit (hoher Dichte) und die sehr hohen Zähigkeiten selbst bei Temperaturen weit unter 0 °C. Im Bereich mittlerer Dichte (PE-MD) können Produkte für Gasrohre, Folien und Platten (z. B. Abdichtungen von Deponien) wiederum mit sehr guten Eigenschaftskombinationen produziert werden. Das Produktportfolio umfasst weiter leicht fließende Spritzgusstypen.

Durch die Entwicklung spezieller single site-Katalysatoren [4.1-72] ist es gelungen, mit diesem Verfahren auch PE-LLD-Produkte mit Dichten bis etwa 0,920 g cm^{-3} zugänglich zu machen und damit das Produktportfolio in den Bereich tiefdichter Folien auszudehnen [4.1-84].

4.1.1.2.1.4
Neuere Technische Entwicklungen

Borealis hat ein kaskadiertes Verfahren zur technischen Reife entwickelt bestehend aus einem Schleifenreaktor und danach einem Gasphasenreaktor (vgl. Abschnitt 4.1.1.2.2). Zielsetzung dieser Entwicklung war, Polyethylene mit breiten bis sehr breiten, bimodalen Molmassenverteilungen herzustellen (vgl. Abschnitt 4.1.1.2.1.8) und auch Polyethylene über den gesamten Dichtebereich (PE-HD, PE-LLD) produzieren zu können [4.1-85]. Die Bezeichnung dieses Prozesses ist BORSTAR™.

Im Schleifenreaktor wird bei diesem Verfahren überkritisches Propan als Suspensionsmittel verwendet. Dadurch verändert sich das thermodynamische Verhalten des Systems Polyethylen/Propan mit der Folge, dass sich niedermolekulare Homo- und vor allem Copolymere nur noch zu einem geringen Teil lösen [4.1-86]. Somit ist es möglich, bimodale Produkte mit heterogener Comonomerverteilung für Anwendungen im hochdichten Bereich (Rohrprodukte) und auch tiefdichte Produkte (Rotamoulding, Folien) herzustellen, welche in nur einem Phillips-Schleifenreaktor nicht zugänglich sind.

Um mit dieser Technologie breit verteilte, bimodale PE-HD-Produkte z. B. für Rohranwendungen herzustellen, werden zwei Schleifenreaktoren in einer Kaskade hintereinander gefahren und mit Ziegler-Katalysatoren betrieben. Solche Entwicklungen wurden von Solvay (BP Chemicals-Solvay) und Fina (Atofina) betrieben und technisch umgesetzt.

4.1.1.2.1.5
Wirtschaftlichkeitsbetrachtungen

Auch hier gelten die in Abschnitt 4.1.1.1.3 gemachten Einschränkungen. Alle Fertigungskosten (Kosten über Ethylen) hängen von der Kapazität der Anlage, dem Produktmix und hier auch signifikant von den spezifischen Katalysator/Cokatalysator-Kosten ab. Vom Produktmix abhängig sind hier die Kosten für das Comonomere (hier 1-Hexen). Um PE-LLD zu produzieren, sind erhebliche Mengen 1-Hexen notwendig. Als Richtwerte können für moderne Anlagen folgende Daten spezifiziert werden: Energien (350 kWh t^{-1}), Dampf (250 kg t^{-1}), Kühlwasser (185 m^3 t^{-1}). Um 1 t Polyethylen herzustellen, werden 990–1010 kg Ethylen und zwischen 10 und 90 kg 1-Hexen benötigt. Die spezifischen Kosten für Katalysatoren liegen zwischen 3 und 12 Euro/t. Hinzu kommen noch die Kosten für das Suspensionsmittel im Bereich von 3 Euro/t. Als Richtwerte ergeben sich für moderne Anlagen 125 Euro/t für PE-HD und 150 Euro/t für PE-LLD auf vergleichbarer Basis mit den Daten für PE-LD (vgl. Abschnitt 4.1.1.1.3).

4.1.1.2.1.6
Ziegler-Verfahren

Beim Ziegler-Verfahren (Abb. 4.1-9) wird die Polymerisation in einem Rührkessel oder einer Rührkesselkaskade durchgeführt. Als Suspensionsmittel wird überwiegend eine Hexanfraktion eingesetzt. In einigen Anlagen werden auch höher siedende Fraktionen (z. B. Oktane) verwendet. Um eine intensive Durchmischung des Reaktorinhalts zu gewährleisten, werden Turbinen verwendet, welche auf einer

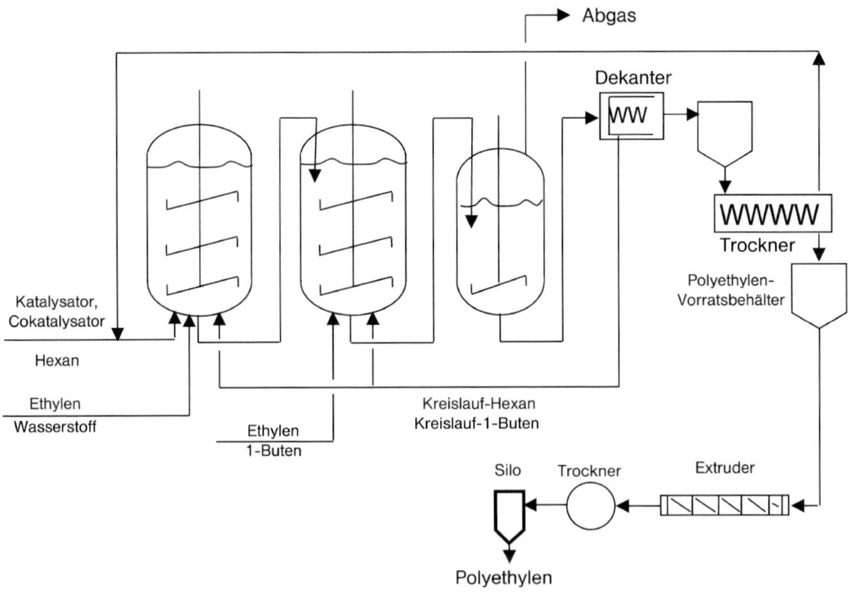

Abb. 4.1-9 Ziegler-Verfahren

Welle in verschiedenen Höhen eines Reaktors angeordnet sind. Die Wärmeabfuhr wird mit Hilfe eines Außenkühlers (ummanteltes, gekühltes Rohr) sichergestellt, durch den die Suspension umgepumpt wird. Die Polymerisation läuft im Bereich von 75-85 °C ab. Der Druck im Reaktor liegt bei maximal 15 bar. Bei einer Kaskade fällt er vom ersten zum letzten Reaktor stufenweise ab. Die Raum-Zeit-Ausbeuten liegen im Bereich von 100–150 kg m^{-3} h^{-1} bei mittleren Verweilzeiten von 1–2 h. Bei einem Durchsatz von 25 t h^{-1} wird ein Reaktionsvolumen von 170 m^3 benötigt.

Am Boden des Rührkessels werden kontinuierlich das im Kreislauf geführte Suspensionsmittel, Ethylen, Comonomeres (Propen, 1-Buten) und Wasserstoff als Molmassenregler eingetragen. Der Katalysator wird als feinteilige Suspension mit frischem Suspensionsmittel und frischem Cokatalysator (Alkylaluminiumverbindung wie Triethylaluminium) eindosiert. Der größere Teil des Cokatalysators gelangt mit dem im Kreis geführten Suspensionsmittel in den Reaktor zurück.

Die Polymersuspension wird im Anschluss an die Polymerisation mit einer Zentrifuge (Dekanter) in einen Feststoff mit ca. 20 Gew.-% Suspensionsmittel und das Suspensionsmittel aufgetrennt. Das Suspensionsmittel mit dem darin gelösten Comonomeren und Cokatalysator wird in den Polymerisationsprozess zurückgeführt. Das Polymere wird durch Trocknung unter Stickstoff vom Suspensionsmittel befreit. Restliches Comonomeres wird dann destillativ vom Suspensionsmittel abgetrennt. Beide Komponenten gehen in den Polymerisationsprozess zurück. Dieses Suspensionsmittel wird zur Eindosierung des Katalysators eingesetzt [4.1-64, 4.1-87, 4.1-88].

Das getrocknete Polyethylenpulver mit den sehr geringen Anteilen durch etwas Wasserdampf deaktivierten Katalysator- und Cokatalysatorresten wird mit Additiven ausgerüstet in den Extruder zur Granulierung überführt und dabei in das verkaufsfähige Granulat umgewandelt.

Da bei diesem Verfahren die mittlere Molmasse oder der Schmelzindex (MFR) leicht durch Wasserstoff eingestellt werden können, kann bei gleicher Polymerisationstemperatur eine breite Produktpalette hergestellt werden. Wie bei allen anderen Verfahren wird die Dichte durch Copolymerisation mit 1-Olefinen wie Propen oder 1-Buten variiert. Die Molmassenregelung mit Wasserstoff kann man nutzen, um in einem kaskadierten Verfahren eine breite Palette von Produkten mit unterschiedlichen Molmassenverteilungen einschließlich bimodaler oder anderer breiter Verteilungen herzustellen. Gleichzeitig kann das Comonomere bevorzugt in die langen Polymerketten eingebaut werden [4.1-49, 4.1-64, 4.1-89]. Dadurch kann man Polyethylene mit außergewöhnlichen Eigenschaftskombinationen bei der Verarbeitung und im Endprodukt erzeugen (vgl. Abschnitt 4.1.1.2.1.8).

4.1.1.2.1.7
Ziegler-Katalysatoren

Hochaktive (high mileage) Ziegler-Katalysatoren sind auf $MgCl_2$ (kristallwasserfreies $MgCl_2$) geträgerte Titankomponenten. Es gibt vier Synthesewege zur Herstellung dieser Katalysatoren:

1) Mahlen von $MgCl_2$ zusammen mit $TiCl_4$ ($TiCl_4/MgCl_2 < 0{,}15$) [4.1-90]. Bei diesem Mahlprozess wird die spezifische Oberfläche des $MgCl_2$ signifikant erhöht

und es bilden sich Katalysatorpartikel, welche aus sehr kleinen kristallinen Anteilen (Primärpartikeln) zusammengesetzt sind. Bei diesem Verfahren entstehen Katalysatoren mit etwa 4 Gew.-% Titan, fixiert auf der Oberfläche des $MgCl_2$. Nicht gebundene Titankomponenten werden mit Benzin ausgewaschen. Nachteil dieses Verfahrens ist, dass hierbei die Morphologie der Katalysatorteilchen nicht gezielt eingestellt werden kann. Dadurch entsteht bei der Polymerisation ein Polyethylenpulver mit für das technische Verfahren nicht akzeptabler Morphologie (z. B. hohe Anteile feiner Teilchen < 100 µm).

2) $MgCl_2$ wird aus einer ethanolischen Lösung mit Paraffinöl bei höheren Temperaturen vermischt. Hierbei entstehen Tröpfchen eines Komplexes von $MgCl_2$ und *n* Molekülen C_2H_5OH. Durch rasches Abkühlen können kugelförmige Teilchen mit engen Korngrößenverteilungen und mittleren Durchmessern im Bereich zwischen 10 und 100 µm erzeugt werden. Dieser $MgCl_2$-Träger wird dann mit $TiCl_4$ behandelt. Nicht gebundene Titankomponenten werden mit Benzin ausgewaschen. Der große Vorteil dieses Verfahrens ist, dass die Partikelmorphologie (spez. Oberfläche, Porosität, Teilchengröße) gezielt eingestellt werden kann. Auf dem Katalysator sind zwischen 1 und 4 Gew.-% Titan fixiert [4.1-91].

3) Durch Umsetzung von Grignardverbindungen mit Alkylchloriden in Benzin können wiederum Katalysatoren mit hervorragender Morphologie hergestellt werden [4.1-92]. BOMAG (Butyl, Oktyl-Magnesium) wird mit Chloroform oder Tetrachlorkohlenstoff umgesetzt. Dabei fällt in Benzin eine feste Komponente aus, welche überwiegend aus $MgCl_2$ besteht. Der Fällungsprozess kann so geführt werden, dass kugelförmige Teilchen mit Durchmessern von 10–50 µm gebildet werden. Nach der Wäsche dieses Niederschlages mit Benzin wird er mit $TiCl_4$ behandelt. Dabei werden 1–4 Gew.-% Titan gebunden. Nicht gebundene Titankomponenten werden mit Benzin ausgewaschen.

4) Durch Umsetzung von Magnesiumalkoholaten, vor allem $Mg(OC_2H_5OH)_2$, mit $TiCl_4$ in Benzinen können in einer einstufigen oder mehrstufigen Eintopfreaktion $MgCl_2$-Titankatalysatoren hergestellt werden [4.1-93]. Hierbei werden zwischen 5 und 6 Gew.-% Titan am Feststoff gebunden. Die Morphologie kann eingestellt werden.

Alle diese Katalysatoren müssen mit Alkylaluminiumverbindungen (Triethylaluminium, Triisobutylaluminium) als Cokatalysatoren aktiviert werden. Dabei wird eine Titan-Kohlenstoff-Bindung erzeugt, in die nach dem Cossee, Arlman-Mechanismus ein aktiviertes Ethylen insertiert wird (Abb. 4.1-10) [4.1-94].

Neben diesem katalytischen Zyklus, welcher zum Aufbau der Polymerkette führt (Wachstumsreaktion), gibt es mehrere Kettenabbruchsreaktionen (β-Eliminierung und Kettenübertragungsreaktionen mit dem Cokatalysator). Die bei weitem wichtigste und für die technischen Prozesse bedeutendste Reaktion ist der Kettenabbruch mit Wasserstoff [4.1-64, 4.1-95].

Die verschiedenen Teilprozesse dieser katalytischen Polymerisation sind sehr genau bekannt und sie sind die Basis von fortgeschrittenen Prozessmodellen, welche zur Simulation, Regelung und Steuerung in der Industrie eingesetzt werden [4.1-64, 4.1-65, 4.1-95–4.1-101].

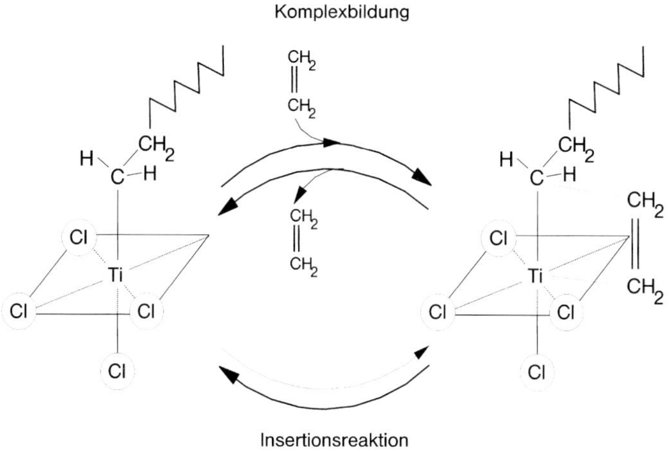

Abb. 4.1-10 Kettenwachstumsreaktion am Titankatalysator

4.1.1.2.1.8
Produktportfolio

Das Ziegler-Verfahren, vor allem als kaskadiertes Verfahren, ist zur Herstellung von hochdichten Polyethylenen (> 0,940 g cm^{-3}) über den gesamten Schmelzindexbereich (MFR) hinweg einschließlich der ultrahochmolekularen Polyethylene geeignet (vgl. Abb. 4.1-3) [4.1-42–4.1-44]. Insbesondere das kaskadierte Verfahren eignet sich zur Herstellung von Produkten für alle Anwendungen im hochdichten Bereich (Rohre, hochdichte, papierähnliche Folien, Hohlkörper aller Art, Bändchen, Monofile, Spritzguss und Spezialprodukte für Verpackungen) mit herausragenden Qualitäten bei Verarbeitung und im Fertigteil [4.1-64, 4.1-79, 4.1-102]. Außerdem ist dieses Verfahren extrem flexibel. Die Molmassenverteilungen können von engen, unimodalen bis zu extrem breiten, bimodalen oder sogar multimodalen Verteilungen gezielt eingestellt werden. Gleichzeitig kann die Comonomerverteilung wiederum gezielt verändert werden. Vor allem kann das Comonomere bevorzugt in die langen Polymerketten bei bimodalen oder multimodalen Produkten eingebaut werden. Dadurch entstehen Produkte mit außergewöhnlichen Eigenschaftskombinationen wie Rohrprodukte der Klasse PE 100 [4.1-103–4.1-105].

Die hohe Flexibilität des Verfahrens ergibt sich aus der Kombination frei wählbarer Produktkenndaten in jedem Polymerisationsreaktor einer Kaskade und dem Einsatz nur eines Katalysators. Das bedeutet, dass Produkte nur durch Änderung der Prozessparameter hergestellt werden können. In jedem Reaktor können drei Größen in weiten Grenzen verändert werden: Massen-(Mengen-) Anteil des Polymeren, mittlere Molmasse und Comonomergehalt. Bei einer Kaskade von n Reaktoren ergeben sich folglich n^3 Parameter (3, 8, 27), welche in weiten Bereichen eingestellt werden können, und damit ein so großer Parametersatz, dass eine Vielzahl von Produktvariationen realisiert werden kann, um die Marktanforderungen zu erfüllen. Weil das Potential des Kaskadenverfahrens sehr hoch und evident ist, hat es sich auch für andere Prozesse durchgesetzt. Betrieben werden Kaskaden von Schleifenreaktoren, Schleifenreaktor und Gasphasenreaktor (vgl. Abschnitt 4.1.1.2.1.4), von zwei Gasphasenreaktoren (vgl. Abschnitt 4.1.1.2.2) und zwei Reaktoren bei der Lösungspolymerisation (vgl. Abschnitt 4.1.1.2.3).

4.1.1.2.1.9
Wirtschaftlichkeitsbetrachtungen

Auch hier gelten wieder die in den Abschnitten 4.1.1.1.3 und 4.1.1.2.1.5 gemachten Einschränkungen. Als Richtwerte können für moderne Anlagen folgende Werte spezifiziert werden: Energien (450 kWh t^{-1}), Dampf (400 kg t^{-1}), Kühlwasser (170 m^3 t^{-1}). Für eine Tonne Polyethylene werden ca. 1015 kg Ethylen und bis zu 15 kg 1-Buten benötigt. Die spezifischen Kosten für die Titankatalysatoren einschließlich der Cokatalysatoren liegen im Bereich von 5–10 Euro/t. Insgesamt ergeben sich Fertigungskosten im Bereich von 140 Euro/t bis 170 Euro/t für Westeuropa.

4.1.1.2.2
Gasphasen-Polymerisationsverfahren

Beim Gasphasen-Polymerisationsverfahren (Abb. 4.1-11) (Firmen: Basell/Lupotech G™, Spherilene™, BPChemicals/Innovene™, Univation/Unipol™) wird die Polymerisation in gasförmigem Ethylen durchgeführt [4.1-106, 4.1-107]. Der Reaktor hat ein großes Längen/Durchmesser-Verhältnis und enthält keine Mischorgane. Das sich bildende pulverförmige Polyethylen wird mit Ethylen, welches auch Anteile von Stickstoff, Kohlenwasserstoffen und anderen Gasen (z. B. Wasserstoff, Comonomeres) enthalten kann, aufgewirbelt (Wirbelbettverfahren) [4.1-108]. Wie bei den Suspensionspolymerisations-Verfahren wandeln sich auch hier die Katalysatorteilchen in Polymerteilchen um (particle forming process). Die Morphologie des Polymerpulvers muss bezüglich mittlerer Teilchengröße und Teilchengrößenverteilung bestimmte Anforderungen erfüllen, um ein stabiles Wirbelbett über lange Reaktionszeiten hinweg zu gewährleisten. Das Polymerpulver wird durch das über einen Gasverteiler im Boden des Reaktors zugeführte Gas aufgewirbelt. Dazu muss die Strömungsgeschwindigkeit einen bestimmten Grenzwert überschreiten und darf den Wert der pneumatischen Förderung nicht erreichen. Der Katalysator wird als feinteiliges Pulver, z. B. mit Stickstoff, über ein Schleusensystem in das Wirbelbett dosiert. Das Polyethylenpulver wird aus diesem Reaktor portionsweise, also diskontinuierlich, in einen Auffangbehälter ausgetragen, in mehreren Stufen von Ethylen und den anderen gasförmigen Komponenten befreit und danach mit Additiven ausgestattet und granuliert.

Die technische Herausforderung bei diesem Verfahren ist die Wärmeabfuhr der stark exothermen Polymerisationsreaktion über das im Kreis geführte Gas [4.1-109–4.1-112]. Aus dem Reaktor wird oben das Gas (mit einen Zyklon weitgehend von feinem Polymerpulver befreit) abgenommen, in einem Kühler abgekühlt und das abgekühlte Gas unten in den Reaktor zurückgeführt. Wegen der limitierten Wärmekapazität des Gases ist die Raum-Zeit-Ausbeute ebenfalls limitiert. Deshalb werden

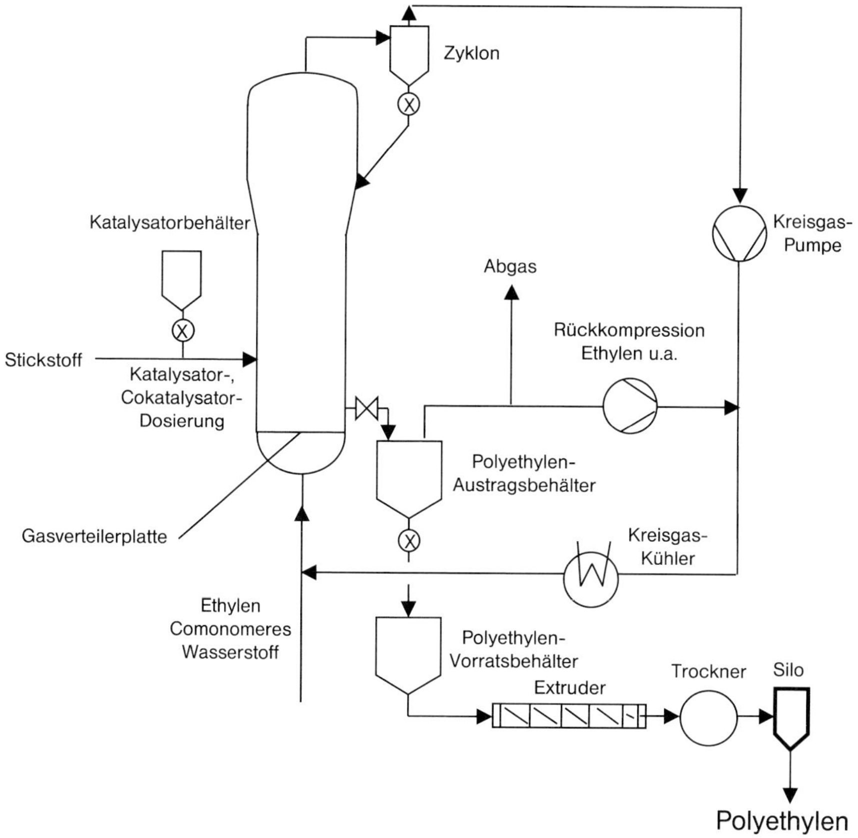

Abb. 4.1-11 Gasphasen-Polymerisationsverfahren

flüssige Kohlenwasserstoffe in dem im Kreis geführten Gas (Unipol™) oder im Wirbelbett selbst (Innovene™) versprüht, um die Polymerisationswärme durch Verdampfung der Tröpfchen intensiv zu kühlen (condensing mode) [4.1-113–4.1-116]. Dadurch konnten die Raum-Zeit-Ausbeuten etwa verdoppelt werden, was bedeutet, dass in existierenden Anlagen der Polymerdurchsatz verdoppelt werden konnte. Die Temperaturführung im Wirbelbett muss so ausgelegt sein, dass sich die Polymerteilchen nicht bis zum Erweichungs- oder Schmelztemperatur erhitzen (hot spot-Bildung), weil sie dann verklumpen können. Dadurch kann das Wirbelbett schlagartig zusammenbrechen und große Teile des Polyethylens können zu einem großen Polymerblock zusammensintern. Die Anlage wird so stillgelegt. Weil mit abnehmender Dichte oder höheren Comonomergehalten die Erweichungstemperatur absinkt, muss die Temperatur im Wirbelbett ebenfalls gesenkt werden. Die Temperaturen überdecken deshalb einen großen Bereich von 90–120 °C, abhängig vom Produkttyp. Die Raum-Zeit-Ausbeuten liegen im Bereich von 150 kg m^{-3} h^{-1}. Bei einem Durchsatz von 50 t h^{-1} beträgt das Reaktionsvolumen ca. 320 m^3. Die mittlere Verweilzeit liegt im Bereich von 1–2 h. Der Druck in den Reaktoren liegt zwischen 20 und 25 bar.

Wegen der hohen Sensibilität des Polymerisationsprozesses gegen Störungen aller Art ist es notwendig, alle Reaktionsteilnehmer zu reinigen. Das gilt vor allem für Ethylen, weil mit Ethylen unkontrolliert störende Komponenten wie H_2O, CO_2, CO, C_2H_2 und andere in den Prozess gelangen können. Ethylen wird über ein 3-stufiges Verfahren (Hydrierung, Oxidation, Adsorption) gereinigt [4.1-117]. Um dieses sensible Verfahren besser zu beherrschen, wird wiederum versucht, den Prozess auf Basis fortgeschrittener Modelle zu verstehen und somit besser zu kontrollieren [4.1-118–4.1-121].

Das Gasphasen-Polymerisationsverfahren kann technisch so ausgestaltet werden, dass hohe Raum-Zeit-Ausbeuten auch ohne Verdampfungskühlung erreicht werden können. Werden nur Produkte im PE-HD- und PE-MD-Bereich hergestellt, dann kann die Temperatur im Polymerisationsreaktor bis auf 120 °C dicht unter den Erweichungspunkt des Polymeren angehoben werden. Wegen der damit verbundenen höheren Temperaturdifferenz im Gaskühler wird deutlich mehr Wärme abgeführt. Diese Verfahrensvariante ist realisiert im Lupotech G™-Verfahren. Der Prozess kann mit einem speziellen, hoch sensitiven Prozess-Kontroll-System über lange Zeit stabil gefahren werden. Auch hier ist es notwendig, Ethylen zu reinigen, um den Polymerisationsprozess nicht durch Änderungen der Ethylenqualität zu destabilisieren [4.1-122].

Ein weiterer alternativer Weg, um hohe Raum-Zeit-Ausbeuten ohne Verdampfungskühlung zu erreichen, ist eine hohe Kreisgasgeschwindigkeit bei angehobener Wärmekapazität des Kreisgases. Dieses Prinzip ist beim Spherilene™-Verfahren (Abb. 4.1-12) realisiert [4.1-123, 4.1-124]. Das ist möglich durch die Verfügbarkeit eines $MgCl_2$-geträgerten Titankatalysators, welcher kugelförmige Polyethylenteilchen > 1000 µm (> 1mm) erzeugt. Dieser Katalysator wird in einem flüssigen Propan-Propengemisch in einem kleinen Schleifenreaktor vorpolymerisiert, um bei der Dosierung in den Gasphasenreaktor die notwendige mechanische Stabilität zu erreichen. Der Polymerisationsteil besteht aus zwei hintereinander geschalteten Gasphasenreaktoren (Reaktorkaskade) unterschiedlicher Größe. Damit können bimodale Produkte im PE-HD-Bereich, aber auch unimodale Produkte im PE-LLD-Bereich hergestellt werden. In der neuen Konzeption wird der Katalysator bereits bei der Katalysatorsynthese vorpolymerisiert. Damit entfällt die Vorpolymerisation im technischen Verfahren.

Ähnlich konfiguriert ist das Gasphasenverfahren von Mitsui Chemical. Dieses Verfahren wird mit Metallocen-Katalysatoren gefahren, um hochwertige PE-LLD-Produkte zu produzieren.

4.1.1.2.2.1
Katalysatoren

Das Gasphasenverfahren wird mit allen Typen von Katalysatoren betrieben (Phillips-Katalysatoren und andere Chromkatalysatoren [4.1-125, 4.1-126], Ziegler-Katalysatoren, single site-(Metallocen-) Katalysatoren). Die auf Siliciumdioxid geträgerten

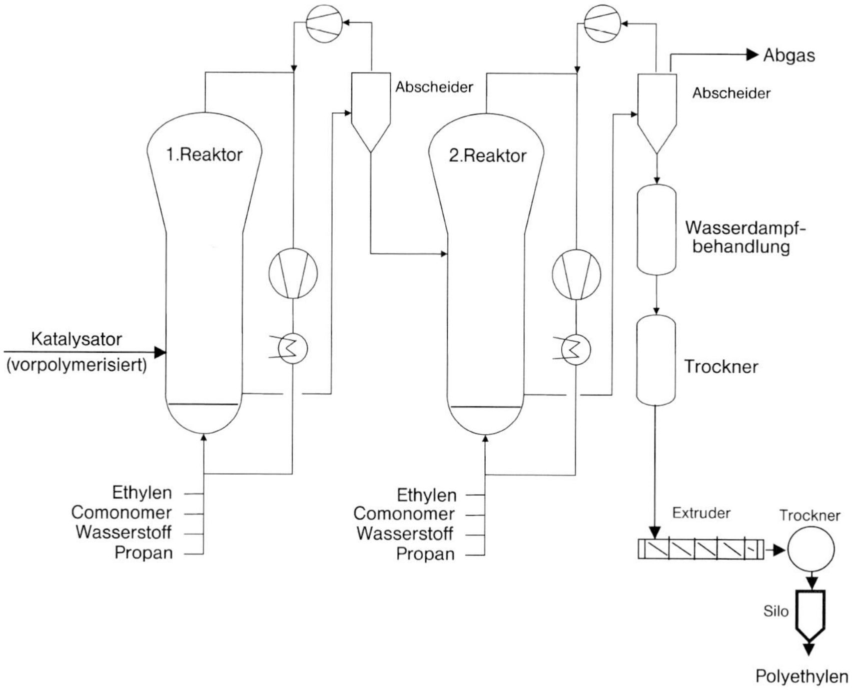

Abb. 4.1-12 Kaskadiertes Gasphasen-Polymerisationsverfahren SPHERILENE^{TM}

Katalysatoren (Chromverbindungen und Metallocene) sind genügend stabil für die Dosierung in den Polymerisationsreaktor, die auf $MgCl_2$ geträgerten Katalysatoren (Titankomponenten) müssen durch Vorpolymerisation außerhalb des Polymerisationsreaktors stabilisiert werden.

Die Katalysatoren für den Spherilene^{TM}-Prozess unterscheiden sich von anderen Katalysatoren in der Partikelmorphologie. Es sind auf kugelförmigem, porösem $MgCl_2$ geträgerte Titankatalysatoren [4.1-127]. Die mittlere Teilchengröße für den Katalysator liegt bei 60–90 µm. Dadurch bilden sich Polymerteilchen mit Durchmessern > 1000 µm (> 1mm). Diese Katalysatoren können wie andere Ziegler-Katalysatoren auch mit Wasserstoff geregelt werden.

Es wird auch versucht, mit Multisite-Katalysatoren in einem Gasphasenreaktor Polyethylene mit breiten bimodalen oder sogar multimodalen Verteilungen zu erzeugen. Multisite-Katalysatoren sind solche, bei denen auf einem Katalysatorpartikel gezielt verschiedenartige polymerisationsaktive Komponenten aufgebracht sind, welche unter den gleichen Reaktionsbedingungen im Polymerisationsreaktor unterschiedliche Polymere erzeugen (z. B. ein sehr niedermolekulares Homopolyethylen und ein sehr hochmolekulares Copolymeres aus Ethylen und einem 1-Olefin) [4.1-128, 4.1-129]. Dieser Ansatz erscheint vielversprechend, weil damit in bestehenden Anlagen hochwertige, bimodale (multimodale) Polyethylene zugänglich sind, wie sie nur mit den Kaskadenverfahren hergestellt werden können. Es ist jedoch leicht nachzuvollziehen, dass hier mehrere Katalysatorsysteme verfügbar sein müssen, um ein breites Produktportfolio zu produzieren. Der entscheidende Nachteil ist jedoch, dass dieser Prozess bei weitem nicht die Flexibilität eines kaskadierten Verfahrens besitzt, bei dem immer mit dem selben Katalysatorsystem nur durch Variation der Produktparameter schnell und gezielt neue Produkte zugänglich sind, um den Markttrends und Marktanforderungen flexibel zu folgen (vgl. Abschnitt 4.1.1.2.1.8).

4.1.1.2.2.2 Produktportfolio

Mit diesen Verfahren sind Produkte mit hohen und mittleren Dichten (PE-HD, PE-MD) bis zu tiefen Dichten (PE-LLD) und über einen weiten MFR 190/5-Bereich von 0,1–50 g/10 min zugänglich [4.1-42–4.1-44]. Ultrahochmolekulare Polyethylene und die niedermolekularen Polyethylen-Homo- und Copolymerwachse sowie Copolymere mit sehr tiefen Dichten (PE-VLD) können nicht produziert werden.

Mit Chromkatalysatoren (Phillips-Katalysatoren (vgl. Abschnitt 4.1.1.2.1.2)) können hochdichte und mitteldichte Hohlkörpertypen für Behälter aller Größen sowie mitteldichte Rohr- und Folienprodukte hergestellt werden (vgl. Abb. 4.1-2 und 4.1-3). Mit modifizierten Chromkatalysatoren sind diese und weitere Produkte zugänglich [4.1-42–4.1-44].

Mit Ziegler-Katalysatoren (vgl. Abschnitt 4.1.1.2.1.7) und mit Metallocen-Katalysatoren werden tiefdichte Produkte (PE-LLD) zur Herstellung von Folien und für andere Anwendungen produziert [4.1-42–4.1-44].

Das kaskadierte Verfahren erlaubt mit Ziegler-Katalysatoren die Herstellung von bimodalen Produkten im hochdichten Bereich zur Herstellung von Rohren und Folien. Mit solchen Katalysatoren werden auch tiefdichte Produkte (PE-LLD) zur Herstellung von Folien produziert. Metallocen-Katalysatoren werden eingesetzt, um tiefdichte Produkte (PE-LLD) mit neuen Eigenschaftskombinationen zugänglich zu machen [4.1-130].

Ob bimodale oder sogar multimodale Produkte zur Herstellung von Folien, Rohren und für andere Anwendungen im hochdichten Bereich durch Multisite-Katalysatoren in einem einzigen Gasphasenreaktor (single reactor process) mit den Qualitäten zugänglich sind, welche im Kaskadenverfahren bereits Stand der Technik sind, ist noch offen [4.1-129].

4.1.1.2.2.3 Wirtschaftlichkeitsbetrachtungen

Im Gasphasen-Polymerisationsverfahren wird die Polymerisation in gasförmigem Ethylen durchgeführt. Weil kein Suspensionsmittel eingesetzt wird, entfallen alle Anlagenteile zur Abtrennung und Aufarbeitung eines Suspensionsmittels. Somit entfallen alle Investitionen und alle Betriebskosten für diese Anlagenteile. Da der Gasphasen-Prozess jedoch ein sensibler Prozess ist, der technisch nur dann über lange Betriebszeiten läuft, wenn er in engen Grenzen kontrolliert gefahren wird, sind alle Störungen durch schwankende Qualität der Einsatzstoffe, vor allem von Ethylen, durch Produkt- und Katalysatorwechsel mit dem Risiko verbunden, dass der Reaktor infolge Klumpenbildung des Polymeren abgestellt werden muss. Deshalb muss Ethylen aufwändig gereinigt werden [4.1-117]. Alle Prozessänderungen müssen weitgehend vermieden werden. Die wirtschaftlichen Vorteile kommen dann zum Tragen, wenn wenige, am besten nur ein Produkttyp, über lange Zeiten produziert werden.

Um eine Tonne Polyethylen herzustellen, benötigt man 1000–1015 kg Ethylen und 20–80 kg Comonomeres, abhängig von der Dichte. Die spezifischen Verbräuche für Energie liegen bei 400 kWh t^{-1}, für Dampf bei 150 kg t^{-1} und für Kühlwasser bei 100 m^3 t^{-1}. Hinzu kommen die spezifischen Katalysator/Cokatalysatorkosten, welche für Standardkatalysatoren (Phillips- und Ziegler-Katalysatoren) im Bereich von 5–20 Euro/t liegen. Dagegen sind die spezifischen Kosten für Metallocen- und vor allem für Multisite-Katalysatoren deutlich höher und liegen im Bereich von 50 Euro/t. Insgesamt können dann alle Kostenvorteile gegenüber den Kaskadenverfahren wieder kompensiert sein. Als Richtwerte können für Fertigungskosten von Standardprodukten in Westeuropa zwischen 100 und 125 Euro/t abgeschätzt werden.

4.1.1.2.3
Lösungspolymerisations-Verfahren

Das Lösungspolymerisations-Verfahren (Abb. 4.1-13) wurde zuerst von Phillips Petroleum genutzt [4.1-131]. 1960 entwickelte DuPont ein solches Verfahren, um Ethylen-Propen-Elastomere (EPM, EPDM) zu produzieren. Der Grund ist, dass die Parameter für die binäre Copolymerisation nach Mayo und Lewis von Ethylen und 1-Olefinen (Propen, 1-Buten, 1-Hexen, 1-Okten) extrem verschieden sind [4.1-132–4.1-135]. Deshalb müssen bei allen Verfahren, welche im Temperaturbereich von 75-125 °C betrieben werden, große Überschüsse der Comonomeren im Verhältnis zum Ethylen vorliegen, um den notwendigen Einbau der Comonomeren in die Polymerkette zu erzwingen. Ein günstigeres Verhältnis zeigen nur single site-Katalysatoren [4.1-61, 4.1-62, 4.1-136–4.1-139]. Längere 1-Olefine wie 1-Okten können in dem notwendigen Umfang in technischen Verfahren bei höheren Temperaturen in die Polymerkette eingebaut werden. Solche Produkte sind also wirtschaftlich nur im Lösungspolymerisations-Verfahren zugänglich. Weil die Polymeren bei diesen Temperaturen gelöst vorliegen (vgl. Abb. 4.1-7), kann die Copolymerzusammensetzung über alle Dichtebereiche hinweg bis zu den amorphen Elastomeren beliebig eingestellt werden. Wegen der hohen Reaktionstemperatur zwischen 150–300 °C ist das Verhältnis von Kettenabbruchsgeschwindigkeit zu Polymerisationsgeschwindigkeit hoch und damit sind Polyethylencopolymere mit hohen Molmassen oder niedrigen MFR (190/5)-Werten unter 0,5 g/10 min nicht mehr zugänglich. Die mittlere Molmasse ist auch dadurch nach oben begrenzt, weil die Viskosität der Polymerlösung bei den im technischen Prozess eingestellten Polymerkonzentrationen zu hoch wird. Man muss dann die Polymerkonzentration reduzieren, was wiederum die Wirtschaftlichkeit verschlechtert.

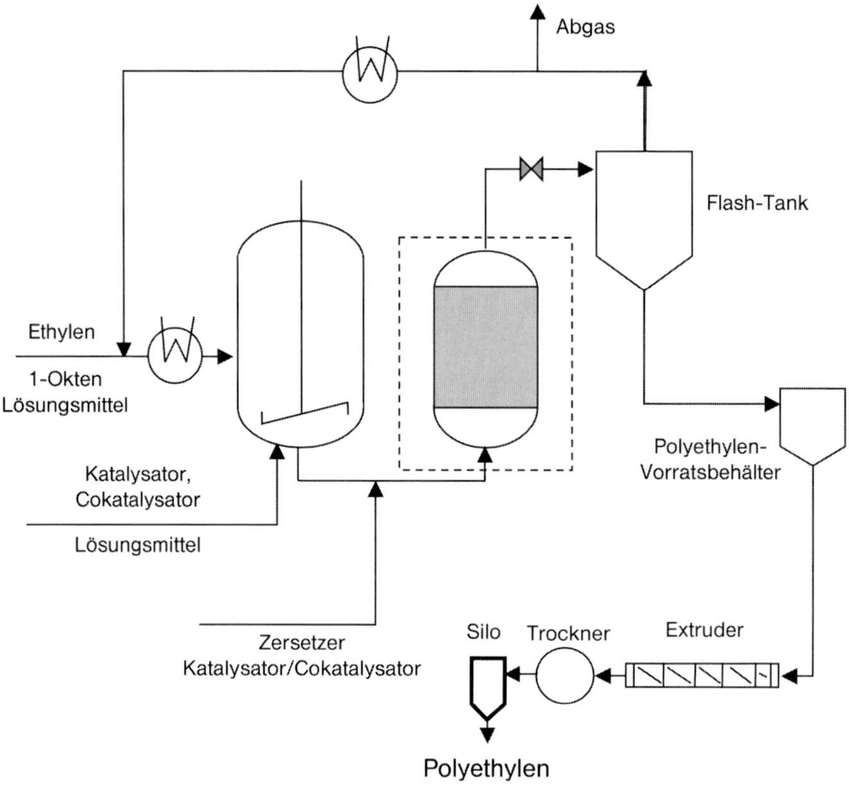

Abb. 4.1-13 Lösungspolymerisations-Verfahren

Das Lösungspolymerisations-Verfahren (Firmen DOW Chemicals/DOWLEX™, Nova Chemicals/SCLAITECH™, Advanced SCLAIRTECH™, DSM/CompactT™) wird in Autoklaven durchgeführt. Es werden verschiedene Katalysatoren (vgl. Abschnitt 4.1.1.2.3.1) eingesetzt. Diese Katalysatoren sind nicht geträgert, da hier kein festes Polymeres entsteht (vgl. Abbildung 4.1-7) und somit kein Teilchenbildungsprozess (particle forming process) als essentieller Teil des Polymerisationsprozesses abläuft.

Die Polymerisation wird in aliphatischen Kohlenwasserstoffen durchgeführt. Das Lösungsmittel ist entweder Hexan oder Cyclohexan (Compact™, SCLAIRTECH™) oder aber ein höher siedendes Gemisch (Isopar E; DOWLEX™). Vor dem Polymerisationsreaktor werden Lösungsmittel, Ethylen und Comonomere gemischt. Dieses Gemisch wird gekühlt in den Polymerisationsreaktor gepumpt, um die Reaktionswärme dieser stark exothermen Polymerisation abzuführen. Die Reaktionstemperaturen liegen im Bereich von 170–250 °C (Compact™, DOWLEX™) oder bei höheren Temperaturen bis 300 °C (SCLAIRTECH™). Die Drücke liegen bei ca. 50 bar (5 MPa) bei den tieferen Reaktionstemperaturen und bei 100–150 bar (10–15 MPa) bei den höheren Temperaturen. Die Raum-Zeit-Ausbeuten betragen etwa

5000 kg m^{-3} h^{-1} bei mittleren Verweilzeiten von einigen Minuten (2–10 min). Bei einem Durchsatz von 25 t h^{-1} beträgt das Reaktionsvolumen etwa 5 m^3. Ethylen wird bei diesem Prozess weitgehend umgesetzt (ca. 90 %).

Das Polymere wird durch Verdampfen des Lösungsmittels und anderer flüchtiger Anteile als Schmelze isoliert, mit Additiven versehen und zum verkaufsfertigen Produkt granuliert. Das Lösungsmittel geht in den Prozess zurück, gegebenenfalls nach Abtrennung des Comonomeren, welches dann ebenfalls zurückgeführt wird.

Wie bei den anderen Polymerisationsverfahren werden auch bei diesem Prozess physikalisch-chemische Prozessmodelle entwickelt [4.1-140–4.1-142].

4.1.1.2.3.1
Katalysatoren

Bei diesem Verfahren werden Ziegler- und single site-Katalysatoren eingesetzt. Diese Katalysatoren sind nicht geträgert und können heterogen oder homogen sein. Sie müssen aber bei den hohen Prozesstemperaturen über die mittlere Verweilzeit von einigen Minuten hinweg stabil und polymerisationsaktiv sein. Ziegler-Katalysatoren (Titan) in Kombination mit geeigneten aluminiumorganischen Verbindungen als Cokatalysatoren erfüllen diese Anforderungen. Um dieses Verfahren jedoch für single site-Katalysatoren zugänglich zu machen, mussten bei Temperaturen über 150 °C einsetzbare Katalysatorsysteme entwickelt werden. Das sind Halbsandwich-Komplexe des Titans, welche als Constrained Geometry Catalysts bezeichnet werden (DOWLEX™) [4.1-52–4.1-54]. Diese werden mit perfluorierten Tetraphenylboraten aktiviert. Andere Typen von Single site-Katalysatoren (Titan-Phosphinimid-Komplexe) wurden für das Advanced SCLAIRTECH™-Verfahren entwickelt [4.1-56, 4.1-143–4.1-145].

4.1.1.2.3.2
Produktportfolio

Mit den Lösungspolymerisations-Verfahren können Produkte über den gesamten Dichtebereich (PE-HD, PE-MD, PE-LLD, PE-VLD) hergestellt werden [4.1-42–4.1-44]. Es ist ein charakteristisches Merkmal dieser Verfahren, dass Copolymere mit höheren 1-Olefinen wie 1-Okten zugänglich sind, welche hochwertige Produkte (added value products) für verschiedene Anwendungsbereiche (Folien, Rotamoulding, Kabelummantelungen) darstellen. Vor allem Produkte mit sehr engen Molmassenverteilungen und mit sehr gleichmäßiger Comonomerverteilung haben herausragende Eigenschaftskombinationen. Das Verfahren ist nicht geeignet, Produkte mit hohen bis sehr hohen mittleren Molmassen zu produzieren. Die Flexibilität dieses Verfahrens ist hoch, da wegen der kurzen mittleren Verweilzeit Verfahrens- und Produktumstellungen in einem Zeitfenster von 1–2 h vorgenommen werden können. Bei diesem Verfahren kann es notwendig sein, die Katalysator- und Cokatalysatorreste zu entfernen (s. Abb. 4.1-13 umrandetes Feld).

Das Verfahren ist auch in der Lage, Produkte mit breiten Molmassenverteilungen herzustellen, wenn zwei Polymerisationsreaktoren bei unterschiedlichen Reaktionsbedingungen in einer Kaskade betrieben werden [4.1-145]. Wegen der Begrenzung der mittleren Molmasse können hiermit bimodale oder multimodale Produkte mit dem außergewöhnlichen Eigenschaftsprofil der Kaskadenprodukte nicht produziert werden (vgl. Abschnitt 4.1.1.2.1.8). Jedoch können nun auch PE-LLD-Folienprodukte hergestellt werden, welche sehr gute Verarbeitungseigenschaften (PE-LD look alike) haben und die bessere mechanische Eigenschaften als PE-LD-Folien aufweisen [4.1-146].

4.1.1.2.3.3 Wirtschaftlichkeitsbetrachtungen

Die Wirtschaftlichkeit ist dadurch gekennzeichnet, dass wegen der höheren Drücke im Polymerisationsreaktor und wegen der Aufbereitung des Lösungsmittels höhere Energieverbräuche resultieren. Für die Herstellung tiefdichter Produkttypen werden beträchtliche Mengen Comonomere benötigt, welche im Falle des 1-Oktens einen erheblichen Kostenfaktor darstellen. Die spezifischen Verbräuche liegen für die Energie bei 250 kWh t^{-1}, für Kühlwasser bei 200 m^3 t^{-1} und für Dampf bei 300 kg t^{-1}. Die Polymerisationswärme kann hier gut im Verfahren genutzt werden.

Die spezifischen Katalysator/Cokatalysator-Kosten sind für Titankatalysatoren niedrig und liegen bei 5 Euro/t oder darunter. Sie sind höher für single site Katalysatorsysteme und liegen dann im Bereich von 30 Euro/t. Die spezifischen Fertigungskosten betragen zwischen 150 und 180 Euro/t.

Müssen die Katalysator/Cokatalysatorreste durch Zersetzung und Filtration entfernt werden, dann können die Fertigungskosten weiter ansteigen. Weil diese Produkte ungewöhnlich niedrige Anteile an diesen anorganischen Komponenten enthalten, können diese Produkte bessere Preise für spezifische Anwendungen erlösen, so dass dieses Vorgehen wirtschaftlich sein kann.

4.1.2 Polypropylene

Produktion und Verbrauch von Polypropylenen liegen im Jahre 2003 bei etwa 38,5 Mt. Damit sind Polypropylene hinter den Polyethylenen die zweitgrößte polymere Werkstoffgruppe. Produktion und Verarbeitung von Polypropylenen nehmen weiter stark zu und haben die höchsten jährliche Wachstumsraten unter allen Standardpolymeren (7–10%) [4.1-147, 4.1-148].

Aus dem Verlauf der Kurve in Abbildung 4.1-14 ist zu erkennen, dass durch die Entwicklung der hochaktiven Katalysatorsysteme (1975) und deren Einführung in die Technik (ab 1978) ein starker Anstieg in Produktion und Verbrauch eingetreten ist, weil diese Technik völlig neue Perspektiven für diesen polymeren Werkstoff generiert hat [4.1-149, 4.1-150]. Es sind hier die gleichen Faktoren wie bei den Polyethylenen, welche diese Entwicklung getrieben haben (vgl. Abschnitt 4.1.1), jedoch kommen noch spezifische Faktoren für Polypropylene hinzu. Vor allem ist der Anwendungsbereich von Polypropylenen wesentlich breiter (vgl. Abb. 4.1-15). Ohne die Entwicklung der neuen Technologien Spheripol™, Hypol™ hätten Polypropylene niemals die heutige Bedeutung erlangen können.

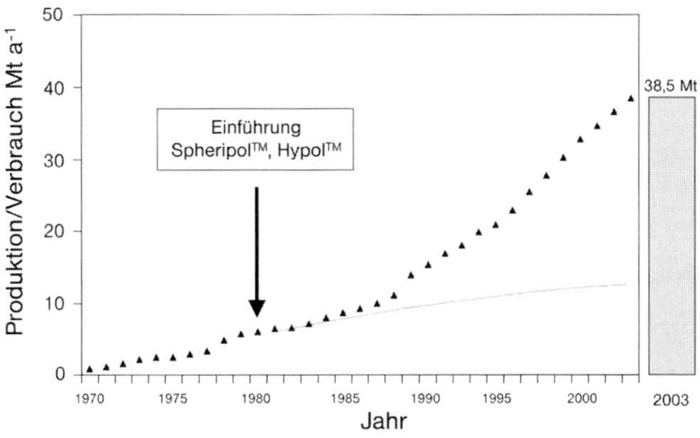

Abb. 4.1-14 Produktion und Verbrauch von Polypropylenen (— Trendkurve vor Einführung von Spheripol™, Hypol™)

Polypropylene wurden zugänglich durch die Entdeckung der regio- und stereoselektiven Polymerisation durch Natta und Mitarbeiter 1954 am Politecnico in Mailand [4.1-151–4.1-153]. Es gibt drei Polymerstrukturen, isotaktisches, syndiotaktisches und ataktisches Polypropylen [4.1-151, 4.1-152], wobei nur isotaktische und syndiotaktische Polyproplylene teilkristallin und somit als polymere Werkstoffe interessant sind. Hiervon ist isotaktisches Polypropylen das bei weitem wichtigste Polymere, das kurz als Polypropylen bezeichnet wird. Ataktisches Polypropylen ist ein bei Raumtemperatur klebriges, amorphes Polymeres, welches als polymerer Werkstoff unbedeutend ist. Syndiotaktisches Polypropylen wird jetzt in einer kleinen Menge für spezielle Anwendungen produziert (vgl. Abschnitt 4.1.2.1.1).

Die Entdeckung von isotaktischem Polypropylen und seiner Synthese mit $TiCl_3$-Katalysatoren und Aluminiumalkylchloriden als Cokatalysatoren hat ein neues thermoplastisch verarbeitbares Polymeres mit interessanten Eigenschaften zugänglich gemacht [4.1-154]. Polypropylene gehören zu den polymeren Werkstoffen, welche durch Variation der Polymerstruktur (Homopolymere (Homos), statistische Copolymerisation mit Ethylen oder höheren 1-Olefinen (Racos) oder durch Copolymerisation zu heterophasigen Copolymeren (Hecos) und durch Compoundieren mit anorganischen Füllstoffen wie Talkum, Kreide und anderen oder mit Fasern (Kurz- und Langglasfasern) in den Eigenschaften breit modifiziert werden können. Deshalb decken Polypropylene einen einzigartig breiten Produktbereich ab, welcher Standardpolymere (commodities), Anwendungen mit höherer Wertschöpfung (added value products) und technische Polymere (engineering resins) umfasst [4.1-155–4.1-162].

Abbildung 4.1-15 zeigt, dass Polypropylene über einen weiten Bereich in der Steifigkeit (Biege-Elastizitäts-(E)-Modul) und der Zähigkeit (Kerbschlag-Zug-Zähigkeit nach Charpy) variiert werden können und damit die Anforderungen für viele Anwendungen erfüllen. In diesem Diagramm sind die großen Produktbereiche gekennzeichnet. Sie umfassen Produkte mit hohem Modul/hoher Steifigkeit und ge-

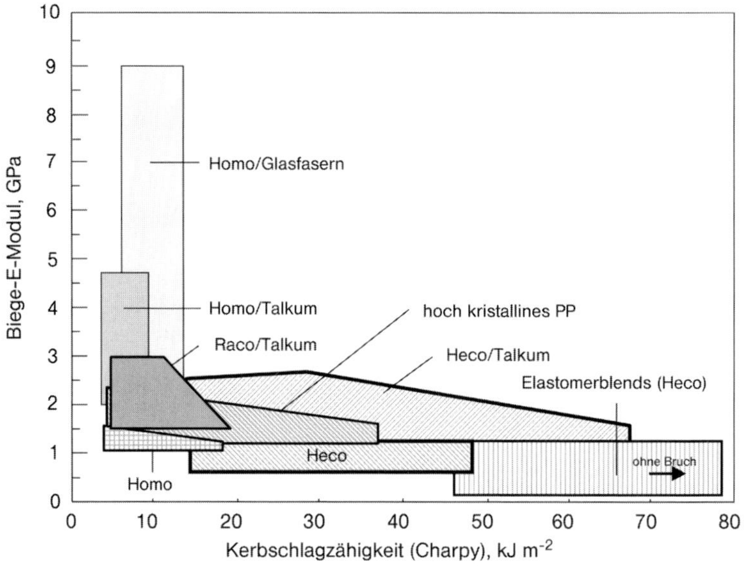

Abb. 4.1-15 Polypropylene Produktportfolio (Homo: Homopolymere, Raco: statistische Copolymere, Heco: heterophasige Copolymere)

ringer Zähigkeit und umgekehrt. Dazwischen liegen Produktbereiche mit mehr ausgeglichenen Eigenschaftskombinationen. Die Anwendungen sind entsprechend breit und umfassen Verpackungen aller Art, Behälter aller Art für die Aufbewahrung von Nahrungsmitteln, biaxial orientierte Folien (BOPP), Folien für Beschichtungen und andere Folienanwendungen, Fasern (spun bonds) für Hygieneartikel und andere Anwendungen, Rohre, Rohrbeschichtungen, Bahnen, Platten, Produkte für den Automobilbau, Apparatebau (Gehäuse für Haushaltsgeräte, Werkzeugmaschinen, Teile von Haushaltsmaschinen), Gartenmöbel und superweiche Artikel wie Folien, Beutel, Schläuche (Ersatz von Weich-PVC). Durch Verstärken mit Langglasfasern können Produkte mit gegenüber den Kurzglasfasern-Compounds weiter verbesserten Eigenschaften für Spezialanwendungen produziert werden. Im Automobilbau finden Produkte aus allen Bereichen Anwendung. Im Gerätebau (elektrische Geräte, Haushaltsgeräte) oder zur Herstellung von Gartenmöbeln kommen die mit Talkum verstärkten Produkte zum Einsatz. Für Folien, Fasern, Rohre, Bahnen, Platten, Verpackungen werden die nicht compoundierten Homo- und Copolymeren, einschließlich der hochkristallinen (nukleierten) Polypropylene eingesetzt. Die weichen Elastomerblends gehen in Anwendungen wie Beutel, Schläuche, Folien, Bahnen, und damit auch in Bereiche, in denen bislang Weich-PVC verwendet wurde. Der Prozess, Polypropylene für weitere Anwendungen zu entwickeln, um andere Werkstoffe zu substituieren, ist noch in vollem Gange. Durch Maßschneidern von Polypropylenen werden bestehende Anwendungen erweitert und neue erschlossen [4.1-160–4.1-162].

Um diese breite Produktpalette produzieren zu können, müssen sehr variable Polymerisationsverfahren zur Verfügung stehen. Es sind kaskadierte Verfahren bestehend aus Schleifen-(Loop)-Reaktoren, wo in flüssigem Propen polymerisiert wird und nachgeschalteten Gasphasenreaktoren, wo in gasförmigem Propen polymerisiert wird (Firmen Basell/Spheripol^{TM}, Mitsui Chemical\Hypol^{TM}, Hypol II^{TM}), und Kaskaden aus mehreren Gasphasenreaktoren (Firmen Univation/Unipol^{TM}, Sumitomo, Novolen Technology Holding/Novolen^{TM}) oder die Kaskade von zwei horizontalen, gerührten Mehrkammerreaktoren (BP/Innovene^{TM}, Chisso). Weitere Verfahrensvarianten sind: An Stelle eines Schleifenreaktors kann auch ein Rührkessel verwendet werden, wobei wiederum in flüssigem Propen polymerisiert wird (Mitsui Chemical/Hypol^{TM}). Nur Rührkesselverfahren betreiben auch andere Firmen (Exxon, Rexene, Sumitomo, Basell). ChevronPhillips nutzt wie bei der Herstellung von Polyethylenen den Schleifenreaktor mit flüssigem Propen als Reaktionsmedium zur Herstellung von Homopolymeren (Homos) und statistischen Copolymeren (Racos). Das bis zur Entwicklung der hochaktiven (high mileage)-Katalysatoren betriebene Suspensionsverfahren in Kohlenwasserstoffen (Rührkesselkaskade) ist nahezu verschwunden. Es werden noch Anlagen mit hochaktiven Katalysatoren betrieben, aber es werden keine neuen Anlagen mehr gebaut.

Um die gesamte Produktpalette herstellen zu können, muss immer eine Kaskade aus mindestens zwei Polymerisationsreaktoren zur Verfügung stehen, weil nur dann die beiden Komponenten Homopolypropylen und das Ethylen, Propylen-Elastomere des heterophasigen Copolymeren synthetisiert werden können.

4.1.2.1 Schleifen-(Loop)-Gasphasen-Kaskadenverfahren

Der Schleifen-(Loop)-Reaktor eignet sich besonders zur Durchführung von stark exothermen Reaktionen, weil er ein günstiges Oberflächen/Volumen-Verhältnis besitzt (vgl. Abschnitt 4.1.1.2.1.1). Die Propenpolymerisation ist ein stark exothermer Prozess (Propen (flüssig) $\longrightarrow$ Polypropylen (fest, teilkristallin): $\Delta H = -89$ kJ mol^{-1}). Das bedeutet, dass bei der Polymersynthese eine Wärmemenge von $2{,}1 \cdot 10^3$ kJ kg^{-1} freigesetzt und aus dem Reaktionsraum abgeführt werden muss. Auch hier liegt eine Fällungspolymerisation vor, weil Polypropylen in flüssigem Propen bei den Reaktionstemperaturen im Bereich von 70–80 °C nicht löslich ist. Somit gelten hier die gleichen Anforderungen für den Teilchenbildungsprozess und die Polymerpulver-Morphologie wie bei den Suspensionsverfahren zur Herstellung von Polyethylenen (vgl. Abschnitt 4.1.1.2.1). An die Katalysatoren werden höchste Ansprüche gestellt, weil sie eine hohe Aktivität und eine hohe Regio- und Stereoselektivität besitzen müssen und weil sie Polymerpartikel mit ausgezeichneter Morphologie bilden müssen. Mit solchen Katalysatoren ist keine Entfernung der Katalysatorenreste und auch keine Entfernung von löslichen ataktischen Polypropylenanteile notwendig. Das zeigt wiederum, dass die Einführung der hochaktiven, stereospezifischen Katalysatoren zu einem enormen technischen Fortschritt geführt hat [4.1-163–4.1-166].

Als Katalysatoren werden bei diesem Verfahren mit $TiCl_4$ behandelte $MgCl_2$-Träger eingesetzt, welche mit Donoren modifiziert werden. Diese Katalysatoren sind mechanisch nicht ausreichend stabil und würden bei der Dosierung in den Schleifenreaktor und wegen der dort herrschenden hohen Strömungsgeschwindigkeit teilweise zerfallen. Deshalb wird in einem kleinen Reaktor in flüssigem Propen eine Vorpolymerisation vor der Eindosierung in den Schleifenreaktor vorgenommen.

Im Polymerisationsreaktor kann die mittlere Molmasse bzw. der Schmelzindex MFR (230/2,16) mit geringen Mengen Wasserstoff leicht eingestellt werden. Durch Zugabe von Ethylen oder höheren 1-Olefinen (1-Buten) können statistische Copolymere (Racos) hergestellt werden. Die Temperatur beträgt 70–80 °C, der Druck 40–45 bar. Die Raum-Zeit-Ausbeute liegt bei 400 kg m^{-3} h^{-1} bei einer mittleren Verweilzeit von 1,5 h. Bei einem Durchsatz von 25 t h^{-1} beträgt das Reaktionsvolumen 60–65 m^3. In einem Schleifenreaktor können nur Homopolymere (Homos) und statistische Copolymere (Racos) produziert werden, jedoch keine heterophasigen Copolymere (Hecos). Um also die ganze Produktpalette zugänglich zu machen, ist das technische Verfahren aus einem oder mehreren Schleifenreaktoren und daran anschließend einem oder mehreren Gasphasenreaktoren aufgebaut. In den Gasphasenreaktoren kann das Ethylen,Propen-Copolymere, welches bei den hoch schlagzähen (high impact polypropylene: HIPP) oder heterophasigen Produkten (Hecos) die Elastomerphase bildet, synthetisiert werden. Dieses Verfahren (Spheripol™, Hypol II™) ist in Abbildung 4.1–16 schematisch (ein Schleifenreaktor und ein Gasphasenreaktor) dargestellt.

In den Schleifen-(Loop)-Reaktor werden kontinuierlich Propen (frisches und rezykliertes), Wasserstoff und gegebenenfalls Comonomeres (Ethylen) eingetragen, und aus dem Vorpolymerisationsreaktor Katalysator und Cokatalysator/externer Donor zudosiert. Der Polymergehalt im Reaktor liegt bei 50–55 Gew.-%. Polypropylen und Propen werden in einen nachgeschalteten Behälter ausgetragen. Propen wird vom pulverförmigen Polypropylen durch Verdampfen entfernt und über einen Verdichter in den Reaktor zurückgeführt. Das den noch aktiven Katalysator enthaltende

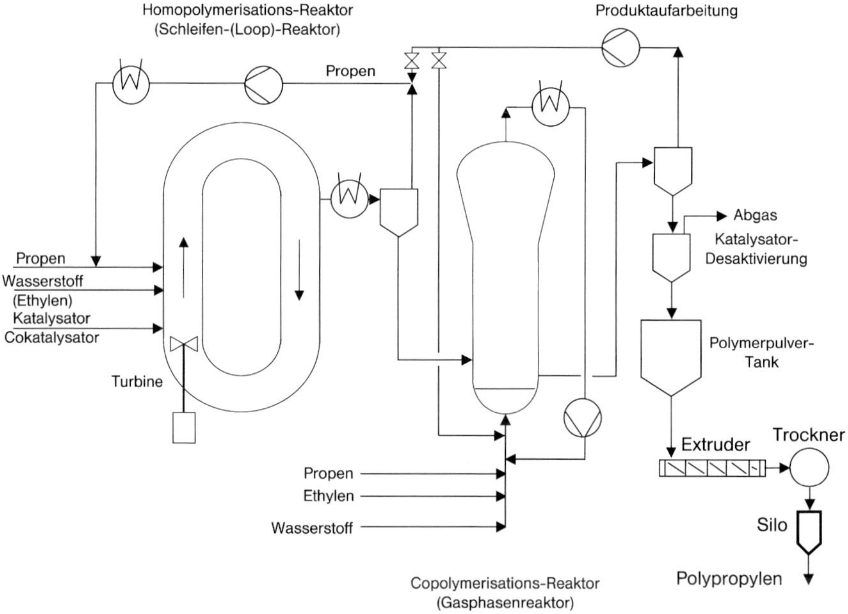

Abb. 4.1-16 Schleifen-(Loop)-Gasphasenreaktor-Kaskade

Polypropylenpulver wird in den Gasphasenreaktor eingetragen und dort mit Propen/Ethylen weiter polymerisiert. Wie dieser Gasphasenreaktor gefahren wird, hängt vom Produkttyp ab. Üblicherweise hat dieser Gasphasenreaktor die Funktion, das Ethylen, Propylen-Elastomere für das heterophasige, schlagzäh modifizierte Copolymere (Hecos) zu erzeugen. Dieser Gasphasenreaktor läuft ebenfalls bei 70–80 °C und einem Druck von 15–20 bar bei einer mittleren Verweilzeit von 1,5 h. Das Polymere wird aufgewirbelt und die Polymerisationswärme wird über das Kreisgas abgeführt (vgl. Abschnitt 4.1.1.2.2). Das Polymerpulver verlässt diesen Reaktor diskontinuierlich in einen Behälter. Die Monomeren werden in den Prozess zurückgeführt. In einem weiteren Behälter wird das restliche Monomere mit Stickstoff entfernt. Dann werden die Katalysator- und Cokatalysatorreste mit Wasserdampf deaktiviert. Danach wird das Polypropylenpulver mit den Additiven versehen und geht in den Extruder, um daraus das verkaufsfähige Granulat zu machen.

Dieses Verfahrenskonzept kann aus technischen, wirtschaftlichen oder auch aus Gründen der Produktqualität variiert werden. Es können zwei Schleifen-(Loop)-Reaktoren gefolgt von zwei Gasphasenreaktoren in einer Kaskade betrieben werden. Auch andere Varianten sind möglich.

Neben den Verfahren Spheripol^{TM}/Basell und Hypol II^{TM}/Mitsui Chemical gibt es noch ein Verfahren der Firma Borealis/Borstar^{TM}, welches den gleichen Aufbau hat. Bei diesem Verfahren wird der Schleifen-(Loop)-Reaktor mit überkritischem Propen gefahren (vgl. Abschnitt 4.1.1.2.1.4).

4.1.2.1.1
Katalysatorsysteme

Bei diesem Verfahren wird auf $MgCl_2$-Trägern fixiertes $TiCl_4$ mit Donoren (interne Donoren) als Katalysatoren in Kombination mit Trialkylaluminium und externen Donoren als Cokatalysatoren eingesetzt [4.1-163–4.1-170]. Die Synthese dieser Katalysatoren wird in mehreren Schritten durchgeführt. Der erste Schritt ist die Herstellung des $MgCl_2$-Trägers. Hier wird ein kugelförmiger Träger mit Partikeldurchmessern von 50–80 µm hergestellt. Dieser Träger kann in weiten Grenzen modifiziert werden. Insbesondere kann die Porosität der Partikel über einen weiten Bereich verändert, aber auch gezielt eingestellt werden. Damit kann man Produkte mit neuartigen Eigenschaften herstellen, weil man die Morphologie des entstehenden Polypropylens gezielt steuern kann. Man bezeichnet diesen Prozess als Reactor Granule Technology [4.1-167].

Diese Träger werden anschließend mit $TiCl_4$ in einem Kohlenwasserstoff behandelt. Um hohe Aktivität und hohe Regio- und Stereoselektivität zu erreichen, werden Donoren verwendet. Diese Donoren bezeichnet man als interne Donoren. Drei Typen von Donoren sind heute Stand der Technik: Phthalsäureester, Diether und Succinate [4.1-168–4.1-170]. Diese Donoren verändern auch das Polymerisationsverhalten wie die Ansprechbarkeit auf Wasserstoff oder die Molmassenverteilung. Gelöste Titankomponenten werden wie bei allen anderen Katalysatoren mit Kohlenwasserstoffen ausgewaschen. Diese Katalysatoren werden mit Trialkylaluminiumverbindungen (Triethylaluminium, Triisobutylaluminium) als Cokatalysatoren aktiviert, die wiederum mit einem Donor (externer Donor) optimal auf das Polymerisationsverhalten eingestellt werden müssen. Als externe Donoren werden Silane verwendet [4.1-167, 4.1-170]. Es gibt auch Katalysatoren, bei denen kein externer Donor zugegeben werden muss.

Die Polymerisation läuft auch hier nach dem Cossee, Arlmann-Mechanismus ab [4.1-94]. Die Taktizität des Polypropylens wird über die Chiralität des Propen-Titan-Komplexes an der Oberfläche des Katalysators gesteuert [4.1-171].

Am Titanzentrum ist die wachsende Polypropylenkette kovalent gebunden (s. Abb. 4.1-17). Sie wächst aus der Oberfläche des Katalysatorpartikels heraus. Das ankomplexierte und dabei aktivierte Propen kann zwei Positionen einnehmen (re- und si-Komplex). Die Regioselektivität ist dadurch gegeben, dass die Methylgruppe des Propens aus der Oberfläche des Katalysators herausgedrängt wird. Nimmt das Propen aus energetischen Gründen immer die si-Position ein, dann entsteht isotaktisches Polypropylen, weil alle Propenmoleküle in gleicher Weise in die Polymerkette insertiert werden. Das Makromolekül besteht aus m-Diaden. Tritt während der Polymerisation ein Wechsel der Chiralität des letzten chiralen C-Atoms der Polypropylenkette ein, dann kann dieser Fehler (r-Diade) beim nächsten Insertionsschritt wieder korrigiert werden, weil die Chiralität des Ti-Propen-Komplexes die Chiralität der Insertionsreaktion steuert. Mit diesen Katalysatoren werden alle beschriebenen Verfahren betrieben.

In diesen Verfahren können jedoch auch auf Silica-Trägern (vgl. Abschnitt 4.1.1.2.1.2) aufgebrachte Metallocen,Methylaluminoxan(MAO)-Katalysatorsysteme eingesetzt werden [4.1-172–4.1-177]. Regio- und stereoselektiv arbeitende Katalysatoren können nur mit verbrückten, chiralen ansa-Metallocen-Verbindungen erzeugt

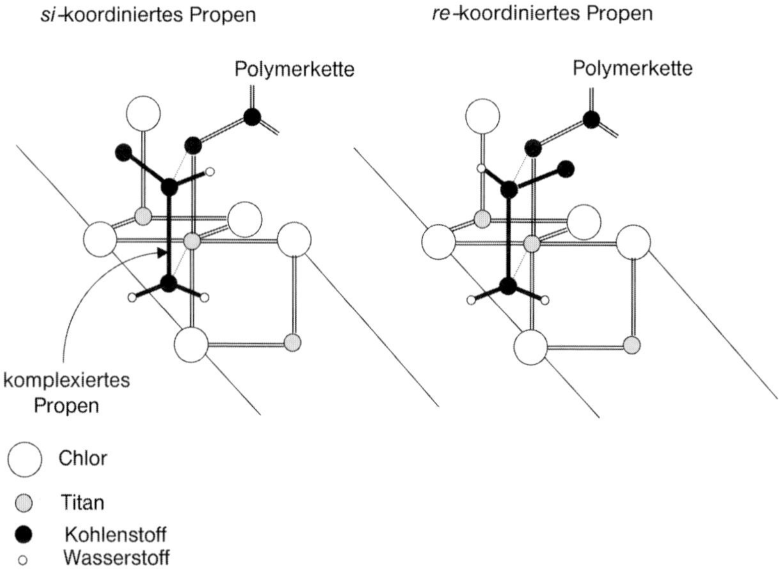

Abb. 4.1-17 Propenkomplexe am aktiven Zentrum

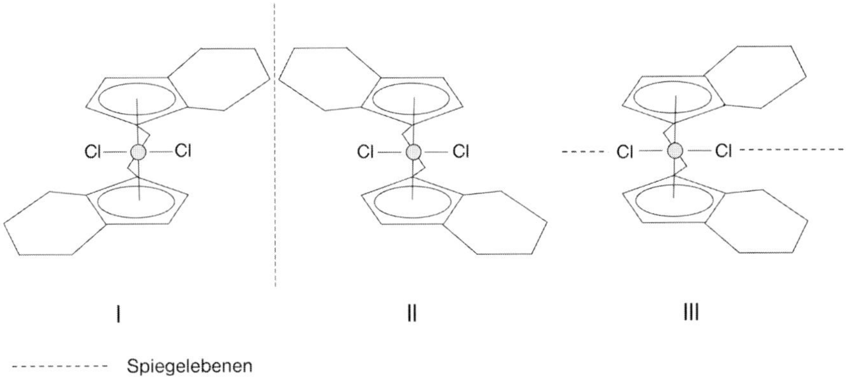

Abb. 4.1-18 Ethylen-bis(tetrahydroindenyl)-zirconiumdichloridisomere

werden. Diese Metallocene wurden erstmals von Brintzinger und Mitarbeitern synthetisiert [4.1-172]. Am Beispiel des Ethylen-bistetrahydroindenyl-zirconiumdichlorids kann das Prinzip der regio- und stereoselektiven Polypropylensynthese demonstriert werden [4.1-176–4.1-179].

Wie in Abbildung 4.1-18 gezeigt gibt es drei Stereoisomere. Es gibt die beiden spiegelbildlichen Enantiomere (**I**, **II**) mit c_2-Symmetrie und die meso-Form (**III**) mit einer c_s-Symmetrie. Der Mechanismus der regio- und stereoselektiven Propenpolymerisation ist in der Literatur umfassend beschrieben [4.1-176–4.1-179]. Entscheidend ist, dass nur die beiden Enantiomeren stereoselektiv arbeiten. Mit der meso-Verbindung entstehen ataktische Polypropylene. Man muss also die Enantiomeren für die Katalysatorherstellung in möglichst reiner Form zur Verfügung haben. Gegenüber den Titankatalysatoren ergeben diese Metallocen-(single site) Katalysatoren Polypropylene mit engen Molmassenverteilungen und bei der Copolymerisation mit Ethylen oder anderen 1-Olefinen Copolymere mit einer sehr gleichmäßigen Comonomerverteilung entlang der Polymerkette. Dadurch ergeben sich verbesserte Produkteigenschaften in Verarbeitung und Anwendung [4.1-180–4.1-183]. Solche Produkte sind mit Titankatalysatoren nicht direkt zugänglich (vgl. Abschnitt 4.1.2.1.2).

Metallocen-Katalysatoren sind auch geeignet, syndiotaktisches Polypropylen im technischen Maßstab herzustellen. Dieses Produkt wird in einer Anlage mit nur einem Schleifen (Loop)-Reaktor (Firma: AtoFina) in einer kleinen Menge für spezielle Anwendungen produziert [4.1-184].

4.1.2.1.2
Produktportfolio

Mit diesen Verfahren kann das in Abbildung 4.1-15 gezeigte Produktportfolio hergestellt werden. Die Polypropylene (Homos, Racos, Hecos) gehen in eine Vielzahl von Anwendungen wie Spritzguss vor allem für Behältnisse für Nahrungsmittel (Becher, Boxen aller Größen; Tupperware™), Schraubkappen für Flaschen aller Art,

Folien für Verpackungen (BOPP) und andere Anwendungen, textile Anwendungen (spun bonds) vor allem für Hygieneartikel, Rohre, Rohrbeschichtungen, Bahnen, Platten, und diese Produkte werden auch compoundiert, um in technische Anwendungen zu gehen [4.1-42, 4.1-44, 4.1-185, 4.1-186].

Für textile Anwendungen erreichen diese Polypropylene nicht das Eigenschaftsprofil (Festigkeiten der Vliese), welches von der Anwendung her verlangt wird. Deshalb wird durch einen chemischen Kettenabbau mit Peroxiden als Reaktionsstarter die Molmassenverteilung verengt. Dieser Prozess läuft in der Polymerschmelze im Extruder ab [4.1-187, 4.1-188]. Dieses Verfahren ist Stand der Technik.

Vor allem für diese Anwendung, aber auch für einige andere Anwendungen im Spritzgussbereich, sind mit Metallocen-Katalysatoren hergestellte Produkte interessant, weil diese wegen der engen Molmassenverteilung und dem gleichmäßigen Comonomereinbau bessere Eigenschaften besitzen. Die enge Molmassenverteilung entsteht bereits bei der Polymerisation. Damit entfällt der chemische Kettenabbau als Teil der Produktherstellung. Welche Produkte im Markt platziert werden können, ist eine Frage der Herstellkosten, weil hier das Prinzip gilt: bessere Produkte zum gleichem Preis [4.1-13, 4.1-180–4.1-183, 4.1-189, 4.1-190].

Um Produkte mit Eigenschaftskombinationen für technisch anspruchsvolle Anwendungen (Automobilbau, elektrische und elektronische Geräte), aber auch für die Substitution anderer Polymerer wie Weich-PVC herzustellen, wurde das Spheripol^{TM}-Verfahren zum Catalloy^{TM}-Verfahren weiterentwickelt [4.1-149, 4.1-166, 4.1-167, 4.1-191]. Bei diesem Verfahren wird die Polymerisation in drei hintereinander geschalteten Gasphasenreaktoren durchgeführt. Es ist kein Schleifen-(Loop)-Reaktor vorhanden. Nur die Vorpolymerisation wird in einem kleinen Reaktor betrieben (vgl. Abschnitt 4.1.2.1). Entscheidend ist bei diesem Prozess die Verfügbarkeit eines Katalysators, mit dem die Morphologie des Polypropylenpulvers gezielt eingestellt werden kann. Mit diesem Verfahren ist es möglich, Polypropylene herzustellen, welche als solche oder nach der Compoundierung mit Füllstoffen oder Fasern für technische Anwendungen wie hochwertige Verpackungen, Koffer, Rohre, Gartenmöbel, Batteriekästen, PKW-Teile für innen und außen, Gerätegehäuse und andere verwendet werden. Dieses Verfahren erlaubt auch superweiche Produkte (E-Modul 70–100 MPa) herzustellen, welche für Dachabdeckungen und andere Folien oder medizinische Behälter und Schläuche eingesetzt werden können. Diese Produkte enthalten bis zu 70 Gew.-% Elastomeranteil und können Weich-PVC substituieren [4.1-192].

4.1.2.1.3
Wirtschaftlichkeitsbetrachtungen

Wie bei den Polyethylenpolymerisations-Verfahren werden nur die Kosten über dem Monomeren Propen betrachtet. Auch hier wird das Monomere zu über 98 % in das Polymere überführt, jedoch ist es nicht sinnvoll, den Propenverbrauch für eine Tonne Polypropylen anzugeben, weil dieser Wert davon abhängt, welches Produkt hergestellt wird (Homos, Racos, Hecos). Die Kosten setzen sich aus den kapitalabhängigen Kosten, den Personalkosten, den Kosten für Energie, Dampf, Kühlwasser und Sonstiges (Wartung und Reststoffentsorgung) zusammen (vgl. Abschnitt

4.1.1.1.3). Hinzu kommen die spezifischen Katalysator- und Cokatalysatorkosten einschließlich der Kosten für interne und externe Donoren. Als Richtwerte können folgende Werte angeben werden: Energien 300 kWh t^{-1}, Dampf 300 kg t^{-1}, Kühlwasser 110 m^3 t^{-1}. Die spezifischen Katalysator-/Cokatalysator-Kosten liegen bei 11–12 Euro/t. Für eine Anlage mit einer Kapazität von 300 000 t a^{-1} ergeben sich für Westeuropa Herstellkosten von 100–120 Euro/t abhängig davon, welche Produkte (Homos, Racos oder Hecos) produziert werden.

4.1.2.2 **Gasphasen-Kaskadenverfahren**

Ein anderes technisches Verfahren ist die Kaskade mit zwei Gasphasenreaktoren. Hiervon gibt es zwei technische Varianten: Die Kaskade mit zwei Gasphasen-Wirbelbettreaktoren (Univation/Unipol™) und die Kaskade mit zwei gerührten Gasphasenreaktoren (Novolen Technology Holding /NOVOLEN™).

Die Reaktionsbedingungen entsprechen denen bei der Ethylen-Polymerisation (vgl. Abschnitt 4.1.1.2.2). Es gibt jedoch einige Punkte, welche diesen Polymerisationsprozess stabiler und weniger störanfällig machen. Das ist einmal die niedrigere spezifische Wärmemenge, welche bei der Polymerisation freigesetzt wird (2,1 · 10^3 kJ kg^{-1}), die etwas höhere Wärmekapazität von Propen, welche die Wärmeabfuhr aus dem Reaktionsraum verbessert, und die höheren Schmelztemperaturen der Polyproylene.

Beim NOVOLEN™-Verfahren (Abb. 4.1-19) [4.1-193, 4.1-194] werden Gasphasenreaktoren eingesetzt, welche einen langsam drehenden Wendelrührer haben, der

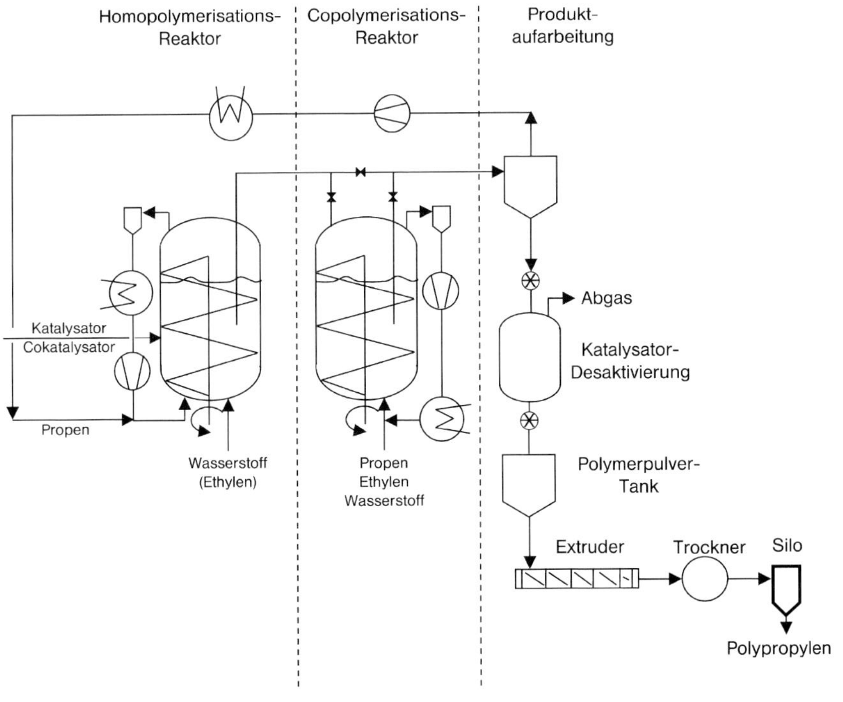

Abb. 4.1-19 NOVOLEN™-Gasphasenverfahren

das Polypropylenpulver außen nach oben schaufelt und innen nach unten rieseln lässt.

Die Reaktionstemperatur liegt zwischen 60–85 °C, der Druck zwischen 20 und 35 bar. Die Polymerisationswärme wird hier durch Einspritzen von kaltem, flüssigem Propen abgeführt. Hierzu wird ein Teil des Propens im Kreis geführt. Die Raum-Zeit-Ausbeute liegt bei 200 kg m^{-3} h^{-1} bei einer mittleren Verweilzeit von 1–2 h. Bei einem Durchsatz von 25 t h^{-1} beträgt das Reaktionsvolumen 125 m^3. Katalysator, Cokatalysator und externer Donor werden direkt in den Reaktor dosiert. Das Produkt wird aus dem Polymerpulverbett über eine Entnahmevorrichtung portionsweise entnommen. Danach wird das Polymerpulver mit Stickstoff von Propen befreit, mit Additiven versehen und granuliert. Die Katalysator- und Cokatalysatorreste werden zuvor mit Wasserdampf desaktiviert.

4.1.2.2.1
Katalysatorsysteme

Beim Unipol^{TM}-Verfahren werden $MgCl_2$-geträgerte Titankatalysatoren eingesetzt. Diese Katalysatoren werden mit SHAC (Shell High Activity Catalyst) bezeichnet [4.1-195–4.1-200].

Beim NOVOLEN^{TM}-Verfahren werden auf Silica geträgerte $MgCl_2$-Titankatalysatoren verwendet [4.1-201–4.1-204]. Sie sind mit internen Donoren modifiziert und der Cokatalysator wird zusammen mit einem externen Donor eingesetzt. Die auf Siliciumdioxid geträgerten Katalysatoren sind mechanisch genügend stabil und können direkt in den Polymerisationsreaktor dosiert werden.

Auf Siliciumdioxid können auch Metallocen,Methylaluminoxan-(MAO)-Katalysatorsysteme aufgebracht werden [4.1-175, 4.1-190]. Mit diesen Katalysatoren werden im NOVOLEN^{TM}-Prozess neuartige Polypropylene mit sehr engen Molmassenverteilungen hergestellt, welche sich durch verbesserte Eigenschaftskombinationen von den bekannten Polypropylenen unterscheiden [4.1-180–4.1-182, 4.1-190].

4.1.2.2.2
Produktportfolio

Mit diesen Gasphasen-Kaskadenverfahren lässt sich wiederum das gesamte Produktportfolio (Homos, Racos, Hecos) herstellen.

4.1.2.2.3
Wirtschaftlichkeitsbetrachtungen

Für dieses Verfahren ergeben sich für eine Anlage mit einer Kapazität von 250 000 t a^{-1} folgende Verbrauchszahlen: Energien 330 kWh t^{-1}, Dampf 200 kg t^{-1}, Kühlwasser 85 m^3 t^{-1}. Zusammen mit den anderen Kosten (vgl. Abschnitt 4.1.2.1.3) und den spezifischen Katalysator-/Cokatalysator-Kosten von 15–20 Euro/t ergeben sich spezifische Herstellkosten für Westeuropa von 115–135 Euro/t.

4.1.2.3 Gasphasen-Kaskade mit horizontal liegenden, gerührten Reaktoren

Diese Verfahren (Firmen: BPChemicals/Innovene^{TM}, Chisso) sind aufgebaut aus zwei hintereinander geschalteten, horizontal liegenden, mit langsam drehenden Rührern (10–20 Upm) ausgestatteten Gasphasenreaktoren. Bei diesen Rührern sind auf einer horizontal gelagerten Welle mehrere Rührblätter angebracht (Abb. 4.1-20).

Die Polymerisation wird zwischen 65 und 85 °C bei einem Druck von 20–25 bar durchgeführt. Es werden ein stereoselektiver Titankatalysator und eine Aluminiumalkylverbindung mit Donoren eingesetzt [4.1-205–4.1-209]. Der Katalysator wird als Kohlenwasserstoffsuspension eindosiert. Der Cokatalysator wird getrennt dosiert. Propen zusammen mit etwas Wasserstoff als Molmassenregler wird von unten und oben in das gerührte Polymerpulverbett eingebracht. Die Wärmeabfuhr erfolgt auch hier durch Einspritzen von flüssigem, kaltem Propen von oben auf das Polymerpulverbett. Das bedeutet, dass flüssiges Propen und auch gasförmiges Propen aus einem Vorratsbehälter getrennt in den Polymerisationsreaktor eindosiert werden. Dieses Propen wird wie bei den anderen Gasphasen-Prozessen auch im Kreis geführt. Die Raum-Zeit-Ausbeute beträgt etwa 350 kg m^{-3} h^{-1} bei einer mittleren Verweilzeit von 1 h. Somit beträgt das Reaktionsvolumen bei einem Durchsatz von 25 t h^{-1} etwa 70 m^3.

Gegenüber den anderen Gasphasenreaktoren ist hier die Verweilzeitverteilung der Polymerpartikel enger, weil eine Art Pfropfenströmung vorliegt. Sie verhindert vor allem, dass frisch zudosierter Katalysator ohne ausreichend lange Polymerisationszeit im ersten Reaktor in den zweiten Reaktor gelangen kann. Das ist ein Vorteil bei der Herstellung der heterophasigen Copolymeren, weil dadurch ein sehr konstantes Homopolymer-/Elastomer-Verhältnis in jedem Polymerpartikel erreicht wird. Dadurch wird bereits während der Polymerisation ein gleichmäßig zusammengesetztes Polymerblend hergestellt, welches nach der Granulierung zu einem Produkt mit sehr ausgeglichenen Eigenschaften führt (vgl. Abschnitt 4.1.2.3.2). Bei diesem Verfahren können Produkte mit einem Elastomeranteil von bis zu 50 Gew.-% hergestellt werden, ohne dass es eines Katalysators mit hoher Porosität bedarf (vgl. Abschnitt 4.1.2.1.1).

4.1.2.3.1 Katalysatorsysteme

Wie bei allen anderen Verfahren zur Herstellung von Polypropylenen wird ein hochaktiver, regio- und stereoselektiv arbeitender Katalysator, geträgert auf $MgCl_2$ und modifiziert mit Donoren eingesetzt [4.1-205–4.1-209]. Dieser Katalysator wird mit Trialkylaluminiumverbindungen zusammen mit externen Donoren aktiviert. Es können auch im Handel erhältliche Katalysatoren [4.1-210, 4.1-211] eingesetzt werden. Das gilt auch für die anderen Verfahren.

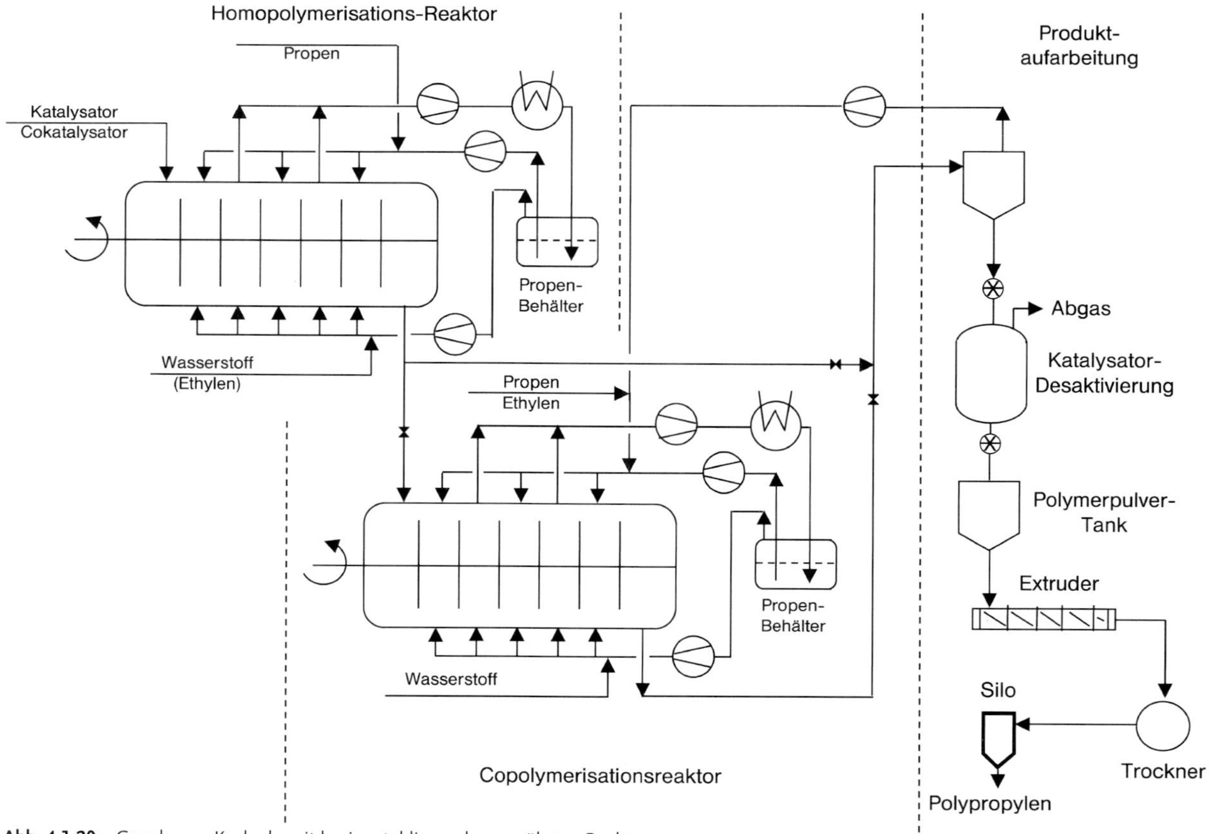

Abb. 4.1-20 Gasphasen-Kaskade mit horizontal liegenden, gerührten Reaktoren

4.1.2.3.2
Produktportfolio
Mit diesem Verfahren ist das gesamte Polypropylen-Produktportfolio (Homos, Racos, Hecos) zugänglich [4.1-42, 4.1-44, 4.1-185, 4.1-212]. Die heterophasigen Produkte zeichnen sich durch sehr ausgeglichene Produkteigenschaften, bedingt durch das Herstellverfahren, aus. Diese Produkte gehen vor allem als Compounds in Anwendungen im Automobilbau (Teile im Außen- und Innenbereich) und in andere Anwendungen wie Gerätebau (Elektro- und Elektronikgeräte).

4.1.2.3.3
Wirtschaftlichkeitsbetrachtungen
Hier ergeben sich vergleichbare Daten wie bei den anderen Gasphasenverfahren (vgl. Abschnitt 4.1.2.2.3).

4.1.2.4 Mehrzonen-Gasphasen-Schleifenreaktor
Dieser Reaktor (**M**ultizone **C**irculating **R**eactor (**MZCR**)) ist ein mit Gas betriebener Schleifenreaktor, bei dem das Polymerpulver im Kreis geführt wird und dabei mehrere (hier zwei) Zonen durchläuft, in welchen infolge unterschiedlicher Reaktionsbedingungen unterschiedliche Polymere gebildet werden (Abb. 4.2-21). Sol-

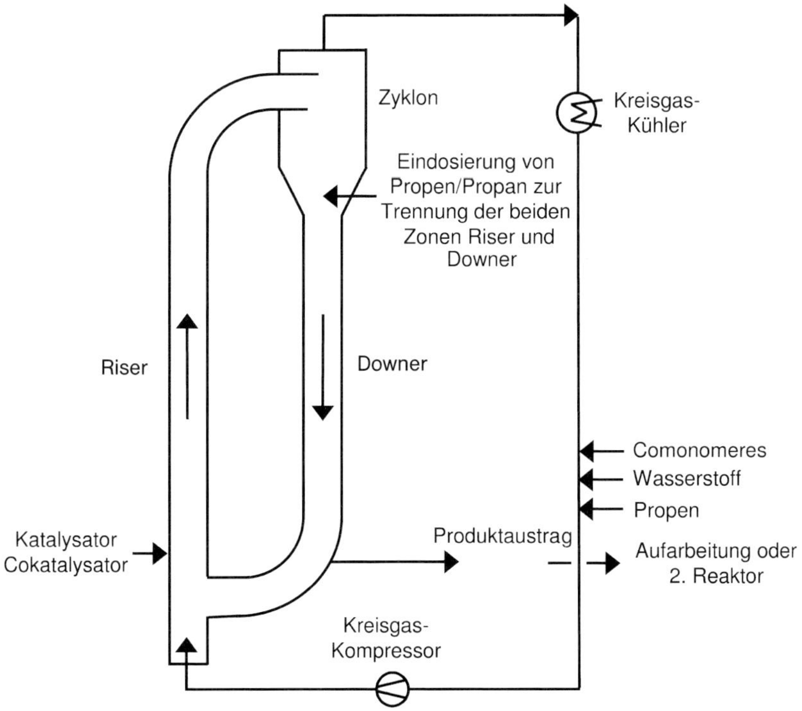

Abb. 4.1-21 Mehrzonen-Gasphasen-Schleifenreaktor

che Reaktoren sind Stand der Technik [4.1-213], wurden aber bislang nicht zur Herstellung von Polyolefinen verwendet. Bei diesem Polymerisationsverfahren hat der Reaktor zwei Zonen, welche als Downer und Riser bezeichnet werden. Der Reaktor enthält keine mechanischen Mischorgane. Im Riser wird das Polymerpulver mit einem Gasstrom pneumatisch nach oben gefördert und dabei stark verwirbelt. Dieser Gasstrom enthält Wasserstoff. Im Downer wandert das Polymerpulverbett langsam nach unten. Hier ist kaum Wasserstoff vorhanden. Zwischen Riser und Downer werden also die Reaktionsbedingungen verändert. Mit einem Propen-/Propanstrom wird das Einströmen von Gas aus dem Riser in den Downer zurückgedrängt. Der entscheidende Vorteil dieses Verfahrens ist, dass alle polymerisierenden Partikel die beiden Zonen oft (bis zu 100-mal) durchlaufen, ehe sie den Reaktor verlassen. Das bedeutet, dass die in den beiden Zonen gebildeten Polymeren in den Polymerpartikeln feinst ineinander verteilt sind (vgl. Abschnitt 4.1.2.4.2). Wegen der engen Verweilzeitverteilung haben alle Polymerteilchen nahezu die gleiche Zusammensetzung und weil die in den beiden Zonen gebildeten Polymeranteile feinst ineinander verteilt sind, entsteht ein Reaktorblend, aus dem bei der Granulierung Produkte mit sehr guten Eigenschaftskombinationen entstehen (vgl. hierzu [4.1-160]). Mit diesem Verfahren können eng und breit verteilte Homopolymere (Homos) und Copolymere (Racos) hergestellt werden. Heterophasige Copolymere (Hecos) können nicht produziert werden. Dazu bedarf es wiederum eines zweiten Polymerisationsreaktors zur Herstellung des Ethylen,Propylen-Elastomeren [4.1-214–4.1-216].

Der Mehrzonen-Gasphasen-Schleifenreaktor kann technisch nur dann zufriedenstellend betrieben werden, wenn die Morphologie des Polymerpulvers auf diesen Prozess angepasst ist (vgl. Abschnitt 4.1.2.4.1). Der vorpolymerisierte Katalysator wird am Boden des Risers eindosiert. Das Polymerpulver wird am Boden des Downers entnommen. Es gibt einen separaten Gaskreislauf für den Riser. Durch unterschiedliche Reaktionsbedingungen im Riser und Downer kann ein Polypropylen mit einer sehr breiten Molmassenverteilung erzeugt werden. Durch Eindosierung eines Comonomeren (Ethylen) können in diesem Reaktor statistische Copolymere mit unterschiedlich breiten Molmassenverteilungen produziert werden. Es ist auch möglich, die Copolymerzusammensetzung im Riser und Downer unterschiedlich zu fahren, indem das Comonomere wie Wasserstoff in den Gaskreislauf zurückgespült wird. Die Wärmeabfuhr erfolgt hier wie bei den anderen Gasphasenverfahren durch Kühlung des Kreisgases. Der Reaktor wird bei Temperaturen von 70–80 °C und Drücken um 30 bar betrieben. Die Raum-Zeit-Ausbeute liegt bei 200 kg m^{-3} h^{-1} bei einer mittleren Verweilzeit von 1 h. Somit beträgt das Reaktionsvolumen bei einem Durchsatz von 20 t h^{-1} 100 m^3. Dieser Polymerisationsreaktor wurde zur technischen Reife entwickelt und wird großtechnisch betrieben (Firma: Basell/Spherizone™).

4.1.2.4.1
Katalysatorsysteme

Für dieses Polymerisationsverfahren muss ein kugelförmiger Katalysator mit großem mittleren Durchmesser von 60–100 µm zur Verfügung stehen. Hier wird ein auf $MgCl_2$ geträgerter Titankatalysator mit einem internen Donor eingesetzt [4.1-167, 4.1-217]. Um die notwendige mechanische Stabilität zu erzeugen, wird der Katalysator vor dem Eintritt in den Polymerisationsreaktor mit Propen vorpolymerisiert. Er wird mit Trialkylaluminiumverbindungen (Triethylaluminium, Triisobutylaluminium) in Kombination mit einem externen Donor (vgl. Abschnitt 4.1.2.1.1) aktiviert.

4.1.2.4.2
Produktportfolio

Mit diesem Polymerisationsverfahren können Propylenhomopolymere mit unterschiedlich breiten Molmassenverteilungen (Homos) und statistische Propylen, Ethylen-Copolymere (Racos) wiederum mit unterschiedlich breiten Molmassenverteilungen, aber auch mit homogener oder heterogener Comonomerverteilung produziert werden. Sie zeichnen sich durch sehr ausgewogenen Produkteigenschaften gegenüber Produkten aus anderen Verfahren aus [4.1-217], weil die beiden Polymeranteile aus dem Riser und Downer bereits während der Polymerisation feinst ineinander verteilt sind (vgl. hierzu [4.1-162]). Heterophasige Produkte (Hecos) können nur in Kombination mit einem nachgeschalteten zweiten Polymerisationsreaktor erzeugt werden.

4.1.2.4.3
Wirtschaftlichkeitsbetrachtungen

Für dieses Verfahren ergeben sich folgenden Verbräuche: Energien: 340 kWh t^{-1}, Dampf: 100 kg t^{-1}, Kühlwasser: 100 m^3 t^{-1}. Die Kosten für den Katalysator/Cokatalysator liegen bei 10–11 Euro/t. Somit ergeben sich Herstellkosten zwischen 90 und 110 Euro/t.

4.1.3
Polybuten-1

Bei der regio- und stereoselektiven Polymerisation von 1-Buten entsteht ein Polymeres mit dem gleichen strukturellen Aufbau wie beim Polypropylen. Anwendung findet auch hier nur das isotaktische Polybuten-1, welches einen hochwertigen thermoplastischen, teilkristallinen Werkstoff darstellt. Es unterscheidet sich von Polyethylen und isotaktischem Polypropylen dadurch, dass hier mehrere Kristallmodifikationen existieren [4.1-218, 4.1-219]. Das hat Auswirkungen bei der thermoplastischen Verarbeitung dieses Werkstoffs und auf dessen Produkteigenschaften (vgl. Abschnitt 4.1.3.2). Das Polybuten-1 ist ein Spezialprodukt, welches zuerst von Chemische Werke Hüls hergestellt wurde. Durch diese Arbeiten und Untersuchungen wurden die Eigenschaften von Polybuten-1 bekannt und darauf aufbauend wurden Anwendungsgebiete für dieses Polymere identifiziert [4.1-220–4.1-222]. Heute gibt es zwei Produzenten (Basell und Mitsui Chemical). Die Produktionskapazität liegt bei 75 000 t a^{-1}, der Verbrauch bei etwa 30 000 t a^{-1}.

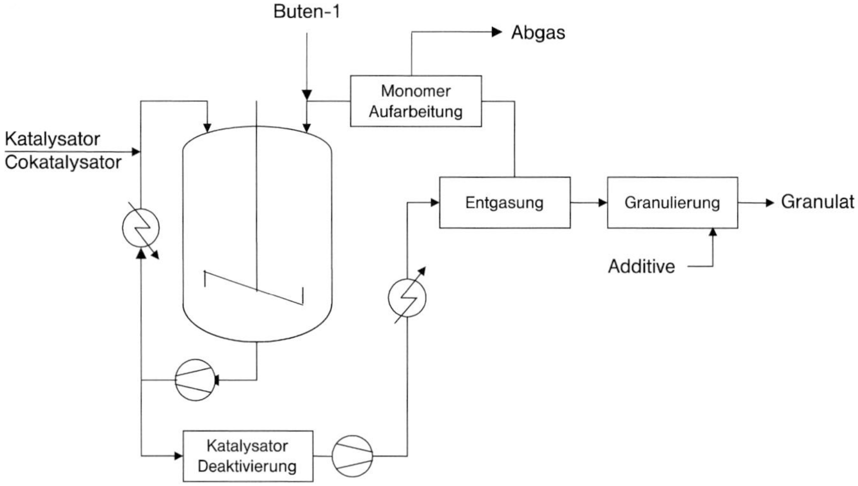

Abb. 4.1-22 Polymerisationsverfahren zur Herstellung von Polybuten-1

Die Polymerisation wird in flüssigem 1-Buten mit hochaktiven Titankatalysatoren in Kombination mit Aluminiumalkylen als Cokatalysatoren durchgeführt (vgl. Abschnitt 4.1.3.1).

Der Polymerisationsreaktor ist ein Rührkessel (s. Abb. 4.1-22). Zur Wärmeabfuhr dieser exothermen Polymerisationsreaktion ($\Delta H = 1{,}9 \cdot 10^3$ kJ kg^{-1}) wird ein Teil des Reaktorinhalts durch einen außen liegenden Kühler umgepumpt. Die Reaktionstemperatur beträgt 65-85 °C. Der Druck liegt zwischen 18 und 25 bar. In diesen Reaktor wird frisches 1-Buten zusammen mit aus dem Prozess zurückgeführtem 1-Buten kontinuierlich eingetragen. Katalysator und Cokatalysator werden in der notwendigen Menge hinzugefügt. Die mittlere Molmasse wird mit einer kleinen Menge Wasserstoff eingestellt. Durch Zugabe eines Comonomeren (Ethylen, Propen) können auch statistische Copolymere (Racos) hergestellt werden. Die Raum-Zeit-Ausbeute beträgt 30-70 kg m^{-3} h^{-1} bei einer mittleren Verweilzeit von 2 h. Das bedeutet, dass bei einem Durchsatz von 5 t h^{-1} ein Reaktionsvolumen von 40 m^3 zur Verfügung stehen muss.

Das sich bildende Polybuten-1 liegt in 1-Buten gelöst vor. Es handelt sich also um eine Lösungspolymerisation, jedoch bei wesentlich tieferer Temperatur als die Lösungspolymerisationsprozesse des Ethylens (vgl. Abschnitt 4.1.1.2.3). Das Phasendiagramm von Polybuten-1 in 1-Buten entspricht dem von Polyethylenen in Kohlenwasserstoffen (vgl. Abb. 4.1-7). Es gibt auch hier eine Trübungskurve zwischen 105 und 40 °C und eine untere kritische Entmischungskurve beginnend bei 90 °C. Zwischen diesen beiden Kurven liegt der Bereich der homogenen Lösung von Polybuten-1 in 1-Buten. In diesem Bereich wird die Polymerisation durchgeführt.

Aus dem Polymerisationsreaktor wird die Polymerlösung kontinuierlich entnommen. Daran anschließend werden Katalysator und Cokatalysator deaktiviert. Dann wird die Polymerlösung auf über 200 °C aufgeheizt, wobei eine Phasentrennung stattfindet. Die homogene Polymerlösung trennt sich in eine 1-Buten reiche Phase und in eine Polybuten-1 reiche Phase, welche nur noch wenig 1-Buten enthält. Beide Phasen werden getrennt, und dann wird in einem Behälter 1-Buten durch Abdampfen von der Polybuten-1 reichen Phase abgetrennt. Das ist ein sehr effizientes Verfahren, um 1-Buten und Polybuten-1 zu trennen. Nach destillativer Aufarbeitung und Trocknung über einem Molsiebturm wird das 1-Buten in den Prozess zurückgeführt. Das nun als Schmelze vorliegende Polymere wird mit Additiven ausgestattet und zum verkaufsfähigen Produkt granuliert. Bei diesem Granulierschritt wird noch ein Rest 1-Buten entfernt, um die erforderliche Produktqualität zu erreichen.

4.1.3.1 **Katalysatoren**

Für die Polybuten-1-Synthese müssen wie bei der Herstellung von isotaktischem Polypropylen regio- und stereoselektive Katalysatoren zur Verfügung stehen. Bei diesem modernen Verfahren wird ein hochaktiver, auf $MgCl_2$ geträgerter Titankatalysator eingesetzt. Er ist mit einem internen Donor modifiziert und wird mit Aluminiumtrialkylen und einem externen Donor aktiviert [4.1-223–4.1-225] (s. auch Abschnitt 4.1.2.1.1). Im technischen Prozess beträgt die Katalysatorproduktivität ca. 80 kg Polybuten-1 pro g Katalysator.

4.1.3.2 **Produktportfolio**

Polybuten-1 ist wie die anderen Polyolefine ein thermoplastisch verarbeitbarer Werkstoff. Polybuten-1 kann aber wegen des tiefen Schmelzbereiches zwischen 122 und 126 °C bei relativ tiefen Temperaturen verarbeitet werden. Aus der Schmelze kristallisiert Polybuten-1 in der tetragonalen Modifikation aus, welche sich über einige Tage hinweg bei Raumtemperatur in die stabile hexagonale Modifikation umwandelt. Dabei steigt die Steifigkeit (Biege-(E)-Modul) an. Dichte und Schmelzpunkt steigen ebenfalls etwas an [4.1-226].

Polybuten-1 zeichnet sich im Vergleich mit anderen Polyolefinen durch seine hohe Kriechbeständigkeit und durch die hohe Formbeständigkeit bei hohen Temperaturen bis 95 °C aus. Deshalb wird dieser Werkstoff zu etwa 70–75 % für Warmwasserrohre in Gebäuden, vor allem für Fußbodenheizungen eingesetzt. Für diese Anwendung ist weiter von Bedeutung, dass Polybuten-1 einen im Vergleich zu anderen Polyolefinen sehr niedrigen Biege-Elastizitäts-Modul besitzt [4.1-227–4.1-229]. Das bedeutet, dass die Polybuten-1-Rohre leicht verlegt werden können, weil sie diese hohe Flexibilität haben. Ein weiteres Charakteristikum dieses Werkstoffes ist die sehr ausgeprägte Zeitstandsfestigkeit, was bedeutet, dass diese Rohre eine lange Lebensdauer unter permanenter Druckbelastung haben. Bei 70 °C kann eine Lebensdauer von 50 Jahren abgeschätzt werden [4.1-230].

Polybuten-1 findet weiter Anwendung im Verpackungssektor. Für Blisterverpackungen werden Blends von Polybuten-1 und Polyethylen eingesetzt. Wegen der Unverträglichkeit der beiden Polymeren kommt es zu einer Phasentrennung im festen Zustand, wobei die Polybuten-1-Partikeln in der kontinuierlichen Polyethylenphase fein verteilt vorliegen. Dadurch entsteht eine Folie, welche sich leicht aufreißen lässt [4.1-228, 4.1-231, 4.1-232].

Polybuten-1 ist mit Polypropylen verträglich und findet als Blendkomponente in einigen Anwendungen Verwendung. Dadurch kann das Verarbeitungsverhalten verändert werden. Im festen Zustand wird die Kristallinität reduziert.

Durch die neue Technologie ist Polybuten-1 nun technisch leichter zugänglich und damit kostengünstiger herzustellen. Mit dieser Technik können auch einfacher Produktvariationen wie Änderungen der Molmassenverteilung oder der Comonomerverteilung vorgenommen werden. Auch hier wird dann in einem kaskadierten Verfahren gearbeitet [4.1-233]. Es ist davon auszugehen, dass dadurch weitere Anwendungen in Zukunft hinzukommen werden.

4.2 Styrolpolymere

Mit einer weltweiten Produktion von etwa $16 \cdot 10^6$ t im Jahr 2003 [4.2-1] zählen Polystyrol (PS) und verschäumbares Polystyrol (EPS) zu den bedeutendsten Kunststoffen. Sein einzigartiges Eigenschaftsprofil macht Polystyrol zu einem idealen Werkstoff, wenn es auf Transparenz und/oder Oberflächengüte sowie Steifigkeit ankommt. Den wirtschaftlichen Erfolg verdankt Polystyrol seinen guten Verarbeitungseigenschaften als amorpher Werkstoff und der Fähigkeit, durch Modifikationen ein immer breiteres Einsatzspektrum und damit neue Wachstumschancen zu gewinnen [4.2-2].

Die Besonderheit des Polystyrols beruht darauf, dass sich Styrol als eines der wenigen Monomeren nach allen bekannten Polymerisationsarten zu einem hochmolekularen Endprodukt umsetzen lässt (s. auch Chemierohstoffe aus Erdöl und Erdgas, Bd. 4). Dieses Potential nutzen neueste Entwicklungen. So kann über anionische und metallocenkatalysierte Polymerisation das Eigenschaftsniveau von technischen Kunststoffen erreicht werden [4.2-2, 4.2-3].

Zu den Styrolpolymeren [4.2-2, 4.2-4, 4.2-5] zählen:

- Styrol-Homopolymere (PS, Standard-Polystyrol; GPPS, general purpose polystyrene) [4.2-6, 4.2-7],
- syndiotaktisches Polystyrol (SPS) [4.2-7],
- verschäumbares Polystyrol (EPS) [4.2-8],
- schlagfestes Polystyrol (SB) (HIPS) [4.2-2, 4.2-5],
- Triblockcopolymere von Styrol mit Butadien (SBS) und Triblockcopolymere von Styrol mit Isopren (SIS) [4.2-9, 4.2-10],
- Styrol-Acrylnitril-Copolymere SAN [4.2-5, 4.2-11],
- Pfropfcopolymere von Styrol/Acrylnitril auf Acrylnitril/Butadien-Kautschuke (ABS) [4.2-5, 4.2-9, 4.2-11],
- Pfropfpolymere von Styrol und Acrylnitril auf Acrylesterkautschuke (ASA) [4.2-9, 4.2-11],
- Pfropfcopolymer von Styrol auf EPDM-Elastomere (AES) und Pfropfcopolymere von Styrol/Acrylnitril auf Kautschuke aus chloriertem Polyethylen (ACS) [4.2-5, 4.2-9],
- Pfropfcopolymere von Methylmethacrylat/Styrol auf Butadien/Styrol-Copolymer (MBS) [4.2-5].

Für besonders hohe Anforderungen an die Schlagzähigkeit und Wärmeformbeständigkeit, die mit ABS oder ASA nicht mehr erfüllt werden können, sind in jüngerer Zeit Blends dieser Thermoplaste mit Polycarbonat (ASA+PC; ABS+PC) entwickelt worden [4.2-3, 4.2-5, 4.2-12].

Polystyrol als thermoplastischer Werkstoff ist über 75 Jahre alt. Als durch die Arbeiten von Wue und Mark 1929 Styrol durch katalytische Dehydrierung von Ethylbenzol in kommerziellen Mengen zugänglich wurde [4.2-13], lief im Werk Ludwigshafen der damaligen IG. Farben Industrie die Produktion von Polystyrol an [4.2-14]. Von kleinen Anfängen her ist Polystyrol zu einem der größten Kunststoffe geworden. 1930–1932 wurden 62 t Polystyrol erzeugt; zählt man PS, EPS, ABS, SAN und ASA als die wichtigsten Produkte zusammen, ergab sich für das Jahr 2003 eine Weltproduktion von sogar $24 \cdot 10^6$ t [4.2-1].

In den ersten Nachkriegsjahren wurden die Einsatzmöglichkeiten für Styrolpolymere dadurch stark ausgeweitet, dass man sie mit Kautschuk schlagfest modifizierte. Eine fortgeschrittene Verarbeitungstechnik ermöglichte auch den Einsatz von SAN. Letzteres gab es schon seit 1932 [4.2-15], schlagfestes Polystyrol und ABS kamen 1948 hinzu [4.2-16, 4.2-17].

Schaumstoffe aus Polystyrol sind schon sehr frühzeitig hergestellt worden. Bereits 1931 haben Munters und Tandberg ein Verfahren zum Patent angemeldet, bei dem Polystyrol im Extruder mit Treibmittel versetzt und beim Austritt aufgeschäumt wird [4.2-18]. Dieses Verfahren wurde von Dow aufgegriffen und zur technischen Reife gebracht [4.2-19]. 1936 stellte man einen offenzelligen Schaum durch Verdüsen einer Polystyrollösung in einem erwärmten Gasstrom her [4.2-20], 1940 war vorübergehend ein Polystyrolschaumstoff auf dem Markt, der aus Polystyrol durch chemische Treibmittel hergestellt wurde [4.2-21]. In Großbritannien wurde 1943 Schaumpolystyrol nach einem Imprägnierungsverfahren erhalten [4.2-22]. 1945 wurde erstmals expandierbares Polystyrol durch Polymerisation von Styrol in Gegenwart von 10% Isobutylen erhalten [4.2-23, 4.2-24]. 1951 wurde das Verfahren entwickelt, das bis heute das bedeutendste geblieben ist und dem EPS den Weg in vielfältige Anwendungen erst ermöglichte, die Suspensionspolymerisation von Styrol in Gegenwart eines Treibmittels, besonders Pentan (®Styropor-Verfahren der BASF [4.2-25, 4.2-26]).

Der Wunsch nach Verstehen von Zusammenhängen zwischen dem strukturellen Aufbau einerseits und den daraus resultierenden Materialeigenschaften andererseits machte es erforderlich, kontrolliert zu polymerisieren. Eine besonders geeignete Art dafür ist die anionische Polymerisation. Sie erlaubt es, Monomere blockweise oder statistisch bis alternierend zu arrangieren. Mit ihr lassen sich gezielt lineare, verzweigte, sternförmige oder kammartige Strukturen aufbauen [4.2-2, 4.2-27–4.2-29]. Bei den SBS-Blockcopolymeren zum Beispiel kommt neben der Anordnung und der Länge der Blöcke den Blockübergängen eine zentrale Rolle zu. Man unterscheidet zwischen scharf getrennten und verschmierten, statistischen Blockübergängen [4.2-10].

Eine weitere Entwicklung ist die kontrollierte radikalische Polymerisation [4.2-2]. Da sich nur wenige Monomere unter technischen Bedingungen anionisch polymerisieren lassen, hat man versucht, das Prinzip der lebenden Kettenenden auf die radikalische Polymerisation zu übertragen, was den Anwendungsbereich zur Herstellung von Blockcopolymeren wesentlich erweitern würde. Die grundlegende Sythesestrategie [4.2-30–4.2-32] besteht darin, reaktive radikalische Kettenenden wachsender Polymermoleküle vorübergehend zu blockieren und wieder gezielt zu reaktivieren. Die Einführung dieses dynamischen Gleichgewichts zwischen aktiver und schlafender Form führt zu einer geringen stationären Konzentration freier Polymerradikale bei einer vergleichsweise hohen Gesamtkonzentration an reaktiven Polymerketten. Nachteilig aus industrieller Sicht sind jedoch die deutlich längeren Polymerisationszeiten aufgrund der extrem niedrigen Konzentration freier Radikale.

Ein gänzlich neuer Werkstoff aus der Polystyrol-Familie ist das syndiotaktische Polystyrol [4.2-7], über das Ishihara et al. 1986 zum ersten Mal berichtet hatten [4.2-33, 4.2-34]. Als stereospezifische Katalysatoren dienen Cyclopentadienyltitan-Verbindungen mit dreiwertigem Titan, die mit Methylaluminoxan aktiviert wurden [4.2-35, 4.2-36]. Syndiotaktisches Polystyrol ist ein hartes, steifes Material mit hoher Temperaturbeständigkeit (Kristallitschmelzpunkt 270 °C) und hervorragenden Isolationseigenschaften [4.2-7].

4.2.1
Physikalische und chemische Grundlagen der Verfahren

Die Polymerisation von Styrol kann also nach verschiedenen Mechanismen gestartet werden; in der Technik wird weit überwiegend die Radikalkettenpolymerisation ausgeübt. In den kontinuierlich betriebenen Prozessen bevorzugt man den thermischen Start, bei diskontinuierlichen Verfahren sind Radikalstarter (Peroxide, Azoverbindungen) üblich.

Die Geschwindigkeit der thermischen Styrolpolymerisation lässt sich bis zu hohen Umsätzen nach der 1. Ordnung darstellen [4.2-37]. Dies genügt, um den Temperatur- und Druckverlauf im Reaktor zu berechnen, wenn Störfälle zu adiabatischem Durchgehen führen. Werden größere Ansprüche an die Vorhersage von Zeit/Umsatzkurven gestellt, lässt sich mit den Modellen von Hamielec und Mitarbeitern [4.2-38, 4.2-39] im Temperaturbereich von 100–230 °C der Reaktionsablauf bis zu Umsätzen von über 90% quantitativ befriedigend darstellen. Das Modell arbeitet mit einem Startschritt dritter Ordnung. Es macht auch korrekte Vorhersagen über Molmasse und Molmassenverteilung. Zu diesem mechanistisch wichtigen Thema haben kürzlich Gao, Hungenberg und Penlidis [4.2-40] eine ausführliche Übersicht mit Detailstudien zur Kinetik, zur Prozessmodellierung und Optimierung der radikalischen Styrolpolymerisation in Lösung oder in Masse vorgelegt. Mono-, bi- oder auch neue tetrafunktionelle Initiatoren werden beschrieben sowie auch die Frage der dritten Ordnung bezüglich der Monomerkonzentration bei der thermischen Initiierung behandelt [4.2-28, 4.2-40].

Die meisten kontinuierlichen Herstellprozesse für Polystyrol arbeiten in Gegenwart von Lösemitteln, vorwiegend Ethylbenzol. Dieses wirkt als schwacher Kettenüberträger und setzt so die Molmasse herab. Weil es sich mit fortschreitender Reaktion gegenüber dem Monomeren anreichert, fällt in diesem Fall auch die Molmasse des Polystyrols mit steigendem Umsatz. Dies kann von Bedeutung sein für die Wahl des Endumsatzes in Rohr- oder Turmreaktoren. Das Lösemittel wird meist nur als Moderator der Reaktion gebraucht, besonders um lokale Accelerationen durch den Geleffekt zu vermeiden. Hohe Konzentrationen verlangsamen die Reaktion zu stark. In der Praxis wird deshalb zusätzlich ein Regler benutzt, um die gewünschte Molmasse einzustellen. Dies sind Substanzen mit hoher Übertragungskonstante; üblich sind Mercaptane, Terpinolen oder dimeres α-Methylstyrol [4.2-41–4.2-45].

Als Initiatoren kommen Peroxide oder Azoverbindungen in Betracht, deren Zerfall thermisch ausgelöst wird. Die Reaktionstemperatur wird durch die Zerfallsgeschwindigkeit der Initiatoren, besser durch die aktuelle Radikalkonzentration vorgegeben. Oft werden Kombinationen von Startern verschiedener Zerfallstemperatur eingesetzt. Die Domäne der Starter sind die diskontinuierlichen Prozesse, bei denen es darauf ankommt, bis zu sehr hohem Umsatz auszupolymerisieren (> 99%). Sie finden daher vor allem in Suspensions- und Emulsionspolymerisationen Anwendung. In der Ersteren werden öllösliche, in Letzterer wasserlösliche Starter eingesetzt. Redoxstart spielt bei der Styrolpolymerisation in der Praxis keine Rolle. Eine Reihe von gebräuchlichen Startern mit ihren Zerfallstemperaturen und Halbwertzeiten ist in Tabelle 4.2-1 angegeben [4.2-46]. Besonders wichtig ist die Auswahl der Initiatoren bei Pfropfpolymerisationen in Lösung, Masse oder Emulsion. Wird Styrol allein oder im Gemisch mit Acrylnitril in Gegenwart gelöster Kautschuke oder in Emulsion auf vorgefertigtes Kautschuksubstrat polymerisiert, dann läuft neben der Homopolymerisation eine Pfropfpolymerisation auf das gelöste oder suspendierte Elastomermolekül ab. Die Initiatoren zeigen sehr verschiedene Pfropfaktivität; Persulfate oder Dibenzoylperoxid sind seit längerem als sehr wirksame, AIBN als wenig wirksamer Pfropfinitiator bekannt [4.2-47]. Es ist daher vorgeschlagen worden, den gewünschten Pfropfgrad durch Mischungen aus Benzoylperoxid und AIBN einzustellen [4.2-48]. Außer der Art des Starters ist auch die Reaktionstemperatur für die Pfropfaktivität der Starter von Bedeutung.

Die Zusammensetzung des Ansatzes einer diskontinuierlichen Polymerisation oder des Zulaufs einer kontinuierlichen Polymerisation richtet sich nach dem gewünschten Endprodukt. Hier treten Besonderheiten nur bei Copolymerisationen auf. Die Copolymerisationsparameter von Styrol und Acrylnitril liegen bei $r_1 = 0{,}41$ und $r_2 = 0{,}04$ [4.2-49]. Nach diesen Werten hat das System Styrol/Acrylnitril ein Azeotrop, das bei 76% Styrol und 24% Acrylnitril liegt. Gemische dieser Zusammensetzung können diskontinuierlich oder in Reaktoren mit Pfropfenströmung umgesetzt werden, ohne dass es zu Verschiebungen in der Monomerenzusammensetzung und damit zu chemischer Uneinheitlichkeit der Polymeren kommt. Will man Produkte mit einem anderen Monomerenverhältnis herstellen, muss bei diesen Reaktoren das schneller verbrauchte Monomere nachdosiert werden. Besser ist es, einen kontinuierlich durchflossenen Rührkessel einzusetzen. Wird in diesem zeitlich und räumlich konstante Monomerkonzentration gewährleistet, kann nahezu jedes beliebige Monomerverhältnis sicher gefahren werden [4.2-50].

Die Wärmeabfuhr aus den Reaktoren ist besonders bei kontinuierlicher Substanzpolymerisation schwierig, weil die Wärmeleitfähigkeit der hochviskosen Schmelzen sehr niedrig liegt. Der Suspensionsprozess oder der Emulsionsprozess sind hier

Tab. 4.2-1 Zerfallskonstanten und Halbwertzeit ausgewählter Initiatoren in Abhängigkeit von der Temperatur

Initiator	Medium	Temperatur (°C)	k_i° (s^{-1})	$t_{1/2}$ (h)
Azodiisobutyronitril (AIBN)	Styrol	50	$2{,}97 \cdot 10^{-6}$	64,8
		70	$4{,}72 \cdot 10^{-5}$	4,1
tert.-Butylperoxid	Cumol	125	$1{,}60 \cdot 10^{-5}$	12,0
		135	$5{,}20 \cdot 10^{-5}$	3,7
		145	$1{,}56 \cdot 10^{-4}$	1,2
Dicumylperoxid	Cumol	138	$2{,}57 \cdot 10^{-4}$	0,75
		158	$1{,}52 \cdot 10^{-3}$	0,13
Benzoylperoxid	Styrol	34,8	$3{,}89 \cdot 10^{-8}$	4850
		49,4	$5{,}28 \cdot 10^{-7}$	365
		61,0	$2{,}58 \cdot 10^{-6}$	74,6
		74,8	$1{,}83 \cdot 10^{-5}$	10,5
		100,0	$4{,}58 \cdot 10^{-4}$	0,42
Lauroylperoxid	Styrol	34,8	$2{,}06 \cdot 10^{-7}$	934
		49,4	$2{,}25 \cdot 10^{-6}$	85,6
		61,0	$1{,}42 \cdot 10^{-5}$	13,6
		74,8	$1{,}00 \cdot 10^{-4}$	1,93
		100,0	$2{,}39 \cdot 10^{-3}$	0,08
tert.-Butylperbenzoat	Benzol	100	$1{,}07 \cdot 10^{-5}$	18,0
		115	$6{,}22 \cdot 10^{-5}$	3,1
		130	$3{,}50 \cdot 10^{-4}$	0,55
$K_2S_2O_8$	Wasser 0,1 m NaOH	50	$9{,}50 \cdot 10^{-7}$	202
		60	$3{,}16 \cdot 10^{-6}$	60,9
		70	$2{,}33 \cdot 10^{-5}$	8,3
		80	$9{,}16 \cdot 10^{-5}$	2,1
		90	$3{,}50 \cdot 10^{-4}$	0,55

einfacher zu handhaben. Die Styrolpolymerisation ist mit 700 kJ kg^{-1} exotherm. Diese Wärmemenge muss bei Rohrreaktoren über die Wandung oder über Kühleinbauten abgeführt werden; gelegentlich ist auch vorgeschlagen worden, vom Kopf eines Turmreaktors Monomeres dampfförmig abzuziehen und so einen Teil der Reaktionswärme durch Verdampfung abzuführen [4.2-51]. Die Verdampfungskühlung findet vornehmlich bei kontinuierlich durchflossenen Rührkesseln Anwendung. Sie hat den Vorteil, dass die Kühlfläche nicht durch die Apparatedimensionen begrenzt ist. Der außenliegende Siedekühler kann daher beliebig angepasst werden; dies ist von besonderem Vorteil bei Störfällen. Da die Verdampfungswärme von monomerem Styrol mit 350 kJ kg^{-1} etwa halb so groß ist wie seine Polymerisationswärme, muss maximal die doppelte Menge des umgesetzten Styrols im Kreis geführt werden. Die Rückführung des Kondensats wird zweckmäßig gemeinsam mit dem Zulauf vorgenommen. Verdampfungskühlung kann auch bei der SAN-Polymerisation eingesetzt werden [4.2-52]. Dabei ist auf eine gleichmäßige Einmischung des Kondensats in die Reaktionsmasse zu achten, da das Kondensat wesentlich reicher an leichter flüchtigem Acrylnitril als die Reaktionsmasse ist [4.2-53]. Auch die nach Beendigung der Polymerisation abgetrennten und rückgeführten Monomer- und Lösemittelanteile müssen, am besten mit dem Zulauf zusammen, gut homogenisiert werden. Wärmeabfuhr ist auch durch außenliegende Wärmetauscher möglich, die von einem Seitenstrom der Reaktionsschmelze durchsetzt werden. Man kann dann das Sieden der Masse in diesen Wärmetauscher verlegen; eine spezielle Anordnung für diese Variante gibt Kajimoto an [4.2-54]. Zum Problem der Bewältigung der Wärmeabfuhr haben Gao, Hungenberg und Penlidis [4.2-40] den Einsatz von Reaktorkombinationen vorgeschlagen, zum Beispiel einen kontinuierlich betriebenen Rührkessel (CSTR) mit einem Rohrreaktor, der auch manchmal Turmreaktor genannt wird. Der nicht axial vermischte Rohrreaktor kann verschiedene Temperaturzonen haben und in jede dieser Zonen können zusätzlich Reaktanden eingebracht werden. Dies sorgt für eine größere Flexibilität im Vergleich zu einem CSTR. Man kann aber auch anstelle des CSTR einen Schlaufenreaktor mit einem statischen Mischer verwenden. Der Schlaufenreaktor zeigt ein besseres Mischverhalten für viskosere Reaktionsmischungen. Cavin, Renken und Meyer [4.2-55, 4.2-56] haben kürzlich eine Pilotanlage dazu, bestehend aus der Kombination Schlaufenreaktor/Rohrreaktor beschrieben.

Die Durchmischung des Reaktorinhalts ist vor allem wesentlich bei diskontinuierlich und kontinuierlich betriebenen Rührkesseln. Sie sorgt für gleichmäßige Temperatur- und Materialverteilung, was vor allem für Copolymerisationen von Bedeutung ist. Hier müssen der Zulauf und ein eventueller Kondensatrücklauf möglichst schnell vermischt werden; hinzu kommt, dass die Reaktoren nicht auf molekularer Ebene homogenisiert, sondern segregiert sind. Dies wirkt sich besonders bei Copolymerisationen außerhalb des Azeotrops aus. Szabo und Naumann haben dies am Beispiel der SAN-Polymerisation mit 28% Acrylnitril bei 60% Endumsatz gezeigt [4.2-57]. Es ergibt sich eine um so größere chemische Uneinheitlichkeit, je höher der Anteil der Segregation ist.

Bei Pfropfpolymerisationen in Lösung muss in Rohrreaktoren wie in Kesseln das Teilchenspektrum der dispersen Phase eingestellt werden. Die Pfropfpolymerisation startet mit einer Kautschuklösung im Monomeren, also in homogener Phase. Unmittelbar nach Beginn der Reaktion trennt sich die Lösung in zwei Phasen, eine Kautschuklösung im Monomeren und eine Polystyrol-(oder SAN-) Lösung im Monomeren. Es bildet sich eine »Öl-in-Öl-Emulsion« [4.2-58, 4.2-59]. In dieser ist die Kautschuklösung die zusammenhängende, die Polystyrol- (oder SAN-) Lösung die verteilte Phase. Mit fortschreitendem Umsatz nimmt die Letztere schnell zu, und wenn die Polystyrolphase die Kautschukphase an Menge übertrifft, kommt es zur Phasenumkehr (»Phaseninversion«). Dabei stellt sich unter dem Einfluss des Scherfeldes im Reaktor das Teilchenspektrum ein [4.2-60, 4.2-61]. Das Scherfeld hängt von den Apparatedimensionen und der Viskosität der reagierenden zweiphasigen Masse ab [4.2-62].

4.2.2
Beschreibung der Herstellverfahren

Die Herstellverfahren für die Styrolpolymeren umfassen die Vorbereitung und Dosierung der Einsatzstoffe, die Polymerisation, die Aufarbeitung des Reaktionsgemischs und die Konfektionierung des Endprodukts.

Diese Schritte unterscheiden sich bei Substanz-, Suspensions- und Emulsionspolymerisationen beträchtlich.

4.2.2.1 Styrol-Homopolymere

4.2.2.1.1
Polymerisation in Substanz (Masse-Verfahren) (s. auch [4.2-2, 4.2-5])

Ausgangsstoffe

Die Vorbereitung der Ausgangsstoffe beschränkt sich bei der Homopolymerisation auf die Reinigung des Monomeren, die Aufbereitung der rückgeführten Styrol- und Lösemittelanteile und ggf. auf die Eingangskontrolle und Dosierung von Schmiermitteln. Styrol enthält in der Regel 10–20 ppm *tert.*-Butylbrenzcatechin als Lagerstabilisator. Belässt man ihn im Monomeren, dann verfärbt sich das Endprodukt leicht gelb, für Gegenstände aus Standardpolystyrol in vielen Fällen eine unerwünschte Erscheinung. Für qualitativ hochwertige Erzeugnisse muss er entfernt werden, das geschieht gewöhnlich durch Adsorption oder Destillation unmittelbar vor der Polymerisation. Auch der Zusatz von Hydrazin oder Alkylhydrazin zum Polymerisationsansatz soll die Verfärbung unterdrücken [4.2-63].

Die Schmiermittel können nur dann durch den Prozess geführt werden, wenn sie genügend schwerflüchtig sind, um bei der Entgasung im Polymeren zu verbleiben. Bei ihrer Auswahl ist auch darauf zu achten, dass sie den Bestimmungen des Lebensmittelrechts [4.2-64] genügen.

Initiatoren werden bei der Homopolymerisation des Styrols durchweg nicht eingesetzt.

Polymerisation

In den USA war anfangs ein diskontinuierliches Masse-Verfahren in Gebrauch [4.2-65], das so genannte Formgießen (Abb. 4.2-1). Dieser Prozess geht auf das Jahr

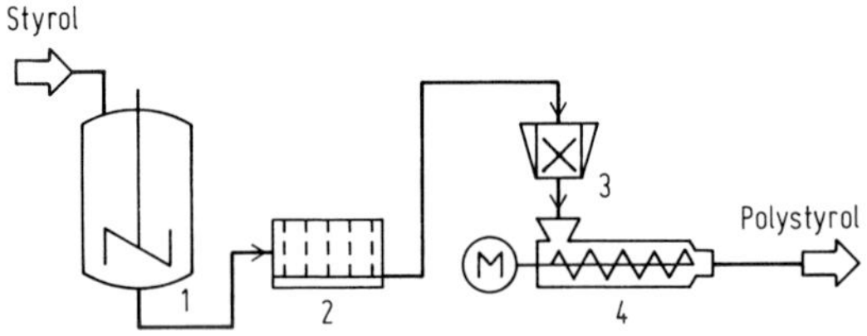

Abb. 4.2-1 Diskontinuierliche Polystyrol-Herstellung durch Formgießen
1 Vorpolymerisation; 2 Rahmenpresse (Nachreaktor); 3 Mühle; 4 Extruder

1938 zurück [4.2-66]. Er arbeitet mit drei umschichtig im Takt arbeitenden Vorpolymerisationskesseln, in denen die Reaktion bei 120 °C in 2,5 h bis etwa 30% Umsatz geführt wird und einer nachgeschalteten Rahmenpresse. In dieser wird in etwa 7 h bei Temperaturen, die von 120–175 °C ansteigen, auspolymerisiert, das Polymere entnommen, gemahlen und konfektioniert. Das Verfahren soll auch für schlagfestes Polystyrol im Einsatz gewesen sein [4.2-67].

Verbreiteter sind natürlich kontinuierliche Verfahren. Hierfür werden sowohl kontinuierlich betriebene Rührkessel als auch Turm- und Rohrreaktoren und ihre Kombinationen eingesetzt.

Die ersten Reaktoren waren Rohrreaktoren. Da man noch nicht über eine geeignete Aufarbeitung und Entmonomerisierung verfügte, war man gezwungen, die Polymerisation zu möglichst hohen Umsätzen zu führen, und dazu eignen sich natürlich Rührkesselreaktoren nicht. Die erste Anlage der IG. Farbenindustrie von 1930 war ein Rohrreaktor, der durch zwei vorgeschaltete, parallel arbeitende Rührkessel verbessert wurde [4.2-68]. Nach diesem Prinzip arbeitete die IG. Farbenindustrie seit 1936 und in ihrer Nachfolge die BASF bis 1963. Die Reaktion in den Kesseln lief bei 80 °C bis zu einem Umsatz von 30–35%. Die Verweilzeit betrug 55 h. In den nachgeschalteten Türmen wurde die Polymerisation dann bis zu Umsätzen von etwa 98% getrieben und die Reaktionsgeschwindigkeit durch ein steigendes Temperaturprofil von 100 °C bis über 200 °C am Ausgang des Turmes aufrechterhalten. Die Verweilzeit im Turm betrug 28 h. Der Austrag konnte unmittelbar granuliert werden. Durch das breite Temperaturprofil hatte das Erzeugnis eine sehr breite Molmassenverteilung [4.2-69] (Abb. 4.2-2 (A)).

Eine Variante dieses Prozesses, bei der die Polymerisationswärme aus dem Vorpolymerisationskessel durch Siedekühlung abgeführt wird, stammt von UCC aus dem Jahre 1943 [4.2-70] (Abb. 4.2-2 (B)). Dow hat die Kessel-Turm-Kaskade dadurch

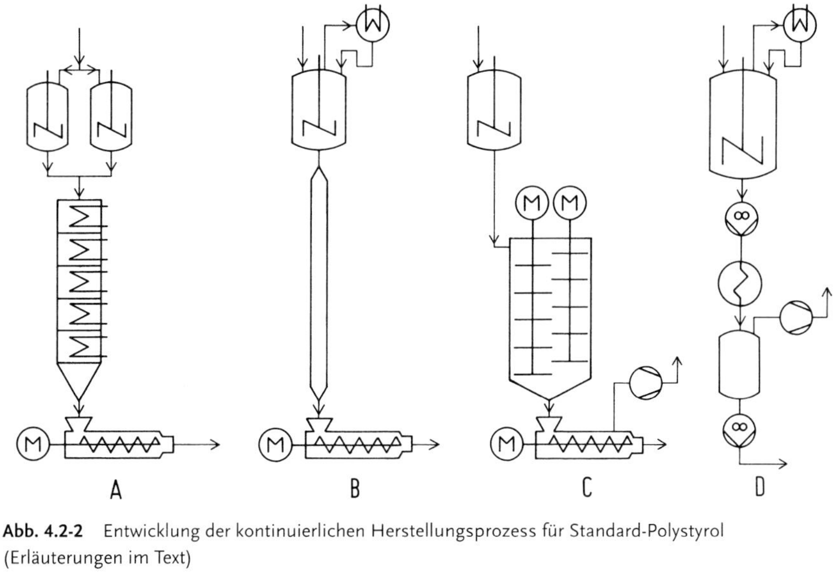

Abb. 4.2-2 Entwicklung der kontinuierlichen Herstellungsprozess für Standard-Polystyrol (Erläuterungen im Text)

verbessert, dass sie den Turm mit Rührern ausstattete und den Endumsatz auf unter 90% zurücknahm. Die Türme erhielten Wärmeaustauscherrohre, die in horizontalen Ebenen angeordnet waren. Zwischen diesen Ebenen liefen die Rührerarme [4.2-71]. Später ist auch eine Konstruktion mit zwei Rührwellen vorgeschlagen worden, deren Rührfinger ineinander greifen [4.2-45, 4.2-72]. Die Monomerreste wurden entweder in einem Entgasungsextruder oder durch Entspannen ins Vakuum entfernt [4.2-73] (Abb. 4.2-2 (C)). Doch wurde auch weiterhin mit Turmreaktoren ohne Rührer, aber mit verbesserten Heiz/Kühl-Einbauten gearbeitet [4.2-74]; in letzter Zeit wurde eine Konstruktion mit speziell angeordneten Rohrpaketen und Leitblechen nach Art eines statischen Mischers vorgeschlagen [4.2-75]. Es wurden auch liegend angeordnete Reaktoren eingesetzt, die ohne Rührer [4.2-76] oder auch mit Rühreinbauten arbeiten [4.2-77-4.2-79]. Eine spezielle Ausführung ist ein liegender Tankreaktor mit Scheibenrührer, der auch in Kammern unterteilt sein kann, und der zur Siedekühlung nur teilgefüllt betrieben wird [4.2-54, 4.2-80].

Eine Beschreibung des Verhaltens von Rohrreaktoren für die Vorpolymerisation von Styrol hat Wallis gegeben [4.2-81]. Auch als Vorpolymerisator für liegende Turmreaktoren eignet sich der Rohrreaktor [4.2-82]. Zur Hochtemperaturpolymerisation wurde ein Röhrenbündelreaktor entwickelt, mit ihm wird in wenigen Minuten Verweilzeit bei 200–250 °C Reaktionstemperatur niedermolekulares Polystyrol erhalten (M_w zwischen 20000 und 30000).

Neben Turmreaktoren und Rohrreaktoren haben sich immer stärker die kontinuierlich durchflossenen Rührkessel durchgesetzt. Ein Vorläufer arbeitete schon 1939 [4.2-83]. Ein Vorpolymerisat von 40% Feststoff, erhalten bei 82 °C und 55 h Verweilzeit, wurde auf einem Trommeltrockner entgast. Dabei entstand sehr hochmolekulares Polystyrol ($M_w \cdot 600000$). Seither sind verschiedene Konstruktionen zur Wärmeabfuhr aus Rührkesseln vorgestellt worden. Sifford schlägt Kühlmantel und gekühlte Rühreinbauten vor [4.2-84], Hansen und Best beschreiben die Wärmeabfuhr über einen außenliegenden Wärmetauscher bei geflutet betriebenen Kesseln [4.2-85]. Am wirksamsten ist aber die Siedekühlung; deshalb hat sich für Standard-Polystyrol auch dieses Prinzip weitgehend durchgesetzt [4.2-86] (Abb. 4.2-2 (D)). Dadurch können wesentlich höhere Temperaturen (bis 140 °C) und damit hohe Raum-Zeit-Ausbeuten erreicht werden. Die Verweilzeit richtet sich nach dem gewünschten Endumsatz [4.2-38, 4.2-39]. Das Fließschema eines modernen vollkontinuierlichen Polystyrolverfahrens, das allerdings nach dem gleichen Prinzip, nämlich der Abführung der Polymerisationswärme über Siedekühlung und eine zweistufige Entgasung der Polymerlösung, arbeitet, findet sich in [4.2-2].

Aufarbeitung

Die Reaktionsmasse enthält bei den jetzt üblichen Verfahren beim Austrag aus dem Reaktor noch erhebliche Mengen restliches Monomeres und ggf. Lösemittel. Die flüchtigen Anteile werden durch Verdampfen im Vakuum vom Polymeren getrennt. Das Gleichgewicht Styrol/Polystyrol und die Diffusion von Styrol in Polystyrol [4.2-87] bestimmen das Ausmaß, bis zu dem das restliche Monomere aus der Polymerisatschmelze entfernt werden kann. Technisch wird bei Temperaturen von 190–250 °C entgast; man benutzt Doppelschnecken-Entgasungs-Extruder [4.2-88] (s. Abschnitt 5.1.3.1), spezielle Vierwellenentgasungsextruder [4.2-89] oder Dünnschichtverdampfer [4.2-90]. Älter ist das Verfahren der Entspannungsverdampfung; die Reaktionsmasse wird dazu in Wärmeaustauschern auf die gewünschte Entgasungstemperatur aufgeheizt und in Vakuumkammern entspannt. Auch hier sind 190–250 °C üblich. Es sind einstufige [4.2-91] und zweistufige [4.2-92, 4.2-93] Anlagen empfohlen worden. Als Wärmetauscher eignen sich Röhrenbündel [4.2-94] und spezielle Plattenverdampfer [4.2-44]. Um den Partialdruck der Monomeren weiter abzusenken, wird gelegentlich empfohlen, der zu entgasenden Schmelze Wasser oder ein ähnliches Schleppmittel zuzusetzen [4.2-95], das durch Aufschäumen der Schmelze große Oberfläche schaffen soll. Bei allen diesen Verfahren wird das verdampfte Monomere kondensiert und in den Prozess zurückgeführt. Hierbei empfiehlt es sich, die schwerer flüchtigen Bestandteile, meist Styrol-Oligomere, wegen ihrer regelnden Wirkung auszuschleusen. Das Polymere wird aus der Entgasungskammer gewöhnlich mit Zahnradpumpen oder Schneckenpumpen entnommen und in Strängen ausgetragen und granuliert. Es ist auch möglich, zwischen Entgasung und Austrag eine Konfektioniereinrichtung einzuschalten, meist Doppelschneckenextruder, auf der Hilfsstoffe eingebracht werden, soweit sie nicht durch die Polymerisation geführt werden können (Schmiermittel, Antioxidantien, Farben etc.). Das Granulat wird gesiebt, getrocknet und zum Versand vorbereitet. Der Versand ist in loser Schüttung oder als Sackware üblich.

4.2.2.1.2 **Suspensionsverfahren** (s. auch [4.2-5])

Das Suspensionsverfahren hat eine Zeitlang für die Herstellung von Standard-Polystyrol Anwendung gefunden, sich aber nicht auf Dauer behaupten können. Vor einiger Zeit jedoch hat Pauer in seiner Dissertation [4.2-96] reaktionstechnische Aspekte der Suspensionspolymerisation von Styrol behandelt, die geeignet sind, die Wirtschaftlichkeit und die Prozesssicherheit des Polymerisationsverfahrens sowie die Produktqualität zu verbessern. Hierfür werden Fragen der Kinetik der radikalischen Polymerisation, der Reaktorauswahl und -charakterisierung (Vergleich eines 6-Liter-Standardrührkesselreaktors mit einem nahezu hydraulisch gefüllten 4-Liter-Tonusreaktor, der mit einem axial fördernden Rührer ausgestattet ist) sowie deren Auswirkungen auf die wichtigsten Polymereigenschaften, die Partikelgrößen- und die Molmassenverteilung, experimentell untersucht und mit weiterentwickelten Modellvorstellungen quantitativ beschrieben.

4.2.2.1.3 **Emulsionsverfahren**

Über neue Konzepte für die Kontrolle von Polymerisationsprozessen mit multiobjektiver Optimierung und ihre Anwendung auf die Emulsionspolymerisation von Styrol haben kürzlich Massebeuf et al. [4.2-97] berichtet. Es handelt sich um Experimente im Rührreaktor mit dem Ziel, gleichzeitig die optimalen Bedingungen für kurze Reaktionszeiten und vorgegebene Werte für mittlere Molmassen und

Partikelgrößen zu finden; dies geschieht dann anhand mathematischer Modellierung und »multicriteria« Optimierung.

4.2.2.1.4
Syndiotaktisches Polystyrol

Über die Herstellung von syndiotaktischem Polystyrol in einem Reaktionsspritzguss-Verfahren (reaction injection molding; RIM process) berichten BAKER et al. [4.2-98]. Als Katalysator wird Pentamethylcyclopentadienyltitantrimethyl und als Cokatalysator Tris(pentafluorophenyl)boran eingesetzt. Wenn getrennte Ströme des Katalysators und des Cokatalysators, gelöst in Styrol oder Styrol/Toluol-Lösungen, in der RIM-Apparatur zusammengeführt werden, polymerisiert das Styrol mit hoher Geschwindigkeit zu kristallinem, syndiotaktischen Polystyrol. Es handelt sich auch hier um Experimente im Labormaßstab.

4.2.2.2 Styrol-Acrylnitril-Copolymer

4.2.2.2.1
Polymerisation in Substanz (Masse-Verfahren)

Vorbereitung

Die Vorbereitung der Monomeren zur Herstellung von Styrol-Acrylnitril-Copolymeren (SAN) bietet gegenüber der Styrol-Homopolymerisation keine Besonderheiten. Das monomere Acrylnitril kann im Allgemeinen ohne besondere Reinigung eingesetzt werden. Bei Polymerisation außerhalb des Azeotrops kann die Qualität des Produkts nur gleichmäßig gehalten werden, wenn die rückgeführten Restmonomeren und Lösemittel kontinuierlich zugemischt werden [4.2-50].

Polymerisation

Wird SAN in der Zusammensetzung des Azeotrops hergestellt, entstehen gegenüber der Styrolpolymerisation keine wesentlichen Änderungen. Wird im kontinuierlichen Rührkessel gearbeitet (Abb. 4.2-3), muss für eine gute, homogene Einmischung von Zulauf und Kondensat gesorgt werden. Wegen der Flüchtigkeit des Acrylnitrils muss die Siedekühlung unter Überdruck betrieben werden. Wird dem Kessel ein weiterer Reaktor nachgeschaltet, muss das schneller verbrauchte Monomere nachdosiert werden [4.2-99]. Azeotropes SAN kann auch im Rohrreaktor hergestellt werden, auch 70 : 30-Mischungen lassen sich beherrschen [4.2-100].

Ein Prozess zur kontinuierlichen Masse- und Lösungspolymerisation von SAN im Rohrreaktor mit zwei nachfolgenden Verdampfereinheiten ist auch von Monsanto beschrieben worden [4.2-101].

Aufarbeitung und Konfektionierung

Aufarbeitung und Konfektionierung geschehen wie bei Polystyrol. Acrylnitril ist akut toxisch und im Tierversuch carcinogen. Es besteht ein starker Verdacht eines carcinogenen Risikos auch für den Menschen. In der MAK-Liste 1980 ist es in die

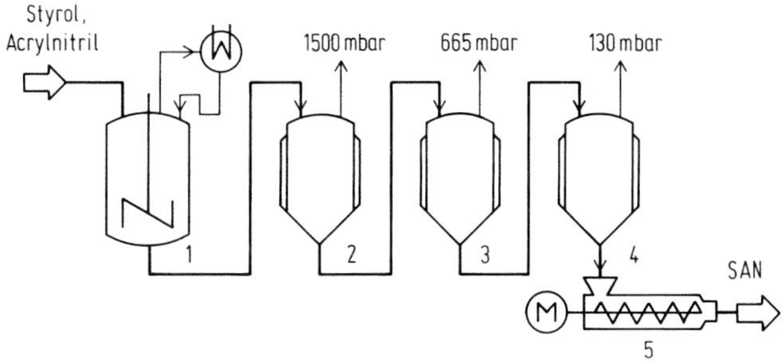

Abb. 4.2-3 Kontinuierliche Herstellung von SAN im Rührbehälter (Masse-Verfahren)
1 Reaktor; 2, 3, 4 Verdampfer; 5 Extruder

Gruppe III A2 eingestuft. In allen Arbeitsgängen ist auf genaue Einhaltung der Arbeitsschutzvorschriften zu achten.

4.2.2.2.2
Suspensionsverfahren

Auch die Suspensionspolymerisation von SAN hat neben der Herstellung in Masse noch eine wirtschaftliche Bedeutung. Bei ihr wird die Monomerenmischung unter Zusatz eines Dispergierhilfsmittels unter starkem Rühren in Wasser zu kleinen Tröpfchen zerteilt, die dann mit öllöslichen Startern polymerisiert werden. Das Verfahren liefert das Polymerisat in Perlform, das in einfacher Weise abgetrennt und aufgearbeitet werden kann.

Das Verfahren wird diskontinuierlich in Rührkesseln (emailliert oder Edelstahl) betrieben; als Rührorgane haben sich Blattrührer bewährt. Die Wasserphase wird zunächst vollentsalzt und entlüftet, dann im Kessel mit dem Suspendierhilfsmittel versetzt und die Monomeren mit dem Starter zugegeben. Als Suspendierhilfsmittel werden fein verteilte anorganische Substanzen (Hydroxylapatit, Tricalciumphosphat, Bariumsulfat, Talkum u. a. empfohlen sowie organische wasserlösliche Polymere wie Polyvinylalkohol oder Methylcellulose. Calcium-Hydroxylapatit wird am häufigsten angewendet. Meist wird noch eine kleine Menge eines anionischen Netzmittels zugegeben, etwa ein Alkylsulfonat. Als Starter werden Azoverbindungen empfohlen, als Regler ungesättigte alicyclische Kohlenwasserstoffe wie Terpinolen [4.2-42].

Eine ausführliche Darstellung des Verfahrens findet sich in [4.2-102] und [4.2-103]. Die Reaktion wird gestartet, indem man die Temperatur durch Einblasen von Wasserdampf auf 80 °C bringt, diese Temperatur wird dann durch Siedekühlung gehalten. Nach Überschreiten des Gelpunkts wird die Temperatur auf 95 °C gesteigert und bis zu einem Umsatz von über 95 % geführt. Die Reaktionszeit beträgt etwa 3 h. Restliche Monomere werden durch Dämpfen entfernt. Die Perlen werden abfiltriert, getrocknet und konfektioniert.

4.2.2.2.3
Emulsionsverfahren

Das Emulsions-Polylmerisationsverfahren für SAN hat den Vorteil, bei relativ niedrigen Temperaturen mit hoher Reaktionsgeschwindigkeit zu Produkten mit hoher Molmasse zu kommen. Auch ist die Dispersion wegen ihrer niedrigen Viskosität leicht zu handhaben, die Reaktionswärme kann leicht abgeführt werden. Der Nachteil des Verfahrens ist, dass die Hilfsstoffe der Polymerisation praktisch nicht entfernt werden können. Daher sind die Produkte trübe und für viele Anwendungsgebiete nicht verwendbar. Es wird jedoch in großem Umfang in der ABS-Produktion eingesetzt, da hier Transparenz keine Rolle spielt.

Der Prozess wird meist diskontinuierlich durchgeführt, doch lässt er sich auch kontinuierlich betreiben [4.2-104]. Der diskontinuierliche Prozess arbeitet mit vollentsalztem Wasser, da der Salzgehalt erheblichen Einfluss auf die Stabilität der Dispersion hat. Das Verhältnis von Wasser zu Monomer liegt bei 2 bis 3. Das monomere Styrol sollte vom Lagerstabilisator befreit werden, Acrylnitril kann ohne Reinigung eingesetzt werden. Als Emulgatoren können eine Vielzahl von Produkten verwendet werden, wie z. B. Stearate oder Oleate der Alkalimetalle, Resinate, Alkylsulfonate. Ihre Konzentration liegt im Allgemeinen bei 2–5%. Als Initiator wird meist zwischen 0,015–0,5% Kaliumperoxodisulfat eingesetzt, auch das Ammoniumsalz oder Redoxsysteme sind vorgeschlagen worden [4.2-105]. Als Regler dient meist *tert.*-Dodecylmercaptan, doch sind auch ungesättigte alicyclische Kohlenwasserstoffe gut brauchbar [4.2-42]. Die Monomeren und der Regler werden gemischt und gemeinsam mit der Emulgatorlösung und dem Initiator in den Reaktionskessel gepumpt. Die Reaktion läuft bei 80 °C unter Rückflusskühlung in etwa 2 h bis zu einem Umsatz von 94%. Der Rest der Monomeren wird durch Dampfstrippen entfernt. Die Dispersion wird dann mit Aluminiumsulfat gefällt, entwässert, gewaschen, getrocknet und konfektioniert. Das kontinuierliche Verfahren [4.2-106] arbeitet mit zwei Rührkesseln in Serie. 40% der Monomeren werden voremulgiert und die Emulsion kontinuierlich zusammen mit dem Starter dem ersten Kessel zugeführt. Die Reaktion läuft bei 70 °C mit 2,5 h Verweilzeit. Der Austrag des ersten Kessels wird gemeinsam mit dem Rest des Monomeren dem zweiten Kessel zugeführt. Bei gleicher Temperatur und 2 h Verweilzeit wird die Reaktion fortgeführt; der Austrag wird einem adiabatischen Nachreaktor zugepumpt und erreicht dort nach etwa 4 h 97% Umsatz. Die Aufarbeitung erfolgt analog zum diskontinuierlichen Prozess. Eine Prinzipskizze liefert Abbildung 4.2-4.

4.2.2.3 Schlagfestes Polystyrol

4.2.2.3.1
Polymerisation in Substanz (Masse-Verfahren)

Vorbereitung

Die Vorbereitung des Monomeren erfolgt wie bei Standard-Polystyrol. Als weiterer Rohstoff wird Polybutadien oder ein anderer in Styrol löslicher Kautschuk eingesetzt, es kommen z. B. Styrol/Butadien-Copolymere (SBR) oder ungesättigte Ethy-

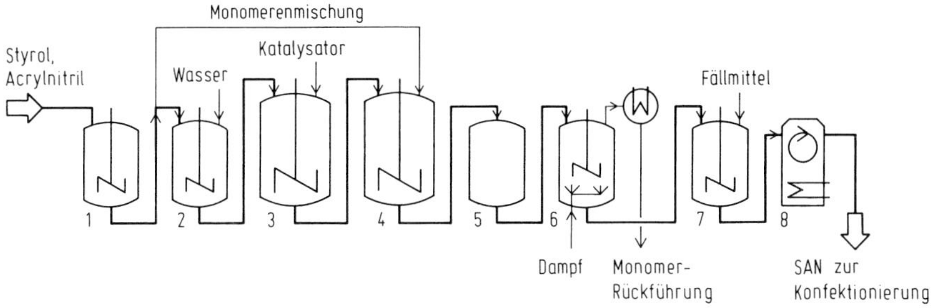

Abb. 4.2-4 Kontinuierliche Emulsionspolymerisation von SAN
1 Monomer-Mischer; 2 Voremulgator, 3 1. Reaktor; 4 2. Reaktor; 5 Zwischenbehälter; 6 Stripper; 7 Fällbehälter; 8 Trockner

len/Propylen-Terpolymere (EPDM) in Frage. Als Polybutadien wird meist der sog. Medium-*cis*-Kautschuk eingesetzt, der durch anionische Polymerisation von Butadien mit Lithiumbutyl in unpolaren Lösemitteln erhalten wird. Gewisse Bedeutung hat auch das mit Ziegler-Katalysatoren hergestellte sog. High-*cis*-Polybutadien; Emulsions-Polybutadien spielt keine Rolle.

Der Kautschuk wird in einer Konzentration von 5–10% im monomeren Styrol gelöst; dem Ansatz wird das rückgeführte Monomer und ggf. Lösemittel zugesetzt. Auch Schmiermittel und andere Additive können der Kautschuklösung zugesetzt werden [4.2-45]. Regler und Starter werden extra gelöst und dem Zulauf zur Polymerisation unmittelbar vor Eintritt in den Reaktor beigegeben. Es empfiehlt sich, alle Zuläufe zu filtrieren.

Polymerisation

Die Massepolymerisation von schlagfestem Polystyrol (high impact polystyrene; HIPS) wird weit überwiegend kontinuierlich geführt. In aller Regel benutzt man Reaktorkaskaden, in denen die Temperaturführung der steigenden Viskosität der Reaktionsmasse angepasst werden kann. Sie richtet sich nach dem gewünschten Polymerisationsgrad; in der Vorpolymerisation werden 100–150 °C, in der Hauptpolymerisation 120–180 °C eingestellt.

In der Patentliteratur ist eine große Vielfalt von möglichen Verfahren vorgeschlagen worden; ein großer Teil davon wird ausgeübt. Die wichtigsten von ihnen sind in Abbildung 4.2-5 schematisch gezeigt.

Der wesentliche Schritt des Verfahrens ist die Vorpolymerisation. Hier werden Phaseninversion und Teilcheneinstellung vorgenommen. Die Vorpolymerisation kann im Turmreaktor durchgeführt werden [4.2-16, 4.2-107], wobei der Turm auch liegend angeordnet sein kann [4.2-77]. Die meisten Hersteller bevorzugen aber Rührkessel in der Vorpolymerisation. Auch eine Kesselkaskade wurde empfohlen [4.2-108]. Die Hauptpolymerisation wird ganz unterschiedlich durchgeführt; spezielle Reaktoren mit Siedekühlung am Kopf eines kegelförmigen, sich nach unten verjüngenden Reaktors mit Wendelrührer [4.2-109] oder längs eines liegenden Tankreaktors mit Schaufelrührern [4.2-80] werden ebenso vorgeschlagen wie Kesselkas-

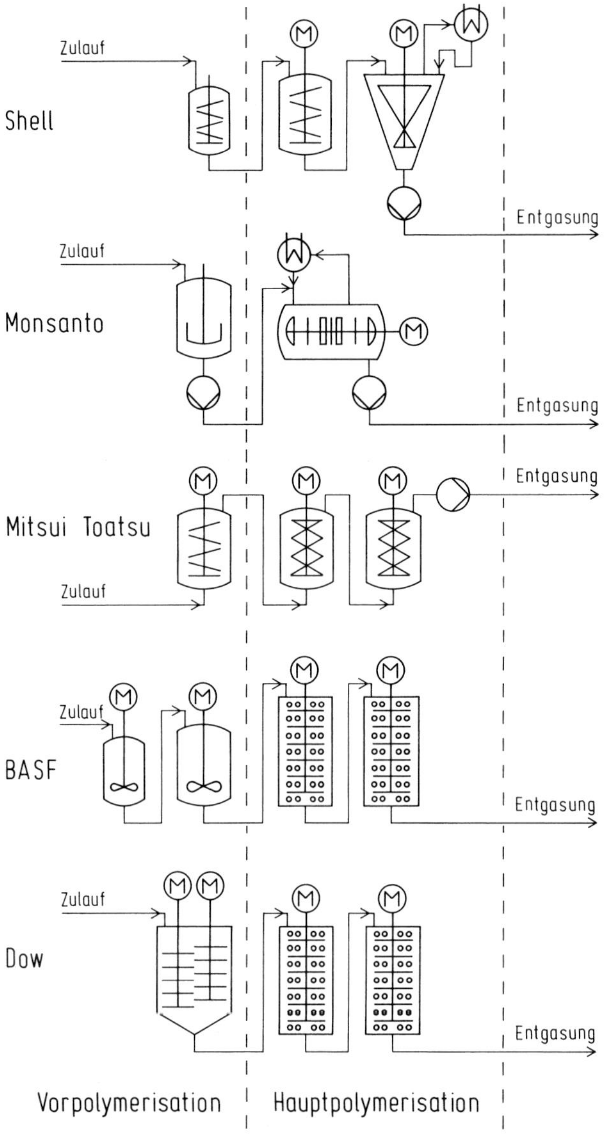

Abb. 4.2-5 Verfahren zur kontinuierlichen Massepolymerisation von schlagfestem Polystyrol

kaden [4.2-110] oder Turmkaskaden [4.2-108], die wiederum auch liegend angeordnet sein können [4.2-78].

In den meisten Fällen werden die Anlagen mit thermischem Start betrieben. Die Umsatzabstufung ist anlagenspezifisch und nicht im Einzelnen veröffentlicht. Die Vorpolymerisation wird allerdings so weit getrieben, dass die Kautschukteilchen ihre endgültige Größe haben; dies ist etwa bei einem Umsatz von 30% der Fall [4.2-111].

Aufarbeitung und Konfektionierung

Die Aufarbeitung der Reaktionsschmelze geschieht analog zu der des Standard-Polystyrols. Als Besonderheit tritt bei schlagfestem Polystyrol hinzu, dass Temperatur und Verweilzeit nicht nur nach dem optimalen Entgasungsgrad, sondern auch nach der optimalen Vernetzung der Kautschukkomponente eingerichtet werden müssen [4.2-45].

4.2.2.3.2

Masse-Suspensionsverfahren

Der Hauptvorteil eines Suspensionsverfahrens ist natürlich die leichte und elegante Abfuhr der Polymerisationswärme über die wässrige Phase. Trotzdem hat ein Suspensionsverfahren für schlagfestes Polystyrol als solches keinen Eingang in die Praxis finden können, da die organische Phase dispers ist und daher vom Rührer nicht so durchmischt wird, wie es für die Phaseninversion und die Teilcheneinstellung erforderlich ist. Weite Verbreitung hat aber eine Kombination von Masse- und Suspensionsprozess gefunden:

Im Masse-Suspensionsverfahren, das von Monsanto entwickelt wurde [4.2-112], wird zunächst eine Lösung eines Kautschuks – meist Polybutadien – in monomerem Styrol diskontinuierlich unter Rühren in Masse polymerisiert, bis die Phaseninversion abgeschlossen ist und die Teilchen sich stabilisiert haben. Anschließend wird die Reaktionsmasse in der 2–4fachen Menge Wasser dispergiert; als Suspendierhilfsmittel dienen wasserlösliche organische Polymere oder fein verteilte anorganische Substanzen. Die Reaktion wird mit Initiatoren gestartet; meistens setzt man Kombinationen von Startern mit verschiedenen Zerfallsbereichen ein, etwa Benzoylperoxid und *tert.*-Butylperoxid. Der Endumsatz liegt über 99%.

Bei diesem Verfahren (Abb. 4.2-6) [4.2-113] werden Polybutadien-Ballen zerkleinert und in monomerem Styrol gelöst. Die Lösung wird einige Stunden zwischengelagert, filtriert und gemeinsam mit dem Starter und eventuell Hilfsstoffen (Mineralöl als Schmiermittel, *tert.*-Dodecylmercaptan als Regler, Antioxidantien) dem Reaktionskessel zugeführt. Die Konzentration des Kautschuks liegt meist zwischen 4-8%. Die Polymerisation wird unter Stickstoff bei 115 °C bis zu einem Umsatz von 30% geführt.

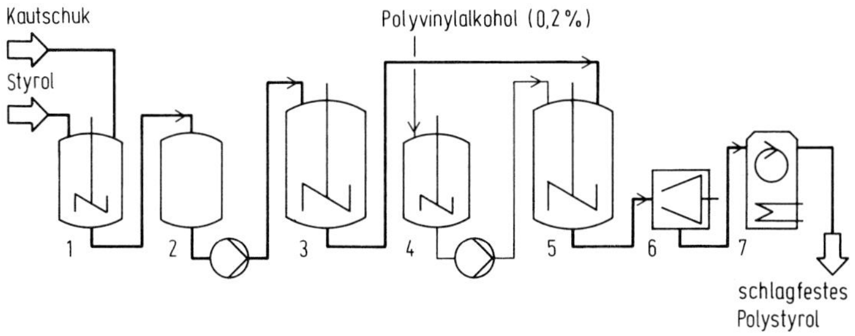

Abb. 4.2-6 Masse-Suspensionspolymerisation von schlagfestem Polystyrol
1 Ansetzbehälter für Kautschuklösung; 2 Zwischenbehälter; 3 Vorpolymerisation; 4 Ansetzbehälter (Wasserphase); 5 Suspensions-Polymerisation; 6 Zentrifuge; 7 Trockner

Dann wird das Vorpolymerisat gemeinsam mit einer wässrigen Lösung von 0,2% Polyvinylalkohol in vollentsalztem Wasser in einen zweiten Kessel überführt, dispergiert und bei aufsteigenden Temperaturen von 115–140 °C zu Ende polymerisiert. Die Suspension wird auf 50 °C abgekühlt, dann werden die Perlen entwässert, nachgewaschen, zentrifugiert und getrocknet. Schließlich werden sie über Extruder granuliert.

Das Verfahren hat den Vorteil großer Beweglichkeit. Es erlaubt, Massenprodukte wie Spezialprodukte in der gleichen Apparatur herzustellen. Nachteilig ist, dass größere Chargenschwankungen auftreten als beim Masse-Verfahren. Außerdem liegen seine Kosten höher. Dennoch hat das Verfahren weite Verbreitung gefunden und ist eines der wichtigsten Verfahren in der Technologie der Herstellung von Styrolpolymeren. Es wird auch zur Herstellung von ABS-Polymeren eingesetzt.

4.2.2.4 **ABS-Polymerisate**

4.2.2.4.1
Polymerisation in Substanz (Masse-Verfahren) [4.2-5]

Die Herstellung von Acrylnitril-Polybutadien-Styrol-Copolymerisaten (ABS) in Masse verläuft völlig analog zu der von schlagfestem Polystyrol. Sie kann in jeder der dafür benutzten Apparaturen vorgenommen werden, wenn diese für die veränderten Druckverhältnisse wegen des Dampfdrucks von Acrylnitril und der höheren Schmelzeviskosität ausgelegt sind [4.2-45]. Das Verfahren wird in den USA in größerem Umfang ausgeübt. Um Produkte mit gutem Oberflächenglanz zu erzielen, kann das Polybutadien durch Styrol-Butadien-Blockcopolymere mit unter 40% Styrolanteil ersetzt werden [4.2-114]. Der Prozess kann thermisch oder unter Zusatz von Radikalstartern betrieben werden. Die Temperaturen liegen bei 100–170 °C. Die Reaktion läuft zwar schneller als bei schlagfestem Polystyrol; die Reaktionszeit ist hier jedoch meist durch die Kapazität der Wärmeabfuhr begrenzt und daher nicht kürzer. Die Aufarbeitung erfolgt analog zu der von schlagfestem Polystyrol.

Eine interessante Variante wurde 1970 von der Copolymer Rubber Co. vorgestellt, die sich zur Herstellung von ABS-ähnlichen Thermoplasten mit verbesserter Witterungsbeständigkeit eignet. Hierbei wird Polybutadien durch ungesättigte Ethylen/Propylen-Terpolymere (EPDM) ersetzt [4.2-115, 4.2-116]. Das Verfahren arbeitet in Lösung; als Lösemittel dienen etwa gleiche Teile eines aromatischen und eines aliphatischen Kohlenwasserstoffs. Später ist auch ein Verfahren mit ausschließlich aromatischen Kohlenwasserstoffen als Lösemittel vorgeschlagen worden [4.2-117]. Das Lösemittel macht die überwiegende Menge des Reaktionsansatzes aus, das Verhältnis von Kautschuk zu Monomer liegt zwischen 4 : 96 und 25 : 75. Benzoylperoxid ist der bevorzugte Starter. Die Apparatur (Abb. 4.2-7) ist eine Kaskade aus drei Rührkesseln, die bei 70 °C und Siedekühlung betrieben werden. Die Aufarbeitung geschieht durch Dampfstrippen, das Polymerpulver wird getrocknet und konfektioniert. Toray [4.2-118] und Monsanto [4.2-119] haben ebenfalls ein neuartiges Verfahren zur Herstellung von ABS entwickelt. Das Prinzip besteht darin, den Polybutadienpfropfkautschuk in Emulsion herzustellen, die Dispersion dann mit den Matrixmonomeren zu extrahieren, das Wasser abzutrennen und den Extrakt

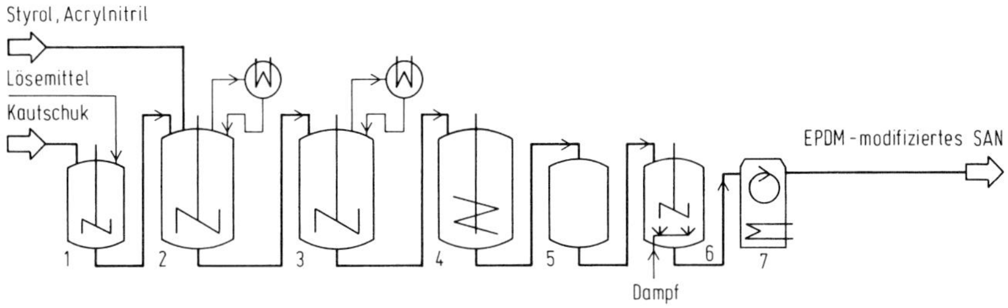

Abb. 4.2-7 Kontinuierliche Lösungs-/Fällungs-Polymerisation EPDM-modifiziertes SAN
1 Lösebehälter; 2 1. Reaktor; 3 2.Reaktor; 4 3. Reaktor; 5 Zwischenbehälter; 6 Stripper; 7 Trockner

schließlich in Masse zu Ende zu polymerisieren. Bei diesem Verfahren wird ein ABS erhalten, das die gleiche Morphologie besitzt, wie man sie vom reinen Emulsionsverfahren her kennt, weil die Teilchenstruktur bereits im Emulsionsverfahrensschritt fixiert wird. Es ist auch möglich, Mischmorphologien zu erzeugen, indem der Extrakt aus der Dispersion mit einem Vorpolymerisat des Masseprozesses vereinigt und diese Mischung dann zu Ende polymerisiert wird [4.2-119].

4.2.2.4.2
Emulsionsverfahren [4.2-5]
Die Emulsionspolymerisation ist die bei weitem bevorzugte Methode zur Herstellung von ABS. Zuerst wird eine Polybutadien-Dispersion hergestellt. Diese wird dann mit Styrol und Acrylnitril gepfropft und – gegebenenfalls – mit weiterem SAN auf die gewünschte Kautschukkonzentration eingestellt.

Das in der ersten Stufe erhaltene Polybutadien muss vor der Pfropfung auf die richtige Teilchengröße eingestellt werden, weil diese entscheidend ist für die mechanische Qualität des Fertigproduktes [4.2-120]. Größere Teilchen liefern bessere Schlagzähigkeit. Andererseits läuft die Reaktion um so schneller, je kleiner die Teilchen in der Emulsion sind [4.2-121]. Um die Reaktion in wirtschaftlich tragbarer Zeit zu Ende führen zu können, wird daher entweder direkt zu großen Teilchen (0,3–0,6 μm) polymerisiert und die Reaktion vorzeitig abgebrochen oder die feinteilige, durchpolymerisierte Dispersion wird nachträglich zu größeren Teilchen agglomeriert. Ersteres erfordert Anlagen zur Butadienrückführung, Letzteres verstärkt die Gefahr der Koagulation. Agglomerieren kann man feinteilige Polybutadiendispersionen u. a. durch Gefrieren [4.2-122], durch allmähliche Absenkung des pH-Wertes mittels Zugabe von Essigsäureanhydrid [4.2-123] oder durch Zugabe einer Polymerisat-Dispersion mit hydrophilen Gruppen [4.2-124].

Ist die gewünschte Teilchengröße nach einem dieser Verfahren erreicht, dann muss sie fixiert werden. Dies erreicht man durch Pfropfung mit Styrol/Acrylnitril und bewirkt so gleichzeitig die spätere Verankerung der Teilchen im Matrixpolymeren [4.2-17, 4.2-125, 4.2-126]. Hierbei ist auf den Pfropfgrad zu achten; schwach gepfropfte Teilchen neigen dazu, bei der Verarbeitung des ABS-Polymeren Cluster zu bilden [4.2-127]. Dies macht die Eigenschaften der Fertigteile verarbeitungsabhängig, was erwünscht, aber auch unerwünscht sein kann. Nach [4.2-128] ist eine bimodale Verteilung von Teilchen anzustreben, in der kleine, hochgepfropfte Teilchen mit großen, weniger gepfropften Teilchen nebeneinander vorliegen.

Die Pfropfung kann gleichzeitig mit der Bildung des gesamten Matrixpolymeren in einem Ansatz erfolgen, man kann jedoch auch das Pfropfcopolymere für sich erzeugen und mit SAN die gewünschte Zusammensetzung einstellen. Eine Übersicht über die möglichen Verfahrensvarianten wird in [4.2-129] und [4.2-130] gegeben. Danach wird Butadien diskontinuierlich in Emulsion in 55 h bei 60 °C bis zu 95% Umsatz polymerisiert (Katalysator: Kaliumperoxodisulfat, Emulgator: Kaliumoleat). Der Latex wird in einen zweiten Kessel überführt und dort mit der gleichen Menge Styrol/Acrylnitril (7 : 3) bei der selben Temperatur in 5 h gepfropft. Die Dispersion wird durch Dampfstrippen vom überschüssigen Monomeren befreit und in einem weiteren Kessel mit Calciumchlorid gefällt, anschließend entwässert, gewaschen und getrocknet. Der Pfropfkautschuk wird dann mit parallel erzeugtem Emulsions-SAN in einem Banbury-Mixer konfektioniert, als Band ausgetragen und granuliert (Abb. 4.2-8). Das Verfahren kann auch auf andere Kautschuke übertragen werden. So sind ABS-Typen auf Basis von Butadien/Acrylsäureester oder allein auf Acrylatbasis auf diesem Wege zugänglich [4.2-131].

Dieses Verfahren kann als typisch für die ABS-Herstellung gelten, wenn auch die verschiedenen Hersteller ihre sortimentspezifischen Varianten ausüben. Eine dieser Varianten ist das Extraktionsverfahren. Eine weitere besteht in der Kombination des Emulsions- mit dem Suspensionsverfahren. Dazu wird, wie oben beschrieben, ein Pfropfkautschuk in Emulsion hergestellt, dann Wasser, Monomere, ein Suspendierhilfsmittel und ein öllöslicher Starter hinzugefügt und auspolymerisiert [4.2-132, 4.2-133]. Das Verfahren kann auch für schlagfestes Polystyrol angewendet werden [4.2-134].

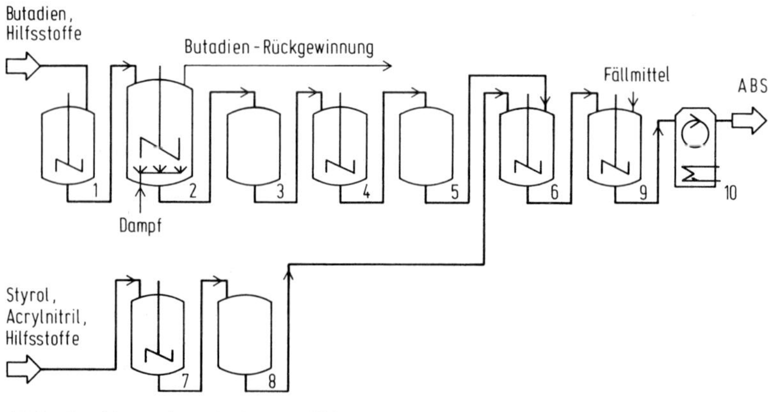

Abb. 4.2-8 Emulsionspolymerisation von ABS
1 Polybutadien-Reaktor; 2 Stripper; 3 Polybutadien-Dispersion; 4 Pfropf-Reaktor; 5 Pfropf-Dispersion; 6 Mischbehälter; 7 SAN-Reaktor; 8 SAN-Dispersion; 9 Fällbehälter; 10 Trockner

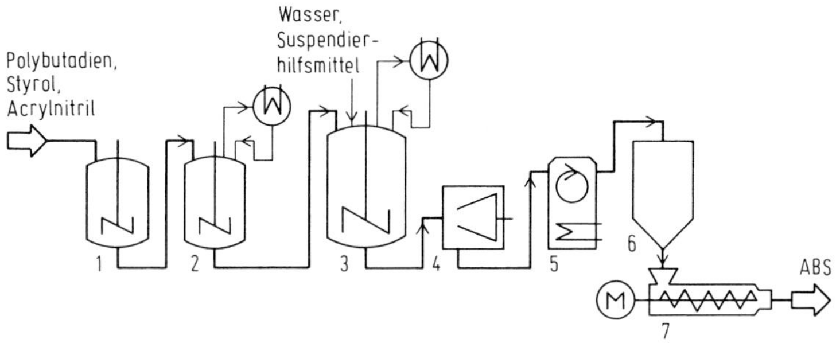

Abb. 4.2-9 Masse-Suspensionspolymerisation von ABS
1 Lösebehälter; 2 Masse-Polymerisation; 3 Suspensionspolymerisation; 4 Zentrifuge; 5 Trockner; 6 Silo; 7 Extruder

4.2.2.4.3
Suspensionsverfahren

Die Suspensionspolymerisation von ABS schließt sich ebenfalls dicht an das entsprechende Verfahren bei schlagfestem Polystyrol an. Der typische Prozess arbeitet in zwei Stufen. In der ersten Stufe wird eine Lösung von Polybutadien in Styrol und Acrylnitril in Masse mit öllöslichen Startern diskontinuierlich unter Rühren vorpolymerisiert, bis der Umsatz 30–35 % erreicht hat. Dann wird die Reaktionslösung in Wasser dispergiert, mit Hilfe von organischen Suspendierhilfsmitteln oder fein verteilten anorganischen Substanzen (»Pickering«-Dispergiermittel) in Suspension überführt und bei ansteigendem Temperaturprogramm zu Ende polymerisiert. Man bedient sich dabei meist einer Kombination mehrerer Starter mit unterschiedlicher Zerfallstemperatur. Diese können bereits bei der Vorpolymerisation oder erst im Suspensionsschritt zugegeben werden. Hilfsmittel wie Schmiermittel (Mineralöl) oder Antioxidantien werden ebenfalls durch die Polymerisation geschleust. Eine detaillierte Beschreibung des Prozesses findet sich in [4.2-135], eine Prinzipskizze in Abbildung 4.2-9.

Ein im Prinzip gleiches Verfahren ist von Pohlemann und Echte in [4.2-136] etwas ausführlicher beschrieben.

4.2.2.5 Verschäumbares Polystyrol

Verschäumbares Polystyrol (EPS) wird nach verschiedenen Verfahren hergestellt. Perlen erhält man direkt durch Suspensionspolymerisation von Styrol in Gegenwart von Treibmitteln. Sie können aber auch durch Nachimprägnieren erhalten werden, bei dem das Treibmittel nachträglich in suspendierte Polystyrolperlen oder -feingranulate bei Temperaturen oberhalb der Glastemperatur eingebracht wird. Granulate (bzw. von der Kugel abweichende Formen) werden erhalten, wenn Polystyrol und Treibmittel bzw. EPS im Extruder vermischt werden und die extrudierten Stränge unmittelbar nach dem Austritt ABS aus der Düse unter die Glastemperatur abgekühlt werden, bevor der Strang aufschäumt.

4.2.2.5.1
Suspensionsverfahren

Die Suspensionspolymerisation wird in druckfesten Rührkesseln durchgeführt. Styrol und Initiatoren werden gemeinsam mit Treibmitteln und Hilfsstoffen – soweit sie die Polymerisation nicht beeinflussen – in Wasser suspendiert. Als Suspendierhilfsmittel benutzt man entweder wasserlösliche Polymere wie Polyvinylpyrrolidon, Polyvinylalkohol, Hydroxyethylcellulose, oder fein verteilte unlösliche Feststoffe wie Tricalciumphosphat, Hydroxylapatit in Mengen von 0,1–0,5% [4.2-137]. Als Treibmittel wird oft *n*-Pentan eingesetzt, meist in Mischung mit Isopentan, gelegentlich auch mit Hexan. Ebenso empfohlen werden *n*-Butan, Propan oder Monofluortrichlormethan [4.2-138]. Gelegentlich werden auch schwerer flüchtige Kohlenwasserstoffe hinzugefügt, um als Lösungsvermittler die niedermolekularen Treibmittel besser zu fixieren (Toluol, Xylole, Cyclohexan u. ä.). Sie wirken auch als Weichmacher.

Das Mengenverhältnis der organischen zur Wasserphase liegt im Allgemeinen zwischen 30 : 70 und 60 : 40. Als Starter werden meist Kombinationen eines niedrig zerfallenden und eines höher zerfallenden Starters empfohlen [4.2-139], um die Reaktionsgeschwindigkeit über ein Temperaturprogramm steuern zu können. Die Reaktionstemperatur hängt von dem gewählten Initiatorsystem ab, sie liegt in dem Bereich von 65–140 °C, die Polymerisationszeit liegt bei 8–15 h.

Das Perlspektrum wird außer vom Suspendierhilfsmittel von der Rührerform und -drehzahl bestimmt. Man kann das Perlspektrum auch beeinflussen, indem man bis etwa 30% Umsatz in Masse vorpolymerisiert und dann erst in der Wasserphase suspendiert. Dieses Verfahren liefert im Allgemeinen engere Perlenverteilungen. Dennoch ist es nötig, die für manche Anwendungen nötige enge Perlfraktion aus der Gesamtverteilung auszusieben.

Die Aufarbeitung der Perlpolymerisate umfasst die Schritte Schleudern, Waschen, Trocknen und Oberflächenbeschichtung. In dem letzten Schritt werden Hilfsstoffe aufgebracht, die nicht durch die Polymerisation geführt werden können, etwa Antistatika und Anti-Verklebungsmittel wie Metallstearate und Kühlzeit verkürzende Mittel (z. B. Glycerinmonostearat).

Das Perlspektrum liegt gewöhnlich zwischen 0,1–4 mm Durchmesser. Welche Siebfraktionen herausgeschnitten werden, ist herstellerspezifisch. Man kann jedoch als grobe Einteilung für verschiedene Einsatzgebiete angeben [4.2-140]:

> 2 mm	Blöcke für Trittschalldämmplatten, Dränageplatten
>1–2 mm	Blöcke für Wärme- und Trittschalldämmplatten
0,7–1 mm	dickwandige Formteile, Wärmedämmplatten
0,4–0,7 mm	dünnwandige Formteile, Porosierungsmittel
< 0,4 mm	spezielle dünnwandige Formteile

Das Suspensionsverfahren hat den großen Vorteil, in einem Schritt zu direkt verwendbaren Perlen zu führen.

4.2.2.5.2
Imprägnierverfahren
Hierbei werden vorgefertigte Perlen, Perlfraktionen oder Feingranulate aus Polystyrol nachträglich mit Treibmittel versehen. Dazu werden die Perlen oder Granulate in Wasser unter Zusatz von Suspendierhilfsmitteln suspendiert und das Treibmittel bei Temperaturen von 80–130 °C zugegeben. Bei Perlen genügen niedrige Temperaturen, Granulate werden bei höherer Temperatur unter Druck imprägniert, um gleichzeitig Kugelgestalt zu erhalten. Das Verfahren führt zu Perlen sehr enger Größenverteilung.

4.2.2.5.3
Granulatverfahren
In diesem Prozess wird Polystyrol im Extruder (s. Abschnitt 5.1.3) mit Treibmittel versehen und in feinen Strängen ausgetragen. Da die Stränge erst mit einiger Verzögerung aufschäumen, kann man dies unterdrücken, wenn man die Fäden unmittelbar nach Düsenaustritt in einem Wasserbad stark kühlt [4.2-141].

Das Abschrecken kann auch unter Druck geschehen [4.2-142]. Kalt abgeschlagene Granulate haben den Nachteil, stark orientiert zu sein; sie liefern im Allgemeinen einen sehr grobzelligen Schaum und bilden beim Vorschäumen stärker deformierte Partikel, die sich weniger gut verarbeiten lassen. Man kann diese Schwierigkeiten durch Heißabschlag unter Druck umgehen; solche Granulate haben nur geringe Orientierung und sind außerdem besser rieselfähig [4.2-143].

Neuerdings hat auch die Extrusion von Strängen mit nachgeschaltetem Kaltabschlag zu flachen Scheibchen verschiedener Form an Bedeutung gewonnen. Durch nachträgliches Aufschäumen kann man lose Füllkörper zu Verpackungszwecken herstellen.

4.2.2.6 Styrol-Maleinsäureanhydrid-Copolymere
Styrol-Maleinsäureanhydrid-Copolymere (SMA) zeichnen sich im Vergleich zu Polystyrol durch eine wesentlich erhöhte Temperaturbeständigkeit aus und finden wegen der relativ günstigen Preise der Monomeren interessante Einsatzgebiete als Thermoplaste. Aufgrund der hohen Reaktivität von Styrol und Maleinsäureanhydrid (MSA) und der Tatsache, dass MSA nicht homopolymerisiert, wird in weiten Konzentrationsbereichen ein Copolymeres mit alternierenden Monomereinheiten gebildet. Die Polymerisationsgeschwindigkeit wird durch MSA sehr stark beschleunigt, so dass Reaktoren und Reaktionsbedingungen sorgfältig ausgewählt werden müssen, um die Reaktionswärme aus dem hochviskosen Reaktionsgemisch abführen zu können und eine isotherme Betriebsweise zu gewährleisten [4.2-144]. Renken, Belkhiria und Meyer haben hier mit ihren reaktionstechnischen Untersuchungen zur thermisch initiierten Copolymerisation von Styrol mit Maleinsäureanhydrid in einem Kreislaufreaktor einen innovativen und wertvollen Beitrag geliefert [4.2-144].

Abbildung 4.2-10 zeigt die aufgrund der kinetischen Untersuchungen ausgelegte und konstruierte Pilotanlage [4.2-144].

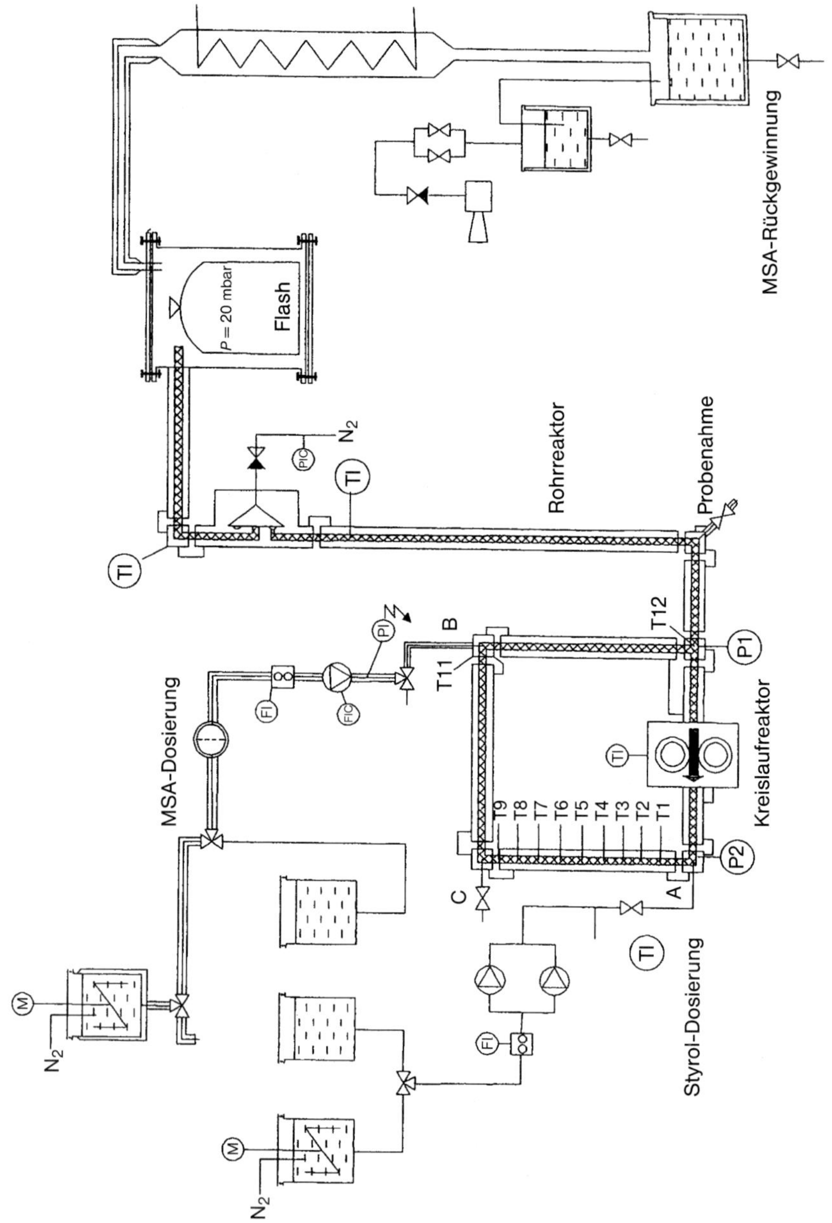

Abb. 4.2-10 Schema der Pilotanlage, bestehend aus einer Kombination von Kreislaufreaktor und Rohrreaktor

Die Anlage besteht aus einer Kombination von Kreislaufreaktor mit anschließendem Rohrreaktor. Die Monomeren werden an getrennten Stellen in den Reaktor gegeben. Maleinsäuereanhydrid gelangt über beheizte Leitungen an der Stelle B in den Reaktor, Styrol wird direkt nach der Zahnradpumpe bei A in den Kreislauf gepumpt. Der nach dem Reaktor verbleibende Monomeranteil wird in einer Flash-Kammer bei Drücken von ca. 10 mbar verdampft und anschließend in einem Kondensator zurückgewonnen. Um auftretende axiale Temperaturprofile vermessen zu können, sind an den angezeigten Stellen Thermoelemente angebracht. Da Temperaturspitzen vor allem direkt nach der Zudosierung von Styrol in ein MSA-reiches Reaktionsgemisch auftreten, sind eine Reihe von Temperaturmessstellen (T1 bis T10) im Abstand von etwa 50 mm eingebaut. Zusätzliche Messstellen befinden sich an der Stelle der MSA-Dosierung (T11) und am Ausgang des Kreislaufreaktors (T12). Der Druckabfall im Reaktor wird über die Druckaufnehmer P1 und P2 gemessen.

4.2.3
Eigenschaften und Anwendungsgebiete

Die Eigenschaften der Styrolpolymeren werden von der Zusammensetzung, dem molekularen und dem morphologischen Aufbau bestimmt. Jede Veränderung eines der Produktparameter beeinflusst viele Eigenschaften, und dies oft gegensinnig. Sortimente von Styrolpolymeren sind daher Kompromisse; die einzelnen Sortimentsprodukte sind meist für bestimmte Anwendungen oder Verarbeitungsverfahren optimiert, indem die wesentlichen Eigenschaften verbessert wurden auf Kosten einer weniger wichtigen Eigenschaftsgruppe. Typische Eigenschaftswerte von Styrolpolymeren sind in Tabelle 4.2-2 zusammengestellt.

Polystyrol (PS) ist glasklar transparent, farblos und hat eine Glastemperatur von 100 °C. Es lässt sich leicht im Spritzguss verarbeiten und liefert maßhaltige, steife Spritzgussteile mit glänzender Oberfläche. Es lässt sich auch zumeist biaxial gereckten Folien extrudieren [4.2-7]. Es hat ausgezeichnete dielektrische Eigenschaften

Tab. 4.2-2 Eigenschaften von Styrolpolymeren

Eigenschaft		PS	SAN	SB	ABS
Dichte	g cm^{-3}	1,05	1,08	1,04	1,04
Glastemperatur	°C	100	105	100	105
Streckspannung/Reißfestigkeit	N mm^{-2}	65	75	15–45	25–50
Reißdehnung	%	3–4	4–5	5–50	15–30
Elastizitätsmodul	N mm^{-2}	3200	3600	1700–2500	1500–2700
Schlagzähigkeit	kJ m^{-2}	15–20	20–25	40-o. B.	o. B.
Kerbschlagzähigkeit	kJ m^{-2}	2–3	2–4		6–25
Vicat-Temperatur	°C	80–101	100	75–95	90–110
Spez. Durchgangswiderstand	$\Omega \cdot$ cm	10^{18}	10^{16}	10^{16}	10^{15}

und ist in der Temperaturbeständigkeit für viele praktische Zwecke ausreichend. Nachteilig sind die Sprödigkeit der Fertigteile und die geringe Beständigkeit gegen organische Lösemittel.

Die Lösemittelbeständigkeit kann durch Copolymerisation des Styrols mit Acrylnitril verbessert werden. SAN-Polymere sind ebenfalls transparent, meist leicht gelblich gefärbt und daher oft blaugeschönt; sie verhalten sich in der Verarbeitung und im Gebrauch ähnlich wie Polystyrol. Nur die Lösemittel- und Spannungsrissbeständigkeit sind stark, die mechanischen Eigenschaften deutlich verbessert.

PS und SAN sind relativ einfache Systeme. Ihre Eigenschaften werden im Wesentlichen vom molekularen Aufbau (Molmasse und Molmassenverteilung) und vom Gehalt an Hilfsstoffen, vor allem Schmiermitteln, bestimmt.

Die Molmasse beeinflusst sowohl die Fließfähigkeit als auch die mechanischen Eigenschaften des Fertigteils. Die Fließfähigkeit sinkt mit steigender Molmasse ab, während die mechanischen Eigenschaften ansteigen und bei hoher Molmasse einem Grenzwert zustreben. Dieser Zusammenhang wird meist von verarbeitungsabhängigen Orientierungsphänomenen überdeckt. Ausführliche Darstellungen über den Zusammenhang von Struktur und Eigenschaften bei Styrolpolymeren findet man in [4.2-145, 4.2-146] sowie in [4.2-2] und [4.2-5].

Die Molmassenverteilung beeinflusst das Fließverhalten bei höherer Schergeschwindigkeit. Bei gleicher Nullviskosität können breit verteilte Produkte bei hohem Scherfeld um ein Mehrfaches besser fließen als eng verteilte [4.2-147]. Außerdem sind breit verteilte Produkte mit hochmolekularen Anteilen stärker orientierbar als enger verteilte mit geringen hochmolekularen Anteilen [4.2-148].

Von wesentlichem Einfluss auf die Fließfähigkeit ist der Zusatz niedermolekularer Schmiermittel. Üblich sind medizinische Weißöle, Phthalate oder auch Butylstearat. Sie haben meist auch einen positiven Einfluss auf die Zähigkeit. Dafür setzen sie Steifigkeit und Wärmeformbeständigkeit herab.

Die Zusammenhänge zwischen dem Polymeraufbau und seinen Eigenschaften werden erheblich komplexer, wenn die Produkte schlagfest modifiziert werden. Schlagfestes Polystyrol und ABS sind Zweiphasenwerkstoffe; sie bestehen aus einer Polystyrol- (bzw. SAN-) Matrix mit eingelagerten Kautschukteilchen. Zu den bereits beschriebenen molekularen Einflussgrößen treten jetzt noch eine Reihe morphologischer Parameter, wie der Volumenanteil der Weichkomponente, die Teilchengröße und Teilchenverteilung, der Vernetzungsgrad des Kautschuks, die Grenzflächenverträglichkeit zwischen den Phasen und die Innenstruktur der Weichkomponente. Als Regel kann dienen, dass die Zähigkeit mit dem Anteil der Weichkomponente steigt und mit der Teilchengröße, dem Vernetzungsgrad und der Grenzflächenverträglichkeit durch ein Optimum geht. Die Steifigkeit wird durch höheren Anteil der Weichkomponente, durch verbesserte Grenzflächenverträglichkeit und durch Vergrößerung der Teilchen herabgesetzt; steigende Vernetzung setzt sie herauf. Die Fließfähigkeit wird von steigendem Anteil der Weichkomponente herab-, von steigender Teilchengröße heraufgesetzt, Vernetzung und Grenzflächenverträglichkeit sind von untergeordneter Bedeutung [4.2-145, 4.2-146, 4.2-149].

Der Einfluss der Innenstruktur der Teilchen bzw. ihrer Art kann ebenfalls von erheblicher Bedeutung auf das Eigenschaftsbild sein [4.2-150]. In jüngster Zeit sind

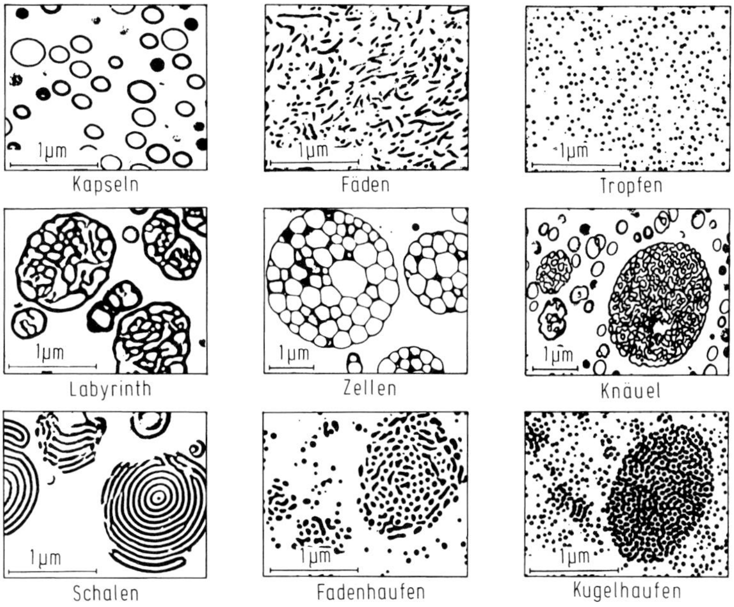

Abb. 4.2-11 Bild 32 alte Aufl.

eine große Zahl neuartiger Teilchenstrukturen aufgefunden worden (Abb. 4.2-11) [4.2-2, 4.2-151–4.2-153].

Styrolpolymere können nach allen bekannten Verarbeitungstechniken – sei es im Spritzguss, in der Extrusion, beim Thermoformen, Blasformen oder Schäumen – gestaltet werden. Die Anwendung der Styrolpolymeren ist sehr vielfältig. Diese beinhaltet technische Teile, d. h., Gehäuseteile für Fernseh-, Rundfunk-, Tonband-, Foto- und Filmgeräte sowie Batterien, Relaisteile, Spulen, Schaugläser und Leuchten; weiter sind Verpackungen, Konsumwaren, Spielwaren, im Haushalt Dosen, Becher und Einweggeschirr, Teile und Gehäuse für Küchengeräte und Kühlschränke, Möbelteile, Kosmetikartikel, Duschkabinen und Sanitärartikel und natürlich der Baubereich wichtige Sektoren. Ein ständig wachsender Anwendungsbereich für Styrolcopolymere und deren Blends (Legierungen der ABS oder ASA Thermoplasten mit Polycarbonat, die einen Werkstoff mit höherer Zähigkeit und Wärmeformbeständigkeit ergeben; zur Blendtechnologie s. [4.2-2, 4.2-10, 4.2-154]) findet sich in der Automobilindustrie. Instrumententafelträger, Türmodule mit integrierten Bedienungselementen und Airbags, Türverkleidungen, aber auch Kühler und Belüftungsgrills sowie Karosserieteile sind hier Einsatzgebiete.

Diese Zusammenstellung ist eine Momentaufnahme. Sie wandelt sich, da sich Verbrauchsgewohnheiten ändern oder neue Anwendungen gefunden werden, wie zum Beispiel die Smart Cards. Diese sind Identitätskarten mit integriertem Chip. Karten aus ABS bieten eine gute Bedruckbarkeit, ausgezeichnete Haftung für den Chip sowie eine enorme Knickbruchfestigkeit. Im Jahr 2000 wurde mit einem Bedarf von ca. zwei Milliarden Smart Cards gerechnet [4.2-11].

4.3
Polyvinylchloride

Als im Jahre 1835 Regnault erstmals die Synthese von Vinylchlorid gelang und einige Jahre später die Entstehung von Polyvinylchlorid (PVC) durch die Einwirkung von Licht beobachtete [4.3-1], dauerte es noch ca. 80 Jahre bis Klatt im Jahre 1912 die ersten technischen Verfahren zur PVC-Herstellung anmeldete. Die industrielle Entwicklung begann erst in den 1930er Jahren etwa zeitgleich in Deutschland, England, USA und Japan. Im Jahre 1950 betrug die PVC-Kapazität weltweit ca. 250000 t a^{-1}. Heute ist PVC mit einem weltweiten Jahresverbrauch von 27 · 10^6 t a^{-1} der zweitgrößte Kunststoff nach den Polyolefinen (vgl. Abb. 4.3-1) [4.3-2]. Für das Jahr 2010 wird ein Verbrauch von 38 · 10^6 t erwartet, was einem jährlichen Wachstum von 4,3% entspricht [4.3-3]. Der Erfolg von PVC basiert auf seinen guten Eigenschaften für verschiedenste Anwendungen bei einem guten Preis/Leistungsverhältnis. Kein anderer Kunststoff wird in einer ähnlichen Vielfalt eingesetzt.

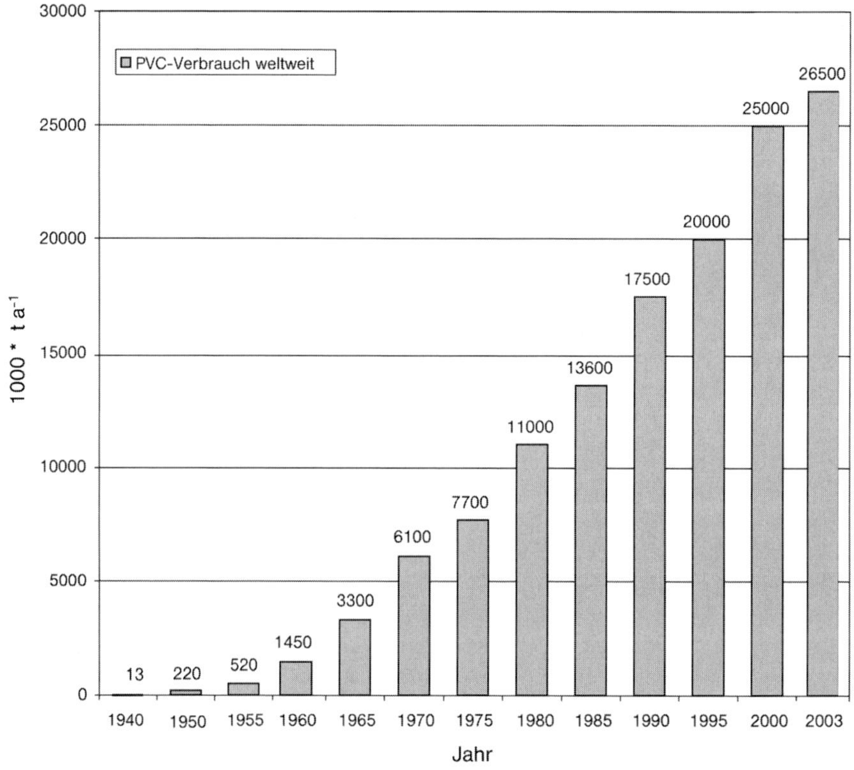

Abb. 4.3-1 PVC-Jahresverbrauch Weltweit von 1945 bis 2003

4.3.1
Physikalische und chemische Grundlagen der Verfahren

4.3.1.1 Vinylchlorid

Vinylchlorid (VC) ist ein farbloses Gas, das bei einer Konzentration > 500 ppm durch einen süßlichen Geruch wahrgenommen wird (vgl. Tab. 4.3-1). Das Vinylchlorid-Monomer (VCM) wird großtechnisch durch Addition von Chlorwasserstoff (HCl) an Acetylen (4.3-1) oder durch HCl-Abspaltung von Dichlorethan hergestellt (4.3-4). Heute wird VC fast ausschließlich durch Chlorierung von Ethylen (4.3-2) und anschließende HCl-Abspaltung hergestellt [4.3-4]. Die Direktchlorierung ist gekoppelt mit einer Oxychlorierung (4.3-3), um die anfallende Salzsäure aus der Spaltung wieder einsetzen zu können.

$$\text{Acetylen-Verfahren}\quad CH{\equiv}CH + HCl \xrightarrow{HgCl_2} CH_2 = CH{-}Cl;\quad \Delta H = -96\ \text{kJmol}^{-1} \tag{4.3-1}$$

$$\text{Direktchlorierung}\quad 2\ CH_2{=}CH_2 + 2\ Cl_2 \longrightarrow 2\ CH_2Cl{-}CH_2Cl \tag{4.3-2}$$

$$\text{Oxychlorierung}\quad 4\ HCl + O_2 + 2\ CH_2{=}CH_2 \longrightarrow 2\ CH_2Cl{-}CH_2Cl + 2\ H_20 \tag{4.3-3}$$

$$\text{Spaltung}\quad 4\ CH_2Cl{-}CH_2Cl \longrightarrow 4\ CH_2{=}CHCl + 4\ HCl \tag{4.3-4}$$

$$\text{Summe}\quad 4\ CH_2{=}CH_2 + 2\ Cl_2 + O_2 \longrightarrow 4\ CH_2{=}CHCl + 2\ H_2O \tag{4.3-5}$$

Die Oxychlorierung erfolgt an einem Kupferkatalysator.

Tab. 4.3-1 Physikalische Daten von Vinylchlorid

Molekulargewicht, g mol^{-1}	62,5
Siedetemperatur bei 1 bar, °C	–13,9
Schmelztemperatur, °C	–153
Kritische Temperatur, °C	156
Relative Dampfdichte, g l^{-1}	2,8 (0 °C), 2,7 (20 °C)
Relative Dichte, Flüssigkeit, g l^{-1}	0,964 (–10 °C), 0,947 (0 °C), 0,929 (20 °C), 0,911 (30 °C), 0,892 (40 °C), 0,852 (50 °C)
Dampfdruck, bar	1,2 (–10 °C), 1,7 (0 °C), 3,4 (20 °C), 4,6 (30 °C), 6,1 (40 °C), 7,7 (50 °C)
Polymerisationswärme, kJ mol^{-1}	71,2
Bildungswärme, kJ mol^{-1}	36,0
Zündtemperatur, °C	415

Der Reinheitsgrad beträgt 99,99%, aber die kleinen Mengen an Begleitstoffen, wie beispielsweise Acetylen, Chloropren, 2-Chlor-1-propen, Butadien, Crotonaldehyd und *trans*-1,2-Dichlorethan können die Polymerisation stören und die Produkteigenschaften verschlechtern.

Vinylchlorid wird in verflüssigtem Zustand gelagert und transportiert. Bei Zutritt von Sauerstoff besteht die Gefahr der VC-Peroxid-Bildung [4.3-5]. Die Polyperoxide sind explosiv. Zur Verhinderung der Peroxidbildung und von vorzeitigen Polymerisationsreaktionen werden dem Vinylchlorid schon während der Herstellung geringe Mengen an Stabilisatoren, wie z. B. Phenole, zugegeben.

VCM kann krebserregend wirken [4.3-6, 4.3-7]. Deshalb wird für VCM kein MAK-Wert sondern der TRK-Wert (Technische Richtkonzentration) angegeben. Der TRK-Wert beträgt in Deutschland für bestehende Anlagen zur VCM- und PVC-Herstellung 3 ppm bzw. 8 mg m^{-3}, für neu zu errichtende Anlagen 2 ppm bzw. 5 mg m^{-3}. Der Grenzwert von 3 ppm gilt nur für VC- und PVC-Anlagen, nicht aber z. B. für Abfüllanlagen.

4.3.1.2
Polyvinylchlorid

Großtechnisch wird PVC in freier radikalischer Suspensions-, Masse-, Mikrosuspensions- oder Emulsionspolymerisation hergestellt. Die Initiatoren zerfallen thermisch oder in einer Redoxreaktion mit einem Aktivator.

Die Verknüpfung der Monomere erfolgt bevorzugt (ca. 99,0%) in Kopf-Schwanz-Ausrichtung (Gl. (4.3-6)) [4.3-8–4.3-10]. Die energetisch ungünstigere Kopf-Kopf-Ausrichtung führt zu Fehlstellen in der Kette, wie beispielsweise Doppelbindungen und Kettenverzweigungen, und ist Ausgangspunkt für die Übertragung des Radikals von der Kette zum Monomer (Gl. (4.3-7)-(4.3-9)) [4.3-11–4.3-13]. Die Radikalübertragung wird in der Literatur sehr kontrovers diskutiert und kann an dieser Stelle nicht angemessen ausführlich dargestellt werden. Die Fehlstellen sind der Grund, warum PVC nur mit Stabilisatoren zusammen verarbeitet werden kann und nur durch Zusätze über eine gute Langzeitstabilität verfügt.

Durch eine bessere Kontrolle der Kettenstruktur würde die Stabilität durch weniger Fehlstellen verbessert werden. Im Idealfall könnte ein »perfektes« PVC ohne Zusatz von Stabilisatoren und Hilfsmitteln verarbeitet werden. Die VC-Polymerisation mit Katalysatoren, die eine bessere Kontrolle der Konstitution ermöglichen, hat noch keine Bedeutung. Hauptproblem ist der Kettenabbruch durch β-Chlorelimierung [4.3-14]. Im Allgemeinen wird bis zu einem Umsatz von 90% polymerisiert, weil darüber hinaus die Fehlstellen stark zunehmen, wodurch Thermostabilität, UV-Stabilität und Farbe stark verschlechtert werden. Das nicht umgesetzte Vinylchlorid wird großtechnisch in Kolonnen mit Wasserdampf unter leichtem Vakuum entfernt, von Begleitstoffen gereinigt und wieder eingesetzt.

Kopf-Schwanz-Ausrichtung:

$$\mathrm{Pn-CH_2-CH\boxed{Cl}\bullet + CH_2=CH\boxed{Cl} \longrightarrow Pn-CH_2-CH\boxed{Cl}-CH_2-CH\boxed{Cl}\bullet} \tag{4.3-6}$$

(1)

Kopf-Kopf-Ausrichtung:

$$\underset{(2)}{\mathrm{Pn-CH_2-CH\boxed{Cl}\bullet}} + \mathrm{\boxed{Cl}CH_2{=}CH_2} \longrightarrow \mathrm{Pn-CH_2-CH\boxed{Cl}-CH\boxed{Cl}-CH2}\bullet \tag{4.3-7}$$

Mesomeriestabilisierung:

$$(2) \longrightarrow \underset{(3)}{\mathrm{Pn-CH_2-CH\boxed{Cl}-\dot{C}H-CH_2\boxed{Cl}}} \longleftrightarrow \underset{(4)}{\mathrm{Pn-CH_2-\dot{C}H-CH\boxed{Cl}-CH_2\boxed{Cl}}} \tag{4.3-8}$$

Radikaltransfer:

$$(3) + (4) \longrightarrow \mathrm{Pn-CH_2-CH{=}CH-CH_2Cl} + \mathrm{\dot{C}l} \tag{4.3-9}$$

$$\mathrm{\dot{C}l} + \mathrm{CH_2{=}CHCl} \longrightarrow \mathrm{ClCH_2-CHCl}\bullet \tag{4.3-10}$$

Aus historischen Gründen wird die Molmasse der technischen Produkte häufig durch den *K*-Wert bestimmt. Diese Größe korreliert mit der relativen Viskosität verdünnter Polymerlösungen (η_{rel}) durch die Fikentscher-Gleichung (4.3-10):

$$\log \eta_{\mathrm{rel}} = \log \frac{\eta}{\eta_0} = \left[\frac{75 \cdot K^2}{1 + 1{,}5 \cdot K \cdot c}\right] \cdot c \tag{4.3-11}$$

(η ist die Viskosität der PVC-Lösung, η_0 die des reinen Lösungsmittels – Cyclohexanon oder Tetrahydrofuran – und c die PVC-Konzentration in g dl^{-1}). Die Abhängigkeit des Molgewichts vom *K*-Wert ist ausgeprägt nicht-linear:

Das Vinylchlorid unterscheidet sich von anderen Vinylmonomeren durch eine besonders hohe Übertragungsrate der wachsenden Radikalketten zum Monomer [4.3-15]. Das hat zur Folge, dass der Polymerisationsgrad vom Verhältnis der Kettenwachstumskonstante zur Kettenübertragungskonstante bestimmt wird: $P = k_{\mathrm{p}}/k_{\mathrm{t}}$, bzw. von den Aktivierungsenergien der beiden Hauptreaktionen abhängt, wobei die Initiatorkonzentration einen untergeordneten Einfluss hat. Im üblichen Polymerisationstemperaturintervall sinkt der *K*-Wert in Annäherung linear mit der Temperatur (Abb. 4.3-2).

Die Molgewichtsverteilung des über radikalische Polymerisation hergestellten PVC entspricht einer Schulz-Flory-Verteilung mit $M_{\mathrm{w}}/M_{\mathrm{n}} = 2$. Mit steigendem *K*-Wert wird die Molgewichtsverteilung etwas breiter (Hemmung des Kettenabbruchs über Disproportionierung durch höhere Viskosität der Reaktionsmasse oder verstärkte Langkettenverzweigung) [4.3-16].

Polymerisiert wird bei Temperaturen zwischen 40 °C und 75 °C. Der Sättigungsdruck von VCM ist verglichen mit dem von Ethylen (50 bar, 280 K) und Propylen (8 bar, 280 K) verhältnismäßig niedrig (Tab. 4.3-1).

Die exotherme Polymerisation wird in Druckautoklaven mit Doppelmantelkühlung bei Drücken von 6–12 bar durchgeführt. Die Wärmeabfuhr kann durch Unterteilung des Doppelmantels in dünnwandige Halbrohrschlangen an der Reaktorinnenseite

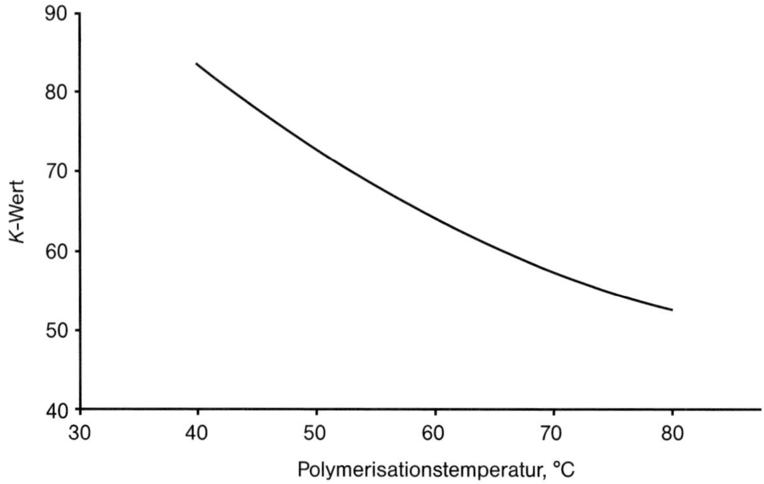

Abb. 4.3-2 Abhängigkeit des K-Werts von der Polymerisationstemperatur. Der K-Wert wird bevorzugt zur Charakterisierung des Molekulargewichts verwendet, weil er nahezu linear von der Polymerisationstemperatur abhängt

und stabile Wände an der Außenseite deutlich erhöht werden, aufgrund der besseren Wärmeübertragung und größeren Oberfläche der Mantelinnenfläche [4.3-17]. Ein großes Verhältnis von Höhe zu Durchmesser des Reaktors verbessert ebenfalls die Wärmeabfuhr. Bei Großreaktoren mit bis zu 200 m^3 Volumen wird zusätzlich durch die Siedekühlung mittels eines Rückflusskühlers die Wärme abgeführt [4.3-18].

Aus PVC werden »harte« Produkte, wie beispielsweise Rohre für Abwasser, Fensterrahmen, Verbindungsstücke, etc. aber auch »weiche« Produkte, wie beispielsweise Fußbodenbeläge, Tapeten und Kabelisolierungen hergestellt. Allgemein wird zwischen PVC-hart und PVC-weich, das eine gewisse Menge Weichmacher enthält, unterschieden [4.3-15]. Eine besondere Variante ist die Verarbeitung mit 30 Gew.-% bis 80 Gew.-% eines flüssigen Weichmachers (PVC-Pasten). Diese Paste erhält seine endgültige Form durch Gelierung bei 120 °C bis 220 °C [4.3-15]. Aus Pasten werden beispielsweise Kunstleder, Blutbeutel und Tapeten hergestellt.

4.3.1.3 **Einsatzstoffe bei der Polymerisation**

Für die freie radikalische Polymerisation werden oberflächenaktive Substanzen, wie Emulgatoren oder Schutzkolloide und wasser- oder öllösliche Initiatoren benötigt sowie Hilfsmittel zur Reduzierung von Wandanbackungen. In den folgenden Abschnitten werden die Polymerisationsverfahren näher erläutert. An dieser Stelle soll ein Überblick über die am häufigsten eingesetzten Hilfsmittel und ihre Wirkungsweise gegeben werden.

In der Emulsionspolymerisation werden fast ausschließlich wasserlösliche Alkali- oder Ammonium-Peroxodisulfate als Initiatoren eingesetzt [4.3-19]. Der Zerfall erfolgt thermisch oder bei tieferen Temperaturen in Kombination mit einem Reduktionsmittel, wie z. B. Natriumsulfit/Cu^+ und einem Komplexbildner (Citronensäure,

Natriumtetrapyrophosphat). Wasserstoffperoxid kann als zweiter Initiator zusätzlich eingesetzt werden. Die in der Wasserphase gebildeten Radikale werden von den zahlreichen PVC-Teilchen absorbiert.

Bei der Mikrosuspensions-, Suspensions- und Massepolymerisation werden ausschließlich öllösliche bzw. monomerlösliche Initiatoren verwendet [4.3-15] (Tab. 4.3-2). Allerdings ist eine gewisse Wasserlöslichkeit für eine gleichmäßige Verteilung des Initiators in den Monomertropfen von Vorteil [4.3-20]. Die Initiatoren lassen sich in fünf Klassen einteilen: Sulfonylperoxide, Acylperoxide, Alkylperoxyester, Percarbonate und Azodinitrile [4.3-15]. Heutzutage sind nur noch Acylperoxide, Alkylperoxyester und Percarbonate von Bedeutung (vgl. Abb. 4.3-3).

Tab. 4.3-2 Öllösliche Initiatoren für die Suspensions-,Mikrosuspensions- und Masse-Polymerisation von PVC

Bezeichnung	Molmasse ($g\ mol^{-1}$)	Aktivierungsenergie ($kcal\ mol^{-1}$)	Lagertemperatur (°C)	Lieferform	Halbwertszeit (min)		
					50 °C	60 °C	70 °C
Sulfonylperoxide							
Acetyl-Cyclohcxan-Sulfonylperoxid	222	29,9	–15	Lösung	70	15	
Acylperoxide							
Dioctanoylperoxid	286	–	10	Fest		700	190
Didecanoylperoxid	343	–	25	Fest		700	190
Dilaurylperoxid	398	–	30	Fest		850	220
Alkylperoxyester							
t-Butylperoxoneodecanoate	246		–5	Lösung	250	70	25
t-Amylperoxoneodecanoate	260		–5	Lösung	560	180	55
Cumylperoxoneodecanoate	306		–20	Lösung	100	30	9
t-Butylperoxopivalat	174		–5	Lösung	700	200	70
Percarbonat							
Bis(2-Buthylhexyl)-Peroxodicarbonat	346,5		–20	Lösung	250	70	21
Bis(t-Butylcyclohexyl)-Peroxodicarbonat	398		30	Fest/ Emulsion	250	60	18
Dicyclohexylperoxodicarbonat	286		10	Fest	250	58	20
Dicetylperoxodicarbonat	571	–	25	Fest/ Emulsion	320	70	20
Azodinitril							
Azo-bis(isobutyronitril)	164		20	Lösung		500	170

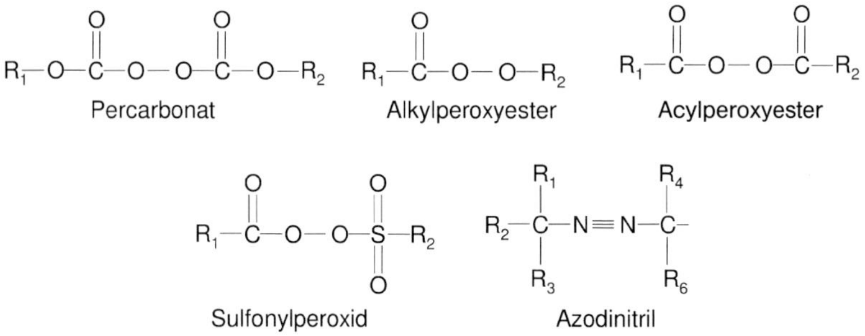

Abb. 4.3-3 Funktionelle Gruppen organischen Initiatoren

Bei der Auswahl des Initiators ist seine Reaktivität bei der Polymerisationstemperatur entscheidend. Häufig werden ein schnell und ein langsam zerfallender Initiator kombiniert, um zu Beginn eine Reaktion aufzubauen, die bis zum Ende gleichmäßig anhält [4.3-21]. Die Polymerisationszeit soll kurz sein, um eine hohe Raum-Zeit-Ausbeute zu erzielen. Flüssige Initiatoren sind festen Initiatoren vorzuziehen, weil sie einfacher dosiert werden können. Organische Initiatorlösungen unterliegen strengen Sicherheitsauflagen. Die Sicherheit in der Handhabung wurde in den letzten Jahren verbessert [4.3-22]. Zahlreiche Initiatoren wurden von organischen Lösungen auf wässrige Emulsionen umgestellt. Die freiwerdende Reaktionsenergie ist kleiner als die zur Verdampfung des Wassers notwendige Energie. Das Eintreten der Runaway-Reaktion bei Lagerung von Initiatorlösungen oberhalb der »Self Accelerating Decomposition Temperature« (SADT) wird durch Zusatz von Stabilisatoren verzögert.

Bei der Suspensionspolymerisation wird durch Schutzkolloide die Korngrößenverteilung und Kornmorphologie gesteuert. Die Schutzkolloide, auch Suspensionshilfsmittel (SPM) genannt, werden in primäre und sekundäre unterteilt [4.3-23]. Das primäre Schutzkolloid verfügt über eine gute Wasserlöslichkeit und ist oberflächenaktiver. Es dient zur Steuerung der Korngrößenverteilung, indem es vor allem die Grenzfläche stabilisiert. Bei der Suspensionspolymerisation von PVC sind nur Polyvinylalkohole (PVA) mit einem Hydrolysegrad > 66 % als primäres SPM von Bedeutung. Die OH- und Vinylacetat-Gruppen (VAc) können blockweise oder statistisch verteilt sein. Das Molekulargewicht liegt bei 40 000 g mol^{-1} bis 60 000 g mol^{-1} [4.3-24].

Sekundäre Suspensionshilfsmittel sind PVA mit einem Hydrolysegrad < 66 % und Celluloseether. Die Celluloseether sind aufgrund des höheren Preises rückläufig im Einsatz für die PVC-Herstellung. Sekundäres PVA ist mit einem Hydrolysegrad > 55 % in Wasser/Alkohol-Gemischen löslich, unter 55 %, nur noch in Alkohol. Sekundärer PVA wird als Feststoff, als Methanollösung oder als wässrige Emulsion in Kombination mit einen primärem PVA formuliert. Der sekundäre PVA reduziert in Kombination mit primärem PVA die Grenzflächenspannung zwischen Wasser und Monomer, wodurch die Porosität des PVC-Korns erhöht wird [4.3-25]. Niedrige Hydrolysegrade von 45 % bis 35 % OH erzeugen uneinheitliche und große Poren, während bei Hydrolysegraden von 45 % bis 66 % die Poren einheitlicher und kleiner sind. Bei der Wahl des Schutzkolloids sind zu beachten, bei welcher Temperatur es sich löst, die Viskosität während der Polymerisation und das Schaumverhalten [4.3-24].

Bei der Emulsions- und Mikrosuspensionspolymerisation werden 1–2 Gew.-% ionische und nicht ionische Emulgatoren eingesetzt. Diese großen Mengen im Vergleich zum Schutzkolloid bei der Suspensionspolymerisation sind aufgrund der sehr viel größeren Teilchenzahl (10^{19} dm^{-3} gegenüber 10^{12} dm^{-3} bei der Suspensionspolymerisation) notwendig. Der Emulgator soll während der Polymerisation die Grenzfläche stabilisieren, um Wandanbackungen und Koagulation zu vermeiden, darf aber Produkteigenschaften, wie beispielsweise Wasseraufnahme, Transparenz, Verschmutzung, UV-Stabilität, Temperaturstabilität, etc. nicht negativ beeinflussen. Alkyl- und Alkylarylsulfonate haben sich als preiswerte und sehr gute ionische Emulgatoren bewährt. Alkali- und Ammoniumsalze natürlicher Fettsäuren, wie beispielsweise Stearinsäure, Ölsäure, Myristinsäure, etc. sind ebenfalls gebräuchlich. Bei Fettsäure-Salzen muss während der Polymerisation der pH-Wert > 8 sein, damit die Stabilität ausreichend ist. Außerdem werden die etwas teureren Dialkylsulfosuccinate, Alkylethoxysulfate, Fettsäureethoxylate und Alkylsulfate eingesetzt. Bei der Mikrosuspensionspolymerisation werden wasserunlösliche langkettige Fettalkohole und Alkane als Coemulgator verwendet, um die Stabilität der Monomertröpfchen zu erhöhen [4.3-19].

Bei der Polymerisation entstehen aufgrund der guten Wasserlöslichkeit und hohen Hydrophilie des Vinylchlorids besonders hartnäckige Wandablagerungen. Anfangs mussten nach jedem Ansatz die Kesselwände mit einer Hochdrucklanze gereinigt werden. Durch Beschädigung der Manteloberfläche verstärkten sich die Anbackungen im Laufe der Zeit. In den letzten Jahren ist die Reaktorstandzeit beträchtlich gesteigert worden, indem vor jedem Ansatz der Kessel mit einem »Anti-Fouling-Agent« eingesprüht wird. Es handelt sich dabei um vernetzte Formaldehyd-1-Naphtolkondensate [4.3-26]. Das »Antifouling-Agent« wird an der Kesselwand absorbiert und verhindert die Absorption von PVC-, VC-Oligomer- oder VC-Radikalen. Vermutlich reagieren die Radikale mit den Wasserstoffgruppen des 1-Naphtols. So werden weniger Radikale an den Kesselwänden absorbiert und es entstehen weniger Anbackungen, die leichter entfernt werden können. Die Reaktorstandzeit beträgt je nach PVC-Typ zwischen 300 und 1500 Ansätzen. In Kontakt mit Luft färbt sich die klare Lösung tief blau. Das Anti-Fouling-Agent hat in geringen Mengen keinen Einfluss auf die PVC-Eigenschaften.

4.3.2
Beschreibung der Polymerisationsverfahren

4.3.2.1 Suspensionspolymerisation

Bei der Suspensionspolymerisation wird die gesamte Ansatzmenge in dem Reaktor vorgelegt und mit einem öllöslichen Initiator die Polymerisation gestartet. Im Folgenden ist die Zusammensetzung einer üblichen S-PVC-Rezeptur angegeben:

VC: 100 pphm
Wasser: 90–130 pphm
Initiator: 0,05–0,15 pphm
Schutzkolloid: 0,05–0,2 pphm

Die Polymerisation findet ausschließlich in den Monomertropfen statt, in denen sich eine freie Monomerphase und ein PVC/VC-Gel befindet [4.3-27]. Das PVC wird schon bei einem Polymerisationsgrad von 10 in seinem Monomer unlöslich und fällt aus [4.3-28]. Infolgedessen bildet sich schon in den Anfangsstadien der VC-Polymerisation eine im Monomer dispergierte PVC/VC-Gelphase mit sehr hoher Viskosität. In Abhängigkeit von der Temperatur besteht das Gel aus 65–75 Gew.-% Polymer und 25–35 Gew.-% Monomer. Bedingt durch den Trommsdorff-Effekt ist die Polymerisationsgeschwindigkeit in der Gelphase erheblich höher als im reinen Monomer [4.3-29]. Im Laufe der Polymerisation steigt kontinuierlich der Anteil der Gelphase (und folglich die Bruttoreaktionsgeschwindigkeit als Summe der Teilgeschwindigkeiten im Monomer und Gel). Die stetige Zunahme der Polymerisationsgeschwindigkeit gibt der VC-Polymerisation den Charakter eines »selbstbeschleunigenden« Vorgangs (Abb. 4.3-4). Bei einem kritischen Umsatz von 63–70%, verschwindet die freie Monomerphase, der Druck im Reaktor fällt und die Polymerisationsgeschwindigkeit sinkt rapide.

In dem folgenden Schema (Abb. 4.3-5) sind die verschiedenen Phasen der Kornmorphologieausbildung bei der Suspensionspolymerisation dargestellt [4.3-30]. Die in den Öltropfen wachsenden Ketten fallen ab einem Polymerisationsgrad von 10 in Vinylchlorid aus. Es bilden sich 100–200 Å große Mikro-Domänen, die sich zu Domänen von 0,1–0,2 µm Größe agglomerieren und zu 0,6–0,8 µm großen Primärteilchen wachsen. Die Primärteilchen bilden 1–10 µm große Domänen. Aufgepfropftes PVA bildet eine so genannte pericelluläre Membran, die bei ca. 30% Umsatz dicht

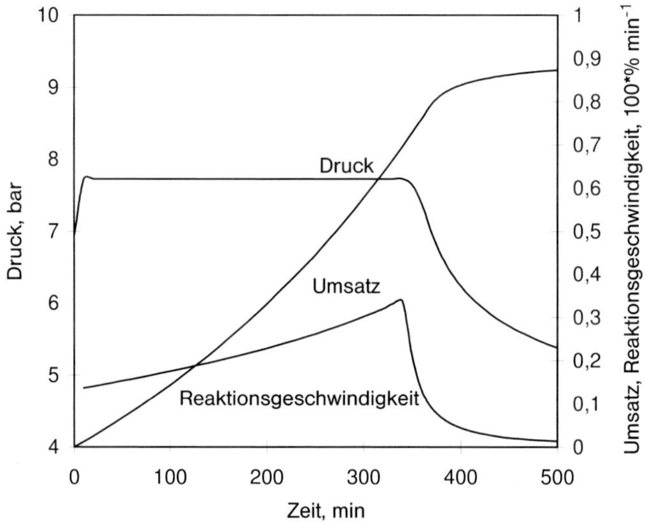

Abb. 4.3-4 Typischer Verlauf einer VC-Suspensionspolymerisation

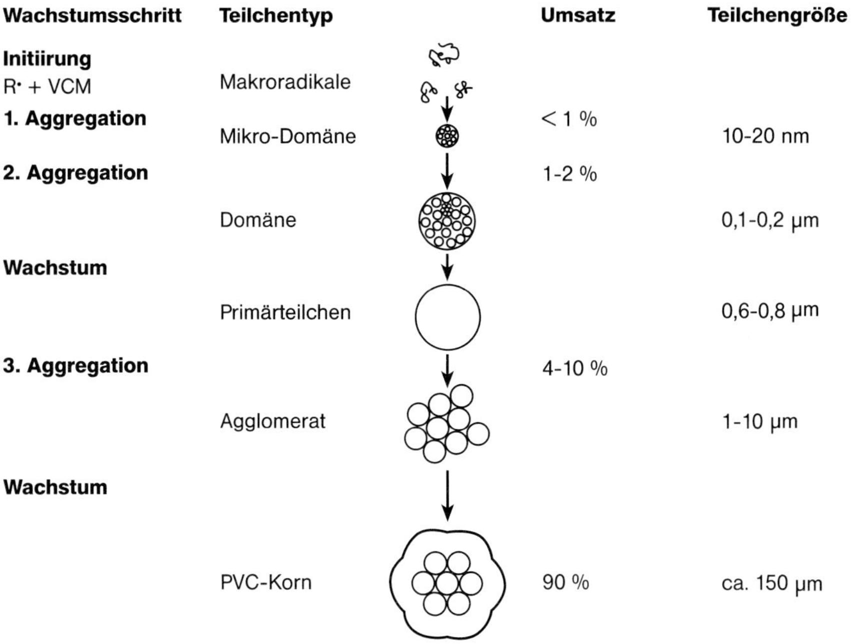

Abb. 4.3-5 Entwicklung der Kornmorphologie bei der Suspensionspolymerisation

und stabil wird. Ab diesem Zeitpunkt ändert sich die Korngrößenverteilung nicht mehr.

Über die Rührbedingungen, die Menge und die Beschaffenheit des Schutzkolloids werden die Korngrößenverteilung und Kornmorphologie gesteuert (Abb. 4.3-6). Beides muss aufeinander abgestimmt sein [4.3-31, 4.3-32]. Für die PVC-hart Verarbeitung ohne Weichmacherzusatz ist die Verwendung nur eines primären Polyvinylalkohols ausreichend. Für die Weichverarbeitung wird meist noch ein sekundärer PVA eingesetzt, um durch eine höhere Porosität die Weichmacheraufnahme zu verbessern. Es werden auch sehr feinteilige Suspensionspolymerisate mit geringer Porosität als Extender für die Plastisolverarbeitung zur Absenkung der Viskosität hergestellt. Die mit 20–40 µm Durchmesser großen Partikel nehmen im Vergleich zu den sehr viel kleineren Mikrosuspensions- und Emulsionsteilchen wenig Weichmacher auf.

Abbildung 4.3-7 zeigt ein Verfahrensfließschema der Suspensionspolymerisation. Der Vinylchloridgehalt wird in einer Kolonne durch Einleiten von Wasserdampf bis zu einem Restgehalt von < 80 ppm reduziert [4.3-33, 4.3-34]. Anschließend wird die Suspension in einer Zentrifuge bis zu einer Restfeuchte von 20–30 % vorgetrocknet und in einem Trommeltrockner oder Wirbelbetttrockner bis zu einer Restfeuchte < 0,3 % nachgetrocknet [4.3-15, 4.3-35]. Der VC-Gehalt im Pulver liegt gewöhnlich bei < 1 ppm.

Abbildung 4.3-8 gibt das Verfahrensfließschema der Aufarbeitung von Suspensions-PVC wieder.

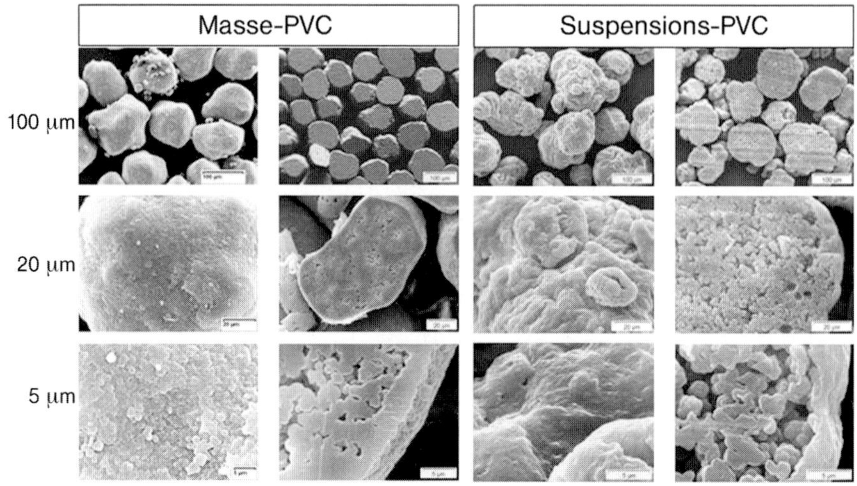

Abb. 4.3-6 Rasterelektronenaufnahme von Suspensions- und Masse-PVC Partikeln. Das S-PVC ist poröser als M-PVC. Beim M-PVC bilden die Primärpartikel, bzw. Domänen Kanäle, die an der Oberfläche münden

Bei der Aufarbeitung kann noch durch Siebung, Sichtung oder Knollenbrecher Grobanteil abgetrennt bzw. zerkleinert werden. Die Rieselfähigkeit und Schüttdichte des Pulvers wird durch die Morphologie und Korngrößenverteilung bestimmt. Beide Größen verhalten sich gegensätzlich. Eine geringe Porosität erhöht die Schüttdichte, verschlechtert aber die Rieselfähigkeit. Eine breite und grobe Ver-

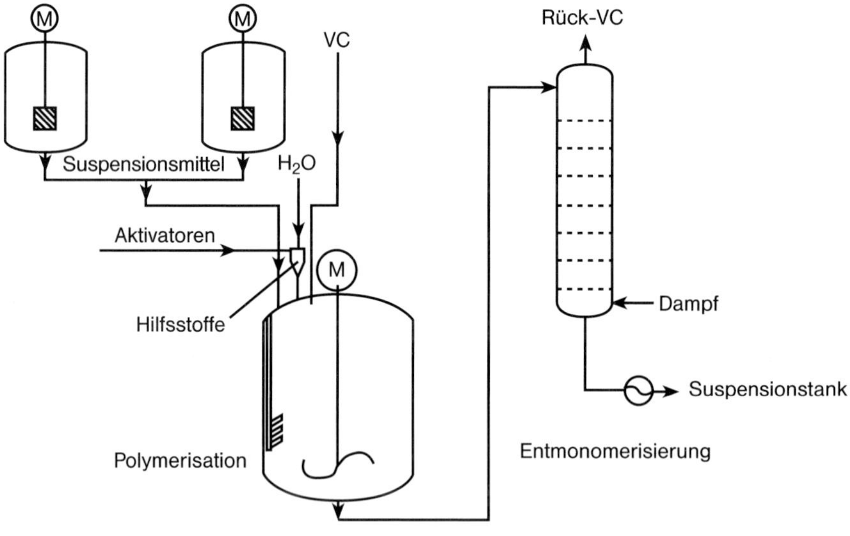

Abb. 4.3-7 Verfahrensfließschema der Suspensionspolymerisation

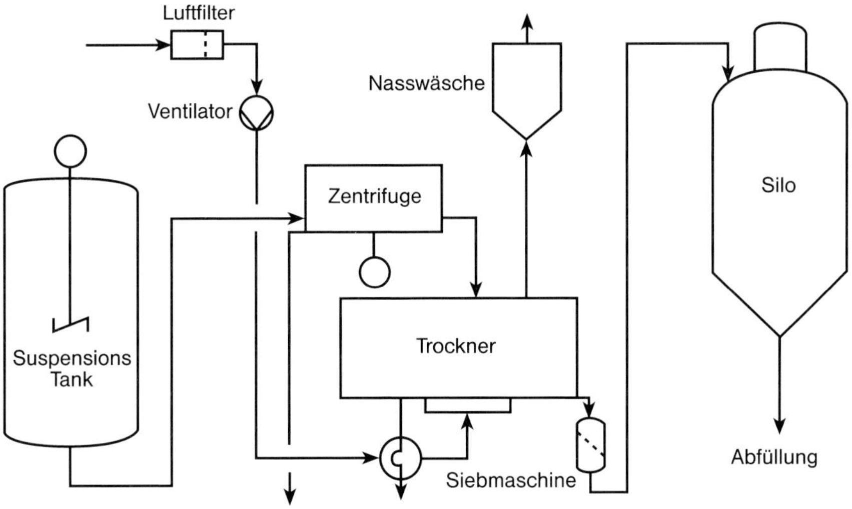

Abb. 4.3-8 Verfahrensfließschema der Aufarbeitung von Suspensions-PVC

teilung erhöht die Schüttdichte, wodurch der Umsatz pro Zeit groß ist, verschlechtert aber die Rieselfähigkeit. Eine gute Rieselfähigkeit sichert den kontinuierlichen Durchsatz bei der Verarbeitung und beim Umfüllen in Silos und Verpackungen. Je nach Anforderungen muss der optimale Kompromiss gefunden werden.

4.3.2.2 **Massepolymerisation**

Bei der Massepolymerisation ist Vinylchlorid Dispergiermedium und Monomer in einem. Es wird mit monomerlöslichen Initiatoren polymerisiert. Die Polymerisations-Rezeptur, Temperatur sowie die kinetischen und hydrodynamischen Bedingungen während der Polymerisation bestimmen die Kornmorphologie. Die Kornmorphologie ist weniger porös als beim Suspensions-PVC. Die Primärteilchen sind so gepackt, dass ein Netzwerk feiner Kanäle und Spalten entsteht, die an der Partikeloberfläche münden.

Das Verfahren funktioniert, weil das PVC in seinem Monomeren nur sehr schlecht löslich ist und das PVC-Korn ausfällt. Nach nur 2% Umsatz ist die Teilchenbildung abgeschlossen. Bei 15–20% Umsatz bildet sich ein dreidimensionales Netzwerk aus. In den Kapillaren wird viel Vinylchlorid aufgenommen, mit dem Effekt, dass schon bei einem Umsatz von 30–55% ein trockenes Pulver vorliegt.

Das Verfahren wurde von der Firma Pechiney St. Gobain (PSG) entwickelt, die heute zu ARKEMA gehört [4.3-36, 4.3-37]. Weltweit werden 10% der PVC-Mengen im Masse-Verfahren hergestellt. Masse-PVC wird in zwei Reaktoren hergestellt (Abb. 4.3-9). Im ersten Reaktor (8–25 m^3) wird mit langsamer Rührung die Teilchengröße eingestellt (Vorpolymerisation). Bei einem Umsatz von 8–15% wird der Ansatz in einen größeren Reaktor (12–50 m^3) mit stärkerer Rührung überführt, um die Wärme besser abführen zu können. Ein Vorpolymerisationsreaktor kann bis zu

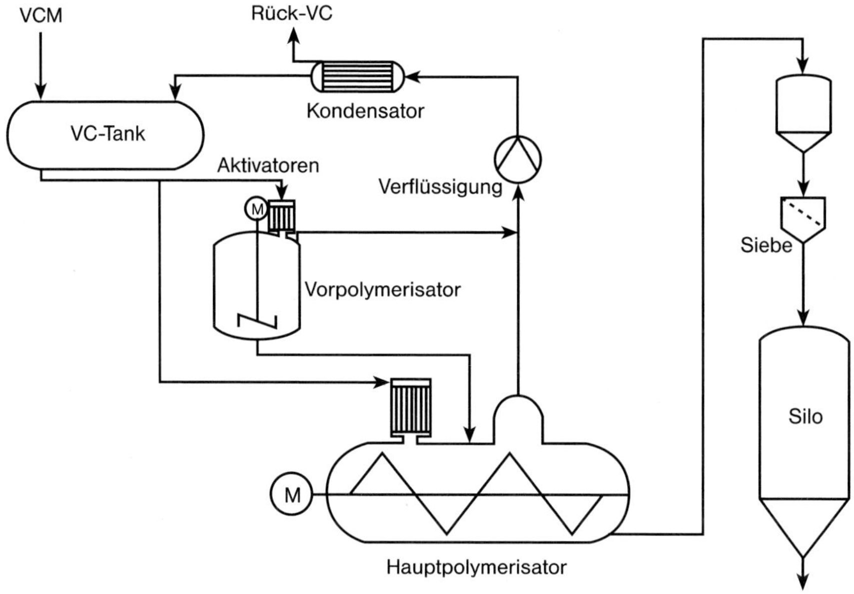

Abb. 4.3-9 Verfahrensfließschema der Massepolymerisation

fünf Reaktoren speisen. Bei einem Umsatz von 55–90 % wird die Polymerisation abgebrochen. Die VCM-Entgasung findet im Polymerisationsreaktor statt. Das Masse-PVC ist besonders rein, weil zur Herstellung kaum Hilfsstoffe gebraucht werden. Aufgrund der schwierigen Prozessführung hat das Masse-Verfahren trotz der geringen Kosten im Vergleich zum Suspensionsverfahren jedoch eine geringe Bedeutung.

4.3.2.3 **Mikrosuspensionsverfahren**

Eine Mischung aus Vinylchlorid, Wasser, ionischem Emulgator und wasserunlöslichem Costabilisator bildet unter Rührung spontan eine stabile Emulsion [4.3-20, 4.3-38]. Durch Einbringen von Scherkräften mittels eines Kolbenhomogenisators, Homogenisierdüse, Hochgeschwindigkeitsrührers, Rotor-Stator-Mischer, Ultraschall, etc. kann die Tröpfchengröße stark verkleinert werden. Je kleiner die Tröpfchengröße desto größer ist die Langzeitstabilität. Der langkettige Fettalkohol verhindert, dass die Öltröpfchen durch Diffusion abgebaut werden (Ostwald-Reifung).

Die Tropfenanzahl pro Liter ist so groß (ca. 10^{17}-10^{19} dm^{-3}), dass bei Zugabe eines wasser- oder öllöslichen Initiators die Nukleierung in den Öltropfen stattfindet [4.3-20]. In der Regel wird ein öllöslicher Initiator verwendet. Die Teilchengrößenverteilung der Öltropfen ändert sich während der Polymerisation nicht und legt die Teilchengrößenverteilung der Dispersion fest. Die Abbildung 4.3-10 zeigt die Transmissions-Elektronenmikroskopische Aufnahme einer PVC-Mikrosuspension mit einer typischen breiten Verteilung.

Ab einer gewissen Kettenlänge fällt das unlösliche PVC im monomergefüllten Tropfen aus. Die Kinetik folgt den Gesetzmäßigkeiten der Suspensionspolymerisa-

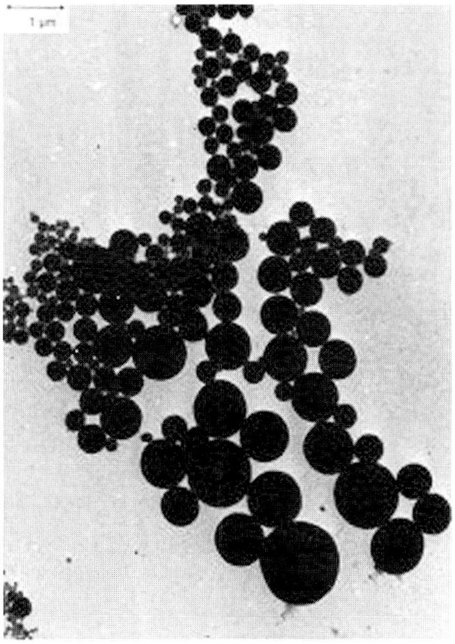

a)

b)

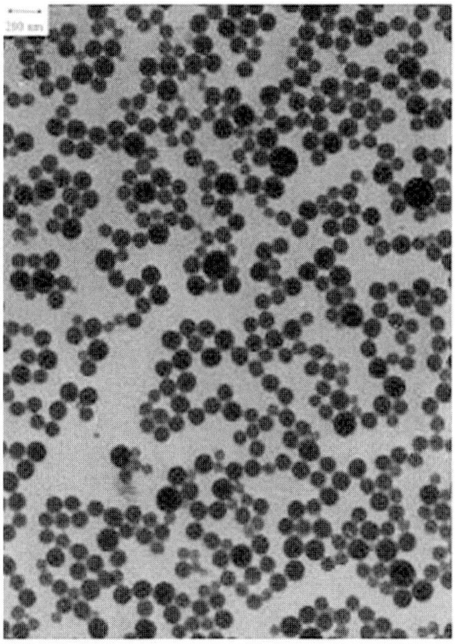

c)

Abb. 4.3-10 Transmissions Elektronenmikroskopische Aufnahmen von Primärteilchen wie sie bei der Mikrosuspension-Polymerisation (A), Kontinuierlichen- (B) und Diskontinuierlichen-Emulsionspolymerisation (C) entstehen. Bei der kontinuierlichen Emulsionspolymerisation ist die Verteilung besonders breit mit einem großen Feinanteil. Bei der diskontinuierlichen Emulsionspolymerisation werden relativ enge Verteilungen erhalten

tion (s. Abschnitt 3.4.2.1) [4.3-39]. Es kann auch mehr als ein Radikal in einem Tropfen gleichzeitig aktiv sein. Die Mikrosuspensionsteilchen verfügen nicht über eine ausgeprägte Porenstruktur wie es beim S-PVC der Fall ist. Hohlräume zwischen ausgefallenen PVC-Knäulen (Mikrodomänen) werden im Polymerisationsverlauf ausgefüllt. Die Kinetik kann über das Auftreten der Gel-Phase hinaus berechnet werden [4.3-40, 4.3-41]. Im Druckabfall lässt man die Reaktion durchgehen, indem nicht gekühlt wird, um nach Auftreten der Gel-Phase und dem anschließenden Umsatzeinbruch die Polymerisationszeit zu verkürzen. Die Reaktortemperatur steigt dabei auf 80 °C und höher.

Eine besondere Variante ist das Vorpolymerisieren einer Saat, indem eine kleinere Menge VCM mit viel Initiator emulgiert wird. Auf diese Saat wird anschließend aufpolymerisiert. Man kann so sehr große Teilchen bis zu 20 µm und mit sehr enger Verteilung erhalten [4.3-42].

Die Polymerisationszeiten liegen bei 8–10 h, weil die Wärme nur durch einen wassergekühlten Doppelmantel abgeführt wird. Aufgrund der starken Schaumbildung durch die ionischen Emulgatoren wird üblicherweise keine Siedekühlung verwendet. Das stärkere Schäumen hat für die Entgasung zur Konsequenz, dass eine andere Vorrichtung verwendet werden muss als bei Suspensionspolymerisaten. Es hat sich durchgesetzt, die Dispersion mit einer Lanze in einem unter leichtem Vakuum stehenden Behälter zu flashen (Abb. 4.3-12).

Mikrosuspensions-PVC wird hauptsächlich zur Herstellung von PVC-Pasten eingesetzt. Das Wasser wird durch Sprühtrocknung entfernt. Die Dispersionsteilchen (Primärteilchen) agglomerieren während der Sprühtrocknung zu mehreren Mikrometer große Sekundärteilchen (Abb. 4.3-11). Die Größe und Morphologie des Pulvers wird besonders durch die Zerstäubungsdüsen beeinflusst. Mit einer Zweistoffdüse oder Zerstäuberscheibe erhält man ein sehr feines Pulver (D_{50} 10–30 µm), während mit einer Einstoffdüse ein gröberes Korn (D_{50} 100–200 µm) anfällt. Die Turmeingangs- und Ausgangstemperatur sowie Emulgatorgehalt und Verweilzeit beeinflussen ebenfalls die Kornmorphologie [4.3-43].

Die Sekundärteilchen zerfallen im Weichmacher in ihre Primärteilchen. Aufgrund der kleinen Teilchengrößen und der damit einhergehenden größeren Oberfläche werden unter Scherung Strukturen aufgebaut. Ein Plastisol ist strukturviskos. Je kleiner die Primärteilchengröße desto höher ist die Viskosität der Paste [4.3-44, 4.3-45]. In den letzten Jahren ist der Anteil an Mikrosuspensions-PVC kontinuierlich gestiegen. Der Grund dafür liegt im steigenden Bedarf an niedrigviskosem Pasten-PVC.

4.3.2.4 **Emulsionspolymerisation**

Die ersten PVC-Produkte wurden in Deutschland großtechnisch in den 1930er Jahren in kontinuierlicher und diskontinuierlicher Emulsionspolymerisation hergestellt. Die Grundlagen dafür wurden von Fikentscher und Mitarbeitern in den Kunststofflaboratorien der BASF entwickelt [4.3-46]. Heute noch wird ein großer Teil des PVC für die Plastisolverarbeitung in Emulsionspolymerisation hergestellt.

Der wesentliche Unterschied zu den Suspensionsverfahren liegt in der Verwendung wasserlöslicher Initiatoren und der Teilchenbildung in der Wasserphase. Die

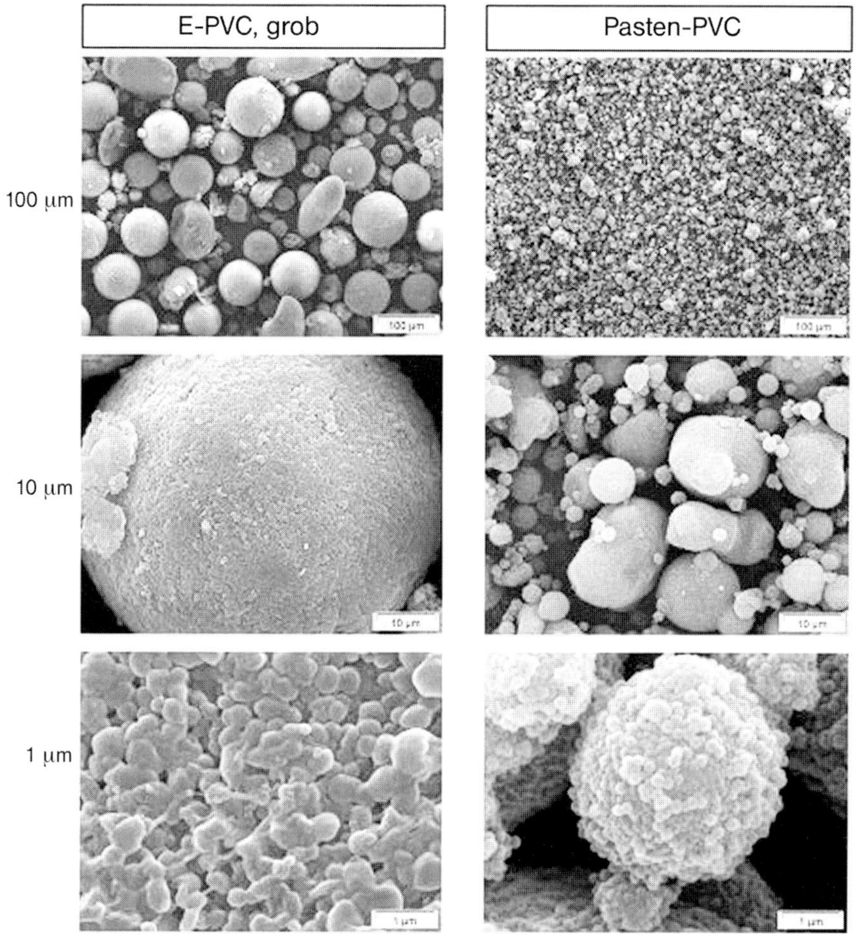

Abb. 4.3-11 Sekundärteilchen von grob gesprühtrocknetem E-PVC für die thermoplastische Verarbeitung und fein verdüstes Micro-S-PVC für die Plastisol-Verarbeitung

Aufarbeitung zum Pulver erfolgt wie bei Mikrosuspensionspolymerisaten durch Sprühtrocknung. Aufgrund der relativ hohen Wasserlöslichkeit und Radikalübertragung verhält sich Vinylchlorid anders als andere Monomere, wie beispielsweise Styrol, Butadien, Butylacrylat, etc.. Darauf wird im folgenden Abschnitt näher eingegangen.

4.3.2.4.1
Besonderheiten des Vinylchlorids bei der Emulsionspolymerisation

Smith und Ewart haben in den 1940er Jahren an der Batch-Polymerisation vom Polystyrol die theoretischen Grundlagen der Emulsionspolymerisation aufgestellt, die in drei Phasen unterteilt wird [4.3-47]. Die Polymerisationsgeschwindigkeit lässt sich nach Gleichung (4.3-11) berechnen.

$$R_p = k_p[M]N\tilde{n}/N_A \qquad (4.3\text{-}11)$$

R_p = Umsatzgeschwindigkeit; k_p = Geschwindigkeitskonstante; [M] = Monomerkonzentration im Teilchen; N = Anzahl der Teilchen pro Volumeneinheit; $\tilde{n}$ = Radikalkonzentration im Teilchen; N_A = Avogadrozahl

Die Emulsionspolymerisation von VCM verläuft ebenfalls in drei Phasen. Aufgrund der relativ hohen Wasserlöslichkeit des Vinylchlorids findet die Nukleierung bevorzugt homogen und nicht micellar statt [4.3-48, 4.3-49]. Das Vinylchlorid nimmt in der Wasserphase ein Radikal auf und wächst zu einer Kette bis es unlöslich wird und ausfällt. Das Knäuel wird durch Absorption von Emulgatoren stabilisiert und wächst zum Partikel oder wird von größeren Partikeln absorbiert. Aufgrund der hohen Radikalübertragungsrate desorbiert häufig das Radikal aus einem Teilchen und kann neue Teilchen bilden. Dagegen ist bei Styrol oder Acrylaten die Radikaldesorption vernachlässigbar. Unter gleichen Bedingungen ist bei PVC die Teilchenzahl größer als bei anderen Monomeren. Die Teilchenbildungsphase (Phase I) ist abgeschlossen, wenn sich die Teilchenanzahl nicht mehr ändert. Bei VC ist das bei 6% und bei Styrol bei 15% Umsatz der Fall. Danach schließt sich Phase II an.

Das freie Monomer befindet sich hauptsächlich in ca. 30 µm großen Tropfen. Von dort aus diffundiert neues Monomer in die Teilchen, in denen die Polymerisation stattfindet. Durch ständige Absorption neuer Radikale wird die Polymerisation unterhalten. Beim Styrol ist die Umsatzgeschwindigkeit direkt abhängig von der Teilchenzahl. Aufgrund der hohen Radikaldesorption und Kettenabbruch ist beim PVC die Polymerisationsgeschwindigkeit proportional zur Initiatorkonzentration und unabhängig von der Teilchenzahl. In Phase II beträgt beim Styrol die mittlere Radikalkonzentration $\tilde{n} = 0{,}5$, während bei VC $\tilde{n} \ll 0{,}5$ ist. Die Partikel sind mit maximal 30 Gew.-% Vinylchlorid gequollen. Dagegen bestehen Polybutylacrylat-Partikel in Intervall II aus 30 Gew.-% Polymer und 70 Gew.-% Monomer [4.3-50]. Die Polymerisationstemperaturen liegen bei PVC üblicherweise weit unterhalb der Glasübergangstemperatur von PVC (T_g = 80 °C), um einen *K*-Wert von 70–80 einzustellen. Die Teilchen sind glasig und die Viskosität in den Teilchen steigt mit steigendem Umsatz, wodurch die Abbruchrate sinkt. Im gleichen Zuge nimmt die Polymerisationsgeschwindigkeit zu (Selbstbeschleunigung).

Bei einem Umsatz von ca. 70% verschwinden die Monomertröpfchen und Phase III beginnt. Es befindet sich nur noch in den Partikeln Monomer. Die Viskosität in den Teilchen steigt, die Abbruchrate sinkt, die Umsatzgeschwindigkeit steigt mit dem Auftreten der Gel-Phase, um dann wieder zu fallen. Im Falle von PVC tritt eine besonders intensive Gel-Phase auf, weil die Reaktionsbeschleunigung durch Reduzierung des Kettenabbruchs besonders groß ist. Die Radikalkonzentration pro Teilchen in Intervall III beträgt durchschnittlich $\tilde{n} > 2$.

4.3.2.4.2
Polymerisationsverfahren
Die Emulsionspolymerisation kann in drei Varianten durchgeführt werden: Batch, halbkontinuierlich (Semi-Batch) oder kontinuierlich. In allen Fällen kann die Teilchenzahl durch Vorlegen einer feinteiligen Saat festgelegt werden. Die Saat-Latex-Fahrweise zeichnet sich durch eine besonders gute Reproduzierbarkeit aus [4.3-51].

Beim Batch (Abb. 4.3-12) werden alle Rezepturbestandteile vorgelegt und mit der Initiatorzugabe und dem Erreichen der Polymerisationstemperatur gestartet. Dieses Verfahren bietet wenig Möglichkeiten zur Prozess-Steuerung, nutzt aber die Reaktorkühlleistung am besten aus, weil schon zu Beginn bei niedrigen Viskositäten die Umsatzgeschwindigkeit hoch ist. Allerdings kann man bei sehr heftiger Reaktion an die Grenzen der Reaktorkühlleistung kommen. Die Teilchengrößenverteilungen sind beim Batch-Verfahren tendenziell breiter als beim semikontinuierlichen Verfahren.

Eine Variante der Batch-Fahrweise ist das so genannte Prädispergierverfahren. Durch Mischen eines Fettalkohols (1 Gew.-%) mit einem Emulgator bei hoher Temperatur vor Zugabe des Monomeren entsteht eine feine Emulsion. Trotz Verwendung eines wasserlöslichen Initiators verläuft die Nukleierung wie bei der Mikrosuspensionspolymerisation in den Öltröpfchen und nicht in der Wasserphase. So werden grobe Dispersionen (Teilchengrößen 0,2–1,5 µm) erhalten, die für die Pastenverarbeitung geeignet sind [4.3-50].

Beim Semi-Batch-Verfahren wird ein Teil der Rezepturkomponenten vorgelegt und ein oder mehrere Stoffe dosiert oder schrittweise zugegeben. Meist wird nur die zur Einstellung notwendige Menge Emulgator vorgelegt und Initiator, Emulgator zur Teilchenstabilisierung, Monomer, etwaige Hilfsstoffe wie Puffer, Regler, etc.

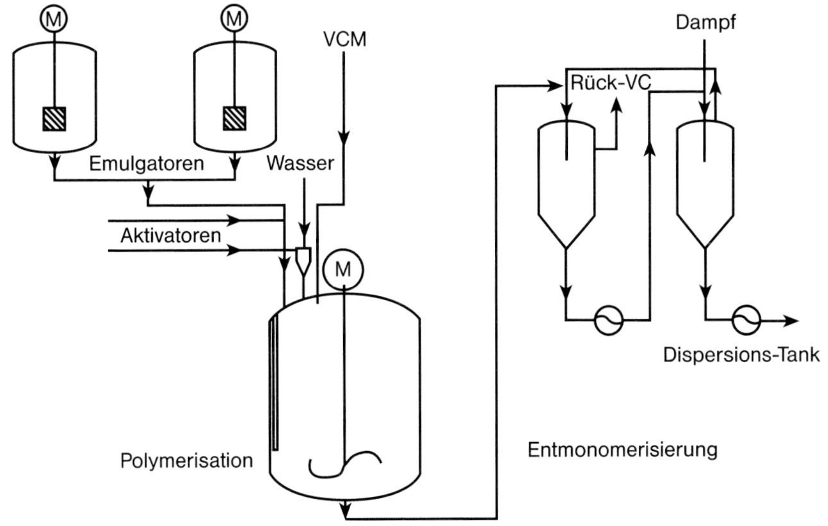

Abb. 4.3-12 Verfahrensfließschema der diskontinuierlichen Emulsionspolymerisation. Die Vorrichtung zur VC-Entgasung ist beim Microsuspensions-Verfahren gleich

dosiert. Diese Variante bietet eine bessere Kontrolle des Verfahrens und der Produkteigenschaften. Es können sehr enge Teilchengrößenverteilungen hergestellt werden. Es wird Zykluszeit gespart, weil nur ein kleiner Teil der gesamten Ansatzmenge vor Polymerisationsbeginn in den Reaktor gefüllt werden muss.

Beim kontinuierlichen Verfahren wird in einem lang gestreckten Reaktor oder auch in einer Reaktorkaskade kontinuierlich Monomer, Emulgator und Initiator zudosiert und bei einem Umsatz von 90% und einem Festkörpergehalt von 40–50% der Latex ausgefahren [4.3-15]. Der wirtschaftliche Vorteil beim kontinuierlichen Verfahren liegt in der Zeitersparnis bei der Ansatzvorbereitung. Es wird am Druckabfall gefahren, um durch eine kleine freie Monomerphase Teilchenneubildung zu vermeiden.

Die theoretischen Grundlagen für das Batch-Verfahren sind nicht ohne weiteres auf das kontinuierliche Verfahren übertragbar. Einige Autoren haben das Phänomen des kontinuierlichen Verfahrens, dass die mittleren Teilchengrößen über die Zeit oszillieren, beobachtet [4.3-52–4.3-54]. Omi und Brooks haben für die Entstehung der Oszillationen in einem kontinuierlichen Rührreaktor einen allgemein akzeptierten Mechanismus vorgeschlagen [4.3-55, 4.3-56].

Die Teilchengrößenverteilungen sind sehr breit. Die Emulgatormengen liegen bei 2 Gew.-%. Beim Batch und Semi-Batch reichen 1 Gew.-% ionischer Emulgator für eine ausreichende Stabilität während der Polymerisation.

Nach der Polymerisation wird häufig 0,1–1 Gew.-% Emulgator nachgesetzt, um die Scherstabilität für die anschließende Monomerentgasung und Sprühtrocknung zu erhöhen.

Emulsions-PVC wird hauptsächlich für die Plastisolverarbeitung eingesetzt. Sehr grobes Einstoff verdüstes Emulsions-PVC (E-Grob) wird für die thermoplastische Verarbeitung verwendet. Bei der Sprühtrocknung (Abb. 4.3-13) ist die Turmausgangstemperatur höher (90 °C) als bei Pasten-Pulver (60 °C), um ein kompakteres Korn zu erhalten (Abb. 4.3-11).

4.3.2.5 **Vinylchlorid-Copolymere**

Im Suspensionsverfahren hergestellte Pfropf-Copolymere mit Butylacrylat haben von allen VC-Copolymeren die größte wirtschaftliche Bedeutung. Der leicht vernetzte Polybutylacrylatlatex (Teilchengröße 80–200 nm) wird vorgelegt und das Vinylchlorid im Suspensionsverfahren aufgepfropft [4.3-57]. Die Ausbildung der Kornmorphologie verläuft anders als bei der normalen Suspensionspolymerisation. Die Polymerisation verläuft fast ausschließlich in den gequollenen PBA-Partikeln, also nur in der Gel-Phase. Durch die Kautschukphase wird die Kerbschlagzähigkeit stark erhöht [4.3-58]. Das Prinzip funktioniert aufgrund der Phasentrennung zwischen PVC-Matrix und PBA-Partikeln. Die sehr viel weicheren und elastischeren PBA-Partikel erhöhen die Kerbschlagzähigkeit, weil sie die eingebrachte Energie resorbieren. Dieses High-Impact-Suspensions-PVC (HIS-PVC)) wird fast ausschließlich für Fensterrahmen verwendet. Aufgrund der langen Haltbarkeit und niedrigen Preise haben PVC-Fensterrahmen eine große Nachhaltigkeit und positive Ökobilanz [4.3-59].

Die Copolymerisationsparameter r_A und r_B geben das Verhältnis zwischen Homo- und Copolymerisation für ein bestimmtes Paar an. Mit der Lewis-Mayo-

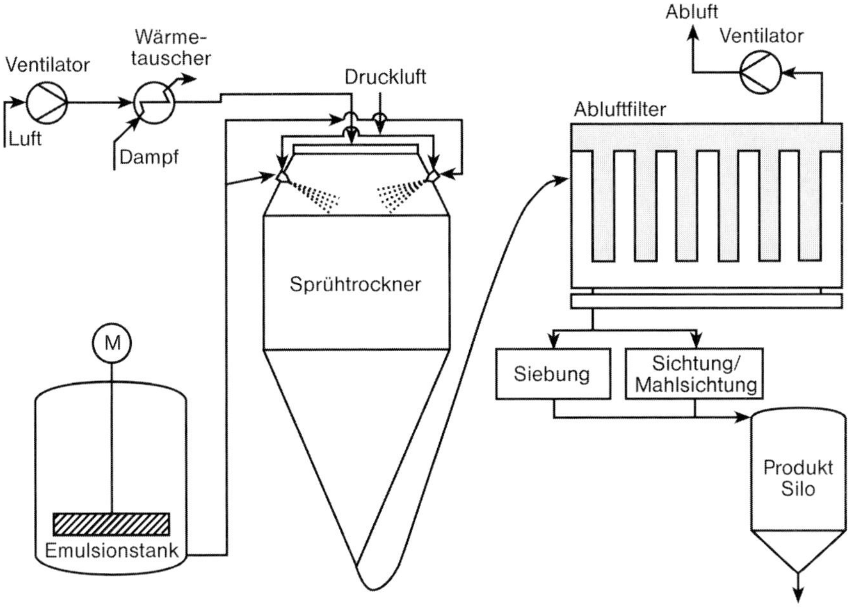

Abb. 4.3-13 Pulver Herstellung durch Sprühtrocknung der Dispersion

Gleichung kann aus den *r*-Werten die Polymerzusammensetzung in Abhängigkeit vom Verhältnis der Monomerphase berechnet werden. Im Wesentlichen treten vier Grenzfälle auf:

(1) $r_A = r_B = 0$: Die Monomere werden unabhängig von der Zusammensetzung der Monomerphase nahezu alternierend eingebaut, weil die Copolymerisation stark bevorzugt wird.

(2) $r_A \gg r_B$: Die Homopolymerisation des einen Monomers wird stark bevorzugt, das andere Monomer wird fast nicht polymerisiert.

(3) $r_A = r_B = 1$: Die Co- und Homopolymerisation sind gleichwertig. Monomerphase und Polymer haben die gleiche Zusammensetzung.

(4) $r_A = r_B < 1$: Am Azeotrop ist die Zusammensetzung der Monomerphase und des Polymers gleich.

Die beste Voraussetzung für eine statistische Verteilung der Monomere im Polymer ist der Fall (3) mit gleich großen *r*-Werten. Die *r*-Werte in Tabelle 4.3-3 zeigen, dass Vinylchlorid mit den meisten industriell bedeutsamen Monomeren nur schlecht copolymerisiert. Die *r*-Werte des Vinylchlorids haben mit den meisten Monomeren ein Verhältnis wie in Fall (2) ($r_A \gg r_B$ oder $r_B \ll r_A$)). Bei Butylacrylat ($r_{VC} = 0{,}08$; $r_{BA} = 4{,}2$) müssen sich 80 Gew.-% Vinylchlorid in der Monomerphase befinden, damit 40 Gew.-% im Copolymer eingebaut werden. Die Copolymerisation mit Ethylen, Propylen, Vinylacetat und Vinylbutylether ist etwas günstiger.

Tab. 4.3-3 Copolymerisationsparameter des Vinylchlorids

Monomer B	r_A	r_B
Vinylidenchlorid	0,25	3,9
Vinylacetat	1,68	0,23
Vinylbutylether	2,0	0,02
Butylacrylat	0,08	4,2
Ethylen	2,0	0,3
Propylen	2,27	0,3
Maleinsäureanhydrid	0,296	0,008
Maleinsäurediethylester	0,9	0,046

Die *r*-Werte haben für Butylacrylat zur Folge, dass bei Batch-Polymerisation zunächst fast ausschließlich Butylacrylat polymerisiert und erst mit abnehmender Konzentration in der Monomerphase Vinylchlorid immer stärker eingebaut wird. Die Veränderung der Copolymerzusammensetzung mit dem Umsatz ist in Abbildung 4.3-14 dargestellt. Ein solches Produkt ist nicht homogen, weil die Polymere aus butylacrylat- oder vinylchloridreicheren Blöcken aufgebaut sind.

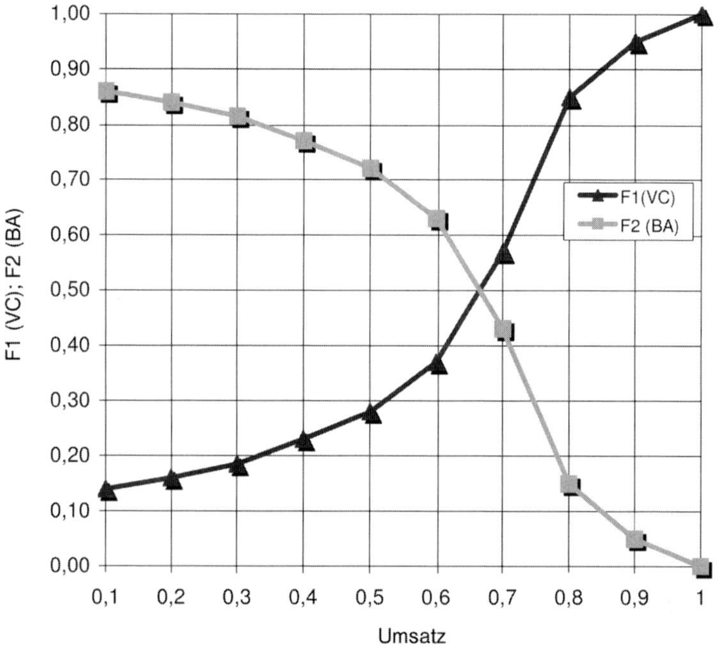

Abb. 4.3-14 Änderung der Copolymer-Zusammensetzung über den Umsatz bei gleichen Mengen VC und BA zu beginn der Batch-Polymerisation

Die B. F. Goodrich berichtet, dass bei Copolymerisation von Acrylaten mit Vinylchlorid eine statistische Verteilung durch semikontinuierliche Emulsionspolymerisation erreicht wird, wenn die Monomere nicht vorgelegt, sondern während der Polymerisation dosiert werden [4.3-60]. Vorlegen des Vinylchlorids und Dosieren der Acrylate führen ebenfalls zum blockweisen Aufbau der Kette. Der Zulauf der Monomere ist wichtig, damit bei hohen stationären Umsätzen die Monomere spontan und unabhängig von den *r*-Werten miteinander reagieren.

Nach [4.3-50] verschlechtert außerdem die schlechte Löslichkeit des PVC in seinem Monomer die Copolymerisation. Die Partikel sind viel stärker mit Butylacrylat gequollen, wodurch es bevorzugt polymerisiert wird.

Die Thermostabilität von Copolymeren ist schlechter als die von PVC. Ein Grund dafür ist die größere Anzahl benachbarter Doppelbindungen im Copolymer. Der Abbau und die Stabilisierung von Vinylchlorid-Copolymeren sind in der Literatur beschrieben [4.3-61].

Aufgrund der guten Abriebbeständigkeiten, Witterungsbeständigkeit, Wasserfestigkeit, Elektrolytbeständigkeit, etc. werden Copolymerpulver bevorzugt in Lacken und Farben für Industriebauten, Straßenmarkierungen und Betonbauten eingesetzt. Teilweise werden diese Copolymere als Plastisol (Weichmacher + Lösemittel) verarbeitet zur Herstellung von Kunstleder und Filmen. Die Comonomere erhöhen die Weichmacheraufnahme und senken die Plastisolviskosität.

Die gängigen Monomere sind Vinylacetat und Vinylisobutylether. Durch Copolymerisation von 1–2 Gew.-% eines weiteren carboxylierten oder hydroxylierten Comonomers wird die Pigmentbindekraft und Benetzung von Füllstoffen verbessert. Carboxyl-, Hydroxyl- oder Amidfunktion können auch zur Vernetzung verwendet werden. Der Vinylchloridanteil solcher Produkte liegt zwischen 60 Gew.-% und 90 Gew.-%. Der *K*-Wert dieser Copolymere liegt zwischen 33 und 60.

Vinylidenchlorid senkt die Glasübergangstemperatur und hat sehr gute Gasbarriereeigenschaften. Vinylchlorid-Vinylidenchlorid-Copolymere werden für Verpackungsfolien im Lebensmittelbereich eingesetzt.

Acrylnitril-Copolymere mit bis zu 15 Gew.-% Vinylchlorid werden zur Herstellung von Fasern verwendet.

Anders als bei Reinacrylat-, Styrolacrylat- und Vinylacetat-Ethylen-Copolymeren sind Vinylchlorid-Copolymere in wässriger Dispersionsform kaum bekannt. Eine Ausnahme sind Vinylchlorid-Ethylen-Acrylamid- und Vinylchlorid-Vinylacetat-Ethylen- Dispersionen für mineralische Kleber, Farben, Lacke und zur Papierbeschichtung.

4.3.3
Eigenschaften und Anwendungsgebiete

Eingangs wurde bereits erwähnt, dass Polyvinylchlorid das vielseitigste Anwendungsspektrum und die höchste Verarbeitungsvielfalt von allen Kunststoffen aufweist. Durch die Abmischung mit Weichmachern können aus dem harten PVC auch weiche und flexible Produkte hergestellt werden. In Abbildung 4.3-15 ist dargestellt, in welchen Anwendungen 2003 PVC in Westeuropa verbraucht wurde

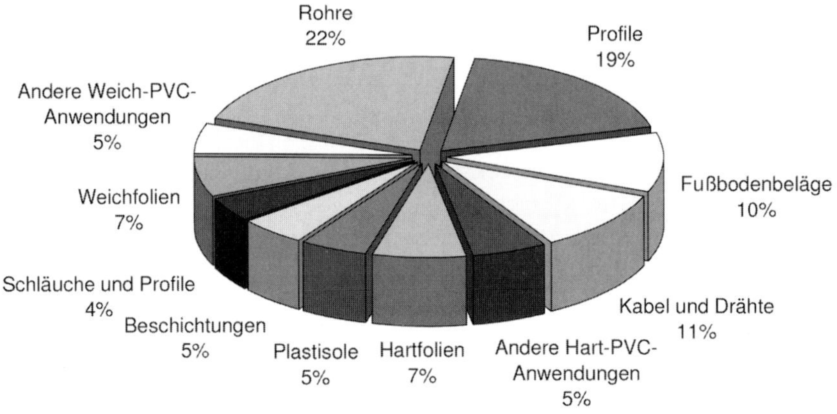

Abb. 4.3-15 PVC-Verbrauch in Westeuropa 2003 für verschiedene Anwendungen

[4.3-62]. Die wichtigsten Industriezweige, in denen PVC eingesetzt wird, sind das Baugewerbe, die Elektroindustrie, der Maschinen- und Fahrzeugbau, die Möbelindustrie, der Verpackungsbereich und der Medizin- und Pharmabereich. Im Medizinsektor hat PVC mit 29 % den größten Anteil aller Kunststoffe. Gründe dafür liegen beim PVC-weich in der guten Biokompatibilität, Sterilisierbarkeit, mechanischen Belastbarkeit, Gasundurchlässigkeit und physiologischen Unbedenklichkeit [4.3-63].

In Tabelle 4.3-4 sind die unterschiedlichen Eigenschaften von PVC-hart und PVC-weich aufgeführt. Das breite Eigenschaftsspektrum hängt zusammen mit den Zusätzen und Verarbeitungsverfahren. Für jedes Verfahren und Produkt werden bevorzugt bestimmte PVC-Typen verwendet. Das Polymerisationsverfahren und die dabei eingesetzten Hilfsstoffe beeinflussen die PVC-Eigenschaften. Die Restfeuchte ist bei S- und M-PVC tendenziell niedriger als bei E-PVC und Mikro-S-PVC. Eine er-

Tab. 4.3-4 Physikalische Eigenschaften PVC-hart und PVC-weich [4.3-66]

Eigenschaft	Einheit	PVC-hart	PVC-weich
Dichte	(g/cm^3)	1,38–1,40	1,16–1,20
Glastemperatur	(°C)	80–85	–30 bis –35
Zugfestigkeit	(N/mm^2)	50–70	10–25
Reißdehnung	(%)	10–50	170–400
Elastizitätsmodul	(N/mm^2)	3000–3500	–
Schlagzähigkeit	(kJ/m^2)	o. B.	o. B.
Kerbschlagzähigkeit	(kJ/m^2)	2–50	o. B.
Vicat-Temperatur	(°C)	75–85	40
Spez. Durchgangswiderstand	(? cm)	$> 10^{15}$	$> 10^{11}$

höhte Restfeuchte führt zu Problemen bei der Verarbeitung (Rieselfähigkeit, Bläschen- und Kraterbildung beim Formteil). Aus M-PVC hergestellte Folien sind aufgrund der geringen Mengen an Hilfsstoffen, die bei der Polymerisation eingesetzt werden, besonders transparent. Dagegen haben E-PVC und Mikro-S-PVC durch den hohen Emulgatoranteil eine höhere Wasseraufnahme und Trübung. Eines der wichtigsten Auswahlkriterien sind das Molekulargewicht (*K*-Wert) und die Morphologie. In Abschnitt 4.3.3.1 soll näher erläutert werden, wie sich die PVC-Eigenschaften, bedingt durch Polymerisation und Aufarbeitung, auf die Auswahl für ein bestimmtes Verarbeitungsverfahren auswirkt.

4.3.3.1 **PVC-Verarbeitung**

PVC wird durch Extrudieren, Kalandrieren, Blasformen, Spritzgießen, Pressen, und Sintern verarbeitet. Die Pastenverarbeitung nimmt eine Sonderstellung ein. Das Verarbeitungsverhalten hängt sehr stark von den Zusätzen ab, wie beispielsweise Weichmacher, Gleitmittel, Stabilisatoren, etc. Darauf wird in Abschnitt 4.3.3.2 näher eingegangen.

PVC-hart wird als trockenes Compound, das einige Prozent Weichmacher enthalten kann, verarbeitet [4.3-65]. Die Formgebung erfolgt durch das Werkzeug in der Schmelze. Bei der Verarbeitung von PVC-hart tritt bei den üblichen Verarbeitungstemperaturen unter 210 °C Partikelfließen auf. Ungeschmolzene Primärteilchen verhalten sich bei hoher Schergeschwindigkeit strukturviskos. Auf molekularer Ebene beeinflussen vor allem Kristallite syndiotaktischer Kettensegmente und das Molekulargewicht die Viskosität. Die thermische Vorgeschichte des PVC hat durch den Einfluss auf den Kristallisationsgrad auch eine Auswirkung auf die Schmelzviskosität. Höhere Verarbeitungstemperaturen, kleineres Molekulargewicht, Primärteilchengröße und relatives Molekulargewicht verringern die Schmelzviskosität. Bei der PVC-hart-Verarbeitung werden immer Gleitmittel zugesetzt, um die Haftung von PVC auf Metallteilen herabzusetzen und das Partikelfließen zu verringern. Dadurch wird der thermische Abbau durch lokale Scherbelastungen verhindert und die Durchmischung des Compounds verbessert. Für die PVC-hart-Verarbeitung werden bevorzugt rieselfähiges M-PVC, S-PVC und grob verdüstes E-PVC verwendet (Tab. 4.3-5). Bei der PVC-hart Verarbeitung werden niedrigere *K*-Werte gewählt als bei der PVC-weich oder Pasten-PVC Verarbeitung (Tab. 4.3-6). Der Grund liegt in der höheren Schmelzviskosität bei weichmacherfreier Verarbeitung.

PVC-weich wird als trockene und rieselfähige Abmischung mit porösen PVC-Typen, die über eine hohe Weichmacheraufnahme verfügen, als so genannte Heißmischung (Dry-Blend) verarbeitet. Bei der Verarbeitung eines Dry-Blends muss die Weichmacheraufnahme des PVC-Korns hoch sein, um eine hohe Rieselfähigkeit sicherzustellen. Die *K*-Werte von PVC-Typen für die Herstellung weicher Produkte liegen hauptsächlich zwischen 65 und 75. Je höher der *K*-Wert, desto höher ist die Weichmacheraufnahme. Bevorzugt wird poröses S-PVC und E-PVC für die PVC-weich-Verarbeitung verwendet. Die Hilfsstoffe müssen auf das PVC abgestimmt sein. Auch der Mischvorgang hat Einfluss auf die Rieselfähigkeit. Nach Plastifizierung im Extruder bei Temperaturen von 120–190 °C sind die PVC-

Tab. 4.3-5 Auswahl verschiedener PVC-Typen für die gebräuchlichsten Verarbeitungsverfahren

Verarbeitungsverfahren	Suspensions-PVC		M-PVC		Mikro-S-PVC	
	Hart	Weich	Hart	Weich	Hart	Weich
Extrudieren						
Rohre/schläuche	++	++	++	+	–	–
Profile	++	++	++	+	–	–
Fensterprofile	++[1)]	–	–	–	–	–
TSE-Profile	+	++	++	+	–	–
Ummantelungen	+	++	+	+	–	–
Kabel		++	–	+	–	–
Folien/Platten	++	++	++	–	–	–
Blasformen	+	–	++	–	–	–
Spritzgießen	++	++	++	+	–	–
Kalendrieren	++	++	+	+	–	–
Walzenbeschichten	+	++	+	+	–	–
Pressen (Platten und Schallplatten)	++[2)]	+	+	+	–	–
Pastenverarbeitung						
Streichen/Drucken	–	+[3)]	–	+[3)]	–	++
Tauchen/Gießen	–	+[3)]	–	+[3)]	–	++
Pulversintern	++	+	–	+	–	–
Akku-Separatoren						
Slush-Beschichtung		++		++		

1) HI-PVC
2) vorwiegend Copolymere
3) Extender-PVC

weich-Mischungen homogen. Die Schmelzviskosität ist niedriger als beim PVC-hart und hängt nicht von der thermischen Vorgeschichte ab.

Anders als bei PVC-hart und -weich erfolgt die Verarbeitung bei Pasten-PVC nicht als trockenes Compound, sondern als streichfähige Flüssigkeit. Die Formgebung erfolgt durch Gelierung bei Temperaturen zwischen 120 °C und 180 °C. Bei der Verarbeitung von Pasten-PVC sind die Ausgangsviskosität und das rheologische Verhalten der Paste wichtige Größen. Beide Größen hängen von der Zerfallsgeschwindigkeit der Sekundärpartikel in Primärteilchen im Weichmacher und der Primärteilchengrößenverteilung ab [4.3-45]. Je leichter die Sekundäragglomerate in der Paste in Primärteilchen zerfallen desto niedriger ist die Anfangsviskosität. Kleine Primär-

Tab. 4.3-6 Bevorzugte *K*-Werte für verschiedene Verarbeitungsverfahren und Produkte

teilchen mit enger Verteilung verhalten sich eher dilatant, während größere Primärteilchen mit breiter Verteilung pseudoplastisches Verhalten zeigen. Die Pastenviskosität kann auch von der Schergeschwindigkeit unabhängig sein (Newton'sches Fließverhalten). Eine hohe Porosität der Teilchen erhöht durch Absorption des Weichmachers die Viskosität. Für Pasten werden fast ausschließlich fein verdüstes Emulsions- und Mikrosuspensions-PVC sowie unporöses S-PVC als Extender eingesetzt (Tab. 4.3-5). Die Viskosität und das rheologische Verhalten sind sehr komplex und müssen empirisch durch Kombination von Weichmacher, PVC, Extender und anderen Hilfsstoffen eingestellt werden.

4.3.3.2 **Hilfsstoffe für die Verarbeitung**

Zwar ist PVC beständig gegen Säuren, Alkali, unpolare und polare Lösungsmittel, aufgrund der Fehlstellen in der Kette muss es jedoch gegen den autokatalytischen Abbau durch HCl-Abspaltung stabilisiert werden. Die oben beschriebene Verarbeitung von PVC ist nur zusammen mit Hilfsstoffen möglich. Nur so kann eine unproblematische Verarbeitbarkeit bei Temperaturen von 120 °C bis zu 200 °C ohne Schädigung des Produkts gewährleistet werden.

Hilfsstoffe für die PVC-Verarbeitung werden im Wesentlichen nach folgenden Gruppen gegliedert:

- Stabilisatoren
- Gleitmittel
- Füllstoffe
- Weichmacher

Stabilisatoren

Aufgrund der hohen thermischen Belastung bei der PVC-Verarbeitung kommt dem Zusatz von Stabilisatoren eine hohe Bedeutung zu. Die Stabilisatoren wirken, indem sie Fehlstellen wie bspw. Doppelbindungen oder Ketone als Initialstellen des Kettenabbaus stabilisieren, abgespaltenen Chlorwasserstoff binden und die Autooxidation verhindern. cadmiumbasierte Stabilisatoren werden seit 2001 nicht mehr verwendet. Blei-Stabilisatoren sollen bis 2015 auf schwermetallfreie Alternativen umgestellt werden. Im Allgemeinen werden heutzutage Organozinn-Stabilisatoren, Blei-, Barium-Zink-, und Calcium-Zink-Stabilisatoren, sowie calciumorganische Stabilisatoren eingesetzt. Costabilisatoren und Säurefänger werden heutzutage häufig in Kombination mit einem Stabilisatorsystem eingesetzt. Sie wirken, indem sie Abbauprodukte abfangen und somit den autokatalytischen Kettenabbau unterbinden.

Gleitmittel

Man unterscheidet aufgrund der Wirkung und Polarität zwischen inneren (internen) und äußeren (externen) Gleitmitteln. Für die Löslichkeit im PVC ist außerdem das Verhältnis zwischen polaren Gruppen und Kohlenwasserstoffrest entscheidend. Verwendet werden Fettalkohol-Dicarbonsäureester, Glycerinester, Fettsäureester, Fettsäuren, Paraffine, Polyethylenwachse, etc.

Füllstoffe

Mineralische Füllstoffe dienen in vielen Fällen nur als Extender. Die gezielte Auswahl und chemische Vorbehandlung der Mineralien ermöglichen jedoch immer häufiger auch bestimmte Eigenschaften der Formstoffe sowie ihre Verarbeitung zu verbessern.

Weichmacher

Ein Weichmacher muss eine hohe Verträglichkeit mit PVC besitzen und darf nicht ausschwitzen. Als Weichmacher werden C_4-C_{12}-Ester von Phthalaten, Adipaten, Azelaten, Sebazaten und Phosphaten verwendet. Als sekundäre Weichmacher werden u. a. epoxidierte Sojabohnenöle und chlorierte Paraffine verwendet. Der meist verwendete Weichmacher Di(2-ethylhexyl)phthalat (»Dioctylphthalat«) DEHP (DOP) wirkt nicht allergisch oder sensibilisierend und ist weder akut noch chronisch toxisch [4.3-66, 4.3-67]. Dennoch ist DOP als giftig eingestuft, weil Studien an Ratten und Mäusen Hinweise auf Beeinträchtigung der Fortpflanzungsfähigkeit und embryonalen Entwicklung nach oraler Applikation gaben. Eine aktuelle Studie zeigt bei Jugendlichen, die als Frühgeburten eine relativ hohe Exposition u. a. mit Weich-PVC-Schläuchen erfahren haben, keine medizinischen Abweichungen von der Allgemeinheit [4.3-68]. DOP ist nur schwach wassergefährdend (WGK 1) und biologisch leicht abbaubar [4.3-68].

PVC wird unter folgenden Handelsnamen angeboten:
Benvic (Solvay), Carina (Shell), Corvic (AVC, Orica), Evipol (EVC), Geon (Geon), Induvil (Solvay), Lacovyl (Atofina), Norvinyl (Hydro Polymers), Oltvil (A.C. Chemicals SLR), Ongrovil (BorsodChem Rt.), Pevikon (Hydro Polymers), Solvin (Solvay), Vestolit (VESTOLIT), Vinnolit (Vinnolit Kunststoff GmbH), Viplast (Montecatini).

4.4 Polyoxymethylene

Unter Polyoxymethylenen werden thermoplastisch verarbeitbare Kunststoffe verstanden, deren Struktur vorwiegend durch unverzweigte Ketten von Oxymethylen-Einheiten bestimmt wird. In Arbeiten, die für die makromolekulare Chemie von grundlegender Bedeutung waren, haben STAUDINGER und KERN bereits in den 1920er Jahren Herstellung und Eigenschaften von Polyoxymethylen untersucht, wobei sie die relativ hohe Erweichungstemperatur von 175 °C, die hohe Kristallinität des Polymeren von 75 % und seine Fähigkeit zur Film- und Fadenbildung erkannten.

Nachdem die Firma DuPont in den USA seit etwa 1940 Forschungsarbeiten auf dem Polyoxymethylengebiet durchgeführt hatte, wurde von ihr 1958 unter dem Namen Delrin ein mit Essigsäureanhydrid endgruppenstabilisiertes Formaldehyd-Homopolymerisat als erstes Handelsprodukt angeboten. Auf Basis von Trioxan-Copolymeren folgten wenige Jahre später die Celanese in den USA, die Ticona (Gemeinschaftsgründung von Celanese und Hoechst) in Europa und die Polyplastics (Gemeinschaftsgründung von Celanese und Daicel) in Japan. In den 1970er Jahren schlossen sich dann die Ultraform (Gemeinschaftsgründung von BASF und Degussa jetzt BASF) und die Asahi Chemical Comp. an. Inzwischen gibt es weitere Polyoxymethylen-Produzenten vor allem im asiatischen Raum wie Mitsubishi-Gas Chemicals, Formosa Plastics, Lucky Goldstar und Korea Engineering Plastics sowie Tarnoform (Polen).

4.4.1 Physikalische und chemische Grundlagen der Verfahren

Die Herstellung von Polyoxymethylen erfolgt nach folgenden Gleichungen [4.4-1–4.4-4]:

$$CH_3OH + {}^1/_2\,O_2 \xrightarrow[\text{Katalysator}]{300\,^\circ C} HCHO + H_2O \qquad \Delta H_R = -159\,\text{kJ mol}^{-1}\,\text{HCHO}$$

$$HCHO\,(g) \xrightarrow[\text{anionisch}]{25\,^\circ C} \text{Polyformaldehyd (s)} \qquad \Delta H_R = -66\,\text{kJ mol}^{-1}\,\text{HCHO}$$

$$\sim OCH_2OCH_2OH \xrightarrow[(CH_3CO)_2O]{140\,^\circ C} \sim OCH_2OCH_2OCOCH_3$$

$$HO(CH_2O)_nH \xrightarrow[H_2SO_4]{100\,^\circ C} \text{Trioxan} \qquad \Delta H_R = -3{,}1\,\text{kJ mol}^{-1}\,\text{HCHO}$$

$$\text{Trioxan (I)} \xrightarrow[\text{kationisch}]{70\,^\circ C} \text{Polytrioxan (s)} \quad \Delta H_R = -22{,}6\,\text{kJ mol}^{-1}\,\text{Trioxan (298 °k)}$$

$$\text{Trioxan (I)} + \text{Dioxolan (I)} \xrightarrow[\text{kationisch}]{70\,^\circ C} \text{Trioxancopolymerisat (s)}$$

$$\sim CH_2CH_2O(CH_2O)_nCH_2OCH_2OH \xrightarrow[\text{Alkali}]{120\text{–}180\,^\circ C} \sim CH_2CH_2OH$$

Im großtechnischen Maßstab sind in den meisten Fällen Produktionsanlagen für Polyoxymethylene mit Einheiten zur Herstellung von Formaldehyd aus Methanol gemäß Gleichung (4.4-1) am gleichen Standort kombiniert.

Die Herstellung von *Homopolymerisaten* erfolgt gemäß Gleichung (4.4-2) durch anionische Suspensionspolymerisation von Formaldehyd in niedrig siedenen Kohlenwasserstoffen. Zur Stabilisierung der instabilen Halbacetalendgruppen wird anschließend gemäß Gleichung (4.4-3) eine Veresterung mit Essigsäureanhydrid bei ca. 140 °C durchgeführt.

Zur Herstellung von Copolymerisaten wird zunächst aus 60–80%iger wässriger Formaldehydlösung in Gegenwart von Schwefelsäure gemäß Gleichung (4.4-4) Trioxan hergestellt. Das durch Destillation sorgfältig gereinigte Trioxan wird dann in Gegenwart von einigen Prozenten Ethylenoxid, Dioxolan, Diethylenglykolformal oder Butandiolformal bei ca. 70–100 °C kationisch in Substanz polymerisiert. Die instabilen Halbacetalendgruppen des erhaltenen Copolymeren werden schließlich durch Alkalibehandlung gemäß Gleichung (4.4-6) in stabile alkoholische Endgruppen überführt.

Sowohl bei der anionischen Formaldehyd- als auch bei der kationischen Trioxan-Polymerisation führen bereits geringe Mengen von als Überträger wirkenden Verbindungen wie Wasser, Methanol, Ameisensäure, Methylformiat oder Dimethoxymethan im Monomeren zu erheblicher Störung der Polymerisationsreaktion. Diese Verunreinigungen müssen deshalb weitgehend entfernt werden. Die wichtigsten physikalischen Kenngrößen für die Monomeren Formaldehyd und Trioxan sind in Tabelle 4.4-1 zusammengestellt.

Tab. 4.4-1 Physikalische Kerngrößen für die Monomeren Formaldehyd und Trioxan

Eigenschaft		**Formaldehyd**	**Trioxan**
Schmelzpunkt	(°C)	–118	63
Siedepunkt		–19	114,5
Azeotrop-Siedepunkt (70% Trioxan, 30% Wasser)	(°C)		91,3
Kritische Temperatur	(°C)	137	317
Selbstentzündungstemperatur	(°C)	ca. 300	410
Dichte	(g/cm^3)	0,915 (bei –80 °C) 0,815 (bei –20 °C)	1,39 (bei 20 °C) 1,17 (bei 65 °C)
Dampfdruck	(mbar)	29,5 (bei –78 °C)	16,9 (bei 25 °C)
Schmelzwärme	(kJ/kg)	–	222
Verdampfungswärme	(kJ/kg)	777 (bei –19 °C)	452
Wärmekapazität	(kJ/kg)	1,18 (bei 25 °C)	1,24 (bei 25 °C)
Verbrennungswärme	(kJ/kg)	18716	16850
Bildungswärme	(kJ/kg)	–3863 (25 °C)	6000
Sublimationswärme	(kJ/kg)		1887
Explosionsgrenzen in Luft	(Vol%)	7–73	3,5–28,7

4.4.2
Beschreibung der Herstellverfahren

Die großtechnischen Herstellverfahren für Polyoxymethylene sind in der Literatur im Detail nicht beschrieben. Eine übersichtliche Darstellung der wesentlichen Verfahrensschritte bei zusammenfassender Sichtung und Wertung der Vielzahl von Patenten und Veröffentlichungen wird in [4.4-5] gegeben.

4.4.2.1 Herstellung von Homopolymerisaten

Das Verfahren umfasst die Abschnitte Methanoloxidation, Formaldehydreinigung, Polymerisation, Endgruppenverschluss und Homogenisierung des Polymeren in der Schmelze unter Zugabe von Hilfsstoffen. Abbildung 4.4-1 ergibt eine detaillierte Aufgliederung in die einzelnen Herstellstufen.

Ausgehend von Methanol wird zunächst nach dem Silberkontakt- oder Formox-Verfahren [4.4-6] durch Oxidation mit Luftsauerstoff bei 300 °C ein gasförmiges Gemisch aus Formaldehyd, Wasser und Nebenprodukten wie Methanol, Ameisensäure, Methylformiat, Dimethylether und Dimethoxymethan erhalten. Es schließt sich eine Absorption der Reaktionsgase in Cyclohexanol, die Bildung des Hemiformals aus Formaldehyd und Cyclohexanol, die weitgehende Entfernung von bei der Polymerisation störenden Verunreinigungen durch Azeotropdestillation und eine thermische Spaltung des Hemiformals bei 150 °C zu gasförmigem Formaldehyd und Cyclohexanol an [4.4-8, 4.4-9]. Für die zum Einsatz bei der anionischen Polymerisation jetzt noch notwendige Hochreinigung des Formaldehyds hat sich die partielle Polymerisation sehr gut bewährt [4.4-10].

Die gleichen Reinheitsforderungen, die an das Monomere gestellt werden, gelten prinzipiell auch für das im jetzt folgenden Verfahrensabschnitt verwendete Suspensionsmittel für die anionische Polymerisation. In aliphatische oder cycloaliphatische Kohlenwasserstoffe wird zu diesem Zweck gasförmiger Formaldehyd eingeleitet und das entstehende Polymerisat abfiltriert.

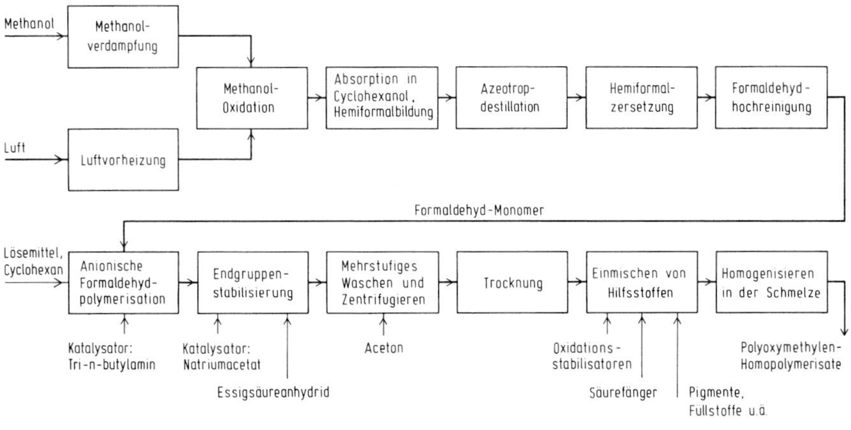

Abb. 4.4-1 Fließbild für die Herstellung von Polyoxymethylen-Homopolymerisaten

Als Initiatoren für die anionische Polymerisationsreaktion eignen sich unter anderem Amine [4.4-11], Metallcarbonyle [4.4-12], Alkoholate [4.4-13], Ammonium- bzw. Sulfoniumsalze [4.4-14, 4.4-15] und Phosphine, Arsine und Stibine [4.4-16]. Details über die Kinetik der Formaldehyd-Polymerisation können einem Übersichtsbericht [4.4-17] entnommen werden.

Die Suspensionspolymerisation wird z. B. mit Tri-*n*-butylamin als Initiator bei Raumtemperatur und reduziertem Druck in Cyclohexan durchgeführt. Formaldehyd wird gasförmig zudosiert und die Reaktionswärme von 66 kJ mol^{-1} durch Siedekühlung abgeführt. Das erhaltene Polymere fällt als feines im Kohlenwasserstoff suspendiertes Pulver an.

Aufgrund der vorwiegend vorhandenen Halbacetalendgruppen unterliegt das Makromolekül bei erhöhter Temperatur unter sukzessiver Formaldehydabspaltung einer vollständigen Depolymerisation. Durch Überführung der Halbacetalendgruppen in Alkyl- oder Acylgruppen wird eine erhebliche Verbesserung der thermischen Stabilität erreicht [4.4-18–4.4-20]. Technische Bedeutung hat besonders die Veresterung mit Essigsäureanhydrid erhalten, wobei verschiedene Vorschläge über zu verwendende Löse- bzw. Quellungsmittel sowie über Katalysatoren gemacht wurden [4.4-21, 4.4-22]. Die Reaktion wird beispielsweise in Rührkesseln beim Siedepunkt von Essigsäureanhydrid in Gegenwart von 0,1 % Natriumacetat als Katalysator durchgeführt. Anschließend wird filtriert oder zentrifugiert und das Produkt in mehreren Waschschritten von Essigsäureanhydrid, Formaldehyd und anderen Verunreinigungen befreit. Nach dem Trocknen wird im letzten Herstellschritt mit Stabilisatoren, Pigmenten und eventuell anderen Füllstoffen gemischt, in der Schmelze homogenisiert, extrudiert und das erhaltene Granulat abgepackt.

4.4.2.2 **Herstellung von Copolymerisaten**

Das Verfahren umfasst die Stufen Methanol-Oxidation, Trimerisierung von Formaldehyd zu Trioxan, Trioxan-Reinigung, Polymerisation, Entfernen der instabilen Endgruppen und Homogenisieren in der Schmelze unter Zugabe von Stabilisatoren. Abbildung 4.4-2 gibt eine detaillierte Aufgliederung in die einzelnen Herstellstufen.

Wie bereits bei der Herstellung von Homopolymerisat beschrieben, erhält man zunächst nach dem Silberkontakt- oder Formox-Verfahren durch Oxidation von Methanol ein gasförmiges Gemisch aus Formaldehyd, Wasser und Nebenprodukten. Nach Absorption dieses Gemisches in Wasser und Aufkonzentrierung unter vermindertem Druck werden die erhaltenen 60–80 %igen wässrigen Formaldehydlösungen in Gegenwart von Mineralsäuren, z. B. Schwefelsäure, bei 100–120 °C zu Trioxan umgesetzt. Für die Auslegung des entsprechenden Trioxan-Reaktors unter den Aspekten Raum-Zeit-Ausbeute und Energiebedarf sind reaktionstechnische und kinetische Untersuchungen durchgeführt worden [4.4-23]. An die Trioxanbildung schließen sich Extraktionsschritte mit Methylenchlorid, Benzol oder anderen mit Wasser nicht mischbaren Lösemitteln zur Überwindung des azeotropen Punktes von Trioxan-Wasser Mischungen (70/30 m%) und eine sorgfältige Destillation an [4.4-6]. Eine alternative Reinigungsmethode besteht in der Kristallisation von Trioxan-Reaktionsmischungen, die sowohl zur Überwindung des azeotropen Punktes als auch zur Erzeugung von »polymerisation grade« Trioxan eingesetzt werden kann [4.4-7].

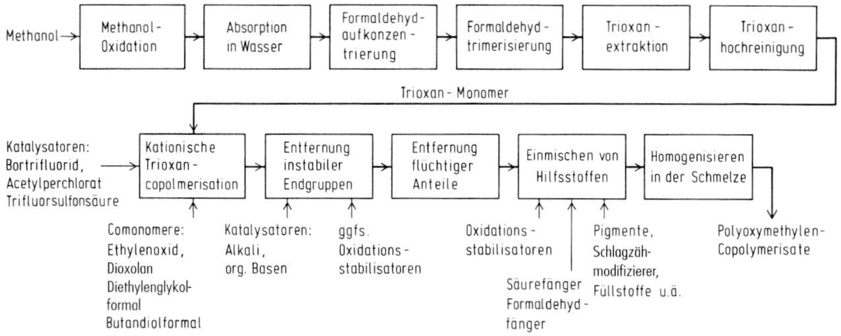

Abb. 4.4-2 Fließbild für die Herstellung von Polyoxymethylen-Copolymerisaten

In technischen Verfahren eingesetzte Comonomere für die Trioxan-Copolymerisation sind Ethylenoxid, Dioxolan, Diethylenglykolformal (1,3,6-Trioxycyclooctan) und Butandiolformal (1,3-Dioxepan). Die Polymerisation in Gegenwart von 2–4% dieser Comonomeren erfolgt unter Verwendung von kationischen Initiatoren, wie z. B. Bortrifluorid, Bortrifluoridetherat, Perchlorsäure, Trifluormethansulfonsäure, Heteropolysäuren wie z. B. Wolframatophosphorsäure oder ihren Estern bzw. Salzen. Dabei werden unter Öffnung des Trioxan- und Comonomerringes vorwiegend lineare Polyoxymethylene gebildet [4.4-24, 4.4-25].

Für die Eigenschaften des Endproduktes ist es von Bedeutung, dass die zunächst teilweise blockig eingebauten Comonomere durch die parallel zur eigentlichen Polymerisationsreaktion ablaufende Transacetalisierungsreaktion, die eine inter- und intramolekulare Spaltung und Neuverknüpfung der bereits gebildeten Polyoxymethylenketten bewirkt, weitgehend statistisch über die Polymerketten verteilt werden. Dadurch kann bei einer anschließenden thermischen oder alkalischen Behandlung des Polymerisates die Abspaltung von Formaldehyd nur bis zu den eingebauten Comonomerbausteinen fortschreiten.

Obwohl sich eine Polymerisation aus Lösung (Fällungspolymerisation) oder in Suspension [4.4-26] wegen der guten Möglichkeit zur Abführung der Reaktionswärme und des in Pulverform anfallenden Reaktionsproduktes anbietet, hat sich die Polymerisation in Substanz bei 70–100 °C durchgesetzt. Da das erzeugte Polymerisat im Monomerengemisch unlöslich ist und als harter Feststoff anfällt, werden als Polymerisationsaggregate Einschneckenkneter [4.4-27], Doppelschneckenextruder [4.4-28], Zellräder [4.4-29] oder Trommeln [4.4-30] eingesetzt. Eine Alternative ist die Feststoffcopolymerisation [4.4-31], bei der die eigentliche Polymerisation nach Kristallisieren der Monomermischung erfolgt und so eine stufenweise Abführung der Reaktionswärme und dadurch höhere Ausbeuten bei der Polymerisation ermöglicht werden. Eine weitere Alternative stellt die Substanzpolymerisation unter erhöhter Temperatur (150 °C) und erhöhtem Druck (25 bar) dar. Die Polymerisation verläuft hierbei in homogener Phase ab und lässt sich dadurch wesentlich einfacher steuern als die Substanzpolymerisation unter Normaldruck, die mit einen Aggregatzustandswechsel einhergeht. Diese Polymerisationsvariante wird bevorzugt in Rohrreaktoren mit eingebauten statischen Mischelementen durchgeführt [4.4-32].

In der nächsten Stufe erfolgt die Entfernung der instabilen Endgruppen des erhaltenen Rohpolymerisates durch Behandlung mit Alkali bei erhöhter Temperatur. Je nach angewendetem Verfahren spricht man von heterogener Hydrolyse, Lösungs- oder Schmelzhydrolyse, wobei auch Kombinationen möglich sind. Die eingesetzten alkalischen Reagenzien können Ammoniak, organische Amine, Alkalifluoride, Alkalicarbonate oder basische Phosphate sein. Bei der heterogenen Hydrolyse [4.4-33–4.4-36] wird in Wasser oder Wasser/Alkohol-Mischungen auf Temperaturen von 100–120 °C erhitzt und dadurch ein thermostabiles Produkt erhalten. Die Lösungs- [4.4-37, 4.4-38] und Schmelzhydrolyse [4.4-39, 4.4-40] erfolgen bei Temperaturen von 170–220 °C in homogener Phase.

Die durch Lösungshydrolyse erhaltenen Produkte mit stabilen Endgruppen werden zum Entfernen flüchtiger Anteile sorgfältig getrocknet, mit Stabilisatoren, Pigmenten und eventuell anderen Füllstoffen gemischt, in der Schmelze homogenisiert, extrudiert und das erhaltene Granulat abgepackt. Bei der Schmelzhydrolyse erfolgt die Entfernung instabiler Endgruppen, das Befreien von flüchtigen Anteilen und das Einmischen von notwendigen Additiven in einem Schritt auf Extrudern [4.4-41]. Die Hydrolyse, die sich an die homogene Substanzpolymerisation bei erhöhter Temperatur und erhöhtem Druck anschließt, kann im gleichen Rohrreaktor wie die Polymerisation durchgeführt werden und läuft ebenfalls in homogener Phase ab. Die Abtrennung flüchtiger Anteile und das notwendige Einmischen von Additiven erfolgt nach Druckabsenkung in einem nachgeschalteten Extruder.

Der Zusatz von Stabilisatoren ist bei Polyoxymethylenen erforderlich, um eine ausreichende Beständigkeit gegenüber dem bei der Verarbeitung in Spritzgussmaschinen und Extrudern auftretenden Einfluss von Wärme und Sauerstoff zu gewährleisten. Die Reaktion mit Sauerstoff führt bei Polyoxymethylenen bei Temperaturen oberhalb des Schmelzpunktes des Polymeren zu Kettenspaltung und in Folgereaktionen durch Oxidation und Cannizzaro-Reaktion von freiwerdendem Formaldehyd zu Ameisensäurebildung. Die Ameisensäure ihrerseits bedingt wieder eine saure Spaltung von Polyoxymethylen [4.4-42]. In diese Abbaureaktion wird durch Zugabe von Oxidationsstabilisatoren, Formaldehyd- und Säurefängern wie sterisch gehinderte Phenole und Harnstoff sowie seine Substitutionsprodukte, Polyamide, andere stickstoffhaltige Verbindungen oder Calciumsalze von organischen Säuren, eingegriffen [4.4-43–4.4-48].

4.4.3 Eigenschaften und Anwendungsgebiete

Polyoxymethylene zeichnen sich durch hohe Härte und Steifheit, hohe Zähigkeit bis –40 °C, hohe Formbeständigkeit in der Wärme, geringe Wasseraufnahme, gute elektrische und dielektrische Eigenschaften, günstiges Gleit- und Verschleißverhalten und durch leichte Verarbeitbarkeit aus. Der strukturelle Unterschied zwischen Homo- und Copolymerisation hat bei den Copolymerisaten eine etwas niedrigere

Kristallinität als bei den Homopolymerisaten zur Folge [4.4-49]. Daraus ergeben sich bei den vom Kristallinitätsgrad abhängigen Eigenschaften wie z. B. Schmelzpunkt, Härte, Steifheit und Festigkeit etwas höhere Werte für die Homopolymerisate. Die Copolymerisate haben dafür Vorteile in der Dauergebrauchstemperatur, der Alkalibeständigkeit und der Thermostabilität. In Tabelle 4.4-2 sind einige wichtige Eigenschaften der Polyoxymethylene zusammengestellt.

Infolge der guten Beständigkeit von Polyoxymethylenen gegen viele organische Lösemittel weisen sie nur eine geringe Quellung und eine geringe Abnahme ihrer mechanischen Eigenschaften im Kontakt mit Lösemitteln auf. In der Praxis ist besonders die Beständigkeit gegen Autobenzin (auch methanolhaltiges), Mineralöl und Heizöl von Bedeutung. Auf dem Gebiet der Aerosolverpackung, selbst von Kosmetika, interessiert die gute Beständigkeit gegenüber Alkoholen, fluorierten Kohlenwasserstoffen, etherischen Ölen und Duftstoffen. Polyoxymethylene sind unterhalb von 50 °C unzersetzt lediglich in perfluorierten Alkoholen oder Ketonen löslich. Oberhalb 150 °C lösen sie sich z. B. in γ-Butyrolacton, Benzylalkohol, Dimethylacetamid und Dimethylformamid. Weitere Angaben zum Eigenschaftsbild von Polyoxymethylenen können der Literatur entnommen werden [4.4-50–4.4-53].

Schlagzähmodifizierte Polyoxymethylene werden durch Polymerblends bevorzugt mit Polyurethanelastomeren hergestellt, wobei optimale Eigenschaften dann erreicht werden, wenn man bei der Herstellung der Blends interpenetrierende Blend-Morphologien erreicht [4.4-54].

Polyoxymethylene werden vorwiegend als Granulat naturfarben oder eingefärbt geliefert. Neben den bereits erwähnten Antioxidantien und Säurefängern können sie je nach Anwendungsgebiet Lichtstabilisatoren, Gleitmittel, Pigmente, Glasfasern, anorganische Füllstoffe oder andere Polymere als Zusatzstoffe enthalten. Die Schüttdichte der ungefüllten Polyoxymethylen-Granulate beträgt ca. 800 g l^{-1}. Etwa 90% des Polyoxymethylens werden nach dem Spritzgießverfahren verarbeitet, die restlichen 10% durch Extrudieren oder Blasformen. Die Spritzgießtypen unter-

Tab. 4.4-2 Physikalische Eigenschaften der Polyoxymethylene

Eigenschaft	Einheit	Prüfnorm	Homopolymer	Copolymer
Dichte	g cm^{-3}	ISO 1183	1,42	1,41
Glastemperatur	°C		$\leq$ 30	$\leq$ 30
Schmelzpunkt	°C	ISO 3146	178	166
Reißdehnung	%	ISO 527–1/-2	30	30
Streckspannung	MPa	ISO 527–1/-2	72	64
Zug-E-Modul	MPa	ISO 527–1/-2	3200	2850
Charpy Schlagzähigkeit	kJ mm^{-2}	ISO 179/1eU	340	180
Charpy Kerbschlagzähigkeit 23–30 °C	kJ mm^{-2}	ISO 179/1eA	9	6,5
	kJ mm^{-2}	ISO 179/1eA	8	6
Dauergebrauchstemperatur	°C		100	100
Vicat Erweichungstemperatur	°C	ISO 306	160	150

scheiden sich im Wesentlichen in der Molmasse und damit in der Schmelzeviskosität und in der Fließfähigkeit. Für die Extrusion von Stangen, Rohren, Profilen, Platten und Folien werden höhermolekulare Typen eingesetzt.

Die Hauptverbraucher für Polyoxymethylene sind der Fahrzeugbau (40%) und die Elektro- Elektronikindustrie (15%, in Asien 35%). Weitere Verbraucher sind der Haushaltsgeräte- und Apparatebau, der Maschinenbau und die Sanitär- und Installationstechnik. Ausführliche Hinweise zur Verarbeitung und Verwendung der Polyoxymethylene können der Literatur entnommen werden [4.4-50, 4.4-55, 4.4-56].

4.4.4
Wirtschaftlicher Ausblick

Der Markt für Polyoxymethylene wird zu etwa 22% mit Homopolymerisat und zu etwa 78% mit Copolymerisat abgedeckt. Die günstige Kombination der mechanischen, thermischen, elektrischen und chemischen Eigenschaften von Polyoxymethylenen macht sie zu einem bevorzugten Konstruktionswerkstoff, der breite Anwendung in traditionellen Einsatzgebieten von Metallen gefunden hat.

Dem Weltbedarf von ca. 560000 t a^{-1} im Jahre 2001 stehen Kapazitäten von insgesamt ca. 770000 t a^{-1} gegenüber. Hersteller, Handelsnamen und Kapazitäten für Polyoxymethylene sind in Tabelle 4.4-3 zusammengestellt.

Tab. 4.4-3 Hersteller, Handelsnamen und Kapazitäten für Polyoxymethylen

Region	Hersteller	Produkt	Typ	Kapazität 1997 1000 t/a	Kapazität 2001 1000 t/a
Europa	DuPont	Delrin	Homopoly	75	85
	Ticona	Hostaform	Copoly	61	83
	BASF	Ultraform	Copoly	32	40
	Sonstige		Copoly	10	12
Europa gesamt				**178**	**220**
USA	Ticona	Celcon	Copoly	67	86
	DuPont	Delrin	Homopoly	63	67
	BASF	Ultraform	Copoly	22	33
USA gesamt				**152**	**186**
Asien	Polyplastics	Duracon	Copoly	122	150
	Korea Engineering Plastics	Kepital	Copoly	35	55
	Mitsubishi	Jupital	Copoly	35	40
	Asahi Chemicals	Tenac	Homopoly	24	24
	Asahi Chemicals	Tenac	Copoly	20	20
	Formosa Plastics	Formosacon	Copoly	20	20
	Lucky Goldstar	Lucel	Copoly	13	k.A.
	Sonstige			13	55
Asien gesamt				**282**	**364**
Insgesamt			**Copoly**	454	598
			Homopoly	158	172
				612	770

Zur Zeit werden weitere Kapazitäten in China errichtet. So errichtet Ticona zusammen mit der Polyplastics und Mitsubishi Gas Chemicals eine 60 000 t a^{-1} Anlage und Dupont zusammen mit Asahi eine 20 000 t a^{-1} Anlage, die sukzessive auf 60 000 t a^{-1} ausgebaut werden soll.

4.5 Fluorpolymere

4.5.1 Wirtschaftliche Bedeutung – Haupteinsatzgebiete

Fluorpolymere sind technische Hochleistungspolymere, deren außergewöhnliche Eigenschaften abhängig vom Fluorgehalt der Polymeren sind. Allgemein gilt die Regel – je höher der Fluorgehalt um so besser die Temperatur- und Chemikalienbeständigkeit, Witterungsbeständigkeit und andere Eigenschaften. Dieser Regel folgend ist der Sinterwerkstoff *Polytetrafluorethylen* (PTFE), der 1938 von dem US-Forscher PLUNKETT (DuPont) entdeckt wurde, bis heute unübertroffen. Es ist festzustellen, dass der heutige hohe Stand der Technik auf allen Gebieten ohne Fluorpolymere undenkbar ist und sich dies auch in Zukunft nicht ändern wird. Der heutige Weltbedarf an Fluorpolymeren – Fluorelastomere nicht einbezogen – ist mit 100 000–110 000 t a^{-1} (2004) zu veranschlagen [4.5-1]. PTFE hat dabei mit 65–70% den größten Anteil. Nach vorliegenden Erfahrungen kann im Mittel für alle Fluorpolymere mit einem jährlichen Zuwachs von 5–7% pro Jahr ausgegangen werden.

Bedingt durch die sehr aufwändigen Herstellverfahren sind Fluorpolymere im Vergleich zu den Massenpolymeren wie PE, PP, PVC als teuer einzustufen und liegen heute in Europa im Bereich von etwa 10 Euro/kg (PTFE) bis 35 Euro/kg (Thermoplast PFA).

Basis für alle Fluorpolymere bezüglich der Fluorgewinnung ist das Mineral Flussspat (Calciumfluorid) das weltweit in ausreichenden Mengen zur Verfügung steht.

Wichtigste Einsatzgebiete für Fluorpolymere sind heute (2004) folgende (Anteile %):

- Chemischer Anlagen & Apparatebau : 30%
- Fahrzeug & Maschinenbau : 25%
- Elektrotechnik & Elektronik : 20%
- Umwelt/Bau/Medizin/Verschiedenes: 25%

4.5.2 Hersteller – Produkte

Schwerpunkte der Herstellung von Fluorpolymeren sind heute die Länder USA, Europa, Russland, China, Japan. Andere, wie Südamerika und Afrika haben keine oder nur geringe Kapazitäten, wie z. B. Indien mit < 500 t a^{-1}. Die USA nehmen traditionsgemäß (Du Pont) die führende Rolle ein, gefolgt von Japan (Asahi Glass, Daikin), Europa (Arkema, Dyneon, Solvay Solexis) und nicht zuletzt Russland und China.

Welt führende Hersteller sind (Reihung nach Kapazitäten [4.5-1]):
Du Pont (USA/J/NL): PTFE, PFA, FEP, ETFE, PVF, AF
Daikin (J/USA/China): PTFE, PCTFE, PFA, FEP, ETFE, EFEP
Solvay Solexis (EU/USA): PTFE, PFA,MFA, ECTFE, PVDF
Dyneon (D/USA): PTFE, PFA, FEP, ETFE, EFEP, PVDF, THV
Asahi Glass (J/USA/GB): PTFE, PFA, FEP, ETFE
Arkema (FR/USA): PCTFE, PVDF

4.5.3 Herstellung – Eigenschaften – Verarbeitung – Einsatzgebiete

4.5.3.1 Polytetrafluorethylen-(PTFE)-Homopolymere

Ausgangsprodukt für PTFE ist das Monomere Tetrafluorethylen (TFE), ein überaus explosives, bei Raumtemperatur gasförmiges Produkt (Kp. –75,6 °C), das aus Sicherheitsgründen im flüssigen Zustand (< -20 °C) gelagert werden muss. Die Polymerisation des gasförmigen TFE zu PTFE erfolgt diskontinuierlich (0,4–4 t Chargen) in wässriger Flotte radikalisch mittels Persulfaten [4.5-2], Mangansäuren [4.5-3] oder organischen Peroxiden [4.5-4] unter ~10–30 bar Druck und bei 10–80 °C.

Abhängig von den gewünschten Endprodukteigenschaften erfolgt die Polymerisation in *Emulsion* oder *Suspension*.

Die Emulsionspolymerisation liefert wässrige Dispersionen mit ca. 30–35 % Feststoff, die nach Zusatz von Emulgatoren und Wasserentzug auf 50–60 Gew.-% Feststoff aufkonzentriert [4.5-5] oder durch Ausfällen der *Primärdispersionen* zu pulverförmigen Produkten (*Pastenware*) aufgearbeitet werden. Die Teilchengröße der Primärdispersionen liegt üblicherweise im Bereich von 200–300 nm, die Pulvertypen bei 400–600 µm. Die so genannte *Emulsionspolymerisation* erfordert den Einsatz von wasserstofffreien Emulgatoren wie Perfluoroctansäure, die nach der Polymerisation aus dem System entfernt und wieder aufbereitet werden muss.

Wird nach der *Suspensionspolymerisation* gearbeitet, so fällt eine Suspension von PTFE-Teilchen in unregelmäßiger Form im Bereich von 1–3 mm Größe an. Diese werden abgetrennt und mittels Waschen, Trocknen und Grobmahlung aufgearbeitet.

Im Anschluss daran erfolgt meist eine Feinmahlung mittels Luftstrahlmühlen auf eine Teilchengröße von ca. 15–25 µm. Pulver dieser Art, die nicht rieselfähig sind, können bereits direkt zu Press/Sinterkörpern verarbeitet werden. Werden jedoch rieselfähige Produkte benötigt, so müssen Letztere einer Granulierstufe unterzogen werden. Dies erfolgt meist unter mechanischer Bewegung mit geeigneten Lösemitteln wie Alkoholen oder Kohlenwasserstoffen [4.5-6, 4.5-7].

Verarbeitung der Suspensionspolymerisate: Pulvertypen

Diese erfolgt vorwiegend durch Verdichtung der Pulver bei Raumtemperatur in geeigneten Formen unter Druck (150–250 bar) und nach Entformung der resultierenden Rohlinge mittels Sintern in Öfen bei Temperaturen von 360–370 °C. Formkörper aus PTFE bis zu einem Gesamtgewicht von 1000 kg (Einsatz: Herstellung von Schälfolien) sind heute Stand der Technik.

Verarbeitung der Emulsionspolymerisate: Pulvertypen – Dispersionen
Bei Pulvern erfolgt die Verarbeitung zunächst mittels Vermischen dieser mit Gleitmitteln, wie Benzinen und einem bei Raumtemperatur anschließenden Form-Strang-Pressprozess unter hohen Drücken (bis 1000 bar). Damit sind Formen wie Rohre, Schläuche, Bänder, Ummantelungen (Draht/Kabel), die nach der Entfernung des Gleitmittels durch Trocknung bei 360–370 °C gesintert werden, herstellbar. Wässrige Dispersionen werden direkt zum Imprägnieren, zur Beschichtung von Metallen, Glas oder Keramik eingesetzt oder es werden daraus Lacksysteme hergestellt.

PTFE-Kenndaten [4.5-8]:
Spez. Gewicht: 2,16–2,18 g cm^{-3}
Schmelzbereich: 320–340 °C
Temperaturbereich/Dauereinsatz: –200 °C bis +260 °C
Reißfestigkeit/Reißdehnung (23 °C): 25–45 MPa/250–400%
Zug-E-Modul: ~750 MPa
Brennbarkeit: Sauerstoffindex (LOI/ASTM 2863): > 95%
Relative Dielektrizitätskonstante/23–150 °C/50 Hz-1 kHz: 2,1
Elektrische Durchschlagfestigkeit: 50–80 KV mm^{-1} (0,2 mm Folie)
Beständigkeit im Außeneinsatz (Wetter): > 50 Jahre
Beständigkeit gegen Lösemittel/Chemikalien: ausgezeichnet, Einschränkungen im Kontakt mit Alkalimetallen, Fluor, bestimmten Fluor enthaltenden Verbindungen.

PTFE – Einsatzgebiete/Schwerpunkte
Haupteinsatz von PTFE ist der Chemische Apparate/Anlagenbau (Auskleidungen, Rohrleitungssysteme, Ventile, Dichtungen, Dehnungsausgleicher), gefolgt vom Fahrzeug/Maschinenbau, wo selbstschmierende Gleit-, Lager-, Dichtelemente im Vordergrund stehen. Die hervorragenden elektrischen Eigenschaften werden für Drahtkabelisolationen und Isolatoren (Hochspannung) aller Art genutzt.

Wichtig ist der Einsatz auf dem Halbleitersektor im Allgemeinen, wofür hochreine Typen (HP) erforderlich sind.

Für den Bereich Umwelt werden Filter sowie Leitungssysteme für Abgase und Abwasser, Sonden u. a. gefertigt. Im Baubereich sind PTFE-beschichtete Gewebe aus Glasfasern als textile Membrane (Dächer) seit über 40 Jahren mit Erfolg im Einsatz. Im medizinischen Bereich werden künstliche Gefäßteile, aber auch medizinische Geräte aus PTFE hergestellt. Beschichtungssysteme aus PTFE werden für anti-adhäsive Anwendungen wie Koch-, Brat- und Backgeräte benutzt. Auf dem Bekleidungssektor werden textile Stoffe mit wasserdichten, jedoch atmungsaktiven, mikroporösen PTFE-Membranen (GORE-TEX®) kombiniert.

PTFE-Fasern/Filamente für Dichtungen und textile Gebilde runden den Einsatz ab.

4.5.3.2 Polytrifluorchlorethylen (PCTFE)
Dieses thermoplastisch verarbeitbare Fluorpolymere, das neben Fluor auch Chlor enthält, wurde 1934 in Deutschland bei den IG. Farben entdeckt und hat heute,

mengenmäßig gesehen, nur noch eine untergeordnete Bedeutung. Hersteller sind die Firmen Daikin/Japan und Arkema (F). Bezüglich Anwendungen ist die große Druckfestigkeit/Steifigkeit und die extrem niedere Gaspermeation (Folienanwendungen) hervorzuheben.

Ausgangsprodukt für PCTFE ist das Monomere Trifluorchlorethylen (CTFE), ein bei Raumtemperatur gasförmiges Produkt (Kp. –28,4) das im Vergleich zu TFE relativ gefahrlos gehandhabt werden kann. Die Polymerisation erfolgt ähnlich der von PTFE radikalisch mittels Redoxsystemen, wobei analog zu PTFE nach dem Suspensions- oder Emulsions-Polymerisationsverfahren gearbeitet wird. Nach der Polymerisation werden die resultierenden pulverförmigen Produkte gewaschen, getrocknet und schließlich aus dem Schmelzzustand (Extruder) granuliert.

Zur Verminderung der Versprödungsneigung des reinen Homopolymerisates PCTFE muss meist ein zweites Fluoromonomer, wie z. B. Vinylendifluorid, bei der Polymerisation zugesetzt werden.

PCTFE-Kenndaten [4.5-8]:
Spez. Gewicht: 2,10–2,18 g cm^{-3}
Schmelzbereich: 210–212 °C
Temperaturbereich/Dauereinsatz: –200 °C bis +180 °C
Reißfestigkeit/Reißdehnung (23 °C): 30–40 MPa/30–80 %
Zug-E-Modul: ~ 1000–2000 MPa
Brennbarkeit: Sauerstoffindex (LOI/ASTM 2863): > 95 %
Relative Dielektrizitätskonstante: 2,8–2,5
Elektrische Durchschlagfestigkeit: 120–150 kV mm^{-1} (0,1 mm Folie)
Beständigkeit gegen Lösemittel/Chemikalien: Vergleichbar mit PTFE bei Säuren/Laugen, Einschränkungen bei Alkalimetalle, chlorierte KW, Aromaten (Quellung)

PCTFE – Einsatzgebiete/Schwerpunkte

Wegen der geringen Permeation von Gasen und Wasserdampf liegt der Haupteinsatz im Bereich von Folien (Aclar® Film/USA), die für Arzneimittelverpackungen, in der Elektronik, in der Luft- und Raumfahrt sowie für Formkörper eingesetzt werden. Letztere sind extrem druckbeständig und werden für Dicht- und Gleitelemente verwendet.

4.5.3.3 Polyvinylfluorid (PVF)

Ausgangsprodukt für PVF ist das gasförmige, leicht entzündliche Monomere Vinylfluorid (VF), das bei –72,2 °C siedet und in wässriger Flotte bei 50–150 °C unter Druck (> 50 bar) polymerisiert werden kann. Als Katalysatorsysteme können Peroxide und Azoverbindungen [4.5-9] verwendet werden. Wird die Polymerisation in Dimethylsulfoxid-Wasser-Gemischen durchgeführt, werden Organosole erhalten, die direkt zu Folien weiterverarbeitet werden können [4.5-10].

PVF-Kenndaten [4.5-11]:
Dichte: 1,36–1,44 g cm^{-3}
Schmelzbereich: 185–190 °C

Temperaturbereich/Einsatz: –70 °C bis +109 °C
Reißfestigkeit/Reißdehnung (23 °C): 35–40 MPa/100–250 %
Zug-E-Modul: 210 MPa
Brennbarkeit: selbstverlöschend
Dielektrizitätskonstante (23 °C 10 · 10^{-6} Hz): 4,8
Elektrische Durchschlagfestigkeit: 120–140 KV mm^{-1}
Beständigkeit im Außeneinsatz (Wetter): > 10 Jahre
Wasseraufnahme: < 0,4 % (23 °C/24 h)

Hersteller – Einsatzgebiete

PVF dessen Markteinführung bereits 1957 durch Du Pont erfolgte, wird heute nur noch in den USA hergestellt. Haupteinsatz für PVF sind Folien aller Art, die unter dem Handelsnamen Tedlar® PVF-Film bekannt geworden sind. Im Einsatz wichtig sind auch PVF-Laminate für Auskleidungen im Innenbereich im Flugzeug/Fahrzeugbau, aber auch in der Elektrotechnik/Elektronik wie in der Solarzellenverkapselung. Gute Witterungsbeständigkeit und universelle Farbgestaltung haben PVF-Textilien und -Laminate zu interessanten, neuartigen Membranwerkstoffen (Textile Architektur) gemacht.

PVF Rohstoff kann weiterhin zur Herstellung von Beschichtungssystemen eingesetzt werden.

4.5.3.4 Polyvinylidenfluorid (PVDF)

Neben dem Homopolymeren werden eine Reihe modifizierter Produkte hergestellt, um Verarbeitbarkeit und Eigenschaften (z. B. die Flexibilität) zu verbessern.

PVDF kann, ähnlich PTFE, in wässriger Flotte aus den Monomeren Vinylidenfluorid (VF/Kp. –82 °C) in radikalischer Polymerisation hergestellt werden.

Da VDF wesentlich reaktionsträger als TFE ist, sind für die Polymerisation Drücke im Bereich 25–60 bar und Temperaturen von 50–150 °C erforderlich. Als Katalysatoren können Peroxide verwendet werden [4.5-12]. Die Polymerisation wird sowohl nach dem Suspensions- als auch Emulsionsverfahren durchgeführt.

PVDF-Kenndaten [4.5-8]:
Spez. Gewicht: 1,75–1,78 g cm^{-3}
Schmelzbereich: 168–172 °C (Homopolymer)
Temperaturbereich/Dauereinsatz: –30 °C bis +150 °C
Reißfestigkeit/Reißdehnung (23 °C): 50–60 MPa/50–60 %
Zug-E-Modul: ~2000–3000 MPa
Brennbarkeit: Sauerstoffindex (LOI/ASTM 2863): ~44 %
Relative Dielektrizitätskonstante: 7–8
Elektrische Durchschlagsfestigkeit: 120–130 kV mm^{-1} (0,1 mm Folie)
Beständigkeit im Außeneinsatz (Wetter: > 25 Jahre)
Beständigkeit gegen Lösemittel/Chemikalien: Gute Beständigkeit Säuren/Laugen, bedingt bei bestimmten Ketonen, Aminen, polare Lösemittel

Hersteller – Einsatzgebiete

Marktführer sind die Firmen Solvay Solexis und Arkema. Die Hauptanwendungen für PVDF sind:

- Chemischer Apparate und Anlagenbau/Umwelt (Filter, Abgas/Wasser)
- Beschichtungen aller Art für den Außeneinsatz (Fassadenteile, Baubereich)
- Elektrotechnik/Elektronik (Draht/Kabel, Batterien, Halbleitertechnik)

Sondergebiete sind Sonden mit pyro- beziehungsweise piezoelektrischen Eigenschaften und EL-Anwendungen (Displays, Lampen).

4.5.4 Copolymere

4.5.4.1 TFE-HFP (Hexafluorpropen): FEP

FEP, aufgebaut aus den Monomeren TFE und HFP (Kp. –29,4 °C), ist bezogen auf das Eigenschaftsbild und Marktvolumen der wichtigste voll fluorierte Fluorthermoplast (Markteinführung: 1960/Du Pont/USA).

FEP wird von allen großen Fluorpolymerherstellern wie Du Pont (USA), Daikin (J), Dyneon (D), Asahi Glass (J) hergestellt, wobei Du Pont unverändert Marktführer ist. Die Polymerisation zu FEP [4.5-13–4.5-15] wird, ähnlich der von PTFE, radikalisch sowohl in wässriger Flotte als auch in fluorierten Lösemitteln durchgeführt, wobei der HFP-Gehalt im Endprodukt ca. 10–12 Gew.-% beträgt. Eine völlig neuartige Technologie zur FEP-Herstellung wird seit 2001 von Du Pont/USA (G-Prozess) ausgeübt. Diese führt die FEP-Polymerisation in flüssigem Kohlendioxid [4.5-16] bei tiefen Temperaturen aus. Neben der Umweltfreundlichkeit des Verfahrens führt dies in fast allen Eigenschaften zu verbesserten FEP-Typen (Teflon® G).

Hochreine Typen (HP) für Halbleitertechnik, Umwelttechnik und Medizin sind damit auch produzierbar.

Kenndaten – FEP [4.5-17]:

Spez. Gewicht: 2,13–2,17 g cm^{-3}
Schmelzbereich: 260–270 °C
Temperaturbereich/Einsatz: –200 °C bis +205 °C
Reißfestigkeit/Reißdehnung (23 °C): 25–30 MPa/300–350 %
Zug-E-Modul: ~600–650 MPa
Brennbarkeit: Schwer entflammbar, Sauerstoffindex (LOI/ASTM 2863): > 95 %
Relative Dielektrizitätskonstante (23 °C/100 kHz): 2,03
Elektrische Durchschlagfestigkeit (23 °C): 80 kV (0,25 mm Film)
Beständigkeit im Außeneinsatz/Wetter: > 25 Jahre
Beständigkeit Lösemittel/Chemikalien: Vergleichbar mit PTFE

FEP – Einsatzgebiete

Die besonderen elektrischen Eigenschaften von FEP im Hoch- (HF)- und Niederfrequenz- (NF)- Bereich – kombiniert mit extrem schwerer Entflammbarkeit – haben in den letzten Jahren zu einem merklich verstärkten Einsatz auf dem Draht- und

Kabelsektor geführt. Darüber hinaus besitzt FEP unverändert seine *klassischen* Anwendungen im chemischen Apparatebau, Medizin, Umwelt.

Interessant ist der Einsatz von FEP als *Schmelzkleber* zur Verbindung von PTFE-Teilen und wässrigen FEP-Dispersionen für Beschichtungen verschiedenster Art. Trennfolien aus FEP werden zur Herstellung von Verbundwerkstoffen eingesetzt. Erwähnenswert ist das günstige Preis-Leistungsverhältnis von FEP im Vergleich zu PFA und MFA.

4.5.4.2 TFE-PPVE (Perfluorpropylvinylether): PFA

Nach dem heutigen Wissenstand kann PFA als *thermoplastische Version von PTFE* angesehen werden und besitzt weitgehend alle seine charakteristischen Eigenschaften. PFA, bereits in den 1960er Jahren von der Fa. Du Pont/USA entdeckt [4.5-17] und 1972 erstmalig auf den Markt gebracht, wird heute auch von anderen Herstellern wie Asahi Glass (J), Daikin (J), Dyneon (D), Solvay Solexis (B) und Firmen in Russland und China hergestellt. Bedingt durch die sehr hohen Fertigungskosten für PPVE beträgt der Marktpreis von PFA im Vergleich zu PTFE etwa das 4–5-fache. Dementsprechend erfolgt ein Einsatz sehr ausgewählt in Ergänzung zu PTFE und keinesfalls in genereller Substitution. Die Herstellung von PFA kann, in etwa vergleichbar mit FEP, sowohl in wässrigen als auch nicht wässrigen Systemen durchgeführt werden [4.5-18, 4.5-19]. Damit sind auch wässrige Dispersionen (Beschichtungen) verfügbar.

Im Durchschnitt enthalten PFA-Produkte ca. 4–6 Gew.-% der Comonomeren PPVE, eine leicht entzündliche, farb- und geruchlose Flüssigkeit, die bei +36 °C siedet.

Kenndaten PFA [4.5-20]:
Spez. Gewicht: 2,13–2,17 g cm^{-3}
Schmelzbereich: 302–306 °C
Temperaturbereich/Dauereinsatz: –200 °C bis +260 °C
Reißfestigkeit/Reißdehnung (23 °C): 28–32 MPa/300–350%
Zug-E-Modul (23 °C): 650–700 MPa
Brennbarkeit: schwer entflammbar, Sauerstoffindex (LOI/ASTM 2863) > 95%
Rel. Dielektrizitätskonstante (23 °C): 2,04
Elektrische Durchschlagfestigkeit: 80–100 kV (0,2 mm Film)
Beständigkeit gegen Lösemittel/Chemikalien/Bewitterung: vergleichbar mit PTFE

PFA – Einsatzgebiete

Generell sind die Einsatzgebiete von PFA, mit der Ausnahme von Gleit- und Lagerelementen, vergleichbar mit denen von PTFE. Der Schwerpunkt liegt jedoch im Chemischen Apparate- und Anlagenbau. Hier sind besonders Auskleidungen von Apparateteilen von Bedeutung. Beschichtungspulver auf PFA-Basis eröffnen im Korrosionsschutz neue Möglichkeiten, hochreine PFA-Produkte sind führend in der Halbleiterfertigung. PFA ist wie FEP ein Schmelzkleber für PTFE-Teile.

4.5.4.3 TFE-PMVE (Perfluormethylvinylether): MFA

Einziger Hersteller von MFA (Hyflon® MFA) ist die Fa. Solvay Solexis.

MFA basiert auf der Grundidee, die zu PFA geführt hat, nämlich durch Einbringung von perfluorierten Seitenketten in die PTFE-Struktur thermoplastische Eigenschaften zu erzielen. MFA ist in der Herstellung etwas kostengünstiger als PFA. Herstellung, Eigenschaften und Einsatz von MFA sind in etwa mit denen von PFA/FEP vergleichbar.

Kenndaten MFA [4.5-21]:
Spez. Gewicht: 2,12–2,17 g cm^{-3}
Schmelzbereich: 280–290 °C
Temperaturbereich/Dauereinsatz: –200 °C bis +260 °C
Reißfestigkeit/Reißdehnung (23 °C): 28–36 MPa/300–360%
Brennbarkeit: schwer entflammbar, Sauerstoffindex (LOI/ASTM 2863): > 95%
Relative Dielektrizitätskonstante: 2,0
Elektrische Durchschlagsfestigkeit: 34–38 kV mm^{-1}
Beständigkeit gegen Lösemittel/Chemikalien: Vergleichbar mit PFA, FEP

4.5.4.4 TFE-Ethylen: ETFE

ETFE, entwickelt von Du Pont/USA, wurde erstmalig 1970 unter dem Handelsnamen Tefzel® ETFE auf den Markt gebracht und wird heute außerdem von den Firmen Asahi Glass (J), Daikin (J) und Dyneon (D) hergestellt.

ETFE ist ein alternierend (0 : 50 Mol-%) aus TFE und Ethyleneinheiten aufgebautes Polymer, das neben TFE und Ethylen eine Drittkomponente (Modifizierung) zur Verbesserung der Spannungsrissanfälligkeit enthält [4.5-22].

Ursprünglich vorwiegend für schnittfeste Draht/Kabelisolationen entwickelt, ist ETFE heute in Form von hochtransparenten Folien für Membrankonstruktionen (Dächer) ein vielseitig einsetzbarer Werkstoff. Einsatzgebiete sind auch im Automobilbau (Treibstoffleitungen), chemischen Apparatebau und nicht zuletzt in der Solartechnik zu finden. Die Polymerisation zu ETFE erfolgt ähnlich der von FEP unter Verwendung von Peroxiden und Redoxsystemen [4.5-23] in wässriger Flotte.

Kenndaten – ETFE [4.5-17]:
Spez. Gewicht: 1,75–1,78 g cm^{-3}
Schmelzbereich: 265–275 °C
Temperaturbereich/Dauereinsatz: –180 °C bis +150 °C
Reißfestigkeit/Reißdehnung (23 °C): 40–50 MPa/250–350%
Zug-E-Modul: 1100 MPa
Brennbarkeit: selbst verlöschend, Sauerstoffindex (LOI): ~35%
Rel. Dielektrizitätskonstante (23 °C): 2,58
Elektrische Durchschlagsfestigkeit: 140 kV mm^{-1} (0,2 mm Film)
Beständigkeit im Außeneinsatz (Wetter): > 25 Jahre
Beständigkeit gegen Lösemittel/Chemikalien: gut bis mittel (Vergleich zu PTFE)

4.5.4.5 CTFE-Ethylen (ECTFE)

ECTFE ein alternierend aufgebautes Polymeres aus Trifluorchlorethylen (CTFE) und Ethylen wird seit 1971 hergestellt und zwar heute ausschließlich von der Fa. Solvay Solexis, Handelsname Halar® E, CTFE. In den Eigenschaften hat ECTFE zwar viel gemeinsam mit ETFE, zeigt jedoch hinsichtlich Gaspermeation und Brandverhalten (Draht/Kabelisolation) Vorteile. Haupteinsatzgebiete sind der Draht- und Kabelsektor, chemischer Apparatebau (Beschichtungen), Folien, Fasern und Filamente. Die Polymerisation zu ECTFE erfolgt vergleichbar zu ETFE.

Kenndaten – ECTFE:

Spez. Gewicht: 1,68–1,70 g cm^{-3}
Schmelzbereich: 236–246 °C
Temperaturbereich/Dauereinsatz: –160 °C bis +150 °C
Reißfestigkeit/Reißdehnung (23 °C): 50–65 MPa/150–250%
Zug-E-Modul: 1800–2500 MPa
Brennbarkeit: selbst verlöschend, Sauerstoffindex (LOI): 64%
Relative Dielektrizitätskonstante: 2,55
Elektrische Durchschlagfestigkeit: 80–90 kV mm^{-1} (0,2 mm Film)
Beständigkeit gegen Lösemittel/Chemikalien/Bewitterung: Vergleichbar ETFE

4.5.4.6 Ethylen-TFE-HFP (EFEP)

EFEP, aufgebaut aus Ethylen-Tetrafluorethylen-Hexafluorpropen-Einheiten, kann als ETFE aufgefasst werden, das mit größeren Mengen an Hexafluorpropen (HFP) modifiziert ist. Damit stehen die Eigenschaften zwischen denen von ETFE und FEP, wobei der Schmelzpunkt im Bereich von ca. 160–220 °C eingestellt werden kann. Hinsichtlich der Eigenschaften zeigt EFEP im Vergleich zu ETFE Verbesserungen im Brandverhalten, Flexibilität, Transparenz bei Folien/Schläuchen und eine gute Haftung auf Metallen, Glas, Keramik, Polymeren (PA, EVOH). Erwähnenswert im Vergleich zu ETFE ist die verbesserte Verarbeitbarkeit. EFEP, eine Entwicklung der letzten zehn Jahre, wird heute von den Firmen Daikin (J), Neoflon® EFEP, und Dyneon (D), HTE, hergestellt.

Die Polymerisation und Aufarbeitung erfolgen vergleichbar zu ETFE.

Kenndaten – EFEP:

Spez. Gewicht: 1,72–1,76 g cm^{-3}
Schmelzbereich: 160–220 °C (typenabhängig)
Temperaturbereich/Dauereinsatz: –180 °C bis +140/150 °C
Reißfestigkeit/Reißdehnung (23 °C): 40–50 MPa/400–500%
Zug-E-Modul: ~1000–1300 MPa
Brennbarkeit: schwer entflammbar, Sauerstoffindex (LOI/ASTM 2863) ~40%
Dielektrizitätskonstante: 2,07–2,14
Elektrische Durchschlagfestigkeit: 100–140 kV mm^{-1}
Beständigkeit gegen Umwelt: Wetter, Lösemittel, Chemikalien vergleichbar ETFE

4.5.4.7 TFE-HFP-VDF (THV)

Diese Produktgruppe, deren Hauptanteil aus ~50–60 Gew.-% TFE und daneben aus HFP- und VDF-Einheiten besteht, kombiniert die Eigenschaften von FEP und PVDF. Die Schmelzbereiche der einzelnen Typen sind abgestuft von 120–185 °C je nach Einsatzgebiet. Hervorstechend sind die gute Flexibilität, hohe Transparenz, Haftung auf Metallen, Glas, Keramik und Polymeren (PA) und Witterungsbeständigkeit.

Haupteinsatzgebiete sind Treibstoffleitungen, flexible Schläuche, Folien, sowie Textilbeschichtungen. THV-Produkte werden ausschließlich von der Firma Dyneon (D) hergestellt.

Die Polymerisation zu THV-Produkten wird ähnlich der Herstellung von ETFE und zwar nach der Emulsionspolymerisation durchgeführt. Verfügbar sind Granulate, Pulver und wässrige Dispersionen.

Kenndaten – THV:

Spez. Gewicht: 1,95–2,04 g cm^{-3}
Schmelzbereich (typenabhängig): 220–185 °C
Temperaturbereich/Einsatz (typenabhängig): –180 °C bis < 20 °C/Schmelzpunkt
Reißfestigkeit/Reißdehnung: 20–28 MPa/500–700 %
Brennbarkeit: selbst verlöschend, Sauerstoffindex (LOI/65–75 %)
Dielektrizitätskonstante (23 °C/1 MHz): 5–6
Elektrische Durchschlagfestigkeit: 50–60 kV mm^{-1}
Beständigkeit im Außeneinsatz (Wetter): > 10 Jahre
Beständigkeit gegen Lösemittel/Chemikalien: vergleichbar mit mod. PVDF-Typen

4.5.5 Spezialitäten

4.5.5.1 PTFE-Compounds

Zur Erzielung besonderer Eigenschaften wie antistatisches Verhalten, verbesserte Druck- und Abriebfestigkeit, können alle Fluorpolymere mit Füllstoffen gefüllt werden. Hauptschwerpunkt liegt bei PTFE bei gemahlenen Glasfasern, bei Kohle, Grafit, Molybdändisulfid und Metallpulver. Anwendungsbeispiele dafür sind selbstschmierende Gleit- und Lagerelemente, Kolbenringe, Apparatebau (antistatisch). Hersteller sind die Rohstoffhersteller und eigene Compoundfirmen.

4.5.5.2 PTFE-Mikropulver

Darunter werden niedermolekulare PTFE-Pulver (Korndurchmesser z. B. 2–10 µm) verstanden, die fluorfreien Polymeren/Produkten zur Verbesserung der Gleiteigenschaften oder des anti-adhäsiven Verhaltens zugesetzt werden. Die Herstellung erfolgt mittels Polymerisation oder Abbau (thermisch, Strahlung) von hochmolekularen PTFE-Typen. PTFE-Mikropulver werden von allen Fluorpolymerherstellern gefertigt.

4.5.5.3 Produkte – optische Anwendungen

Zur Erzielung besonders niedriger Brechzahlen (Brechungsindex) und extremer Transmission (UV/VIS) wurden in den letzten Jahren eigens optische Fluorpolymere auf den Markt gebracht (TEFLON® AF/DuPont). Es handelt sich um voll fluorierte Copolymere, beispielsweise aufgebaut aus Perfluor-2,2-Dimethyl-1,3 Dioxol (PDD) und TFE [4.5-24]. Produkte dieser Art sind vollkommen amorph und zeigen keine Kristallit-Schmelzpunkte. Hervorzuheben sind die extreme Temperaturbeständigkeit von +300 °C, die hohe Lichttransmission im UV/VIS-Bereich und die niedrigste Brechzahl von allen Fluorpolymeren von 1,29–1,31. Zahlreiche Anwendungen im optischen und auch elektrischen Bereich sind möglich. Beispiele sind Lichtleitfasern/Elemente, Halbleitertechnologien.

4.5.5.4 Produkte – Membrantechnologien

TFE-Perfluorvinylsulfonsäure-Polymere: Copolymere aus diesen Monomeren können analog der PTFE Polymerisation hergestellt werden [4.5-25] und zeigen hervorragende Ionenaustauscher-Eigenschaften. Einsatzgebiete sind Membrane für die Chlor-Alkali-Elektrolyse und neuerdings Brennstoffzellen.

Hauptthersteller dieser Produktklasse ist DuPont/USA, Handelsname Nafion®

4.5.5.5 Produkte – Beschichtungssysteme

Hauptschwerpunkt sind wässrige Beschichtungssysteme auf PTFE-Basis, die zur Herstellung von anti-adhäsiven Beschichtungen für Koch- und Bratgeräte, aber auch Gleit/Lager-Elemente Verwendung finden. Eigene Systeme werden für die Beschichtung von Glasfasergeweben und anderen Textilien eingesetzt.

Beschichtungspulver aus den Polymeren PFA, MFA, FEP, ETFE, ECTFE, PVDF finden Einsatz im Korrosionsschutz für Metallteile aller Art.

4.5.6 Hersteller – Handelsnamen

Arkema: Kynar® PVDF, Voltalef® PCTFE
Asahi Glass (AGC): Fluon® PTFE/PFA/ETFE
Daikin: Polyflon® PTFE, Neoflon® PFA/FEP/EFEP
Du Pont: TEFLON® PTFE/PFA/FEP, TEFZEL®ETFE, TEFLON®AF, Nafion®
Dyneon: Dyneon® PTFE/PFA/FEP/ETFE/HTE/PVDF/THV
Solvay Solexis: Algoflon® PTFE, Hyflon® PFA/MFA, Solef®/Hylar® PVDF, Halar® ECTFE

4.6 Polymethylmethacrylat

Die Entwicklung dieses Kunststoffes ist sehr eng mit dem Namen des Chemikers Röhm [4.6-1] verbunden. Nachdem er sich bereits um 1900 mit Reaktionen von Acrylestern beschäftigt hatte [4.6-2], gelang ihm und seinem Mitarbeiter Bauer im Jahre 1932 [4.6-3] die Polymerisation von Methylmethacrylat (MMA) in Form von klaren, farblosen und hoch transparenten Scheiben. Dies war der Ausgangspunkt einer technologischen Entwicklung, die 2004 weltweit eine Produktion von schätzungsweise 1 000 000 t a^{-1} Polymethacrylaten erreichte. Neben dem Hauptprodukt, dem Polymethylmethacrylat umfasst diese Kunststoffklasse auch Polymere und Copolymere verschiedener Methacrylsäure-Derivate, insbesondere der höheren Alkylester sowie Polyelektrolyte.

4.6.1
Physikalische und chemische Grundlagen der Verfahren

Polymethylmethacrylat (PMMA) wird in der Technik ausschließlich durch radikalische Polymerisation hergestellt (Gl. (4.6-1)):

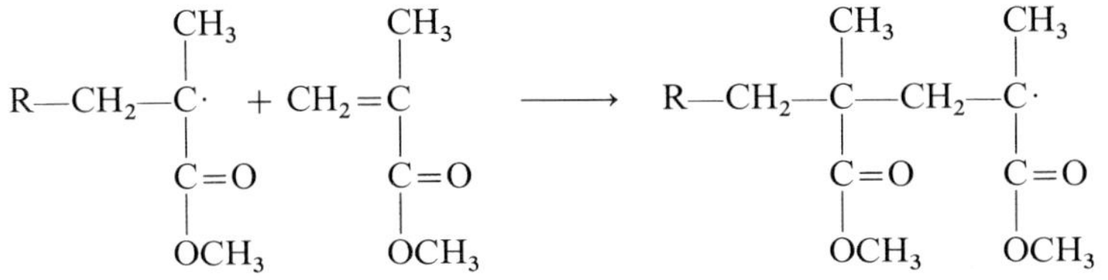

(4.6-1)

Das in hoher Reinheit eingesetzte farblose Monomere siedet bei 100 °C, besitzt eine Dichte von 0,944 g cm^{-3}, einen Brechungsindex von 1,4142 und kann mit 5–20 ppm Hydrochinonmonomethylether leicht stabilisiert werden, wobei für die Anwesenheit von Sauerstoff gesorgt werden muss. Die Polymerisation wird mit organischen Peroxiden, Perestern oder Azoverbindungen, z. B. Azoisobutyronitril, initiiert.

Unter den Herstellverfahren überwiegt die Polymerisation in Substanz bei weitem. Daneben werden auch Suspensions-, Emulsions- und Lösungspolymerisation genutzt.

Es muss beachtet werden, dass der *Trommsdorff*- oder *Gel*-Effekt (vgl. Abschnitt 2.2.2.1) bei der MMA-Polymerisation besonders ausgeprägt ist und bei isothermer Reaktionsführung zu einer Beschleunigung der Reaktionsgeschwindigkeit um 1–2 Größenordnungen führt. Erschwerend wirkt sich in diesem Zusammenhang die hohe Polymerisationswärme (ΔH_R = –57,8 kJ mol^{-1}) aus, die zusammen mit der niedrigen Wärmeleitfähigkeit des Systems sehr schnell zu starker Temperaturerhöhung führt. Aus der dabei durch thermischen Initiatorzerfall bedingten Erhöhung der Radikalkonzentration resultiert eine weitere Beschleunigung der Polymerisation. Ein kontrollierter Polymerisationsprozess erfordert demnach eine dem Umsatzverlauf gut angepasste, exakte Temperaturführung mit der Möglichkeit, größere Wärmemengen schnell zu- bzw. abführen zu können. Ein weiterer, die Kinetik beeinflussender Faktor ist der Glas-Effekt, d. h. das Einfrieren der Reaktion beim Erreichen der Glastemperatur des polymerisierenden Monomer-Polymer-Gemisches (vgl. Abschnitt 2.2.2.1). Verfahren, die zu möglichst vollständigem Umsatz der Monomeren führen sollen, müssen demnach, wie in Abbildung 4.6-1 gezeigt ist, zumindest in ihrer Endphase bei Temperaturen im Bereich der Glastemperatur T_G des Polymeren ablaufen.

Die Thermodynamik ist schließlich verantwortlich für einen dritten Punkt, der bei der Methacrylat-Polymerisation besondere Beachtung erfordert, den Ceiling-Effekt [4.6-4]. Die Polymerisationsreaktion (Gl. (4.6-1)) verläuft nicht nur in Richtung des Polymeren, sondern man hat mit Hin- und Rückreaktionen zu rechnen. Dies führt zu einem temperatur- und druckabhängigen Gleichgewicht, wobei die dadurch festgelegte Monomerkonzentration als Ceiling-Konzentration bezeichnet wird. Bereits bei T_G besitzt diese für MMA einen Wert von 2,3 Mol%. Sie steigt mit der Temperatur weiter an, bis bei 205 °C, der Ceiling-Temperatur, das Gleichgewicht ganz auf der Seite des Monomeren liegt und keine MMA-Polymerisation mehr erfolgt. In das Ceiling-Gleichgewicht sind die Monomermoleküle und die wachsenden Makroradikale einbezogen. Fertige Polymerketten unterliegen ihm zwar nicht mehr, sein Einfluss führt aber zu einer Verminderung des bei hohen Temperaturen erreichbaren Endumsatzes. In Abbildung 4.6-1 ist dessen Verlauf dargestellt, wobei zu berücksichtigen ist, dass die im oberen Temperaturbereich erzielbaren Endumsätze sehr stark von den Reaktionsbedingungen abhängen. Zudem tritt bei Temperaturen oberhalb von 225 °C als Nebenreaktion die spontane Dimerisierung von MMA zu 1-Hexen-2,5-dicarbonsäuredimethylester auf, das die Eigenschaften des PMMA unerwünscht beeinflussen kann [4.6-5].

Neben Kinetik und Thermodynamik ist schließlich ein weiterer Punkt, die gewünschte Molmasse M_W des Endprodukts, für die Auslegung des Herstellverfahrens entscheidend. Liegt diese unter ~300 000 kg mol^{-1}, dann ist das entsprechende PMMA als Schmelze noch thermoplastisch verarbeitbar, es liegt eine Formmasse vor, wobei PMMA-Formmassen bevorzugt im Bereich 100 000 kg mol^{-1} < M_W < 200 000 kg mol^{-1} angesiedelt sind. Diese Molmassen werden durch Übertragungsreaktionen an Mercaptanen (Reglern) eingestellt. Liegen die Molmassen über 300 000 kg mol^{-1}, dann ist das Material nur noch thermoelastisch verformbar.

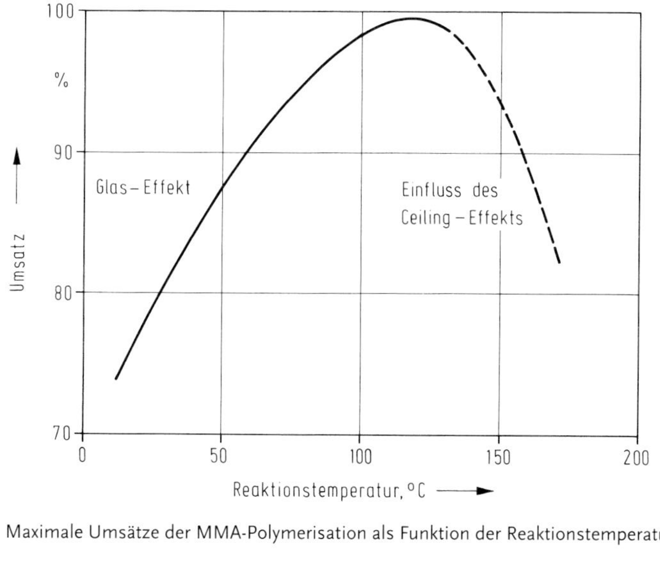

Abb. 4.6-1 Maximale Umsätze der MMA-Polymerisation als Funktion der Reaktionstemperatur

4.6.2 Beschreibung der Herstellverfahren

4.6.2.1 Gießverfahren zur Herstellung von hochmolekularem Halbzeug

Das klassische Flachkammerverfahren [4.6-6] ist auch heute noch der einzige Weg zur Herstellung von hochwertigem Acrylglas mit spiegelglas-ähnlicher Oberfläche. Auch wenn dickwandige PMMA-Tafeln mit einer Stärke über 20 mm hergestellt werden sollen, wird dieses Gießverfahren verwendet. Die Polymerisation läuft in einer Kammer ab, die aus zwei Silicatglasplatten mit einwandfreier Oberfläche und einer kompressiblen Dichtschnur gebildet wird, die die Volumenkontraktion des polymerisierenden Monomers ausgleicht (Abb. 4.6-2). Nach Einfüllen des Monomers, welches den Initiator und gegebenenfalls weitere Zusätze wie (vernetzende) Comonomere, Stabilisatoren, Flammschutzmittel, Farbstoffe oder Pigmente enthält, wird die Kammer abgedichtet und in horizontaler oder vertikaler Lage in ein Wasser- oder Luftbad gebracht, wo mit einem dem Umsatzgeschehen angepassten Temperaturprogramm im Bereich von 20-60 °C nach einigen Stunden ein Umsatz von 80-90% erzielt wird. Die Endpolymerisation erfolgt u.a. in Umluft-Wärmeschränken bei Temperaturen von 100–130 °C.

Alternativ dazu können die Kammern in Autoklaven gegeben werden, die mit Wasser bzw. Dampf in einem weiten Temperaturbereich temperierbar sind und daher die gesamte Polymerisation in einem Zuge ermöglichen. Eine deutliche Verkürzung der Polymerisationszeit wird erzielt, wenn statt des Monomers eine durch Vorpolymerisation erhaltene 20–25%ige Lösung von PMMA im Monomeren in die Kammer gefüllt wird.

Ein kontinuierliches Gießverfahren ist die Polymerisation zwischen zwei endlosen, polierten Stahlbändern, das Doppelband-Verfahren [4.6-7] (Abb. 4.6-3).

Das vorpolymerisierte Reaktionsgemisch durchläuft mehrere dem jeweiligen Umsatz angepasste Temperaturzonen und tritt am Ende der Apparatur als ausgehärtete, endlose Platte wieder aus. Moderne Anlagen dieser Art erreichen Gesamtlängen von 100 m und erlauben Bandbreiten bis zu 3 m. Allerdings erreichen die damit erzeugten PMMA-Platten wegen der durch die hohe Polymerisations-

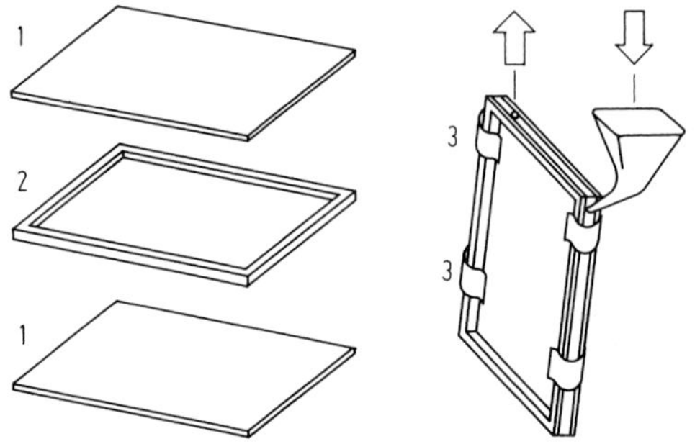

Abb. 4.6-2 Prinzip einer Flachkammer
1 Silicatglasplatten; 2 Dichtungsprofil; 3 Klammer

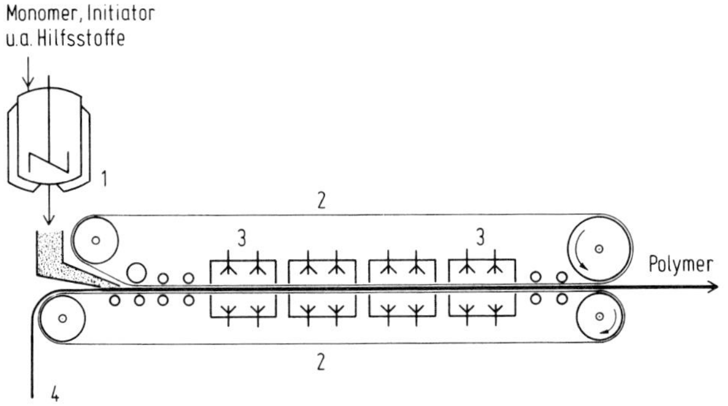

Abb. 4.6-3 Doppelband-Verfahren
1 Behälter für Vorpolymerisation; 2 endloses Metallband; 3 Temperierzone; 4 Distanzier- und Dichtungsschnur

geschwindigkeit bedingten niedrigeren Molmassen nicht die außerordentliche Medienbeständigkeit der Flachkammerprodukte.

4.6.2.2 **Verfahren zur Herstellung von Formmassen**

Auch PMMA-Formmassen können kontinuierlich oder diskontinuierlich hergestellt werden. Von den diskontinuierlichen Prozessen hat allein das in Form einer Perlpolymerisation [4.6-8] durchgeführte Suspensionsverfahren größere technische Bedeutung behalten. Dabei wird das Monomer, in dem Initiator und Regler gelöst sind, mit Hilfe von Dispergatoren (wasserlösliche Polymere oder wasserlösliche Metallsalze) in der auf Reaktionstemperatur (60–110 °C) erwärmten wässrigen Phase unter Rühren suspendiert. Die mit einsetzender Polymerisation freiwerdende Reaktionswärme kann durch Kühlung leicht abgeführt werden oder sie wird zum Aufheizen des Ansatzes auf die angestrebte Polymerisationstemperatur verwendet (autotherme Fahrweise). Nach Abschluss der Reaktion wird das als Perlen vorliegende Polymer gewaschen und getrocknet, so dass es in einer einfach verarbeitbaren Form vorliegt. Mittlere Perlgrößen von etwa 0,01–5 mm sind einstellbar.

Heute verwendet man häufig kontinuierliche Polymerisationsverfahren, bei denen Monomere, Initiatoren, Regler und ggf. Lösungsmittel in einen gerührten Reaktor kontinuierlich eingetragen werden und diesen nach einer bestimmten mittleren Verweilzeit wieder verlassen. Neben MMA werden oft in kleinen Mengen Acrylate als Comonomere verwendet, die der Formmasse eine leichtere Verarbeitbarkeit und bessere Thermostabilität verleihen. Moderne, wirtschaftliche Verfahren [4.6-9–4.6-11] verzichten auf vollständigen Umsatz der Monomere, entziehen sie dem polymerisierenden Gemisch am Umsatz-Optimum und führen sie, z. T. nach Aufarbeitung, in den kontinuierlichen Reaktor zurück, wie es in Abbildung 4.6-4 gezeigt ist. Der Reaktor dieser Anlage wird unter einem Druck von 5–15 bar bei 130–170 °C betrieben. Verweilzeiten von 0,2–4 h führen zu Umsätzen von 40–80%.

Die monomerhaltige Polymerschmelze wird in einem nachgeschalteten Verdampfer unter Vakuum entgast, wobei sowohl statische »Flash-Kammern« als auch

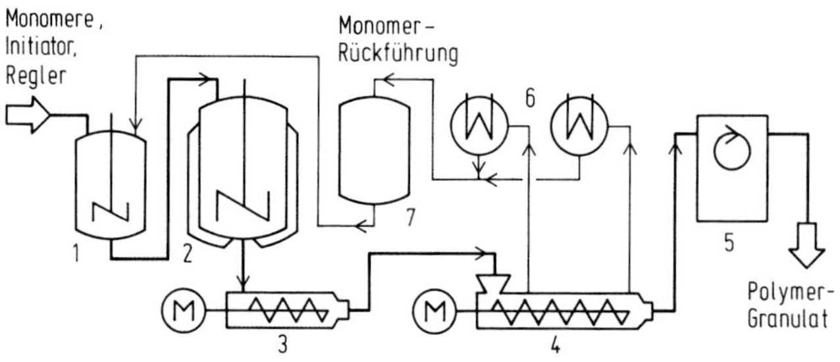

Abb. 4.6-4 Kontinuierliches Masseverfahren für PMMA-Formmassen
1 Mischbehälter; 2 Reaktor; 3 Erhitzer; 4 Entgasungsextruder; 5 Granulator; 6 Kondensatoren; 7 Zwischenbehälter

Entgasungsextruder verwendet werden können. Das dabei entweichende MMA wird kondensiert und gegebenenfalls nach geeigneter Aufarbeitung in den Prozess zurückgeführt. Das Polymer wird in Stränge gepresst und granuliert. Da bei diesem Vorgehen die Polymerisation im stationären Zustand abläuft, resultieren daraus sehr einheitliche Produkte, was insbesondere bei der Copolymerisation von Monomeren mit stark divergierenden Parametern wichtig ist.

4.6.2.3 **Technischer Ausblick**

Das Gießverfahren wird heute in hoch automatisierten Anlagen betrieben und wird wie auch das Doppelbandverfahren für ein bestimmtes Anwendungsspektrum nach wie vor seine Berechtigung behalten. Aufgrund der besseren Wirtschaftlichkeit und Flexibilität bei der Verarbeitung wird der Anteil der Formmasse weiter zunehmen. Dabei werden die Herstellverfahren entsprechend den Anforderungen der zukünftigen Anwendungen optimiert und weiterentwickelt. So erfordern z. B. die zunehmend wichtiger werdenden opto-elektronischen Anwendungen hochreine Formmassen, während andere Marktsegmente nur mit speziellen Comonomeren oder Additiven bedient werden können.

Neben der freien radikalischen Polymerisation, die bisher die einzige großtechnisch eingesetzte Polymerisationsart ist, werden kontrollierte Polymerisationen derzeit intensiv erforscht. Im Gegensatz zur freien radikalischen Polymerisation, bei der die wachsenden Radikalkettenenden nach einer statistischen Zahl von Anlagerungsschritten eine Abbruch- oder Übertragungsreaktion eingehen, behalten die Kettenenden hier auch nach der Polymerisation ihre Reaktivität. Dadurch sind zum einen enge Molekulargewichtsverteilungen möglich, zum anderen lassen sich besondere Polymerarchitekturen wie z. B. Block-, Kamm- oder Sternpolymere realisieren. Obwohl auch die bereits seit längerem gut untersuchte anionische Polymerisation von (Meth)acrylatmonomeren weiterentwickelt wird, sind seit Mitte der 1990er Jahre die kontrollierten radikalischen Polymerisationen in den Fokus der Forschung gerückt. Bei ihnen werden die Nebenreaktionen durch reversible Deaktivierung des Kettenendes stark unterdrückt, wenn auch nicht vollständig unterbunden, weshalb man den Begriff »lebende Polymerisation« in diesem Zusammenhang vermeidet.

Außer für einige Spezialanwendungen wie z. B. eng verteilte Eichstandards für analytische Methoden, Phasenvermittler oder Dispergiermittel haben die kontrollierten Polymerisationen bei (Meth)acrylatmonomeren bisher keine technische Bedeutung. Es wird sich zeigen, ob die Materialeigenschaften, die man mit diesen neuen Verfahren erzielt, den größeren Syntheseaufwand rechtfertigen [4.6-12–4.6-17].

4.6.3 Verarbeitung

Halbzeug

Durch Gießverfahren hergestelltes PMMA zeichnet sich durch außerordentlich hohe Molmassen von 10^6 kg mol^{-1} < M_W < 10^7 kg mol^{-1} aus. Die langen Molekülketten bilden ein inniges Verschlaufungsnetzwerk, das häufig durch zusätzliche chemische Vernetzung ergänzt wird. Deshalb kommen für die Verarbeitung dieses Materials neben rein mechanischer spanender Behandlung, wie Bohren, Drehen, Fräsen, Sägen, Schneiden sowie dem Verkleben nur noch die Umformung im thermoelastischen Zustand bei Temperaturen von 140–180 °C in Frage, also Biegen, Tiefziehen bzw. Blasformen und Recken. Dabei werden die Makromoleküle aus ihrer Gleichgewichtslage gebracht und orientiert, so dass Rückstellkräfte entstehen, die oberhalb T_G die Verformung wieder aufheben. Gleichzeitig wird das Material anisotrop. Man erhält z. B. eine deutliche Festigkeitszunahme in Orientierungsrichtung.

Formmassen

Die niedrige Molmasse der PMMA-Formmassen erlaubt die thermoplastische Verarbeitung durch Spritzguss und Extrusion bei Temperaturen von 200–280 °C. Während im Spritzguss Kleinteile und größere Einzelstücke bis zu einer Fläche von etwa 2 m^2 hergestellt werden, ermöglicht die Extrusion die Herstellung von bis zu 3 m breiten Tafeln beliebiger Länge. Diese können noch oberhalb der Erweichungstemperatur im Ganzen oder oberflächlich verformt werden. Neben Massivplatten können Stegeinfach- und Stegmehrfachplatten, Rohre, Folien oder verschiedene Profile extrudiert werden. Mit speziellen Glättverfahren werden bei flachen extrudierten Platten ähnlich gute Oberflächen erzielt, wie sie aus den Gießverfahren resultieren.

4.6.4 Eigenschaften und Anwendungsgebiete

Die wesentlichen Vorzüge des PMMA sind glasklare Transparenz, Brillanz und absolute Farblosigkeit, verbunden mit guter mechanischer Festigkeit, wie aus den in Tabelle 4.6-1 zusammengefassten physikalischen Daten hervorgeht. Hinzu kommt hervorragende Witterungsbeständigkeit, d. h. eine ausgeprägte Resistenz gegenüber photooxidativem Abbau [4.6-18]. Des Weiteren lässt sich PMMA sehr gut einfärben, pigmentieren, bedrucken und beschichten. Es zeigt außerdem eine für Kunststoffe

Tab. 4.6-1 Eigenschaften von Polymethylmethacrylat

Dichte	(g cm^{-3})	1,19
Glastemperatur	(°C)	110
Zugfestigkeit	(N mm^{-2})	80
Reißdehnung	(%)	5,5
Elastizitätsmodul	(N mm^{-2})	3300
Schlagzähigkeit	(kJ m^{-2})	20
Kerbschlagzähigkeit	(kJ m^{-2})	2
Vicat-Temperatur	(°C)	110–120
Dielektrizitätskonstante		
bei 50 Hz		3,6
bei 106 Hz		2,6
Dielektrischer Verlustfaktor · 10^4		
bei 50 Hz		620
bei 10^5 Hz		140
Spez. Durchgangswiderstand	(Ω cm)	10^{15}

außergewöhnliche Kratzfestigkeit. Durch den Einsatz von Latexpartikeln mit einer auf PMMA abgestimmten Zähphase sind auch schlagzähe Varianten möglich. Aus diesem Eigenschaftsspektrum ergeben sich folgende Anwendungsschwerpunkte: der Bau- und Wohnbereich mit großflächigen Überdachungen und Verglasungen, Gewächshäuser, Lärmschutzwände, Fassaden- und Balkonverkleidungen, Schutzschichten auf Fensterprofilen, Reklameflächen, Lichtkuppeln, Abdeckungen für Solarkollektoren, Beleuchtungskörper, Sanitärobjekte und Möbelteile; der Fahrzeugsektor mit Heckleuchten, Abdeckscheiben für Instrumente, durchgefärbte Außenteile wie Leisten, Blenden, Spoiler, Fenster für Wohnwagen und Industriefahrzeuge sowie Hubschrauber- und Flugzeugverglasungen, dem ersten großen Anwendungsgebiet des PMMA; ferner das Gebiet der optischen Teile wie Sonnenbrillen, Ferngläser, Lesehilfen, Linsen, Fresnel-Linsen in Overheadprojektoren und OP-Leuchten, Prismen, Reflektoren und Lichtleiter, des Weiteren im Elektronikbereich für LCD-Abdeckungen und -Hinterleuchteinheiten, TV-Rückprojektionswände, Blenden für Waschmaschinen und Sichtfenster von Mikrowellenöfen. Schließlich ist auf einige interessante medizinische Anwendungen hinzuweisen, wo PMMA und PMMA-Copolymere im Dentalbereich (Zahnprothesen, Zahnfüllungen), in der Orthopädie und Chirurgie (Knochenzement) sowie für Filter, Küvetten und Dialysesets eingesetzt werden.

Handelsnamen und Hersteller für Halbzeug sind: Plexiglas (*Degussa*), Perspex (*Lucite*), Altuglas (*Atoglas*), Comoglas (*Kuraray*), Shinkolite (*Mitsubishi Rayon*), Sumipex (*Sumitomo*).

Für Formmassen sind folgende Markennamen bekannt: Plexiglas (*Degussa*), Diacon (*Lucite*), Altuglas (*Atoglas*), Acrypet (*Mitsubishi Rayon*), Parapet (*Kuraray*), Acryrex (*Chimei*), Delpet (*Asahi Kasei*), Sumipex (*Sumitomo*).

4.7 Polycarbonate

4.7.1 Einleitung

Polycarbonate sind Polyester der Kohlensäure mit der allgemeinen Struktur

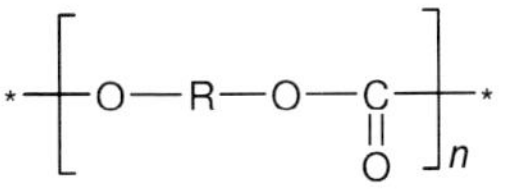

(R = aliphatischer, cycloaliphatischer oder aromatischer Rest)

Um die Wende des 19./20. Jahrhunderts befasste man sich erstmals mit der Synthese von aromatischen Polycarbonaten [4.7-1]. Aus den einkernigen Dihydroxyaromaten Resorcin und Hydrochinon wurden in Lösung oder Schmelze schwer lösliche und teilweise unschmelzbare Produkte gewonnen. Die später in den 1930er/40er Jahren untersuchten aliphatischen Polycarbonate waren wegen ihrer niedrigen Schmelzpunkte und Zersetzungstemperaturen ebenfalls wenig attraktiv. Das änderte sich 1953, als Hermann Schnell und seine Mitarbeiter bei der Bayer AG durch Umsetzung von Bishydroxyphenylen mit Phosgen in Gegenwart einer Base oder durch Umesterung solcher Bisphenole mit aromatischen Diestern der Kohlensäure hochmolekulare, thermisch stabile und thermoplastisch verarbeitbare Polycarbonate erhielten [4.7-2]. Der optimale Baustein in Hinblick auf ein ausgewogenes Eigenschaftsprofil und niedrige Herstellkosten wurde sehr schnell mit 2,2'-Bis(4-hydroxyphenyl)-propan (Bisphenol A) gefunden. Nahezu gleichzeitig wurden ähnliche Arbeiten in den USA von General Electric durchgeführt [4.7-3].

Die technische Produktion begann bei Bayer 1958 und bei General Electric 1959. Seither ist der Bedarf von Polycarbonat mit jährlich 5–10% gestiegen – nur wenige technische Thermoplasten erreichten höhere Zuwachsraten. Im Jahr 2003 wurden weltweit über $2 \cdot 10^6$ t dieses Kunststoffs hergestellt und verbraucht. Die Zahl der Anlagenbetreiber ist einschließlich Joint Ventures mittlerweile auf etwa zehn angewachsen.

Polycarbonate mit attraktiven Eigenschaften werden allgemein aus den Bisphenolen der Dihydroxydiphenylalkane hergestellt. Mit Bisphenol A (BPA) als Monomer erhält man – im Vergleich mit Standard-Polymeren und anderen technischen Thermoplasten im Markt – einen Konstruktionswerkstoff auf hohem Eigenschaftsniveau und mit einem sehr ausgewogenen Eigenschaftsprofil. BPA wird aus Aceton und Phenol in Gegenwart von konzentrierter Salzsäure, HCl-Gas, 75%iger Schwefelsäure oder sauren Ionenaustauschern in Ausbeuten von > 90% und Reinheiten nach Aufarbeitung des Phenoladdukt-Kristallisats von > 99,6% hergestellt.

4.7.2
Beschreibung der Herstellverfahren

Für die technische Herstellung der Polycarbonate auf Basis von Bisphenol A sind drei Verfahren bekannt: Phasengrenzflächenverfahren, Pyridinverfahren (Lösungsverfahren), Umesterungsverfahren [4.7-4].

Das Phasengrenzflächenverfahren ist der Prozess, nach dem auch heute noch das meiste Polycarbonat hergestellt wird (Abb. 4.7-1). Hierbei arbeitet man in einer Mischung aus einem Polymerlöser, üblich ist das niedrig siedende Dichlormethan, und wässriger Natronlauge. BPA wird in der Natronlauge unter Luftausschluss bei 20-35 °C gelöst und nach intensiver Mischung der Phasen durch Einleiten von Phosgen zunächst in Oligocarbonat überführt. Nach Zusatz eines tertiären Amins als Katalysator baut das Polycarbonat aus den vorgebildeten Oligomeren in einer sehr schnellen Reaktion auf. Die Polymerbildung erfolgt auch mit quartären Ammoniumverbindungen, man setzt sie in technischen Prozessen jedoch kaum ein. Die Einstellung des gewünschten Molekulargewichts erfolgt in der Regel durch mo-

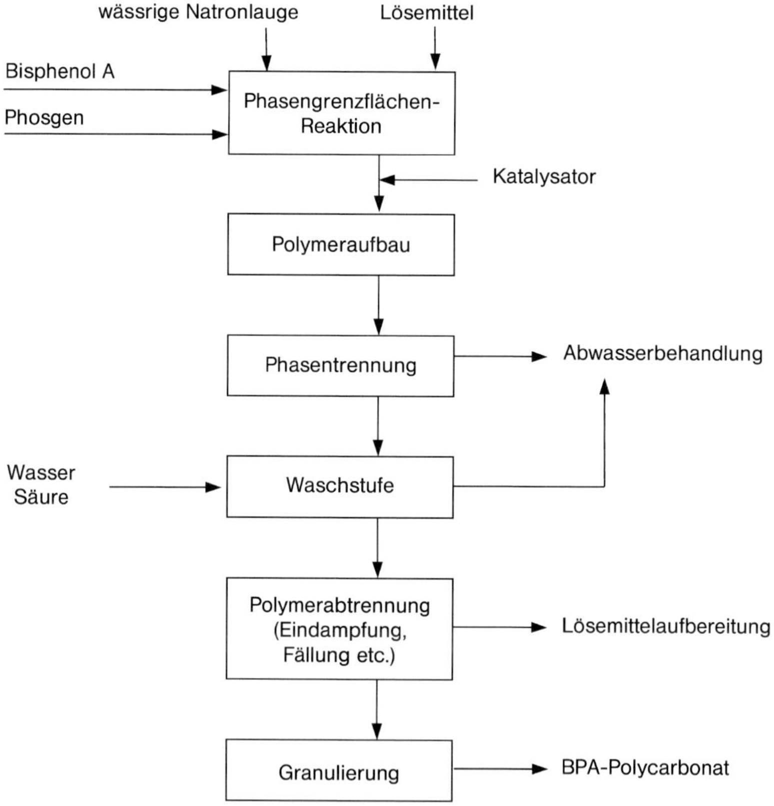

Abb. 4.7-1 Grundfließbild für die Herstellung von Bisphenol A-Polycarbonat nach dem Phasengrenzflächenverfahren

nofunktionelle Phenole. Um Verseifungsverluste auszugleichen, ist ein geringer Phosgenüberschuss notwendig, wie im Reaktionsschema angezeigt:

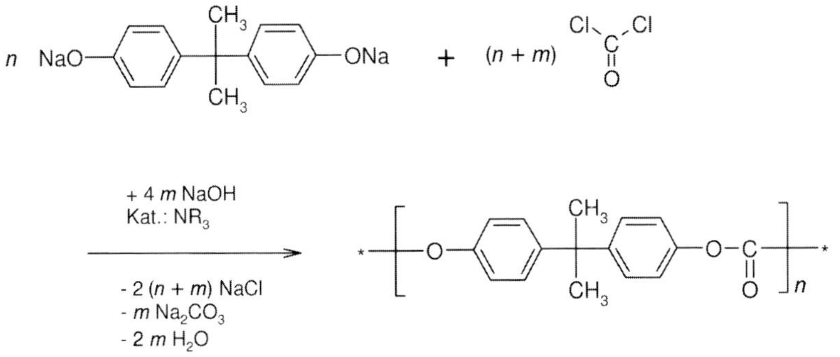

Die Polycarbonatlösung wird nach Abtrennung von der wässrigen Phase elektrolytfrei gewaschen und nach verschiedenen Verfahren zu einem teilkristallinen Pulver oder amorphen Granulat aufgearbeitet (Ausfällen mit Nichtlösemitteln, Dampfstrippen, Sprühtrocknung oder Eindampfen der Lösung in speziellen Schneckenaggregaten).

Im Lösungsverfahren, üblicherweise das Pyridinverfahren, werden Bisphenol A und der Molekulargewichtsregler in der ca. 10fachen Menge Pyridin bzw. in einer Pyridin/Chlorkohlenwasserstoff-Mischung gelöst und bei 25–35 °C mit Phosgen zu hochmolekularem Polycarbonat umgesetzt, wobei Pyridinhydrochlorid als Salz ausfällt. Die Polymerlösung wird anschließend mit verdünnter Säure und Wasser gewaschen. Nach Abtrennung der wässrigen Phase wird das Polymer durch Zugabe eines Nichtlösemittels ausgefällt, filtriert und getrocknet.

Beim Umesterungsverfahren wird BPA mit Diphenylcarbonat (DPC) als Lieferant der Kohlensäureeinheit im stöchiometrischen Verhältnis oder einem geringen Überschuss an DPC unter Luftausschluss umgesetzt. Nach Einsetzen der Phenolabspaltung bei Normaldruck und ca. 150 °C wird die Schmelze mit einem Katalysator versetzt und sukzessive die Temperatur so erhöht und der Druck gleichzeitig verringert, dass das freiwerdende Phenol abdestilliert werden kann. Der Polymeraufbau erfolgt unter Abspaltung von Phenol und Diphenylcarbonat in der Endstufe bei ca. 300 °C/0,5 mbar. Als Umesterungskatalysatoren werden durchweg basische Salze, wie z. B. Natriumphenolat, eingesetzt.

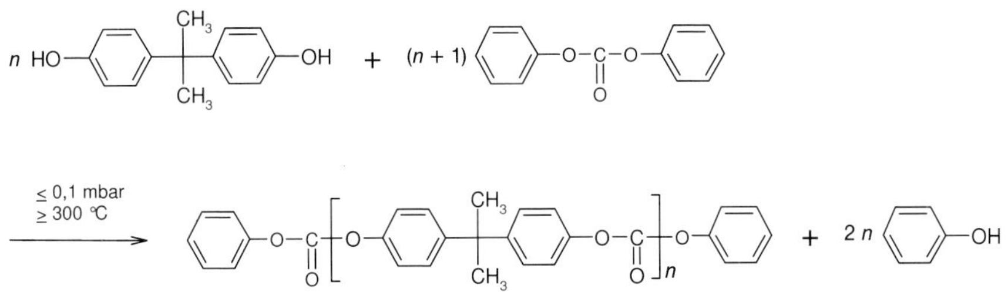

Das Umesterungsverfahren hat Anfang der 1990er Jahre eine Renaissance erfahren. Mit reineren Edukten als man sie bei der Erfindung des Polycarbonats vor 50 Jahren zur Verfügung hatte, wurde es nun möglich, mittels Schmelzeumesterung ein ebenso optisch klares Polycarbonat herzustellen, wie man es durch den produktionstechnisch etablierten Phasengrenzflächenprozess erhielt. Um möglichst kleine mittlere Verweilzeiten der Schmelze zu realisieren, wurden die kontinuierlich geführten Schmelzeaggregate so konstruiert, dass eine Schmelzeführung mit großer Oberfläche und Durchmischung erreicht wird. Die ersten Produktionsanlagen der »Neuzeit« wurden von General Electric Plastics (1993 im JV und 1999) und Bayer (2000) gebaut. Die Produktion von Polycarbonat nach dem Umesterungsverfahren in der Schmelze ist wegen der Vermeidung von Lösemittelkreisläufen und Salzfrachten und der möglichen Abkehr von Phosgen – wenn man DPC nicht aus Phenol und Phosgen, sondern über Alternativverfahren herstellt – sehr attraktiv.

Im Zuge der Entwicklung von phosgenfreien Verfahren für die Herstellung von DPC wurde auch die oxidative Carbonylierung von Phenol bearbeitet. Es hat nicht an Versuchen gefehlt, dieses Kupplungsverfahren auf BPA anzuwenden und so zum Polycarbonat zu kommen [4.7-5]. Bis heute ist man jedoch nicht über Oligomere hinausgekommen. Die Polymerabtrennung sowie die Kreislaufführung des Katalysatorsystems (Cu-, Pd-Salze in einem komplexen Redoxkreis) in einem Produktionsverfahren ist zudem schwierig und unwirtschaftlich.

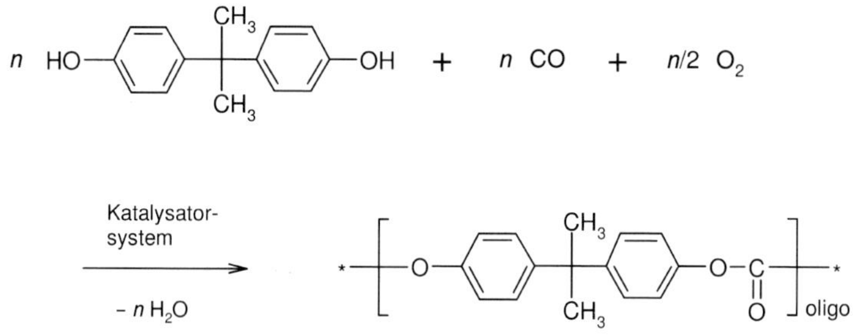

Polycarbonate mit höheren Einfriertemperaturen als 150 °C können aus 4,4'-Dihydroxydiphenyl, 4,4'-Dihydroxydiphenylsulfon oder aus solchen Bisphenolen hergestellt werden, deren Bindeglied durch großvolumige, sperrige Reste substituiert ist, z. B. 4,4'-Dihydroxytetraphenylmethan sowie Bisphenole, deren vier zu den phenolischen OH-Gruppen *o*-ständigen Wasserstoffe durch CH_3-, Cl- oder Br- substituiert sind (Tetramethyl-, Tetrachlor-, Tetrabrombisphenol A). Die Tetrachlor- oder Tetrabromderivate von Bisphenol A ergeben Polycarbonate, die in der Flamme verkohlen, aber nicht brennen. Sie sind jedoch weniger schlagzäh und aufgrund der hohen Schmelzviskosität schwierig thermoplastisch zu verarbeiten. Als Comonomere besitzen diese Bisphenole jedoch Bedeutung zur Herstellung flammfester Polycarbonate auf Basis Bisphenol A (Halogengehalt im Bereich 1–20%). Das im Prinzip schon günstige Brandverhalten von BPA-Polycarbonat kann auch durch Zusatz von speziellen Alkalisalzen verbessert werden. Sie erhöhen die Carbonisierungsneigung und reduzieren die Rauchentwicklung im Brandfall. Vorteilhaft ist hierbei die günstige Verarbeitbarkeit und der Erhalt der Transparenz des Thermoplasten.

Zur Herstellung größerer Hohlkörper sind verzweigte und damit strukturviskose Produkte notwendig. Sie werden erhalten, indem man der Polykondensation trifunktionelle Comonomere zusetzt, wie z. B. 2,6-Bis(2-hydroxy-4-methylbenzyl)-*p*-kresol (Triskresol), α,α'-Bis(phenyl-di-*p*-hydroxyphenyl)-*p*-xylol (7-Kerntetraphenol), 3,3-Bis(3-methyl-4-hydroxyphenyl)-2-indolinon (Isatinbiskresol) oder 3,3-Bis(*p*-hydroxyphenyl)-valeriansäure (Bisphenolsäure).

Eine wichtige Eigenschaft von Polycarbonat und Copolycarbonaten ist die gute Legierbarkeit mit anderen Thermoplasten. Von Borg-Warner, Bayer, Dow Chemical und General Electric wurden insbesondere die preiswerteren Polycarbonat-ABS-Legierungen entwickelt, die sich vor allem durch Fließfähigkeit, Zähigkeit und Medienresistenz auszeichnen. Durch den Cobaustein Tetramethylbisphenol A wird die Verträglichkeit zu Styrol(co)polymeren noch vergrößert. Ebenso haben PC/Polyester-Blends (PBT, PET) als Konstruktionswerkstoffe im Markt Bedeutung erlangt [4.7-6].

4.7.3
Eigenschaften und Anwendungsgebiete

Die technische Bedeutung des Polycarbonats aus Bisphenol A beruht auf der Kombination mehrerer herausragender Eigenschaften (Tab. 4.7-1). Der rein amorphe Werkstoff ist glasklar transparent, hat eine hohe Glas- oder Einfriertemperatur (149 °C) und ist damit von hoher Wärmeformbeständigkeit und er ist außergewöhnlich stoß-/schlagzäh – auch bei sehr tiefen Temperaturen. Hervorzuheben sind ferner die guten mechanischen und dielektrischen Eigenschaften, eine sehr geringe Wasseraufnahmekapazität, die Brandwidrigkeit und die biologische Verträglichkeit des Materials. Die Bewitterungsstabilität ist gut und kann durch UV-Absorber weiter verbessert werden. Ein Nachteil ist die Empfindlichkeit gegen Alkalien und gegen organische Lösemittel, mit Ausnahme aliphatischer Kohlenwasserstoffe. In der Summe der Eigenschaften sind die Polycarbonate auf Basis Bisphenol A im Vergleich zu solchen aus anderen aromatischen Dihydroxyverbindungen nach wie vor unübertroffen, so dass trotz intensiver Untersuchungen und Entwicklungsarbeiten an verschiedenen Stellen Bisphenol A als Ausgangsmaterial eine ungefährdete Stellung einnimmt.

Durch Einarbeitung von 10–40 % Glasfasern werden verstärkte Polycarbonate hergestellt, die im Vergleich zu unverstärkten Produkten höhere Biegefestigkeiten, höhere E-Moduli und größere Dimensionsstabilitäten besitzen.

Polycarbonate werden vorwiegend nach dem Spritzgieß-, Extrusions- und Blasformverfahren bei Temperaturen von 275–350 °C zu Spritzkörpern jeglicher Art, Profilen, Rohren, Stangen, Platten, Folien, Blasformkörpern usw. verarbeitet. Die mittleren Molekulargewichte M_w der marktgängigen Produkte liegen etwa im Bereich 20 000–30 000, Gießfolientypen liegen noch höher. Die Granulate werden vor der Verarbeitung zwei Stunden oder mehr bei ca. 120 °C getrocknet. Aus Lösungen lassen sich transparente Folien gießen (minimale Dicke 2 µm), die durch

Tab. 4.7-1 Eigenschaften von Bisphenol A-Polycarbonat

Dichte	g cm^{-3}	1,20
Lichttransmission (1 mm)	%	88–89
Brechzahl	–	1,586
Wärmeformbeständigkeit		
Vicat B/120	°C	143–148
Dauertemperaturbeständigkeit	°C	120
Thermische Leitfähigkeit, RT	W m^{-1} K^{-1}	0,21
Zugfestigkeit	N mm^{-2}	63–65
Reißdehnung	%	100–130
Elastizitätsmodul	N mm^{-2}	2400
Schlagzähigkeit n. CHARPY		
–30 °C	kJ m^{-2}	ohne Bruch
Kerbschlagzähigkeit n. IZOD		
23 °C	kJ m^{-2}	75–95
–30 °C	kJ m^{-2}	15
Feuchteaufnahme		
23 °C/50% r. F.	%	0,15
Brennbarkeit		
Sauerstoff-Index	–	28
UL 94/*d* in mm	–	V-2/1,5
Permittivitätszahl		
bei 100 Hz		3,0
bei 1 MHz		3,0
Dielektrischer Verlustfaktor		
bei 100 Hz		10^{-3}
bei 1 MHz		$8{,}0 \cdot 10^{-3}$
Spez. Durchgangswiderstand	$\Omega \cdot$ cm	10^{16}
Verarbeitungsschwindung	%	0,5–0,8, isotrop

Orientierung und Kristallisation beachtliche Festigkeitseigenschaften und eine noch höhere Wärmestandfestigkeit haben.

Formteile aus Polycarbonaten werden in der Elektroindustrie (einschließlich Elektroisolierfolien), im Fahrzeugbau, in der Lichttechnik und im Apparatebau eingesetzt. Ferner werden Polycarbonate zur Herstellung von Haushaltswaren, Bürobedarf, medizinischem Gerät, Sicherheitsscheiben, Gebäudeabdeckungen und Sportartikeln verwendet. In den letzten zehn Jahren ist insbesondere der Polycarbonat-Verbrauch für optische Speichermedien sehr stark angestiegen (CD, DVD, prerecorded/recordable). Ebenso hat der Einsatz von Polycarbonat als Glasersatz in Außenanwendungen zugenommen, sei es als Verscheibungsmaterial oder als

Scheinwerferstreuscheibe am Automobil. Gegen die Einflüsse von Bewitterung, Verkratzen und Umweltagenzien werden die Oberflächen mit Lacken oder Plasmadepositen schutzbeschichtet. Bei der laufenden Entwicklung der Automobilverscheibung will man – zumindest bei mechanisch weniger beanspruchten Scheiben – Standfestigkeiten von zehn Jahren erreichen.

Handelsnamen von BPA-PC: Makrolon (Bayer MaterialScience), Lexan (General Electric Plastics), Panlite (Teijin), Calibre (Dow Chemical), Jupilon, Novarex, Kobaloy (Mitsubishi), Trirex (Samyang Mitsubishi), Toughlon (Idemitsu), Wonderlite (Chi Mei/Asahi), Durolon (Polycarbonatos do Brasil).

4.8 Polyamide

4.8.1 Übersicht über die Stoffklasse

Polyamide sind durch wiederkehrende Carbonamidgruppen in der Hauptkette gekennzeichnet, die für die physikalischen Unterschiede gegenüber den meisten anderen polymeren Werkstoffen ursächlich ist: Die Carbonamidfunktion trägt über die von ihr ausgehenden Wasserstoffbrücken sowohl zu den herausragenden mechanischen Eigenschaften und der Chemikalienbeständigkeit als auch zur Wasseraufnahme von Polyamid-Werkstoffen bei. Nach der Funktionalität der dem jeweiligen Polyamid zugrunde liegenden Monomeren unterscheidet man zwei Typen:

AB-Polyamid: $H-[NH-C_nH_{2n-z}R_z - CO]_p-OH$
AABB-Polyamid: $H-[NH-C_nH_{2n-z}R'_z-NHCO-C_nH_{2n-z}R''_z-CO]_p-OH$

Formal leiten sich die AB-Polyamide von Lactamen, die AABB-Polyamide von den so genannten Nylonsalzen aus Diaminen und Dicarbonsäuren im äquimolaren Verhältnis ab. Daraus hat sich für die am häufigsten vorkommenden linearen aliphatischen Polyamide eine Kurzbezeichnung mit einem Zahlencode entwickelt, der im ersten Fall die Zahl der Kohlenstoffatome des zugrunde liegenden Lactams, im zweiten Fall nacheinander die Kohlenstoffzahl des (aliphatischen) Diamins sowie der Dicarbonsäure angibt [4.8-1].

Beispiele für den ersten Typ sind PA 6, das Polymere des ω-Caprolactams und PA 12, das Polylaurinlactam. Als Beispiele für AABB-Polyamide Typ mögen PA 66, das Polykondensat aus Hexamethylendiamin mit Adipinsäure, sowie PA 612, das Polykondensat aus Hexamethylendiamin mit Dodecandisäure dienen. Die beiden bedeutendsten aromatischen Dicarbonsäuren, Terephthalsäure und Isophthalsäure werden dagegen mit den Buchstaben T bzw. I gekennzeichnet. Erwähnenswert sind darüber hinaus als polyamidbildende Monomere die methylsubstituierten Diamine 2-Methyl-pentamethylendiamin (MPDA), das Isomerengemisch aus 2,2,4- und 2,4,4-Trimethylhexamethylendiamin (TMDA), das araliphtische *meta*-Xylylendiamin (MXDA), sowie das cycloaliphatische 4,4'-Diaminocyclohexylmethan (PACM) in unterschiedlichen Isomerenzusammensetzungen.

Werden in der Hauptkette unterschiedliche Monomere eingebaut, spricht man von Copolyamiden, was in der Kurzbezeichnung durch getrennte Angabe der einzelnen Kettenglieder berücksichtigt wird: Das Copolyamid aus Caprolactam sowie Hexamethylendiamin und Adipinsäure wird demgemäß als PA 6/66 bezeichnet.

Anhand der in der Hauptkette eingebauten Monomeren lassen sich die nachfolgenden vier Stoffklassen unterscheiden:

Aliphatische Homopolyamide:
AB-Typ: PA 6, PA 11, PA 12
AABB-Typ: PA 46, PA 66, PA 610, PA 612, PA 1010

Teilaromatische (Co-)Polyamide:
PA 6T/6, PA 6T/6I/66, PA 6T/6I, PA 6T/66, PA 6T/MPDAT, PA MXD6, PA 6-I, PA 6–3-T, PA DM-PACMT/12

Die vollaromatischen Polyaramide, die thermoplastischen Polyetherblockamide (PEBA) und die niedrig schmelzenden Copolyamide werden hier nicht besprochen.

4.8.2 Aliphatische Polyamide

4.8.2.1 Herstellung der aliphatischen Polyamide

Mengenmäßig am bedeutendsten sind die Polyamide 6 und 66.

PA 610, PA 1010 und PA 11 besitzen eine agrochemische Rohstoffbasis: Rizinolsäure wird alkalisch zur Sebacinsäure gespalten [4.8-2–4.8-5]. Über das Dinitril wird daraus 1,10-Decandiamin erhalten [4.8-6]. Die thermische Spaltung von Rizinolsäuremethylester zu ω-Undecylensäuremethylester, HBr-Addition zu ω-Bromoundecansäuremethylester und dessen nachfolgende Aminolyse führen zu ω-Aminoundecansäure, dem Monomeren von Polyamid 11 [4.8-7–4.8-13].

PA 612 und PA 12 basieren beide auf 1,5,9-Cyclododecatrien, dem Trimerisierungsprodukt von Butadien [4.8-14, 4.8-15]. Nach dessen Hydrierung zum Cyclododecan wird dieses mit Luft oder Sauerstoff nach Bashkirov zu einem Gemisch aus Cyclododecanol und Cyclododecanon oxidiert [4.8-16–4.8-18]. Aus der ringöffnenden oxidativen Spaltung dieses Gemisches ohne weitere Auftrennung gewinnt man die Dodecandisäure [4.8-19–4.8-21].

Für die Oximierung und Beckmann-Umlagerung zum ω-Laurinlactam ist zunächst wie bei der Caprolactamsynthese die Umwandlung ins Keton *via* Dehydrierung erforderlich [4.8-22]. Die Umlagerung wird in konzentrierter Schwefelsäure entweder unter Zusatz inerter Fließmittel [4.8-23] oder als Colactamisierung in Gegenwart von Cyclohexanon [4.8-24] durchgeführt. Eine direkte Oximsynthese aus Cyclododecan macht von der Photonitrosierung Gebrauch [4.8-15, 4.8-25–4.8-27], das Reaktionsprodukt wird direkt der Beckmann-Umlagerung unterworfen.

Neue Entwicklungen auf dem Gebiet der fermentativen Oxidation von *n*-Paraffinen mit Zuchtformen der Hefe *Candida tropicalis* machen lineare Dicarbonsäuren mit 10–18 Kohlenstoffatomen technisch zugänglich, diese Route stellt nicht nur eine potentielle Alternative zu den vorgenannten Synthesen von Sebacinsäure und Dodecandisäure dar, sondern lässt auch die Entwicklung neuartiger AABB-Polyamide erwarten [4.8-28].

Die Weiterverarbeitung der genannten Monomeren zu Homo- und Copolyamiden erfolgt nach drei prinzipiellen Verfahren:

- Polykondensation von ω-Aminocarbonsäuren
- Polykondensation von Nylonsalzen bzw. äquimolaren Gemischen von Diaminen und Dicarbonsäuren
- Ring öffnende Polymerisation von Lactamen

Nachstehend sollen die in Struktur und Thermodynamik begründeten modifizierten Ausführungsformen bei einigen Polyamiden beleuchtet werden.

Polyamid 11 durch Polykondensation von ω-Aminoundecansäure

PA 11 wird ausschließlich durch Polykondensation von ω-Aminoundecansäure hergestellt. Anders als bei der hydrolytischen Polymerisation von Caprolactam oder Laurinlactam ist hierbei keine Ringöffnung in Gegenwart von Wasser erforderlich. Die Polykondensation der 11-Aminoundecansäure ist eine Reaktion 2. Ordnung. Die Reaktionswärme (–12 kJ mol^{-1}) und die Aktivierungsenergie (45 kJ mol^{-1}) bestimmen neben der Polymerisationsentropie (–29 kJ mol^{-1}) die freie Reaktionsenthalpie bezüglich dem monomeren C11-Lactam (105 J K^{-1} mol^{-1}) [4.8-31]. Entsprechend liegt der bei der Schmelzepolykondensation sich im Gleichgewicht ergebende Restlactamgehalt um eine Größenordnung niedriger als bei PA 6 [4.8-29–4.8-31], weshalb eine Entmonomerisierung hier nicht erforderlich ist. Das Verfahren wird kontinuierlich in einer mit Wasserabscheidern versehenen Reaktionskolonne durchgeführt [4.8-32]

Als Katalysatoren werden Phosphorsäure, phosphorige Säure oder deren Derivate beschrieben. Als Regler kommen Mono-, Di- oder Polycarbonsäuren sowie Mono-, Di- oder Polyamine in Betracht [4.8-33]. Man stellt für technische Polyamidformmassen normalerweise zahlenmittlere Molmassen zwischen 15 000 und 50 000 g mol^{-1} ein.

Die polyfunktionalen Regler kommen insbesondere dann zur Anwendung, wenn spezielle Fließeigenschaften erzielt werden sollen: Bei hohen Schergeschwindigkeiten nimmt dann die Schmelzeviskosität stärker ab [4.8-34]. PA 11 bietet als AB-Polyamid den Vorteil, bei polyfunktioneller Regelung nicht unkontrolliert zu vernetzen.

Höherviskose Formmassen, wie sie für die Extrusions- oder Blasformverarbeitung benötigt werden, sind über eine Festphasennachkondensation zugänglich [4.8-35–4.8-37].

Polyamide 610, 612 und 1010 durch Polykondensation von Nylonsalzen

Die gegenüber dem AH-Salz bei längerkettigen Diaminen sowie Dicarbonsäuren abnehmende Wasserlöslichkeit der Salze erfordern insbesondere bei der Chargierung Änderungen gegenüber der PA 66-Herstellung.

Die dem PA 610 bzw. PA 612 zugrunde liegenden Nylonsalze sind in ihrer Wasserlöslichkeit dem AH-Salz vergleichbar. Ihre Schmelztemperaturen liegen niedriger. Grundsätzlich eignen sich daher alle von der PA 66-Herstellung bekannten Verfahren zur Polykondensation von AH-Salz auch zur Herstellung von PA 610 sowie PA 612 [4.8-38–4.8-40].

Wesentliches Merkmal dieser Verfahren ist die Ankondensation der Dicarbonsäure und des Diamins bei erhöhtem Druck und Temperaturen oberhalb 200 °C über einen Zeitraum von 1–3 h [4.8-38]. Unterbleibt diese Maßnahme, wird die Stöchiometrie der Reaktanden gestört.

Das Verfahren wurde normalerweise früher diskontinuierlich durchgeführt [4.8-38]. Neuerdings setzt sich insbesondere für Anwendungen im Engineering-Plastics-Bereich das kontinuierliche Verfahren durch (Lit. EP 0129196, Pipper et al. vom 13.06.84). Geeignete Apparaturen bestehen häufig aus zwei Kesseln: Im Mischkessel wird aus äquivalenten Mengen Diamin und Dicarbonsäure bzw. dem Nylonsalz eine 60–65 %ige wässrige Lösung hergestellt und anschließend über ein Schmelzefilter in den druckfest ausgelegten Polykondensationsreaktor gedrückt. Eventuell zugesetzte Stabilisatoren bzw. Katalysatoren werden über den Ansatzbehälter zudosiert. Nach dem Aufheizen und der Druckhaltestufe bei 220–230 °C wird das Wasser abdestilliert und am Ende Inertgas über die Schmelze geleitet. Molmassenregler müssen bei PA 610 und PA 612 nicht unbedingt zugesetzt werden, da ein Überschuss an Diamin oder Dicarbonsäure die Molmasse begrenzt. Falls erforderlich, können die gleichen Mono- oder Polyamine bzw. Mono- oder Polycarbonsäuren wie bei PA 11 bzw. PA 12 zugesetzt werden [4.8-33, 4.8-37].

Die geringe Löslichkeit des Nylon 1010-Salzes bedingt die Herstellung der Nylonsalzlösung unter Druck, sofern eine filtrierbare Lösung eingesetzt werden soll (Tab. 4.8-1). Alternativ muss auf diese Filtration verzichtet werden und das Salz als Fest-

Tab. 4.8-1 Löslichkeiten in Wasser bei 90 °C und Aufschmelztemperaturen von Nylonsalzen

Nylonsalz-Typ (Diamin-Dicarbonsäure)	Löslichkeit (bei 90 °C) (Gew.-%)	Aufschmelztemperatur des wasserfreien Nylonsalzes (°C)
66	63	198–203
68	72	182–183
610	63	171–173
612	69	186–188
1010	5	183–187
1012	30	169–170
1212	< 10	186–187

stoff in einem Rührautoklaven vorgelegt werden [4.8-6]. Aufgrund der dort gegebenen Rohstoffversorgung wird PA 1010 exklusiv nur in China gefertigt [4.8-6].

Die ICI beschreibt ein kontinuierlich verlaufendes Polykondensationsverfahren, bei dem aus wässrigen Nylonsalzlösungen das Wasser in mehreren Entspannungsstufen entfernt wird. Die verwendeten Salzlösungen enthalten 40 bis ca. 70% Feststoff [4.8-39].

Der zur Auflösung der Nylonsalze einzusetzende hohe Wassergehalt verschlechtert die Raum-Zeit-Ausbeuten: Das Verdampfen des zur Bildung der Salzlösung eingesetzten Wassers ist energie- und zeitaufwändig; vor allem niedrig siedende Diamine werden dabei mit abdestilliert, was die stöchiometrische Äquivalenz zwischen Diaminen und Dicarbonsäuren stört. Ein weiterer Nachteil ist, dass derartige aminkontaminierte Abwässer die Umwelt belasten und daher nachbehandelt werden müssen, z. B. durch destillative Abtrennung der Diamine und deren Rückführung in den Polykondensationsprozess. Ein weiteres Problem bei der Brüdenrückführung ist die Abtrennung – oder Vermeidung – des aus Hexamethylendiamin unter den Polykondensationsbedingungen sich bildenden Bis-hexamethylentriamins [4.8-41].

Es hat aus den geschilderten Gründen nicht an Bemühungen gefehlt, die für die Homogenisierung der Reaktionsmischung erforderliche Wassermenge zu reduzieren oder gänzlich zu eliminieren. Signifikante Verringerungen der Wassermenge lassen sich nur bewerkstelligen, wenn 1,6-Diaminohexan als Schmelze und Sebacinsäure bzw. Dodecandisäure als wasserfreier Feststoff oder ebenfalls als Schmelze in den Polykondensationsreaktor eingebracht werden können. Beide Variationen erfordern eine Wärmestabilisierung der Dicarbonsäuren, z. B. mit Natriumacetat [4.8-42] oder primären aliphatischen Aminen [4.8-43].

Ein Sonderfall liegt bei der Herstellung des PA 46 vor: Der nahe an der Zersetzungstemperatur liegende Schmelzpunkt erfordert eine zweistufige kontinuierliche Prozessführung, bei der unter Druck zunächst ein niedermolekulares Oligomer erzeugt wird, welches direkt in Schmelze auf einem Extruder oder in fester Phase nachkondensiert wird [4.8-44, 4.8-45].

Herstellung von PA 6 und PA 12 durch ringöffnende Polymerisation

Die beiden Lactame werden sowohl hinsichtlich ihrer Reaktivität als auch hinsichtlich des erzielbaren Gleichgewichtsumsatzes – die Polykondensation stellt eine reversible Reaktion dar – entscheidend von der Ringspannung der zugrunde liegenden Lactame beeinflusst: Anders als beim nahezu drucklos zu polymerisierenden Caprolactam erfordert die Öffnung des Laurinlactamringes sehr viel drastischere Bedingungen. Die bei PA 6 bewährten kontinuierlichen Polymerisationsverfahren haben bei PA 12 erst in jüngerer Zeit Anwendung gefunden. Die ionische Polymerisation verläuft bei PA 12 ähnlich wie bei PA 6, technische Anwendung hat bisher nur die aktivierte anionische Polymerisation [4.8-46] gefunden. Neuere Entwicklungen haben einen verringerten Energieverbrauch, vor allem beim Verfahrenschritt der Restlactamentfernung, durch Vakuumentgasung, gekoppelt mit einem Extrusionsschritt, zum Ziel [4.8-47].

Bei der technischen Herstellung von Polyamid 12 wird Laurinlactam, ähnlich wie

Caprolactam, hydrolytisch polymerisiert. Der Unterschied zu der Caprolactampolymerisation liegt in der höheren Aktivierungsenergie der Spaltung des Laurinlactamringes, so dass die Ringspaltung bei höherer Temperatur und unter erhöhtem Wasserdampfdruck, etwa bei 270–300 °C, erfolgen muss. Im Gegensatz zu Caprolactam verbleibt Laurinlactam nur in verschwindendem Anteil im Gleichgewicht nach der Polymerisation. Dies bedeutet, dass Polyamid 12 nicht zur Entfernung des Monomeren extrahiert werden muss. Die nachfolgende Polykondensation bei Normaldruck ist eine Gleichgewichtsreaktion und kann bei tieferer Temperatur durchgeführt werden [4.8-48].

Die technische Durchführung der hydrolytischen LL-Polymerisation erfolgt zumeist batchweise in entsprechend druckfest ausgelegten Rührautoklaven [4.8-49]. In jüngerer Zeit wurden zwei kontinuierliche Verfahren beschrieben [4.8-50, 4.8-51]: Das von der Ube Chemical Industries ausgearbeitete Niederdruckverfahren arbeitet in einem Zweiphasensystem Laurinlactam/Wasserdampf [4.8-50]. Das von der Degussa AG ausgearbeitete Hochdruckverfahren erlaubt durch die bei hohen Temperaturen und Drücken gegebene Mischbarkeit von Laurinlactam und Wasser eine einphasige Reaktionsführung [4.8-51].

4.8.2.2 Eigenschaften und Anwendungen

Die aliphatisch-teilkristallinen Polyamide stellen harte (PA 6, PA 66) bzw. zähelastische Thermoplasten dar. Da in ihren Kristalliten die Bindungsenergien von Wasserstoffbrücken bestimmt werden, zeigen die Polyamide von starker Wärmetönung charakterisierte Schmelz- und Erstarrungstemperaturen, sowie in ihren amorphen Bereichen Glasübergangstemperaturen. Verglichen mit den meisten anderen Thermoplasten bewirken die kristallinen Domänen gute bis hervorragende Beständigkeiten gegen organische Lösungsmittel, Treib- und Schmierstoffe sowie Öle und Fette.

Die Kristallstruktur der einzelnen aliphatischen Polyamide richtet sich nach der durch die Struktur der wiederkehrenden Einheiten zugelassenen Anordnung der H-Brücken. Können alle H-Brücken innerhalb einer Rostebene geschlossen werden, bildet sich in der Regel eine trikline α-Modifikation aus, werden die H-Brücken auch außerhalb einer Rostebene geschlossen, entsteht normalerweise eine pseudohexagonale γ-Modifikation. Beide gängigen Modifikationen können im festen Zustand gut mittels Röntgen-Weitwinkelstreuung oder IR-spektroskopisch unterschieden werden. Eine beim α-Polyamid 11 ausgebildete Anordnung illustriert Abbildung 4.8-1, für eine tiefer gehende Diskussion sei auf die Literatur verwiesen [4.8-52].

Der Gang der Schmelzpunkte, Wasseraufnahme und Zugmoduli folgt der vom PA 46 zum PA 12 abnehmenden Carbonamidgruppen-Dichte, dem numerischen Verhältnis aus Carbonyl-C-Atomen zu allen anderen C-Atomen der wiederkehrenden Einheit. Abbildung 4.8-2 zeigt den Effekt auf die Feuchtigkeitsaufnahme [4.8-53], die Auswirkung auf thermische und mechanische Werte entnehme man Tabelle 4.8-2.

Entsprechend ihres teilkristallinen Charakters fällt bei allen unverstärkten Polyamiden der Modul oberhalb der Glasübergangstemperatur deutlich ab. Einige Beispiele illustriert Abbildung 4.8-3.

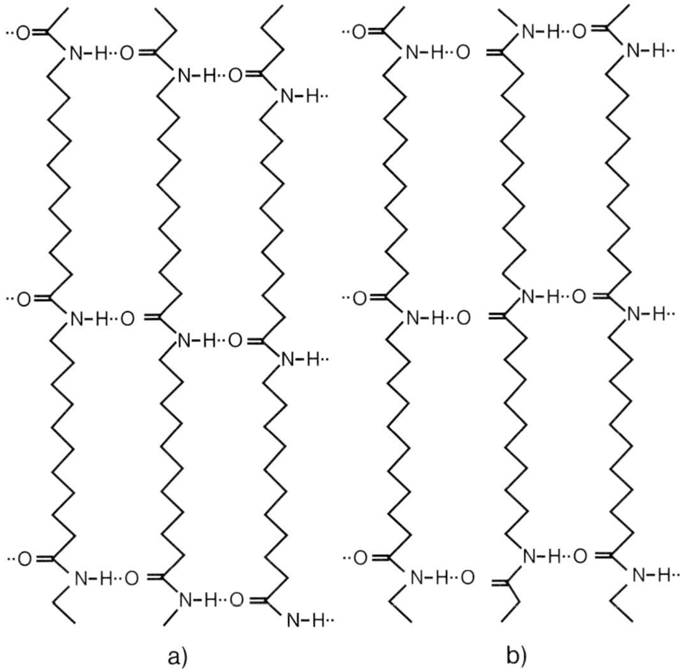

Abb. 4.8-1 H-Brücken bei α-Polyamid 11, parallele und antiparallele Anordnung

Die beiden Polyamide mit der geringsten Carbonamidgruppen-Dichte, PA 11 und PA 12 zeichnen sich gegenüber PA 6 und PA 66, durch Eigenschaftskombinationen aus, die sich auf ihren weniger polaren Aufbau zurückführen lassen:

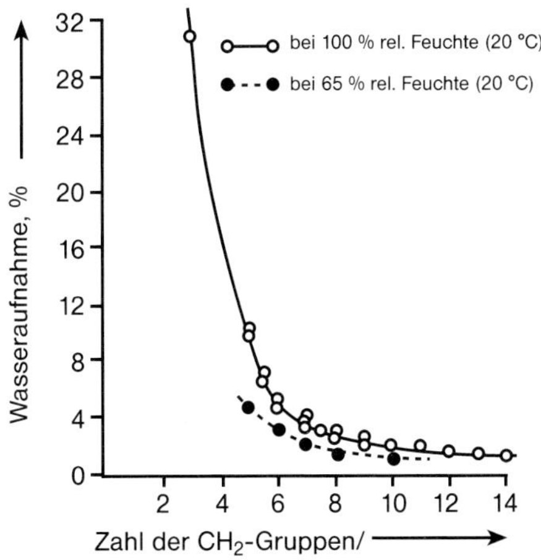

Abb. 4.8-2 Maximale Wasseraufnahme aliphatischer Polyamide bei Luftlagerung in Abhängigkeit der Carbonamidgruppen-Dichte

Tab. 4.8-2 Polyamide im Vergleich, unverstärkte Formmassen

		Formmasse								
Eigenschaft	**Einheit**	**PA 46**	**PA 66**	**PA 6/66**	**PA 6**	**PA 610**	**PA 612**	**PA 1010**	**PA 11**	**PA 12**
Schmelzpunkt	°C	298	260	243	220	224	216	204	186	178
Dichte DIN 53479	$g\ cm^{-3}$		1,14	1,13	1,13	1,08	1,07		1,04	1,02
Wasseraufnahme (23 °C/50 % r.F.)	%		2,8	3,2	3	1,4	1		0,9	0,8
Wasseraufnahme (Sättigung)	%		8,5	9,3	10	3,3	2,7		1,85	1,5
Zug-Kriechmodul	$N\ mm^{-2}$		700-900	-	700	400-500	500-600		500-700	500-700
HDT/A	°C		90-100	50-60	50-60	50-60	50-60	50-60	50-60	50-60
HDT/B	°C		200-300	160	160-180	160	160			110-150
Mechanische Werte spritzfrisch										
E-Modul	$N\ mm^{-2}$		2800-3200	3000	300-3200	2400	2100		1300-1400	1400-1500
Zugfestigkeit	$N\ mm^{-2}$		84	80	80	60	55		42	45
Schlagzähigkeit (Izod)										
bei RT	$kJ\ m^{-2}$		k.B.	-	k.B.	k.B.	k.B.	k.B.	k.B.	k.B.
bei -30 °C	$kJ\ m^{-2}$		190-225	-	250-k.B.	k.B.	k.B.	k.B.	k.B.	k.B.
Kerbschlagzähigkeit (Izod)										
bei RT	$kJ\ m^{-2}$		5-7	6	6-10	7	5 - 6		5-8	5-8
bei -30 °C	$kJ\ m^{-2}$		4-6	-	5-10	5	7		5-7	5-7
Mechanische Werte konditioniert										
E-Modul	$N\ mm^{-2}$		1100-1600	1100	1100-1500	1500	1500		1100	1100
Zugfestigkeit	$N\ mm^{-2}$		57	-	45	50	49			38
Schlagzähigkeit (Izod)										
bei RT	$kJ\ m^{-2}$		k.B.	-	k.B.	k.B.	k.B.	k.B.	k.B.	k.B.
bei -30 °C	$kJ\ m^{-2}$		200-250	-	250-k.B.	k.B.	k.B.	k.B.	k.B.	k.B.
Kerbschlagzähigkeit (Izod)										
bei RT	$kJ\ m^{-2}$		12-25	-	40	35	10		6-9	5-8
bei -30 °C	$kJ\ m^{-2}$		3-6	-	7	5	7			5-8
Kugeldruckhärte (trocken)	$N\ mm^{-2}$		161-166	-	134-138	98-100			85-89	90-94
Abriebbeständigkeit Taber										
trocken	mm^3/1000 U		160		189	157			125-130	129-158
konditioniert	mm^3/1000 U		152		177	144			112-121	99-109

- niedrige Wasseraufnahmefähigkeit, daher sehr gute Maßhaltigkeit bei verschiedener Umgebungsfeuchte und vom Wassergehalt wenig abhängige physikalische Eigenschaften;
- ausgezeichnete Spannungsrissbeständigkeit selbst bei Chemikalieneinwirkung, auch dann, wenn Metallteile umspritzt oder eingepresst worden sind;
- ausgezeichnete Schlag- und Kerbschlagzähigkeit, auch spritzfrisch oder bei niedrigen Temperaturen;
- gute Beständigkeit gegen Fette, Öle, Kraftstoffe, Hydraulikflüssigkeiten, viele Lösemittel, Wasser, Alkalien und Salzlösungen;
- ausgezeichnete Abriebbeständigkeit bei schmirgelnder Beanspruchung;
- niedriger Gleitreibungskoeffizient bei Trockenlauf gegen Stahl, PBT und POM und sehr gute Geräuschdämpfung.

PA 6 bzw. PA 66 zeigen sich dagegen in folgenden Merkmalen überlegen:
- in der Wärmeformbeständigkeit;
- in den Festigkeitswerten;

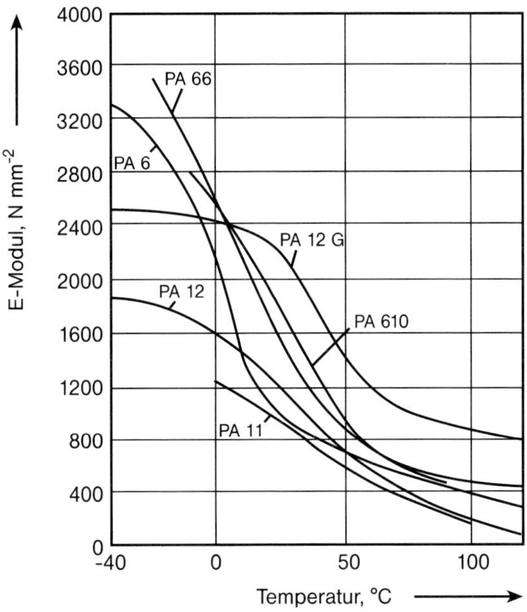

Abb. 4.8-3 Abnahme des Elastizitätsmoduls aliphatischer Polyamide mit der Temperatur

- in der Biegesteifigkeit und
- in der Abriebbeständigkeit bei Trockenlauf gegen Stahl.

PA 610 bzw. PA 612 zeichnen sich aufgrund der niedrigeren Konzentration an Carbonamidgruppen im Vergleich zu PA 6 und PA 66 durch eine geringere Dichte und eine deutlich reduzierte Feuchtigkeitsaufnahme aus. Deshalb sind Formteile aus PA 612 sehr maßhaltig und deren Eigenschaften werden deutlich weniger von der Umgebungsfeuchte beeinflusst. Im normal konditionierten Zustand (ca. 23 °C, 50 % RF) entsprechen die Festigkeitswerte denen von PA 6 oder PA 66.

Wegen der guten Nassfestigkeit und des geringen Verschleißes eignen sich Monofile aus PA 612 und PA 610 ganz besonders für technische Filtergewebe. Hochwertige Borsten aus PA 612, z. B. für Zahnbürsten, zeichnen sich durch sehr gutes Rückstellverhalten auch im nassen Zustand aus. Für mechanisch hoch belastbare Formteile stehen verstärkte PA 612-Formmassen mit Glasfasern bzw. Kohlenstofffasern zur Verfügung. Verbundwerkstoffe auf der Basis von PA 612-Fasern bzw. Folien befinden sich in der Entwicklung. Neue PA 612-Anwendungen stellen Verbundteile mit Kautschuken dar.

Die Vorteile gegenüber PA 11 und PA 12 zeigen sich in folgenden Eigenschaften:

- höhere Wärmeformbeständigkeit,
- größere mechanische Festigkeitswerte,
- höhere Biegesteifigkeit,
- bessere Abriebbeständigkeit bei Trockenlaufen gegen Stahl,
- geringere Gaspermeabilität.

Tab. 4.8-3 Polyamide im Vergleich, unverstärkte Formmassen

		Formmasse mit 30 % Glasfaser (GF30) bzw. 10 % Kohlenstoffaser (CF10) verstärkt							
Eigenschaft	**Einheit**	**PA 66-GF30**	**PA 6/66-GF 30**	**PA 6-GF 30**	**PA 610-CF 30**	**PA 612-GF 30**	**PA 612-GF 50**	**PA 612-CF 30**	**PA 12-GF 30**
Schmelzpunkt	°C	260	243	220	224	216	216	216	178
Dichte DIN 53479	g cm^{-3}	1,36	1,35	1,36	1,20	1,31	1,49	1,20	1,25
Wasseraufnahme (23 °C/50 % r.F.)	%	1,7	1,8	2	-	0,6	-	-	0,4
Wasseraufnahme (Sättigung)	%	5,5	5,6	6-7	2,2	1,9	1,2	2,2	1,3
Zug-Kriechmodul	N mm^{-2}	5300	3800			3200			
HDT/A	°C	250	225	210	200	200	205	200	170
HDT/B	°C	250	230	220	215	215	215	215	180
Mechanische Werte spritzfrisch									
E-Modul	N mm^{-2}	10000	10000	9000	15000	7600	14000	15000	6500
Zugfestigkeit	N mm^{-2}	190	180	180	210	160			130
Schlagzähigkeit (Izod)									
bei RT	kJ m^{-2}	45	45	60	60	39-60	70	60	65
bei -30 °C	kJ m^{-2}	35	30	50	60	46-70	70	60	75
Kerbschlagzähigkeit (Izod)									
bei RT	kJ m^{-2}	11,5	11	13-16	12	6	15	12	23
bei -30 °C	kJ m^{-2}	-	-	9	9	6	15	9	19
Mechanische Werte konditioniert									
E-Modul	N mm^{-2}	7500	6500	6000		6500			5500
Zugfestigkeit	N mm^{-2}	140	120	110		140			110
Schlagzähigkeit (Izod)									
bei RT	kJ m^{-2}	60	65	80		-			55
bei -30 °C	kJ m^{-2}	-	-	50		-			70
Kerbschlagzähigkeit (Izod)									
bei RT	kJ m^{-2}	15	20	20		-			20
bei -30 °C	kJ m^{-2}			9		-			18

Gleitreibungskoeffizient und Chemikalienbeständigkeit von PA 610 und PA 612 sind mit PA 11 und PA 12 vergleichbar.

Eine Zusammenfassung der Grundeigenschaften ungefüllter Polyamide geht aus Tabelle 4.8-2 hervor, Grundeigenschaften faserverstärkter Produkte finden sich in Tabelle 4.8-3.

4.8.3 Teilaromatische Polyamide

Teilaromatische Polyamide sind Homo- oder Copolyamide, die zu einem nennenswerten Teil (in der Regel > 25%) aus aromatischen Monomerbausteinen aufgebaut sind. Je nach Konformation und Mengenanteil der Monomere sind die resultierenden Polyamide amorph und transparent oder teilkristallin und opak. Als aromatische Monomere werden in der Regel aromatische Dicarbonsäuren (s. auch Aromatische Zwischenprodukte) eingesetzt (Terephthalsäure, Isophthalsäure). In Kombination mit linearen, unverzweigten Diaminen werden teilkristalline, hochschmelzende Polyamide erhalten. Bei Verwendung von verzweigten aliphatischen Diaminen (z. B. dem Isomerengemisch aus 2,2,4- und 2,4,4-Trimethylhexamethylendiamin (TMDA)) bzw. Monomeren mit gewinkelter Struktur (z. B. 4,4'-Diaminodicyclohexylmethan (PACM)) werden amorphe, hochtransparente Polyamide erhalten. Teilaromatische, hochschmelzende Polyamide enthalten in der Regel überwiegend Terephthalsäure als aromatische Dicarbonsäure. Polyamide, die sich ganz oder überwiegend von Isophthalsäure ableiten, sind hingegen amorph.

Teilkristalline HT-Polyamide	Amorphe Polyamide
PA 6T/6 (70 : 30)	PA 6I
PA 6T/6I (70 : 30)	PA 6–3-T
PA 6T/6I /66 (65 : 25 : 10)	PA DM-PACMT/12 (65 : 35)
PA 6T/MDPA (75 : 25)	PA 6T/6I (30 : 70)
PA 6T/66 (50 : 50)	PA 9T/iso-9T (85 : 15)

Aufgrund der kettenversteifenden, symmetrischen Struktur von Terephthalsäure liegen die Schmelzpunkte der mit linearen α,ω-Alkylidendiaminen erhältlichen Polyamide ca. 100 °C höher als die entsprechender aliphatischer Polyamide auf Basis Adipinsäure. Das Polyamid aus Terephthalsäure und Hexamethylendiamin (PA 6T) weist einen Schmelzpunkt von 372 °C auf und lässt sich nicht ohne Zersetzung verarbeiten. Mit längerkettigen Diaminen werden hingegen thermoplastisch verarbeitbare Polyamide erhalten (Abb. 4.8-4). Aufgrund der begrenzten Verfügbarkeit solcher längerkettigen Diamine haben derartige Polyamide aber nur begrenzten Marktzugang gefunden (z. B. PA 9T/iso-9T).

Durch Copolymerisation von Terephthalsäure und Hexamethylendiamin mit weiteren polyamidbildenden, aliphatischen oder aromatischen Comonomeren kann der Schmelzpunkt der resultierenden Copolyamide auf ein Niveau abgesenkt werden, welches die problemlose Herstellung und Verarbeitung gewährleistet. Abbildung 4.8-5 zeigt die Schmelztemperaturen von verschiedenen teilaromatischen Copolyamiden in Abhängigkeit vom Comonomergehalt [4.8-71].

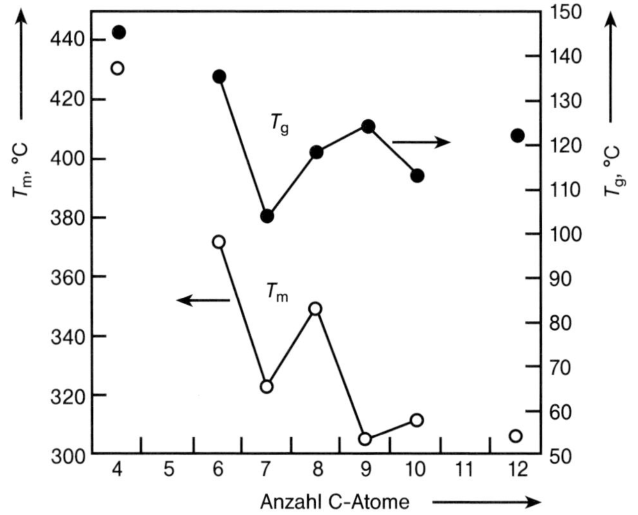

Abb. 4.8-4 Schmelztemperaturen und Glasübergangstemperaturen von Polyamiden aus Terephthalsäure und linearen α,ω-Alkylidendiaminen

Da bei der Copolymerisation mit nicht isomorphen Comonomeren auch die Kristallisationsgeschwindigkeit, der Kristallisationsgrad, die Wärmeformbeständigkeit und die Glastemperatur beeinflusst werden, muss durch Auswahl von Art und Menge der Comonomeren ein optimaler Kompromiss zwischen Verarbeitbarkeit einerseits und Eigenschaften des Copolyamids andererseits gefunden werden.

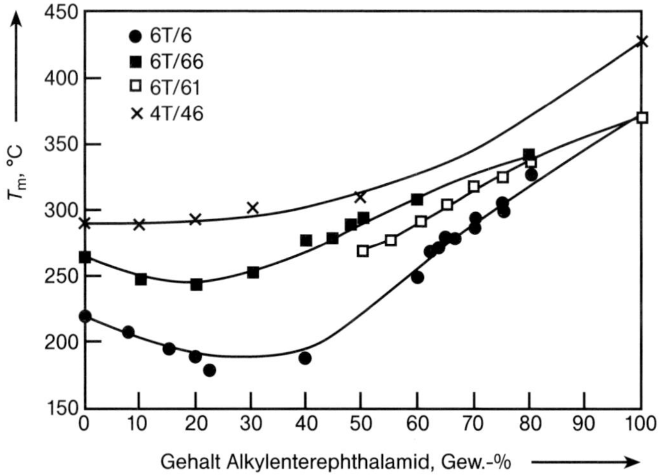

Abb. 4.8-5 Schmelztemperaturen verschiedener teilaromatischer Copolyamide in Abhängigkeit vom Comonomergehalt

4.8.3.1 **Herstellung der teilaromatischen Polyamide und Copolyamide**

Teilaromatische, teilkristalline und amorphe Polyamide und Copolyamide können nach den für PA 66 bekannten Verfahren hergestellt werden, bei denen von den entsprechenden Nylonsalzen ausgegangen wird. Aufgrund der höheren Schmelzeviskosität im Vergleich zu aliphatischen Polyamiden gleichen Molekulargewichts muss die Herstellung über ein niedermolekulares Prepolymeres erfolgen, welches dann in zwangsfördernden Doppelschneckenextrudern oder in der Festphase [4.8-72] auf das benötigte Endmolekulargewicht nachkondensiert wird. Dies gilt insbesondere für die teilaromatisch-amorphen Polyamide und Copolyamide deren Schmelzeviskosität deutlich gegenüber den aliphatischen Polyamiden erhöht ist. Die technische Herstellung der teilaromatischen Polyamide und Copolyamide erfolgt überwiegend nach diskontinuierlichen Verfahren; allerdings wurden mit zunehmender Marktbedeutung dieser Produkte auch kontinuierliche Verfahren entwickelt und realisiert.

4.8.3.2
Eigenschaften der teilaromatischen Polyamide

In Tabelle 4.8-4 sind die wichtigsten thermischen und mechanischen Eigenschaftswerte ausgewählter teilaromatischer Polyamide (unmodifizierte Basispolymere) aufgeführt. Zahlreiche modifizierte Produkte, namentlich mit Glasfaserverstärkung, mineralischer Füllung, Brandschutzausrüstung und Stabilisierung sind im Markt verfügbar; ihr Eigenschaftsprofil ist von den Herstellern dem in der jeweiligen Anforderung gestellten Anforderungsprofil angepasst worden.

Gegenüber den aliphatischen Polyamiden weisen die teilaromatisch-teilkristallinen Polyamide folgende Eigenschaftsvorteile auf:

- bei Raumtemperatur vom Konditionierungsgrad (Feuchtigkeitsaufnahme) unabhängige mechanische Eigenschaften,

Tab. 4.8-4 Teilaromatische Polyamide im Vergleich, unverstärkte Formmassen

Eigenschaft	Einheit	PA 6T/6	PA 6T/6I	PA 6T/6I/66	PA 6I	PA 6-3-T	PA DM-PACMT/12
Schmelzpunkt	°C	295	320	310			
Glastemperatur	°C				127	155	159
Dichte DIN 53479	g cm^{-3}	1,18	1,10	1,17	1,18	1,12	1,06
Wasseraufnahme (23 °C/50 % r.F.)	%	1,8	1,6	1,5	1,6	1,8	0,8
Wasseraufnahme (Sättigung)	%	7,5	6,5	5,8	6,5	7,5	3,5
HDT/A	°C	100	110	110	107	131	140
HDT/B	°C	120	130	130	116	146	150
Mechanische Werte							
Zug-E-Modul	N mm^{-2}	3200	2800	3200	3200	2800	2000
Zugfestigkeit	N mm^{-2}	100	85	105	100	95	70
Schlagzähigkeit (Izod)							
bei RT	kJ m^{-2}	k.B.	k.B.	k.B.	k.B.	k.B.	k.B.
bei -30 °C	kJ m^{-2}	k.B.			k.B.	k.B.	k.B.
Kerbschlagzähigkeit (Izod)							
bei RT	kJ m^{-2}	15,0	10,0	5,0	10,3	10,9	6,9
bei -30 °C	kJ m^{-2}	5,0	5,0	3,0	6,9	6,5	6,5

- hoher Schmelzpunkt und damit verbunden hohe kurzzeitige Wärmeformbeständigkeit; durch entsprechende Modifizierung kann eine gegenüber den aliphatischen Polyamiden höhere Dauergebrauchstemperatur eingestellt werden.

Aufgrund des Copolymercharakters und des damit einhergehenden geringen Kristallisationsgrades schlägt sich der hohe Schmelzpunkt aber nur bei geringer Prüfbelastung in höheren Wärmeformbeständigkeiten nieder.

Haupteigenschaftsmerkmal der teilaromatisch-amorphen Polyamide ist ihre dauerhaft hohe Transparenz auch bei erheblicher Wanddicke. Die Materialien zeichnen sich aus durch eine ausgewogene Kombination aus hoher Wärmeformbeständigkeit, einer hohen mechanischen Festigkeit, einer guten Schlag- und Kerbschlagzähigkeit und einer polyamidtypischen guten Chemikalienbeständigkeit. Besondere Eigenschaftsmerkmale sind zudem die sehr gute dynamische Lastwechselfestigkeit und die allen anderen transparenten Polymeren überlegene Spannungsrissbeständigkeit.

Einige typische Eigenschaftswerte ausgewählter teilaromatisch-amorpher Polyamide sind in Tabelle 4.8-5 wiedergegeben.

4.8.4
Modifizierte Polyamide

Stabilisierung

Nahezu alle Polyamid-Formmassen sind gegen Thermoxidation und vielfach auch gegen Lichteinwirkung stabilisiert: Schon bei Temperaturen von 90–100 °C erfolgt nach längerem Einwirken von heißer Luft auf Polyamide eine Gelb- bis Braunfärbung [4.8-55]. Beim Erwärmen von Formteilen aus Polyamiden auf 160 °C an der Luft bildet sich von außen her eine intensive Braun- bis Schwarzfärbung, die nach einiger Zeit in vernetzte, unlösliche Schichten übergeht, die sehr spröde sind. Dadurch werden Formteile kerbempfindlich und brechen beim Biegen. Angriffsstelle für Peroxide oder Radikale ist die dem Amid-Stickstoff benachbarte C-H-Bindung. Die am häufigsten verwendete Gruppe von Wärmestabilisatoren umfasst die phenolischen Antioxidantien, bei denen durch geeignete Substituenten die Bildung chinoider Strukturen und damit Verfärbung vermieden werden können.

In ähnlicher Weise erfolgt der photooxidative oder photochemische Abbau der Polyamide: Kurzwelliges UV-Licht unter 300 nm führt zu einem raschen Abbau der Molmasse. Mit UV-Absorbern wie substituierten Benztriazolen oder Oxalsäure-bisaniliden sowie HALS-Stabilisatoren kann eine wesentliche Erhöhung der Lichtbeständigkeit erreicht werden [4.8-56, 4.8-57]. In gleicher Weise wirkt feinverteilter Ruß in Konzentrationen von 1–2 Gew.-%. Die Stabilisatoren können bereits während der Polymerisation [4.8-58] oder zusammen mit Weichmachern [4.8-59] oder Verstärkungsadditiven ins fertige Polyamid eingearbeitet werden.

Weichmachung

Weichgemachte Formmassen spielen bei PA 11 und 12 eine herausragende Rolle, bei PA 46, PA 66 und PA 6 ist dieser Zusatz unüblich. Wegen der auch in den amor-

Tab. 4.8-5 Eigenschaften teilaromatischer Polyamide

Eigenschaft		Polyamid-6	Polyamid-6,6	Polyamid-6,10
Dichte	(g cm^{-3})	1,12–1,13	1,13–1,15	1,07–1,09
Glastemperatur	(°C)	50–75	78	ca. 50
Schmelzpunkt	(°C)	223	265	226
Glasgehalt	(%)	–	–	–
Wasseraufnahme	(%)	9–10	8–9	3–4
Zugfestigkeit	(N mm^{-2})	35–40	55–60	45–55
Reißdehnung	(%)	160–220	120–220	80–150
Elastizitätsmodul	(N mm^{-2})	1200–1400	1700–2000	1300–1600
Kerbschlagzähigkeit	(kJ m^{-2})	o.B.	15–20	13–15
Wärmeformbeständigkeit (HDT 1,82 N mm^{-2})	(°C)	210–220	~250	205–215
Dielektrizitätszahl bei 10^5 Hz		7	5	3,8
Dielektrischer Verlustfaktor bei 10^5 Hz		0,3	0,2	0,18
Spez. Durchgangswiderstand	(Ω · cm)	10^{12}	10^{12}	10^{12}

		Polyamid-11	Polyamid-12	Gußpolyamid
Dichte	(g cm^{-3})	1,04	1,02	1,13–1,15
Glastemperatur	(°C)	46		50–75
Schmelzpunkt	(°C)	190	179	223
Glasgehalt	(%)	–	–	–
Wasseraufnahme	(%)	1,85	1,5	6,5–9,0
Zugfestigkeit	(N mm^{-2})	42	46	40–70
Reißdehnung	(%)	280	240	
Elastizitätsmodul	(N mm^{-2})	1100–1200	1200–1350	bis 2500
Kerbschlagzähigkeit	(kJ m^{-2})	30–40	22–24	3–30
Wärmeformbeständigkeit (HDT 1,82 N mm^{-2})	(°C)	~185	~175	210–220
Dielektrizitätszahl bei 10^5 Hz		3,5	3,3	
Dielektrischer Verlustfaktor bei 10^5 Hz		0,03	0,03	
Spez. Durchgangswiderstand	(Ω · cm)	10^{13}	10^{14}	10^{12}

		Polyamid-6-GV	Polyamid-66-GV	Polyamid transparent
Dichte	(g cm^{-3})	1,4	1,4	1,12
Glastemperatur	(°C)			149
Schmelzpunkt	(°C)	223	265	240
Glasgehalt	(%)	35	35	–
Wasseraufnahme	(%)			6
Zugfestigkeit	(N mm^{-2})	130	160	85
Reißdehnung	(%)	7	5	70
Elastizitätsmodul	(N mm^{-2})	7500	10000	3000
Kerbschlagzähigkeit	(kJ m^{-2})	18	14	10–15
Wärmeformbeständigkeit (HDT 1,82 N/mm^2)	(°C)	>200	>200	145
Dielektrizitätszahl bei 10^5 Hz				3,1
Dielektrischer Verlustfaktor bei 10^5 Hz				0,03
Spez. Durchgangswiderstand	(Ω · cm)	10^{12}	10^{12}	$>10^{14}$

phen Bereichen gegebenen Existenz von Wasserstoffbrücken, kommen für die Weichmachung nur stark polare Substanzen in Betracht: Substanzen mit phenolischen Hydroxylgruppen sind als Weichmacher geeignet, z. B. *p*-Hydroxybenzoesäureester von kurzkettigen, verzweigten aliphatischen Alkoholen, ebenso substituierte aromatische Sulfonamide. Letztere leiten sich von der Benzol- oder Toluolsulfonsäure ab. Ein Wasserstoffatom der Amidgruppe ist durch einen kurzen aliphatischen oder cycloaliphatischen Rest substituiert. Die Gruppe der aromatischen Sulfonamid-Weichmacher weist nur eine begrenzte Verträglichkeit mit Polyamid 11 oder 12 auf. Die maximal verträgliche Konzentration liegt bei knapp 20 Gew.-% und bei PA 610 bzw. PA 612 noch niedriger. Weichmacher werden entweder im Doppelschneckenextruder zusammen mit Stabilisatoren oder auch durch Eindiffusion in der Wärme unterhalb der Schmelztemperatur [4.8-59] eingearbeitet. Wegen der in der Kälte durch den so genannten Antiweichmachereffekt abfallenden Schlagzähigkeit müssen bei hohen Ansprüchen funktionale Kautschuke mit eingearbeitet werden [4.8-60].

Faserverstärkung

Der Abfall des E-Moduls teilkristalliner Polyamide im Bereich der Glasübergangstemperatur wird durch das Einarbeiten von Füllstoffen wie Glaskugeln oder Glimmer, besser von faserförmigen Verstärkungsstoffen wie Kohlenstoff-, Glas- oder Aramidfasern, unterdrückt. Glasfasern können in Form von Mahlglasfaser mit einer mittleren Faserlänge von 0,2–0,5 mm oder in Form von Schnittfaser mit einer Faserlänge vorzugsweise von 6 mm eingesetzt werden. Den wirksamsten Verstärkungseffekt erreicht man mit Kohlenstofffasern, von denen ein 30%iger Zusatz ähnliche Effekte bringt wie 50% Schnittglasfasern (Tab. 4.8-3), beim gleichzeitigen Vorteil niedrigerer Dichte. Kohlefaserverstärkung macht die Formmassen leitfähig. Faserverstärkung bewirkt starke Anisotropie der mechanischen Eigenschaften in Verarbeitungsrichtung und senkrecht dazu. Einarbeitung erfolgt in Doppelschneckenextrudern oder in Coknetern.

Antistatische und gleitfähige Formmassen, Zähmodifikation

Der bei Polyamiden ohnehin niedrige Gleitreibungskoeffizient kann durch Zusatz von Graphit bzw. Molybdändisulfid weiter verringert werden, dabei wird neben dem Gleit- auch das Abriebverhalten von Polyamid-Formmassen verbessert.

Wegen der guten Schlagzähigkeit aliphatischer Polyamide lassen sich dauerantistatische Formmassen durch Compoundieren mit Leitfähigkeitsrußen herstellen. Zur Erzielung einer Oberflächenleitfähigkeit von unter 10^6 Ohm (DIN/VDE 0303, Teil 3) müssen 9–12 Gew.-% Leitfähigkeitsruß zugesetzt werden [4.8-61, 4.8-62]. Bei dieser Konzentration an Füllstoff erfolgt bereits ein deutlicher Abfall der Schlagzähigkeit und der Reißdehnung. Deshalb werden bei höheren Anforderungen an die Zähigkeit auch Formmassen auf Basis der Polyamidelastomeren [4.8-63] oder mit Kautschuk modifizierte Formmassen für dauerantistatische Zwecke eingesetzt [4.8-60]. Kohlenstofffasern wirken ab einer Konzentration von 10-15 Gew.-% gleichfalls antistatisch [4.8-64, 4.8-65]. Ihre Einarbeitung erfolgt wiederum in Doppelschneckenextrudern oder in Coknetern.

Pulverförmige Polyamide

Wegen der außerordentlichen Kältezähigkeit ist die Vermahlung auch in der Kälte sehr aufwändig und die Herstellung von Homopolyamid-Mahlpulvern auf Sonderfälle wie Rotationsformen beschränkt. Eine größere Rolle spielen Polyamid 11-Mahlpulver für die Metallbeschichtung, die sich durch Abbrechen der Polykondensation bei geringen Umsätzen, Vermahlung des noch sprödbrechenden Oligomers und nachfolgende Festphasen-Nachkondensation gewinnen lassen.

Die hohe Kältezähigkeit stört naturgemäß nicht die Herstellung von Polyamidpulvern in einem Löse-Fäll-Prozess, der vor allem im Fall von PA 12 nicht nur für die Herstellung von Wirbelsinterpulvern [4.8-66], sondern auch für Feinpulver in unterschiedlichen Anwendungsgebieten eingesetzt wird.

Die Vermahlung wird durch Herabsetzten der Kristallinität durch Comonomerzusatz sowie Verringerung der Molmasse begünstigt. Die bereits genannten Copolyamid-Schmelzkleber werden, sofern sie nicht in Granulatform zum Einsatz kommen, generell kalt vermahlen [4.8-6, 4.8-67].

4.8.5
Verarbeitung und Anwendungen der Polyamide

Polyamid-Formmassen weisen oberhalb des Schmelzpunktes niedrige bis sehr niedrige Viskositäten auf. Für die Spritzguss- und Extrusionsverarbeitung (s. Abschnitt 5.1.3) müssen die Formmassen feuchtigkeitsfrei eingesetzt und ggf. nachgetrocknet werden. Mit Ausnahme der hochschmelzenden Polyamide 46, der teilaromatischen Polyamide und z.T. PA 66 wählt man für den Spritzguss Massetemperaturen um 30–60 °C über der Schmelztemperatur, für die Extrusionsverarbeitung 20–40 °C oberhalb des Schmelzpunktes. Die durch die Dichtezunahme bei der Kristallisation bedingte Schwindung von 4–7 % muss in der Formteilkonstruktion berücksichtigt werden [4.8-54].

Extrusionsmaschinen sollten eine Schneckenlänge von 20–24 D besitzen und eine Kompression von 1 : 2,5 bis 1 : 4 aufbauen, z. B. Dreizonenschnecken. Mittel- bis hochviskose Formmassen lassen sich so zu Profilen, Rohren, Flachfolien (Kalander- oder Chill-Roll-Verfahren), Blasfolien, Adern- und Kabelummantelungen oder Monofilen verarbeiten [4.8-54]. Blasformen von Hohlkörpern erfordert den Einsatz sehr hoch viskoser Formmassen.

Spritzguss- und Extrusionsteile der hochschmelzenden Polyamide 46, PA 66 und PA 6 werden in warmen Bereichen unter der Motorhaube eingesetzt, z. B. als Lüfterräder, oder Ölwannenabdeckungen. PA 11 und PA 12 eignen sich wegen der hohen Zähigkeitsreserven in der Kälte zur Extrusion von Druckluftbrems- und Kraftstoffleitungen, ein weiterer Vorteil dieser Materialien ist die hohe Beständigkeit gegen Spannungsrisse bei Einwirkung von Salzlösungen.

Für elektrotechnische Anwendungen, wie Adern- oder Kabelummantelungen, Schalterelemente ist die niedrige Feuchtigkeitsaufnahme ausschlaggebend für die bevorzugte Anwendung von PA 11- und PA 12-Formmassen; in diesen Anwendungen wird z. T. auch Flammschutzausrüstung gefordert. Die Seewasserbeständigkeit beider Polyamide kommt in ihrer Verwendung für Offshore-Leitungen in der Mineralölindustrie zum Tragen.

PA 11 und PA 12 in Pulverform werden neben der Metallbeschichtung zum Rotationsformen eingesetzt [4.8-68]. Auf die Verwendung niedrig schmelzender Copolyamide wurde bereits hingewiesen. Ein neues, interessantes Anwendungsgebiet haben sich derartige Pulver im selektiven Lasersintern zur direkten Erzeugung von Formteilen aus CAE-Datensätzen erschlossen [4.8-69].

Wegen der guten Nassfestigkeit und des geringen Verschleißes eignen sich Monofile aus PA 612 und PA 610 ganz besonders für technische Filtergewebe. Hochwertige Borsten aus PA 612, z. B. für Zahnbürsten, zeichnen sich durch sehr gutes Rückstellverhalten auch im nassen Zustand aus. Rohre aus Polyamid 612 haben eine höhere Berstdruckfestigkeit als Rohre aus Polyamid 11 oder 12. Für mechanisch hoch belastbare Formteile stehen verstärkte PA 612-Formmassen mit Glasfasern bzw. Kohlenstofffasern zur Verfügung. Verbundwerkstoffe auf der Basis von PA 612-Fasern bzw. Folien befinden sich in der Entwicklung. Neue PA 612-Anwendungen stellen Verbundteile mit Kautschuken dar.

Die gute Sperrwirkung von PA 6 und PA 66 wird in coextrudierten Lebensmittelverpackungsfolien ausgenutzt; in Mehrschichtrohren für Kraftstoffleitungen aus PA 12 wird ihre Barrierewirkung gegen aromatische Bestandteile von Vergaserkraftstoffen ausgenutzt [4.8-70].

Teilaromatische, teilkristalline Polyamide finden überall dort Anwendungen, wo die Eigenschaften aliphatischer Polyamide an Grenzen stoßen. Sie sind prädestiniert für Anwendungen, in denen bei gegebener hoher kurzzeitiger oder länger andauernder erhöhter Temperaturbelastung ein konstantes, vom Konditionierungszustand unabhängiges Eigenschaftsbild bei gleichzeitig guter Chemikalienbeständigkeit gefordert ist. Typische Anwendungsgebiete finden sich im Automobilbau, dort insbesondere unter der Motorhaube. Auch im Bereich der Elektrotechnik finden diese Materialien vielfache Verwendung.

Teilaromatische, amorphe Polyamide kommen immer dann zum Einsatz, wenn andere amorphe Werkstoffe aufgrund der nicht ausreichenden Chemikalien- und Spannungsrissbeständigkeit bzw. aufgrund ihrer ungenügenden dynamischen Lastwechselfestigkeit versagen. Typische Anwendungen finden sich in der Elektroindustrie, in der optischen Industrie, z. B. zur Herstellung von Linsen für hochwertige Sonnenbrillen, sowie im Maschinen- und Apparatebau. Auch in der Medizintechnik haben diese Materialien vielfältige Anwendungsgebiete gefunden.

4.8.6
Hersteller von Polyamiden

In Tabelle 4.8-6 sind einige wichtige Hersteller kommerziell verfügbarer Polyamide sowie die Handelsnamen ihrer Produkte aufgeführt.

Tab. 4.8-6 Kommerziell verfügbare Polyamide, ihre Hersteller und Handelsnamen

Polyamidtyp	Hersteller	Handelsname
Aliphatische Polyamide		
PA 6	BASF	Ultramid B
	Bayer	Durethan
	Du Pont	Zytel
	Ems-Grivory	Grilon
PA 46	DSM	Stanyl
PA 66	BASF	Ultramid A
	Du Pont	Zytel
	Rhodia	Technyl
PA 612	Du Pont	Zytel
	Degussa	VESTAMID D
PA 11	AtoFina	Rilsan
PA 12	AtoFina	Rilsan
	Degussa	VESTAMID L
	Ems-Grivory	GRILAMID
	Ube	Ubesta
Teilaromatische-amorphe Polyamide		
PA 6-3-T	Degussa	TROGAMID T5000
PA 6I/6T	Du Pont	Zytel 330, Selar PA
PA DM-PACMT/12	Ems-Grivory	Grilamid TR55
PA 6I	Bayer	Durethan T40
Teilaromatisch-teilkristalline Polyamide		
PA 6I/6T/66	Solvay	Amodel
PA 6T/66	Solvay	Amodel
PA 6T/66	Du Pont	Zytel HTN
PA 6T/MDPA	Du Pont	Zytel HTN
PA 6T/6I	Ems-Grivory	Grivory HT
PA 6T/6I/66	Ems-Grivory	Grivory HT
PA 6T/6	BASF	Ultramid T
PA 9T/iso-9T	Kuraray	Zenestar

4.9 Polyester

Lineare Polyester entstehen durch Veresterung von Dicarbonsäuren oder deren Derivaten mit Dihydroxyverbindungen (Polykondensation), durch Selbstkondensation von Hydroxycarbonsäuren oder durch ringöffnende Polymerisation von cyclischen Estern (Polyaddition). Im ersten Fall erhält man Polyester mit AABB-Verknüpfung (**1**), in den beiden anderen Fällen Polyester mit AB-Verknüpfung (**2**).

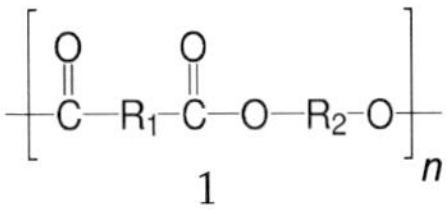

1

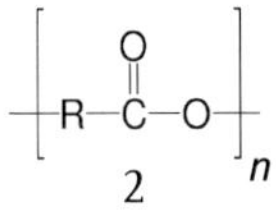

2

Die ersten systematischen Studien an Polyestern wurden von Carothers in den 1920er Jahren durchgeführt [4.9-1]. Seine grundlegenden Entdeckungen über den Mechanismus von Polykondensationsreaktionen (Carothers-Gleichung) waren entscheidend für die wenig später folgende Entwicklung von Nylon-6,6 durch Carothers und Polyethylenterephthalat (PET) durch Whinfield und Dickson [4.9-2]. PET ist heute der Polyester mit der größten wirtschaftlichen Bedeutung und wird als Rohstoff für Textilfasern, Folien und Getränkeflaschen eingesetzt. Im Jahr 2000 betrug der Verbrauch von PET weltweit etwa $29 \cdot 10^6$ t. Zwei Drittel davon entfielen auf Faseranwendungen und ein weiteres Viertel auf PET-Flaschen [4.9-3].

Polyester lassen sich grob in aliphatische, aliphatisch-aromatische und aromatische Polyester einteilen. Aliphatische Polyester mit technischer Bedeutung sind z. B. einige Polyalkylenadipate (**3**) oder das Poly-ε-caprolacton (**4**). Anwendung finden sie als nicht flüchtige Weichmacher für PVC, als Bestandteil von Lackdispersionen oder als Ausgangsstoff für die Herstellung von Polyurethan- und Polyesterelastomeren. Die bioabsorbierbaren Polyester Polyglycolid (**5**) und Polylactid (**6**) dienen zur Herstellung von bioabsorbierbaren Wundnahtmaterialien.

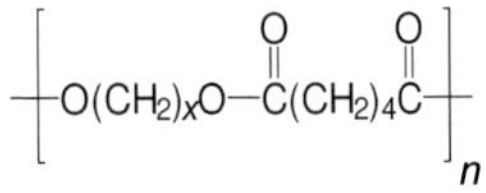

3

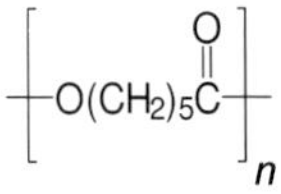

4

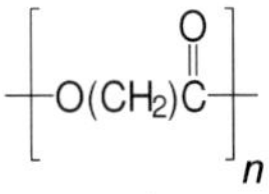

5

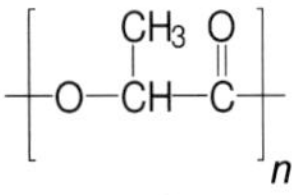

6

Zur Klasse der aliphatisch-aromatischen Polyester zählt das oben erwähnte Polyethylenterephthalat (PET) mit seinen Hauptanwendungsgebieten Fasern, Filme und Kunststoffflaschen (**7**). Wegen seiner leichteren Verarbeitbarkeit im Spritzgießverfahren hat das verwandte Polybutylenterephthalat (PBT) größere Bedeutung als technischer Thermoplast (**8**). Die daraus hergestellten Formteile weisen eine Kombination vieler günstiger Eigenschaften wie Steifigkeit und Wärmeformbeständigkeit über einen großen Temperaturbereich auf.

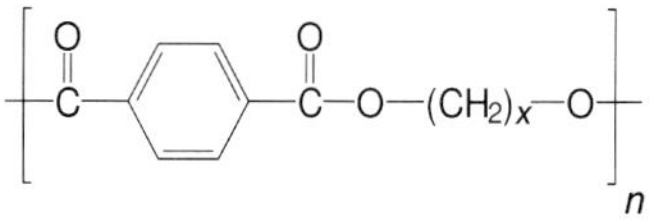

7 (x = 2)
8 (x = 4)

Vom PBT abgeleitet sind die thermoplastischen Polyesterelastomere (TPE-E, **9**). Man erhält sie durch Copolymerisation von 1,4-Butandiol, Dimethylterephthalat und α,ω-hydroxy-funktionalisierten Polyethern (z. B. Polytetramethylenglykol) oder Polyestern. Die Kombination aus kristallinen PBT-Hartsegmenten und amorphen Polyether- bzw. Polyesterweichsegmenten führt zu einem elastischen Material, welches beim Erwärmen über die Schmelztemperatur der PBT-Segmente im Gegensatz zu vulkanisierten Kautschuken thermoplastisch verarbeitbar wird.

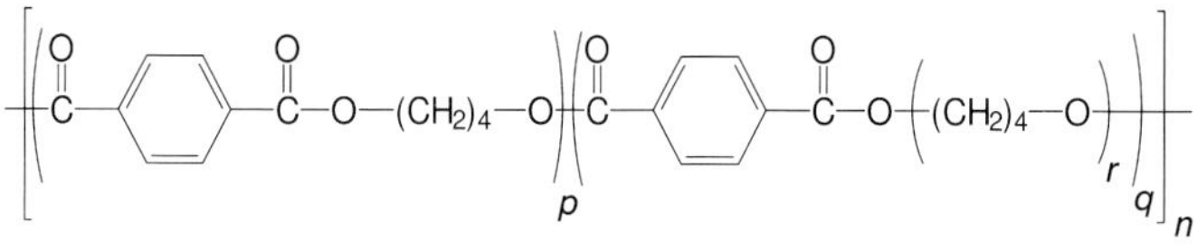

9

Polyarylate sind Polyester aus aromatischen Dicarbonsäuren und aromatischen Dihydroxyverbindungen (Phenole) oder aus aromatischen Hydroxycarbonsäuren. Da die direkte Polymerisation zwischen phenolischen Hydroxygruppen und aromatischen Carbonsäuren relativ langsam verläuft, setzt man zur Beschleunigung der Polymerisation Dicarbonsäurechloride, Carbonsäurediphenolester (Diphenat-Route) oder acetylierte Diphenole (Diacetat-Route) ein. Vollständig *para*-verknüpfte Polyarylate ohne flexible Struktureinheiten haben sehr hohe Glasübergangstemperaturen (oft 150–300 °C) und, im Falle von teilkristallinen Polyarylaten, sehr hohe Schmelztemperaturen. So schmilzt zum Beispiel Poly-*p*-hydroxybenzoat bis zu seiner Zersetzungstemperatur von 525 °C überhaupt nicht. Kommerzielle thermoplastische Polyarylate sind in der Regel Copolyester aus Bisphenol A, Isophthalsäure und Terephthalsäure. Ebenfalls aus aromatischen Monomeren aufgebaut sind die selbstverstärkenden, flüssigkristallinen Polyester (LCP).

4.9.1
Thermoplastische Polyester für technische Anwendungen

PET und PBT sind teilkristalline Polymere. Die Schmelztemperatur von kommerziellem PET liegt allgemein bei Temperaturen von 255–265 °C [4.9-4], die von PBT bei 222–232 °C [4.9-4]. Die Glasübergangstemperaturen hängen stark von den Kristallinitätsgraden ab. Für PET werden Werte zwischen 67 und 125 °C [4.9-4] und für PBT Werte zwischen 30 und 50 °C [4.9-5] berichtet. Ein wesentlicher Unterschied zwischen PET und PBT liegt in der deutlich höheren Kristallisationsgeschwindigkeit des PBT. Während PET durch schnelles Abkühlen leicht als überwiegend amorpher, glasklarer Feststoff erhalten werden kann, liegt PBT immer semikristallin vor.

Amorphes PET findet als Glasersatzstoff breite Verwendung zur Herstellung von blasgeformten Kunststoffgetränkeflaschen, da es hohe Transparenz, hohe Bruchfestigkeit, Geschmacksneutralität und geringe CO_2-Durchlässigkeit mit einem geringen Gewicht und kostengünstiger Herstellung verbindet. Um eine Nachkristallisation des PET auch bei erhöhten Temperaturen zu verhindern, verwendet man PET mit hohen mittleren Molekulargewichten, geringen Konzentrationen von Polymerisationskatalysatoren, die als Kristallisationskeime wirken können, und setzt bei der Polymerisation Comonomere wie Isophthalsäure (säuremodifiziertes PET-A) oder Cyclohexandimethanol (glykolmodifiziertes PET-G) zu. Für die Verwendung von PET als Konstruktionswerkstoff ist dagegen ein möglichst hoher Kristallinitätsgrad erwünscht, da dadurch eine höhere Wärmeformbeständigkeit erreicht und eine Nachschwindung der Bauteile durch Nachkristallisation vermieden wird. Daher setzt man dort Nukleierungsmittel zu und erhöht in manchen Fällen durch Zusatz von Weichmachern die Fließfähigkeit der Schmelze.

Für den Einsatz als Konstruktionswerkstoff zeichnen sich PET und PBT durch ihre hohe Festigkeit und Steifigkeit, Wärmeformbeständigkeit, Spannungsrissbeständigkeit, Dimensionsstabilität wegen geringer Wasseraufnahme, Zähigkeit bei tiefen Temperaturen, günstiges Gleit- und Verschleißverhalten sowie ihre hervorragende Beständigkeit gegen die meisten Lösemittel, Kraftstoffe, Öle und Fette aus. Mit diesem Eigenschaftsprofil eignen sich die beiden Kunststoffe hervorragend für den Einsatz in rauer Umgebung, wo sie häufig Metall und Duroplaste verdrängen. Nachteilig sind lediglich die mäßige Kerbschlagzähigkeit und die bei erhöhten Temperaturen vorhandene Empfindlichkeit gegenüber Feuchtigkeit, starken Säuren oder Laugen.

Materialien auf Basis von PET und PBT sind als Granulat in vielfältigen Variationen im Handel, mit denen die Materialeigenschaften häufig weit über das Niveau der Rohstoffe hinaus angehoben wird. So führt die Verstärkung mit Glasfasern zu einer Erhöhung der Wärmeformbeständigkeit bis knapp unter den Schmelzpunkt des jeweiligen Basispolymers und zu einer Steigerung der Festigkeit um ein Mehrfaches. Die Tabellen 4.9-1 und 4.9-2 zeigen ausgewählte technische Eigenschaften von unverstärktem und glasfaserverstärktem PET und PBT. Weitere häufige Zuschlagstoffe sind Mineralfüller, Flammschutzmittel, Schlagzähmodifizierer, Gleit- und Entformungshilfsmittel oder Additive zur Verbesserung der Hydrolysebeständigkeit. Darüber hinaus werden PET und PBT auch vielfach in Form von Polymerblends angeboten. Beispiele hierfür sind PBT/PC (hervorragende Kerbschlagzähigkeit), PBT/PET (hochglänzende Oberflächen auch bei Glasfaserverstärkung) oder PBT/ASA (geringere Verzugsneigung bei Glasfaserverstärkung). Wichtige Hersteller und Handelsnamen solcher PET- und PBT-Compounds sind: Bayer (Pocan), DSM (Arnite), DuPont (Rynite, Crastin), Ticona (Impet, Celanex), GE Plastics (Valox), BASF (Ultradur), Degussa (Vestodur).

Die Verarbeitung zu technischen Formteilen erfolgt nach dem Spritzgießverfahren mit Schmelzetemperaturen von 240–270 °C (PBT) bzw. 270–290 °C für PET und

Tab. 4.9-1 Physikalische Eigenschaften von unverstärktem und verstärktem PET

Eigenschaft		**Arnite A04 900 unverstärkt**	**Impet 2700 GV1/45 45 % glasfaserverst.**
Dichte	g cm^{-3}	1,37	1,74
Wasseraufnahme bei 23 °C bis zur Sättigung	%	0,5	0,4
Streckspannung	MPa	80	–
Streckdehnung	%	4	–
Bruchspannung	MPa	–	185
Bruchdehnung	%	50	1,5
Zug-E-Modul	MPa	2800	17 000
Charpy-Schlagzähigkeit			
bei +23 °C	kJ m^{-2}	ohne Bruch	44
bei –30 °C	kJ m^{-2}	–	44
Charpy-Kerbschlagzähigkeit			
bei +23 °C	kJ m^{-2}	3	14
bei –30 °C	kJ m^{-2}	–	14
Wärmeformbeständigkeitstemperatur HDT/A bei 1,8 MPa	°C	80	228
Lin. Wärmeausdehnungskoeffizient in Fließrichtung	10^{-4} K^{-1}	0,7	0,15
Dielektrizitätszahl bei 1 MHz		3,2	4,5
Spezifischer Durchgangswiderstand	Ω · cm	$2 \cdot 10^{14}$	$>10^{16}$

Werkzeugwandtemperaturen von 75–100 °C (PBT) und 90–145 °C (PET). Wegen seiner leichteren Verarbeitbarkeit hat das PBT für technische Formteile eine größere Bedeutung als das PET.

Ein bedeutendes Anwendungsfeld von PBT ist die Automobilindustrie. Für Kfz-Außenteile wie Rückspiegel, Türgriffe und Scheibenwischerarme sind dabei die ansprechende und bewitterungsstabile Oberfläche bei gleichzeitiger Erfüllung der mechanischen Anforderungen entscheidend. Im Motorraum wird PBT zur Herstellung von Steckverbindern, im Bereich der Zündanlage oder für Steuerungs- und Sensorengehäuse eingesetzt. Dabei muss das Material Temperaturen von –40 bis +150 °C, Vibrationen und der Einwirkung unterschiedlicher, aggressiver Medien widerstehen. Die hohe Festigkeit und Dimensionsstabilität erlaubt die Herstellung von Getriebegehäusen für Fensterheber und Scheibenwischer. In der Elektro- und Elektronikindustrie kommt es neben ausreichenden mechanischen Eigenschaften auf gute elektrische Isolierwirkung, hohe Kriechstromfestigkeit und häufig auf eine flammhemmende Ausrüstung der PBT-Werkstoffe an. PBT eignet sich dabei wegen seiner geringen Schmelzeviskosität insbesondere zur Herstellung von Bauteilen mit geringen Wandstärken. Anwendungsbeispiele sind Steckerleisten, Lampensockel, Schaltergehäuse und Teile in Elektromotoren und Schaltern. Die hochglänzende Oberflä-

Tab. 4.9-2 Physikalische Eigenschaften von unverstärktem und verstärktem PBT

Eigenschaft		**Celanex 2002 unverstärkt**	**Celanex 3300 30 % glasfaserverst.**
Dichte	$g\,cm^{-3}$	1,31	1,54
Wasseraufnahme bei 23 °C bis zur Sättigung	%	0,45	0,4
Streckspannung	MPa	60	–
Streckdehnung	%	4	–
Bruchspannung	MPa	–	130
Bruchdehnung	%	>50	2,5
Zug-E-Modul	MPa	2600	9200
Charpy-Schlagzähigkeit			
bei +23 °C	$kJ\,m^{-2}$	ohne Bruch	46
bei –30 °C	$kJ\,m^{-2}$	190	45
Charpy-Kerbschlagzähigkeit			
bei +23 °C	$kJ\,m^{-2}$	6	8,5
bei –30 °C	$kJ\,m^{-2}$	6	8,5
Wärmeformbeständigkeitstemperatur HDT/A bei 1,8 MPa	°C	55	205
Lin. Wärmeausdehnungskoeffizient in Fließrichtung	$10^{-4}\,K^{-1}$	1,1	0,25
Dielektrizitätszahl bei 1 MHz	3,5	4,1	
Spezifischer Durchgangswiderstand	$\Omega \cdot cm$	$>10^{15}$	$>10^{15}$

che, Kratzfestigkeit, Hitzebeständigkeit und Farbstabilität von unverstärktem und glasfaserverstärktem PET und PBT/PET-Blends ermöglicht viele Anwendungen im Haushaltsbereich, wie zum Beispiel für Griffe und Hitzeschilder von Bügeleisen, Herdgriffe und -blenden, Gehäuse für Fritteusen und Toastgeräte.

Die im Gegensatz zu vulkanisierten Kautschuken thermoplastisch verarbeitbaren Polyesterelastomere (TPE-E) weisen ebenfalls eine hohe Chemikalienbeständigkeit insbesondere gegen Öle und Fette, hohe Dauergebrauchstemperaturen von bis zu 150 °C, hohe Kälteschlagzähigkeiten und Biegewechselfestigkeiten auf. Anwendungsbeispiele aus dem Automobilbereich sind Achsmanschetten, bei denen es auf hohe Kälteschlagzähigkeit und Fettbeständigkeit ankommt, oder Airbag-Abdeckungen, die in einem Temperaturbereich von –40 bis +90 °C ausreichende Festigkeit besitzen müssen, gleichzeitig aber während eines Unfalls definiert und ohne zu splittern aufreißen müssen.

Je nach Zusammensetzung der Copolyesterelastomere sind TPE-E in verschiedenen Flexibilitäten erhältlich. Üblicherweise werden die Typen nach ihren Durometer-Härtegraden unterschieden, die zwischen Shore D Werten von 35–77 liegen. Die Glasübergangstemperaturen der Elastomere liegen abhängig von der Zusammensetzung im Bereich von –70 bis +20 °C, die Schmelztemperaturen bei +140 bis

Tab. 4.9-3 Physikalische Eigenschaften von TPE-E unterschiedlicher Shore-Härte

Eigenschaft		Riteflex 635	Hytrel 7248
Dichte	$g\ cm^{-3}$	1,14	1,29
Wasseraufnahme	%	0,6	0,3
Schmelztemperatur	°C	164	219
Biegemodul bei			
−40 °C	MPa	85	2390
+23 °C	MPa	61	544
+100 °C	MPa	32	–
Bruchspannung	MPa	19,8	46
Bruchdehnung	%	470	350
Izod Kerbschlagzähigkeit			
bei +23 °C	$J\ m^{-1}$	ohne Bruch	210
bei −40 °C	$J\ m^{-1}$	ohne Bruch	40
Durometer Härte	Shore D	35	72
Vicat Erweichungstemperatur	°C	107	207

220 °C. Tabelle 4.9-3 zeigt typische physikalische Eigenschaften zweier verschiedener TPE-E-Typen. Wichtige Hersteller und Handelsnamen sind DuPont (Hytrel), DSM (Arnitel) und Ticona (Riteflex).

4.10 Polyphenylenoxide (PPO)

Bei den Polyphenylenoxiden handelt es sich um Polyarylether (Polyphenylenether PPE) und der Name Polyphenylenoxide ist irreführend. Niedermolekulare Polyphenylenoxide sind seit 1915 bekannt. Der technische Durchbruch für die Darstellung von Polymeren gelang A. S. Hay bei General Electric im Jahr 1957 [4.10-1]. Das erste Handelsprodukt wurde von General Electric unter dem Handelsnamen PPO im Jahr 1964 auf den Markt gebracht.

4.10.1 Herstellung

Polyphenylenoxide werden durch oxidative-dehydrierende Polykondensation von 2,6-alkylsubstitutierten Phenolen hergestellt (Gl. (4.10-1))

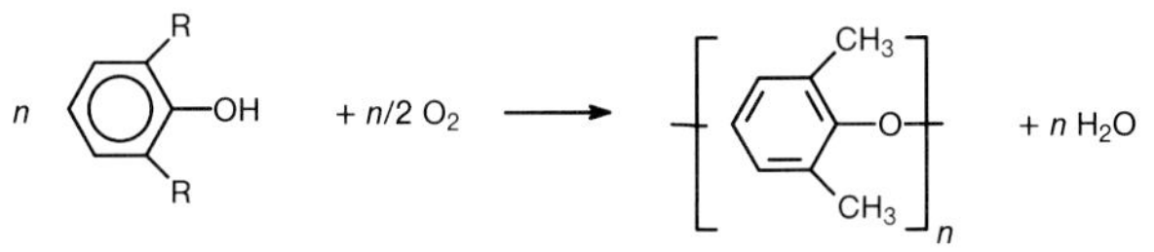

(4.10-1)

Außer 2,6-Dimethylphenol (R = CH_3 in Gl. (4.10-1)) haben andere 2,6-alkylsubstituierte Phenole technisch keine größere Anwendung gefunden. Aber zahlreiche Polymere mit unterschiedlichen Substituenten sind beschrieben [4.10-2].

Abbildung 4.10-1 zeigt ein Blockschema der Polykondensation.

Als Katalysatoren dienen Kupfersalze, komplexiert mit tertiären Aminen. Besonders geeignet sind einwertige Salze des Kupfers in Verbindung mit Pyridin, substituierten Pyridinen oder aliphatischen Aminen.

Zur Herstellung [4.10-3–4.10-5] wird Kupfer-I-chlorid in Gegenwart von Pyridin und einem Lösemittel für das Polymere bei Raumtemperatur durch Einleiten von Sauerstoff oxidiert und bildet in dieser Form den wirksamen Katalysatorkomplex. In die dunkelgrüne Reaktionsmischung wird 2,6-Dimethylphenol eingebracht. Die exotherme Reaktion beginnt sofort und führt zu einer Farbänderung nach dunkel-

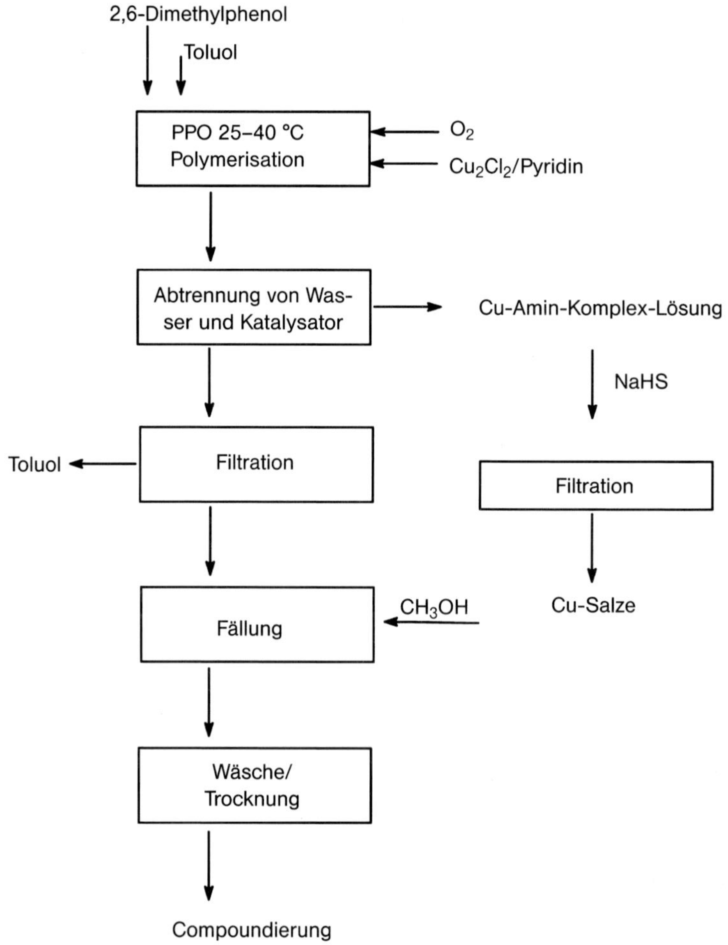

Abb. 4.10-1 Herstellung von PPO

orangebraun. Das Ende der Reaktion wird nach wenigen Minuten durch das Wiederauftreten der dunkelgrünen Farbe angezeigt. Das Polymere wird durch Ausfällen geeinigt und isoliert. Durch Wäsche mit Methanol erfolgt die Reinigung. Durch Verwendung von Lösemittelgemischen, die das Polymere nicht lösen, ist die Herstellung in Suspension möglich.

Die Rückgewinnung des Cu-Katalysators ist technisch sehr aufwändig. Die Herstellung kann kontinuierlich oder auch »batchwise« erfolgen. Die Molmasse des Polyphenylenoxids ist vom Umsatz abhängig. Kommerzielles PPO hat ein Molekulargewicht von M_w = 32 000–50 000.

Mechanistisch ist die oxidative Polykondensation eine Radikalkoppelungsreaktion. Sie wird wesentlich von Stoffübergangsphänomenen bestimmt, wobei der geschwindigkeits-bestimmende Schritt die Lösegeschwindigkeit des Sauerstoffes in der flüssigen Reaktionsmasse ist. Über technische Einzelheiten ist wenig veröffentlicht [4.10-2]. Die Patentliteratur enthält eine Vielzahl von möglichen Verfahrensvarianten, die sich im Allgemeinen an die Technik der Kohlenwasserstoffoxidation anlehnen.

Die Gleichung (4.10-2) zeigt den mechanistischen Verlauf der C-O-Radikalkoppelungsreaktion.

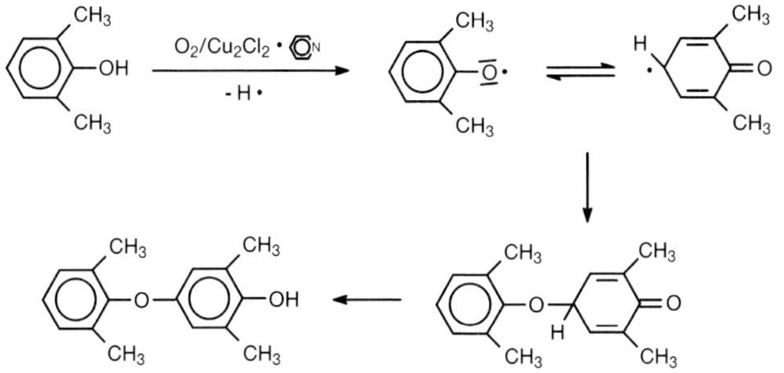

(4.10-2)

Neben der C-O-Koppelung findet auch als Nebenreaktion – besonders bei hohen Temperaturen – eine C-C-Koppelung statt, die zu gefärbten 3,3',5,5'-Tetramethyldiphenochinon-Derivaten führt (Gl. (4.10-3))

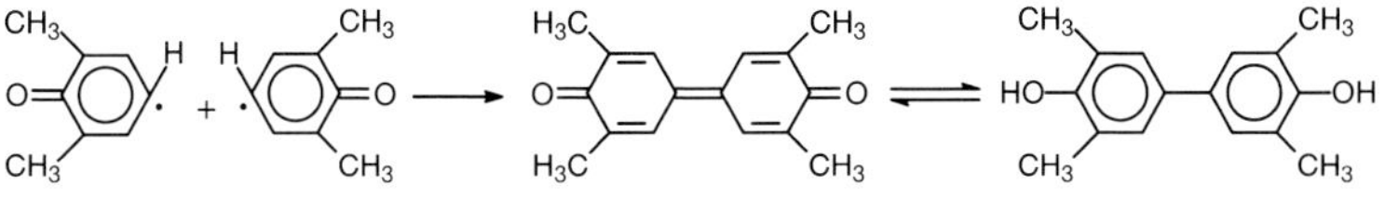

(4.10-3)

Das Nebenprodukt kann als Startermolekül in das Polymere eingebaut werden. Es bewirkt die beige Eigenfarbe von PPO.

4.10.2 Eigenschaften und Anwendung

Das Polymere PPO ist teilkristallin [4.10-2] und der Kristallitschmelzpunkt liegt bei 267 °C. Die Glastemperatur von 207 °C und der Schmelzindex erfordern hohe Verarbeitungstemperaturen. Jedoch die gute Mischbarkeit mit Polystyrol erlaubt eine Konfektionierung des festen PPO-Pulvers mit den Blendkomponenten in Extrudern. Außer HIPS-Polystyrol werden auch andere Polymere, z. B. Styrol-Butadien-Blockcopolymere, Polyamide, Polyester u. a. mit PPO verschnitten [4.10-2]. Nahezu alle PPO's werden als Blends vermarktet [4.10-9]. Im Jahr 2000 betrug der Marktwert ca. 1,4 Mrd. $ [4.10-10].

1964 führte General Electric das erste Polymer PPO-Noryl ein, eine Mischung aus PPO und Polystyrol. Als 1983 die Patente ausliefen, kamen andere Firmen BASF (Ultranyl), Hüls (Vestoran); Asahi, Mitsubishi (Prevex), und Borg-Warner mit eigenen Produkten auf den Markt.

Heute werden ca. 300 000 t modifizierte PPO verkauft, wobei die USA Marktführer sind.

Verschnitte mit Polystyrol zeigen nur eine einzige Glastemperatur, deren Lage nicht sehr stark von der linearen Interpolation zwischen 100 °C (PS) und 207 °C abweicht. PPO/HIPS-Verschnitte zeigen entsprechend hohe Wärmeformbeständigkeit. Ein weiterer Vorteil dieser Verschnitte ist, dass sie sich halogenfrei flammfest ausrüsten lassen. Außerdem sind sie hydrolysestabil und haben gute elektrische Eigenschaften.

Tabelle 4.10-1 gibt die Chemikalienbeständigkeit von Polyamid (PA)/Phenylenoxid (PPO)-Noryl GTX und Polystyrol (HIPS)/Polyphenylenoxid(PPO)-Noryl wieder.

Die Verarbeitung der PPO-Polymere erfolgt *via* »injection molding, foam molding, glow molding, extrusion, thermoforming« [4.10-6–4.10-7].

Neuere Entwicklungen zielen auf verbesserte Formbeständigkeit und geringe Wasseradsorption [4.10-7].

Die physikalischen Eigenschaften erlauben es, PPO als Hochleistungs- oder High-Tech-Kunststoffe zu verwenden. Letztere sind eine heterogen zusammengesetzte Gruppe von Polymerwerkstoffen mit einem breit gestreuten und außergewöhnlichen Leistungsspektrum. Eine Reihe von Polymeren werden zu den Hochleistungskunststoffen gezählt [4.10-8]: Fluorpolymere (s. Abschnitt 4.5) (45 % Marktanteil), schwefelhaltige, aromatische Polymere (s. Abschnitt 4.11) (20% Marktanteil), aromatische Polyarylether, Polyketone (10% Marktanteil), Polyimide und flüssigkristalline Hauptkettenpolymere (LCP) (s. Abschnitt 4.17).

Im Vergleich mit Standard- und technischen Kunststoffen besetzen die Hochleistungspolymere nur eine Nische, spielen aber eine wichtige Rolle auf dem High-Tech-Markt. Hier seien genannt:

- *Elektrotechnik/Elektronik:* Relais, Schalter, Sockel, Spulen, Konnektoren, Printed Circuit Board (PCB), Draht- und Kabelisolation, Telekommunikation, Mechatronik u. v. m.
- *Auto:* Sensoren, Treibstoffleitungen, Luftansaugung und Verteilung, Treibstoffpumpen, Ventile für Brems- und Kühlflüssigkeit, Kolbenringe, Vergaserteile, Teile am Motor, im Antriebs- und Bremssystem.
- *Flugzeugbau:* Instrumentengehäuse, Befestigungselemente, Telefonhalter, Motorendichtungen, Draht- und Kabelisolation, Cockpit-Isolation, Leitwerkteile, militärische Anwendungen.
- *Industrie/Sonstiges:* Mechanische Teile, Lager, Dichtungen, Ventile, Pumpen, Filtergewebe, Membranen, Chemische Prozesstechnik, Küchen- und Kochgeräte,

Tab. 4.10-1 Chemische Stabilität von PPO/HIPS (Noryl) und PA/PPO (Noryl GTX)

	PPO/HIPS blend	PA-PPO blend
Wasser und wasserhaltige Lösungen		
Kaltes Wasser	ausgezeichnet	sehr gut
Heißes Wasser	ausgezeichnet	gut
Salz	sehr gut	gut
Säuren	gut	gut
Basen	gut	gut
Konzentrierte Säuren	befriedigend	schlecht
Organische Lösungsmittel		
Alkohole	sehr gut	sehr gut
Ketone	sehr gut	befriedigend
Aliphatische Kohlenwasserstoffe	swelling	sehr gut
Aromatische Kohlenwasserstoffe	schlecht	gut
Chlorinierte Kohlenwasserstoffe	schlecht	schlecht
Ester	schlecht	befriedigend
Verschiedenes		
Ottomotorkraftstoff (Benzin)	schlecht	schlecht
Fette	typabhängig	sehr gut
Freon	typabhängig	sehr gut

medizinische Instrumente und Zubehör, Körperschutzkleidung, pharmazeutische Verpackungen, maritime Anwendungen.

Den Polyarylethern strukturverwandt sind die Polyaryletherketone PEK und PEEKK (Abb. 4.10-2).

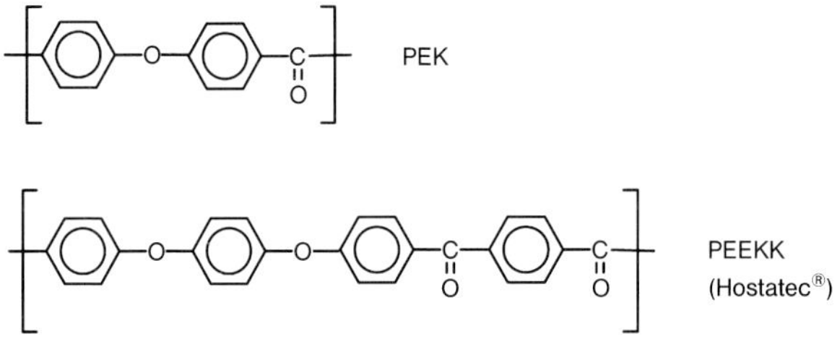

Abb. 4.10-2 Strukturformeln der Polyaryletherketone

4.11 Polyphenylensulfide

4.11.1 Einführung

Poly(thio-1,4-phenylen), CAS Nr 26125-40-6, ist das einzige Polymer aus der Klasse der Polyarylenthioether, das bislang kommerzielle Bedeutung erlangt hat. Für dieses Polymer wird üblicherweise der Trivialname Polyphenylensulfid, abgekürzt PPS, verwendet. PPS ist ein thermoplastisches, teilkristallines Polymer. In Abbildung 4.11-1 ist die Wiederholeinheit mit der Masse 108 g mol^{-1} dargestellt.

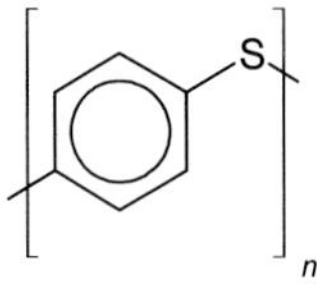

Abb. 4.11-1 PPS Rückgrat

4.11.2 Herstellverfahren

4.11.2.1 Historische Entwicklung

Zunächst hatte man versucht, elektrophile Reaktionen zu nutzen und aus Benzol und elementarem Schwefel die gewünschten Produkte zu gewinnen. Diese Versuche ergaben aber nur schon damals bekannte niedermolekulare Substanzen und nicht das Zielprodukt [4.11-1]. Letztlich sind alle Versuche, eine elektrophile Reaktion zur Bildung von Polyarylensulfiden zu nutzen, gescheitert [4.11-2]. Erst im Jahr 1948, als Macallum erstmals nucleophile Reaktionen eingesetzt hat, war die Synthese von Polyphenylensulfid erfolgreich (Abb. 4.11-2). Dieser Reaktionsweg hat die Forschung an diesem Produkt neu belebt und schließlich zur kommerziellen Herstellung von PPS geführt.

Durch Umsetzung von Dichlorbenzol mit elementarem Schwefel und Natriumcarbonat wurde ein hochmolekulares Polymer erhalten [4.11-3–4.11-5].

>Erstmals konnten damit Polyarylensulfide in größerem Maßstab hergestellt werden. Die Ausgangsstoffe waren kommerziell erhältlich und obendrein billig. Aber die Reaktion in der Schmelze unter Druck war nur schwer zu steuern. Die Reaktionsprodukte waren verzweigt und teilweise vernetzt und schwierig zu charakterisieren. Basierend auf diesen frühen Arbeiten entwickelte Lenz dann eine neue Synthesemethode für PPS. Dabei ging er von aromatischen Halogenthiolaten aus [4.11-6–4.1-7]. Durch Selbstkondensation in der Schmelze oder in hochsiedenden Lösemitteln wurde lineares Polyphenylensulfid erhalten. Hohe Polymerisationsgrade konnten aber nicht erzielt werden. Diese Methode wurde erfolgreich für Laborsynthesen von PPS und substituierten Polyphenylensulfiden eingesetzt [4.11-8].

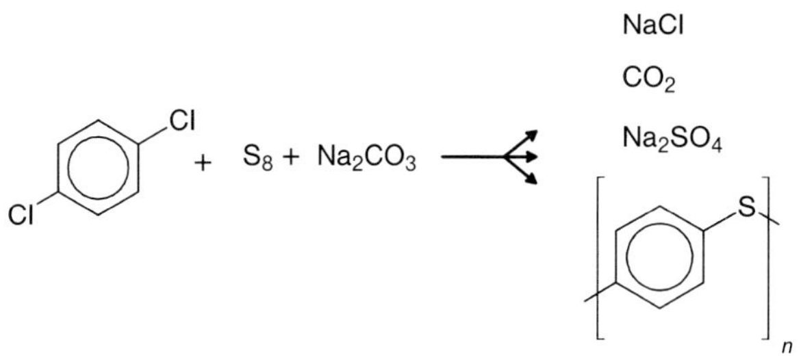

Abb. 4.11-2 Versuch von MACALLUM 1948

EDMONDS und HILL von Phillips Petroleum fanden schließlich im Jahr 1967 ein neues Verfahren zur Herstellung von PPS (Abb. 4.11-3) [4.11-9].

Durch die Reaktion von *p*-Dichlorbenzol mit Natriumsulfid in *n*-Methyl-Pyrrolidon bei 260 °C unter einem Druck von etwa $11 \cdot 10^5$ Pa (11 atm) wurde PPS erhalten. Das Produkt war linear und die Molmasse lag bei 15 000 bis 20 000 g mol^{-1}, was einem Polymerisationsgrad P_n von ungefähr 130 entspricht.

Aufgrund der einfachen Summengleichung könnte man erwarten, dass eine simple Polykondensation vom Typ A-A plus B-B vorliegt, wie man sie bei der Bildung von Polyestern oder Polyamiden kennt. Der Reaktionsablauf folgt aber *nicht* den Gesetzen einer klassischen Polykondensation, wie sie CAROTHERS formuliert hat.

Die Polyreaktion zur Bildung von PPS ist eine Folge von nukleophilen Substitutionen am Aromaten – S_NAr [4.11-10]. Dabei sind die Reaktivitäten der Zwischenprodukte stark unterschiedlich von denen der Monomere, was zu einem ungewöhnlichen Verlauf des Molmassenaufbaus führt [4.11-11]. Eine wesentliche Rolle spielt das Lösemittel, das selbst Reaktionsteilnehmer ist [4.11-12].

4.11.2.2 Technische Produktionsverfahren

Der Syntheseweg von EDMONDS und HILL (Abb. 4.11-3) war die Basis für die großtechnische Herstellung von PPS. Alle weiteren Verfahren zur PPS-Herstellung im kommerziellem Maßstab sind Modifikationen oder Weiterentwicklungen dieses Verfahrens. Eine besondere Herausforderung für die technische Umsetzung liegt in der hohen Wärmetönung der Gesamtreaktion, die 180 kJ mol^{-1} beträgt und somit besondere sicherheitstechnische Konstruktionen erfordert [4.11-13].

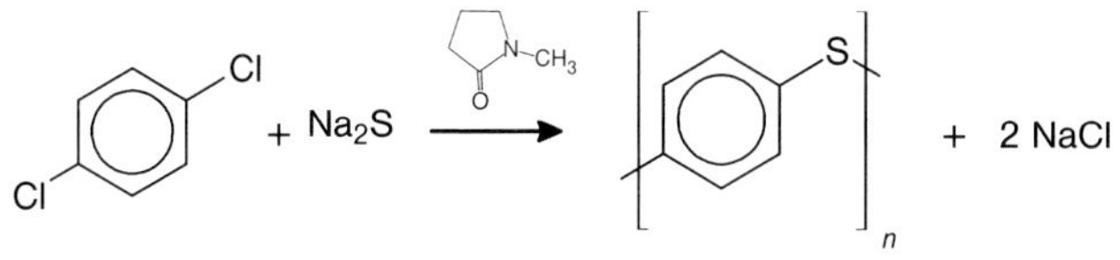

Abb. 4.11-3 Reaktionsschema nach EDMONDS und HILL (Patent US 3 354 129–1967)

4.11.2.2.1
Phillips-Verfahren

Das Phillips-Verfahren nach Edmonds und Hill besteht im wesentlichen aus vier Schritten:

1. Herstellung des Schwefelnucleophils aus NaSH und NaOH im Lösemittel NMP;
2. Abtrennung von überschüssigem Wasser;
3. Zugabe von *p*-Dichlorbenzol und dadurch Polymerisation zu PPS. Man erhält einen Brei aus PPS und dem Nebenprodukt NaCl im Lösemittel NMP.
4. Abtrennen des Zielprodukts PPS und Auswaschen von NaCl.

Man erhält dann das Polymer als fast weißes Pulver. Es weist eine lineare Struktur und einen Polymerisationsgrad von 150–200 auf, was einer Molmasse von 15 000–20000 g mol^{-1} entspricht. Die Schmelzviskosität des Polymeren ist damit zwar ausreichend für die Anwendung in Beschichtungssystemen, aber viel zu niedrig für die Anwendung im Spritzguss oder gar Extrusion. Daher wird dieses niedermolekulare Polymer einem als Curing bezeichneten Verfahrensschritt unterworfen. Das Polymer wird kurz unterhalb der Kristallitschmelztemperatur einem Oxidationsmittel ausgesetzt, im einfachsten Fall verwendet man Heißluft. Dabei steigt die Viskosität des Produktes, die Farbe des Produkte verändert sich nach dunkelbraun [4.11-14]. Die so erhaltenen Produkte sind nun als Ausgangsmaterial für Compounds zur Herstellung von technischen Formteilen im Spritzgussverfahren geeignet.

Dieses Verfahren wurde durch Phillips weiterentwickelt. Durch Einsatz von Hilfsstoffen und Anpassung der Reaktionsparameter kann auch lineares Polymer mit hoher Molmasse hergestellt werden. Der Curing-Schritt kann dann entfallen. Aus dem ursprünglich ansatzweise betriebenen Prozess ist auch ein kontinuierliches Verfahren entwickelt worden [4.11-15].

4.11.2.2.2
Kureha-Verfahren

Bei Kureha Chemical Ind. in Japan wurde ein Verfahren zur Herstellung von hochmolekularem linearem PPS entwickelt, das wesentliche Änderungen zum Phillips Verfahren aufweist [4.11-16]. Die ersten Schritte sind dem konventionellen Verfahren sehr ähnlich.

1. Herstellen des Schwefelnucleophils aus Na_2S und NMP;
2. Abtrennen von überschüssigem Kristallwasser des Na_2S;
3. Polymerisation durch Zugabe von *p*-Dichlorbenzol.

Abweichend von bereits bekannten Verfahren wird die Polymerisation bei niedrigeren Temperaturen bis zu geringen Molmassen durchgeführt. Dann wird durch Zugabe von Wasser eine Phasentrennung erreicht. Das niedermolekulare Polymer findet sich in der organischen Phase. Die wässrige Phase mit dem Großteil des gebildeten Salzes wird abgetrennt. Durch weiteres Erhitzen der organischen Phase wird bis zur gewünschten Molmasse polymerisiert. Das Produkt ist linear und die Molmassen sind hoch genug, um eine direkte Verwendung als Basis für Com-

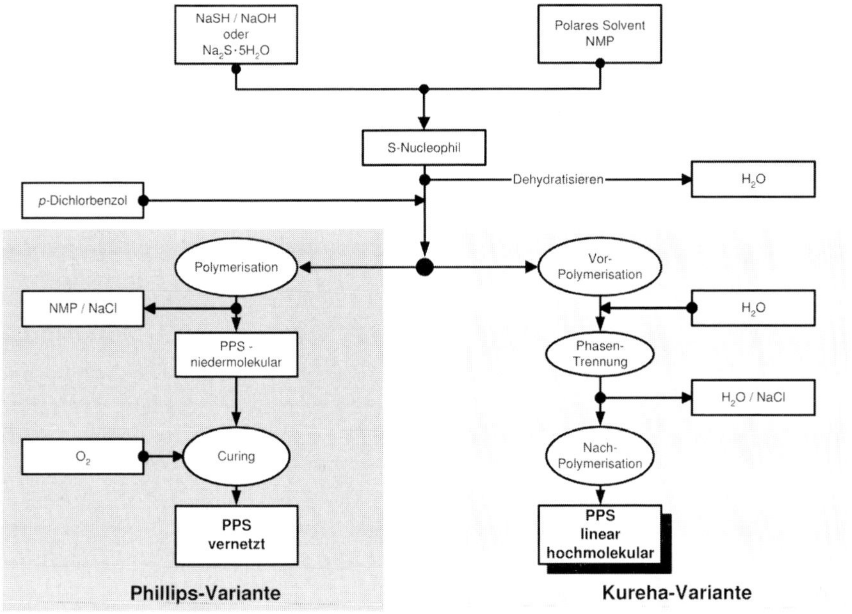

Abb. 4.11-4 Verfahrensschemata zum Phillips- und zum Kureha-Verfahren

pounds für den Spritzguss zu ermöglichen. Daraus gefertigte Compounds weisen verbesserte mechanische Eigenschaften im Vergleich zu bis dahin bekannten Produkten auf.

In einem Verfahrensschema (Abb. 4.11-4) sind die Unterschiede zwischen den Verfahren deutlich gemacht.

4.11.2.2.3 Andere Verfahren

Von Bayer wurde ein abweichender technischer Herstellprozess entwickelt, der aber nicht mehr kommerziell eingesetzt wird [4.11-17]. Ein neues kontinuierliches Verfahren wurde von Idemitsu entwickelt [4.11-18]. Es wird jedoch noch nicht kommerziell verwendet.

4.11.3 Materialeigenschaften

4.11.3.1 Kristallisationsverhalten

PPS ist ein semikristallines Polymer. Die Einheitszelle ist orthorhombisch ($a = 0{,}867$ nm, $b = 0{,}561$ nm, $c = 1{,}026$ nm) [4.11-19]. Der Kristallisationsgrad liegt je nach Molmasse zwischen 30 und 48%. Für den idealen Kristall wurde eine Schmelzwärme von 112 J g^{-1} bestimmt [4.11-20]. Die Thermostabilität von PPS ist

Tab. 4.11-1 Phasenübergangstemperaturen von PPS

Phasenübergang		Temperatur in °C
Glasübergang	T_g	85–95
Kristallisation beim Aufheizen	$T_{c\text{-}h}$	120–140
Kristallitschmelzpunkt	T_m	275–285
Rekristallisation beim Abkühlen	$T_{c\text{-}c}$	255–225

außergewöhnlich hoch. Selbst bei 400 °C, das sind 115 °C über dem Kristallitschmelzpunkt, ist die Zersetzungsrate noch sehr niedrig [4.11-21]. In Tabelle 4.11-1 sind die typischen Phasenübergangstemperaturen von PPS dargestellt.

4.11.3.2 **Mechanische Eigenschaften**

Die mechanischen Eigenschaften des unverstärkten Polymeren sind nicht außergewöhnlich. Der Einsatz in technischen Teilen ist hier durch die HDT/A von 110 °C eingeschränkt. Eine Verstärkung mit Glasfasern, auch in Kombination mit mineralischen Füllstoffen, liefert aber Produkte, die auch bei sehr hohen Temperaturen noch ausgezeichnete mechanische Eigenschaften aufweisen. Die HDT/A steigt auf 270 °C. Mit derartigen Compounds kann dann eine Dauergebrauchstemperatur von 240 °C erreicht werden. Unter den handelsüblichen Produkten hat sich das mit 40% Glasfaser verstärkte Material und das mit 65% Glas und Mineral gefüllte PPS als Industriestandard herausgebildet. Tabelle 4.11-2 führt die wichtigsten mechanischen Eigenschaften dieser Produkte auf.

Daneben gibt es noch eine Vielzahl von Compounds mit unterschiedlichen Verstärkungsfasern und Füllstoffen. PPS eignet sich aufgrund seiner chemischen Beständigkeit für eine große Anzahl solcher Additive und ermöglicht auch ungewöhnliche Produkte wie beispielsweise polymergebundene Magnete.

Tab. 4.11-2 Typische Mechanische Kennwerte von PPS und Compounds

Eigenschaft	Test Methode	Einheit	ungefüllt	Glas verstärkt	Glas- + Mineral-verstärkt*
Füllstoffgehalt		%	–	40	65
Spez. Gewicht.	ISO 1183	$kg\,l^{-1}$	1,35	1,65	1,90–2,05
Zugfestigkeit	ISO 527	MPa	65–85	195	110–130
Bruchdehnung	ISO 527	%	6–8	1,9	1,0–1,3
Biegemodul	ISO 178	MPa	3800	14500	16000–19000
Biegefestigkeit	ISO 178	MPa	100–130	285	180–220
Kerbschlagzähigkeit	ISO 180/1A	$KJ\,m^{-2}$		10	5–6
Wärmeformbeständigkeit HDT/A	ISO 75	°C	110	270	270

Daten aus den Produktbroschüren: Fortron, Ticona GmbH; Ryton, Chevron Phillips Corp.
* abhängig von Glas : Mineral-Verhältnis

4.11.3.3 Chemische Eigenschaften

PPS und seine Compounds weisen eine sehr hohe Chemikalienbeständigkeit auf [4.11-22]. Erst bei Temperaturen höher als 180 °C kann PPS in geeigneten Lösemitteln gelöst werden [4.11-23]. Die üblichen Betriebsstoffe für Verbrennungsmotoren haben keinen Einfluss auf die Stabilität von PPS und führen auch bei erhöhten Temperaturen nicht zu Dimensionsänderungen durch Quellung. PPS nimmt kein Wasser auf. Daher ist der Einsatz von Produkten aus PPS auch in feuchter und heißer Umgebung nicht eingeschränkt. Lediglich in Kontakt mit stark oxidierenden Substanzen ist die Verwendung von PPS nicht dauerhaft möglich.

PPS ist inhärent flammwidrig und selbst verlöschend – auch ohne die üblichen Additive.

4.11.4 Anwendungsgebiete

Aus PPS-Compounds werden eine Vielzahl von Funktionsteilen gefertigt, für die eine sehr hohe Dauergebrauchstemperatur und sehr gute Chemikalienbeständigkeit gefordert sind. Die wichtigsten Abnehmerbranchen sind die Automobilindustrie, die Elektrotechnik und die Elektronik, wobei PPS bei der Metallsubstitution eine wichtige Rolle zukommt.

Unverstärkte PPS-Typen werden vorwiegend zur Herstellung von Folien, Filamenten und Fasern verwendet. PPS-Pulver wird auch als wärmebeständiges Bindemittel für Beschichtungen eingesetzt.

Der größte Abnehmermarkt für PPS ist die Automobilindustrie. Dort werden hauptsächlich spritzgegossene Anwendungen im Motorenbereich, wie Komponenten für den Kühlwasserkreislauf, Kraftstoffsysteme und ähnliche Komponenten mit erhöhten Anforderungen an die Wärmeformbeständigkeit und Chemikalienresistenz aus PPS realisiert. Abbildung 4.11-5 zeigt eine elektrische Wasserumwälz-

Abb. 4.11-5 Elektronisch gesteuerte Wasserpumpe

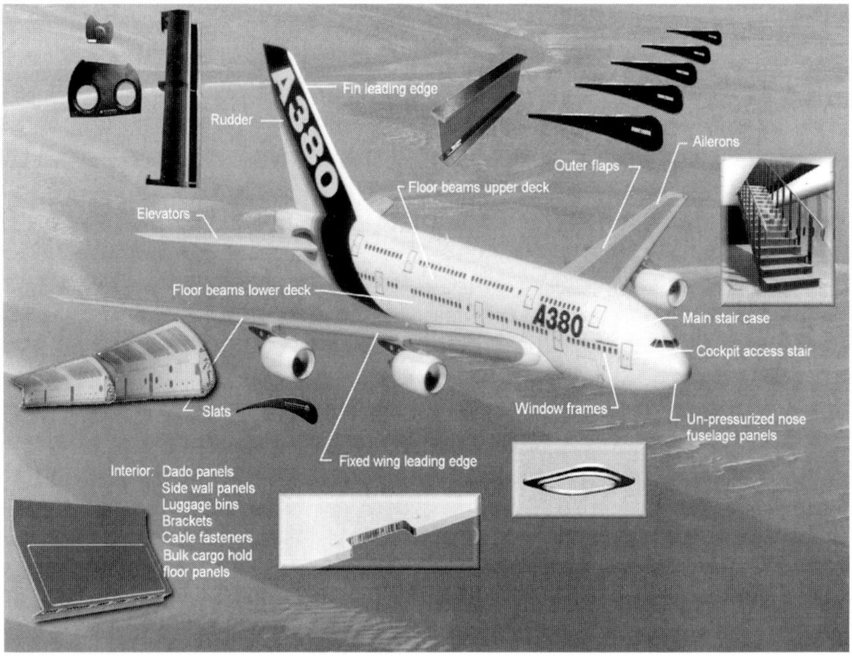

Abb. 4.11-6 Anwendungsmöglichkeite für thermoplastische Composites

pumpe für PKW. Der Pumpenkopf und das -gehäuse sind aus PPS-Compound gefertigt. Der Impeller ist ein PPS-Polymer gebundener Magnet.

Composites mit PPS als Polymermatrix werden seit kurzem verstärkt für Strukturbauteile in der Luftfahrtindustrie eingesetzt (Abb. 4.11-6). Bauteile im Bereich der Tragflächen oder Leitwerke sowie der Trägerelemente machen Flugzeuge leichter und somit leistungsfähiger.

Elektrische und elektronische Systemeinheiten in den Bereichen Motormanagement, Getriebe und Beleuchtung sind weitere Einsatzbereiche.

Die Elektrotechnik nutzt PPS für eine große Anzahl von Komponenten für Motoren und Schalter, insbesondere im haushaltstechnischen Bereich, Verbindungsstecker aller Art sowie Mikroschalter für Telekommunikationsanwendungen und Chipträger.

Dort wo Derivate von Polystyrol, Polyamiden, Polyestern und ähnliche technische Polymere an ihre Grenzen stoßen, ist der Schritt zu Hochleistungspolymeren wie PPS unumgänglich.

4.11.5
Hersteller und Kapazitäten

Einer der Hochleistungskunststoffe mit dem mengenmäßig größten Wachstum über die letzten Jahre war PPS. Der Verbrauch von linearem PPS stieg hierbei stärker als der Verbrauch von vernetztem PPS.

Tab. 4.11-3 PPS Polymer Hersteller [4.11-24]

Region	Hersteller	Kapazität in t a^{-1}	
		lineares PPS	verzweigtes PPS
USA	Phillips Petroleum		10000
	Fortron Industries	7500	
Japan	Toray	2900	2800
	Kureha Chemical Ind.	5000	
	Dainippon Ink + Tohpren		6000
	Toso Susteel		2000
	Idemitsu Petrochemical		150
Total		34650	

Für 2003 wird mit einem weltweitem Absatz von über 50000 t Compounds gerechnet. Die jährlichen Zuwachsraten liegen derzeit zwischen 7 und 11%. Der gemittelte Füllstoffgehalt liegt bei 45%. Dies entspricht einem Polymerverbrauch von 28000 t. Konservative Prognosen gehen davon aus, daß in wenigen Jahren mit einem Verbrauch von über 60000 t PPS-Compounds zu rechnen ist. Optimistischere Schätzungen erwarten einen Verbrauch von mehr als 65000 t.

Die Industrieregion Asien/Pazifik einschließlich Japan ist aufgrund der dort konzentrierten Elektro- und Elektronikindustrie der größte Markt für PPS und hat einen Anteil von 54% am Gesamtverbrauch. Neben Japan ist der PPS-Verbrauch in Taiwan und Südkorea von zunehmender Bedeutung. Der Markt für PPS von Nordamerika (25%) ist der zweitgrößte Markt nach Japan (38%). Der europäische Anteil (21%) ist zur Zeit noch geringer als der anderer Regionen, obwohl die abgesetzten Mengen in den letzten Jahren deutlich gesteigert wurden.

Eine Liste der Polymerhersteller ist in Tabelle 4.11-3 zusammengefasst. In Japan hat eine Konsolidierung stattgefunden, als Dainippon Ink die PPS-Aktivitäten von Tohpren übernommen hat und damit zu einem führenden Hersteller von PPS in Japan geworden ist.

In Europa gibt es derzeit keine Polymerisationsanlage für PPS.

4.12 Polysulfone

Polysulfone (PSU) sind Thermoplaste, die allgemein charakterisiert sind durch eine Diphenylsulfon-Gruppe:

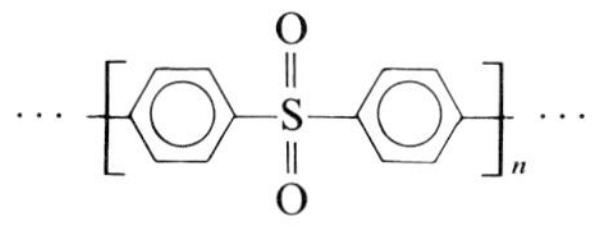

In dieser Gruppe befindet sich das Schwefelatom im höchsten Oxidationszustand. Da ihrerseits die Sulfon-Gruppe Elektronen aus den Phenylringen an sich zu ziehen versucht, entsteht dort ein Elektronenmangel, wodurch das gesamte System in einen Resonanzzustand übergeht, der eine hohe Oxidationsbeständigkeit der Polymerkette bewirkt.

Poly(p-phenylensulfon) bzw. Poly(sulfo-1,4-phenylen) [4.12-1, 4.12-2] besitzt einen Schmelzpunkt von ca. 520 °C und kann daher nur schwierig technisch verarbeitet werden. Auch andere Polysulfone besitzen ähnlich hohe Schmelzpunkte und dürften technisch kaum verwertbar sein [4.12-2].

Erst die Einführung von Gruppen, die eine größere Beweglichkeit (z. B. Rotation) der Polymerkette erlauben, verringert den Schmelzpunkt und macht diese Verbindungsklasse bekannten thermoplastischen Verarbeitungstechnologien zugängig.

Die wichtigste Abwandlung der Polysulfone besteht im Einbau von Ether-Brücken in die Polymerkette.

Diese Polyethersulfone (PES) enthalten in der Hauptkette neben der Sulfon- und Ether-Gruppe meist noch Phenylen-Ringe oder Isopropyliden-diphenylen-Gruppen. Formal leiten sich alle Polyethersulfone vom Poly(sulfo-l,4-phenylen-l,4-phenylen) ab mit dem Grundbaustein [4.12-3]

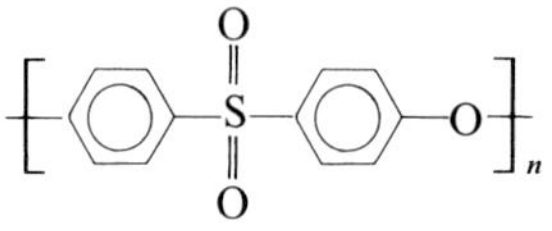

Zur Zeit werden folgende Polyethersulfone im größeren Umfang vermarktet:

- Polysulfon (PSU) (I), 15 000 ta^{-1}

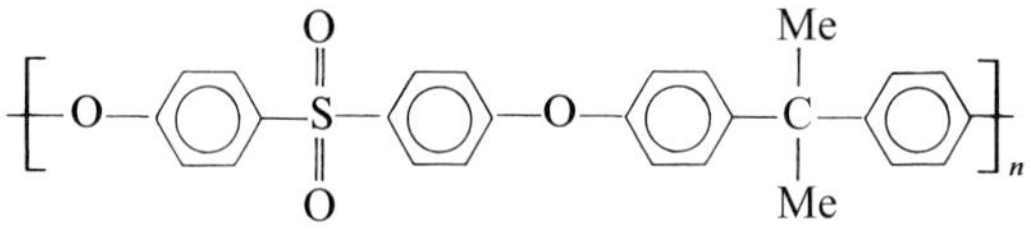

T_g = 187 °C, HDT/B = 186 °C

Ultrason® S (BASF), Udel® (Solvay)

- Polyethersulfon (PES) (II), 14 000 ta^{-1}

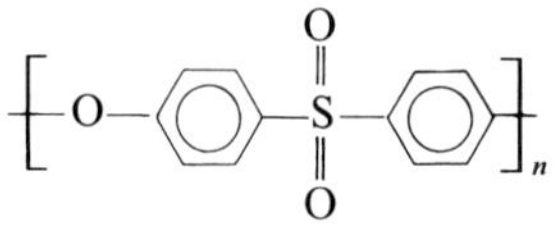

T_g = 220–225 °C, HDT/B = 214–218 °C

Ultrason® E (BASF), Radel® A (Solvay), Sumikaexcel PES (Sumitomo), Gafone™, PES Gharda)

- Polyphenylsulfon (PPSU) (III)

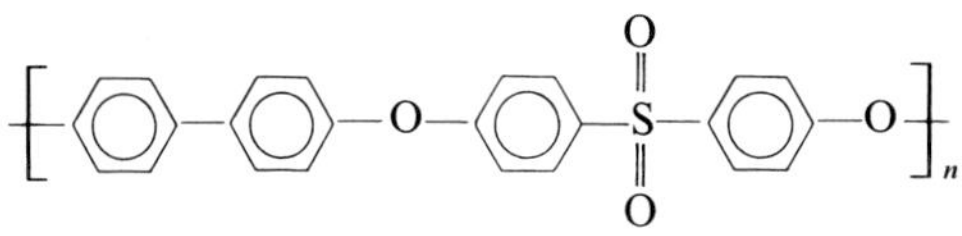

T_g = 220 °C, HDT/B = 214 °C

Radel® R (Solvay), Gafone® P (Gharda)

Die Polysulfone gehören zu den HT-Thermoplasten und stehen im Wettbewerb mit den Polyetherimiden (PEI) Ultem® (GE Plastics) und den Hochtemperatur Polycarbonaten (PC-HAT) APEC® (Bayer).

4.12.1
Herstellung

Zur Polyethersulfon-Synthese sind grundsätzlich drei verschiedene Wege möglich.

Der direkte Weg einer Oxidation von Arylsulfid-Brücken [4.12-2]

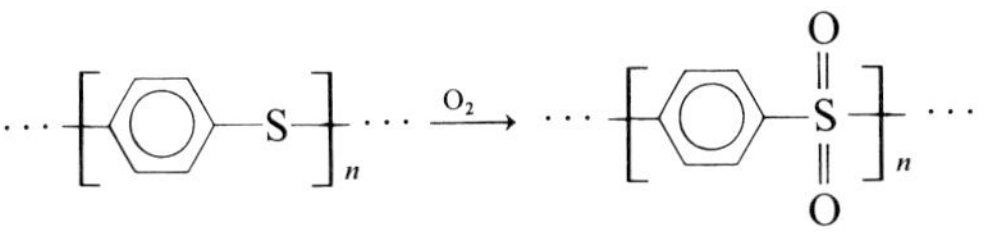

(4.12-1)

ist bisher nur bei aromatischen Polysulfiden, nicht aber bei aromatischen Polysulfidethern angewendet worden.

Die beiden technisch verwendeten Polyethersulfon-Synthesen beruhen nicht auf einer derartigen polymeranalogen Umwandlung, sondern auf Polykondensations-Reaktionen. Dabei können entweder Arylether mit Sulfonylchloriden unter der Wirkung von Katalysatoren wie $FeCl_3$, $SbCl_5$ usw. unter Bildung von Sulfongruppen umgesetzt werden [4.12-4, 4.12-5],

(4.12-2)

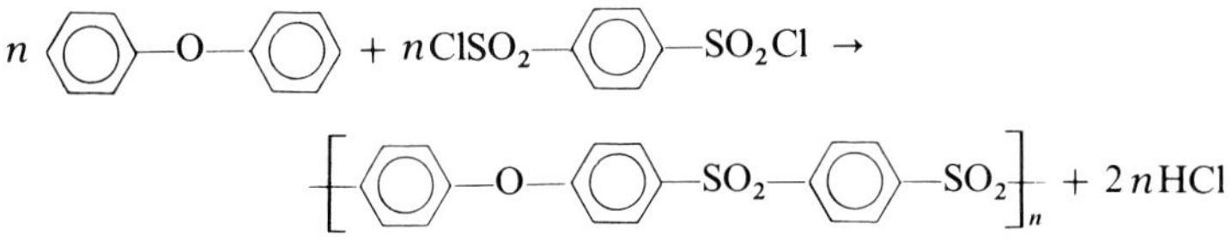

(4.12-3)

oder aber Sulfone mit Phenolaten unter Bildung von Ethergruppen reagieren [4.12-6, 4.12-7]

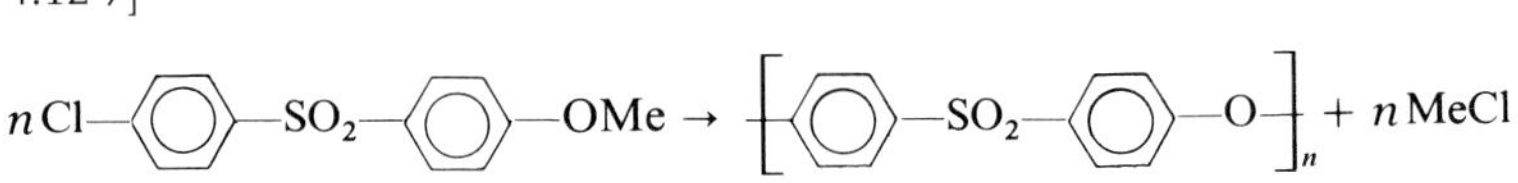

(4.12-4)

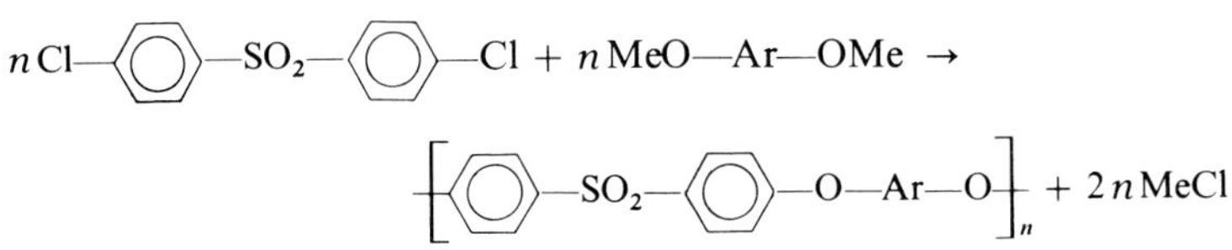

(4.12-5)

Me ist dabei ein Alkalimetall und Ar ein aromatischer Rest, z. B. $–C_6H_4–C(CH_3)_2–C_6H_4–$.

Das Polyethersulfon (I) kann im Prinzip nach Gleichung (4.12-2) hergestellt werden, da diese Reaktion praktisch ausschließlich zu einer *para*-Substitution führt, während der Weg nach Gleichung (4.12-3) etwa 80% *para*- und 20% *ortho*-Substitution ergibt [4.12-8]. An den *ortho*-Stellen können verhältnismäßig leicht Verzweigungen gebildet werden. Die *ortho*-Substitutionen sind unerwünscht, da die Produkte mit zunehmendem *ortho*-Gehalt spröder werden. Da aber das beim Weg nach Gleichung (4.12-2) zu verwendende Ausgangsmonomer 4-Chlor-sulfonyldiphenylether zu teuer ist, wird der Weg nach Gleichung (4.12-4) eingeschlagen. Dieser und der technisch ebenfalls mögliche Weg gemäß Gleichung (4.12-5) führen zu Polymeren mit reaktiven Endgruppen. Diese können bei der Verarbeitung über die Schmelze weiterkondensieren, wodurch die Molmasse und die Schmelzviskosität ansteigen. Um diese Reaktion zu verhindern, werden die phenolischen Endgruppen mit Methylchlorid zu den unter diesen Bedingungen nicht reaktiven Methoxy-Gruppen umgesetzt (vgl. auch [4.12-8, 4.12-9]).

Das Polysulfon (I) (Ultrason® S, Udel®) wird über die Reaktion nach Gleichung (4.12-5) hergestellt [4.12-8, 4.12-10].

Die Copolymeren (II) und (III) sind über eine Vielzahl von Wegen zugänglich. Für das Produkt (II) sind offenbar Veretherungen (Reaktionen nach Gl. (4.12-4) und (4.12-5)) bevorzugt, für das Produkt (III) die Sulfonbildungen (Reaktionen nach Gl. (4.12-2) und 4.12.3)). Das Polysulfon (IV) (Udel) wird über die Reaktion nach Gl. (4.12-5) hergestellt.

Außer den prinzipiellen Wegen zur Herstellung von Polyethersulfonen sollen hier die einzelnen Schritte zur Herstellung von Udel® und Ultrason® S beschrieben werden, wie sie sich aus der Patent-Literatur ergeben:

$$2\,SO_3 + CH_3Cl \rightarrow CH_3{-}O{-}SO_2{-}O{-}SO_2{-}Cl \qquad (4.12\text{-}6)$$

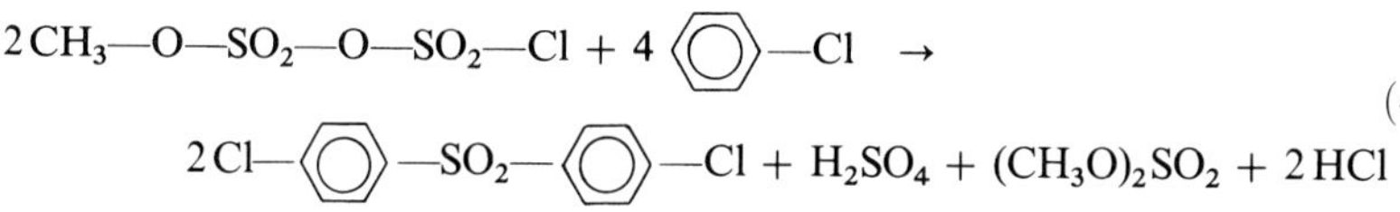

(4.12-7)

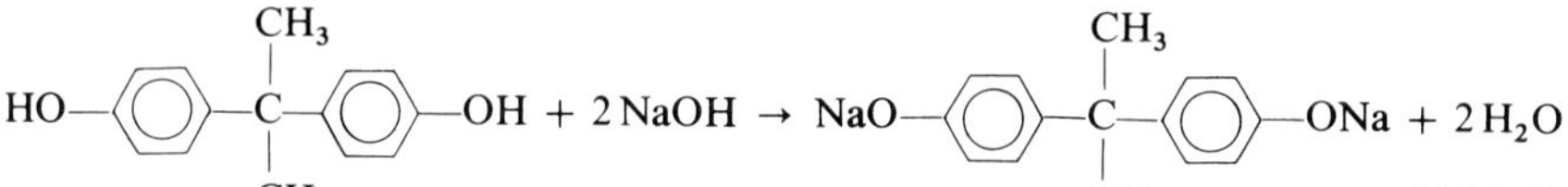

(4.12-8)

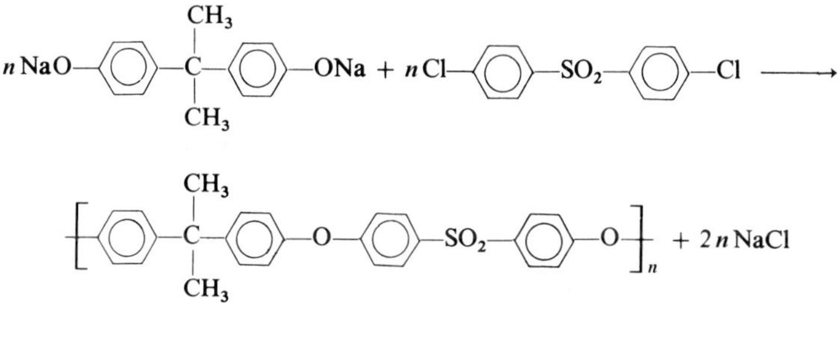

(4.12-9)

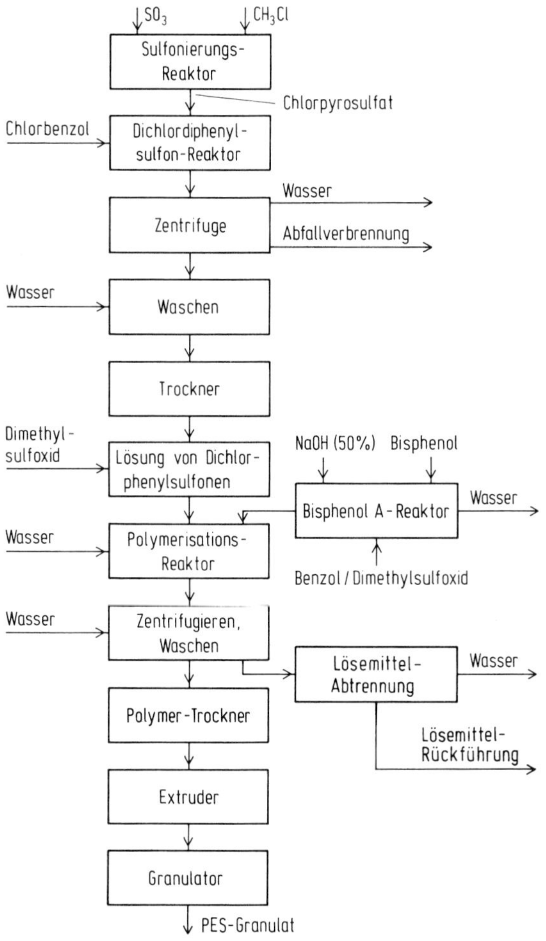

Abb. 4.12-1 Grundfließbild der Polyethersulfon-Herstellung

Danach umfasst die Synthese dieses Polyethersulfons folgende Reaktionsstufen (Abb. 4-12-1):

Die Herstellung von Chlorpyrosulfat erfolgt diskontinuierlich in einem Gas/Flüssigkeits-Reaktor in welchem Methylchlorid bei Temperaturen von 18–20 °C flüssiges SO_3 durchperlt. Die Reaktion muss in den vorgegebenen Temperaturgrenzen durch ein Kühlsolesystem gesteuert werden. Eine intensive Durchmischung des Methylchlorids mit der Flüssigphase erfolgt mittels eines Turbinen-Rührers. Die Reaktion verläuft unter Druck von 3,5–7 bar, um eine ausreichend hohe Reaktionsgeschwindigkeit zu erhalten.

Nach fast 100%igem Umsatz von SO_3, wird das Reaktionsprodukt auf –20 °C abgekühlt und mit Chlorbenzol gleicher Temperatur wiederum diskontinuierlich zu 4,4'-Dichlordiphenylsulfon umgesetzt. Die Temperatur des Reaktionsgemischs wird langsam auf 75 °C gesteigert und auf diesem Niveau wird etwa 15 min gerührt. Nach dreistündigem Kochen unter vollständigem Rückfluss wird das ausgefallene Produkt abgeschleudert, mit heißem Wasser gewaschen und getrocknet.

Die Bereitstellung des Natrium-Salzes von Bisphenol A erfolgt unter Stickstoff in einer organischen Phase aus Dimethylsulfoxid und Benzol. 50%ige Natriumhydroxid-Lauge und Bisphenol A werden in das Lösemittelgemisch gegeben und für etwa 4h bei 130–135 °C am Rückfluss erhitzt, bis alles Wasser vollständig entfernt ist. Danach wird die Lösung des Natrium-Bisphenolates auf 30 °C abgekühlt und in den Polymerisations-Kessel übergeführt, der die Lösung von Dichlordiphenylsulfon in Dimethylsulfoxid enthält.

Das Reaktionsgemisch wird auf 130 °C erhitzt und etwa 4 bis 5 h bei 130–140 °C unter Rühren gehalten. Die entstandene viskose, orangefarbene Lösung wird sorgfältig mit Wasser gemischt. Das wässrige Medium verursacht ein Ausfallen des gelösten Polymeren, so dass es abfiltriert und schließlich im Vakuum bei 110 °C getrocknet werden kann. Die Lösemittel werden nach Rückgewinnung wieder in den Prozess eingeführt.

4.12.2
Eigenschaften und Anwendungen

Alle Polyethersulfone sind hochtemperaturbeständige Konstruktionswerkstoffe. Sie sind beständig gegen Oxidation und thermischen Abbau, weisen eine gute elektrische Isolierfähigkeit auf, besitzen hohe mechanische Werte und zeigen ein günstiges Brandverhalten. Alle Polyethersulfone sind ausgezeichnet kriechbeständig [4.12-11]. Sie werden nicht von Kohlenwasserstoffen und wässrigen Säuren und Laugen beeinflusst und nur wenig von Alkoholen und Lösungen von Detergentien. Einige Ketone lösen Spannungsrisskorrosion aus. Dimethylformamid, Dimethylsulfoxid und N-Methylpyrrolidon sind Lösemittel.

Die Tabelle 4.12-1 beschreibt eine Auswahlhilfe für PSU, PES und PPSU.

Charakteristische Produkteigenschaften für Ultrason S (BASF), Udel (Solvay) sind in Tabelle 4.12-2 zusammengefasst.

Tab. 4.12-1 Auswahlhilfe für PSU, PES und PPSU

PSU wird ausgewählt, wenn	– hohe Transparenz gefordert ist (geringste Eigenfarbe!) – Wasser-/Dampfkontakt-Anwendungen (z. B. Sanitär, Bau) – Sterilisierbarkeit entscheidend ist
PES wird ausgewählt, wenn	– thermische Anforderungen höher sind (im Vgl. zu PSU, PPSU) – Teile unpolaren Lösungsmitteln, Chemikalien ausgesetzt sind (Kraftstoff, Öl, Fett etc.) – mechanische Anforderungen höher sind (Festigkeit, Steifigkeit)
PPSU wird ausgewählt, wenn	– Anforderungen an chemische Beständigkeit sehr hoch sind – Zähigkeit und Spannungsrissbeständigkeit entscheidend sind (v. a. Dingen bei Mehrfach-Sterilisation)

Tab. 4.12-2 Eibenschaften von Ultrason® S (BASF)

Eigenschaft	**Unit**	**Ultrason ® S (BASF)**	
Type		S 3010	S6010
Partikelform		Granulate	
Allgemein			
Dichte	g cm^{-3}		
Feuchteaufnahme · 23 °C, 50% r. F.	%		
Verarbeitung			
Fließfähigkeit · 343 °C, 2,16 kg, range	g/10 min	6–10	4,5–5,5
Mittlere Molekulargewichte			
Viskositätszahl	ml/g^{-1}	68–76	79–83
Mw (GPC in DMF)	g/mol^{-1}	28–32000	32–36000
Dispersität Mw/Mn (GPC in DMF)		3,0–4,0	4,0–5,0
Mechanik			
Streckspannung	MPa	80	75
Zug-E-Modell	MPa	2600	2600
Streckdehnung	MPa	5,7	5,7
Charpy Schlagzähigkeit, 23 °C	kJ/m^{-2}	NB	NB
Thermisch			
Wärmeformbeständigkeit HDT/B (0,45 MPa)	°C	186	186
Max. Dauereinsatztemperatur	°C	170	170

Die Polysulfone werden zur Herstellung von transparenten Formteilen für hohe mechanische, elektrische und thermische Beanspruchungen hergestellt (Elektroindustrie, Fahrzeug- und Flugzeugbau).

Die meisten Polysulfone sind mit konventionellen Spritzgussmaschinen verarbeitbar. In besonderen Fällen müssen Spezialmaschinen verwendet werden. Die Mehrzahl der Polysulfone kann extrudiert werden.

4.13 Kunststoffe aus Cellulose

Cellulose (Abb. 4.13-1) ist ein natürliches Polymer, das als fasriger Bestandteil in Baumwolle (96%), Hanf (67%), Jute (64%), Flachs (57%), Ramie (69%), etc. oder als Komposit mit Lignin und Hemicellulosen in Holz (35-50%) in großen Mengen zur Verfügung steht und seit Jahrtausenden vom Menschen in mannigfaltiger Form

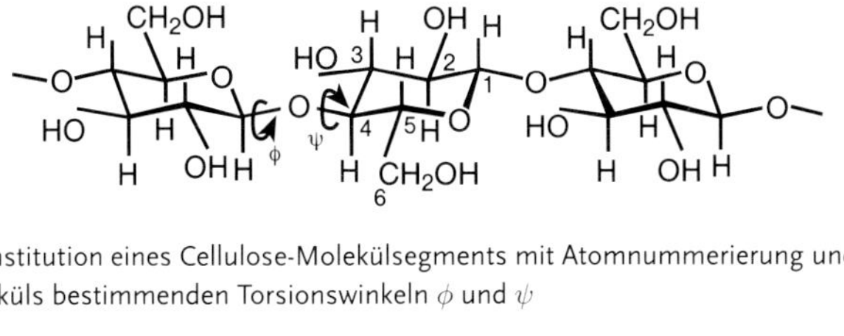

Abb. 4.13-1 Konstitution eines Cellulose-Molekülsegments mit Atomnummerierung und den die Gestalt des Moleküls bestimmenden Torsionswinkeln ϕ und ψ

benutzt wird. Seit der Industrialisierung und der sich ergebenden Möglichkeiten der Veränderung der Morphologie der cellulosischen Stoffe wie auch der teilweisen oder vollständigen Substitution der drei Hydroxylgruppen zu Ether, Ester wie auch Carbamate sind weitere Anwendungen ins Blickfeld geraten. Baumwollefasern können nach einer Vorbehandlung (Mercerisierung) direkt in der Textilindustrie eingesetzt werden. Diese Mercerisierung besteht aus einer Behandlung mit konzentrierter NaOH bei niedriger Temperatur unter Spannung und anschließender Neutralisation. Dadurch wird die Packungsanordnung der Celluloseketten von paralleler Anordnung bei nativer Cellulose I zu einer antiparallelen Struktur (Cellulose II) verändert, die Wasseraufnahme zulässt, und die Färbbarkeit, Reißfestigkeit und Glanz verbessert. Als Rohstoff für die meisten cellulosischen Materialien, seien es Fasern, Folien und plastische Massen, wird jedoch hochgereinigter Zellstoff verwendet, der aus Holz nach chemischer Behandlung, das heißt nach Befreiung von Lignin und sonstigen Begleitstoffen, gewonnen wird. Für besonders empfindliche Anwendungen wird jedoch Baumwoll-Linters eingesetzt, da eine vollständige Reinigung von Holzzellstoffen im industriellen Maßstab nur schwer zu erreichen ist.

Neben hohen Anforderungen an Polymere bezüglich physikalischer und technischer Eigenschaften und einem akzeptierten Preis-Leistungsverhältnis wird heute aufgrund der Entwicklung der Rohstoffmärkte besonderer Wert darauf gelegt, dass Materialien aus nachhaltigen Rohstoffen hergestellt, bioabbaubar und wiederverwendbar sein sollen oder zumindest einen Teil dieser Forderungen erfüllen. Ferner finden Einwirkungen auf die Gesundheit des Menschen besondere Beachtung. Diese Anforderungen werden von Cellulose und Celluloseester als nicht toxische, nachwachsende Materialien erfüllt und nicht zuletzt deshalb stellen diese Materialien ein wichtiges Feld in der Forschung und Anwendung von Polymeren dar.

Cellulose selbst und auch Cellulosederivate stellen semiflexible Moleküle dar, deren Kettenstruktur durch die beiden Torsionswinkel Φ und ψ beschrieben werden kann (Abb. 4.13-1). Diese beiden Torsionswinkel werden durch stereochemische Kontakte eng begrenzt, so dass im Wesentlichen langgestreckte Ketten in Lösung vorliegen. Eine Krümmung tritt erst bei längeren Ketten in Erscheinung. Im kristallinen Zustand wird die ausgerichtete Kette als Zick-Zack-Kette u. a. für native und regenerierte Cellulose als auch Celluloseacetate bzw. als linksgängige Helix mit 3 Glucoseeinheiten pro zwei Windungen (d. h. als 3/2 Helix) oder als 5/3 oder 8/5 Helix je nach Lösungsmittelkomplex oder Derivat in das Kristallgitter eingebaut.

In diesem Beitrag sollen Celluloseether nur kurz erwähnt werden, da sie vornehmlich als Zusatzstoffe in Lösungen zur Verdickung und Stabilisierung Verwendung finden. Eine Übersicht über »Entwicklungen in der Herstellung und Anwendung von Celluloseethern« findet sich in [4.13-1]. Die wichtigsten Celluloseether (s. auch qualitative Darstellung in Abb. 4.13-2), die sämtlich als wasserlösliche Produkte hergestellt werden können, sind:

- Carboxymethylcellulose (CMC)
- Hydroxyethylcellulose (HEC)
- Methylhydroxyethylcellulose (MHEC)
- Hydroxypropylcellulose (HPC)
- Ethylhydroxyethylcellulose (EHEC)

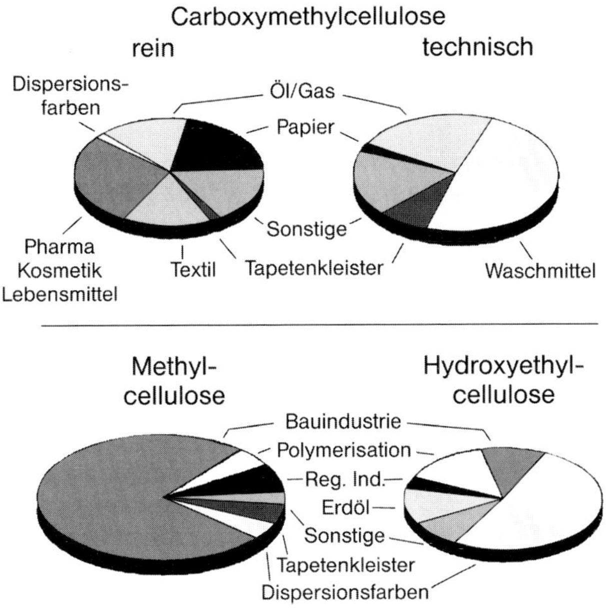

Abb. 4.13-2 Anwendungsgebiete für wasserlösliche Celluloseether (nach [4.13-1])

Ferner:

- hydrophob modifizierte Hydroxyethylcellulose (HMHEC)
- hydrophob modifizierte Ethylhydroxyethylcellulose (HMEHEC)

Es kann festgestellt werden, je geringer der Substitutionsgrad ist, das heißt die Anzahl der Alkylgruppen pro Glucopyranose, umso besser sind die Produkte wasserlöslich und um so weicher sind die Materialien. Ein hoher Substitutionsgrad fördert die Löslichkeit in organischen Lösemittel und die Plastizität der Materialien.

Als ein Beispiel seien die vielfältigen Einsatzgebiete der Celluloseether in Baumaterialen und Farben aufgeführt. Sie finden Verwendung in: Wärmedämmverbundsystemen, Klebern, Gipstonplatten, Ansatzbindern, Spachtelmassen; Mauermörtel; Gasbetonsteinen, Dünnbettkleber; Estrich; selbstnivellierenden Ausgleichsmassen, Dispersionsfarben; Wand- und Bodenfliesenklebern; Trennwänden, Gipsklebern; Putze: Innen- und Außenputz; Maschinenputz, Kunstharzputze, Dekorputz [4.13-1].

In der folgenden Übersicht soll auf Filme, Membrane und Folien aus Cellulose eingegangen werden, wie auch auf verstärkende Verbundmaterialien durch Zusatz von Cellulose. Einen weiteren Schwerpunkt bilden Produkte aus organischen Celluloseestern, die zusätzlich als plastische, verformbare Massen Verwendung finden. Jedoch wird auf die Behandlung von Fasern, die an anderer Stelle diskutiert werden, verzichtet.

4.13.1
Regeneratcellulose (Zellglas)

Zellglas (Cellophan©) wird aus gut gebleichtem Zellstoff mit hohem α-Cellulosegehalt (ca. 90%) hergestellt. Durch Umsetzung der Cellulose mit Natronlauge (NaOH) und Schwefelkohlenstoff (CS_2) erhält man Cellulosexanthogenat. Die nachfolgende Filtration, Entlüftung und Reife der Viskose entspricht der Herstellung von Fasern. Die Lösung des Xanthogenats, üblich etwa 7–8,5 % Festsubstanz, in Natronlauge (Viskose) ist honiggelb und zähflüssig. Sie wird durch Schlitzdüsen in saure Fällbäder gepresst, wobei sich bei der Folienbildung grundsätzlich zwei Vorgänge abspielen: das Fällen (Koagulieren) der Lösung, das auf der Aussalzwirkung von Elektrolyten, z. B. Ammoniumsulfat, beruht, und die Zersetzung des Xanthogenats zur Regeneratcellulose (Cellulose II). Sie können durch ein oder durch zwei verschiedene Bäder ausgelöst werden. Das Fällen und gleichzeitige Zersetzen des Xanthogenats kann in schwacher Säure, meist Schwefelsäure, unter Zugabe eines Salzes, vorzugsweise eines Sulfats, durchgeführt werden. Bei diesem Vorgang werden Schwefelkohlenstoff (CS_2) und Schwefelwasserstoff (H_2S), zwei giftige, gasförmige Substanzen frei. Die entstehenden Zellglasfolien werden nach Verlassen der Waschbäder getrocknet (Abb. 4.13-3).

Zellglas dient als Verpackungsfolie. Es ist gasundurchlässig, jedoch durchlässig für Wasser. Um die Wasserdurchlässigkeit zu erniedrigen, wird Zellglas mit synthetischen Polymeren beschichtet. Weitere Anwendungsbereiche sind die Herstellung elektrischer Kabel, die Verpackung von Pharmazeutika sowie Wurst- und Süßwaren.

Zellglas stellt nur dann eine alternative Verpackung dar, wenn die Umweltprobleme bei der Herstellung zur Zufriedenheit gelöst sind. Es ist zwar biologisch abbaubar und kann dem Altpapierrecycling zugeführt werden, jedoch ist die Herstellung mit hoher Luft- und Abwasserbelastung sowie hohem Holzbedarf verbunden. Einen großen Teil der Produktion macht zudem beschichtetes Zellglas aus, das biologisch nicht vollständig abbaubar ist.

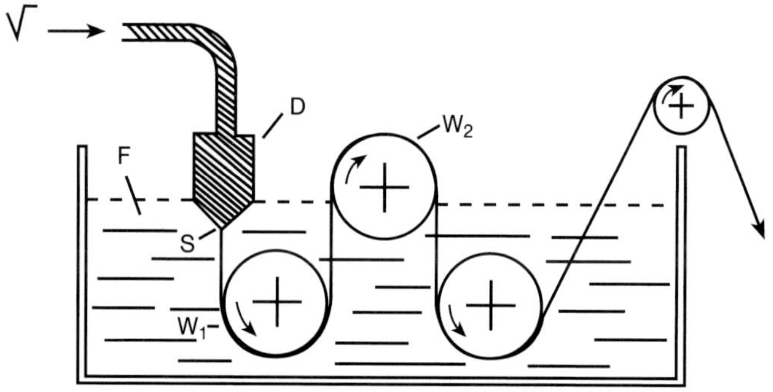

Abb. 4.13-3 Schematische Darstellung des Spinnverfahrens. Die Viskose V wird unter Druck aus dem schmalen Schlitz S der Düse D in das Fällbad F gepresst. Nach Durchlaufen einer freien Strecke, in der bereits Koagulation stattfindet, gelangt die Folie auf die Walze W_1 und weitere Walzen W_2 etc. in die Nachbehandlung (nach [4.13-2])

Ein weiteres Verfahren zur Zellglasherstellung, insbesondere jedoch zur Herstellung von Dialysemembranen aus Cellulose und Celluloseethern, insbesondere zur Blutreinigung, stellt das Cuoxamverfahren dar, das arbeitsintensiv ist und große Anstrengungen im Bereich des Umweltschutzes erfordert. Dieses Verfahren eignet sich zur Herstellung dünnster Folien. Als Ausgangsmaterial dient hier ebenfalls hochgereinigter Zellstoff bzw. Baumwoll-Linters. Alle fremden Bestandteile müssen durch Beuchen, d. h. Behandlung des Zellstoffs mit verdünnter Natronlauge unter Druck und gleichmäßiger Flottenzirkulation, entfernt werden. Der Polymerisationsgrad wird durch das anschließende Bleichen mit Chlorlauge auf die gewünschte Größe gebracht. Nach dieser Behandlung wird die Cellulose in Schweizers Reagenz (Kupferoxid in ammoniakalischer Lösung) in eine tiefblaue, hochviskose Spinnlösung (Cu-Cellulose-Komplex) mit einem Cellulosegehalt von 8–9% gebracht. Gegen den oxi-dativen Abbau werden Reduktionsmittel zugegeben wie Natriumsulfit Na_2SO_3 etc. Das hochviskose Material wird durch einen Schlitz in ein wässriges Fällbad gepresst. Der Cellulose-Kupferkomplex wird durch Wasser zerstört, so dass reine regenerierte Cellulose mit gelblich-weißer Farbe und Glanz vorliegt.

Aus ökonomischen und ökologischen Gründen bietet sich das NMMO-Verfahren (*N*-Methylmorpholin-*N*-Oxid und Wasser als Lösungsmittel) als Alternative zur Membranherstellung an. Die nach diesem Verfahren hergestellten Dialysemembrane bieten Vorteile gegenüber den etablierten cellulosischen Membranen. Sie sind in ihren Dialyseleistungen den herkömmlichen Membranen deutlich überlegen und weisen eine ausgezeichnete Hämokompatibilität auf [4.13-3].

Im Gegensatz zum Xanthogenat-Verfahren, bei dem Cellulose derivatisiert wird und die Substituenten anschließend wieder abgespalten werden, wird die Cellulose beim NMMO-Verfahren physikalisch in dem Lösungsmittel *N*-Methylmorpholin-*N*-Oxid (NMMO) und Wasser gelöst. Aus dieser Lösung können dann Fasern, Filme oder andere Formkörper mit guten Eigenschaftsprofilen hergestellt werden.

4.13.2
Blasfolien nach dem NMMO-Verfahren

Der NMMO-Prozess lässt sich zur Herstellung von Folien, u.a. von Wursthüllen, einsetzen, die am Fraunhofer Institut für Angewandte Polymerforschung in Golm entwickelt wurden [4.13-4]. Für die Herstellung der Blasfolien wurde Kiefern-Sulfatzellstoff mit einem Polymerisationsgrad (DP) von ca. 520 in einer 9%igen Lösung eingesetzt, die in einem Luftspalt verformt und anschließend in Wasser ausgefällt wurde. Die Trocknung erfolgt an Luft unter isometrischen Bedingungen, d. h. bei fixierten Folienlängsabmessungen und Querabmessungen.

Die Cellulose-NMMO-Lösung wird in einem Extruder auf die Verarbeitungstemperatur gebracht und über eine Entgasungs- und Filtereinheit zur Filmblasdüse transportiert, die nach unten auf das Koagulationsbad gerichtet ist (Abb. 4.13-4). In dem Koagulationsbad wird der Folienschlauch über eine erste Galette geführt und dabei zusammengelegt. Es schließen sich weitere Waschbäder zur Entfernung des restlichen NMMO an. Das Aufblasen der Folie geschieht durch Aufbringen eines

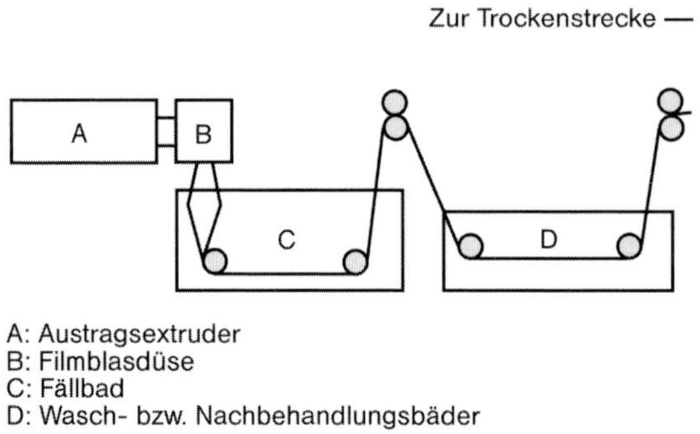

Abb. 4.13-4 Schematische Darstellung des Verfahrens zur Herstellung von Blasfolien (nach [4.13-4])

Überdrucks in das Volumen im Luftspalt zwischen Düse und Fällbad. Das Innenvolumen des Schlauches sollte ebenfalls mit einem Fällmittel gefüllt sein und über eine geeignete Vorrichtung kontinuierlich in konstanter Zusammensetzung gehalten werden. Als Fällbad dient in der Regel Wasser oder wässrige NMMO-Lösung. Auch andere Fällmittel bieten sich an, wobei sich diese innerhalb und außerhalb des Schlauches unterscheiden können.

Die Blasfolien weisen wie Cellophan und Cuprophan eine partiell-kristalline Struktur mit Cellulose II als kristalliner Phase auf. Kristallitgröße und Kristallinität weisen im Mittel etwas kleinere Werte im Vergleich mit den konventionell hergestellten Folien auf, und die mechanischen Eigenschaften übertreffen diese. Von Vorteil für Wursthüllen sind auch die Abwesenheit von geringsten Spuren von Salz, H_2S und CS_2-Gasen, die den Geschmack beeinflussen können. Nach diesem Verfahren lassen sich auch eine Reihe weiterer Produkte herstellen.

4.13.3
Komposit-Werkstoffe

Eine in die Zukunft gerichtete Entwicklung stellen die Komposit-Strukturwerkstoffe dar, die einerseits auf der Basis von preiswerten Polymeren als Matrix und Cellulose als verstärkende Komponente beruhen oder auf der Basis von sekundärem Celluloseacetat\Flachs aufbauen, mit dem Vorteil, dass bei gleichem Materialgewicht die Festigkeit doppelt so hoch ist wie bei glasfaserverstärkten Polyestern. Durch eine spezielle Wickeltechnik können Leichtbauteile so hergestellt werden, dass die Fasern in Richtung der größten Beanspruchung ausgerichtet sind. Diese Materialen werden im Fahrzeugbau und für Windkraftwerke erprobt [4.13-5].

Ein weiteres thermoplastisches Komposit-Material, das durch einfache Extrusion von Polypropylen mit Cellulose in mikrokristalliner oder regenerierter Form eingesetzt werden kann, weist erhebliche Vorteile gegenüber reinem Polypropylen auf und befindet sich im Versuchsstadium zum Einsatz in der Automobilindustrie, um glasfaserverstärkte Materialien zu ersetzen [4.13-6]. Materialien mit bis zu 50 % Celluloseanteilen, die verbesserte thermische und mechanische Eigenschaften gegenüber Polypropylen aufweisen, lassen sich durch Spritzguss verarbeiten und kommen ohne Haftvermittler aus.

Markterfolge solcher Produkte aus nachwachsenden Rohstoffen hängen in starkem Maße vom Preis-Leistungsverhältnis ab. Durch Verknappung von Erdöl und steigenden Erdölkosten als Basis für synthetische Kunststoffe sowie der Forderung von Nachhaltigkeit in der Verwendung von Rohstoffen, wird auf längere Sicht die Verwendung nachwachsender Rohstoffe für spezielle Produkte begünstigt.

4.13.4
Celluloseester

Das Verlangen der Menschen Mitte des 19. Jahrhundert nach mehr Konsum und Luxusgütern, wie auch eine Verknappung von natürlichen Rohstoffen wie Elfenbein, Seide etc. führte zur Entwicklung von Ersatzstoffen. Schönbein entdeckte 1846, dass mit Salpetersäure versetzte Baumwolle in Gegenwart von Schwefelsäure zu Cellulosenitrat führt und erkannte deren Anwendbarkeit als Kunstseidenrohstoff und Sprengstoff. Für das Spinnen fehlte zu seiner Zeit die Technologie und als Sprengstoff wurde Cellulosenitrat als zu heimtückisch eingestuft. Es dauerte 50 Jahre bis das Cellulosenitrat zum beherrschbaren »rauchlosen Pulver« entwickelt war und zum wichtigsten Sprengstoff im Ersten Weltkrieg wurde [4.13-5]. Eine Mischung von Cellulosenitrat mit Kampfer führte Hyatt 1870 zum Celluloid einem erfolgreichen Kunststoff, insbesondere als Trägermaterial für fotografische Filme und Tonfilme, die den kommerziellen Erfolg von Eastman Kodak begründeten. Hyatt presste in einer ersten industriellen Produktion Billiardkugeln und ersetzte damit das knapp werdende Elfenbein. Heute noch werden Tischtennisbälle aus Celluloid gefertigt.

Die Kupferseide (Cuoxam-Verfahren) und die Viskoseseide stellten weitere Produkte in der Entwicklung der Kunststoffe dar. Die Darstellung von Cellulosetriacetat (CTA) war seit 1865 (Schützenberger) bekannt, doch dauerte es bis 1904 bis die Firma Friedrich Bayer & Co eine Trockenspinnanlage für CTA baute. Aufgrund der Schwerlöslichkeit und des hohen Schmelzpunkts an der Zersetzungsgrenze konnten damals keine modellierbaren Massen verarbeitet werden. Die Produktion wurde wegen des zu teuren Lösungsmittels Chloroform wieder eingestellt.

Auf der Suche nach einem guten Ersatz für Celluloid, dessen großer Nachteil eine leichte Entflammbarkeit darstellt, fanden 1904 Miles und vier Wochen später Eichengrün das sekundäre Celluloseacetat (Cellulose-2,5-Acetat), das in gängigen Lösungsmitteln wie Aceton, Ethylacetat, Methylacetat löslich ist, schwer entflammbar und dem Celluloid nahe kommende mechanische Eigenschaften aufweist. Einige Lösungsmittel für kommerzielle Celluloseacetate in Abhängigkeit des Acetylgehalts sind in Abbildung 4.13-5 zusammengestellt. Die Acetatseidenproduktion wurde jedoch bald mangels Anfärbbarkeit der Fasern eingestellt. Jedoch gelang es, dieses Acetat als plastische Masse mit Weichmacher gemischt in Formen zu pressen oder zu blasen und zur Herstellung für Puppenköpfe, Modeschmuck, Kunstleder etc. zu verwenden.

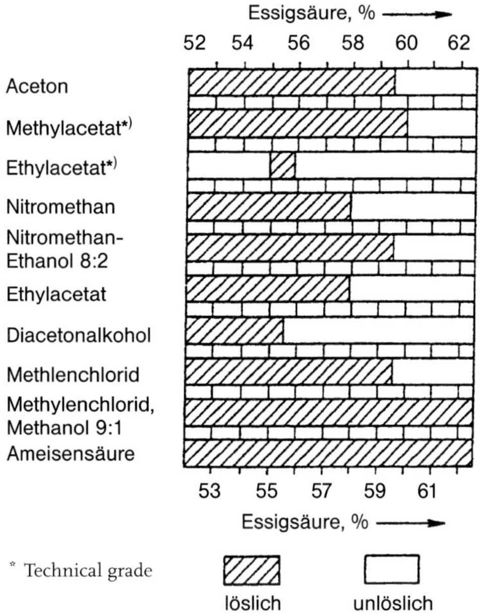

Abb. 4.13-5 Löslichkeit von kommerziellen Celluloseacetaten (unterschiedliche Acetylierungsgrade) in verschiedenen Lösungsmitteln (nach [4.13-7])

Heute finden Celluloseacetate und die in den Jahren 1946–1956 zur technischen Anwendungsreife entwickelten Celluloseacetobutyrate (CAB) und Celluloseacetopropionate (CAP) durch industrielle Herstellung und ausgefeilte Produktion der Endprodukte mit Rückgewinnung der verwendeten Reagenzien und Lösemittel vielfache Anwendung als thermoplastische Formmassen und Lacke. Insbesondere sind zu nennen: Trägermaterial für fotografische Filme, Schutzfolien für Polarisatoren in Flüssigkristallmonitoren, Fasern für Luft- und Geräuschfilter, Plastikmaterial für Brillengestelle und -gläser, Spielzeuge, Werkzeuggriffe, Zigarettenfilter, Verkapselungen für kontrollierte Abgabe von Wirk- und Duftstoffen, Polymeradditive, industrielle Beschichtungen, stationäre Phase bei der chromatographischen Trennung von Enantiomeren, Ultrafiltrationsmembrane, Umkehrosmose zur Meerwasserentsalzung, etc. Die Vorteile von Celluloseacetat sind geringe Toxizität und Entflammbarkeit, und das Ausgangsmaterial ist ein nachwachsender Rohstoff und überwiegend bioabbaubar. Für verschiedene Anwendungen sind jedoch Mischester wie Celluloseacetopropionat (CAP) oder Celluloseacetobutyrat (CAB) von Vorteil. In Tabelle 4.13-1 sind wichtige Größen der Celluloseester aufgeführt. Die physikalischen Eigenschaften der aus Celluloseester gefertigten Produkte hängen für Gießfolien und Filme stark vom Solvationszustand der Polymeren ab. Celluloseester zeichnen sich aus durch [4.13-8].

- Lichtechtheit, ausgezeichnete Transparenz,
- gutes elektrisches Isoliervermögen,

Tab. 4.13-1 Charakterisierung und Anwendungsgebiete von organischen Celluloseestern (nach [4.13-8]). (ES = Essigsäure, BS = Buttersäure, PiS = Propionsäure; DP = Polymerisationsgrad, DS = Substitutionsgrad)

Cellulose-ester	DP	Gehalt an ES %	Gehalt an PiS % bzw. BS %	DS ES	DS PiS bzw. BS	Hauptsächliche Anwendungsgebiete
Triacetat	ca. 150–360	60–61,5	–	2,8–2,9	–	Fotofilm, Folien, Isolierfolien
Sekundär-acetat	ca. 100–200	56,0–56,3	–	ca. 2,5	–	thermoplastische Massen
		54,0–54,6	–	ca. 2,4	–	Kunstseide, Folien
		53,5–54,0	–	ca. 2,4	–	thermoplastische Massen
		53,0–53,5	–	ca. 2,3	–	Lackrohstoffe, Platten
Aceto-propionat	ca. 150–200	5	57	0,3	2,3	thermoplastische Massen
Aceto-butyrat	ca. 100–150	43	18	2,1	0,6	Isolierlackrohstoffe, Folien
		40	22	2,0	0,7	Folien, Filme
		20	44	1,0	1,6	thermopl. Massen, Papierlacke
		8	59	0,5	2,3	Schmelztauchmassen

- gute mechanische Eigenschaften,
- Spannungsrissunempfindlichkeit, hohe Bruchfestigkeit,
- niedrige Schmelzviskosität,
- Beständigkeit gegenüber aliphatischen Petrochemikalien, verdünnten Säuren, Öle, Fette.

Eine ausführliche Behandlung und Beschreibung vieler Aspekte der Celluloseester finden sich in Übersichtsdarstellungen [4.13-8–4.13-10].

Die Entwicklung und Bedeutung der verschiedenen Celluloseacetat (CAc)-Produkte lässt sich an der Weltproduktion (kt a^{-1}) ablesen. Diese Mengen sind für CAc-Textilen, Zigarettenfilter-Tow, Filme, thermoplastische Massen und Beschichtungen in den Abbildungen 4.13-6 und 4.13-7 dargestellt.

4.13.4.1 Herstellung der Celluloseester und Rohstoffbasis

Die technische Herstellung der Celluloseester umfasst folgende Prozessstufen [4.13-8]:

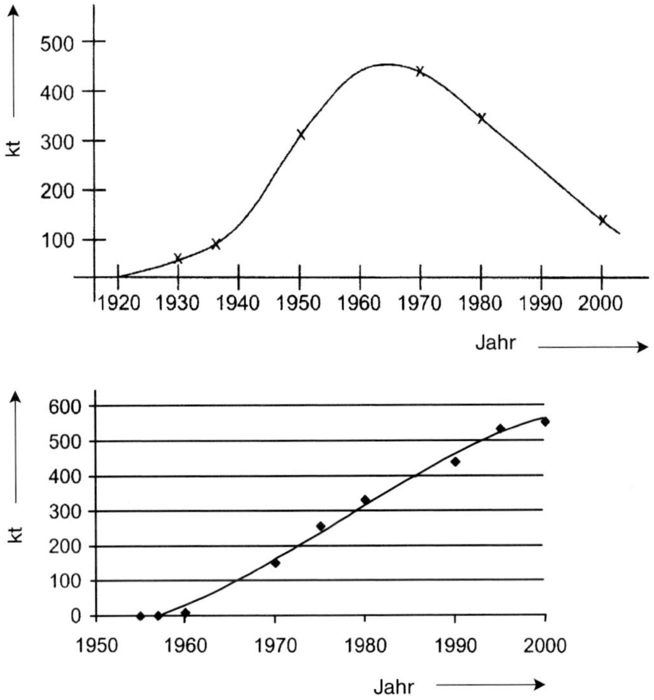

Abb. 4.13-6 Entwicklung des CAc-Welttextilmarkts und des Zigarettenfilter-Tow-Markts (unteres Bild) (aus [4.13-5])

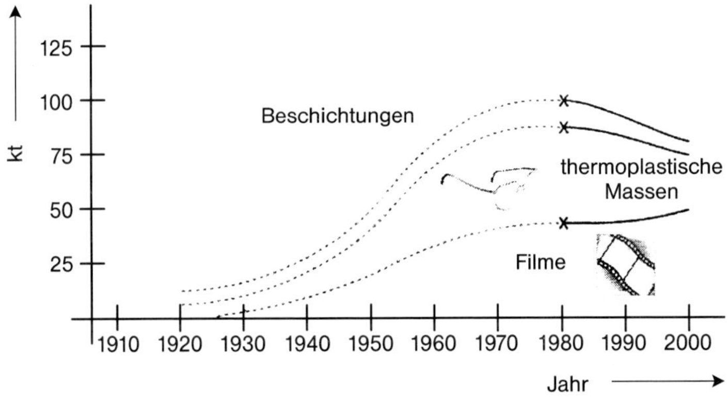

Abb. 4.13-7 Mengenmäßige Entwicklung von CAc weltweit für Filme, thermoplastische Massen und Beschichtungen (aus [4.13-5])

- Cellulosegewinnung, -auswahl, -aufarbeitung
- Vorbehandlung der Cellulose
- Veresterung der Cellulose
- partielle Verseifung der Triester zu sekundären Celluloseestern
- Fällung der Celluloseester
- Nachbehandlung
- Rückgewinnung von Lösungs- und Reaktionsmittel

Eine ausführliche Darstellung der einzelnen Prozessschritte findet sich in den Übersichtsartikeln [4.13-8–4.13-10]. Für die Acetylierung, Herstellung des Triacetats und die anschließende säurekatalytische Hydrolyse zum sekundären Acetat, sowie dem bevorzugten Lösungsmittel Aceton, entstehen wesentliche Kosten für die Bereitstellung der Rohstoffe Essigsäure, Essigsäureanhydrid und Aceton und deren Rückgewinnung. Kostengünstige Herstellung dieser Rohstoffe wurde mit der Entwicklung der Petrochemie nach dem Zweiten Weltkrieg gefunden und die deren Herstellung aus Kohle ablöste. Cellulosetriacetat wird wegen des hohen Schmelzpunkts im Wesentlichen aus Methylenchloridlösungen verarbeitet.

4.13.4.2 **Eigenschaften der organischen Celluloseester und Formmassen**

Technische Bedeutung haben die Ester der Fettsäuren mit 2–4 C-Atomen erlangt. Celluloseester höherer Carbonsäuren sind schwierig herzustellen und zeigen mit steigender Kettenlänge eine Verschlechterung relevanter Eigenschaften wie einen drastischen Abfall der Zugfestigkeit (Abb. 4.13-8) und der Schmelzpunkte (Abb. 4.13-9) und eine Zunahme des paraffinartigen Charakters. Die verringerte Wasseraufnahme höherer Carbonsäureester (Abb. 4.13-10) ist dagegen erwünscht. Die Daten der verschiedenen Ester der Abbildungen 4.13-8–4.13-10 können als vergleichbar angesehen werden, denn alle Proben sind vollständig verestert (trisubstituiert) und weisen einen einheitlichen Polymerisationsgrad auf.

Celluloseester bieten ein breites Eigenschaftsspektrum. Die Modifizierung für einzelne Einsatzgebiete gelingt durch Variation des Polymerisationsgrades, des Veresterungsgrades sowie durch die Zusammensetzung der Säurekomponenten. Celluloseester zeichnen sich durch gute mechanische Eigenschaften und hohe Lichtechtheit aus. Einige Eigenschaften sind in Tabelle 4.13-2 zusammengestellt.

Aus Sekundäracetaten, Acetopropionaten und Acetobutyraten lassen sich unter Verwendung von Weichmachern, hauptsächlich aliphatische Dicarbonsäure- und Phthalsäureester, thermoplastische Massen herstellen. Die Weichmacher sollen die Verarbeitungstemperatur herabsetzen und gutes Fließverhalten bei der Verarbeitung und eine hohe Zähigkeit der Materialien bedingen. Celluloseacetobutyrat-Formmassen lassen sich wirksam mit Klimastabilisatoren ausrüsten. Alle hier aufgeführten Formmassen (Tab. 4.13-1) können in praktisch jedem gewünschten transparenten, transluszenten und gedeckten Farbton eingefärbt werden.

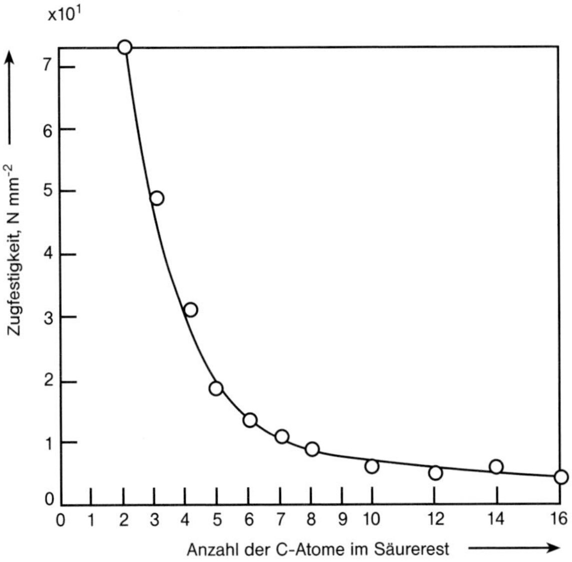

Abb. 4.13-8 Zugfestigkeit von Cellulosetriester (nach [4.13-11])

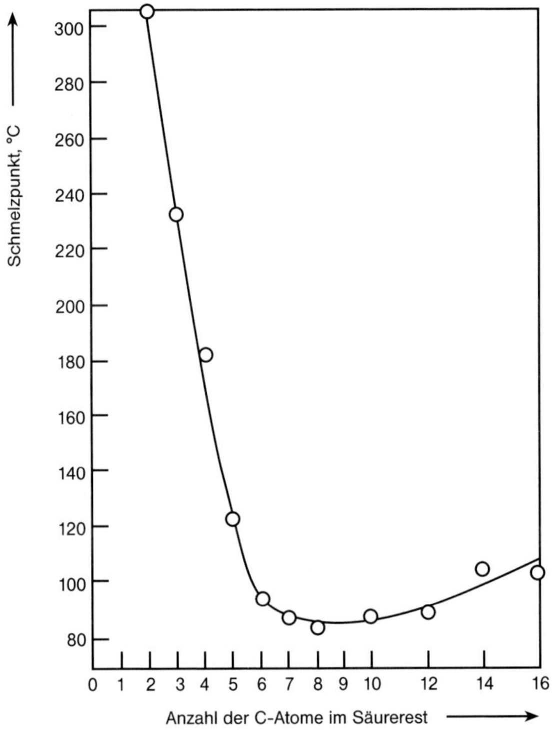

Abb. 4.13-9 Schmelztemperatur von Cellulosetriester (nach [4.13-11])

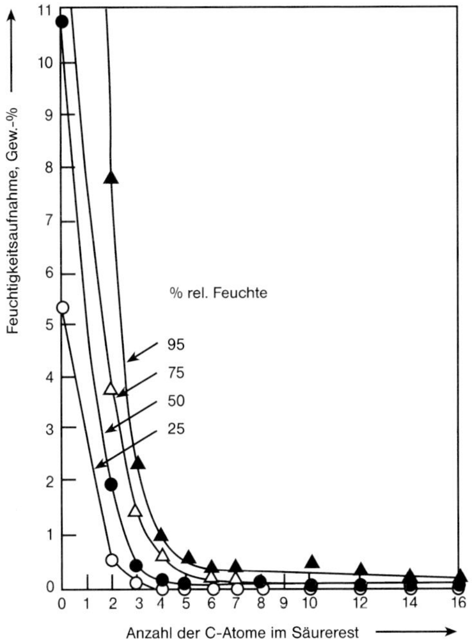

Abb. 4.13-10 Wasseraufnahme (Gew.-%) von Cellulosetriester bei 25 °C (nach [4.13-11])

Tab. 4.13-2 Physikalische Größen von Celluloseacetat (nach [4.13-7])

Größe		Triacetat	Sekundäres Acetat
Dichte ($g\ cm^{-3}$)		1,27–1,29	1,28–1,32
Thermische Stabilität (°C)		> 240	ca. 230
Zugfestigkeit von Fasern ($N\ mm^{-2}$)		140–250	160–180
Zugfestigkeit von Folien ($N\ mm^{-2}$)			
Longitudinal		120–140	85–100
Transversal		100–120	85–100
Brechungsindex von Fasern relativ zur Faserachse			
Parallel		1,469	1,478
Senkrecht		1,472	1,473
Doppelbrechung		–0,003	+0,005
Dielektrische Konstante ε_r	(50–60 Hz)	3,0–4,5	4,5–6,3
	(10^6 Hz)		4,0–5,5
Dielektrischer Verlustfaktor tan δ	(50–60 Hz)	0,01–0,02	0,03–0,04
	(10^6 Hz)		0,04–0,06
Spezifischer Widerstand (Ω cm)		10^{13}–10^{15}	10^{11}–10^{13}
Wärmekapazität ($J\ g^{-1}\ K^{-1}$)		1,5	1,46–1,88
Wärmeleitzahl ($J\ m^{-1}\ h^{-1}\ K^{-1}$)			0,63–1,25

4.14 Polyurethane

Als Kunststoffe für eine thermoplastische Verarbeitung werden vorwiegend makromolekulare Stoffe eingesetzt, die entweder durch Polymerisation von z. B. ungesättigten oder cyclischen Verbindungen oder durch Polykondensation von z. B. Diolen oder Diaminen mit Dicarbonsäuren erhalten werden. Im Falle der Polymerisate oder Polykondensate liefert der Rohstoffhersteller an den Verarbeiter also Produkte, die er durch Verpressen, Verspinnen, Extrudieren oder Spritzgießen in die gewünschten Kunststoffartikel überführt. Es handelt sich hier weitgehend um eine reine Umformung durch Schmelz-, Fließ- und Erstarrungsvorgänge; ein chemischer Vorgang findet im Allgemeinen nicht statt.

Eine weitere Methode, bei der der Aufbau der Makromoleküle während des Verarbeitungsvorganges erfolgt, ist die Polyaddition. Hierzu zählt vor allem das 1937 bei Bayer entdeckte Polyisocyanat-Polyadditions-Verfahren. Es ermöglicht die Herstellung von Chemiewerkstoffen mit großer Variationsbreite (Schaumstoffe, Elastomere, Thermoplaste). Bei diesem Verfahren werden Verbindungen mit reaktionsfähigen Wasserstoffatomen ohne Abspaltung von anderen Komponenten mit Di- oder Polyisocyanaten zu Polyurethanen (PUR) verknüpft.

$$\underset{\text{Di-(Poly-)isocyanat}}{n\ \mathrm{OCN{-}R{-}NCO}} + \underset{\text{Diol (Polyol)}}{n\ \mathrm{HO{-}R'{-}OH}} \longrightarrow \underset{\text{Polyurethan}}{\left[\mathrm{-C(=O){-}NH{-}R{-}NH{-}C(=O){-}O{-}R'{-}O-}\right]_n} \qquad (4.14\text{-}1)$$

Der Hersteller von Kunststoffartikeln bezieht in diesem Fall vom Rohstofflieferanten meist flüssige Rohstoffe, wie z. B. Hydroxypolyether oder Hydroxypolyester (»Polyole«) und setzt diese in einer chemischen Reaktion mit den ebenfalls meist flüssigen Polyisocyanaten zum Polyurethan um. Dies erfolgte in den Anfängen der Polyurethanchemie überwiegend nach dem Zweistufenverfahren oder Prepolymerverfahren: Polyole ergeben mit einem Überschuss an Isocyanat Voraddukte, die dann in einer zweiten Stufe mit Polyolen und Glykolen zu zellfreiem Polyurethan oder mit Wasser unter Bildung von Kohlendioxid zu Schaumstoffen umgesetzt werden. Das Zweistufenverfahren hat heute noch für die Herstellung von Elastomeren Bedeutung. Der überwiegende Teil der Polyurethane, insbesondere die Polyurethan-Schaumstoffe, werden dagegen nach dem Einstufen-Verfahren (One-shot-Verfahren) hergestellt: Polyol, Polyisocyanat und Zusatzstoffe sowie Treibmittel werden auf einer Anlage rezepturgetreu dosiert, vermischt und das so gebildete Reaktionsgemisch ausgetragen.

4.14.1 Grundreaktionen und makromolekularer Aufbau

Die technisch wichtigsten wasserstoffaktiven Verbindungen, die mit Isocyanaten zu Urethanen bzw. Harnstoffen reagieren, sind Alkohole und Amine:

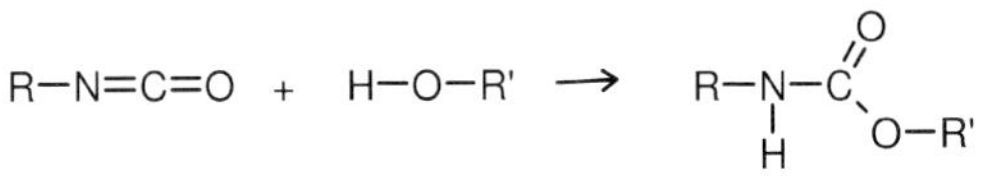
(4.14-2)

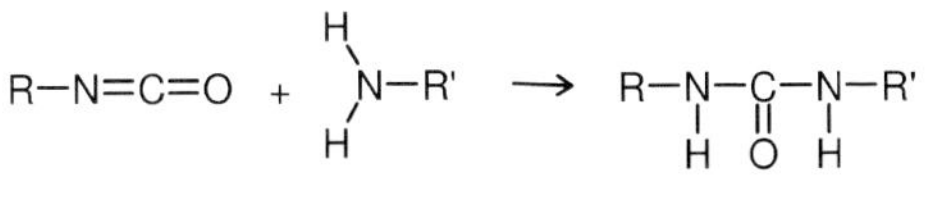
(4.14-3)

Harnstoff-Derivate entstehen auch durch die Reaktion von Isocyanaten mit Wasser. Die hierbei intermediär gebildete Carbaminsäure zerfällt unter Abspaltung von gasförmigem CO_2 zum Amin, das mit Isocyanat zum symmetrisch substituierten Harnstoff weiterreagiert.

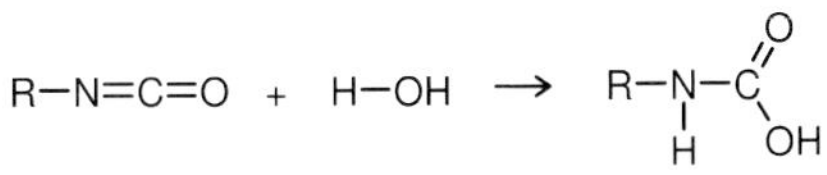
(4.14-4)

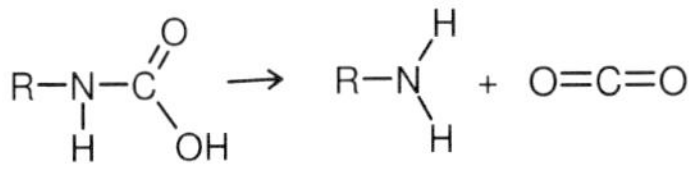
(4.14-5)

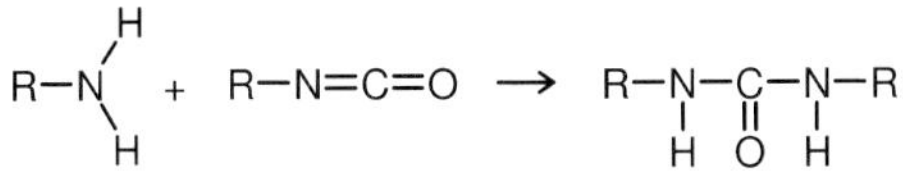
(4.14-6)

Diese Reaktion ist insbesondere die Grundlage zur Herstellung von Weich- und Hartschaumstoffen. Organische Säuren reagieren mit Isocyanaten ebenfalls unter CO_2-Abspaltung und Bildung von Amidstrukturen. Urethane und Harnstoffe besitzen weitere gegenüber Isocyanaten reaktionsfähige Wasserstoffatome, die unter geeigneten Reaktionsbedingungen zu Allophanaten und Biureten weiterreagieren:

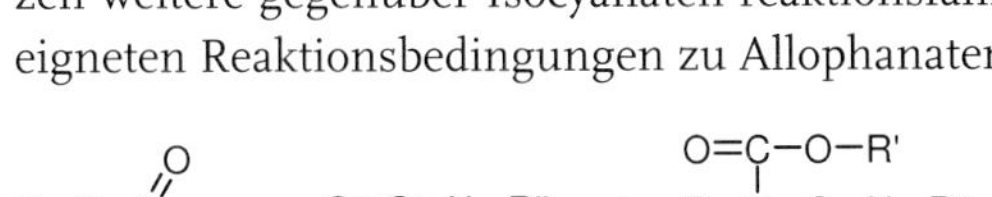
(4.14-7)

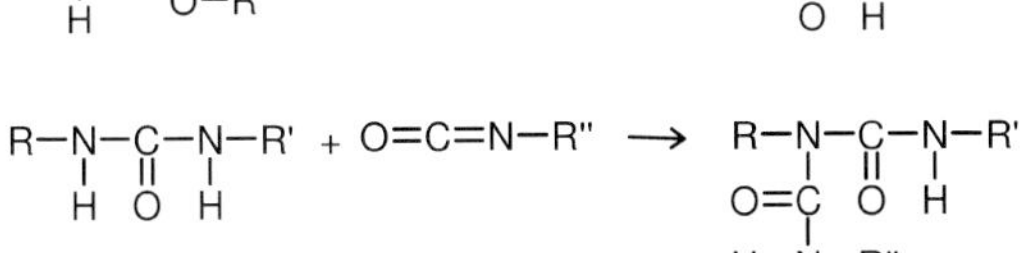
(4.14-8)

Neben der primären Urethan- und Harnstoffbildung sind diese Folgereaktionen zu Allophanat- und Biuretstrukturen wichtige Aufbau- und Vernetzungsprinzipien zur Herstellung polymerer Werkstoffe auf Isocyanatbasis mit maßgeschneiderten Eigenschaften.

Über die o. a. Reaktionen hinaus vermögen Isocyanate unter spezifisch katalysierten Bedingungen mit sich selbst zu reagieren.

Bei der Katalyse mit Phospholinoxid kondensieren Isocyanate unter CO_2-Abspaltung zu Carbodiimiden. Ein Molekül Carbodiimid reagiert mit einem weiteren Molekül Isocyanat zum Uretonimin.

$$\text{R–N=C=O} + \text{O=C=N–R} \xrightarrow{\text{(Kat.)}} \text{R–N=C=N–R} + \text{O=C=O} \qquad (4.14\text{-}9)$$

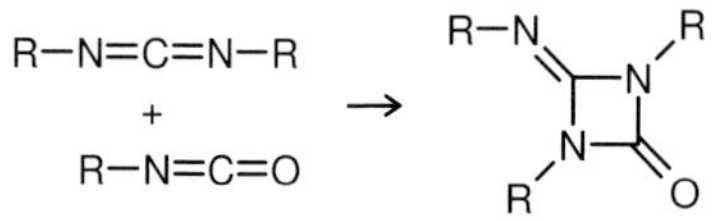

(4.14-10)

Bei der Katalyse mit zum Beispiel Phosphinen entstehen als symmetrische Dimerisierungsprodukte Uretdione:

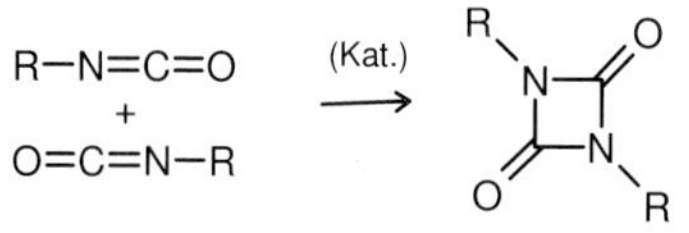

(4.14-11)

Die Trimerisierung lässt sich mit basischen Alkalisalzen (z. B. Kaliumacetat) katalysieren und führt zu Isocyanuraten:

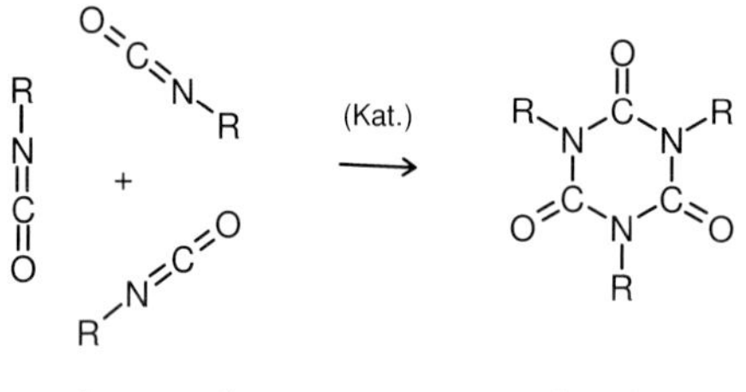

(4.14-12)

Diese Reaktionen ergänzen die oben erwähnten Aufbauprinzipien und verdeutlichen die Vielfalt der Polyurethan-Chemie. Die chemischen Kombinationsmöglichkeiten sind allerdings nicht ausschließlich für das umfangreiche Eigenschaftsspektrum der Polyurethane verantwortlich. Vielmehr trägt die Morphologie in der makromolekularen Struktur zu Differenzierungen in den mechanischen Eigenschaften bei.

Polyurethane besitzen einen segmentierten Aufbau. Die relativ starren Gruppen Urethan, Harnstoff, Allophanat, Biuret usw. tragen zum Hartsegment, die vergleichsweise langkettigen, relativ flexiblen Polyoxyalkylenketten der Polyole zum Weichsegment bei. Wasserstoff-Brückenbindungen – vergleichbar denen in der Peptid-Chemie oder bei den Polyamiden – leisten einen weiteren Beitrag zur Stabilität und Festigkeit der Polyurethane.

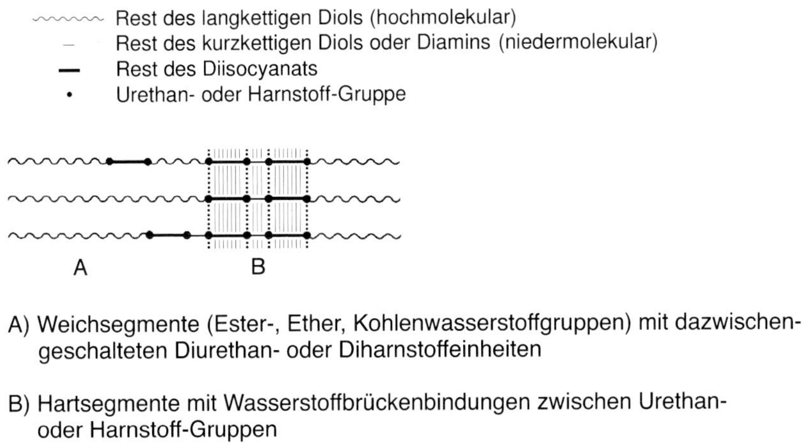

Abb. 4.14-1 Modell des Aufbaus von Polyurethanen aus Segmenten und Wasserstoffbrücken

In Abbildung 4.14-1 ist ein Modell dargestellt, das die beiden Vorstellungen vom segmentierten Aufbau und den Wasserstoff-Brückenbindungen zwischen den Hartsegmenten schematisch verdeutlichen soll.

4.14.2
Rohstoffe für die Polyurethanherstellung

Die großtechnisch wichtigsten Isocyanate sind die aromatischen Di- bzw. Polyisocyanate TDI, MDI und NDI sowie insbesondere im Lackbereich die aliphatischen Diisocyanate HDI und IPDI.

Durch Phosgenierung des aus Toluol durch Nitrierung und Hydrierung entstehenden Toluylendiamins wird Toluylendiisocyanat (TDI) hergestellt. Handelsüblich sind das 2,4-Isomer sowie dessen Gemische mit dem 2,6-Isomer:

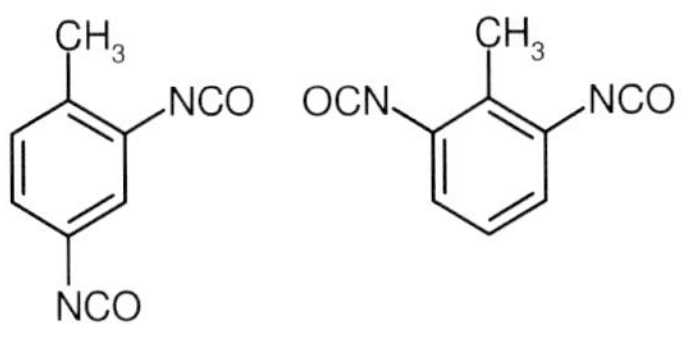

(4.14-13)

Durch säurekatalysierte Kondensation von Anilin mit Formaldehyd entsteht 4,4'-Diaminodiphenylmethan und je nach Herstellbedingungen wechselnde Mengen der 2,2'- und 2,4'-Isomere sowie höherfunktionelle Homologe. Phosgenierung und anschließende destillative Trennung liefern das handelsübliche MDI-Monomer sowie MDI-Polymere (PMDI):

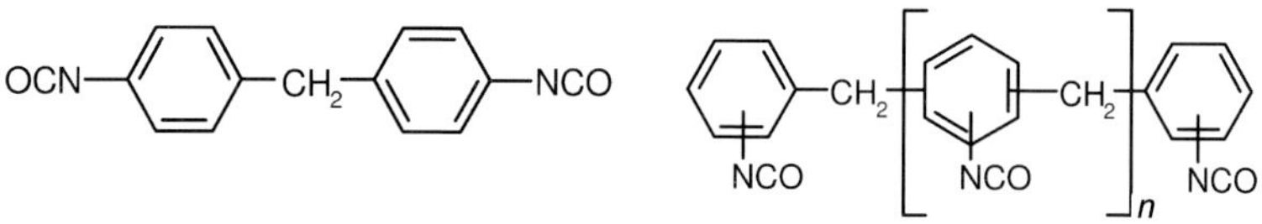 (4.14-14)

Weitere wichtige Isocyanate für das PUR-Elastomergebiet und Spezialanwendungen sind Naphthylen-1,5-diisocyanat (NDI), Hexamethylen-1,6-diisocyanat (HDI) und 1-Isocyanato-3,5,5-trimethyl-5-isocyanato-methylcyclohexan (Isophorondiisocyanat, IPDI):

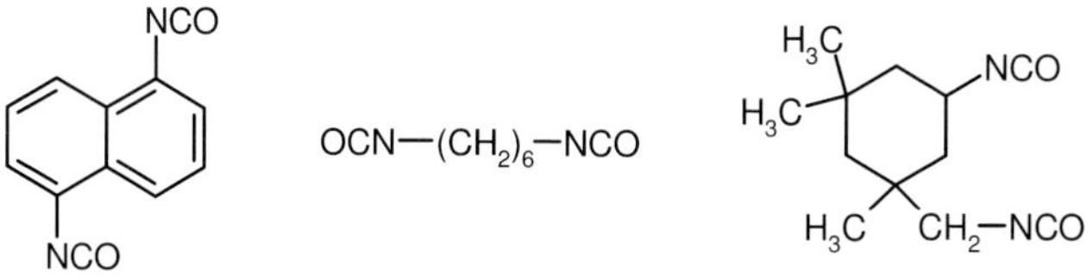 (4.14-15)

Durch gezielte Anwendung der beschriebenen Grundreaktionen auf die Grundisocyanate (Dimerisierung, Trimerisierung, usw.) ist die Möglichkeit gegeben, eine breite Palette auf das Einsatzgebiet hin zugeschnittener modifizierte Isocyanate dem Verarbeiter zur Verfügung zu stellen.

Von den Polyolen haben die durch Alkoxylierung von Startern zugänglichen Hydroxypolyether mengenmäßig weitaus größere Bedeutung als die durch Veresterung zugänglichen Hydroxypolyester. Als Starter zur Herstellung von Hydroxypolyethern verwendet man je nach gewünschter Funktionalität der Endprodukte zweiwertige (z. B. Ethylenglykol, Propylenglykol) oder mehrwertige Alkohole (Trimethylolpropan, Glycerin, Pentaerythrit, Sorbit u. a.). Als Epoxide werden hauptsächlich Propylenoxid und Ethylenoxid bzw. deren Mischungen eingesetzt und daraus entweder statistische oder Block-Polyoxyalkylenketten aufgebaut.

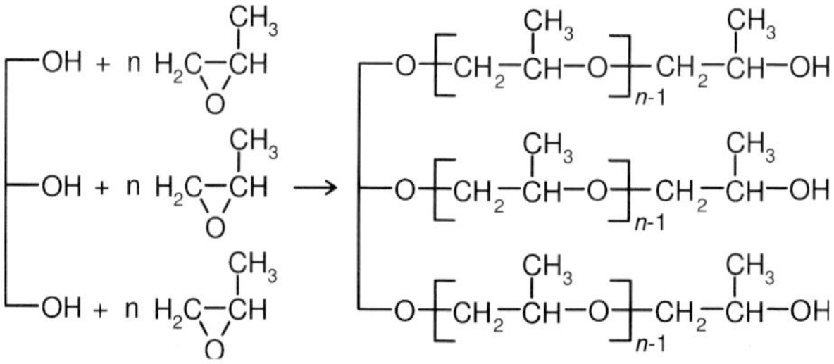 (4.14-16)

Bedeutung haben auch Polyether auf Naturstoffbasis (Sucrose, Stärke) erlangt. Ferner finden Wasser und aliphatische oder aromatische Amine (z. B. Ethylendiamin, 2,4-Diaminotoluol) Einsatz als Starter.

Vor allem für den Bereich der weichelastischen und semiflexiblen Schaumstoffe sind daneben so genannte Polymerpolyole und organische, gegebenenfalls reaktive Füllstoffe enthaltende Polyole entwickelt und in größerem Umfang verwendet worden. Es handelt sich dabei im Wesentlichen um Suspensionen von

Acrylnitril-Styrol-Copolymerisaten in langkettigen Polyethern, wobei ein bestimmter Prozentsatz des eingesetzten Acrylnitrils und Styrols auf die Polyetherkette aufgepfropft ist. Als Beispiel für reaktive organische Füllstoffe enthaltende Polyether sind Suspensionen von Polyharnstoffen als PHD-Polyole bekannt geworden.

Die Rohstoffbasis für Hydroxypolyester sind überwiegend 2- bis 3-funktionelle Alkohole, Adipin-, Phthal- und Terephthalsäure und andere mehrfunktionelle Carbonsäuren.

Die vielfältigen Kombinationsmöglichkeiten von Alkoholen, Aminen und anderen H-aktiven Verbindungen mit Epoxiden zu Hydroxypolyethern sowie der Alkohole mit Dicarbonsäuren zu Hydroxypolyestern sowie die Auswahl geeigneter Isocyanate bzw. deren modifizierten Derivaten bestimmen im Wesentlichen die Eigenschaften des fertigen Polyurethan-Produktes.

4.14.3
Hilfsstoffe

Für die Herstellung von Polyurethanen mit vorgegebenen verarbeitungstechnischen und physikalischen Eigenschaften ist ein chemisch recht unterschiedliches Hilfsstoffsortiment erforderlich.

Als Katalysatoren werden hauptsächlich tertiäre Amine unterschiedlichster Struktur und metallorganische Verbindungen des Zinns, in einigen Spezialfällen des Titans, Bismuts oder Zinks, sowie Alkalisalze organischer Säuren oder Phenole eingesetzt. Auch stickstoff- und metallfreie Katalysatoren haben für Spezialreaktionen – z. B. Phospholinoxide für Carbodiimidisierungen – Eingang in die Praxis gefunden.

Für die Herstellung von Schaumstoffen sind Treibmittel erforderlich. Außer dem chemischen Treibprozess der Isocyanat/Wasser-Reaktion gemäß den Gleichungen (4.14-4)–(4.14-6) werden vor allem bei der Erzeugung geschlossenzelliger PUR-Hartschaumstoffe niedrig siedende physikalische Treibmittel verwendet, die durch die exotherme Reaktion der PUR-Bildung verdampfen und das Reaktionsgemisch auftreiben.

Als Treibmittel werden Kohlenwasserstoffe (insbesondere *n*-Pentan, *i*-Pentan, Cyclopentan), Fluorchlorkohlenwasserstoffe H-FCKW (1,1-Dichlor-1-fluor-ethan = R141b) und Fluorkohlenwasserstoffe HFKW (1,1,1,3,3-Pentafluorpropan (R245fa), 1,1,1,3,3-Pentafluorbutan (R365mfc)) eingesetzt. Der Zusatz von physikalischen Treibmitteln mit Siedepunkten deutlich unter Raumtemperatur führt zu spontanem Aufschäumen des Reaktionsgemischs bei der Druckentspannung. Dieser »frothing« genannte Effekt wird z. B. bei der Herstellung von Weichschaumstoffen mit flüssigem CO_2 als Treibmittel gezielt eingesetzt (»NovaFlex®«-Verfahren).

Neben einer Reihe chemisch unterschiedlichster Emulgatoren bzw. Tenside sind Schaum-Stabilisatoren unentbehrliche Hilfsmittel. Hierfür besonders geeignete Substanzen sind Siloxan-Ether-Blockcopolymerisate.

Zur Herabsetzung der Entflammbarkeit bzw. Brennbarkeit der PUR-Produkte werden Flammschutzmittel – meistens Stoffe, die Phosphor und/oder Halogen, gegebenenfalls auch Stickstoff enthalten – verwendet, wobei zwischen nicht einbaufähigen und einbaufähigen, also gegenüber Isocyanaten reaktionsfähigen Produkten, unterschieden wird. Als weitere wichtige Hilfsstoffe spielen Alterungsschutzmittel eine bedeutende Rolle, vor allem Hydrolyse-, Oxidations- und Vergilbungsinhibitoren (UV-Stabilisatoren). In diesen Bereich fallen z. B. auch Stoffe zur Verhinderung der Kernverfärbung bei der Herstellung von Blockschaumstoffen. Zusätze von Farbstoffen in Form von Farbpasten und Füllstoffen vielfältigster Art einschließlich Glasfasern runden das Bild der Hilfs- und Zusatzstoffe ab. Zusammenfassende Literaturhinweise werden in [4.14-1–4.14-5] gegeben.

4.15 Formmassen

4.15.1 Formmassen aus Phenol-, Harnstoff- und Melamin-Formaldehyd-Kondensaten

In der zweiten Hälfte des neunzehnten Jahrhunderts begann man, sich für die bis dahin nur als unerwünschte Nebenprodukte wahrgenommenen harzartigen Verbindungen aus Phenolen und Aldehyden zu interessieren. Um das Jahr 1900 wurden die ersten Vorschläge zur technischen Verwendung von Phenol-Formaldehyd-Kondensaten gemacht. Der Durchbruch gelang schließlich Baekeland mit dem so genannten »Hitze-Druck-Patent« im Jahr 1907 [4.15-1]. In der Folgezeit entwickelten sich aufgrund der systematischen Arbeit und des kaufmännischen Geschicks Baekelands die Phenoplaste stürmisch [4.15-2]. Im Jahr 1910 wurde durch die Rütgers-Werke die Bakelite-Gesellschaft gegründet, die Herstellung und Vertrieb der Phenol-Formaldehyd-Harze für Europa übernommen hatte. Nach Auslaufen der Patente Baekelands Ende der 1920er Jahre weitete sich die Produktion nochmals erheblich aus, bevor dann schließlich ab Mitte der 1930er Jahre Konkurrenz durch andere Polymere das weitere Wachstum der Phenolharzproduktion abbremste. Nach den ersten erfolgreichen Versuchen von Pollak erschienen Anfang der 1930er Jahre auch Formassen auf der Basis von Harnstoff-Formaldehyd-Harzen auf dem Markt [4.15-3]. Seit Ende der 1930er Jahre schließlich sind auch Formassen auf der Basis von Melamin-Formaldehyd-Harzen gebräuchlich.

Die weltweite Produktionsmenge lag im Jahr 2003 bei etwa $3{,}0 \cdot 10^6$ t Phenol-Formaldehyd-Harzen (davon $0{,}38 \cdot 10^6$ t für PF-Formmassen) [4.15-4], $9{,}2 \cdot 10^6$ t Harnstoff-Formaldehyd-Harzen (davon $0{,}38 \cdot 10^6$ t für UF-Formmassen) [4.15-5] und $1{,}5 \cdot 10^6$ t Melamin-Formaldehyd-Harzen (davon $0{,}21 \cdot 10^6$ t für MF-Formmassen) [4.15-6]. Die größten Wachstumsraten weisen dabei die Melamin-Formaldehyd-Formmassen auf.

Duroplastische Formmassen stellen ein möglichst inniges Gemisch aus Phenol-, Harnstoff- oder Melamin-Formaldehyd-Kondensaten mit organischen oder anorganischen Füllstoffen dar [4.15-7]. Charakteristisch ist dabei das Aushärtungsverhalten der Kondensatkomponenten im Formgebungsprozess. Die Nachvernetzung der duroplastischen Werkstoffe ermöglicht im Gegensatz zu den Thermoplasten eine Verwendung auch oberhalb der Verarbeitungstemperatur. Aufgrund der beim Formpressvorgang ablaufenden Prozesse unterscheidet sich die Zusammensetzung der Formteile von denen der ursprünglichen Komponenten. Des Weiteren werden die Eigenschaften der Formteile bestimmt durch das Zusammenspiel von Harzen und Füllstoffen. Besonders hochwertige Füllstoffe bilden gemahlene Formteile, da sie schon imprägniert sind. Die Mahlung von Formteilen stellt gleichzeitig auch einen Wiederverwertungsprozess dar [4.15-8].

Heutzutage sind vor allem Formmassen bestehend aus Phenol-, Harnstoff- oder Melamin-Formaldehyd-Kondensaten und ungesättigten Polyesterharzen weit verbreitet [4.15-9].

In den folgenden Abschnitten werden die Herstellungsverfahren von Formteilen und die Eigenschaften der Harze näher beschrieben.

4.15.1.1 Herstellung von Formmassen

Für die Herstellung von Formteilen wird zuerst eine Formmasse formuliert, die sich aus einer Mischung von Harz und Füllstoffen zusammensetzt. Trotz der Vielfalt an Formmassen werden sie in der Regel durch zwei Verfahren hergestellt. Besonders wichtig bei der Herstellung von Formmassen ist es, eine gute Imprägnierung der Füller durch das Harz zu erreichen.

4.15.1.1.1 Trockenimprägnierverfahren

In diesen Verfahren werden feste Harze und Füllstoffe zusammengemischt. Die Verarbeitung dieser Rohmischung zu Formmasse erfolgt kontinuierlich oder diskontinuierlich auf beheizten Kalanderwalzen oder kontinuierlich auf einem Extruder, typischerweise in Einschnecken-, Doppelschnecken- oder Planetwalzenextrudern (s. Abschnitt 5.1.3). Die Kalanderwalzen werden auf unterschiedliche Temperaturen, z. B. 90 °C für die erste Walze und 150 °C für die zweite, geheizt. Die Rohmischung wird durch einen Spalt zwischen die Walzen gefördert und gleichzeitlich geknetet. Im Fall von Polykondensationsreaktionen wird simultan in diesem Prozess auch der benötigte Kondensationsgrad für die weitere Verarbeitung eingestellt.

Das Trockenimprägnierverfahren ist für pulverartige Füllstoffe oder kurze Fasern besonders gut geeignet.

4.15.1.1.2 Nassimprägnierverfahren

Das Nassimprägnierverfahren wird hauptsächlich für die Herstellung von langfaserhaltigen Formmassen angewandt. Es werden typischerweise Kneter für die Mischung von Füllstoffen und Harzen verwendet. Ein Überschuss an Wasser und ggf. anderen Lösungsmitteln wird mittels eines Band-, Gleichstrom- oder Wirbelschichttrockners aus der Masse entfernt. Durch sorgfältige Einstellung von Temperatur und Trocknungszeit kann genau wie beim Trockenimprägnierverfahren der optimale Kondensationsgrad für die anschließende Verarbeitung erreicht werden.

4.15.1.2 **Verarbeitung von Formmassen**

Die Verarbeitung der Formmassen kann durch Formpressen, Spritzpressen und Spritzgießen erfolgen [4.15-10]. Beim Formpressen wird die vorgewärmte Formmasse als Granulat direkt in die Form eingebracht und durch den Schließvorgang geformt. Beim Spritzpressen wird die Form mit der bereits geschmolzenen Masse gefüllt und anschließend gepresst. Bei der Verarbeitung nach dem Spritzgussverfahren wird die Formmasse in einem Schneckenextruder unter Einwirkung von Druck und Temperatur (100–130 °C) aufbereitet und für den Spritzvorgang plastifiziert [4.15-11]. Die im Schneckenkanal aufbereitete Masse wird über Fließkanäle in die Form eingespritzt, wo die Endaushärtung der Formmasse bei Temperaturen von 140–180 °C und Drücken von 200–400 bar stattfindet [4.15-12] (s. Abschnitt 5.1.3). Die Aushärtung in der Form kann dabei durch einen anderen Reaktionsmechanismus als die Herstellung des Harzes, wie z. B. Polymerisation, Polyaddition und Polykondensation, erfolgen [4.15-13]. Im letzteren Fall entstehen bei der Aushärtung flüchtige Nebenprodukte wie z. B. Wasser, die ggf. entfernt werden müssen.

Die wichtigste Verarbeitungseigenschaft ist das Fließ-Aushärtungs-Verhalten [4.15-14, 4.15-15]. Im Gegensatz zu Thermoplasten folgt die Viskositätsänderung eines duroplastischen Materials einer typischen »U«-Kurve in einem Spritzgusszyklus (Abb. 4.15-1). Die Viskosität nimmt beim Erhitzen zuerst ab und steigt dann beim Beginn der Aushärtungsreaktion an. Das Material muss bei möglichst geringer Viskosität in die Form eingespritzt werden, bevor der Gelierungsprozess beginnt. Das Formteil muss dann in der Form bleiben, bis der Aushärtungsprozess vollständig abgeschlossen ist.

4.15.1.3 **Formmassen aus Phenol-Formaldehyd-Kondensaten**

Die Phenol-Formaldehyd-Kondensate lassen sich in Novolake und Resole einteilen. Dabei werden die Resole unter basischen Bedingungen und Formaldehydüberschuss hergestellt. Resole sind reaktionsfähige, selbsthärtende Harze aus weitgehend hydroxymethylierten Phenolen, welche nur begrenzt lagerstabil sind und unter Wärmeeinwirkung ausgehärtet werden (Raumvernetzung). Novolake werden

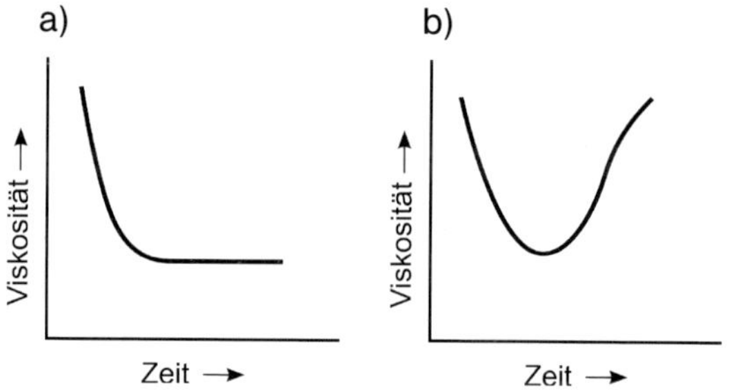

Abb. 4.15-1 Viskositätsänderung während eines Spritzgussverfahrens für (a) Thermoplaste und (b) duroplastische Formmassen

durch saure Kondensation bei Formaldehydunterschuss hergestellt. Sie setzen sich hauptsächlich aus Methylen verbrückten Phenoleinheiten zusammen, sind nicht selbsthärtend und recht lagerstabil. Die Raumvernetzung erfolgt erst nach Zugabe von Hexamethylentetramin, welches im sauren Bereich Formaldehyd freisetzt.

Zu den Formmassen gelangt man durch Kombination der Novolake bzw. Resole mit organischen oder anorganischen Füllstoffen. In der DIN 7708 (Teil 2) findet sich eine Klassifizierung der Phenol-Formaldehyd-Formmassen anhand ihrer Füllstoffe. Gebräuchlich sind u. a. Mineralfasern, Glimmer, Holzmehl, Zellstoff, Baumwollfasern und Baumwollgewebeschnitzel.

Die meisten Formmasserezepturen enthalten Gleitmittel und Weichmacher, welche die Verarbeitbarkeit, besonders das Fließverhalten, positiv beeinflussen. Üblicherweise werden Zink-, Calcium- oder Magnesiumstearate bzw. spezielle Wachse als Gleitmittel eingesetzt [4.15-16–4.15-18].

In der DIN 7708 (Teil 2) sind für die verschiedenen Formmassetypen auch Mindestwerte der mechanischen, thermischen und elektrischen Eigenschaften und des Verhaltens gegenüber äußeren Einflüssen festgelegt [4.15-2].

Verwendung finden phenolharzbasierte Formmassen heute hauptsächlich im Automobilbau und im elektrotechnischen Sektor als robuste, relativ inerte Gehäuse- und Konstruktionsteile [4.15-7, 4.15-18–4.15-20].

4.15.1.4 Formmassen aus Harnstoff-Formaldehyd-Kondensaten

Harnstoff-Formaldehyd-Formmassen sind gute elektrische Isolatoren und weisen eine hohe mechanische Festigkeit auf. Bei ihrer Verarbeitung muss allerdings ein gewisses Maß an Schrumpfung nach dem Entformen in Kauf genommen werden. Im Vergleich zu Phenol-Formaldehyd- und Melamin-Formaldehyd-Formmassen besitzen Harnstoff-Formaldehyd-Formmassen eine wesentlich geringere Hydrolysestabilität.

Zur Herstellung von Harnstoff-Formaldehyd-Harzen werden wässrige Formaldehydlösungen und Harnstoff, entweder in wässrigen Lösungen oder in fester, geprillter, Form eingesetzt. Die Synthese kann sowohl im basischen als auch im sauren Milieu bei Temperaturen zwischen 70 und 100 °C erfolgen [4.15-21, 4.15-22], wobei sich in der ersten Phase der Reaktion (Methylolierungsphase) mehrfach methylolierte Harnstoffspezies bilden, die dann im Anschluss zu längeren Ketten oligomerisieren (Kondensationsphase), in denen die Harnstoffspezies durch Ether und Methylenbrücken verknüpft sind. Das wässrige Kondensationsharz kann direkt in Lösung zu Formmassen weiterverarbeitet oder vor der weiteren Verarbeitung durch Sprühtrocknung in Pulverform gebracht werden. Durch die Wahl geeigneter Bindemittel, Füll- und Verstärkungsstoffe kann ein weites Spektrum an Eigenschaften abgedeckt werden. Gebleichte Sulfitcellulose und Holzmehl kommen als Füller zum Einsatz. Der Zusatz von Zink, Magnesium und Calciumstearaten als Gleitmittel und das Einarbeiten von Weichmachern erleichtern die spätere Verarbeitung. Mittels latenter Härtungsbeschleuniger lässt sich eine gute Lagerstabilität bei gleichzeitiger guter Reaktivität der Formmasse realisieren.

4.15.1.5 Formmassen aus Melamin-Formaldehyd-Kondensaten

Melamin-Formaldehyd-Harze zeichnen sich durch eine im Vergleich zu reinen Harnstoff-Formaldehyd-Harzen stark verbesserte Hydrolysestabilität aus und erlauben im Gegensatz zu den ebenfalls hydrolysestabilen Phenol-Formaldehyd-Harzen die Herstellung von weißen Formmassen. So werden Melamin-Formaldehyd-Harze zur Herstellung von Formteilen in der Elektroindustrie verwendet, die hohen thermischen Belastungen ausgesetzt sind. Auch erlaubt ihre Resistenz gegenüber Treibstoffen, Ölen und Wasser den Einsatz in Pumpen und Getrieben [4.15-23].

Zur Herstellung von Melamin-Formaldehyd-Harzen werden wässrige Formaldehydlösung und reines Melamin eingesetzt. Die Synthese erfolgt generell im basischen Milieu bei Temperaturen zwischen 70 und 100 °C, wobei sich in der ersten Phase der Reaktion (Methylolierung) mehrfach methylolierte Melaminspezies bilden, die dann im Anschluss zu längeren Ketten oligomerisieren (Kondensation). Bei der Kondensation können die einzelnen Melaminkerne durch Ether und Methylenbrücken miteinander verknüpft werden, wobei jedoch auch freie Methylolgruppen am Melaminkern erhalten bleiben [4.15-24]. Der Endpunkt der Kondensation wird durch die Abnahme der Wasserverdünnbarkeit des Harzes mit fortschreitendem Kondensationsgrad bestimmt. Im Anschluss kann die wässrige Kondensationsharzlösung direkt zu Formmassen weiterverarbeitet oder zuerst durch Sprühtrocknung in Pulverform gebracht werden.

Die genauen Verarbeitungs- und Herstellungsbedingungen haben einen großen Einfluss auf die späteren Eigenschaften der Melamin-Formaldehyd-Formmasse [4.15-5]. So sind bei der Harzsynthese die Molverhältnisse der Reaktanden, die pH-Wert-Führung, Temperatur und Reaktionszeiten während der unterschiedlichen Reaktionsphasen für die resultierende Performance der Formmasse verantwortlich [4.15-26].

Melamin-Formaldehyd-Formmassen die bei einem pH-Wert von 9,0 hergestellt werden, zeichnen sich durch einen hohen Gehalt an Methylol- und Ethergruppen und eine dadurch hervorgerufene gute Elastizität aus. Werden alle Parameter gleichgehalten und nur der pH-Wert auf 8,0 gesenkt, so ist die resultierende Pressmasse auf Grund des erhöhten Gehaltes an Methylenbrücken deutlich spröder.

Neben reinen Melamin-Formaldehyd-Pressmassen, werden oft auch Formteile aus Gemischen (»Blends«) von mit Phenol-Formaldehyd modifizierten Melamin-Formaldehyd-Kondensaten hergestellt. Die resultierenden Formassen zeichnen sich durch eine reduzierte Schrumpfung nach dem Entformen und eine gute Kriechstromfestigkeit aus. Es ist hierbei noch nicht vollständig geklärt, ob es sich bei dem resultierenden Thermoplasten um zwei unabhängige, sich durchdringende Netzwerke [4.15-27] handelt, jedoch weisen neuere Untersuchungen darauf hin, dass zu einem gewissen Grade auch Phenol-Formaldehyd-Melamin Cokondensate vorliegen [4.15-28]. Der Aushärtegrad der Formmasse wird im Anschluss an den Pressvorgang im Kochtest nach DIN 53499 [4.15-29] bestimmt, welcher jedoch zeitaufwändig und relativ subjektiv ist. In jüngerer Zeit wird daher zu diesem Zweck auch die Bestimmung der Shore D-Härte nach DIN 53505 angewandt [4.15-23, 4.15-29].

Die Verwendung von unterschiedlichen Kombinationen von Bindemitteln, Füll- und Verstärkungsstoffen zusammen mit dem Kondensationsharz ermöglicht eine flexible Anpassung an die gewünschten Eigenschaften. Dies gilt sowohl für die Verarbeitbarkeit der Formmasse wie auch für die Eigenschaften des fertigen Formkörpers. Der Harzanteil einer Formmasse variiert gewöhnlich zwischen 20–60% [4.15-30]. Als Füllstoffe kommen z. B. Holz und Gesteinsmehle sowie Glas und Baumwollfasern zur Anwendung [4.15-31]. Des Weiteren kommen Gleitmittel und Weichmacher zum Einsatz, auf Härtungsbeschleuniger kann in der Regel bei Formmassen auf Melamin-Formaldehyd Basis verzichtet werden.

4.15.2 Formmassen aus ungesättigten Polyesterharzen

Ungesättigte Polyesterharze (UP-Harze) sind flüssige Mischungen von ungesättigten Polyestern, Glasfasern und Füllstoffen in copolymerisierbaren Monomeren, wie Styrol.

Die Verarbeitung und Formgebung der UP-Harze zu den entsprechenden Werkstücken erfolgt durch verschiedene Herstellverfahren. Die Wichtigsten sind die Herstellung von UP-Harzmatten und die Verarbeitung dieser zu Formteilen im Pressformverfahren (SMC = sheet moulded compounds) sowie die Erzeugung von Faserformmassen, die durch Spritzgussverfahren weiterverarbeitet werden (BMC = bulk moulded compounds).

Die systematische Klassifizierung und Ordnung der Formmassen nach Typen ist in DIN 16911 und DIN 16913 festgelegt.

Polyester-Formassen sind warm formbare und warm härtbare Formmassen, deren wesentliche Bestandteile ungesättigte Polyesterharze und Füll-(= Verstärkungsstoffe) sind. Sie können Zusatzstoffe wie z. B. Gleitmittel, Farbstoffe usw. enthalten.

Faser- oder Stäbchenformmassen: Formmassen aus geschnittenen, nicht flächenförmigen Verstärkungsstoffen, die mit Reaktionsharzmassen vorimprägniert sind. Diese Formmassen werden im Handel kurz als BMC (bulk moulding compounds) bzw. DMC (dough moulding compounds) bezeichnet.

Prepregs: Formmassen aus flächigen oder linienförmigen Verstärkungsstoffen, die mit Reaktionsharzmassen vorimprägniert sind. Diese Formmassen werden im Handel auch kurz als SMC (sheet moulding compounds) bezeichnet.

Die Härtung der Formmassen erfolgt durch Vernetzung der ungesättigten Polyester mit den zugegebenen ungesättigten Monomeren (Styrol) durch eine radikalisch initiierte Polymerisation.

4.15.2.1 Herstellung von UP-Harzmassen

Harzmassen für SMC und BMC bestehen aus einem thermisch härtbaren Harz, welches eine Lösung von einem ungesättigten Polyester in einem ungesättigten Monomer – in der Regel Styrol – darstellt, Faserverstärkungen – in der Regel Glasfaser- und Füllmaterialien.

Zusätzliche Inhaltsstoffe, wie LP-Additive (LP = Low Profile-Additive), Eindickungsmittel, Prozesschemikalien und Trennmittel werden verwendet, um das Verhalten des Materials bei der Verarbeitung und die mechanischen Eigenschaften gezielt anzupassen.

Tab. 4.15-1 Richtrezepturen für SMC- und BMC-Formmassen

	SMC	BMC
Polyesterharz:	20–27 Gew.-%	18–25 %
Glasfasern:	25–30 %	10–30 %
Füller:	40–50 %	50–60 %
Andere:	3–5 %	3–5 %

In Tabelle 4.15-1 sind Richtrezepturen für SMC und BMC-Formmassen angegeben.

Die Eigenschaften der UP-Harze werden sowohl durch die Art als auch durch die Zusammensetzung der verwendeten Inhaltstoffe bestimmt und können in einem großen Bereich variiert und auf spezielle Kundenwünsche zugeschnitten werden [4.15-32].

Im Folgenden soll kurz auf die wichtigsten Beziehungen zwischen der Struktur der eingesetzten Inhaltsstoffe und deren Eigenschaften eingegangen werden.

Durch eine Erhöhung des Faseranteiles werden die mechanischen Eigenschaften verbessert. Bei hohen Ansprüchen hinsichtlich Oberflächengüte ist der Faseranteil auf 30 % begrenzt, um das Durchdringen von Fasern durch die Oberfläche zu verhindern. SMC und BMC unterscheiden sich im Wesentlichen im Anteil und der Länge der verwendeten Glasfasern. Bei SMC werden Glasfasern mit einer Länge zwischen 12–50 mm verarbeitet. Beim BMC beträgt die Faserlänge 6–12 mm. Durch die kürzeren Fasern sind die Fließeigenschaften beim BMC besser, was zu einer besseren Ausfüllung kleinerer Hohlräume führt. Dies ermöglicht die Herstellung von Formteilen mit einer anspruchsvollen Geometrie.

Sowohl SMC als auch BMC zeichnen sich durch einen hohen Anteil an anorganischen Füllstoffen aus. Zusätzlich zu einer Reduzierung der Rohstoffkosten tragen Füllstoffe zu einer Verringerung des Schrumpfes sowie einer Verbesserung der Temperaturbeständigkeit und Oberflächenbeschaffenheit bei. Zudem können mechanische Eigenschaften, wie Zugfestigkeit und Härte deutlich erhöht werden. Die gebräuchlichsten Füllstoffe sind Calciumcarbonat, vermahlene Tonerden (Kaolin), Quarzmehl und Quarzsand.

Die Polyester werden bei Temperaturen zwischen 180–230 °C unter Entfernung des entstehenden Reaktionswassers durch Polykondensation von ungesättigten oder gesättigen Dicarbonsäuren mit Diolen hergestellt. Die Polymere sind meist linear mit einem durchschnittlichen Molekulargewicht zwischen 700–4000 g mol^{-1}. Ein wichtiges Entscheidungskriterium für die Rohstoffauswahl ist der Preis. Maleinsäureanhydrid (MSA) und Phthalsäure sind deshalb die bevorzugten Dicarbonsäurekomponenten. Die teurere Fumarsäure wird nur dann verwendet, wenn der Grad der Umlagerung von MSA in Fumarsäure nicht ausreicht, um die erwünschten Harzeigenschaften zu erzielen. Die Verwendung von Fumarsäure anstelle von MSA verbessert die Temperaturbeständigkeit und die mechanischen Eigenschaften des Produktes.

Isophthalsäure und Terephthalsäure führen zu Polyestern mit einer besseren thermischen Beständigkeit, mechanischen Eigenschaften und Chemikalienresistenz im Vergleich zu Phthalsäureanhydrid. Adipinsäure wird wegen ihrer flexiblen Struktur in weichen Harzen eingesetzt beziehungsweise als Weichmacher zu harten Typen zugegeben. Bei den Diolen ist Ethylenglykol kostengünstig, verschlechtert aber die Verträglichkeit mit Styrol. 1,2-Propandiol ist deshalb das meist verwendete Diol für Standardpolyestertypen. UP aus Propylenglykol weist eine gute Styrolverträglichkeit und gute mechanische Eigenschaften auf. Soll die thermische Stabilität, die Chemikalienbeständigkeit und die Witterungsbeständigkeit weiter verbessert werden, können Neopentylglykol und Bisphenol A als Diolkomponente eingesetzt werden. Das Monomer, mit dem der ungesättigte Ester vermischt wird, ist aus preislichen Überlegungen fast ausschließlich Styrol.

Die Aushärtung ist einer der wesentlichen Prozessschritte. Sie kann durch eine Kombination von Initiatoren und Inhibitoren gesteuert werden. Beim Aushärten muss das Harz oberhalb der Glasübergangstemperatur erhitzt werden. Nur komplett durchgehärtete Stoffe weisen ein Maximum an mechanischen Eigenschaften auf. UP-Harze können bei »normalen« Temperaturen mit Peroxiden und Beschleunigern ausgehärtet werden. Die wichtigsten Systeme sind Hydroperoxide. Bei erhöhten Temperaturen sind Peroxide zum Aushärten ausreichend. (Beispiele: Dibenzoylperoxid 80 °C, *tert.*-Butyl 2-ethyperhexanot 100 °C und *tert.*-Perbenzoat 120 °C). Inhibitoren verhindern die vorzeitige Polymerisation und werden zur Einstellung von Aushärtungszeiten verwendet. Die wichtigsten sind Hydrochinon und 1,4-Benzochinon. Während der Aushärtung und dem Übergang vom flüssigen zum festen Zustand schrumpfen die Harze zwischen 5–8%. Zur Kompensation des Schrumpfes werden Thermoplasten zugegeben (Polystyrol, Polyvinylacetat, PMMA, gesättigte Polyester). Diese können in die von den starren Glasfasern in der Harzmatrix verursachten Hohlräumen wandern und so Oberflächenunebenheiten verhindern. Weitere Additive sind Lichtschutzmittel bzw. UV-Stabilisatoren, wie substituierte Benzophenone und Hydroxyphenyltriazole, die das vorzeitige Vergilben von ausgehärteten Harzen bei Sonneneinstrahlung verhindern. Als Rheologiemodifizierer werden thixotropierende Substanzen, wie fein dispergiertes Silica, zugesetzt, wenn die Harze auf vertikale Flächen aufgetragen werden. Eindicker, wie Magnesiumoxid sowie Calciumoxid werden verwendet, um die Glasfasern zu imprägnieren. Die Reaktion des Oxids mit freien Säuregruppen führt zum Aufbau einer netzwerkähnlichen Struktur und zu einem Viskositätsaufbau. UP-Harze weisen eine leicht klebrige Oberfläche auf, wenn sie an der Luft aushärten. Die Klebrigkeit kann verringert werden, wenn Paraffine als Hautbildungsstoffe zugegeben werden. Der Zusatz von Paraffinen verringert auch die Styrolemissionen. Antistatika, wie Graphit oder Metallpulver können eingesetzt werden, um den Aufbau einer Oberflächenladung auf dem Werkstück zu verhindern (Reduzierung des Oberflächenwiderstandes auf 10^4 Ω). Die Flammbeständigkeit von UP-Harzen kann durch Zugabe von chlorierten Kohlenwasserstoffen und Antimontrioxid verbessert werden. Aluminiumhydroxid wird im großen Stil in der Elektronikindustrie eingesetzt, da beim Brand freiwerdende HCl aus chlorierten Flammschutzmitteln die Kupferkontakte zerstören kann.

Die Mischung der flüssigen und festen (Pulver bzw. Faser) Inhaltsstoffe erfolgt in der Regel separat in geeigneten Rühr- und Mischbehältern (siehe Abb. 4.15-3).

Hierbei wird zunächst die flüssige Polyesterschmelze nach der Herstellung abgekühlt, mit verschiedenen Additiven wie Inhibitoren, Katalysatoren, LP-Additiven versetzt und dann unter Rühren in Styrol gelöst (gekühlten Mischern). Das Styrol enthält Inhibitoren wie Hydrochinon oder *tert.*-Butylkatechol, um eine vorzeitige Polymerisation zu verhindern. Feste Inhaltstoffe wie Füllstoffe, Trennmittel (Calciumstearat) und ggf. Glasfasern werden anschließend mit der Harzmasse in einem Zahnscheibenrührer (Dissolver) homogenisiert. Bei Formmassen für BMC können die Glasfasern aufgrund ihrer geringen Längen und der damit verbundenen guten Fließfähigkeit schon während des Mischvorganges zugegeben werden. Bei Formmassen für SMC werden die Glasfasern erst während der Weiterverarbeitung des Harzes zu Matten zugegeben.

4.15.2.2 **Herstellung von Formteilen aus UP-Harzmatten im Formpressverfahren (Sheet Moulding Compounds = SMC)**

Polyester-Harzmatten sind zweidimensional textilglasverstärkte UP-Harzmassen, die auf sog. Roving-Imprägnieranlagen produziert werden. Die Dicke der Harzmatten beträgt in der Regel 4 mm; die Breite 1500 mm. Die Länge wird vom Hersteller und der jeweiligen Anwendung bestimmt.

Alle Inhaltsstoffe, ausgenommen die Glasfasern, werden zu einer Harzpaste vermischt. Die Paste wird mit einem Rakel auf eine Polyethylenfolie aufgetragen (Abb. 4.15-2). Auf die erste beschichtete Folie werden Textilglasrovings mit einer Schneiderolle geschnitten. Die Ausrichtung der Fasern ist zufällig, aber eine leichte Vorzugsrichtung in Bewegungsrichtung ist feststellbar. Nach Aufbringen der Glasfasern auf die erste Folie wird eine zweite Folie mit Harz imprägniert und die beiden Folien zusammengeführt. Somit wird ein Sandwich aus Harz und Glasfasern zwischen zwei Folien erzeugt, das durch eine Reihe von Walzen verdichtet und entlüftet wird. Nach der Verdichtung wird die Matte auf Rollen aufgewickelt oder in Bahnen gefaltet und in Boxen gelagert. Vor dem Lagern wird die Rolle oder die Box in Folie eingeschweißt, um Styrolemissionen zu verhindern. Die Lagertemperatur sollte ca. 20 °C betragen.

Die Viskosität der SMC-Paste beträgt beim Auftragen auf die erste Folie ca. 20 000–40 000 mPas (Konsistenz von Honig). Vor der Weiterverarbeitung der Harzmatten muss das Harz chemisch 3–5 Tage reifen. Verdickete UP-Harzmatten sind leichter zu handhaben und es wird verhindert, dass Harz zwischen den Folien austritt. Die Viskosität beträgt nach der Reifung 40–100 M mPas, was einer ledrigen Konsistenz entspricht. Die Lagerbeständigkeit ist auf einige Wochen, maximal wenige Monate, begrenzt, da sich die Viskosität weiter erhöht. Nach der Reifung wird das Material in Bögen mit definierter Größe und Form geschnitten und in der Presse platziert.

Die Presse besteht aus zwei plattierten oder oberflächenbehandelten Stahlstempeln. Die Pressform wird mit Öl oder Dampf auf Temperaturen von 130–170 °C beheizt [4.15-33].

Nach Schließen der Pressform wird das SMC-Material bei Drücken zwischen 50 und 100 bar verdichtet. Unter Druck und Hitze wird die bei Raumtemperatur led-

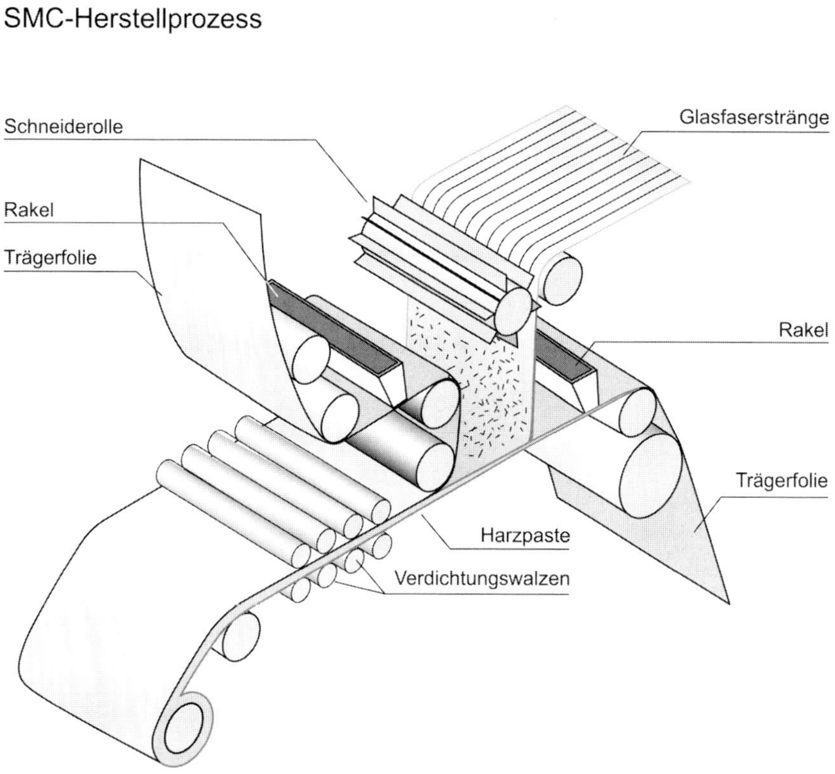

Abb. 4.15-2 SMC-Herstellprozess

rige Harzmatte in eine niedrigviskose Substanz umgewandelt. Das SMC kann somit das Formnest vollständig ausfüllen. Für Erzeugnisse mit einer hohen Oberflächengüte ist eine niedrigere Viskosität vorteilhaft, da hierdurch Lufteinschlüsse und Porosität verringert werden. Die Härtungszeit für SMC variiert zwischen 30–150 s in Abhängigkeit der Dicke und Materialzusammensetzung (15–40 s mm^{-1} Wanddicke). Nach Aushärtung wird das Formteil aus der geöffneten Form mit Hilfe von Drückstiften, Saugnäpfen oder Pressluft entfernt [4.15-34].

Zu diesem Zeitpunkt ist es günstig, den Abquetschrand mit einem Messer zu entfernen, da dies mit zunehmenden Abkühlen schwieriger wird.

4.15.2.3 **Herstellung von Formteilen aus Faserformmassen durch Spritzguss (Bulk Moulding Compounds)**

Die Produktion von Faserformmassen (BMC) erfolgt im Knetverfahren [4.15-35]. Alle flüssigen Inhaltsstoffe und pulverförmigen Materialien werden in der Regel separat vorvermischt (s. Abb. 4.15-3). In einem Kneter wird die Harzpaste mit Füllstoffen und Glasfasern homogenisiert, wobei die Verweilzeit auf einige Minuten begrenzt ist, um eine Schädigung der Fasern durch Scherkräfte auf ein Minimum zu reduzieren. Nach der Herstellung wird das Material in Plastiksäcken styroldicht ge-

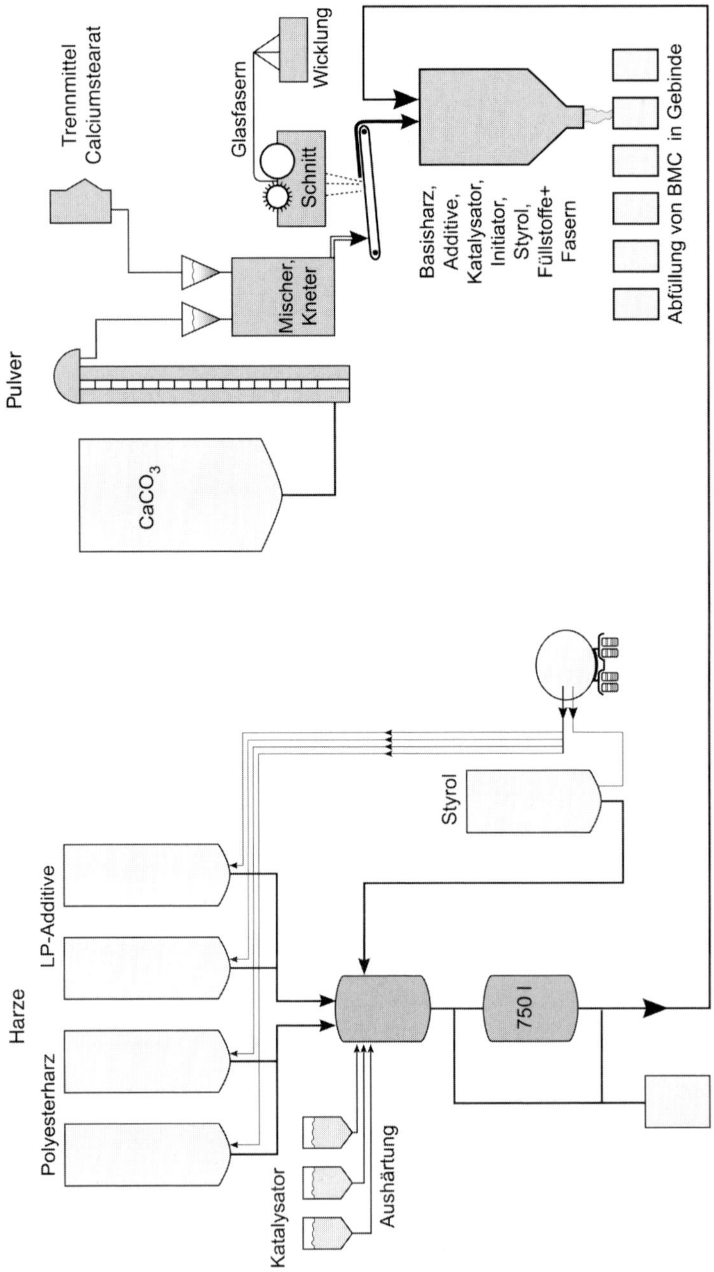

Abb. 4.15-3 Herstellung von Formteilen aus Faserformmassen durch Spritzguss

lagert. Das Material benötigt mindestens sieben Tage Reifung, bis die erforderlichen Eigenschaften erreicht werden.

Das Spritzgießen von Faserformmassen ist ein automatisierter Prozess, wobei die Faserformmasse mit einem Druck von 110–150 bar in eine beheizte Form injiziert wird (160 °C). Während des Injektionsvorganges wird die BMC-Masse erhitzt und fließt somit leicht in alle Hohlräume der Form. Trimmen ist als Nachbehandlungsschritt erforderlich wegen der Bildung von Spritzhäuten.

4.15.2.4 Ökologische Aspekte und Recycling

Das größte ökologische Problem in der Herstellung und Verarbeitung von UP's stellt die Emissionen von Styrol dar [4.15-36, 4.15-37]. Styrol ist relativ flüchtig, die Dämpfe reizen die Augen und die Atemwege. (MAK 20 ppm bzw. 85 mg m^{-3} (MAK-Werte-Liste 1997); Emissionsklasse II (TA Luft 3.1.7); WGK 2).

In Nordamerika und Europa müssen länderspezifische Regulationen berücksichtigt werden. Viele Firmen bieten bereits neue emissionsarme Formulierungen an und Hersteller von Formmassen haben ihre Verfahren auf geschlossene Formverfahren umgestellt, um Emissionen bei der Herstellung zu minimieren.

Das Recycling von gebrauchten Formmassen weckt im Zuge von neuen EU Richtlinien (Legislation on Recyclability, European Directive on Electrical and Electronic Equipment Waste, European Directive on End-of-Life Vehicles) immer größeres Interesse. SMC- und BMC-Teile können recycelt und zum Beispiel als Füllstoff oder Verstärkungsmaterial wiederverwertet werden. Da in den meisten Fällen Glasfaser verstärkte UPs eingesetzt werden, sind die Energiekosten für das Wiedervermahlen jedoch relativ hoch.

4.15.2.5 Anwendungsgebiete und Wirtschaftlichkeit

Im Jahr 2001 betrug die weltweite Produktion von ungesättigten Polyestern in Nordamerika, Westeuropa und Japan $1{,}6 \cdot 10^6$ t und soll im Jahr 2006 $1{,}9 \cdot 10^6$ t betragen (geschätzt nach einer jährlichen Wachstumsrate von 3% [4.15-38]. Die weltweit wichtigsten sechs Produzenten für ungesättigte Polyesterharze erreichen gemeinsam 56% der Kapazitäten der wichtigsten Regionen (Stand 1.1. 2002). Es sind dies Dainippon Ink und Chemicals (Reichhold) mit 553000 t a^{-1}; Ashland mit 379000 t a^{-1}, AOC mit 326000 t a^{-1}, DSM mit 216000 t a^{-1}, Total Chemie mit 135000 t a^{-1}und Interplastic mit 116000 t a^{-1}.

Die SMC-Produktion betrug 185000 t im Jahr 2001. Die wichtigsten Märkte sind die Elektroindustrie (40%), die Automobilindustrie (40%) sowie das Baugewerbe (15%). Vorteile von Werkzeugen auf SMC-Basis für elektronische Anwendungen liegen in der guten elektrischen Isolierung, der hohen Hitze- und Flammbeständigkeit sowie in der guten Formbeständigkeit in Kombination mit einem guten Preis-Leistungsverhältnis. Die wichtigsten Anwendungen sind Feuchtraumlampen sowie Sicherungskästen und Gehäuse für Gas- bzw. Wasserzähler.

Im Automobilbereich werden SMC-Formteile als Kofferraumdeckel, Heckklappe, Fender, Paneele etc. eingesetzt und bieten Vorteile in Bezug auf Gestaltungsmöglichkeiten, Gewichtsersparnis und Witterungsbeständigkeit in Vergleich zu konventionellen Bauteilen aus Metall. Im Vergleich zu anderen Thermoplasten weisen

SMC- und BMC-Massen einen niedrigen thermischen Ausdehnungskoeffizienten auf und verhalten sich in Bezug auf Schrumpf und Ausdehnung ähnlich wie Stahl. Im Baugewerbe werden SMC-Bauteile als Abflussgitter, Briefkästen, Balkonmodule und Dachgiebel verwendet.

Die BMC-Produktion betrug in Europa im Jahr 2001 82 000 t. Hauptanwendungsgebiete waren das Transportgewerbe (43 %), die Elektronikindustrie (42 %) sowie das Baugewerbe mit 10 %. Bei elektronischen Bauteilen haben BMC-Materialien sukzessiv andere Materialien verdrängt. Gegenüber Metallen zeichnet sich BMC durch bessere Isolation und Korrosionsbeständigkeit aus. Sie besitzen ebenfalls bessere mechanische Eigenschaften als Keramiken und ein besseres Schrumpfverhalten als andere Reaktionsharze. BMC ist deshalb das bevorzugte Material in Niedrig- und Mittelspannungsanwendungen und wird als Gehäuse für Schalter und Überlastschalter verwendet. In der Automobilindustrie sind Scheinwerferreflektoren, Karosserieteile und Teile im Motoreninnenraum die wichtigsten Anwendungen. In diesen Bereichen zeichnet sich BMC wiederum durch einen Ausdehnungskoeffizienten vergleichbar mit Stahl, aus bei verringertem Gewicht und leichteren Gestaltungsmöglichkeiten.

4.16 Cycloolefin(co)polymere

4.16.1 Einleitung

Polymere auf der Basis von cyclischen Olefinen können durch ringöffnende Polymerisation (Metathese-Polymerisation) oder durch Polymerisation unter Ringerhalt hergestellt werden (Abb. 4.16-1). Bei der Metathese-Polymerisation von cyclischen Olefinen entstehen ungesättigte Polymere, die in einem weiteren Reaktionsschritt

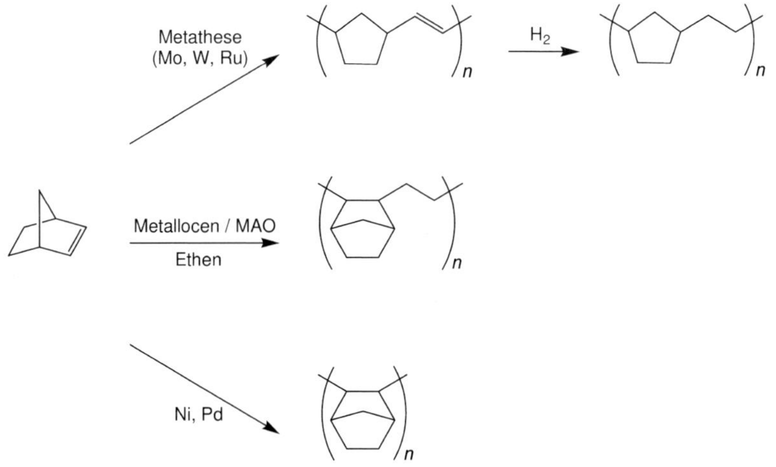

Abb. 4.16-1 Polymerisationsmöglichkeiten von cyclischen Olefinen

hydriert werden, um Materialien zu erhalten die eine genügend hohe Stabilität gegen Oxidation aufweisen [4.16-1]. Die Polymerisation von cyclischen Olefinen unter Ringerhalt führt zu Materialien, die sehr hohe Erweichungspunkte aufweisen und deshalb nicht mehr aus der Schmelze verarbeitet werden können. Die Absenkung der Erweichungspunkte lässt sich durch die Verwendung von subsituierten cylischen Olefinen [4.16-2] oder durch die Copolymerisation mit Ethylen erreichen. Die Copolymerisation von 2-Norbornen oder Tetracyclododecen mit Ethylen ermöglicht die Herstellung von Copolymeren, deren Erweichungspunkte sich in einem sehr weiten Bereich einstellen lassen [4.16-3]. In der Literatur wird häufig zwischen den Cycloolefincopolymeren (COC) und Cyloolefinpolymeren (COP) unterschieden, wobei COC für die unter Ringerhalt hergestellten Copolymere und COP für die unter Ringöffnung polymerisierten Homo- oder Copolymere stehen. Anfang der 1990er Jahre wurden die ersten kommerziell verfügbaren COP von den Firmen Nippon Zeon und Japan Synthetic Rubber (JSR) vorgestellt. Wenig später folgten die COC von Mitsui Chemicals und Ticona.

4.16.2
Herstellung

Als Basis für die Herstellung der cyclischen Olefine wird Dicylcopentadien (DCPD) verwendet. DCPC fällt neben Isopren als Hauptbestandteil im C_5-Schnitt von Naptha-Crackern in größeren Mengen an. DCPD wird thermisch in Cyclopentadien (CPD) gespalten und anschließend in einer Diels-Alder-Reaktion mit Olefinen umgesetzt. Je nach Reaktionsführung entsteht bei der Umsetzung von CPD mit Ethylen das 2-Norbornen oder bei weiterer Anlagerung von CPD an 2-Norbornen das Tetracyclododecen. Die Kapazitäten zur Herstellung der cyclischen Olefine sind in der Regel in die Anlagen der Polymerhersteller integriert.

Die Auswahl des Katalysators bestimmt den Mechanismus nach dem die Polymerisation abläuft. Für die Copolymerisation unter Ringerhalt werden Ziegler-Natta-Katalysatoren oder Metallocenkatalysatoren auf der Basis von Zirconium verwendet. Ziegler-Natta-Katalysatoren weisen jedoch Nachteile wie z. B. die Limitierung der Produkteigenschaften (Glasstufen, Molekulargewichte, Reinheit) und hohe Katalysatorverbräuche (geringe Polymerisationsaktivitäten, aufwändige Abtrennung der Katalysatorreste) auf. Die Polymerisation mit Metallocenkatalysatoren erfordert die Verwendung von Methylaluminoxan als Cokatalysator. Die Homopolymerisation cyclischer Olefine unter Ringerhalt erfolgt mit Metallkomplexen auf der Basis von Nickel oder Palladium. Die ringöffnende Polymerisation von cyclischen Olefinen erfolgt mit Hilfe von Katalysatoren auf der Basis von Wolfram, Molybdän oder Ruthenium. Die Verwendung dieser Katalysatoren erlaubt auch die Polymerisation von Monomeren, die funktionelle Gruppen enthalten (das Metathesepolymer der JSR (Arton) enthält Estergruppen). Die anschließende Hydrierung wird mit homogenen oder heterogenen Katalysatorsystemen durchgeführt [4.16-4].

Die Polymerisation der COC/COP erfolgt als homogene Lösungspolymerisation. Als Lösungsmittel können neben aromatischen und aliphatischen Kohlenwasserstoffen auch halogenierte Kohlenwasserstoffe oder Mischungen verwendet werden

[4.16-4]. Die Copolymerisation mit Ethylen oder die Hydrierung der Metathese-Polymerisate erfolgt in Druckreaktoren. Die Polymerisation in Lösung erlaubt die Abtrennung der zur Polymerisation oder Hydrierung verwendeten Katalysatorsysteme. COC/COP besitzen deshalb in der Regel, im Vergleich zu anderen Polyolefinen, sehr niedrige Aschegehalte. Lösungsmittel und Monomere werden abgetrennt und nach destillativer Aufbereitung wieder in den Reaktor zurückgeführt.

4.16.3
Eigenschaften und Anwendungen

COP/COC sind amorphe hoch transparente Kunststoffe. Die Glasstufen werden bei den Cycloolefincopolymeren durch das Einbauverhältnis von Ethylen und Norbornen/Tetracyclododecen [4.16-3] bestimmt. Die Steuerung der Glasstufen bei den Metathese-Polymerisaten erfolgt über die Verwendung verschiedener cyclischer Comonomere wie Norbornen, DCPD und Tetracacylododecen bzw. deren substituierte Varianten [4.16-5].

Ein Überblick zu den wichtigsten Eigenschaften der COC/COP ist in Tabelle 4.16-1 zusammengestellt. Die Bandbreite der in der Tabelle dargestellten Eigenschaften ergibt sich aufgrund der unterschiedlichen chemischen Struktur der COC/COP. Aufgrund ihrer amorphen Struktur und ihres aliphatischen Charakters sind COC farblose, hoch transparente Polymere. Erst für UV-Licht unterhalb einer Wellenlänge von ca. 300 nm fällt die Transmission deutlich ab. Außerdem besitzen sie eine geringe inhärente Doppelbrechung. Wie andere Polyolefine auch nehmen COC/COP, mit Ausnahme der Polymere mit Esterseitengruppen (Arton-Typen von JSR) sehr wenig Wasser auf und sind beständig gegen hydrolytischen Abbau. Sie

Tab. 4.16-1 Physikalische Eigenschaften von ungefüllten COC/COP

Eigenschaft		
Dichte	$g\,ccm^{-3}$	1,01–1,08
Wasseraufnahme bis zur Sättigung (23 °C)	%	< 0,01–0,4
Bruchspannung	MPa	50–75
Bruchdehnung	%	3–100
Zug-E-Modul	MPa	2000–3200
Glasstufe	°C	80–180
Wärmeformbeständigkeit (HDT-A bei 1,8 MPa)	°C	75–170
Transparenz	%	91–92
Brechungsindex (n_{D20})		1,51–1,54
Abbezahl		56–58
Ausdehnungskoeffizient	K^{-1}	$6–7 \cdot 10^{-5}$

sind außerdem sehr beständig gegen polare Verbindungen wie Alkohole und Ketone sowie gegen Säuren oder Laugen. Auf Grund ihres aliphatischen, amorphen Charakters werden sie jedoch z. B. von Kohlenwasserstoffen (Alkane, Toluol, ...) angegriffen oder aufgelöst.

Die Bandbreite der mechanischen Eigenschaften reicht von relativ spröden Kunststoffen mit hohen Zug-E-Moduln und niedrigen Reißdehnungen zu duktileren Materialien mit höheren Reißdehnungen und niedrigeren Moduln. In der Regel sind COP duktiler als COC. Bei beiden Gruppen nimmt die Reißdehnung der einzelnen Typen mit abnehmender Glasstufe zu. Die Dichte der COC/COP liegt mit 1,01 g cm^{-3} (Ausnahme wiederum die Polymere mit Esterseitengruppen) etwa 5–10% über der von Polyethylen und Polypropylen und noch unter derjenigen von Polystyrol. COC/COP zählen damit zu den leichtesten amorphen Kunststoffen.

COC/COP zeichnen sich durch sehr gute optische Eigenschaften aus. So besitzen sie eine für Kunststoffe sehr geringe Abhängigkeit des Brechungsindex von der Wellenlänge, welches sich in einer relativ hohen Abbezahl widerspiegelt. Darüber hinaus weisen sie eine geringe Doppelbrechung auf. Der thermische Ausdehnungskoeffizient weist die für amorphe Werkstoffe typische Größenordnung auf.

Tabelle 4.16-2 gibt einen Überblick über die verschiedenen Anwendungsgebiete von COC/COP. Sie werden zur Zeit fast ausschließlich als ungefüllte, transparente Kunststoffe verwendet. Beispiele sind Linsen für optische Systeme oder Küvetten in der Medizindiagnostik. Neben den Spritzgussanwendungen finden COC/COP aber auch als Werkstoffe für Folien Verwendung. Dabei erstrecken sich die Einsatzgebiete von optischen Folien für Flachbildschirme über Blisterverpackungen für Medikamente bis zu Schrumpffolien. Vor allem für Folien im Verpackungsbereich werden COC/COP häufig als Blendpartner von Standardpolyolefinen verwendet, um Eigenschaften wie Steifigkeit oder Wasserdampfsperrwirkung zu verbessern. Die guten optischen Eigenschaften in Kombination mit den rheologischen Eigenschaften machen COC/COP auch zu einem interessanten Werkstoff für die Verwendung als Bindermaterial in Tonern für Drucker und Kopierer.

Tab. 4.16-2 Anwendungen und Märkte für COC/COP

Markt	Anwendungen	Eigenschaften
Medizin/Diagnostik	Fläschchen, Küvetten, vorfüllbare Spritzen, Mikrotiterplatten	Transparenz, hohe Reinheit, Wasserdampfbarriere, hohe Transmission im UV-Bereich, geringe Eigenfluoreszenz
Pharma	Blisterverpackung	Transparenz, Wasserbarriere, Thermoformbarkeit
Verpackungen	Schrumpffolien, Beschichtungen, Mehrschichtfolien	Wasserdampfbarriere, Schrumpfeigenschaften, Erhöhung der Steifigkeit in Blends, Siegeleigenschaften
Optik	Linsen, Prismen, Light guide plates, Optische Folien	Transparenz, sehr geringe Feuchtigkeitsaufnahme, hohe Abbezahl, niedrige Doppelbrechung
Druckindustrie	Bindemittel für Toner	Farblosigkeit, geringe Wasseraufnahme, elektrostatische Eigenschaften

4.17 Verfahren zur Herstellung von flüssigkristallinen Polymeren (LCP)

4.17.1 Aufbau von LCP

Die ungewöhnlichste Klasse technisch bedeutsamer Kunststoffe bilden wohl die flüssigkristallinen aromatischen Polymere (LCP *liquid crystal polymers*). Ihre Herstellung erfolgt durch die Polykondensation von Mesogenen mit geeigneter Funktionalität. Geeignete Mesogene sind aromatische Hydroxycarbonsäuren, aber auch aromatische Diole in Verbindung mit aromatischen Dicarbonsäuren (Biphenol, Terephthalsäure), die zu thermotropen flüssigkristallinen Polyestern umgesetzt werden. Einen Grenzfall stellt dabei die reine Poly(*p*-hydroxybenzoesäure) dar. Dieses LCP, vertrieben von der Sumitomo Chemicals Co. unter dem Handelsnamen Ekonol®, stellt einen Polyester mit höchster Wärmeformbeständigkeit dar. Allerdings zeigt dieses Material Schmelztemperaturen oberhalb 600 °C, was eine thermoplastische Verarbeitung ohne Schädigung des Polymergerüstes nicht mehr zulässt [4.17-1]. Durch die Einführung gezielter Störstellen des Kristallgitters erzielt man eine deutliche Herabsetzung der Schmelztemperatur dieser Polymere, wodurch sie mit Hilfe konventioneller Verfahren verarbeitbar werden [4.17-2].

Die vorliegende Beschreibung der Herstellungsverfahren beschränkt sich auf die Darstellung thermoplastisch verarbeitbarer aromatischer Polyester und Polyesteramide. Im einfachsten Fall stellen Copolymere aus Hydroxycarbonsäuren, beispielsweise *p*-Hydroxybenzoesäure (HBA) und Hydyroxynaphthoesäure (HNA) (Vectra® A950, Ticona GmbH), den Ausgangspunkt für diese Polymere dar [4.17-3] (Abb. 4.17-1).

HBA dient als rigider, mesogener Kettenbildner. HNA führt durch einen erhöhten Gehalt an aromatischen Komponenten zur Störung der Kristallstruktur. Das Einführen solcher erzwungenen Fehlstellen in der Kristallstruktur hat eine Verringerung der Schmelztemperatur der LCP zur Folge, was die Steuerung der thermischen Eigenschaften und der Verarbeitungsparameter dieser Polymere ermöglicht. Eine Vielzahl weiterer Comonomere steht zur Steuerung der thermischen und mechanischen Eigenschaften der LCP zur Verfügung, wobei unter anderen die aromatischen Diole Hydrochinon und Biphenol und aromatische Dicarbonsäuren wie Isophthal- und Terephthalsäure genannt seien. Es findet sich eine Vielzahl weiterer potentieller Monomere in der Patentliteratur [4.17-4–4.17-7].

Allgemein besitzen hochgeordnete LCP mit einem großen Anteil rigider Meso-

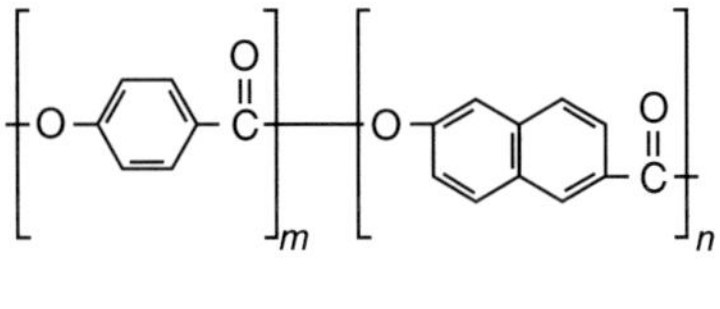

Abb. 4.17-1 Vectra® A950

gene höhere Schmelztemperaturen und höhere mechanische Festigkeiten als solche mit einem großen Gehalt an HNA. Auf der anderen Seite lassen sich LCP mit gestörter Kristallstruktur einfacher verarbeiten als solche mit einem hohen Ordnungsgrad [4.17-3].

4.17.2 Herstellung von LCP

Es werden grundsätzlich drei unterschiedliche Verfahren der Polykondensation zur großtechnischen Darstellung der LCP verwendet. Die Massepolymerisation in der Schmelze, in der festen Phase und die Suspensionspolymerisation im nicht-wässrigen Lösemittel. Das diesen drei Verfahren zu Grunde liegende Syntheseschema ist dabei in allen Fällen identisch (Abb. 4.17-2): Im ersten Schritt erfolgt eine vollständige Veresterung der Hydroxylgruppen (in der Regel Acetalisierung), danach die Bildung eines niedermolekularen Präpolymers und abschließend, bei erhöhten Temperaturen im Vakuum, die Fortführung der Polymerisation zu hochmolekularen Verbindungen. Die Reaktion lässt sich durch die Verwendung von Natriumalkoxiden, Titanalkoxiden, Lithiumhydroxid oder *p*-Toluolsulfonsäure katalysieren, führt aber auch ohne Katalysatoren zu technisch verwendbaren Produkten [4.17-8].

In der ersten Prozessstufe werden alle an der Reaktion beteiligten Hydroxylgruppen mit Hilfe von Essigsäureanhydrid in die entsprechenden Acetate überführt. Dieser Schritt ist notwendig, um einerseits die thermodynamische Reaktionsbarriere der Polykondensation zu senken (Verringerung der Aktivierungsenergie), andererseits ermöglicht die Verwendung der Ester aufgrund ihrer geringeren Schmelzpunkte eine schonendere Prozessführung [4.17-9].

Die Veresterung erfolgt in allen drei Methoden unter Zugabe eines Überschusses von 5–20 Mol% Essigsäureanhydrid [4.17-10]. Die Acetylierung erfolgt unter Rückfluss bei ca. 150 °C über einen Zeitraum von 2–4 h.

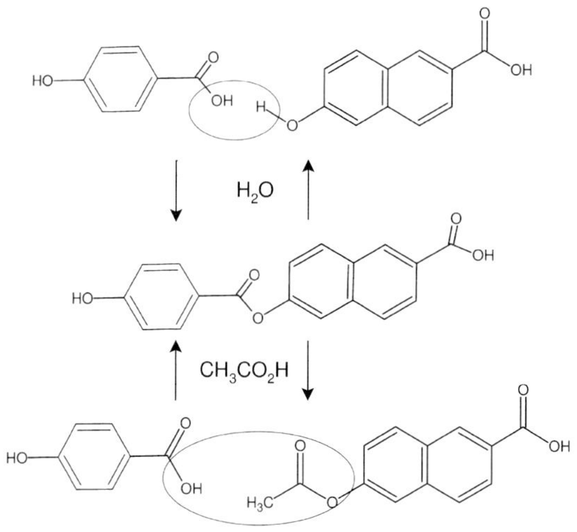

Abb. 4.17-2 Schema der Synthese von LCP

Anschließend wird das Reaktionsgemisch rasch auf 240 °C und dann langsam weiter bis ca. 300 °C erhitzt und über einen Zeitraum von mehreren Stunden auf dieser Temperatur gehalten. Freigesetzte Essigsäure und -anhydrid werden dabei destillativ entfernt, es bildet sich ein Polymer mit mittlerem Polymerisationsgrad [4.17-10, 4.17-11]. An diesem Punkt wird der Unterschied zwischen Suspensionsverfahren und den beiden Massepolymerisationsverfahren deutlich: Beim *Suspensionsverfahren* verbleibt das inerte Lösemittel im Reaktionsansatz [4.17-8]. Im weiteren Verlauf dieses Prozesses scheidet sich das Polymer pulverförmig aus der Suspension ab.

Auch die beiden Massepolymerisationsverfahren unterscheiden sich ab diesem Punkt: Beim *Schmelzepolymerisationsverfahren* wird die Temperatur des Reaktionsgemischs weiter über den Schmelzpunkt des entstehenden Polymers hinaus erhöht, je nach Formulierung bis zu 370 °C. Die Polymerisation wird in der Schmelze vervollständigt, wobei der Polymerisationsgrad anhand der abgeschiedenen Menge Essigsäure und an der Viskosität der Schmelze verfolgt werden kann. Nach Ende der Reaktion wird das Produkt aus dem Reaktor mit Hilfe einer Düse oder einer Förderschnecke als Strang ausgetrieben und zur weiteren Verwendung granuliert [4.17-12].

Beim *Festphasenpolymerisationsverfahren* wird bereits das Produkt mit mittlerem Polymerisationsgrad aus dem Reaktor ausgetrieben und granuliert. Dies hat den Vorzug, dass sich das Produkt aufgrund der niedrigeren Viskosität der Schmelze schneller und vollständiger gewinnen lässt, was eine homogenere Zusammensetzung des Materials zur Folge hat [4.17-12]. Auch die Güte des Granulates ist bei diesem Verfahren verbessert, da die hochmolekularen LCP deutlich spröder sind, aus diesem Grund bei der Granulierung einen höheren Verlust durch Stäube zeigen und zu einem erhöhten Verschleiß des Granulierwerkzeugs führen (s. Abschnitt 5.1.2.3).

Das Pulver der Suspensionspolymerisation muss in einem letzten Schritt, ebenso wie das Granulat des Festphasenpolymerisationsverfahrens, nachpolymerisiert werden, um den gewünschten Polymerisationsgrad zu erreichen. Dazu wird das Pulver, bzw. das Granulat, unter hohem Vakuum bis kurz unterhalb des Schmelzpunktes erhitzt. Hierbei wird weiterhin Essigsäure freigesetzt, welche destillativ entfernt wird.

Es ist leicht verständlich, dass das Nachpolymerisieren der Pulver aufgrund der höheren Partikeloberfläche in der Regel schneller und homogener erfolgt, als in den größeren Granulaten. Nachteilig ist dagegen die Verwendung des Suspensionsmittels zu werten, da dieses systemisch einen hohen Siedepunkt aufweisen muss und aus diesem Grund aufwändig aus dem Produkt zu entfernen ist. Am Schmelzepolymerisationsverfahren ist dagegen die Dauer des Austreibens des Reaktionsproduktes aus dem Reaktor kritisch zu betrachten. Dieser Schritt nimmt je nach Ansatzgröße bis zu mehreren Stunden in Anspruch, während derer das Polymer oberhalb seiner Schmelzetemperatur stark thermisch belastet wird. Dadurch kann der Zeitpunkt des Verlassens des Reaktors die Produkteigenschaften beeinflussen.

Allen Verfahren gemein ist, dass sie zu hochschmelzenden, thermisch außergewöhnlich stabilen Produkten führen, die in der Schmelze anisotropes Verhalten zeigen und sich aufgrund ihrer Fließeigenschaften zu hochwertigen und filigranen, technisch höchsten Ansprüchen genügenden Produkten verarbeiten lassen. Ein kontinuierlich verlaufender Produktionsprozess, welcher aufgrund der hohen Kosten eines Batch-Prozesses wünschenswert wäre, wird bisher von keinem der Produzenten verfolgt und bisher in der Literatur nicht beschrieben.

5 Verarbeitung von thermoplastischen Formmassen und Polyurethan-Rohstoffen

5.1 Verarbeitung von thermoplastischen Formmassen

5.1.1 Übersicht

Im Jahr 2000 wurden weltweit ca. 200 · 10^6 t Kunststoffe (ca. 200 · 10^6 m^3) hergestellt [5.1-1]. Davon entfielen mehr als 90% auf thermoplastische Formmassen (auch thermoplastische Kunststoffe oder kurz Thermoplaste genannt). Im gleichen Jahr wurden 903 · 10^6 t Rohstahl (ca. 115 · 10^6 m^3) produziert. Damit ist der volumenmäßige Verbrauch von Thermoplasten inzwischen fast doppelt so hoch wie der Stahlverbrauch und nähert sich dem Verbrauch an Papier und Pappe. Auf dieses hohe Volumen ist der Kunststoffverbrauch erst in den letzten 50 Jahren gestiegen (Abb. 5.1-1). An diesem rasanten Wachstum haben die in dem Namen Thermoplast beschriebenen Eigenschaften der einfachen Verformbarkeit unter Druck und Temperatur einen mindestens genauso großen Anteil wie die vielfältigen Möglichkeiten, die Werkstoffeigenschaften maßgeschneidert den Anforderungen der geplanten Anwendung anzupassen. Diese einzigartige Kombination der Eigenschaften erlaubt die preisgünstige Herstellung von Massenartikeln und macht Thermoplaste so zu einer beliebten Werkstoffklasse für vielfältigste Anwendungen. Im Gegensatz zur Verarbeitung von Duroplasten oder Elastomeren finden während der Verarbeitung

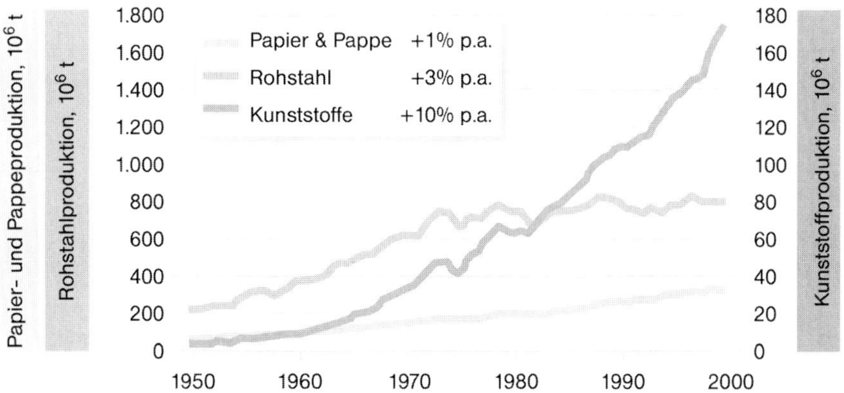

Abb. 5.1-1 Weltweiter Verbrauch von Stahl, Papier, Kunststoff [5.1-1, 5.1-2]

von Thermoplasten keine chemischen Prozesse statt. Daher sind Thermoplaste auch einfach zu rezyklieren.

Bei der Herstellung von Formteilen aus Thermoplasten unterscheidet man nach DIN 8580 [5.1-3] genauso wie bei der Verarbeitung beliebiger anderer Werkstoffe die folgenden fünf Fertigungstechniken:

- Das *Urformen* ist ein Fertigungsverfahren, bei dem aus formlosen Stoffen feste Körper hergestellt werden.
- Das *Umformen* ist das Ändern einer Form unter Beibehaltung des Stoffzusammenhangs.
- Das *Trennen* ist ein Fertigungsverfahren zum Ändern der Form eines festen Körpers.
- Beim *Fügen* werden verschiedene selbständige Körper zu einem Ganzen verbunden.
- Den Abschluss des Verarbeitungsprozesses stellt das *Beschichten* dar

Alle Verfahren sind an die besonderen Eigenschaften der Thermoplaste angepasst. Insbesondere sind die verschiedenen Urform-, Umform- und Fügeverfahren thermoplastspezifisch weiterentwickelt worden, auch wenn einige davon in der Lebensmittelindustrie ihren Ursprung hatten. Die wichtigsten Thermoplastverarbeitungsverfahren [5.1-4, 5.1-5] werden im Folgenden mit ihren wesentlichen Vor- und Nachteilen beschrieben und ihre spezifischen Anforderungen an das zu verarbeitende Material dargestellt. Die Verfahren können auch miteinander kombiniert werden. Die häufigsten Kombinationen werden auch erläutert.

5.1.2 Materialvorbereitung

5.1.2.1 Aufbereiten

Nur wenige Thermoplaste eignen sich in ihrer unmodifizierten Form zur direkten Verarbeitung ohne den Zusatz von Verarbeitungshilfsstoffen. Die üblichen Hilfsmittel sind eine Auswahl aus Stabilisatoren, Antistatika, Gleitmitteln, Flammschutzmitteln oder Kristallisationshilfsmitteln. Außerdem werden die meisten Thermoplaste eingefärbt, da die Farbe eine der wichtigsten Eigenschaften des Thermoplasten ist. Dazu kommt auch das Blenden mit anderen Thermoplasten oder die Zugabe von festen Füll- oder Verstärkungsstoffen.

Die Überführung des in der Produktion anfallenden Rohmaterials oder von Rezyklat oder Regenerat und aller weiteren Ausgangsstoffe in eine Materialkomposition mit den gewünschten Eigenschaften und in die für die Weiterverarbeitung geeignete Form wird als Aufbereiten von Kunststoffen bezeichnet [5.1-6]. Dabei erhalten die Werkstoffe auch die Form, in der sie beim Verarbeiter angeliefert werden In der Regel ist dies die Granulatform (Würfel mit 2–5 mm Kantenlänge, Zylinder, Linsen oder Kugeln). In bestimmten Fällen werden auch Pulvermischungen (PVC, HDPE, PP) hergestellt. Da die Zusammenstellung der Thermoplastformulierung sehr viel Material-Know-how erfordert findet die Aufbereitung überwiegend beim Rohstoffhersteller, jedoch auch – besonders bei Pulvermischungen – beim Verarbeiter statt.

Die wesentlichen Schritte beim Aufbereiten sind

- Mischen,
- Granulieren,
- Zerkleinern,
- Trocknen,
- Fördern.

5.1.2.2 **Mischen**

Verarbeitungsverhalten und Eigenschaften einer Formmasse lassen sich wesentlich durch Zusatzstoffe beeinflussen. Dazu gehören Licht- und Wärmestabilisatoren, Gleitmittel, Pigmente, Füll- und Verstärkungsstoffe, Antistatika, flammhemmende Mittel, Treibmittel, Vernetzungsmittel und ähnliche. Auch andere Polymere, z. B. Kautschuk als Schlagzähmodifikator, werden zur Erzielung bestimmter Eigenschaften eingemischt (Polymerblend). Um eine gleichmäßige Verteilung der verschiedenen Einsatzstoffe bei der späteren Verarbeitung sicherzustellen, müssen die Einsatzstoffe sicher vermischt werden.

Im Mischer werden diese Komponenten gleichmäßig unter das Vormaterial verteilt [5.1-7, 5.1-8]. Bei rieselfähigen Komponenten werden sowohl Geräte mit rotierenden Mischbehältern als auch solche mit rotierenden Mischwerkzeugen verwendet. Auch kleinere Mengen in flüssiger Phase können hier zugegeben werden. Die weiteste Verbreitung hat heute der schnelllaufende Intensivmischer, bei dem Umfangsgeschwindigkeiten bis zu 50 m s^{-1} erreicht werden. Speziell zur Herstellung von PVC-Mischungen hat sich die kaskadenartige Hintereinanderschaltung zweier schnelllaufender Einheiten als Heiz- und Kühlmischer bewährt. Der gesamte Ablauf vom Füllen bis zum Entleeren geschieht weitgehend vollautomatisch. Für Misch- und Knetvorgänge von Komponenten im *viskosen Zustand* (Schmelze, Lösung) werden Schneckenkneter, Innenmischer, Trogmischer oder Walzwerke eingesetzt. Neben dem eigentlichen Verteilungsvorgang wird hier die Masse auch homogenisiert und, wenn erforderlich, unerwünschte flüchtige Bestandteile (z. B. Monomerreste) oder feste Verunreinigungen entfernt.

Zur Aufbereitung thermoplastischer Formmassen werden überwiegend kontinuierliche Schneckenkneter angewendet [5.1-9]. Das Vormaterial kann bereits mit festen Zusatzstoffen vorgemischt sein, solche in flüssiger oder zähviskoser Form oder auch Fasern, die möglichst wenig geschädigt werden sollen, werden erst nach dem Aufschmelzen zudosiert. Der Ablauf des darauffolgenden eigentlichen Dispergier- und Homogenisiervorgangs wird durch die geometrische Gestalt der Schnecken beeinflusst. Das Entgasen erfolgt durch Absaugen und Kondensieren der flüchtigen Substanzen über besondere Öffnungen am Zylinder des Kneters. Vor dem Austrag können mechanische Verunreinigungen in Siebpaketen festgehalten werden.

5.1.2.3 **Granulieren**

Die in den erwähnten Mischeinrichtungen oder auch auf üblichen Ein- und Doppelschneckenextrudern plastifizierte Masse wird durch Lochplatten gepresst und zu Schmelzesträngen von einigen Millimetern Durchmesser geformt. Je nachdem, ob der Schneidvorgang vor oder nach dem Abkühlen erfolgt, spricht man von Heiß- oder Kaltgranulierung. Im erstgenannten Fall werden die Schmelzestränge unmittelbar beim Austritt aus der Lochplatte durch rotierende Messer abgetrennt. Dieses heiß abgeschlagene Granulat wird je nach Viskosität und Klebeneigung durch Wasser oder Luft gekühlt (Nass- oder Trockengranulierung). Eine besondere Art des Heiß- und Nassgranulierverfahrens stellt die Unterwassergranulierung dar. Hier strömt vor der Lochplatte Wasser vorbei, die Schmelzestränge werden also direkt ins Kühlwasser extrudiert, abgeschnitten und vom Wasserstrom mitgerissen. Wegen der hierbei möglichen hohen Produktionsgeschwindigkeiten wird dieses Verfahren vor allem bei Rohstoffherstellern angewendet. In der Praxis muss sich die Aufbereitungsanlage ggf. der vorgeschalteten Produktionsanlage anpassen. Daher sind je nach Maschine und Produkt Ausstoßraten von bis zu 50 t h^{-1} bei Standardkunststoffen wie PE und 10 t h^{-1} bei technischen Thermoplasten möglich.

5.1.2.4 **Zerkleinern**

Thermoplaste können gut rezykliert werden. Da es sich um Makromoleküle handelt, die durch die thermische und mechanische Belastung bei der Verarbeitung geschädigt werden, erreicht Rezyklat nicht die bei Neustoffen üblichen Eigenschaften. Es gibt jedoch für die meisten Thermoplaste spezifizierte Recyclingprodukte. Produktionsabfälle thermoplastischer Formmassen können mechanisch zerkleinert werden. Es entsteht ein Splittergranulat (Regenerat), das unvermischt oder in Mischung mit neuem Material wiederverarbeitet werden kann. Um gute Formteileigenschaften zu erzielen, sollte das anfallende Rezyklat nur zu einem gewissen Teil Neuware zugesetzt werden. Entsprechende Empfehlungen des maximal möglichen Regeneratanteils geben alle Rohstoffhersteller. Je nach Härte und gewünschtem Feinheitsgrad des Mahlgutes werden Schneid-, Stift- oder Schlagmühlen verwendet. Der Zerkleinerungsvorgang erfordert verhältnismäßig viel Energie. Die entstehende Wärme muss durch Kühlung der Mühle abgeführt werden.

5.1.2.5 **Trocknen**

Technische Thermoplaste wie ABS, PA, PC, PET, PBT oder ihre Blends sind hygroskopisch. Sie nehmen unter normalen Umgebungsbedingungen so viel Wasser auf, dass sie vor der Verarbeitung getrocknet werden müssen, um hygroskopischen Abbau oder Oberflächenfehler am fertigen Formteil durch Ausgasen niedermolekularer Bestandteile bei der Verarbeitung zu vermeiden [5.1-10, 5.1-11]. Außerdem beeinflusst der Feuchtegehalt im Material die Schmelzeviskosität und wirkt sich so auf die Formteilqualität, insbesondere auf die Formteilabmessungen aus. Die Erfahrung zeigt, dass das Material bereits nach einer Lagerzeit von weniger als einer Stunde unter Umgebungsbedingungen so viel Feuchtigkeit aufnimmt, dass es nicht mehr störungsfrei verarbeitet werden kann. Daher muss es auch nach der Trocknung unter entsprechenden Bedingungen gelagert werden.

Nach einer Faustformel darf der Restwassergehalt bei der Verarbeitung maximal 10% des Gleichgewichtswassergehaltes bei 50% relativer Luftfeuchtigkeit nicht überschreiten. In Tabelle 5.1-1 sind die zulässigen Wassergehalte verschiedener Thermoplaste aufgeführt.

Tab. 5.1-1 Feuchtegehalt und Trocknungsbedingungen für technische Thermoplaste

Thermoplast	Zulässiger Wassergehalt (%)	Trocknungs-temperatur (°C)	Trocknungszeit (h)		
			Umlufttrockner (50% Frischluft)	Frischluft-trockner	Trockenluft-trockner
HT-PC	0,02	130	4–12	2–4	2–3
PC + ABS-Blend	0,02–0,05	100–110	4–8	2–4	2–4
TPU	0,05	80–110	1–3	1–3	1–3
PA	0,12	80	nicht geeignet		2–5
ABS	0,2	80	3–6	2–3	1–2
SAN	0,2	80	2–3	1–2	1–2
PC	0,02	120	4–12	2–4	2–3
PBT	0,04	120	4–8	2–3	2–3
PET	0,01	120	nicht geeignet		4–8

Der Einsatz von Entgasungsanlagen führt beim Spritzgießen häufig zu Schwierigkeiten, da die Schnecke ihre Position gegenüber der Entgasungsöffnung im Zylinder verschiebt. Daher hat sich bei der Spritzgießverarbeitung von hygroskopischen Materialien die Trocknung des Materials vor der Verarbeitung durchgesetzt.

Zur Trocknung eignen sich u. a.

- Vakuumtrockner
- Umluft- und Frischlufttrockner
- Trockenlufttrockner
- Strahlungstrockner

Im Produktionseinsatz für hochwertige Spritzgießformteile sind heute Trockenlufttrockner (Abb. 5.1-2) weit verbreitet, da sie die größte Prozesssicherheit auch bei schwankenden Umgebungsbedingungen, selbst bei hoher Umgebungstemperatur in Verbindung mit hoher relativer Luftfeuchtigkeit (z. B. in der Tropen) bieten. Dabei wird das Material mit heißer, getrockneter Luft auf die zulässige Trocknungstemperatur erwärmt und so lange umspült, bis der gewünschte Trocknungsgrad erreicht ist. Die getrocknete heiße Luft übernimmt hier zwei Funktionen: Erstens entzieht sie dem Thermoplast auf Grund des Konzentrationsgefälles Feuchtigkeit, zweitens kann das Material schnell auf eine hohe Trocknungstemperatur aufgeheizt werden, so dass die Trocknungszeit durch die schnellere Wasserdampfdiffusion verkürzt wird. Ein gleichmäßiger Trocknungsgrad ist ein wichtiges Qualitätskriterium für eine hochwertige Fertigung. Für Technika und Labore sind häufig Vakuum- oder Strahlungstrockner im Einsatz, da sie auch kleinere Materialmengen sicher trocknen können.

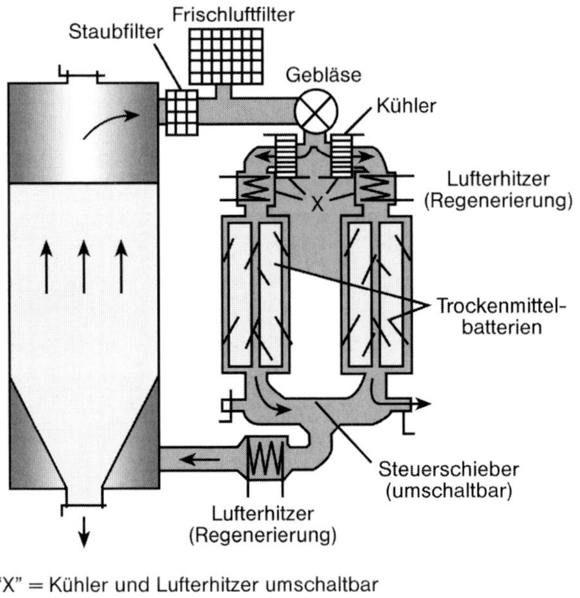

Abb. 5.1-2 Funktionsweise Trockenlufttrockner [5.1-10]

Bei der Extrusion ist unter gewissen Umständen der Einsatz von Entgasungsextrudern für die Verarbeitung hygroskopischer Materialien möglich. Dabei werden dem aufgeschmolzenen Material alle leicht flüchtigen Substanzen, darunter natürlich auch die Feuchtigkeit, durch das Anlegen von Vakuum entzogen, so dass auf eine zusätzliche Trocknung vor der Verarbeitung verzichtet werden kann. Die Schmelzeentgasung zur Trocknung stößt an ihre Grenzen, wenn auch ein Entweichen von niedermolekularen Additiven zu befürchten ist oder das Material bereits während des Aufschmelzens durch die Feuchtigkeit geschädigt wird.

5.1.2.6 **Fördern**

Die zunehmende Automatisierung in den Kunststoffverarbeitungsbetrieben stellt hohe Anforderungen an die gleichmäßige Materialversorgung der Verarbeitungsmaschinen. Das richtige Material soll in der richtigen Farbe an der Maschine in ausreichender Menge sauber und getrocknet zur Verfügung stehen. Für den innerbetrieblichen Transport von Kunststoff-Rohstoffen bieten sich daher pneumatische Fördermethoden an. Voraussetzung für die Anwendung dieser Methoden beim Verarbeiter ist die Anlieferung des Rohstoffs in Großgebinden (Tankwagen, Container). Von diesen werden sie zunächst mittels Druckluft in Silos transportiert, von dort gelangen sie durch Saugförderung in Zwischensilos oder Verwiegebehälter, falls noch Farbpigmente oder andere Hilfsstoffe zugemischt werden sollen. Das verarbeitungsfertige Material wird danach über ein Rohrleitungssystem mit Weichen auf die Verarbeitungsmaschinen verteilt. Bei dem Transport von bereits getrockneten Materialien ist darauf zu achten, dass das Material während des Transports nicht wieder feucht wird. Dies kann nur durch die Förderung mit ausreichend getrockneter und ggf. aufgeheizter Luft erreicht werden. Weiterhin muss das Material der Trocknungs- und Förderanlage dem zu fördernden Thermoplast angepasst werden. Z. B. darf Polycarbonat für optische Anwendungen nicht in Aluminiumrohren transportiert werden. Polycarbonat führt zu Abrieb der Aluminiumrohre und damit zu einer Kontamination des Granulates. Diese sehr kleinen Aluminiumspäne sind im späteren Formteil erkennbar und führen zu Ausschuss. Hier müssen Edelstahlrohre eingesetzt werden.

5.1.3 Urformen

Das Urformen von Thermoplasten [5.1-12, 5.1-13] setzt sich aus den folgenden drei Verfahrensschritten zusammen:

- das Aufheizen des Granulats in den schmelzflüssigen Zustand,
- das Formen in geeigneten Werkzeugen und
- das Abkühlen unter die Erweichungstemperatur.

Eine Übersicht über die wichtigsten Urformverfahren und ihre Sonderverfahren für thermoplastische Formmassen gibt Abbildung 5.1-3. Sowohl beim Spritzgießen wie auch bei der Extrusion sind das Aufschmelzen des Rohmaterials und das spätere Abkühlen die Kernprozesse, die den größten Zeitaufwand erfordern und daher

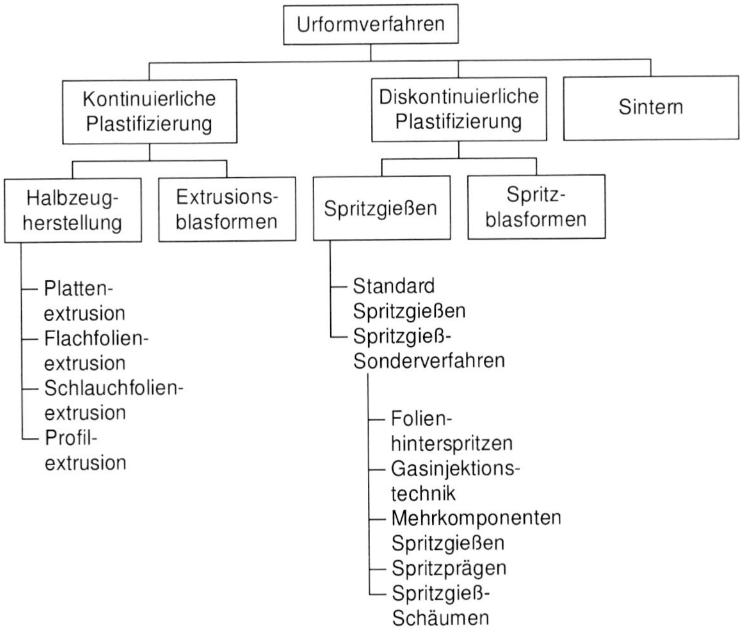

Abb. 5.1-3 Urformverfahren für Thermoplaste

auch den größten Teil der Verarbeitungskosten verursachen. Bei den diskontinuierlichen Verfahren wie Spritzgießen oder Blasformen kommt auch noch der Formteilbildungsprozess als qualitätsbestimmender Teil dazu.

Auch *Sintern* ist ein urformendes Fertigungsverfahren für Formteile. Es gestattet die Herstellung von Fertigteilen und Halbzeugen unter Umgehung der flüssigen Phase. Dabei werden Pulvermassen zunächst so geformt, dass wenigstens ein minimaler Zusammenhalt der Pulverpartikel gegeben ist. Dieser sog. Grünling wird im Anschluss durch Wärmebehandlung unterhalb der Schmelztemperatur verdichtet und ausgehärtet. Sintern spielt jedoch als Thermoplastverarbeitungsverfahren nur eine untergeordnete Rolle.

Die im späteren Einsatz häufig gewünschte Eigenschaft der geringen Wärmeleitfähigkeit von Thermoplasten, die mit einer guten elektrischen Isolationsfähigkeit einhergeht, fordert einerseits besondere Maßnahmen beim Aufheizen des Materials und limitiert andererseits die maximale wirtschaftlich herstellbare Formteilwanddicke. Die Temperaturleitfähigkeit (Quotient aus Wärmeleitfähigkeit und Speichervermögen) von üblichen Thermoplasten liegt zwischen 0,05 und 0,1 $mm^2\,s^{-1}$. Damit ergibt sich z. B. für einen Thermoplastzylinder aus ABS mit 10 mm Durchmesser eine Aufheizzeit von 100 s, wenn das Material im Mittel auf 250 °C aufgeheizt werden soll und gleichzeitig eine maximale Wandtemperatur von 270 °C nicht überschritten werden soll, um eine Überhitzung des Materials zu vermeiden. In die entsprechende Formel geht der Durchmesser quadratisch ein.

Da das Aufschmelzen mit der notwendigen Materialaufheizung bei den oben erwähnten Verarbeitungsverfahren einer der Kernprozesse ist, soll auf ihn an dieser Stelle getrennt und ausführlich eingegangen werden.

Das Material liegt üblicherweise als Granulat- oder Pulverschüttung mit einem Feststoffanteil von 40–65 % vor. Beim Aufschmelzen muss die in der Schüttung eingeschlossene Luft sicher aus dem Material entfernt werden. Gleichzeitig muss das Material gleichmäßig auf die gewünschte Verarbeitungstemperatur erwärmt werden. Auf Grund der schlechten Wärmeleitfähigkeit von Thermoplasten ist das Aufheizen ausschließlich über Wärmeleitung nur in den seltensten Fällen möglich. Daher haben sich für das Aufschmelzen Schneckenplastifizierungen durchgesetzt. Im Gegensatz zur Aufbereitung, die sehr hohe Anforderungen an eine gute Mischung des Materials nach dem Aufschmelzen stellt, sind für die meisten Urformverfahren Anlagen mit nur einer Plastifizierschnecke üblich. Dabei können sich die Verfahren mit kontinuierlicher Schmelzeaufbereitung wie Extrusion oder Extrusionsblasformen und mit diskontinuierlicher Schmelzeaufbereitung wie Spritzgießen oder Spritzblasen unterscheiden.

5.1.3.1 **Plastifizieren beim Urformen**

Für die meisten Urformverfahren hat sich die Plastifizierung im Einschneckenextruder als bester Kompromiss zwischen Plastifizierleistung und Kosten und damit als Verfahren der Wahl herausgestellt [5.1-3]. Der Extruder besteht aus einem fest stehenden außen temperierten Zylinder mit rotierender Schnecke. Die Schnecke eines Einschneckenextruders besteht in der Regel aus drei Zonen [5.1-14]:

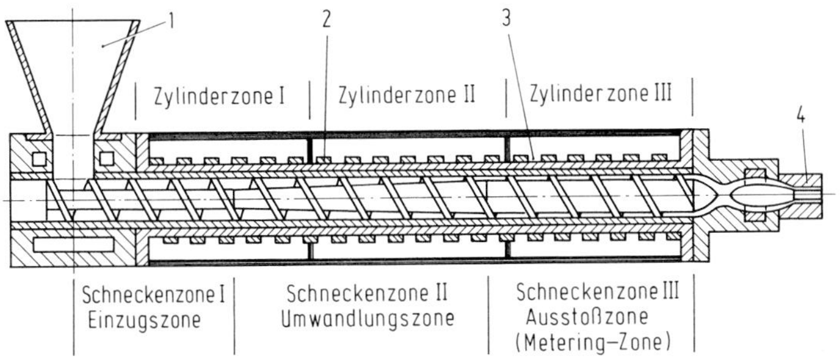

Abb. 5.1-4 Prinzip einer Plastifiziereinheit
1 Einzugszone mit Wasserkühlung, 2 Heizelemente, 3 Kühlkanäle, 4 Extrusionskopf mit Düse

- der Feststoffförderzone, an deren Anfang das Material in den Zylinder eingetragen und dann durch die rotierende Schnecke auf Grund der Wandreibung an Schnecke und Zylinder in die nächste Zone gefördert wird (Abb. 5.1-4, Zone I), dabei beginnt die Aufheizung des Feststoffes durch Feststoffreibung,
- der Aufschmelzzone, auch Meteringzone genannt, in der das Material vollständig aufgeschmolzen und die Luft zwischen den Granulatkörnern in die Feststoffförderzone zurückgedrängt wird (Zone II),
- der Schmelzeförderzone, in der der Druck zur Überwindung des Düsenwiderstandes spätestens aufgebaut wird (Zone III). Weitere Aufgaben der Schmelzeförderzone sind die Homogenisierung der Schmelze, eine eventuelle Mischung und Entgasung von niedermolekularen Bestandteilen wie Wasser.

Beim Durchlauf durch den Zylinder berührt die Formmasse die von außen temperierte Wand und bildet einen Schmelzefilm. Von der »treibenden Flanke« der Gangstege der rotierenden Schnecke wird dieser Film abgeschält und vermischt sich mit der dort bereits vorhandenen Schmelze (Abb. 5.1-5). Über die Schneckenlänge fortschreitend nimmt so der Schmelzeanteil im Schneckenkanal zu. Die weitere Erwärmung der plastifizierten Masse erfolgt dann zum größten Teil durch Umsetzung von Reibungs- und Scherenergie (autotherm). Wichtig für einen stabilen Betriebszustand ist, dass Drehzahl und Strömungswiderstand einander angepasst sind. Zu hohe Drehzahlen steigern die Rückströmung der Masse, die Förderung kann zusammenbrechen.

Da die Aufheizung des Materials in erster Linie durch Friktion erfolgt werden die Extrusionsschnecken üblicherweise auf das vorgesehene Material und die geplante Förderleistung abgestimmt. Die Auslegung der Schnecke erfordert viel Erfahrung. Hierfür stehen auch Simulationsprogramme zur Verfügung.

Je nach Einsatz des Extruders sowie der verwendeten Formmasse sind die geometrischen Formen der Schnecke sehr unterschiedlich (Abb. 5.1-6). Die Förderwirkung der Einschneckenextruder entsteht durch Reibung der Formmasse an der Zylinderwand. Sie kann in der Einzugszone durch Kühlung und Anbringen von Längsnuten in der Wand erhöht werden.

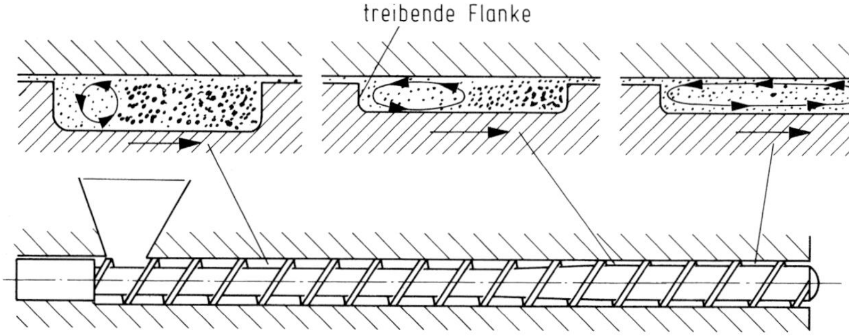

Abb. 5.1-5 Schematische Darstellung des Aufschmelzvorgangs in einem Einschneckenextruder

5.1.3.2 **Extrusionsverfahren**

Mit Hilfe der Extrusion werden in erster Linie Halbzeuge hergestellt, die erst in folgenden Verarbeitungsschritten zu fertigen Formteilen verarbeitet werden. Die Extrusionsanlagen bestehen üblicherweise aus den folgenden Komponenten [5.1-14, 5.1-15]:

- Plastifizieranlage (Extruder),
- Extrusionswerkzeug zum Ausformen,
- Kalibrierung zum Erhalten der Form nach dem Verlassen des Werkzeugs,
- Kühlstrecke,
- Abzugsvorrichtung.

Die Schneckendimensionen bei Einschneckenextrudern liegen heute bei Durchmessern zwischen $d = 15$ und 300 mm. Der Mindestdurchmesser der Schnecke ist durch die notwendige Gangtiefe im Einzugsbereich und den Mindestdurchmesser des Schneckenkerns zur Übertragung des Drehmoments vorgegeben. Die Schneckenlänge wird als Vielfaches des Schneckendurchmessers angegeben. Die Länge handelsüblicher Extruder beträgt üblicherweise 25–35 d, so dass eine Schnecke mit 300 mm Durchmesser eine Länge von mehr als 10 m erreichen kann. Damit er-

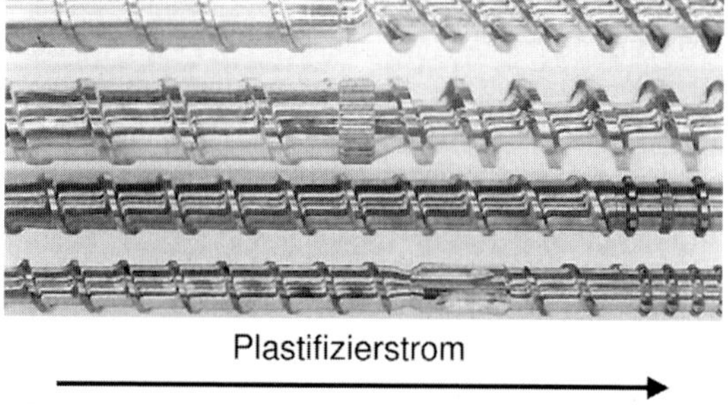

Abb. 5.1-6 Schneckenformen von Extrusionsschnecken

reicht die Schnecke die Grenzen des Handlings. Sonderausführungen können diese Abmessungen noch überschreiten. Der gewählte Schneckendurchmesser richtet sich nach dem geplanten Durchsatz der Anlage.

Je nach Art des Produktes unterschiedet man

- Plattenextrusion,
- Flachfolienextrusion,
- Profilextrusion,
- Schlauchfolienextrusion,
- Extrusionsblasformen.

Die einzelnen Verfahren werden im Folgenden vorgestellt und mit ihren Schwerpunkten erläutert.

5.1.3.2.1
Plattenextrusion

Hauptkomponenten von Massivplattenextrusionsanlagen sind Extruder, Breitschlitzwerkzeug und Glättwerk (Abb. 5.1-7). Letzteres enthält normalerweise drei Walzen, auf deren Oberflächen die Schmelze abgekühlt wird. In den Walzenspalten wird die Platte kalibriert. Dahinter befindet sich eine Rollenbahn, die als Luftkühlstrecke dient sowie die Abzugswalzen. Anschließend wird die Platte geschnitten und gestapelt. Charakteristische Eigenschaften von extrudierten Platten sind:

- Breite 2 m und mehr
- Dicke ca. 0,5–15 mm
- Länge beliebig
- Aufbau als mehrschichtige Platten mit funktionellen Oberflächen (Farbe, Haptik, UV-Schutz, ...)
- Oberflächenstruktur von Hochglanz bis tiefer Narbung möglich
- einfache Umformungen möglich (Wellungen, Abkantungen, Thermoformen als Folgeschritt ...)

Durch den Einsatz eines Coextrusionswerkzeuges ist die Herstellung von Mehrschichtplatten oder -folien möglich. Insbesondere bei der Flachfolienextrusion können bis zu neun Schichten coextrudiert werden, um den spezifischen Anforderungen an Bedruckbarkeit, Barriereeigenschaften gegen unterschiedliche Medien, Schweißverhalten und Verbindung der Schichten untereinander zu genügen.

Extruder:

Die verwendeten Schneckendurchmesser liegen zwischen 90 und 200 mm, wobei 120 und 150 mm bevorzugt zur Anwendung kommen. Entgasungsextruder haben in der Regel eine effektive Schneckenlänge von 30–33 D, bei Doppelentgasung sogar bis 40 D. Wird nicht mit Entgasung gearbeitet, werden auch kürzere Schnecken (z. B. 25 D) eingesetzt. Die Auswahl des optimalen Extruderdurchmessers ergibt sich aus dem ausgewählten Material, Breite, Dicke und der Abzugsgeschwindigkeit. Typische Abzugsgeschwindigkeiten zeigt Tabelle 5.1-2.

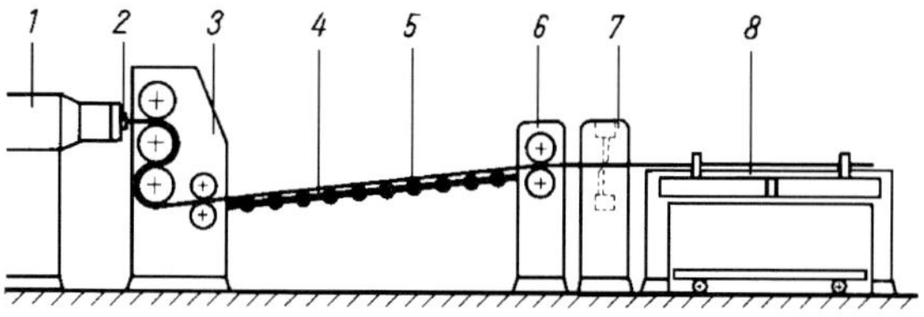

Abb. 5.1-7 schematische Darstellung einer Plattenextrusionsanlage
1 Extruder, 2 Breitschlitzdüse, 3 Glättwerk, 4 Kühlstrecke, 5 Rollenbahn, 6 Walzenabzug, 7 Trennvorrichtung, 8 Stapelvorrichtung

Zunehmend kommen neben der konventionellen 2-Stufen-Entgasungsschnecke oder der Dreizonenschnecke moderne Schneckenkonzepte wie Barriereschnecken oder Schnecken mit speziellen Misch- und Scherteilen zum Einsatz (s. Abb. 5.1-6). Häufig werden sie mit förderwirksamer genuteter Einzugszone kombiniert. Wesentliches Zielkriterium für optimierte Schnecken ist ein hoher Durchsatz bei guter Schmelzequalität. Die Schmelzetemperatur sollte dabei so niedrig wie möglich sein. Zur Optimierung der Schneckengeometrie existieren Simulationsprogramme.

Schmelzefilter:
Der Einsatz von Schmelzefiltern wird generell empfohlen. Zum Einsatz kommen meist hydraulisch betätigte Systeme. Der Druckverlust im Filter sollte mit Drucksensoren überwacht werden, um einen rechtzeitigen Filterwechsel zu ermöglichen. In Abhängigkeit von den extrudierten Materialien und Qualitätsanforderungen sind verschiedene Siebkombinationen zu verwenden. Typisch für die Plattenextrusion von ABS ist z. B. ein Siebaufbau mit Maschenweiten von 0,8–0,4–0,2–0,8 mm in Extrusionsrichtung. In der PC-Plattenextrusion ist z. B. ein Aufbau von 0,6–0,3–0,1–0,6 mm üblich.

Tab. 5.1-2 Abzugsgeschwindigkeit bei der Plattenextrusion

Plattendicke (mm)	Abzugsgeschwindigkeit ($m\ min^{-1}$)
0,5	4–6
1	2,5–4
2	1,8–2,2
4	1,0–1,5
6	0,5–0,7
10	0,2–0,3

Schmelzepumpe:
Die Schmelzeförderung durch die Schnecke kann bautechnisch nicht vollständig gleichmäßig sein. Dadurch ergeben sich geringe Druckschwankungen in der Extrusionsdüse. Diese Schwankungen sind in vielen Fällen vernachlässigbar, sie führen aber bei optisch anspruchsvollen Anwendungen wie transparenten Platten zu optischen Störungen. Diese Störungen können durch den Einsatz einer Schmelzepumpe zwischen Extruder und Düse vermieden werden. Moderne Anlagen zur Herstellung von PC-Platten haben daher generell eine Schmelzepumpe zur konstanten, pulsationsfreien Förderung. Auch in der Extrusion von ABS-Platten werden oft Schmelzepumpen eingesetzt.

Adapter für Coextrusion, Coexdüse (Abb. 5.1-8):
Es werden sowohl Festadapter, d. h. die Geometrie und damit die Schichtdickenverteilung ist vorgegeben, verstellbare Adapter (Schiebe-, Flügeladapter) als auch Coexdüsen angewendet. Letztere haben den Vorteil einer weitgehenden Trennung der Schmelzeströme, so dass auch Kombinationen aus Thermoplasten mit großen Verarbeitungs- oder Viskositätsunterschieden eingesetzt werden können.

Breitschlitzdüse (Abb. 5.1-9):
Konventionelle Düsen mit Kleiderbügelverteiler, die zur Wanddickenregulierung mit einem Staubalken und ggf. mit einer flexiblen Düsenlippe ausgestattet [5.1-48]

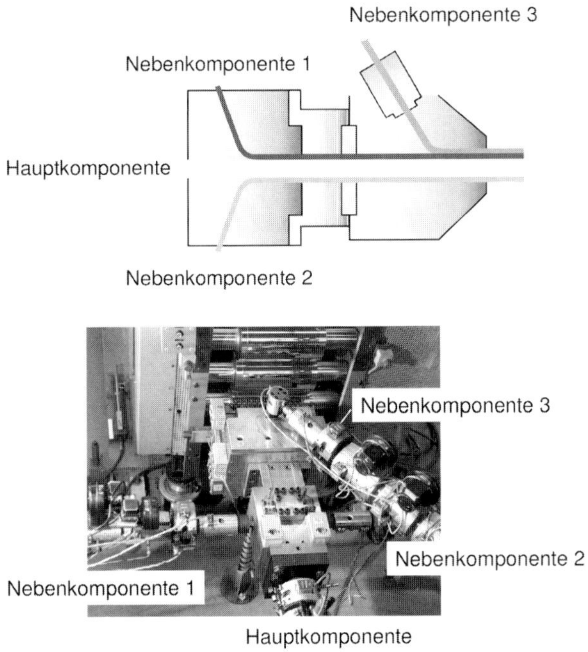

Abb. 5.1-8 Coextrusion, oben: Prinzip, unten: Einsatz in einer Laboranlage

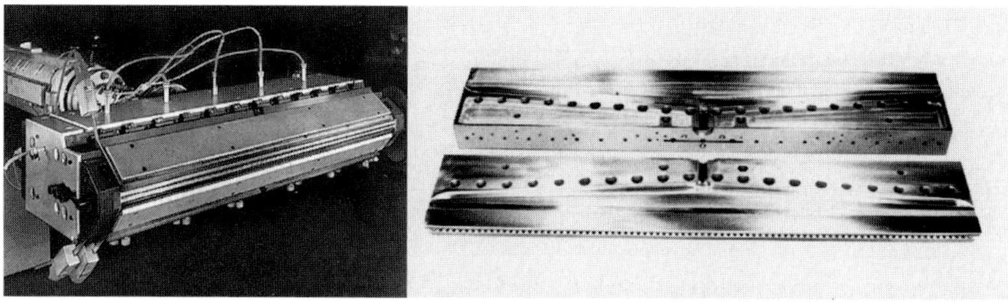

Abb. 5.1-9 Breitschlitzdüse, links an Extruder installiert, rechts demontiert

sind. In der Regel erfolgt die Verstellung manuell, selten kommen in der Plattenextrusion automatische Systeme mit Dickenmesseinrichtung zum Einsatz.

Neuerdings werden auch Plattendüsen mit Membran anstatt Staubalken verwendet: Die Grundidee besteht darin, die Fließkanalwand auf einem kurzen Stück so dünn zu gestalten, dass sie deformierbar ist [5.1-60]. Daraus ergeben sich folgende Vorteile:

- der Schmelzestrom lässt sich im Vergleich zur Staubalkendüse erheblich feinfühliger beeinflussen,
- Eindringen und Abbau der Schmelze zwischen Düsenkörper und Staubalken sind nicht möglich,
- es ist mit reduzierter Streifenbildung am Produkt zu rechnen,
- die Komplettreinigung der Düse wird erheblich vereinfacht.

Die Membrantechnologie wird sowohl für Ein- und Mehrkanaldüsen als auch für Coexadapter angeboten.

Glättkalander:
Das Material tritt aus der Düse im zähplastischen Zustand aus. Dabei ist der Schmelzestrang wesentlich dicker als die gewünschte Enddicke der Platte. Die Kalibrierung, die Abformung der gewünschten Plattenoberflächenstruktur von hochglänzend bis rau strukturiert und die Abkühlung unter die Erstarrungstemperatur erfolgen im Glättkalander. Von Ausnahmen abgesehen, werden 3-Walzen-Kalander verwendet. Während bei vielen Materialien der vertikale Kalander dominiert, wird dieser bei PC nicht mehr eingesetzt. Hier hat sich die horizontale Anordnung oder die Anordnung unter 45° der Walzen durchgesetzt, wobei häufig die 3. Walze in ihrer Position verstellbar ist. Damit wird eine optimale Anpassung der Abkühlbedingungen an die Plattendicke ermöglicht. Die Walzen werden mit Druckwasser oder Öl temperiert.

Weitere Einrichtungen:
Nach dem Glättkalander folgen die Rollenbahn zur weiteren Abkühlung, ggf. eine Zwischentemperstation zur Verringerung der Eigenspannungen, eine Kaschiereinrichtung zum beidseitigen Aufbringen von Schutzfolien bei optischen Plattenqualitäten (meist PC-Platten), der Abzug, Längs- und Quertrenneinrichtungen und Ab-

lagen bzw. Stapeleinrichtungen. Die Trenneinrichtungen arbeiten in der Regel mit Kreissägeblättern. Für diese gibt es spezielle vom Thermoplast abhängige Gestaltungsvorgaben, die sich auf Materialauswahl, Zähnezahl, Schnittgeschwindigkeit, etc. beziehen.

5.1.3.2.2
Flachfolienextrusion nach dem Chill Roll Verfahren

Auf Grund ihrer geringen Dicke ist die Kühlzeit von Folien erheblich geringer als die Kühlzeit von Platten. Gleichzeitig ist die wirtschaftlich herstellbare Mindestdicke an der Extrusionsdüse von ca. 0,5 mm für die meisten Folienanwendungen viel zu hoch. Hier hat sich für viele Anwendungen das Chill Roll Verfahren durchgesetzt. Die Hauptkomponenten von Chill Roll Anlagen sind der oben beschriebene Extruder mit Breitschlitzdüse und Kühlwalze (Chill Roll), auf deren Oberfläche die Schmelze verstreckt und abgekühlt wird. Dahinter befindet sich u. a. die Abzugs- und Wickeleinrichtung.

Der im Extruder plastifizierte Kunststoff wird im Werkzeug verteilt und anschließend auf die Kühlwalze aufgetragen. Dadurch werden dünne Folien (meist im Dickenbereich von 10–250 µm) erzeugt. Die weitere Kühlung der Folie erfolgt über mehrere Kühlwalzen. Anschließend wird die Folie auf einem Folienwickler aufgewickelt.

Zur Kombination von verschiedenen Materialien werden Folienverbunde nach verschiedenen Verfahren hergestellt. Größte Bedeutung hat das Coextrusionsverfahren. Daneben werden aber auch verschiedene Beschichtungsverfahren angewendet.

Chill Roll-Einrichtung:

Die Chill Roll-Einrichtung [5.1-51] ist üblicherweise mit einer mattierten Gießwalze und zwei nachfolgenden Kühlwalzen ausgerüstet, die eine zur Gießwalze relativ verstellbare Geschwindigkeit haben, um für jede Foliendicke eine gute Planlage während der stufenweisen Abkühlung zu erreichen. Die Temperatur der Walzen liegt in Abhängigkeit vom Rohstoff zwischen 10 und 90 °C. Die Temperaturdifferenz über die Walzenbreite sollte nicht über ± 1 K liegen. Durch einen Luftrakel kann die Folie über ihre gesamte Breite an die Gießwalze angelegt werden, so dass eine gleichmäßige Abkühlung auf der Gießwalze erreicht wird.

Foliendickenmessung und -regelung:

Die Erfassung der Gesamtfoliendicke über die Folienbreite erfolgt in der Regel berührungslos mittels einer radiometrischen oder kapazitiven Messeinrichtung. Sollen Einzelschichtdicken von Verbundfolien gemessen werden, kann eine Infrarotmesstechnik geeignet sein. Voraussetzung sind chemisch ungleiche Kunststoffschichten und eindeutige Absorptionsmaxima der Schichten bei unterschiedlichen Wellenlängen. Die Regelung der Foliendicke über die Breite erfolgt durch Kopplung der Dickenmessung mit einer Automatikdüse (automatische Verstellung des Lippenspaltes) mittels einer entsprechenden Regeleinrichtung.

Abzug, Wickler:

Chill Roll-Anlagen werden in abgestuften Arbeitsbreiten von 900–3500 mm bei Abzugsgeschwindigkeiten bis zu ca. 300 m min^{-1} angeboten. Moderne Wickler besitzen vorwählbare Wickelcharakteristiken und mehrere Wickelarten (Kontakt-, Spalt- und Zentrumswicklung). Sie erlauben gute Wickelqualitäten auch bei Mehrnutzenfahrweise und hohen Geschwindigkeiten. Die Entnahme der fertigen Wickel und die Neubeschickung der Wickelwelle mit Hülsen ist heute vollautomatisch möglich.

5.1.3.2.3
Blasfolienextrusion

Um sehr breite oder schlauchförmige Folien herzustellen, benutzt man so genannte Blasfolienanlagen [5.1-4, 5.1-13]. Hierbei wird durch eine Ringspaltdüse mit Umlenkkopf ein Schlauch senkrecht nach oben aus dem Extruder geführt. Durch Luftzufuhr in das Innere der Schlauchfolie wird diese auf das gewünschte Maß aufgeblasen und über einen Kühlring mit Luft von außen gekühlt. Am oberen Ende der Anlage wird der nun hinreichend abgekühlte Schlauch zusammengefaltet und über Umlenkwalzen bis zum Wickler geführt. Zwischen Kühlring und Flachlegeeinrichtung ist ein so genannter Kalibrierkorb geschaltet, der den Umfang der Blase definiert und die Folienblase stabilisiert.

Extruder:

Um auf einer Blasfolienextrusionsanlage unterschiedliche Folienaufbauten realisieren zu können, ist es notwendig, auf den Extrudern verschiedene Kunststoffe verarbeiten zu können. Deshalb haben sich bei den meisten Anlagenherstellern Standardextruder durchgesetzt. Diese können mit Nutbuchsen- oder Glattrohrzylinder ausgerüstet sein.

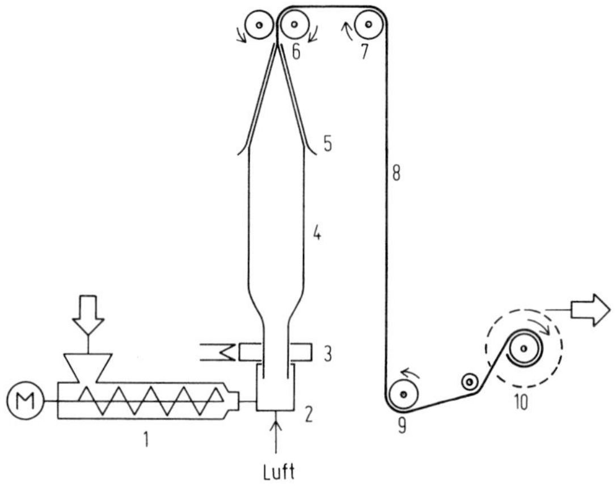

Abb. 5.1-10 Prinzip einer Blasfolienanlage
1 Extruder, 2 Blaskopf, 3 Kühlung, 4 Kunststoffschlauch, 5 Leitbleche, 6 Quetschwalzen, 7, 9 Umlenkwalzen, 8 flachgelegte Schlauchfolie, 10 Aufwickelvorrichtung

Durchsatzregelung:
Durchsatzgeregelte Blasfolienanlagen sind heute Stand der Technik. Die Dosierung der Haupt- und Nebenkomponenten erfolgt dabei überwiegend gravimetrisch. Schmelzepumpen sind in Blasfolienanlagen selten anzutreffen.

Werkzeuge:
Die meisten Mehrschichtwerkzeuge werden als Wendelverteilerwerkzeuge ausgeführt. Beim Wendelverteilerwerkzeug werden die von den Extrudern angelieferten Schmelzeströme in mehrere Einzelströme aufgeteilt. Die Verteiler münden in wendelförmige Kanäle, deren Tiefe ständig abnimmt, während der Spalt zwischen Dorn und äußerem Werkzeugteil in Extrusionsrichtung stetig zunimmt. Daran schließt sich ein Mundstück an, das den Schlauch auf den gewünschten Durchmesser und die Spaltweite ausformt. In den letzten Jahren kommen zunehmend Scheiben- und Stapeldüsen (»stacked dies«) zum Einsatz. Hierbei handelt es sich um aufeinander gestapelte statt sich umhüllende Wendelverteilerelemente in radialer Ausführung. Die Vorteile dieser Konstruktion sind die separate und rohstoffgerechte Temperierung der Einzelelemente und die nachträgliche Anpassung und Erweiterbarkeit an geänderte Produktionsanforderungen. Außerdem sind die Verweilzeiten der Schmelze im Vergleich zu herkömmlichen Wendelverteilern kürzer und einheitlicher.

Kühlen und Kalibrieren:
Ausstoßleistung und Folienqualität hängen sehr stark von der Abkühlung der Schmelze ab [5.1-52]. Hierzu werden äußere Kühlringe und Innenluftaustauscher mit entsprechenden Kühlaggregaten eingesetzt. Außer zur eigentlichen Kühlung wird die Außenkühlung bei einigen Anlagenherstellern zur Regelung des Dickenprofils in Umfangsrichtung eingesetzt. Hierbei wird entweder die Luftmenge oder die Lufttemperatur segmentiert geregelt. Eine andere Möglichkeit der Dickenregelung ist die partielle Änderung der Werkzeugtemperatur am Austrittsspalt. In den meisten Fällen erfolgt die für eine Regelung notwendige Dickenmessung mit kapazitiven, teilweise auch mit radiometrischen Systemen.

Flachlegen und Abziehen:
Rotierende Wendestangenabzüge übernehmen heute das Abziehen und die gleichmäßige Flachlegung der Folie.

5.1.3.2.4
Profilextrusion

Für die Profilextrusion (Abb. 5.1-11) kommen üblicherweise kleinere Extrusionsanlagen zum Einsatz, da der Materialdurchsatz durch Profilquerschnitt und Abzugsgeschwindigkeit limitiert ist. Die erreichbare Abzugsgeschwindigkeit richtet sich genauso wie bei der Plattenextrusion nach der Wanddicke des Profils und nach der verfügbaren Oberfläche. Daher gibt es wesentliche Unterschiede, ob es sich um ein von allen Seiten temperierbares offenes Profil oder um ein geschlossenes Profil

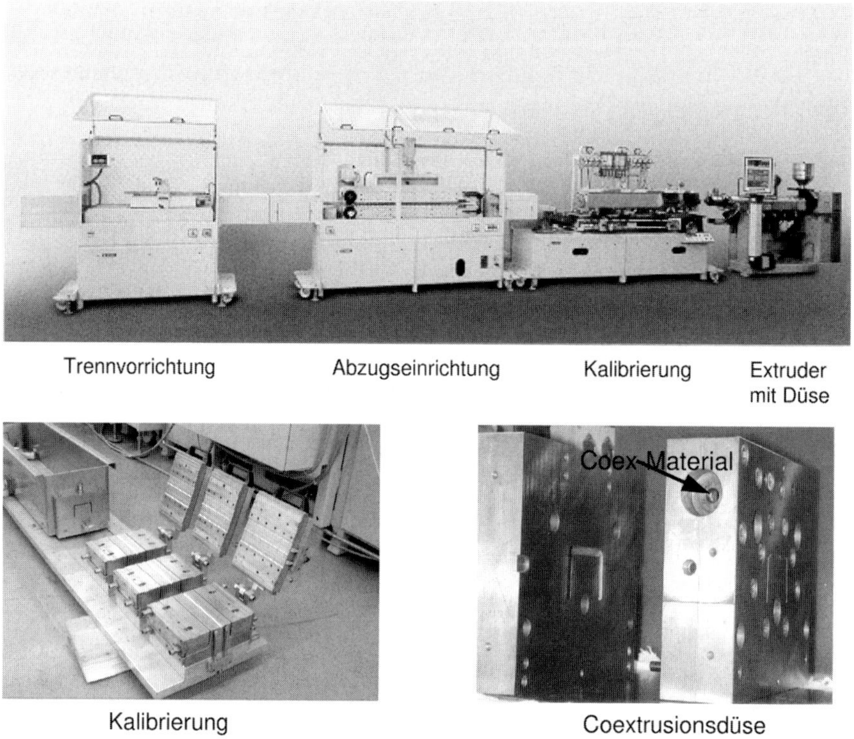

Abb. 5.1-11 Profilextrusionsanlage zur Herstellung offener Profile, oben: Anlage, unten: Komponenten

handelt, das nur von außen intensiv gekühlt werden kann. Im letzteren Fall ist die Wärmeabfuhr wesentlich schlechter und so die Kühlzeit verlängert.

Typische Anwendungen sind z. B. Rohre aus Polyolefinen oder PVC, Fensterprofile aus PVC sowie Profile der Möbel- und KFZ-Industrie oder in der Elektrobranche Leuchtenabdeckungen, vorzugsweise aus technischen Thermoplasten.

Für qualitativ hochwertige Profile ist die richtige Auslegung der Profildüse in Verbindung mit dem geeigneten Kalibrierverfahren erforderlich [5.1-53]. In der Profildüse wird die Schmelze vorgeformt, während in der anschließenden Kalibrierstrecke die Endkontur bei gleichzeitiger Abkühlung erzeugt wird. Die Abstimmung zwischen Düse und Kalibrierung ist von entscheidender Bedeutung für einen stabilen Ausformprozess der Schmelze und damit für die Maß- und Formhaltigkeit des Profils. Grundsätzlich sind die Düsen dahingehend zu optimieren, dass eine gleichmäßige Fließgeschwindigkeit über dem gesamten Düsenaustritt vorliegt und »tote Ecken« in der Düse vermieden werden.

Geeignete Materialien:

Insbesondere für die Herstellung von geschlossenen Profilen mit komplexer Geometrie werden Materialien mit hoher Viskosität und Schmelzesteifigkeit, das heißt mit ausgeprägter Strukturviskosität, benötigt. Daher bieten sich für die Profilextrusion insbesondere Polyolefine und Blends an. Für verschiedene technische Thermoplaste sind Typen mit ausgeprägter Strukturviskosität verfügbar, die speziell für diese Anforderungen entwickelt wurden.

5.1.3.2.5
Extrusionsblasformen

Extrusionsblasformen ist ein Verfahren zur Herstellung beliebig großer Hohlkörper von der geometrisch einfachen Getränkeflasche aus PET oder PC über die Medienleitung aus PA bis zum Pkw- oder Heizöltank aus PE.

Im Extrusionsblasformverfahren wird ein Schmelzeschlauch, der so genannte Vorformling, kontinuierlich extrudiert und von der Blasform übernommen oder in diese eingeführt [5.1-22, 5.1-47]. Hier wird er durch einen Blasdorn oder eine eingestochene Nadel aufgeblasen. Dadurch legt sich die Schmelze an die Formwandung an, kühlt ab und kann dann als Formteil entnommen werden (Abb. 5.1-12). Je nach herzustellendem Formteil kann die Anlagenkonfiguration und die Prozessführung im Detail deutlich unterschiedlich aussehen. So ist sowohl die Herstellung rotationssymmetrischer, paneel-artiger als auch dreidimensional gekrümmter Bauteile auch mit Durchbrüchen durch Extrusionsblasformen möglich.

Extrusionsblasformen mit Schmelzespeicher:
Bei größeren Blasformteilen kann die Erzeugung des Vorformlings nicht mehr kontinuierlich geschehen, weil sich der Vorformling (Schmelzeschlauch) am unteren Ende zu stark abkühlen bzw. durch sein Eigengewicht zu stark auslängen würde. Beim Blasformen mit Schmelzespeicher wird die Schmelze zunächst in einen Speicher gefördert, aus dem sie anschließend innerhalb kurzer Zeit als Vorformling ausgestoßen wird. Derartige Speichersysteme werden von den Maschinenherstellern in

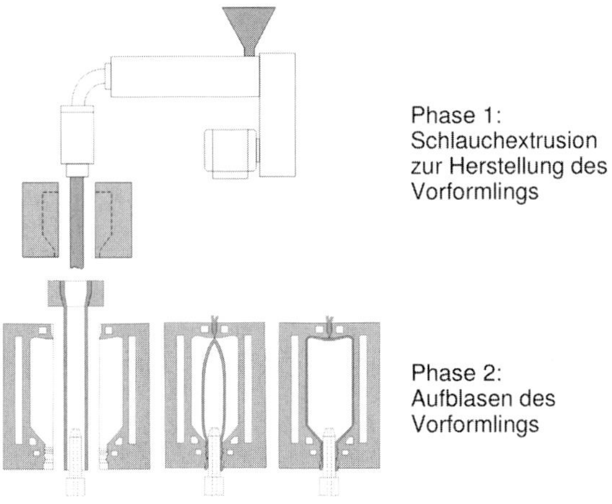

Abb. 5.1-12 Extrusionsblasen

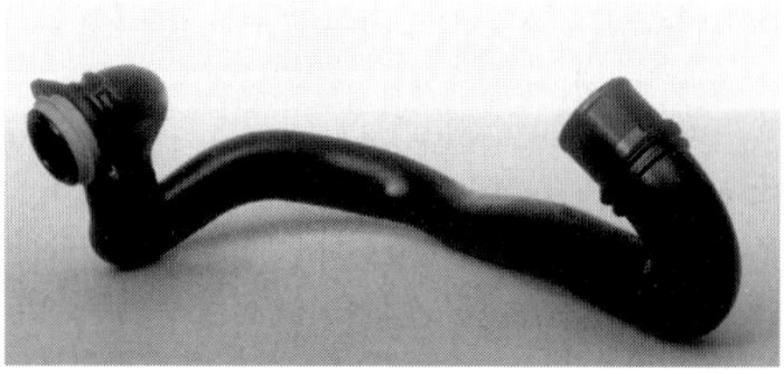

Abb. 5.1-13 Komplexes Formteil, hergestellt im 3-D-Blasformen mit segmentierter Form und Einlegen mittels Roboter

verschiedenen Ausführungen angeboten, oft als Kolbenspeicher, der zwischen Extruder und Schlauchkopf angeordnet ist, oder als Ringkolbenspeicher, der in den Blaskopf integriert ist.

Typische Blasformteile für Anwendungen im Automobil-Motorraum sind Luftführungen und auch zunehmend Kühlwasserleitungen. Diese Teile sind häufig mehrdimensional gekrümmte Rohre (Abb. 5.1-13). Mit der bisherigen Blasformtechnologie würde sehr viel Butzenabfall entstehen. Für die wirtschaftliche Herstellung dieser Formteile sind verschiedene 3D-Blasformtechnologien entwickelt worden [5.1-59].

Materialanforderungen:
Die komplexen Anforderungen durch das Blasformen, einerseits hohe Schmelzesteifigkeit bei der Schlauchherstellung und andererseits gute Verformbarkeit beim Aufblasen, erfordern zähfließende, strukturviskose Materialien. Diese Anforderungen werden von Polyolefinen erfüllt. Für technische Thermoplaste wie PC und PA gibt es speziell entwickelte Typen.

5.1.3.3 **Spritzgießen**

Spritzgießen ist das am weitesten verbreitete Verfahren zur Herstellung von Formteilen aus Thermoplasten im Urformverfahren [5.1-4, 5.1-5, 5.1-18]. Es ist besonders geeignet zur wirtschaftlichen Fertigung von Formteilen in großen Stückzahlen. Spritzgießformteile können in einer Spanne von einigen mg bis zu mehreren kg Formteilgewicht hergestellt werden. Die notwendigen Aggregate zum Spritzgießen sind

- die Spritzgießmaschine mit
  - Plastifizieraggregat,
  - Schließeinheit,
  - Druckerzeugung,
  - Steuerung und Regelung,
- das Spritzgießwerkzeug,
- das Temperiersystem,
- ggf. ein Entnahmesystem.

Auch die Spritzgießmaschine ist mit einer Schneckenplastifizierung ausgerüstet. Der grundlegende Unterschied zu den vorher besprochenen Extrusionsverfahren liegt in der diskontinuierlichen Fertigung. Für diese Funktion übernimmt das Plastifizieraggregat zusätzlich die Funktion des Einspritzens der Schmelze in die Kavität des Spritzgießwerkzeugs. Daher sind Spritzgießmaschinen mit einer Schubschnecke ausgestattet, die die Schmelze beim Einspritzen aus dem Schneckenvorraum in die Kavität verdrängt. Ein Zurückströmen der Schmelze während des Einspritzens in die Schneckengänge verhindert die Rückströmsperre. Da sich die Schnecke während des Plastifizierens axial verschiebt, kann eine Entgasungsöffnung im Plastifizierzylinder nicht optimal platziert werden. In Europa hat sich daher die Schmelzeentgasung zur Materialtrocknung nicht durchgesetzt.

Die Schließeinheit muss ausreichend steif und kräftig ausgelegt sein, um das Spritzgießwerkzeug sicher geschlossen zu halten. Die Schließkraft wird hydraulisch über ausreichend große Hydraulikzylinder oder mechanisch über ein Kniehebelsystem aufgebracht. Beide Systeme sind ausgereift. Die Entscheidung für das eine oder andere Schließsystem richtet sich nach der Maschinengröße, dem Einsatzgebiet und dem Antriebskonzept. Für die vollelektrische angetriebene Spritzgießmaschine bietet sich der Kniehebelmechanismus an. Bei besonders kleinen oder großen Spritzgießmaschinen ist häufig die hydraulische Schließeinheit günstiger. Da die Schließeinheit mit ihrer maximalen Werkzeugaufspannfläche und ihrer maximal möglichen Zuhaltekraft die mögliche Formteilgröße bestimmt, ist sie bei der Beschreibung der Maschinengröße die meistbenutzte Kenngröße. Der heute übliche Rahmen reicht von ca. 150–50000 kN Schließkraft [5.1-13]. Für eine möglichst große Flexibilität bieten Maschinenhersteller unterschiedlich große Plastifiziereinheiten als Kombination für jede Schließeinheit an.

Der Antrieb kann für alle Komponenten der Spritzgießmaschine hydraulisch oder elektrisch erfolgen. Die Auswahl richtet sich nach den Anforderungen an Präzision, Geschwindigkeit, Energieverbrauch, Sauberkeit, Geräuschentwicklung und Anschaffungskosten. Je höher die Anforderungen an die ersten fünf Punkte sind, umso größer wird der Anteil der elektrischen Antriebskomponenten. Umgekehrt wird man sich bei der Beschaffung einer Spritzgießmaschine für die Herstellung dickwandiger Formteile eher für einen hydraulischen Antrieb der meisten Komponenten entscheiden. Moderne Spritzgießmaschinen sind geregelt, so dass sich Änderungen von Umgebungsbedingungen nur gering auf die eingestellten Verarbeitungsparameter der Spritzgießmaschine auswirken.

Im Gegensatz zur Spritzgießmaschine, die bei den meisten Herstellern aus einem Baukastensystem entsprechend der Anforderungen zusammengestellt werden kann, ist das Spritzgießwerkzeug im Allgemeinen eine Sonderanfertigung für das spezifische Formteil. Das Werkzeug ist von entscheidender Bedeutung für die Formteilqualität und für die Herstellkosten [5.1-27, 5.1-54]. Es besteht üblicherweise aus zwei Teilen, Patrize und Matrize, zwischen denen die Kavität für das zu fertigende Formteil liegt [5.1-16, 5.1-44] (Abb. 5.1-14). Im Werkzeug wird die Schmelze bis zum Erstarren abgekühlt. Daher haben die mechanische Qualität des Werkzeugs, die Ausführung der Temperierung, die Entlüftung, die Zahl der Anschnitte und die Auslegung des Angusssystems sowie die Steifigkeit des Werkzeugs wesentlichen Einfluss auf die Produktivität. Besonderes Gewicht liegt hier auf der gleichmäßigen Temperierung der Kavitätsoberfläche durch die gezielte Anordnung der

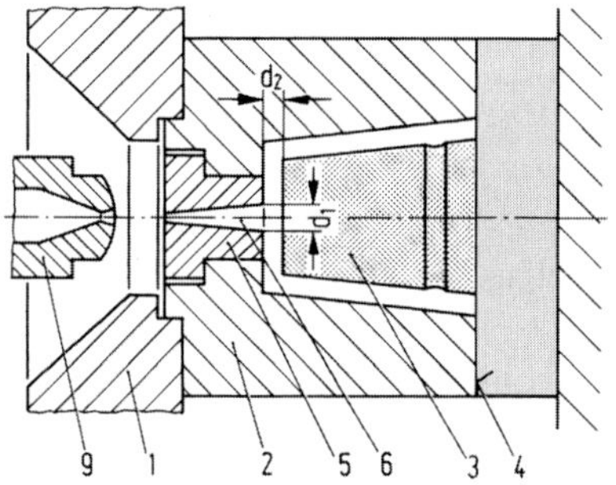

Abb. 5.1-14 Prinzipzeichnung einen einfachen Spritzgießwerkzeugs
1 Werkzeug-Aufspannplatte, 2 Gesenk, 3 Kern, 4 Werkzeugtrennfläche, 5 Angussbuchse, 6 Kegelanguss, 9 Spritzdüse

Temperierkanäle und die optimale Füllung des Werkzeugs. Für die richtige mechanische, thermische und rheologische Werkzeugauslegung stehen leistungsfähige Berechnungsprogramme zur Verfügung.

Externe Temperieraggregate sorgen für eine ausreichende Versorgung des Spritzgießwerkzeuges mit passend temperiertem Temperiermedium, üblicherweise Wasser.

Nach Abschluss des Abkühlprozesses wird das Formteil aus dem Werkzeug ausgestoßen. Sehr kleine, große oder empfindliche Formteile wie z. B. optische Datenspeicher, müssen am Ende des Spritzgießzyklus sicher durch ein Handlingsystem übernommen werden, um eine Beschädigung auszuschließen.

Der Arbeitszyklus beim Spritzgießen besteht aus vier Schritten (Abb. 5.1-15):

- Einspritzen der Schmelze in die Formkavität,
- Nachdrücken und Abkühlen des Materials in der Kavität,
- Ausstoßen des abgekühlten Formteils und
- Aufbereiten der Schmelze für den nächsten Schuss.

Dabei laufen die Arbeitsschritte Abkühlen und Aufbereiten der Schmelze parallel. Definitionsgemäß beginnt der Spritzgießzyklus mit dem Einspritzen.

Das Einspritzen hat den größten Einfluss auf die Formteilqualität auch wenn es nur einen Bruchteil der gesamten Zykluszeit einnimmt (Abb. 5.1-16). Die übliche Einspritzzeit ist genauso wie die maximal zulässige Fliessweglänge und die Kühlzeit wesentlich von der Formteilwanddicke und vom ausgewählten Material abhängig (Tab. 5.1-3). Die Grenzen werden durch

- die Fliessfähigkeit des Materials,
- die Erstarrung durch die Abkühlung an der Werkzeugwand,
- die ungleichmäßige Abformung der Werkzeugoberfläche durch unterschiedlichen Druck und
- die unzureichende Nachdruckwirkung gesetzt.

Wegen der im Vergleich zu üblichen Flüssigkeiten sehr hohen Viskosität von Thermoplastschmelzen beträgt der notwendige Einspritzdruck zum Füllen normaler

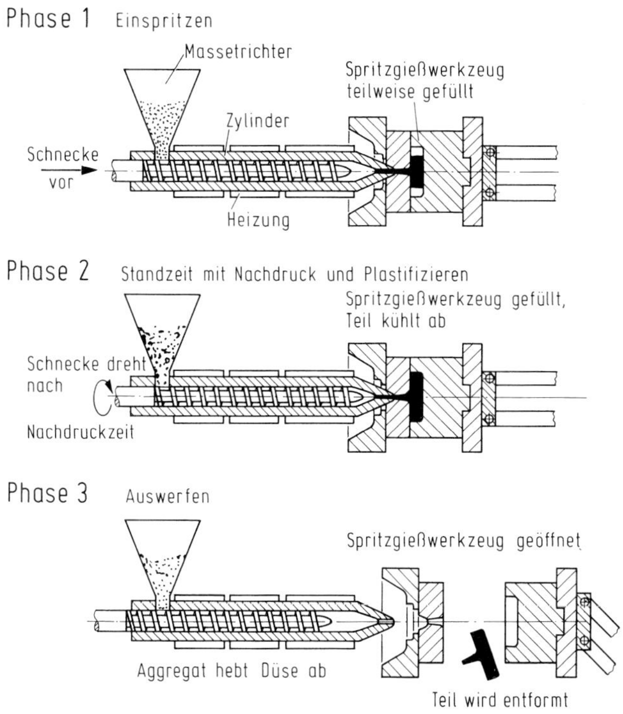

Abb. 5.1-15 Darstellung des Spritzgießvorgangs

Formteile 50–70 MPa in der Kavität [5.1-27]. Dazu kommt noch der Druckverlust im Angusssystem, das die Schmelze von der Spitze des Plastifizieraggregats in die Kavität leitet, der unter Umständen eine ähnliche Größenordnung erreichen kann. Insbesondere bei dünnwandigen Verpackungsformteilen mit langen Fließwegen kann ein Einspritzdruck bis zu 200 MPa erforderlich sein, um das Formnest sicher zu füllen. Rechtzeitig vor der vollständigen Füllung der Kavität wird vom Fülldruck auf den wesentlich geringeren Nachdruck umgeschaltet, um ein Überladen der Kavität und ein mögliches Öffnen des Werkzeugs mit Schwimmhautbildung zu vermeiden. Auch die genaue Umschaltung auf Nachdruck hat wesentlichen Einfluss auf die Formteilqualität. In der Nachdruckphase wird die durch die Abkühlung hervorgerufene Volumenschwindung des Materials in der Kavität ausgeglichen. Die Nachdruckphase endet, sobald das Material im Angusssystem erstarrt ist. Zu diesem Zeitpunkt beginnt die Restkühlzeit, in der das Material bis zur Entformungstemperatur erstarrt. Gleichzeitig wird das Material für den nächsten Schuss plastifiziert.

Während des Plastifizierens für den nächsten Schuß wird die Schnecke vom aufgeschmolzenen Material gegen den Staudruck zurückgeschoben. Dies führt zu einer Verkürzung der effektiven Schneckenlänge während des Plastifiziervorgangs und damit zu ungleichmäßigen Aufschmelzbedingungen. Um qualitativ hochwertige Formteile herzustellen, sollte daher der Plastifizierhub zwischen 1D und 3D liegen.

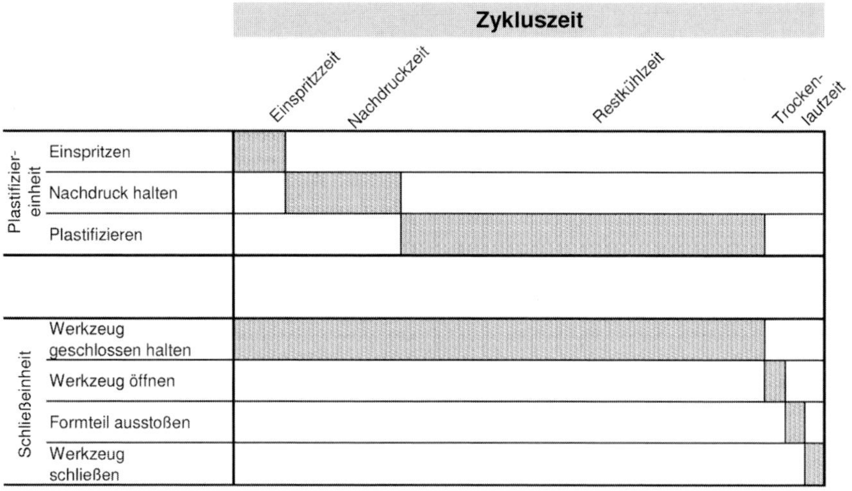

Abb. 5.1-16 Aktionen von Plastifiziereinheit und Schließeinheit während des Spritzgießprozesses

5.1.3.3.1
Produktivitätsfortschritte beim Standard-Spritzgießen

Seit der Erfindung der Schubschnecke als Plastifizieraggregat vor mehr als 50 Jahren haben sich die Grundlagen des Spritzgießens nicht mehr wesentlich verändert. Trotzdem haben sich sowohl die Maschinen wie auch die Werkzeuge, das Material, die Peripherie, die Prozesseinstellung und die Qualitätssteuerung kontinuierlich weiter entwickelt. Die erreichten Verbesserungen lassen sich am Beispiel der CD-Fertigung darstellen. Zu Beginn der Fertigung war man auf dem Stand der Technik, wenn man CDs mit mehr als 20 s Zykluszeit und 80% Ausbeute herstellen konnte. Durch kontinuierliche Verbesserungen war es 20 Jahre später möglich, CDs mit einer Ausbeute von 98% in weniger als 3 s Zykluszeit herzustellen. Dieser Produktivitätsfortschritt wurde durch alle am Prozess beteiligten Partner erzielt (Abb. 5.1-17): Maschinenbauer, Werkzeugmacher, Materialhersteller und Verarbeiter.

Ein konkretes Beispiel zur Erhöhung der Prozesssicherheit und Senkung der Ausschussrate stellt der Spritzgießadapter (Abb. 5.1-18) dar, bei dem der Zylinder um 1D verlängert wird. Damit wird das Massepolster vor der Schnecke erhöht. Eventuelle niedermolekulare Bestandteile wie beim Plastifizieren eingeschleppte

Tab. 5.1-3 Einspritzzeit, zulässige Fließweglänge und Kühlzeit in Abhängigkeit von der Wanddicke

Wanddicke (mm)	Einspritzzeit (s)	Zulässige Fließweglänge (mm)	Kühlzeit (s)
0,5	0,1–0,5	25–75	0,6–1,2
1	0,25–1	50–150	2–4
2	1–4	100–300	4–8
3	2–8	200–500	20–40

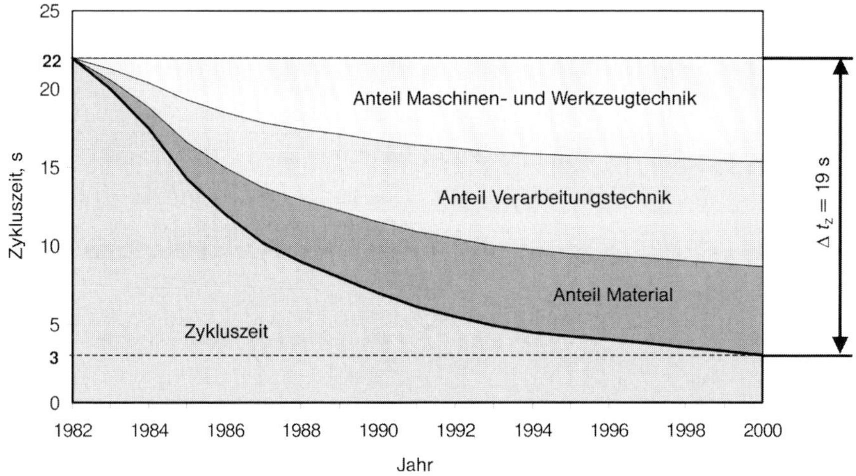

Abb. 5.1-17 Produktivitätssteigerung bei der Herstellung von CDs [5.1-24]

Luft können sich durch das größere Schmelzevolumen in diesem Bereich besser verteilen. So verringert sich der lokale Gasdruck, und die Gefahr von Schlierenbildung beim Einspritzen nimmt ab. Die damit erreichte höhere Prozesssicherheit kann man in geringeren Ausschuss oder in kürzere Zykluszeit umsetzen und so die Produktivität steigern. Bei umfangreichen Untersuchungen konnten bisher nur die Vorteile des Spritzgießadapters aber noch keine Nachteile festgestellt werden.

5.1.3.3.2
Einfärben beim Spritzgießen

Die Farbe ist eine der wichtigsten Eigenschaften von Kunststoffen in sichtbaren Anwendungen. Farben sind charakteristisch für bestimmte Hersteller, Farben signalisieren bestimmte Funktionen, Farben haben die Funktion Produkte wieder erkennbar zu machen, aber auch ihre Neuheit zu signalisieren. Die Farbe und ihre Abstimmung auf die Umgebung spielt eine immer größere Rolle. Ein gutes Beispiel ist hier die explodierende Anzahl der Farben bei Telefonen; genügten noch vor zehn Jahren wenige Standardfarben, ist nun die Farbe des Telefons der Mode, d. h. der Kurzlebigkeit, unterworfen.

Dies hat für den Verarbeiter gravierende Konsequenzen: Die Zahl der Farben steigt drastisch an und die Lebensdauer einer Farbe sinkt. Auf der anderen Seite ist

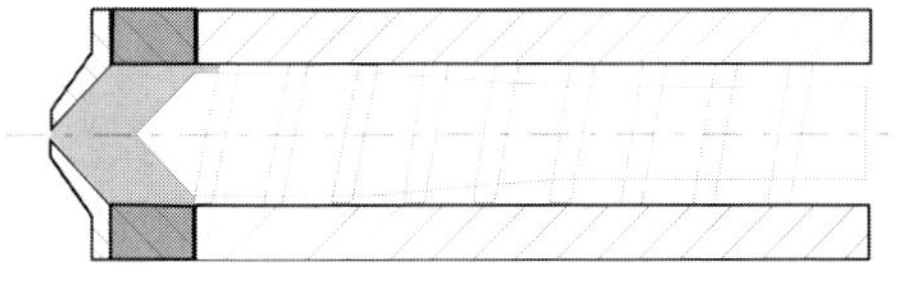

Abb. 5.1-18 Spritzgießadapter, Erhöhung des Massepolsters durch Zylinderverlängerung [5.1-25]

Tab. 5.1-4 Lieferformen von Farbmittel n [5.1-26]

Vorteile	Nachteile
Flüssigfarben	
staubfreie Verarbeitung	flüssige Carrier sind nicht universell einsetzbar
sehr gute Verteilung und Benetzung eines jeden Granulatkorns	keine hohen Einfärbekonzentrationen wegen Gefahr des Überschmierens
gute Farbstärkeausnutzung	schwankende Viskositäten in Abhängigkeit von Farbmittel und Temperatur
gute Dosierbarkeit	Absetzen der Pigmente, daher Entmischungsgefahr
Pulverpräparationen	
höchstmögliche Pigmentkonzentration	staubig
universell einsetzbar	hoher Reinigungsaufwand bei Farbwechsel
einfache, kostengünstige Herstellung	Direktdosierung problematisch
	meist Haftvermittler nötig
Granulatpräparationen (Masterbatch)	abgestimmte Carrier notwendig
staubfreie Verarbeitung	technisch aufwändiges Herstellverfahren
geringster Reinigungsaufwand bei Farbwechsel	
gute Dosierbarkeit	
hohe Einfärbekonzentrationen unproblematisch	
beste Ausnutzung der Farbstärke	

wegen eines möglichen Ersatzteilbedarfes Bevorratung von alten Farben notwendig. Diese zunehmende Bedeutung von Farbe stellt erhebliche Anforderungen an betriebliche Logistik und Schnelligkeit des Verarbeiters und ist damit aus Gründen der Lagerhaltung ein gravierender Kostenfaktor. Hier bietet das Einfärben auf der Spritzgießmaschine eine kostengünstige Alternative: Durch den Einsatz eines naturfarbenen Basisharzes und einer geringen Menge an farbgebender Komponente können der logistische Aufwand und die Lagerhaltung wesentlich vereinfacht werden. Systeme für die Zudosierung von Flüssigfarben, Pulverpräparationen oder Masterbatch stehen in unterschiedlichsten Ausführungen für alle denkbaren Einfärbeaufgaben zur Verfügung, so dass die Entscheidung für die geeignete Variante nach Abwägung der Vor- und Nachteile (Tab. 5.1-4) vom Umfeld des Verarbeiters abhängt.

Bei aufwändig zu mischenden Farben kann es sein, dass die Mischwirkung der normalen Dreizonenschnecke nicht ausreicht. In diesem Fall helfen Statikmischer (Abb. 5.1-19), Mischschnecken oder Rückströmsperren mit entsprechenden Misch-

Abb. 5.1-19 Statikmischer

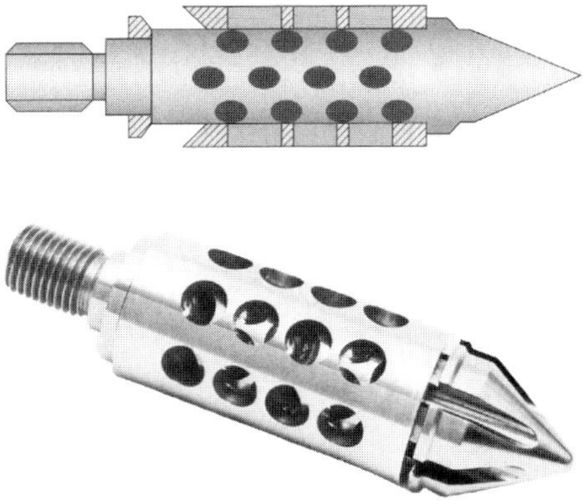

Abb. 5.1-20 Mischrückströmsperre

elementen (Abb. 5.1-20), das Mischergebnis zu verbessern. Der Statikmischer, der in die Maschinendüse eingebaut wird, ist dabei die preisgünstigste und sehr einfach nachzurüstende Variante. Bei einer ausreichenden Zahl der Mischelemente wird ein sehr gutes Mischergebnis erzielt. Der Statikmischer hat jedoch den Nachteil, dass er während des Einspritzens mit hohem Volumenstrom zusätzlich Druck verbraucht. Damit kann gerade bei dünnwandigen Formteilen die verfügbare Einspritzleistung der Spritzgießmaschine qualitätsbestimmend werden. Hier bieten Systeme wie Mischschnecke oder Mischrückströmsperre Vorteile, da der Homogenisierungsvorgang während des Plastifizierens erfolgt.

5.1.3.3.3
Dünnwandtechnik

Die Reduzierung der Wanddicke ist schon seit langem das Ziel einer wirtschaftlichen und funktionellen Formteilgestaltung. Die Wanddicke soll sich nach den Anforderungen auf Grund der Belastungen im Einsatz ergeben und nicht durch die Werkzeugfüllung. Eine geringere Wanddicke reduziert die Materialkosten, die Zykluszeit und das Formteilgewicht. Sie leistet damit einen großen Beitrag zur Produktivitätssteigerung. Gerade in der Informationstechnik besteht ständig die Notwendigkeit zur Produktivitätssteigerung, zur Reduzierung der Bauteilgröße und insbesondere bei mobilen Geräten zur Verringerung des Bauteilgewichts. In diesem Industriezweig finden wir daher eine große Anzahl von Anwendungen, in denen dünnwandige Teile zum Einsatz kommen. So wird z. B. ständig eine Verringerung der Wanddicke der Kunststoffteile eines Handys angestrebt, um sie leichter zu machen und mehr Raum für die elektronischen Komponenten zur Verfügung zu haben. Heute findet man bei Gehäuseteilen von Handys Wanddicken von bis zu 0,6 mm (Abb. 5.1-21). Steckerleisten aus glasfasergefülltem PBT weisen Wanddicken unter 0,4 mm auf.

Da trotz abnehmender Wanddicke die Formteilabmessungen üblicherweise gleich bleiben und die Zahl der Anspritzpunkte auf dem Formteil möglichst gering

Abb. 5.1-21 Handyschalen in Dünnwandtechnik [5.1-27]

sein soll, steigt bei dem Einsatz der Dünnwandtechnik das Fließweg-Wanddicken-Verhältnis weiter an. Damit erhöhen sich die Anforderungen an die Spritzgießmaschine, das Werkzeug, das Material und den Herstellprozess.

Die wichtigste Anforderung an die Spritzgießmaschine ist eine hohe Einspritzleistung bei gleichzeitig präziser Lageregelung der Schnecke, da die optimale Einspritzzeit proportional zum Quadrat der Wanddicke ist und das Volumen sehr präzise in kurzer Zeit (bei 0,5 mm Wanddicke weniger als 0,3 s) unter hohem Druck (bis über 200 MPa) eingespritzt werden muss. Nach dem Füllen hat für eine reproduzierbare Formteilqualität ein exaktes Umschalten auf Nachdruck zu erfolgen. Gleichzeitig muss die Schließeinheit sehr steif und das Plastifizieraggregat im Vergleich zur Größe der Schließeinheit relativ klein sein. Die Spritzgießmaschinenhersteller haben auf diese Anforderungen reagiert und bieten entsprechende Systeme an.

Der bei dünnwandigen Gehäusen mögliche Fülldruck von ca. 200 MPa kann zu kritischen Bewegungen des Werkzeugs oder von Werkzeugteilen führen. Das Risiko von Werkzeugdefekten, Entformungsproblemen und Fehlern am Formteil ist hoch. Die Werkzeuge müssen deshalb steifer als üblich ausgelegt werden. Alle Maßnahmen zur Erhöhung der Werkzeugsteifigkeit ergeben eine höhere Sicherheit in der Produktion. Wichtige Maßnahmen sind z. B. ausreichende Werkzeuggröße, spielfreie Einsätze, so wenig Einsätze wie möglich, Verriegelung der Kavitäten, Auswerferrahmen, zusätzliche Abstützungen im Auswerferbereich, geringeres Spiel bei druckbeaufschlagten Schiebern.

Das Verarbeitungsfenster ist bei der Produktion dünnwandiger Formteile wesentlich kleiner als beim Standard-Spritzgießen. Selbst bei optimaler Formteil- und

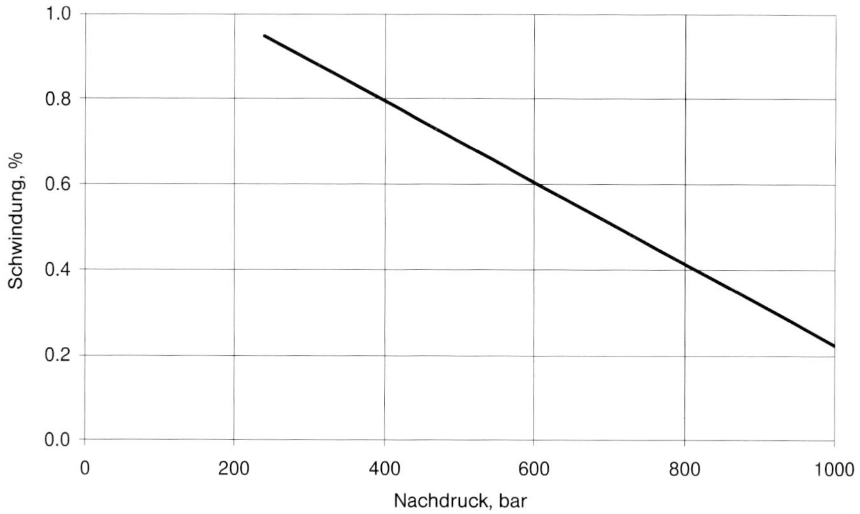

Abb. 5.1-22 Einfluss der Nachdruckhöhe auf die Längsschwindung bei PC+ABS (Bayblend® T 65)

Werkzeuggestaltung ist es anspruchsvoll, Teile mit großen Fließweg-Wanddicken-Verhältnissen herzustellen. Ein Grund dafür ist der hohe Fülldruck. Damit wird die Maschine oft an der Grenze ihrer Leistungsfähigkeit betrieben. Die vom Rohstoffhersteller empfohlenen Werkzeug- und Schmelzetemperaturen gelten auch für dünnwandige Formteile. Zur Reduzierung des Fülldrucks wird das Material vielfach bei der höchsten zulässigen Verarbeitungstemperatur verwendet. Dies kann in Verbindung mit einer langen Verweilzeit in Zylinder und Heißkanal kritisch sein. Es kann zur Materialzersetzung kommen, wodurch die mechanischen Eigenschaften verschlechtert oder nachfolgende Bearbeitungsvorgänge (zum Beispiel Metallisieren) gestört werden können. Dünnwandige Formteile erfordern eine hohe Einspritzgeschwindigkeit; üblich sind Einspritzzeiten zwischen 0,3 s und 1 s. Die hohe Einspritzgeschwindigkeit ist notwendig, um ein Einfrieren der Schmelze zu verhindern. Ein Formteil mit 0,8 mm Wanddicke kann theoretisch in ca. 1 s einfrieren. Dies bedeutet auch, dass der Nachdruck nur während einer kurzen Zeitspanne wirken kann. Trotzdem muss die Werkzeuginnendruckverteilung in dieser Zeit sehr präzise eingehalten werden, um eine reproduzierbare Schwindung (Abb. 5.1-22) zu erzielen und geringe Fertigungstoleranzen sicher zu stellen. Diese Anforderungen bedingen eine robuste Prozesseinstellung, die auf äußere Störungen möglichst unempfindlich reagiert.

5.1.3.3.4
Spritzgießen mit Thermoplastschaum

Das Thermoplastschaumgießen (TSG, Schäumen mit chemischen Treibmitteln) ist eine gut bekannte Technologie. Es wurde bereits in den 1960er Jahren entwickelt und führte lange Zeit ein Nischendasein. Die Vorteile des Thermoplastschäumens im Vergleich zum Standard-Spritzgießen sind

- eine verringerte Schmelzeviskosität,
- geringere Forminnendrücke,
- geringeres Formteilgewicht,
- weniger Einfallstellen,
- bei geringen Wanddicken kürzere Kühlzeiten,
- gleichmäßigere Schwindung,
- weniger Verzug
- und damit geringere Herstellkosten als beim Standard-Spritzgießen.

Diese Vorteile werden mit folgenden Nachteilen erkauft:

- im Allgemeinen schlechte Formteiloberfläche,
- reduzierte Zähigkeit, insbesondere beim Einsatz von ABS und ABS-Blends,
- erhöhte Geruchsbelästigung auch bei physikalisch geschäumten Formteilen,
- Zusatzkosten für Anlagentechnik und Treibmittel.

Damit eignet sich das Schäumen beim Spritzgießen in erster Linie für nicht sichtbare Formteile mit hohen Anforderungen an die Formteilabmessungen und an die Herstellkosten (Abb. 5.1-23).

Beim klassischen TSG wird dem Thermoplast ein Treibmittel zugesetzt, das während des Aufschmelzens des Materials ein Gas, heute üblicherweise CO_2, abspaltet. Für eine möglichst gute Formteilqualität muss das Treibmittel auf den Thermoplasten abgestimmt sein. Einerseits darf sich noch kein Gas abspalten, wenn der Thermoplast noch nicht aufgeschmolzen ist. Andererseits darf der Thermoplast durch die bei der Zersetzung des Treibmittels entstehenden Produkte nicht angegriffen werden. Die einschlägigen Treibmittelhersteller bieten daher für die verschiedenen Materialklassen entsprechende geeignete Systeme an.

Das während der Plastifizierung entstehende Gas löst sich unter dem hohen Druck in der Schmelze und schäumt später im Werkzeug unter abnehmendem Druck den Thermoplasten auf. Das Gas übernimmt die Aufgabe des Nachdrucks. Dabei wirkt das Treibmittel gleichzeitig als Keimbildner für Gasblasen. Der hohe Gasdruck sorgt jedoch während des Einspritzens für ein Aufschäumen der

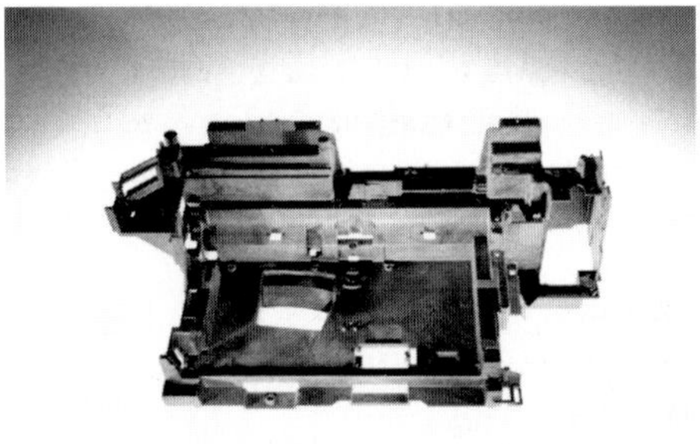

Abb. 5.1-23 Druckerchassis hergestellt im physikalischen Schäumverfahren [5.1-20]

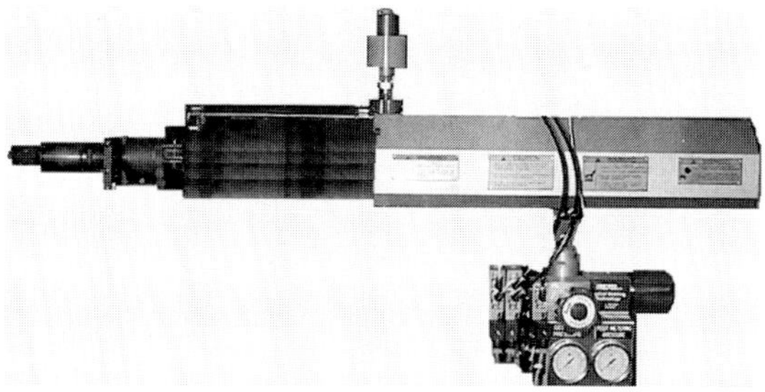

Abb. 5.1-24 Anlage zur Einleitung von physikalischem Treibmittel während der Plastifizierung [5.1-20]

Schmelze an der Fließfront. Die Blasen platzen bei zu geringem Gegendruck und führen zu der bekannten schlechten Oberfläche von geschäumten Spritzgießteilen. Die bekannteste und naheliegendste Abhilfemaßnahme ist die Gasgegendrucktechnologie, bei der in der Kavität ein so hoher Gegendruck erzeugt wird, dass das Gas in der Schmelze in Lösung gehalten wird. Dieses Verfahren ist jedoch sehr aufwändig, da erst bei einem Gegendruck von mehr als 20 bar das Aufschäumen der Schmelzefront sicher verhindert wird. Um einen entsprechend hohen Gegendruck zu erreichen, muss die gesamte Kavität inklusive aller Schieber und Auswerfer sicher abgedichtet werden. Weiterhin muss während der Werkzeugfüllung das Gas kontrolliert abgelassen werden, um eine Überhitzung der Schmelzefront zu verhindern. Diese Forderungen stellen Werkzeugbauer und Verarbeiter vor große Herausforderungen. Daher ist das Verfahren nur wenig verbreitet.

Im Gegensatz zum TSG wird beim physikalischen Schäumen das Treibgas während des Plastifizierens (Abb. 5.1-24) oder während des Einspritzens direkt in die Schmelze eingeleitet. Das eingesetzte Treibmittel ist üblicherweise Stickstoff, der im Gegensatz zum CO_2 bereits bei relativ geringen Drücken und Temperaturen »superkritisch« ist (Tab. 5.1-5).

Damit entsteht bei üblichen Verarbeitungstemperaturen und -drücken keine Verdampfungswärme bei Phasenumwandlung. Im Gegensatz zum Schäumen mit chemischen Treibmitteln enthält das physikalische Treibmittel keine Blasenkeime, die für eine frühe Blasenbildung sorgen. Entsprechend groß ist die Gefahr großer Blasen und ungleichmäßiger Blasenverteilungen. Dieser Gefahr kann man durch die Zugabe von Keimen oder in gewissem Rahmen durch die Prozessführung entgegenwirken. Andererseits werden in das Formteil keine zusätzlichen Substanzen hineingetragen, so dass die spätere Belastung mit niedermolekularen Substanzen wesentlich geringer ist als beim Einsatz von chemischen Treibmitteln.

Tab. 5.1-5 Physikalische Eigenschaften von Gasen [5.1-61]

	Kritische Temperatur (°C)	Kritischer Druck (bar)	Dichte (kg m^{-3})
CO_2	31	74	468
N_2	–147	34	314

Die Entscheidung für physikalisches oder chemisches Schäumen wird in erster Linie von kaufmännischen Gesichtspunkten beeinflusst [5.1-32]. Während die Anlagen- und Lizenzkosten für die Herstellung von Formteilen mit chemischen Treibmitteln im Vergleich zum physikalischen Schäumen sehr gering sind, kann der Aufwand für das Treibmittel bei großen Stückzahlen erheblich sein. Daher spielen die zu erwartende Zykluszeit und der geplante Anlagenauslastungsgrad mit Schäumanwendungen eine wesentliche Rolle bei der Verfahrensauswahl. Die physikalischen Formteileigenschaften sind bei der Wahl des geeigneten Treibmittels von der Art des Schäumverfahrens weitgehend unabhängig.

5.1.3.3.5 Fluid-Injektions-Technik

Gas-Injektions-Technik (GIT)

Mit Hilfe der Gas- oder Wasser-Injektionstechnik können Formteile hergestellt werden, die im Standard-Spritzgießen nur mit sehr langer Zykluszeit oder noch aufwändigeren Spritzgießsonderverfahren (z. B. Mehrschalentechnik, Schmelzkerntechnik) gefertigt werden können. Durch das Ausblasen der flüssigen Seele kann einerseits die Kühlzeit reduziert und andererseits die Formteilqualität verbessert werden: Das Gas übernimmt den Nachdruck. Eine geschickte Prozessführung ermöglicht die ausreichend lange Versorgung von lokalen Dickstellen wie Schraubdomen oder Rippenfüßen mit Nachdruck und die Vermeidung von Einfallstellen. Durch abgestimmte GIT-Kanäle gelingt es auch, dünnwandige Formteile mit dickwandigen Kanälen über wenige Anspritzstellen zu füllen. Damit eignet sich die GIT insbesondere für stabförmige Bauteile oder für großflächige Gehäuseteile (Abb. 5.1-25 und 5.1-26).

Eine gezielte Druckführung des Schmelzenachdrucks und der Gasdruckphase erlaubt die verzugs- und einfallstellenarme Herstellung von Spritzgießformteilen. Gerade bei komplexen Formteilen mit verzweigten Gaskanälen ist eine rheologische Werkzeugauslegung, bei der die günstigste Lage der Gasinjektoren und der Über-

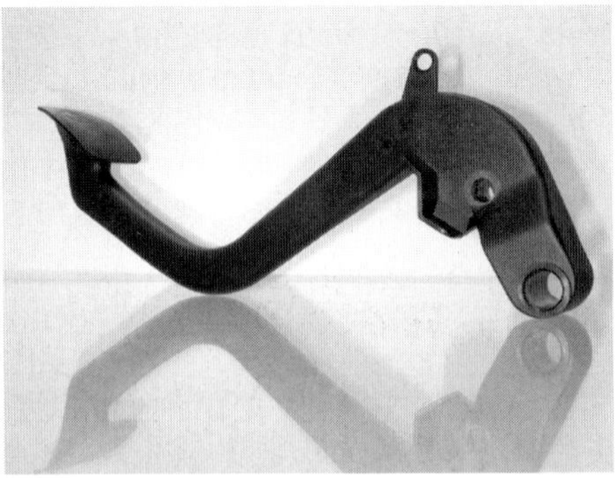

Abb. 5.1-25 Dickwandiges, stabförmiges Formteil [5.1-33]

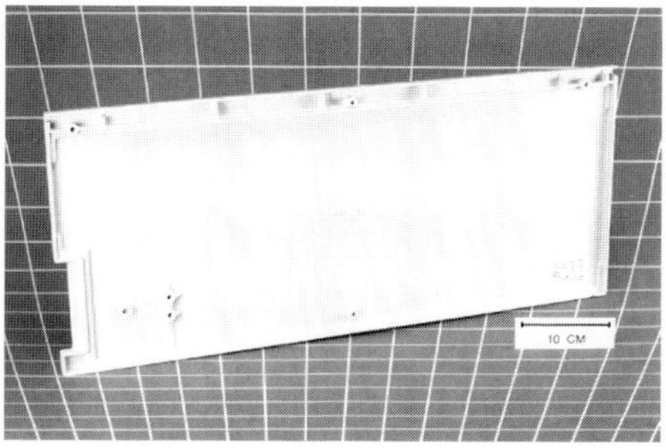

Abb. 5.1-26 Flächiges Formteil mit Schraubdomen und GIT Kanälen

laufkavitäten festgelegt wird, empfehlenswert. Sonst ist die Gefahr der unkontrollierten Gasausbreitung im Formteil sehr groß.

Ein großer Vorteil der GIT ist die einfache Platzierung und der geringe Bauraum von Gasinjektoren. Da die Injektoren ohne bewegliche Teile auskommen und bereits mit 4 mm Außendurchmesser eingesetzt werden können, sind sie in ihrer Platzierung im Werkzeug sehr variabel. Wenn die Injektoren in Entformungsrichtung im Werkzeug eingebaut werden, können sie fest montiert werden.

Wesentliche Vorteile der Gasinjektionstechnik gegenüber Standard-Spritzgießen sind:

- Designfreiheit (dickwandige stabförmige Bauteile oder dünnwandige Formteile mit dickwandigen Bereichen bzw. ungünstigen Rippen-Wanddickenverhältnissen),
- hohe Steifigkeit durch große, geschlossene Querschnitte,
- gleichmäßigere Schwindung und damit geringerer Verzug,
- Reduzierung von Einfallstellen an Rippen oder Domen (Abb. 5.1-27),
- geringere erforderliche Zuhaltekraft durch geringere Fülldrücke und gleichmäßigere Nachdruckverteilung.

Die wesentlichen Nachteile sind:

- zusätzliche Kosten für Lizenzgebühren, Gasdruckanlage und Gas,
- Form des Hohlraums wird von der Formteilgeometrie bestimmt,
- größerer Entwicklungsaufwand bis zur Serienreife,
- CAE-Tools zur Vorhersage der Gasblasenausbreitung nur bedingt verfügbar.

Abb. 5.1-27 Vermeidung von Einfallstellen an Domen durch GIT-Kanäle

Wasser-Injektions-Technik (WIT)
Statt Gas eignet sich auch Wasser als Fluid zum Ausblasen der flüssigen Seele. Wasser bietet gegenüber Gas folgende Vorteile [5.1-30]:

- keine Kompressibilität $\Longrightarrow$ besser regelbarer Prozess
- hohe Wärmekapazität $\Longrightarrow$ kürzere Kühlzeit
- geringer Preis $\Longrightarrow$ geringere Herstellkosten

Dem stehen die folgenden Nachteile gegenüber:

- Wasser ist ein Fremdkörper im Werkzeug, es führt zu Werkzeugkorrosion und Ausschuss $\Longrightarrow$ hoher Aufwand für die Abdichtung der Wasserinjektionsdüse erforderlich
- höhere Viskosität $\Longrightarrow$ großer Fließquerschnitt für die Wasserinjektionsdüse erforderlich, gezielte Ansteuerung zum Öffnen und Schließen der Düse notwendig
- vollständige Entfernung des Wassers nach Ende des Zyklus $\Longrightarrow$ zusätzlicher Aufwand

Die WIT eignet sich daher besonders für dickwandige Systeme mit Querschnitten über ca. 15 mm Durchmesser. Die theoretisch erreichbare Verkürzung der Kühlzeit beträgt ca. 75% gegenüber der GIT. In Abbildung 5.1-28 sind die Temperaturverläufe in einem dickwandigen Querschnitt für GIT und WIT gegenübergestellt. Die WIT selbst hat Serienreife erreicht, erste Anwendungen mit Pkw-Kühlwasserrohren aus PA-GF stehen vor der Markteinführung.

5.1.3.3.6
Mehrkomponentenspritzgießen

Unter dem Begriff Mehrkomponentenspritzgießen werden heute verschiedene Verfahren zusammengefasst (Abb. 5.1-29). Mit ihnen wird die Kombination verschiedener Materialien zu einem Bauteil in einem einzigen Fertigungsgang möglich. In vielen Fällen steht hier das Verbundspritzgießen im Vordergrund. Dabei spielt die Kompatibilität zwischen den eingesetzten Werkstoffe eine wesentliche Rolle bei der Auswahl [5.1-34-5.1-36].

Neben der Kompatibilität haben die Verarbeitungsbedingungen einen wesentlichen Einfluss auf die Haftung der Komponenten. So kann insbesondere die Verbindung zwischen harten, teilkristallinen Materialien mit hoher Erstarrungstemperatur (z. B. PA, PBT) und weichen, niedrigschmelzenden thermoplastischen Elastomeren (z. B. TPU) trotz Kompatibilität zwischen sehr gering und gut variieren: Wenn die harte Komponente mit ihrer hohen Verarbeitungstemperatur über die weiche Komponente gespritzt wird, erhält man eine wesentlich bessere Haftung als im umgekehrten Fall, bei dem die weiche, leicht fließende Komponente mit ihrer geringen Verarbeitungstemperatur nicht in der Lage ist, die harte Komponente anzuschmelzen und so für eine ausreichende Haftung zu sorgen. Da die Erweichungstemperaturen für amorphe Thermoplaste geringer liegen, ist es mit diesen Materialien einfacher, ohne weitergehende Maßnahmen eine gute Verbindung zwischen den Komponenten zu erreichen. Die erreichbare Haftung zwischen zwei Komponenten ist in Abbildung 5.1-30 dargestellt.

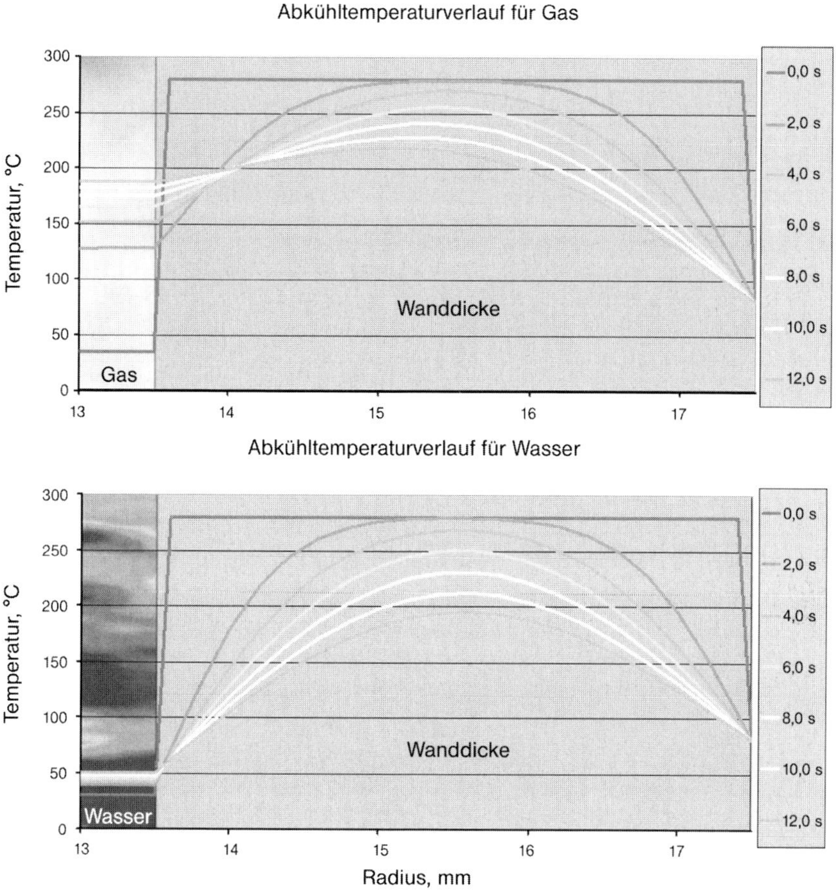

Abb. 5.1-28 Abkühlung beim Einsatz von GIT oder WIT

Das Verbundspritzgießen stellt neben den Anforderungen an die Prozessführung auch hohe Anforderungen an den Werkzeugbau. Beim weit verbreiteten Umsetzen des Vorspritzlings ist eine genaue Abstimmung der Komponenten erforderlich. Insbesondere die Umsetzung des Vorspritzlings im Werkzeug oder die Umsetzung auf eine andere Spritzgießmaschine erfordert neben der präzisen Werkzeugfertigung auch die Berücksichtigung der Schwindung des Vorspritzlings. Anlagen mit Drehteller (Abb. 5.1-31) oder mit Indexplatte reduzieren diese Schwierigkeiten. Hier werden jedoch hohe Anforderungen an die Präzision des Werkzeugs und an den entsprechenden Antrieb gestellt. Mit zunehmender Werkzeuggröße wird diese Werkzeugtechnik immer aufwändiger.

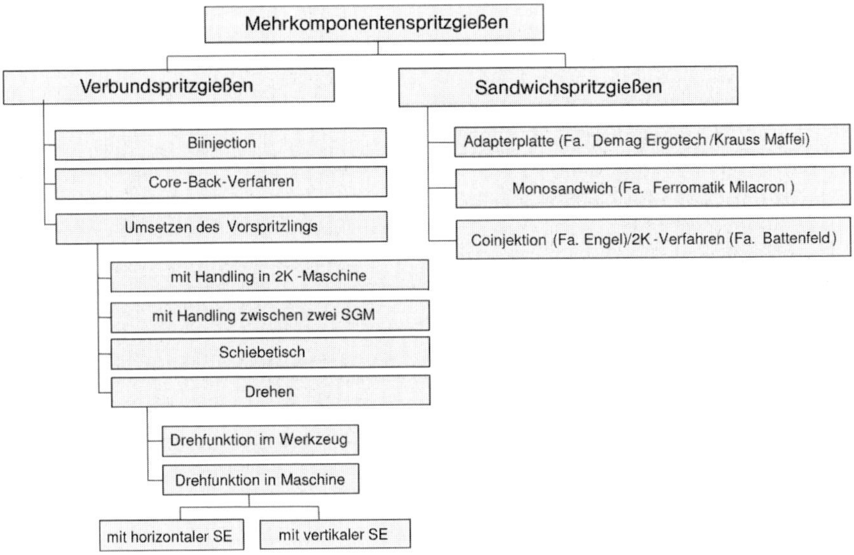

Abb. 5.1-29 Mehrkomponentenspritzgießverfahren

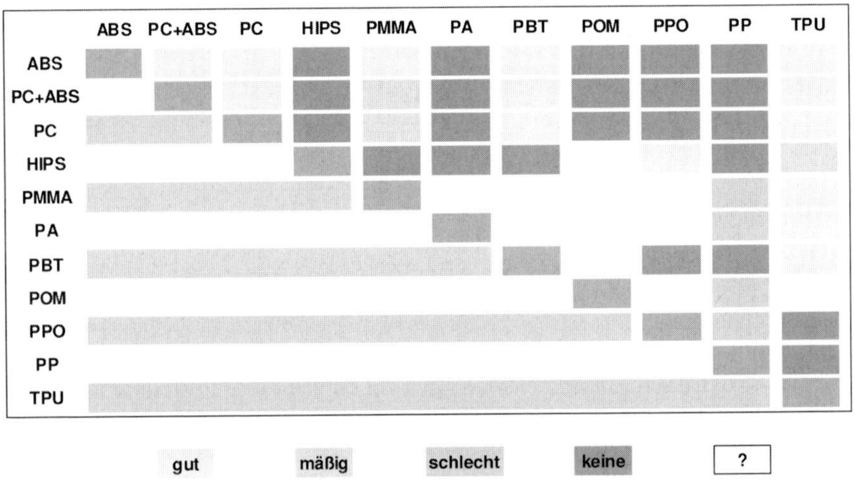

Abb. 5.1-30 Kompatibilität von Thermoplasten

5.1.3.3.7
Folienhinterspritzen

Das Folienhinterspritzen, das zu den Dekorationsverfahren beim Spritzgießen zählt, kann in mehrere Verfahrensvarianten eingeteilt werden. Je nach Variante

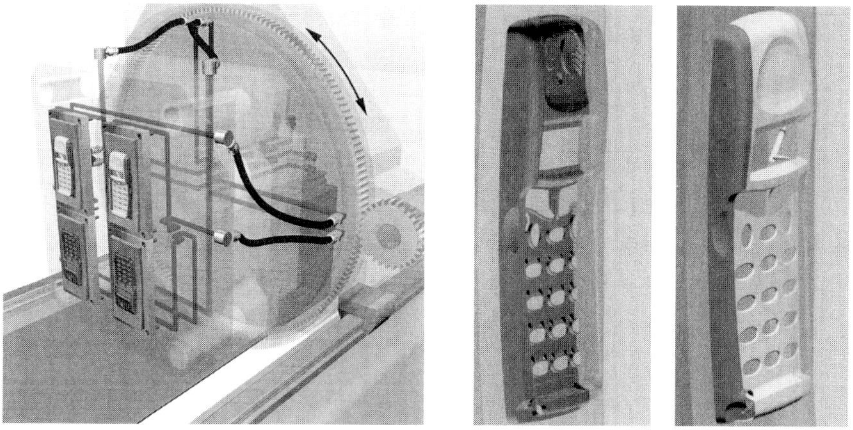

Abb. 5.1-31 Drehtellerspritzgießwerkzeug zum Verbundspritzgießen für zweifarbige Handyschalen [5.1-34]

- wird die Folie unverformt in das Werkzeug eingelegt und hinterspritzt; nach dem Hinterspritzen müssen die Formteilkanten noch getrimmt werden;
- dient die Folie nur als Träger für das Thermotransferverfahren; die auf eine PET-Folie aufgetragene Farbschicht wird durch die Schmelze angeschmolzen und von der Folie abgelöst;
- wird die Folie vorgeformt und beschnitten ins Werkzeug eingelegt und dann hinterspritzt; dieses Verfahren wird auch als 3D-IMD bezeichnet.

Im Folgenden soll das 3D-IMD genauer betrachtet werden. Dabei geht die Folie während des Hinterspritzens eine unlösbare Verbindung mit dem Basismaterial ein. Dieses Verfahren eröffnet Möglichkeiten, die über die bloße Dekoration der Kunststoffoberfläche weit hinausgehen (komplex geformte, dekorierte Oberflächen, Nachtdesign durch Durchlichttechnik, Softtouch etc.) [5.1-29]. Die Verfahrensschritte sind: Verformen der Folie, Trimmen der Folienränder, Einlegen in das Spritzgießwerkzeug und Hinterspritzen der Folie (Abb. 5.1-32).

Die Folie muss für das 3D-IMD verformbar sein. Daher bieten sich in erster Linie ABS- oder PC-Folien bzw. PC-Blendfolien an. Für die Verformung kommen Warm- oder Kaltverformungsverfahren zum Einsatz. Bei der Warmverformung wird die Folie über die Glasübergangstemperatur erwärmt und dann verformt. Das zulässige Verstreckverhältnis wird nur durch die Ausdünnung der Folie begrenzt. Bei der Kaltverformung (z. B. Hochdruckumformung, HPF) wird die Folie nur gering erwärmt. Daher ist das zulässige Verstreckverhältnis geringer als die Reißdehnung der Folie. Die Kaltverformung bietet sich an, wenn z. B. Folien mit Symbolelementen positionsgenau (Abweichungen < 0,5 mm) verformt werden müssen. Eine gemeinsame Forderung an alle Verfahren ist aber, dass die Folie nach dem Tiefziehen gewissermaßen wie eine Haut spielfrei und ohne Luftpolster in das Spritzgießwerkzeug passen muss. Zu große Abweichungen führen zu Folgeproblemen (Faltenbildung, Überspritzen) beim Hinterspritzen.

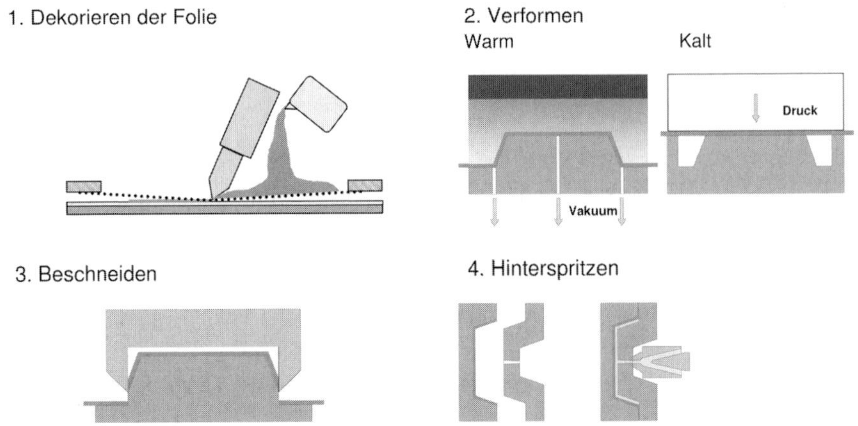

Abb. 5.1-32 Verfahrensablauf Folienhinterspritzen

Bei der rückseitigen Foliendekoration (Bayer IMD-Verfahren) ist die Folie ein funktionaler Bestandteil des Spritzgussteils. Das Dekor wird durch die oben liegende transparente Folie (z. B. Makrofol®) vor Abrieb geschützt. Gleichzeitig ergibt sich durch die im Vergleich zu einem Lack relativ dicke Folie ein sehr guter Tiefenglanzeffekt. Dabei kommt die heiße Schmelze in direkten Kontakt mit dem Druck [5.1-62]. Um die Gefahr von Auswaschungen der Dekorschicht so weit wie möglich zu verringern, müssen sowohl spezielle, temperaturbeständige Farben eingesetzt als auch der Einfluss der Verarbeitungsparameter und der Anschnittgestaltung berücksichtigt [5.1-31] werden.

5.1.3.3.8 Spritzblasen

Wie die Bezeichnung »Spritzblasen« vermuten lässt, handelt es sich um eine Kombination der Verfahren »Spritzgießen« und »Blasformen« [5.1-50]. Das Verfahren läuft in zwei Stufen ab (Abb. 5.1-33):

1. Spritzgießen des Vorformlings im plastischen Temperaturbereich,
2. Aufblasen des Vorformlings im thermoplastischen Bereich des Rohstoffes.

Auf diesem Verfahrensprinzip basieren die unterschiedlichsten Systeme, die sich jedoch alle in zwei Hauptgruppen einordnen lassen:

- Einzweck-Spritzblasmaschinen,
- Spritzblaswerkzeug, passend für marktübliche Spritzgießmaschinen.

Das Spritzblasen weist im Vergleich zum Extrusionsblasformen eine Reihe von Vorzügen auf:

- hohe Maßgenauigkeit sowohl im Bereich der Hohlkörperöffnung als auch bei Umfangs- und Längenmaßen (Spritzgießqualität),

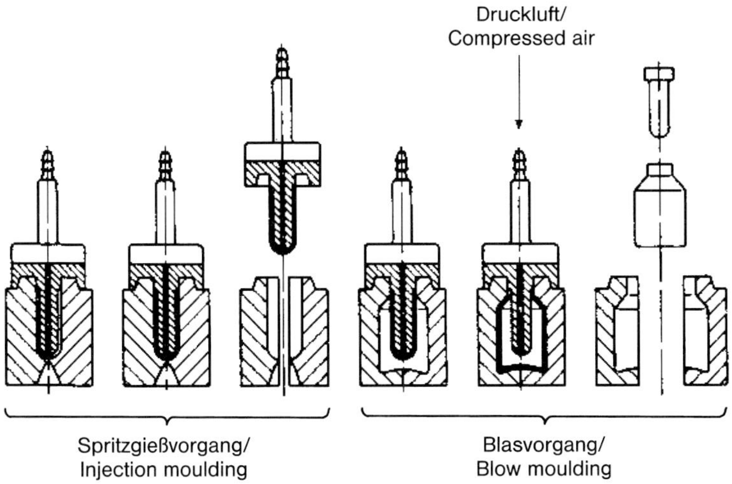

Abb. 5.1-33 Schematische Darstellung der Verfahrensschritte beim Spritzblasen

- gleichmäßige Wanddickenverteilung (Materialeinsparung),
- minimale Gewichts- und Volumentoleranz,
- gute Standsicherheit, weil im Standbereich des Behälters keine Naht- und Quetschmarkierungen vorhanden sind,
- Erzielung optimaler Transparenz bei amorphen Kunststoffen,
- ausgezeichnete Oberflächenqualität.

Den genannten Vorzügen stehen Beschränkungen hinsichtlich Gestaltung der Hohlkörper sowie der Rohstoffwahl gegenüber. Die verarbeitbaren Rohstoffe müssen im Vergleich zum Extrusionsblasformen bessere Fließfähigkeit und höhere thermische Beständigkeit aufweisen. Bei der Gestaltung ist zu beachten, dass keine Hohlkörper mit asymmetrischer Öffnungslage, mehreren Öffnungen und ausgeblasenen Griffhenkeln hergestellt werden können. Außerdem sind Einschränkungen im Hinblick auf das Verhältnis Breite zu Höhe des Hohlkörpers vorhanden. Zum Beispiel sollte bei einem rechteckigen Hohlkörperquerschnitt das Seitenverhältnis < 1 : 2,5 sein. Es gelten auch für spritzgeblasene Hohlkörper die vom Extrusionsblasen bekannten Forderungen, scharfe Kanten und Ecken zu vermeiden, um bessere Fertigteileigenschaften zu erhalten. Die Übergänge zwischen Hals und Schulter, Schulterschräge und Mantel, Mantel und Standfläche sollten möglichst große Radien bilden. Je kleiner diese Übergänge gefordert werden, umso schwieriger wird es, den Vorformling gleichmäßig zu verstrecken.

Es werden PET, PP, PE, PS, PC und PAN verarbeitet [5.1-13]. Normalerweise sind Wanddicken zwischen 0,4 mm und 0,8 mm für kleinere Hohlkörper ohne Schwierigkeiten zu erreichen. Die minimal erreichbare Wanddicke wird begrenzt durch das rohstoffabhängige Fließweg-Wanddicken-Verhältnis am Vorformling und durch das Aufblasverhältnis Kern zu Artikeldurchmesser. Das bedeutet, dass man einen

Vorformling mit geringer Wanddicke nur bis zu einer bestimmten Länge spritzen kann. Diese Beziehungen werden außerdem noch von der Werkzeug- und Kerntemperatur beeinflusst.

Inzwischen hat sich die zweistufige Herstellung insbesondere für Getränkeflaschen aus PET etabliert: Die Herstellung der Vorformlinge erfolgt zentral auf speziell ausgerüsteten Spritzgießmaschinen mit Vielfachwerkzeugen (Abb. 5.1-33). Die endgültigen Flaschen werden beim Verarbeiter aus den Vorformlingen geblasen.

5.1.4 Umformen

Im Gegensatz zum Urformen ist das Umformen das Ändern der Form unter Beibehaltung des Stoffzusammenhangs. Das heißt, das Umformen findet weit unterhalb der Schmelztemperatur des Thermoplasten statt. Je nach Verformung oberhalb oder unterhalb der Glasübergangstemperatur spricht man von Warmformen oder Kaltformen.

5.1.4.1 Kaltformen

Die Technik wurde aus der Metallverarbeitung übernommen. Zu den bisher mit Erfolg verarbeiteten Kunststoffarten gehören: HDPE, PP, PA, PVC und PC. Obwohl gegenüber dem Spritzgießverfahren die Maschinen- und Werkzeugkosten um mehr als 50% gesenkt und die mechanischen Formteileigenschaften verbessert wurden, hat dieses Verfahren bisher keine größere wirtschaftliche Bedeutung erreichen können, da einerseits die Gestaltungsmöglichkeit für die Formteile begrenzt ist (geringe Ziehtiefe) und andererseits die Kosten für den Ausgangsstoff, Platte oder Folie, wesentlich über den Granulatkosten liegen. In Sonderfällen kann jedoch gerade das Kaltformen das Verfahren der Wahl sein, insbesondere das berührungslose High Pressure Forming (HPF) bietet hier interessante Möglichkeiten für die reproduzierbare Verformung von bedruckten Folien ohne die Beschädigung der bedruckten Oberfläche. Hier erfolgt die Umformung mit Hilfe von Stickstoff in einer geschlossenen Form.

5.1.4.2 Warmformen (Tiefziehen, Streckformen)

Der Formvorgang geht von Folienbahnen oder -zuschnitten oder von Tafeln aus einer thermoplastischen Formmasse (PVC, PS, PE, PP, ABS, PC, PMMA, ...) aus. Dieses Halbzeug wird mit Infrarotstrahlern ein- oder beidseitig bis zum thermo-elastischen Bereich erwärmt [5.1-23, 5.1-41]. Für amorphe Kunststoffe ist dies oberhalb der Glasübergangstemperatur T_g. Für teilkristalline Kunststoffe kann ein entsprechendes Halbzeug knapp unter dem Kristallitschmelzbereich thermogeformt werden, bei höherer Kristallinität muss allerdings auch die Umformtemperatur höher gewählt werden.

Daraufhin wird das Werkstück mittels Vakuum oder Druckluft in einem Positiv- oder Negativwerkzeug geformt. In besonderen Fällen können beide Werkzeugteile auch gemeinsam angewendet werden. Mit dem Positivwerkzeug wird die plastische Folie mechanisch vorgestreckt (Abb. 5.1-34). Durch entsprechende Temperatur-

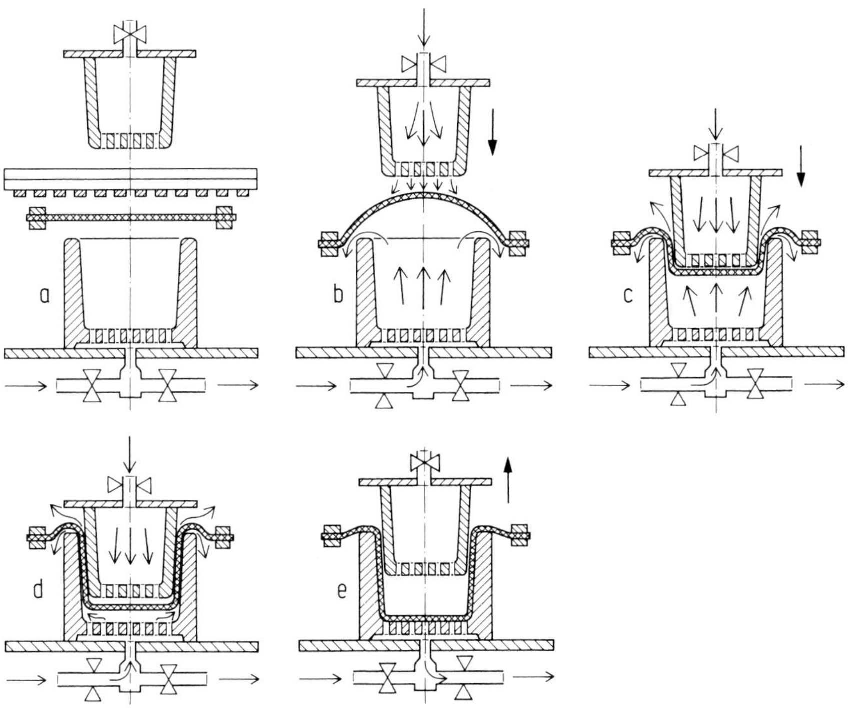

Abb. 5.1-34 Darstellung des Warmformvorgangs
a Aufheizen (Heizstrahler oder Spannrahmen verschiebbar angeordnet), b Spannrahmen luftdicht schließend abgesenkt, vorblasen mit Warmluft, c, d Vorformen mit Stempel, Material gleitet auf der Formwandung gleichzeitig eingeblasenen Warmluft (Airslip-Verfahren), e Ausformen durch Ansaugen an die Formwandung

steuerung und die passende Vorverformung kann die Wanddickenverteilung im Fertigteil gezielt beeinflusst werden.

Das Warmformverfahren hat vor allem in der Verpackungstechnik große Bedeutung erlangt. Die Anlagen arbeiten vollautomatisch von der Folienrolle. Für die Fertigung von Massenartikeln wie Becher oder Dosen bietet es eine wirtschaftliche Alternative zum Spritzgießen. Auch sog. Skin- und Blisterpackungen lassen sich auf diese Weise herstellen. Bei der erstgenannten Art wird das Packgut (z. B. Kleineisenteile) auf eine poröse, heißsiegelfähige Unterlage (Pappe) gelegt und von der erwärmten Folie mit Hilfe von Vakuum hautähnlich umhüllt. Bei der Blisterpackung werden aus Folie Schalen geformt, die das Packgut aufnehmen und dann an den Randflächen mit einer Gegenlage verschweißt werden.

Große Warmformmaschinen mit Formflächen bis zu $4 \cdot 4\,m^2$ ermöglichen die Herstellung von Großteilen bis hin zum Kühlschrankinnenbehälter aus Polystyrol, Leuchtenabdeckung aus PMMA oder Ruderboot aus HDPE. Hierzu werden Tafeln bis zu 12 mm Dicke eingesetzt.

5.1.5 Fügen

Beim Fügen (Verbinden) von Kunststoffteilen können prinzipiell alle bei anderen Werkstoffen bekannten Techniken angewandt werden. Formteile können sowohl lösbar als auch unlösbar miteinander verbunden werden. Lösbare Verbindungen sind das Schrauben und die Schnappverbindung. Beim Schrauben werden üblicherweise Metallschrauben in Kunststoffdome eingeschraubt. Damit die Verbindung sicher die gewünschte Einsatzzeit des Formteils übersteht und ggf. mehrfach gelöst werden kann, sind sowohl für die Auswahl des Schraubgewindes, die Gestaltung der Schraubdome und der Kopfauflage in den zu verbindenden Formteilen und bei der Verschraubung selbst gewisse Regeln zu beachten [5.1-55]. Besonders für häufig zu lösende Verbindungen ist es ratsam, Gewinde-Einsätze zu verwenden. Diese können durch Einsenken mit Hilfe von Ultraschall, Umspritzen oder Einpressen angebracht werden.

Durch die hohe zulässige Dehnung und die einfache Formgebung eignen sich Thermoplaste für ein besonderes Verbindungsverfahren, die Schnappverbindung [5.1-56]. Grundsätzlich sind Schnappverbindungen aus einem elastischen Federelement und einer Rastvorrichtung (Hinterschnitt) aufgebaut. Ihre Funktion teilt sich in den Füge- bzw. Löse- sowie den Haltevorgang. Die Schnappverbindungen werden nach der Art des Federelements und nach der Lösbarkeit der Verbindung eingeteilt.

Es wird grundsätzlich zwischen

- den Schnapparmverbindungen (Biegebalkenprinzip),
- den Torsionsschnappverbindungen (Torsionsstabprinzip),
- den Ringschnappverbindungen (zylindrische Profile) und
- den ringartigen Schnappverbindungen (regelmäßige Polygonprofile) unterschieden.

Schnappverbindungen können sowohl lösbar als auch nicht lösbar ausgelegt werden.

Nicht lösbare Verbindungen sind z. B. Nieten, Kleben und die Presspassung. Diese ermöglicht kraftschlüssige, unlösbare Verbindungen zwischen unterschiedlichen Funktionselementen, z. B. Welle-Nabe, Stellelemente, Mitnehmer oder Kupplungen. Schließlich sei noch das *Nieten* erwähnt. Dabei werden sowohl Kunststoff- als auch Metallnieten verwendet. Bei Spritzgießformteilen können diese gleich mit angespritzt werden.

5.1.5.1 Schweißen

Dem thermoplastischen Charakter tragen am besten die verschiedenen Schweißverfahren Rechnung. Dabei werden die zu verbindenden Flächen bis zum plastischen Zustand erwärmt und mit oder ohne Zugabe von Zusatzwerkstoffen verbunden. Die gebräuchlichsten Verfahren sind [5.1-15]:

- Heizelementschweißen,
- Warmgasschweißen,
- Reibschweißen,

- Ultraschallschweißen,
- Hochfrequenzschweißen,
- Laserschweißen.

Die Wahl des bestgeeigneten hängt von der verwendeten Formmasse, von der Gestalt des Formteils und seiner Anwendung ab. Beim Heizelementschweißen wird ein elektrisch oder durch Gasflamme erwärmtes Heizelement (Metallplatte oder -keil) zwischen die Schweißflächen gebracht und unter geringem Druck angelegt. Hat die Formmasse die Schweißtemperatur erreicht, wird das Element entfernt und die Flächen unter einem Druck von 1–2 bar zusammengefügt und abgekühlt. Zum Warmgasschweißen wird thermoplastischer »Schweißdraht« in der Regel aus dem gleichen Material wie das zu fügende Formteil verwendet. Die Schweißstelle wird durch erwärmtes Gas in den plastischen Zustand überführt und unter Druck verbunden. Durch Friktionswärme werden im Reibschweißverfahren die Schweißflächen aufgeschmolzen. Dazu werden die zu verbindenden Teile unter Druck gegeneinander linear oder rotierend bewegt. Die Anwendung liegt aus wirtschaftlichen und technischen Gründen bevorzugt bei größeren, dickwandigen Teilen. Das Ultraschallschweißen dagegen hat eine große Verbreitung zum Verbinden von Spritzgießteilen gefunden. Es ist im Prinzip eine Weiterentwicklung des vorher erwähnten Reibschweißverfahrens, wobei das zu schweißende Formteil durch pulsierende Druckbelastung mit Frequenzen im Ultraschallbereich erwärmt wird. Vor allem für das Schweißen von Folien wird das Hochfrequenzverfahren genutzt. Die Folie wird dabei im hochfrequenten Wechselfeld von innen heraus erwärmt. Voraussetzung dafür ist, dass der verwendete Kunststoff einen hohen dielektrischen Verlustfaktor aufweist, wie z. B. PVC, PC, CA.

5.1.5.1.1
Heizelementschweißen

Beim Heizelementschweißen (Abb. 5.1-35) von thermoplastischen Kunststoffen werden die Fügepartner durch ein Heizelement plastifiziert und anschließend unter Druck gefügt. Die Plastifizierung kann dabei im Kontakt mit dem Heizelement oder kontaktlos über Wärmestrahlung erfolgen.

Beim Heizelementschweißen werden die auf den beweglichen Schlitten der Maschine aufgespannten Fügepartner an das Heizelement gefahren. Anschließend

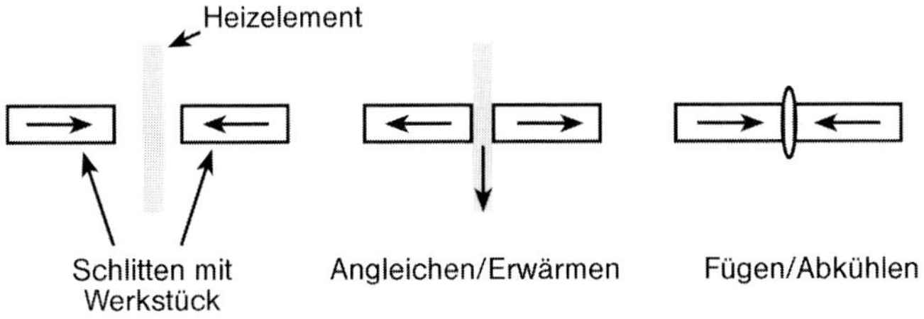

Abb. 5.1-35 Prinzipieller Ablauf des Heizelementschweißens

Abb. 5.1-36 Ladeluftverteiler Mercedes BR900 6 Zyl.

wird unter dem Anwärmdruck der Angleichvorgang gestartet. Dieser dient zum Toleranzausgleich und zum Erreichen einer gleichmäßigen Anlagefläche am Heizelement. Ist der voreingestellte Angleichweg erreicht, beginnt die Erwärmphase, in der nahezu drucklos das Schmelzepolster gebildet wird. Danach werden die Schlitten zurückgefahren, bis das Heizelement vollständig frei zurückgezogen werden kann. Dann beginnt der eigentliche Schweißprozess, in dem die aufgeschmolzenen Fügepartner unter dem Fügedruck zusammengefahren werden. Eine Anwendung zeigt Abbildung 5.1-36.

5.1.5.1.2
Laserschweißen

Beim Laserschweißen von thermoplastischen Kunststoffen wird eine stoffschlüssige Verbindung zwischen zwei oder mehr Fügepartnern mittels Wärmeeinbringung durch einen Laserstrahl hergestellt. Die Vorteile dieses Schweißverfahrens gegenüber anderen Verfahren sind:

- mechanisch hoch belastbare Schweißnaht,
- Grundmaterialfestigkeiten können erreicht werden,
- nahezu beliebige Schweißnahtgeometrien möglich,
- der Schweißaustrieb ist sehr klein und absolut fusselfrei,
- Hart-Weich-Kombinationen sind ohne Probleme schweißbar.

Dichtschweißung bei örtlichen Lunkern in der Fügezone ist mit dem Konturschweißen problematisch. Daher sind beim Konturschweißen sehr enge Toleranzen einzuhalten. Die Spaltüberbrückung ist dabei der schweißbestimmende Faktor.

Der Laserstrahl durchdringt den laserstrahltransparenten Fügepartner und trifft auf den absorbierenden Fügepartner (Abb. 5.1-37) [5.1-57]. Dort wird der Laserstrahl in Wärme umgewandelt und führt zur Plastifizierung. Durch die dabei entstehende örtliche Volumenzunahme entsteht ein flächiger Kontakt zum transparenten Fügepartner und durch die auftretende Wärmeleitung wird auch der transparente Fügepartner plastifiziert. Damit ist der Schweißprozess der beiden durch eine Fixierungsvorrichtung gehaltenen Fügepartner abgeschlossen. Bei der Konstruktion der Fügenahtgeometrie ist auf die maximal zulässige Durchstrahldicke des eingesetzten

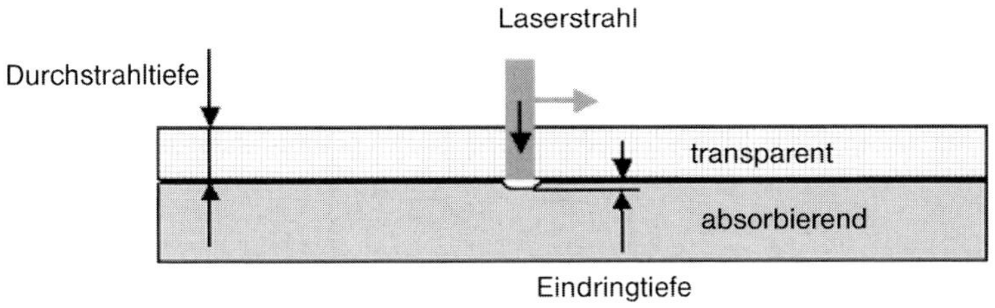

Abb. 5.1-37 Prinzip des Laserdurchstrahlschweißens

Materials zu achten. Hierzu sind gegebenenfalls Vorversuche durchzuführen. Je nach Transmissionsverhalten des einzusetzenden Materials ist die Laserstrahlquelle auszuwählen. Einige Thermoplaste zeigen bei 1064 nm eine höhere Transmission als im Wellenlängenbereich von 810 nm. Bei diesen Materialien ist mit einem Nd-Yag-Laser eine höhere Wanddicke schweißbar. Einfärbungen mit Gasruß können als laserstrahlabsorbierend angesehen werden. Hierbei ist zu beachten, dass die Eindringtiefe mit dem Anteil des Gasrußes variiert. Je höher der Anteil desto größer die Absorption und desto geringer die Eindringtiefe und damit das aufgeschmolzene Materialvolumen. Für das Konturschweißen ist zur Spaltüberbrückung ein hohes Aufschmelzvolumen und damit eine höhere Eindringtiefe erforderlich. Beim Simultan- bzw. Quasi-Simultanschweißen mit Abschmelzweg ist eine hohe Absorption mit geringer Eindringtiefe zur schnellen Plastifizierung besser geeignet. Zum Einsatz kommen die oben beschriebenen Laserdurchstrahlverfahrensvarianten, wobei auch nach der eingesetzten Laserstrahlquelle unterschieden werden muss. Hier stehen Diodenlaser mit einer Wellenlänge von 810 nm oder gepulste Diodenlaser bis ca. 940 nm und Nd-Yag-Laser mit 1064 nm zur Verfügung (vgl. Abb. 5.1-38).

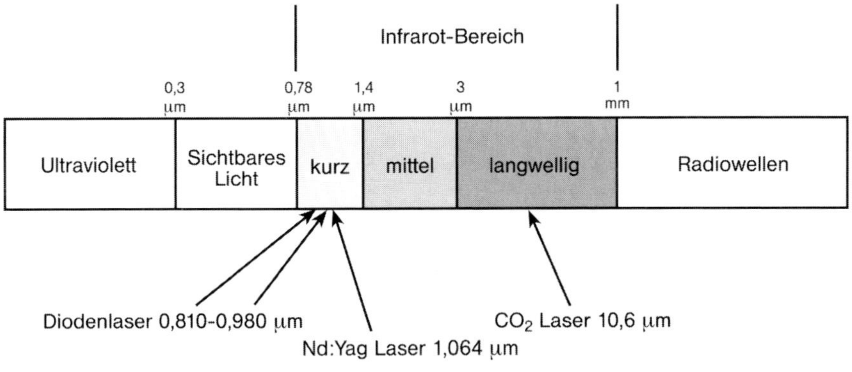

Abb. 5.1-38 Zuordnung der Wellenlängen beim Laserschweißen

5.1.6
Weitere Verarbeitungsverfahren

Die weiteren Verarbeitungsverfahren wie Trennen oder Beschichten weichen nur in Nuancen von den entsprechenden Verfahren für andere Werkstoffe ab. Sie sollen daher hier nicht weiter betrachtet werden.

5.2
Herstellung von Formteilen und Halbzeugen aus Polyurethan

Die Polyurethan-Chemie – oder kurz PUR-Chemie – liegt in der Reaktionsfreudigkeit der Polyisocyanate mit wasserstoffaktiven Verbindungen begründet. Die technisch wichtigsten Reaktionspartner der Polyisocyanate sind die Hydroxylgruppen von Polyalkoholen (Polyole) und Amine. Je nach Funktionalität der Reaktionspartner können sie thermoplastisch, elastomer und duromer aufgebaut sein [5.2-1, 5.2-2]. Eine Strukturierung der Artenvielfalt von Polyurethanen ist in Abbildung 5.2-1 vorgenommen. Entsprechend zahlreich sind die Anwendungen: Weichschaumstoffe dienen der Komfortverbesserung als Sitzmöbel, Automobilsitze sowie Matratzen. Hartschaumstoffe dämmen Kühlgeräte, Dächer, Kühlschiffe, Container, Industriehallen und Kühlhäuser. Als Integralschaumstoffe – hart bis flexibel – dienen sie unter anderem der aktiven und passiven Sicherheit im Automobil. Harte Integralschaumstoffe werden ferner als großflächige, leichtgewichtige Gehäuse- und Konstruktionsteile eingesetzt. Eine umfangreiche tabellarische Auflistung der Anwendungen befindet sich in [5.2-2].

Im Gleichschritt mit der Artenvielfalt der Polyurethane sind die Verarbeitungstechniken entsprechend zahlreich ausgeprägt. Schwerpunkt der Ausführungen in diesem Abschnitt sind Rohstoffkomponenten und Formulierungen, die bei Verarbeitungstemperatur flüssig sind und als Zwei- oder Mehrkomponentensysteme nach Vermischung in einer Formgebungsvorrichtung durch chemische Reaktion unter Bildung von Wärme zum geschäumten oder nahezu massiven PUR-Formteil oder -Halbzeug aushärten. In diesem Zusammenhang werden die Verarbeitungstechniken mit Reaktionsgießen (RG), Reaktionsschaumgießen (RSG), Reaction Injection Moulding (RIM) oder Reinforced Reaction Injection Moulding (RRIM) bezeichnet. Unter RSG-Verfahren versteht man die Herstellung von Schaumstoffen durch chemische Reaktion von schäumfähigen Reaktionsgemischen. Beim RG-Verfahren werden demzufolge massive, also unverschäumte und ggf. gefüllte Matrices hergestellt. Der Begriff RIM wird besonders dann verwendet, wenn hochreaktive Systeme nach dem Strahlinjektionsprinzip vermischt und über einen Anbaumischkopf und Anguss in die geschlossene Kavität eines Formwerkzeuges in kurzen Füllzeiten eingetragen werden. Vom RRIM-Verfahren wird gesprochen, wenn in einer oder mehreren Komponenten abrasive Füll- oder Verstärkungsstoffe zugesetzt sind, die auf Standardmaschinen aus Verschleißgründen nicht verarbeitbar sind.

Abgesehen von den Fällen, bei denen als Ausgangskomponenten Prepolymere beteiligt sind, die Urethangruppen enthalten, entstehen die Polyurethane bei den hier

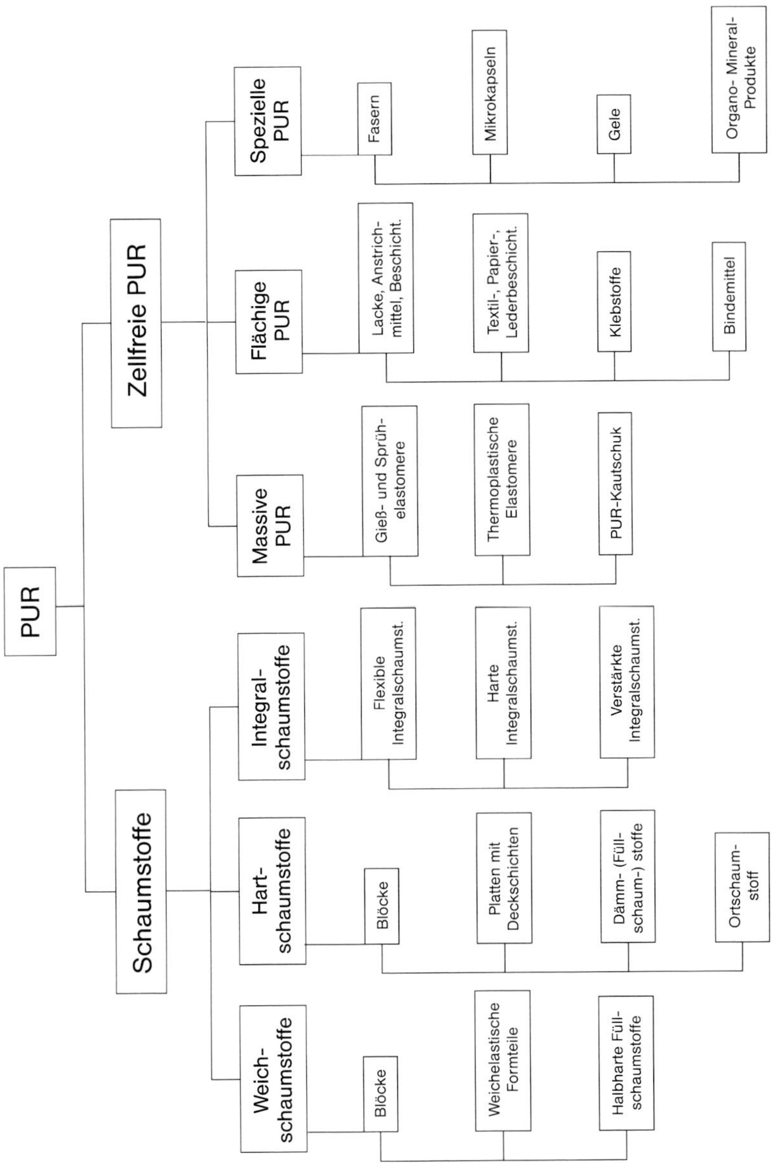

Abb. 5.2-1 Zustandsformen der Polyurethane [5.2-2]

angesprochenen Verarbeitungstechniken erst nach Reaktion in den Formgebungseinrichtungen. Häufig spricht man auch dann noch von PUR-Formteilen und -Halbzeugen, wenn infolge der verarbeiteten Rohstoffkomponenten und Formulierungen Polyharnstoff- oder Polyisocyanuratgruppen in der Matrix mengenmäßig gegenüber Polyurethangruppen überwiegen.

Die Verarbeitungsviskositäten der Komponenten und Formulierungen überspannen einen Bereich von rund 1 mPa s bis ca. 20 Pa s. Die erzielbaren Rohdichten der Fertigteile und Halbzeuge können im Intervall von etwa 10–2000 kg m^{-3} liegen. Im ersteren Fall handelt es sich um chemisch und physikalisch kombiniert getriebene, leichte Weichschaumstoffe. Die Werte um 2000 kg m^{-3} erreicht man durch Zusatz schwerer Füllstoffe in der dann nicht geschäumten Matrix. Die Elastizitätsmoduln als Maß für die Steifigkeit beginnen bei einigen kPa im Falle der leichten Weichschaumstoffe und erreichen für mit Geweben verstärkte, massive Polyurethane die Größenordnung von 20 GPa. Ferner ist zu erwähnen, dass die hier angesprochenen Polyurethane das anwendungsspezifische Gebrauchsspektrum von elastisch über viskoelastisch (gelartig) bis nahezu viskos abdecken können. Es versteht sich, dass die Eigenschaften dabei nicht beliebig miteinander kombinierbar sind.

5.2.1
Dosier- und Mischmaschinen

Jede Verarbeitungsanlage besteht aus einer Verkettung von Teilmaschinen, Aggregaten und Vorrichtungen [5.2-3]. Kern einer jeden Verarbeitungsanlage, die von flüssigen Ausgangskomponenten ausgeht, bildet die Dosier- und Mischmaschine. Sie wird häufig auch als Nassteil der Verarbeitungsanlage bezeichnet. Prinzipiell wird zwischen *Niederdruck-* und *Hochdruckmaschinen* unterschieden (Abb. 5.2-2 und Abb. 5.2-3). Aus Gründen der Anschaulichkeit sind die schematischen Darstellungen auf zwei Komponenten beschränkt.

Nassteile mit Rührwerksmischern, also Niederdruckmaschinen, können über weit mehr als zehn Komponenten verfügen. Im Rahmen der Hochdrucktechnik sind für spezielle Anwendungen Mischköpfe mit bis zu sechs Injektionsdüsen bzw. Komponenten im Markt.

Vom Aufbau her sind beide Maschinentypen durch die Baugruppen Arbeits- bzw. Tagesbehälter, Dosierpumpen mit Antrieben sowie Mischeinheit gekennzeichnet.

Arbeitsbehälter sind in der Regel Druckbehälter und dienen der Aufnahme der zu verarbeitenden Reaktionskomponenten bzw. Formulierungen oder Prepolymere. Abgesehen von unmittelbar verarbeitungsfähigen Komponenten können die Behälter um weitere Zumischstationen für flüssige, gasförmige oder feste Stoffe ergänzt sein. Temperierkreisläufe mit externen Wärmetauschern unterstützen bedarfsweise die Temperaturführung der meist ebenfalls temperierten, doppelwandigen Behälter. Rührer und spezielle Umwälzkreisläufe vermeiden die Sedimentation von Füll- und Verstärkungsstoffen in Ruhephasen und halten die Homogenität der Zubereitungen.

Durch Schaltelemente können die Maschinen zunächst in Kreislaufstellung angefahren werden. Die Komponenten rezirkulieren vom Arbeitsbehälter über die

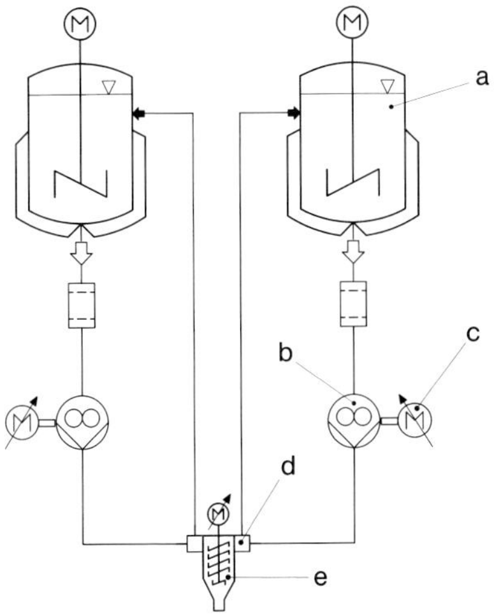

Abb. 5.2-2 Fließschema einer Niederdruckmaschine
a: Arbeitsbehälter, b: Dosierpumpen, c: Motor mit Frequenzumrichter, d: Umschaltelemente, e: Rührwerksmischkammer mit Frequenzumrichter gesteuertem Motor, M: Antriebsmotor

Pumpe zum Mischer und zurück in die Arbeitsbehälter, so dass die Komponenten bereits vor dem Dosiervorgang mit dem notwendigen Volumenstrom, Temperatur und Druck für den späteren Mischvorgang im Leitungssystem bewegt werden.

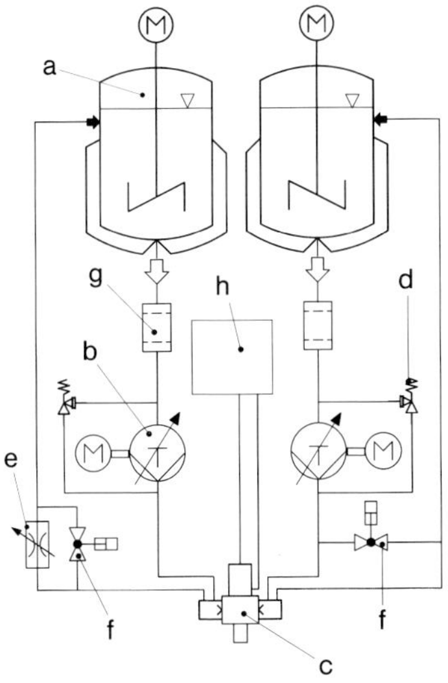

Abb. 5.2-3 Fließschema einer Hochdruckmaschine
a: Arbeitsbehälter, b: Dosieraggregat, c: Mischkopf, d: Sicherheitsventil, e: Kreislaufdrossel, f: Niederdruck-Kreislaufventil, g: Filter, h: Mischkopf-Hydraulik, M: Antriebsmotor

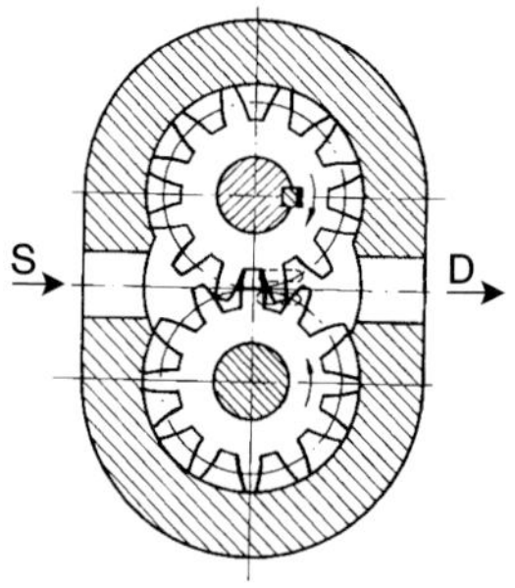

Abb. 5.2-4 Schema einer Außenzahnradpumpe
S: Saugseite, D: Druckseite

Das ältere Geradeaussystem, bei dem die Rücklaufleitung vom Mischkopf zum Arbeitsbehälter fehlt, wird vorzugsweise noch bei der kontinuierlichen Herstellung von Blockware, Dämmplatten oder Metallverbundelementen eingesetzt. Hier nimmt man das anfänglich ggf. noch nicht optimal homogenisierte Gemisch als Anlaufverlust in Kauf, da auch noch andere Anlagenteile keinen stationären Betriebspunkt erreicht haben.

Bei *Niederdruckmaschinen* werden die Komponentenströme aus den Arbeitsbehältern meist über Zahnradpumpen (Abb. 5.2-4) einer Rührwerksmischkammer zugeführt.

Die üblichen Förderdrucke zur Überwindung der Strömungswiderstände liegen im Bereich von 3–40 bar. Als Rührerbauformen kommen z. B. Stachel-, Schrauben-, Schaufel-, Blatt- oder Schneckengeometrien zum Einsatz. Die Antriebsdrehzahlen liegen im Band zwischen 1000 und 20 000 U min^{-1}. Stellvertretend für die vielen Rührwerksbauarten ist in Abbildung 5.2-5 ein Rührwerksmischkopf mit Blattrührer dargestellt. Eine Sonderform in der Rührwerksvermischung ist der so genannte Friktionsmischer in Abbildung 5.2-6. Die Komponenten werden mittels einer hochtourig laufenden Schnecke vermischt. Im Gegensatz zu den anderen Rührwerksmischkammern arbeitet der Friktionsmischer durch die an der Schnecke auftretenden Zentrifugalkräfte und eine durch die Schneckengeometrie verursachte Fördertendenz selbstreinigend. Die Niederdrucktechnik mit Rührwerksmischer ist gegenüber der Hochdrucktechnik in der Lage, neben Rohstoffen mit niedrigen Viskositäten auch solche im höheren Viskositätsbereich (oberhalb von ca. 2 Pa s bis rund 20 Pa s) zu verarbeiten. Außerdem sind für Sonderanwendungen auch noch Kleinstvolumenströme um 0,005 l min^{-1} dosier- und vermischbar. Hiermit lassen sich Formteilgewichte bis herunter zur Größenordnung um 0,1 g realisieren. Der obere Grenzwert technischer Ausführungen liegt wie bei Hochdruckmaschinen um 400 l min^{-1}. Eine Stärke der Rührwerksvermischung ist auch die Homogenisierung von extrem unterschiedlichen Mischungsverhältnissen der Komponenten bis ca. 100 : 1. Nachteilig ist die notwendige Reinigung der Rührwerksmischkammer nach Dosierende mit einem flüssigen Reinigungsmittel und/oder Ausblasen durch Pressluft. Der Reinigungsvorgang schließt daher die Verwendung eines Rührwerksmischers als fest angebauter Mischkopf für die geschlossene Formfüllweise aus.

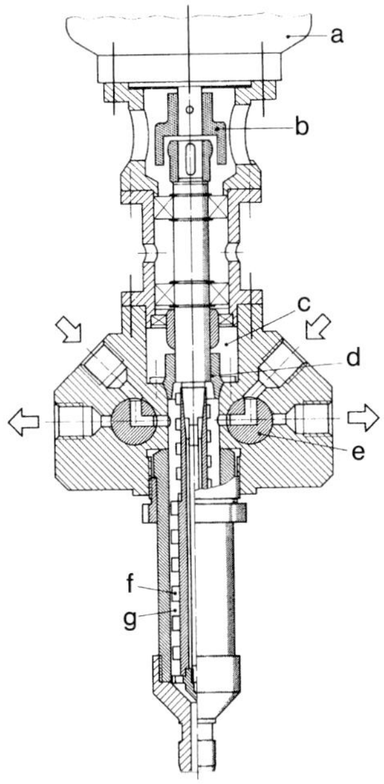

Abb. 5.2-5 Rührwerksmischkopf mit Blattrührer
a: Antriebsmotor, b: Kupplung, c: Schmiermittelraum, d: Gleitringdichtung, e: Umschaltelement, f: Blattrührer, g: Mischkammer

Auf *Hochdruckmaschinen* komprimieren Kolbenpumpen – Axialkolbenpumpen oder im Fall abrasiver Füll- oder Verstärkungsstoffe so genannte Einhubtauchkolbenpumpen (Abb. 5.2-7) – die Komponenten auf 150–250 bar, die dann nach dem so genannten Strahlinjektionsprinzip vermischt werden [5.2-4].

Dabei sorgt die hohe kinetische Energie der Komponentenströme im Stoßbereich und Nahfeld der Fluidstrahlen für chaotische Strömungsverhältnisse (Abb. 5.2-8), so dass sich die Komponenten intensiv miteinander vermischen. Die Geschwindig-

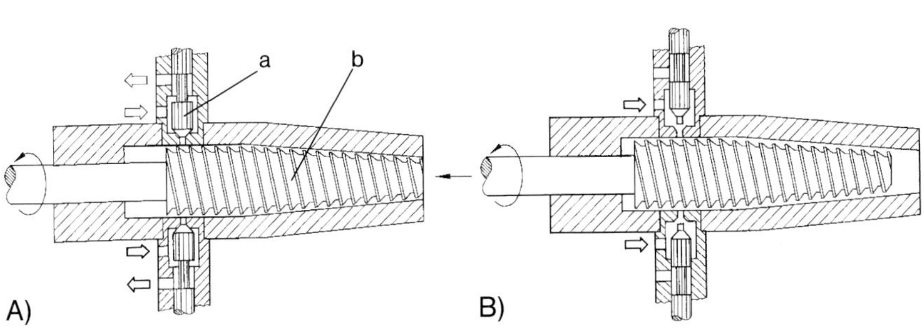

Abb. 5.2-6 Hochtouriger Schnecken- oder Friktionsmischer, Bauart Desma
A: Kreislauf/Reinigen (a: Injektionsdüsen, b: Mischschnecke)
B: Mischen

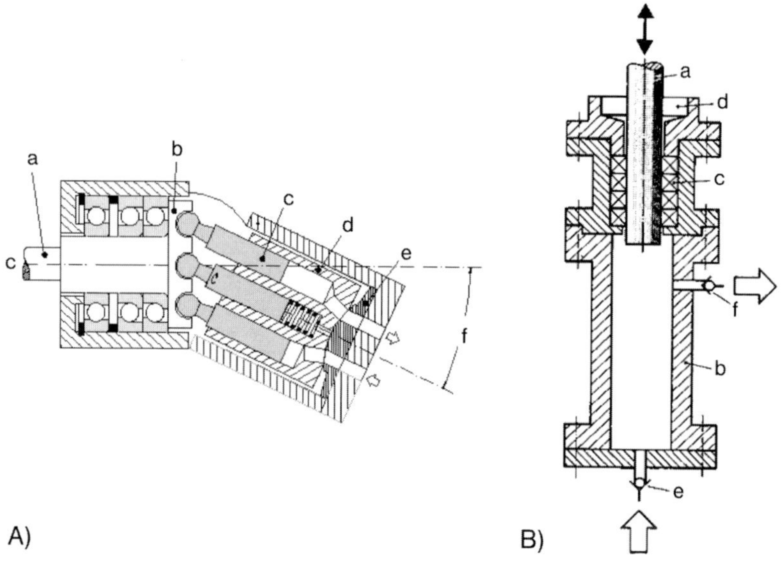

Abb. 5.2-7 Kolbenpumpen
A: Triebwerk einer Axialkolbenpumpe (a: Antriebswelle, b: Mitnehmerscheibe, c: Kolben, d: Kolbentrommel, e: Steuerplatte, f: Verstellwinkel)
B: Einhubtauchkolbenpumpe (a: Dosierkolben, b: Dosierzylinder, c: Kolbenabdichtung, d: Leckageauffangtasse, e: saugseitiges Absperrventil, f: druckseitiges Absperrventil)

keiten der Komponenten bei Mischkammereintritt haben die Größenordnung um 100 m s^{-1}.

In Hochdruckmischköpfen wird das in der Mischkammer verbliebene Reaktionsgemisch in der Regel mechanisch durch einen Reinigungsstößel ausgeschoben. Als

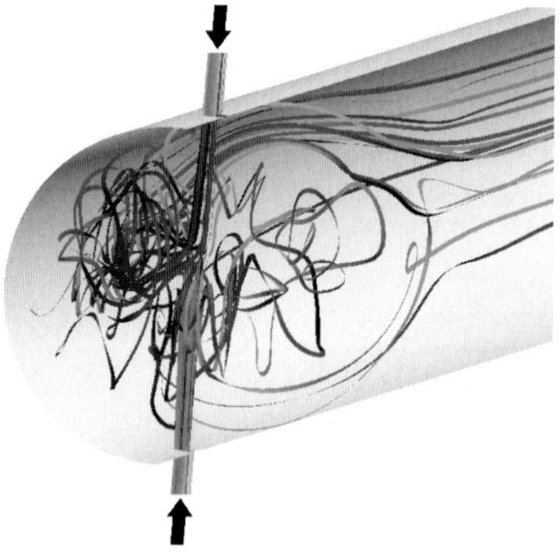

Abb. 5.2-8 Blick auf die Mischbewegung in der aufgeschnittenen, zylindrischen Mischkammer eines Injektionsmischers – visualisiert durch Stromfäden

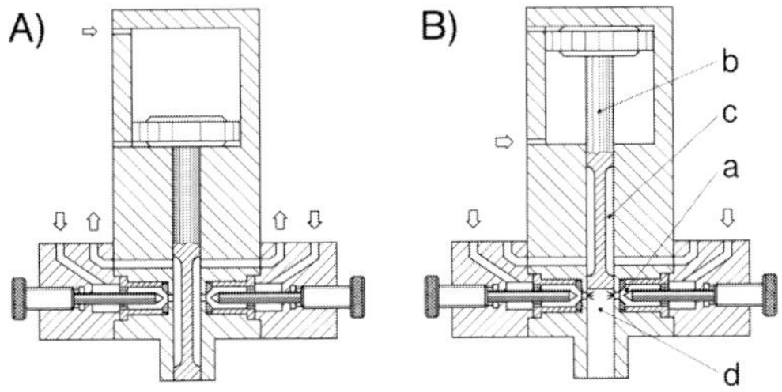

Abb. 5.2-9 Schematische Darstellung des kolbengesteuerten Mischkopfs mit Kreislaufnuten
A: Kreislauf/Reinigen
B: Mischen (a: Düsen, b: Kolben, c: Kreislaufnuten, d: Mischkammer/Auslaufrohr)

Vertreter der Klasse der Hochdruckmischköpfe zeigt Abbildung 5.2-9 den kolbengesteuerten Mischkopf mit Kreislaufnuten, links in Kreislaufstellung und rechts in Mischstellung. Die Pfeile kennzeichnen den Komponentenfluss. Mit Schussende fährt der Steuerkolben bündig zum Auslaufrohr herunter und schiebt das restliche Reaktionsgemisch aus der Mischkammer aus. Gleichzeitig überfährt die Steuerkante des Kolbens die Impfbohrungen der Düsen und schaltet den Komponentenfluss auf Rezirkulation zurück.

Für spezielle Anwendungen sind im Markt darauf zugeschnittene Spezialmischköpfe entwickelt worden, die unter anderem durch Verschlussdüsen, Strömungsschikanen durch Umlenkungen oder bewegte Stifte zur Nachvermischung usw. gekennzeichnet sind. Weitere Sonderbauformen gestatten die Verarbeitung langer Fasern von gut 10–200 mm Länge, wobei ein auf den Mischkopf aufgesetztes Schneidwerk die endlosen Glasrovingstränge oder auch Naturfasern ablängt. Diese werden dann durch den hohlgebohrten Reinigungsstößel gesaugt oder außerhalb des Mischkopfs vorbeigeführt, bis schließlich das Schnittgut mit dem Reaktionsgemisch durch die Unterstützung von Sprühluft benetzt und auf die geöffnete Formunterhälfte aufgetragen wird [5.2-5–5.2-7].

Zum Homogenisieren, Temperieren und Entlüften des gesamten Leitungssystems sind auch auf Hochdruckmaschinen Niederdruckkreisläufe möglich. Mit ihrer Hilfe wird in Pausenzeiten die Temperatur des gesamten Dosier- und Rezirkulationssystems unter energetisch günstigen Bedingungen stabilisiert und auch das Absetzen von Füllstoffen verhindert. Je nach Mischkopfsystem sind mehrere Schaltungen im Einsatz. Beim Einstellen des Kreislaufdrucks durch eine verstellbare Drossel in der Rücklaufleitung genügt ein einfacher, durch Ventile zuschaltbarer Bypass für die Niederdruckeinstellung. In Abbildung 5.2-3 sind zwei Schaltungen für den Niederdruckkreislauf angedeutet. Für die Verarbeitung von hochreaktiven Schaumsystemen mit Startzeiten unter 3 s und kurzen Formzeiten kommt ausschließlich die Hochdrucktechnik nicht zuletzt auch wegen der Zwangsreinigung mittels Reinigungsstößel in Frage. In vielen Abstufungen umfasst die Maschinenpalette Volumenströme der Größenordnung 0,5–400 l min^{-1}.

Neben den Niederdruck- und Hochdruckmaschinen ist als weitere Gruppe die der *Sprühmaschinen* zur Beschichtung oder Benetzung von Substraten zu nennen.

Bei dieser Technik wird sowohl die Rührwerks- als auch Strahlinjektionsvermischung mittels Hochdruck angewendet. Während bei der Rührwerksvermischung Sprühluft zur Beeinflussung des Sprühstrahls in der Mischkammer oder am Mischeraustritt zugegeben werden muss, setzt man in Verbindung mit Strahlinjektionsmischern auch Techniken ein, die ohne Sprühluft auskommen, also *airless* sprühen. Die üblichen Gemischvolumenströme beginnen unter 1 l min^{-1} und erreichen am oberen Ende 10 l min^{-1}.

5.2.2
Verarbeitungsanlagen

Der Verarbeitungsprozess setzt sich grundsätzlich aus folgenden Teilschritten zusammen:

- Anliefern und fachgerechtes Lagern der Rohstoffe,
- Vorbereiten der Rohstoffe zur Verarbeitung, d. h. Vor- und Zumischen von z. B. Treibmittel, Farbpasten und Aktivatoren,
- Konditionieren, Temperieren und Homogenisieren, Beschicken der Dosieraggregate,
- Verteilen der Komponentenströme zu den Werkzeugen,
- Dosieren und Mischen,
- Auf- oder Eintragen des Reaktionsgemisches,
- Aushärten und Entformen,
- Weiterbe- oder -verarbeiten,
- Verpacken und Transportieren.

Abhängig vom Rohstoffverbrauch stehen für die Anlieferung der Rohstoffe und Formulierungen Stahlblechfässer von 200 l oder Intermediate Bulk Container (IBC) von 1000 l Inhalt zur Verfügung. Ab Mengen der Größenordnung 200 t a^{-1} rechnet sich meist die Investition in ein Tanklager und Anlieferung durch Tanklastzüge (Abb. 5.2-10).

Bei Tankwagenanlieferung wird das Produkt im Havariefall in einem dichten, unterirdischen Behälter aufgefangen. Die Temperierung der Rohstoffkomponenten kann beispielsweise über Plattenwärmetauscher erfolgen. Förderpumpen beschicken über Rohrleitungen vom Tanklager aus die Arbeits- bzw. Tagesbehälter der Verarbeitungsanlage – oder auch mehrere Verarbeitungsanlagen.

Die Verarbeitungsanlagen unterscheidet man grundsätzlich aufgrund der kontinuierlichen oder diskontinuierlichen Fertigungsweise. Auf *kontinuierlichen Anlagen* werden z. B. Schaumstoffblöcke (hart oder weich), Dämmplatten oder Metallverbundelemente endlos hergestellt. Abbildung 5.2-11 zeigt eine Anlage zur kontinuierlichen Herstellung von Blockschaumstoffen. Vom Nassteil der Anlage ist lediglich der Rührwerksmischkopf dargestellt. Das mitlaufende Boden- und Seitenpapier dient der Formgebung und verhindert, dass der durch das Aufschäumen und Aushärten entstehende Schaumstoffblock mit dem Transportband verklebt. Vor dem Querschneider, der den Endlosblock auf die gewünschte Länge schneidet (hier nicht abgebildet), werden die Papierbahnen wieder vom ausgehärteten Block

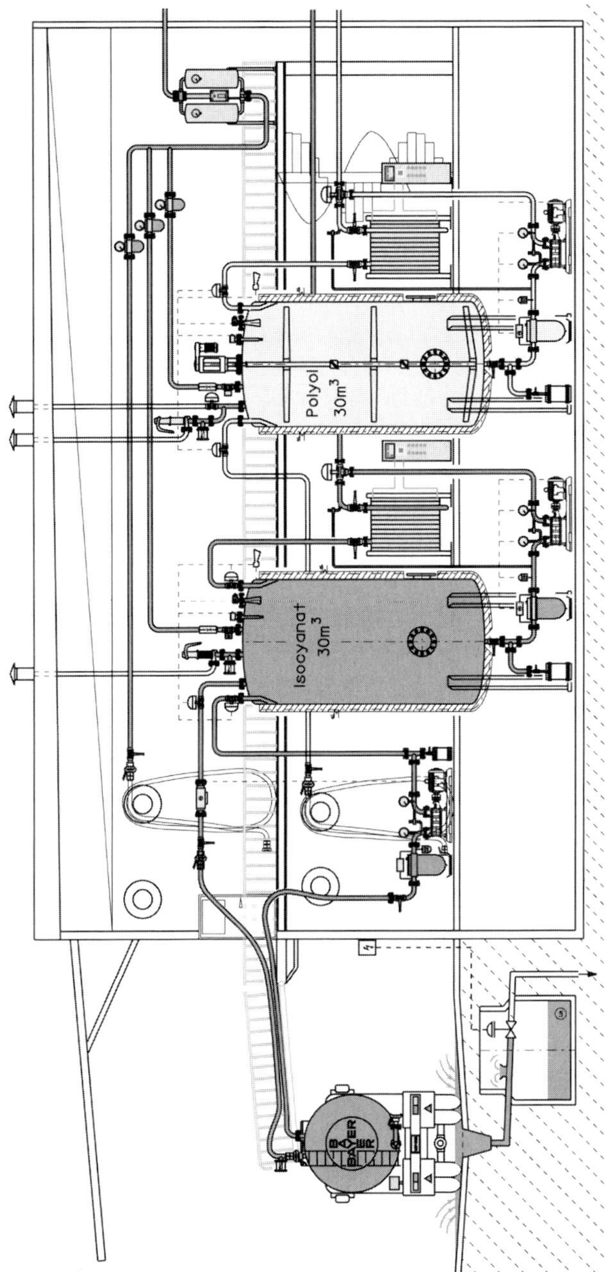

Abb. 5.2-10 Tanklagerbefüllung mit Isocyanaten im Gaspendelverfahren

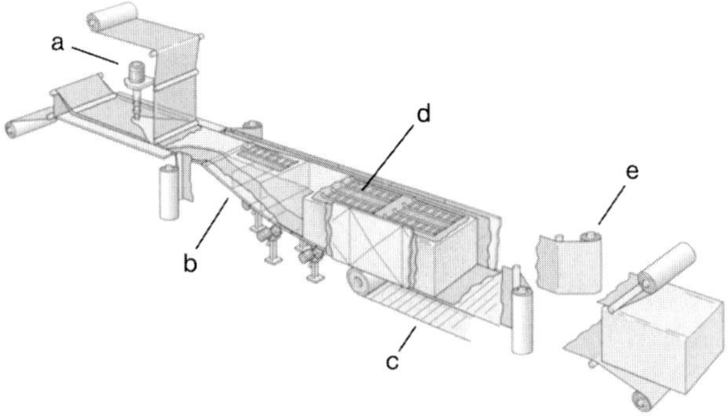

Abb. 5.2-11 Verarbeitungsanlage zu kontinuierlichen Herstellung von rechteckigen Weichschaumstoffblöcken – **Q**uadro-**F**oamat-**M**achine = QFM, Quelle Hennecke
a: Rührwerksmischkopf, b: Fallplattenstrecke zur Anpassung an den Aufschäumvorgang, c: Transportband, d: Rechteckkalibrierung, e: Papierhaspel

abgezogen. Eine Besonderheit ist die Rechteckkalibrierung auf der Blockoberseite, so dass unmittelbar die gewünschte rechteckige Geometrie des Blockquerschnitts erzwungen wird und somit Schnittverluste durch die sonst entstehende und gekrümmte Blockkuppe nicht anfallen.

Die Herstellung von Metallverbundelementen, also von Sandwichelementen mit metallischen Deckschichten, geschieht in folgenden Arbeitsgängen (Abb. 5.2-12): Abwickeln der Metallbleche für die obere und untere Deckschicht von Coils, Profiliereinrichtungen, Vorwärmstation für die profilierten Bleche, Gemischauftrag am Mischkopfportal auf die untere Metalldeckschicht, Formkalibrierung im Doppeltransportband mit Seitenketten, Ablängstation mit Bandsäge, Wendeeinrichtung für stark profilierte Dachelemente, Kühlstrecke, Abstapelstation und Verpackung. Solche Verarbeitungsanlagen erreichen eine Gesamtlänge von rund 350 m.

Anlagen zur Herstellung von Formteilen arbeiten zyklisch, also *diskontinuierlich*. Das Beispiel in Abbildung 5.2-13 zeigt den Aufstellplan einer solche Verarbeitungsanlage. Auf der linken Seite befindet sich das Nassteil mit insgesamt sechs Komponenten. Ein Roboter führt den Hochdruckmischkopf programmgemäß in definierten Bahnen zum Gemischeintrag über die Formunterhälfte des geöffneten Werkzeugs. Nach dem Dosiervorgang fährt der Roboter mit Mischkopf in die Reinigungs- bzw. Parkposition, gleichzeitig schließt der Formenträger, das Reaktionsgemisch schäumt bis zur volumetrischen Füllung der Kavität auf und härtet unter Druck- und Wärmeentwicklung zum Formkörper aus. Anschließend öffnet der Formenträger das Werkzeug zwecks Entformung und der Zyklus kann erneut starten. Zur Erhöhung der Effizienz werden in diesem Fall zwei Werkzeugschließeinheiten über einen Roboter und ein Nassteil bedient.

Diskontinuierlich betriebene Anlagen kann man auch nach solchen mit bewegten (Abb. 5.2-14) und stationären Werkzeugen (Abb. 5.2-15) unterscheiden. Bewegte Werkzeuge werden von einem Mischkopf bedient, der taktweise an die Einfüllöffnung des Werkzeugs andockt oder in die geöffnete Form einträgt und sich nach

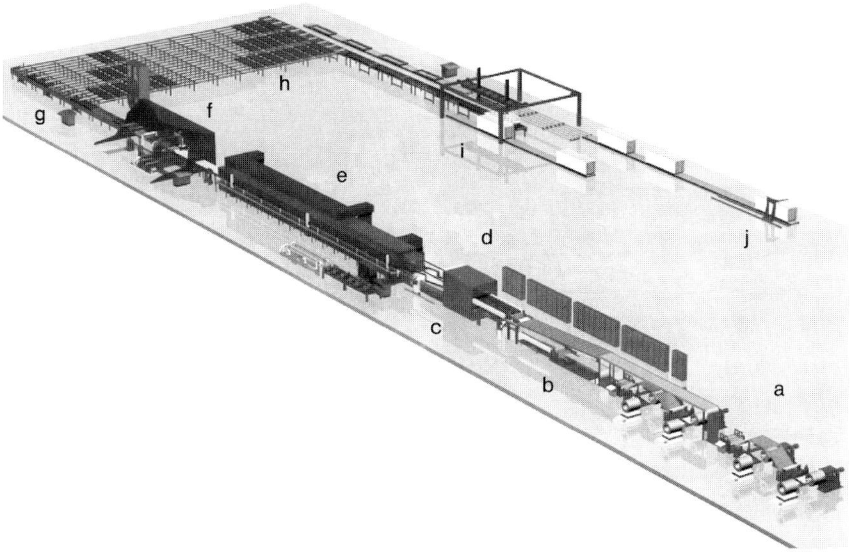

Abb. 5.2-12 Anlage zur Herstellung von Metallverbundelementen, Quelle Hennecke
a: Coilstation, b: Profiliereinrichtung, c: Vorwärmstation, d: Mischkopfportal, e: Doppeltransportband bzw. Reaktions- und Druckstrecke, f: Ablängeinrichtung, g: Wendevorrichtung, h: Kühlstrecke, i: Abstapelung, j: Verpackung

dem Gemischeintrag wieder vom Werkzeug entfernt. In RIM-Anlagen ist der Mischkopf fest mit dem Werkzeug verbunden. Meistens bedient ein Nassteil genau einen Mischkopf mit zugehörigem Werkzeug und Schließeinheit. Aus Produktivitätsgründen können aber auch mehrere Mischköpfe über eine Ringleitung mit einem Nassteil verbunden sein. Jedem Mischkopf ist dabei je ein Werkzeug und eine Schließeinheit zugeordnet, man spricht dann von einer Mehrstellendosierung.

5.2.3
Messen, Steuern und Regeln

Speicherprogrammierbare Steuerungen (SPS) sind der Standard zur Steuerung und Regelung des Prozessablaufs auf Verarbeitungsanlagen zur Herstellung von PUR-Halbzeugen und -Formteilen. Im Rahmen der Verkettung mehrerer Einzelmaschinen gestatten Bussysteme den Dialog zwischen den speicherprogrammierbaren Steuerungen der Einzelmaschinen, z. B. eine Dosier- und Mischmaschine, ein Roboter und eine Schließeinheit. Einem Steuerungsrechner der Teilmaschinen wird die Masterfunktion und damit die Befehlsgewalt des gesamten Prozessablaufs übertragen. Abhängig von den abgefragten und zurückgemeldeten, logischen Schaltzuständen aller beteiligten Steuerungen gibt der Master die Befehle zu weiteren Aktionen an seine Slaves heraus, kontrolliert die Vorgabeerfüllung und stellt so den vorgegebenen Prozessablauf sicher.

Benutzerschnittstellen sorgen für den notwendigen Dialog zur Vorgabe der Verarbeitungsparameter mit dem Anlagenbediener per Bildschirm und Tastatur.

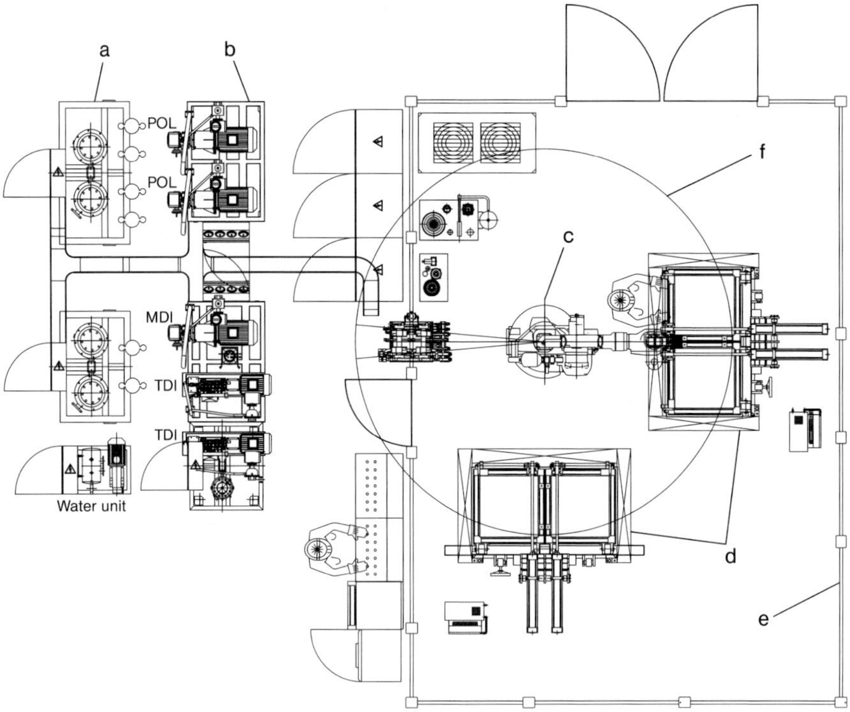

Abb. 5.2-13 Layout einer Verarbeitungungsanlage für die Formteilherstellung in offener Formfüllweise a: Arbeitsbehälter, b: Pumpentisch, c: Roboter mit Hochdruckmischkopf, d: Schließeinheit, e: Schutzzaun, f: Aktionsradius Roboter

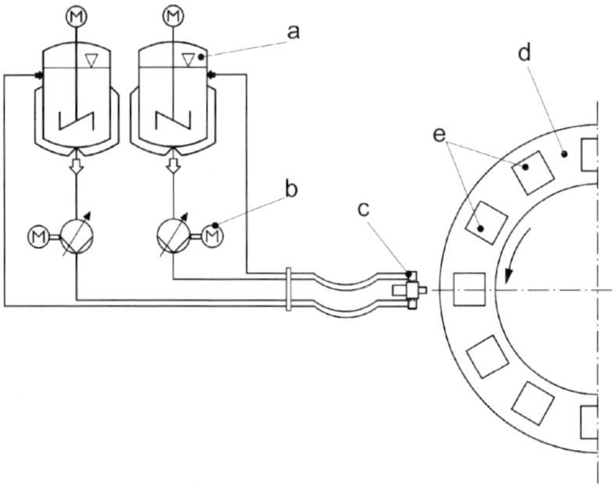

Abb. 5.2-14 Schema einer Rundläuferanlage mit bewegbarem Mischkopf (a: Arbeitsbehälter, b: Dosierpumpen, c: Mischkopf, d: Rundtisch, e: Werkzeuge)

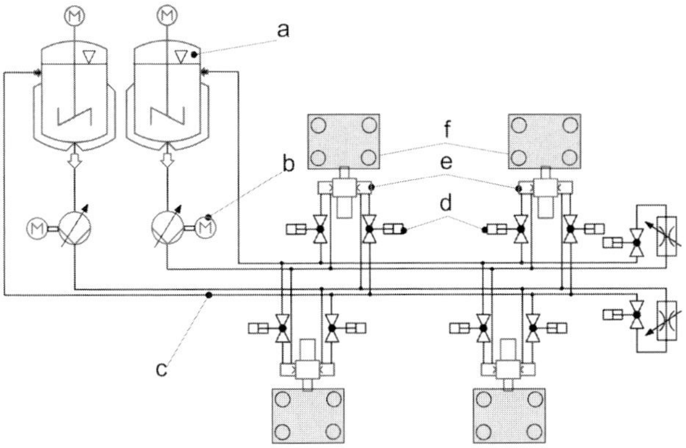

Abb. 5.2-15 Schema einer Mehrstellendosierung mit fest angebautem Hochdruckmischkopf – Reaction Injection Moulding
a: Arbeitsbehälter, b: Dosierpumpen, c: Kreislaufsystem, d: Schaltventile, e: Mischköpfe, f: Schließeinheiten mit Formwerkzeugen

Die Verknüpfung von Rohstoff- und Verarbeitungsdaten mit entsprechenden Modellen bezüglich signifikanter Qualitätsmerkmale durch Anbindung von *Expertensysteme* gestattet ferner, den Prozess zu optimieren und den Bediener unter anderem auf mögliche Fehler hinzuweisen und ihn gleichzeitig in Fragen notwendiger Maßnahmen online per Bildschirm zu beraten [5.2-8, 5.2-9]. Weiterhin lassen sich die für das Qualitätsmanagement relevanten Prozessparameter erfassen und zur Dokumentation und weiteren Auswertung per Netzwerk an den dafür vorgesehenen Rechner übertragen.

Zu den wesentlichen Verarbeitungsparametern der Misch- und Dosiermaschine zählen: Temperaturen, Volumen- bzw. Massenströme, Dichten, Drucke und Gasbeladungen. Für die Überwachung dieser Größen sind angepasste Messgeräte mit Anzeigemöglichkeiten entwickelt worden, die dem Bediener im einfachsten Fall mit Erkennen von Abweichungen den manuellen Eingriff gestatten. Darüber hinaus stehen für alle wichtigen Prozessgrößen Ausstattungsvarianten zur Verfügung, die die Prozessgrößen durch Regelkreise auf Sollwertniveau halten.

6 Literatur

Abschnitt 2

2.1 H. G. Elias: Makromoleküle, Vol. 1–4, Wiley-VCH, Weinheim, 2002.

2.2 D. Braun, H. Cherdron, H. Ritter: Praktikum der Makromolekularen Stoffe, 4. Aufl., Wiley-VCH, Weinheim, 1999.

2.3 A. D. Schlüter: Synthesis of Polymers, Wiley-VCH, Weinheim, 2000.

2.4 H. R. Kricheldorf: Handbook of Polymer Synthesis, Part A, B, M. Dekker, New York, Basel, Hongkong, 1992.

2.5 Houben-Weyl, Methoden der Organischen Chemie, Vol. E20, Makromolekulare Stoffe, Teil 1–3, Thieme, Stuttgart 1987.
2.6 A. Echte: Handbuch der technischen Polymerchemie, VCH-Verlagsgesellschaft, Weinheim, 1993.
2.7 H. Gerrens in: Ullmanns Encyclopädie der technischen Chemie, 4. Aufl., Band 19, Verlag Chemie, Weinheim, 1980.
2.8 L. L. Böhm: Die Ethylenpolymerisation mit Ziegler-Katalysatoren, Angew. Chem. 2003, 115, 5162.
2.9 G. R. Strobl: The Physics of Polymers, 2nd Edition, Springer Verlag, Berlin, Heidelberg, New York, 1999.
2.10 E. S. Wilks (Ed.): Industrial Polymers Handbook, Wiley-VCH, Weinheim, 2002.
2.11 G. Allen, J. Bevington (Eds.): Comprehensive Polymer Science, Vol. 1–7, 2 Supplements, Pergamon, Oxford, 1989.

Abschnitt 3

3.1 Hungenberg, K.-D., Dechema Monographs: 8th International Workshop on Polymer Reaction Engineering, **2004**, 138.
3.2 Hamielec, A. E. and H. Tobita, *Polymerization Processes*, Industrial Polymers Handbook, ed. E. S. Wilks, Vol. 1, Wiley-VHC Verlag, Weinheim, **2001**.
3.3 Biesenberger, J. A. and D. H. Sebastian, *Principles of Polymerization Engineering*, John Wiley & Sons, USA, **1983**.
3.4 US5728793 (**1998**), S.C. Co.
3.5 US5990236 (**1999**), BASF AG.
3.6 DE19638094 (**1998**), BASF AG.
3.7 Zacca, J. J. and W. H. Ray, *Chemical Engineering Science*, **1993**, 48(22).
3.8 Middleton, J. C. and K. J. Carpenter, *Stirred-Tank and Loop Reactors*, Ullmann's Encyclopedia of Industrial Chemistry, Wiley-VCH, **2000**.
3.9 Fan, S., H. G. Steinke, and E. Alpay, *Ind. Eng. Chem. Res.*, **2004**, ASAP article.
3.10 GB1082038 (**1967**), SHELL INT RESEARCH.
3.11 US3300457 (**1967**), BASF AG.
3.12 WO0240547 (**2002**), DSM NV.
3.13 US5378434 (**1995**), PROCEDYNE CORP.
3.14 US4427794 (**1984**), BAYER AG.
3.15 Boodhoo, K. V. K. and R. J. Jachuck, *Applied Thermal Engineering*, **2000**, 20, S. 1127–1146.
3.16 Leveson, P., W. A. E. Dunk, and R. J. Jachuck, *Journal of Applied Polymer Science*, **2004**, 94, S. 1365–1369.
3.17 US3880407 (**1975**), LIST.
3.18 Zlokarnik, M., *Stirring*, Ullmann's Encyclopedia of Industrial Chemistry, Wiley-VCH, **2003**.
3.19 Juvet, J.-E. and F. Streiff, *Chemie-Anlagen und Verfahren*, **1993**, 26(6), S. 23–25.
3.20 GB2069369 (**1981**), SUMITOMO CHEMICAL CO.
3.21 MAAG Pump Systems Textron, *Vacorex gear pumps for processing*, **2004**.
3.22 EP0245043 (**1987**), BP CHEM INT LTD.
3.23 EP0870539 (**1998**), MITSUI CHEMICALS INC.
3.24 US2004213706 (**2004**),
3.25 Allsopp, M. W., *Poly(vinyl chloride) – Toxicology and Occupational Health*, Ullmann's Encyclopedia of Industrial Chemistry, Wiley-VCH, **2000**.
3.26 Fuerhacker, M., *Water Science And Technology*, **2003**, 47(10), S. 117–122.
3.27 Stachel, B., et al., *Environmental Pollution*, **2003**, 124(3), S. 497–507.
3.28 Gestring, I. and D. Mewes, *Chemical Engineering Science*, **2002**, 57(16), S. 3415–3426.
3.29 Nising, P., T. Zeilmann, and T. Meyer, *Chemical Engineering & Technology*, **2003**, 26(5), S. 599–604.
3.30 US5861474 (**1999**), DOW CHEMICAL CO.
3.31 Darribère, C., F. A. Streiff, and J. E. Juvet, *DECHEMA Monographs*, **1998**, 134.
3.32 Keist, H. and D. Dunnenberger, *Sulzer Technical Review*, **2002**, 84(3).
3.33 EP1127609 (**2001**), LIST AG.
3.34 Allsopp, M. W. and G. Vianello, *Poly (vinyl chloride) – Production*, in Ullmann's Encyclopedia of Industrial Chemistry, Wiley-VCH, **2000**.

3.35 Astarita, G. and P. L. Maffettone, *Makromolekulare Chemie*, **1993**, 68, S. 1–12.

3.36 Alt, C., *Filtration*, in Ullmann's Encyclopedia of Industrial Chemistry, Wiley-VCH, **2000**.

3.37 Trawinski, H., *Centrifuges, Filtering*, in Ullmann's Encyclopedia of Industrial Chemistry, Wiley-VCH, **2000**.

3.38 DE2420922 (**1978**), HOECHST AG.

3.39 US4340702 (**1982**), GOODRICH CO.

3.40 EP0980876 (**2000**), BAYER AG.

3.41 Thermische Trocknung von Feststoffen: Einstieg in 60 Minuten, **2004**, www.drying.de

3.42 BAYER AG, *Extrusion von Bayer-Thermoplasten*. **2002**.

3.43 Gestring, I., *Entgasen von Polymeren*, Doktorarbeit, Fachbereich Maschinenbau, Universität Hannover, **2002**.

3.44 Greif, H., Technologie der Extrusion: Lern- und Arbeitsbuch für die Aus- und Weiterbildung, Hanser, München, **2004**.

3.45 Rosell, A., et al., Macromolecules, **2004**, 37(8), S. 2996–3004.

3.46 Fortini, S., et al., *Macromolecular Materials and Engineering*, **2004**, 206, S. 79–92.

3.47 DE3917646 (**1990**), Chemische Fabrik Stockhausen G.m.b.H.

Abschnitt 4

4.1-1 Wirtschaftsdaten und Graphiken zu Kunststoffen, Hrsg. Verband der Kunststoff-erzeugenden Industrie e. V., Frankfurt (M), **2005**, http://www.vke.de

4.1-2 L. Utracki, *Polym. Eng. Sci.* **1995**, 35, 2–17.

4.1-3 Plastics in Packaging **2001**; Environmental Benefits **2001**, Hrsg. Association of Plastics Manufacturers in Europe, http://www.apme.org

4.1-4 Verpacken mit Kunststoffen. Argumente, Fakten, Perspektiven, Hrsg. BASF Aktiengesellschaft.

4.1-5 Survey Report on Life Cycle Assessment (LCA) for Plastics and other Packaging Materials, Plastic Waste Management Institute, Japan, **1995**.

4.1-6 J. Brandrup, Kunststoffe und Kreislaufwirtschaft, In: Blasformen '97, Innovationen und Perspektiven, VDI, Düsseldorf, **1997**, 131–156.

4.1-7 K. Cuhls, *Kunststoffe* **1999**, 89, 3; H. Eschwey, K. Cuhls, Die Kunststoffindustrie im 21. Jahrhundert, Fraunhofer Institut Systemtechnik und Innovationsforschung, Karlsruhe, **1999**.

4.1-8 H. Kindler, A. Nikles, *Kunststoffe* **1980**, 70, 802–807; R. Mülhaupt, *Plastverarbeiter* **1999**, 50, 68–86.

4.1-9 ISO 1183.

4.1-10 ISO 1133 (Es ist zu beachten, dass diese Werte unter verschiedenen Bedingungen ermittelt werden. Temperatur *T* und Gewichtsauflagen *m* können variiert werden. Das wird wie folgt angegeben: MFR (*T*/*m*)).

4.1-11 ISO 1043, DIN 7728, Teil 1.

4.1-12 J. Wolters, *Kunststoffe* **1993**, 83, 985–987.

4.1-13 R. D. Maier, *Kunststoffe* **1999**, 89, 120–132.

4.1-14 E. W. Facett, R. U. Gibson, M. W. Perrin, J. G. Paton, E. G. Williams (ICI), GB 471590, **1936**, [C. A. **1938**, 32, 1362].

4.1-15 Polyethylenes 1933–1983, Past, Present, Future, The Plastics and Rubber Institute, London, **1983**.

4.1-16 J. P. Hogan, R. L. Banks (Phillips Petroleum) BE 530617, **1955**; US 2825721, **1958**; US 2846425, **1958**; US 2951816, **1960**.

4.1-17 A. Clark, J. P.Hogan, R. L.Banks, W. C.Lanning, *Ind. Eng. Chem.* **1956**, 48, 1152–1155.

4.1-18 J. P. Hogan, D. D. Norwood, C. A. Ayres, *J. Appl. Polym. Sci.* **1981**, 36, 49–60; J. P. Hogan, Catalysis of the Phillips Petroleum Company Polyethylen Process, in Applied Industrial Catalysis, Vol. 1, Hrsg. B. E. Leach, Academic Press, New York, **1983**, Vol.1, 149–176.

4.1-19 K. Ziegler H. Breil, E. Holzkamp, H. Martin, DE 973626, **1953**, [C. A. **1960**, 54, 14794].

4.1-20 K. Ziegler, E. Holzkamp, H. Breil, H. Martin, *Angew. Chem.* **1955**, 67, 426; 541–547.

4.1-21 K. Ziegler, *Angew. Chem.* **1964**, 76, 545–553.

4.1-22 B. Schmitt, W. Prätorius, K. Mühlbach, T. Plesnivy, *Kunststoffe* **1999**, 89, 24–31.

4.1-23 G. Luft, *Chem. Ing. Techn.* **1979**, 51, 960–969.

4.1-24 G. Luft, R. Kämpf, M. Seidl, *Angew. Makromol. Chem.* **1984**, 108, 203–217.

4.1-25 R. Steiner, *Chem. Ing. Techn.* **1979**, 48, 533–536.

4.1-26 T. W. De Loos, W. Poot, G. A. M. Diepen, *Macromolecules* **1983**, 16, 111–117; T. W. De Loos, R. N. Lichtenthaler, G. A. M. Diepen, *Macromolecules* **1983**, 16, 117–121.

4.1-27 P. Lorenzini, M. Pons, J. Villermaux, *Chem. Eng. Sci.* **1992**, 47, 3969–3980; 3981–3988.

4.1-28 L. Smit, DECHEMA Monographien **1992**, 127, 77–92.

4.1-29 C. Kiparissides, G. Verros, J. F. McGregor, *J.M.S. – Rev. Macromol. Chem. Phys.* **1993**, C33, 437–527.

4.1-30 E. Topalis, P. Pladis, C. Kiparissides, DECHEMA Monographien **1995**, 131, 631–656.

4.1-31 K. Tsai, R. O. Fox, *AICHE J.* **1996**, 42, 2926–2940.

4.1-32 L. K. Read, S. X. Zhang, W. H. Ray, *AICHE J.* **1997**, 43, 104–117; S. X. Zhang, W. H. Ray, *AICHE J.* **1997**, 43, 1265–1277.

4.1-33 G. Tosun, A. Bakker, *Ind. Eng. Chem. Res.* **1997**, 36, 296–305.

4.1-34 R. A. Hutchinson, R. E. Fuller, DECHEMA Monographien **1998**, 134, 35–47.

4.1-35 P. Pladis, C. Kiparissides, *J. Appl. Polym. Sci.* **1999**, 73, 2327–2348.

4.1-36 F. O. Mähling, R. K. Klimesch, M. Schwibach, M. Buback, M. Busch, *Chem. Ing. Techn.* **1999**, 71, 1301–1306.

4.1-37 N. H. Kolhapure, R. O. Fox, *Chem. Eng. Sci.* **1999**, 54, 3233–3242.

4.1-38 G. J. Wells, W. H. Ray, DECHEMA Monographien **2001**, 137, 49–59.

4.1-39 N. H. Kolhapure, R. O. Fox, DECHEMA Monographien **2001**, 137, 247–271.

4.1-40 http://www.basell.com; http://www.bppetrochemicals.com; http://www.dsm; http://www.exxonmobilchemical.com; http://www.sabic-europe.com

4.1-41 G. Beer, C. Justus, R. Mantel, W. F. Müller, H. Vogt, M. Vogt, *Kunststoffe* **2002**, 92, 30–35.

4.1-42 H. Domininghaus, Die Kunststoffe und ihre Eigenschaften, Springer Berlin, **1998**.

4.1-43 A. J. Peucock, Handbook of Polyethylene, Structures, Properties and Applications, Marcel Dekker Inc., New York, Basel, **2000**.

4.1-44 K. Oberbach, Saechtling Kunststoff Taschenbuch, Carl Hanser Verlag, München, Wien, **2001**.

4.1-45 B. Diedrich, *Appl. Polym.Symp.* **1975**, 26, 1–11.

4.1-46 J. P. Hogan, *J. Polym. Sci.*, Part A-1, **1970**, 8, 2637–2652.

4.1-47 M. P. McDaniel, *J. Catal.* **1981**, 67, 71–76.

4.1-48 M. P. McDaniel, *Adv. Catal.* **1985**, 33, 47–98.

4.1-49 L. L. Böhm, *Macromol. Symp.* **2001**, 173, 53–63.

4.1-50 H. J. Sinn, W. Kaminsky, *Adv. Organomet. Chem.* **1980**, 18, 99–149.

4.1-51 W. Kaminsky, M. Arndt, *Adv. Polym. Sci.* **1997**, 127, 143–187; Ziegler-Natta Polymerization, in: Handbook of Heterogeneous Catalysis, Hrsg.: G. Ertl, H. Knözinger, J. Weitkamp, VCH, Weinheim, Vol. 5, **1997**, 2405–2421.

4.1-52 J. C. Stevens, F. J. Timmers, D. R. Wilson, G. F. Schmidt, P. V. Nichias, R. K. Rosen, G. W. Knight, S. Lai (The DOW Chemical Company) EP 416815, **1989**.

4.1-53 G. W. Knight, S. Lai, Constrained Geometry Catalyst Technology, New Rules for Ethylene Alpha-Olefin Interpolymers – Unique Structure and Property Relationships, Proc. SPO Polyolefin VIII Int. Conf., Schotland Business Research (http://www.schotland.com) **1993**, 226–241.

4.1-54 B. A. Story, G. W. Knight, The New Family of Polyolefins from INSITE™ Technology, Proc. Metcon'93, The Catalyst Group Resources (http://www.catalystgrp.com), **1993**, 112–123.

4.1-55 S. D. Ittel, Olefin Polymerisation with DuPont's Versipol™ Catalyst System in Metalorganic Catalysts for Synthesis and Polymerisation, Hrsg. W. Kaminsky, Springer, Berlin **1999**, 616–628.

4.1-56 D. Harrison, Advanced SCLAIR-TECH^{TM} for HDPE: New Opportunities using Novel Catalyst Technologies, SPO'99, Scotland Business Research (http://www.schotland.com), **1999**,121–139; S. Brown, Advanced Polyethylene Products via the Combination of Advanced SCLAIRTECH^{TM} Process and NOVA Single Site Catalyst Technology, Metcon 99, The Catalyst Group Resources (http://www.catalsytgrp.com), **1999**.

4.1-57 W. R. Bead, D. R. Blevins, D. W. Imhoff, B. Kneale, L. S. Simeral (Albermarle Corp.), Progress in Methylaluminoxane (MAO) Characterization (Vortrag), In: Polyethylene – New Technology, New Markets, The Institute of Materials, London, **1997**.

4.1-58 H. Sinn, I. Schimmel, M. Ott, N. von Thiemen, A. Harder, W. Hagendorf, B. Heitmann, E. Haupt, Formation, Structure and Mechanism of Oligomeric Methylalumoxanes in Metalorganic Catalysts for Synthesis and Polymerisation, Hrsg. W. Kaminsky, Springer, Berlin, **1999**, 105–122.

4.1-59 G. G. Hlatky, R. R. Eckmann, H. W. Turner, *Organometallics* **1992**, 11, 1413–1416.

4.1-60 A. R. Siedle, W. M. Lamanna, R. A. Newmark, J. Stevens, D. E. Richardson, M. Ryan, *Macromol. Chem., Macromol. Symp.* **1993**, 66, 215–224.

4.1-61 M. Lux, W. F. Müller, *Kunststoffe* **1998**, 88, 1130–1134.

4.1-62 L. Böhm, M. Fleißner, *Kunststoffe* **1998**, 88, 1864–1870.

4.1-63 F. Hamada, K. Fuijisawa, A. Nakajima, *Polym. J.* **1973**, 4, 316–322; H. Horacek, *Makromol. Chem. Suppl.* **1975**, 1, 415–439; Y. Kodema, F. L. Swinton, *Brit. Polym. J.* **1978**, 10, 191–200; 201–204.

4.1-64 L. L. Böhm, *Angew. Chem.* **2003**, 115, 5162–5183.

4.1-65 L. Böhm, *Chem. Ing. Techn.* **1984**, 56, 674–684.

4.1-66 Z. Grof, J. Kosek, A. Novak, M. Marck, *DECHEMA Monographien* **2001**, 137, 61–70; J. Kosek, Z. Grof, B. Horackova, *DECHEMA Monographien* **2004**, 138, 141–150.

4.1-67 G. Fink, B. Tesche, F. Korber, S. Knoke, *Macromol. Symp.* **2001**, 173, 77–87.

4.1-68 M. Mooney, *J. Colloid. Sci.* **1951**, 6, 162–170; T. B. Lewis, L. E. Nielson, *Trans. Soc. Rheol.* **1968**, 12, 421–443; R. Michael, K. H. Reichert, *Chem. Ing. Techn.* **1984**, 56, 48–50.

4.1-69 W. R. Sailors, J. P. Hogan, *Polymer News* **1981**, 7, 152–167; M. P. McDaniel, *Ind. Eng. Chem. Res.* **1988**, 27, 1559–1564.

4.1-70 M. P. McDaniel, Phillips Process for Ethylene Polymerization, In: Handbook of Heterogeneous Catalysis, Hrsg. G. Ertl, H. Knözinger, J. Weitkamp, VCH, Weinheim, **1997**, Vol. 5, 2400–2405.

4.1-71 C. E. Marsden, *Plastics, Rubber and Composites Processing and Applications* **1994**, 21, 193–200.

4.1-72 H. G. Alt, *Macromol. Symp.* **2001**, 173, 65–75.

4.1-73 P. C. Thüne, J. Loos, D. Wouters, P. J. Lemstra, J. W. Niemantszerdriet, *Macromol. Symp.* **2001**, 173, 37–52.

4.1-74 G. Hierl, H. L. Kraus, *Z. Anorg. Allg. Chem.* **1975**, 415, 57–68.

4.1-75 S. Bordiga, S. Bertarione, A. Damin, C. Pretipino, G. Spoto, C. Lamberti, A. Zecchina, *J. Molecular Cat. A: Chem.* **2003**, 204–205; 527–534.

4.1-76 K. Y. Choi, S. Tang, W. J. Yoon; *Macromol. Theory Simul.* **2004**, 13, 169–177.

4.1-77 T. Pettijohn, S. Martin, W. Reagen (Phillips Petroleum), US 5.331.070, **1994** (s. hierzu auch R. D. Köhn, M. Haufe, G. Kociok-Köhn, S. Grimm, P. Wasserscheid, W. Keim, *Angew. Chem., Int. Ed.*, **2000**, 39, 4337; S. Liu, S. Elyashiv, A. Sen, *J. Am. Chem. Soc.*, **2001**, 123, 12738; P. J. W. Deckers, B. Hessen, J. H. Teuben, *Angew. Chem, Int. Ed.*, **2001**, 40, 2516; A. Carter, S. A. Cohen, N. A. Cooley, A. Murphy, J. Scutt, D. F. Wass, *Chem. Commun.* **2002**, 858).

4.1-78 R. Hayes, W. Webster, *The Plastic Insitute Transactions* **1964**, 32, 219–227.

4.1-79 G. Beer, H. R. Schmidt, *Kunststoffe* **1998**, 88, 1668–1672; G. Beer, M. Flosdorff, R. Kaps, U. Schulte,

R. Seintsch, *Kunststoffe* **1999**, 89, 34–40; G. Beer, H. Danz, S. Justus, R. Mantel, F. Schnorr, M. Vogt, A. Weber, *Kunststoffe* **2002**, 92, 36–42.

4.1-80 R. Bergner, Kunststoffhohlkörper in der Markenartikelindustrie, In: Blasformen'97, VDI-Verlag, Düsseldorf,**1997**, 3–27.

4.1-81 D. Johnke, P. Behr, HDPE-Kraftstoffbehälter (KKB) im Automobilbau – Langzeitverhalten, Randbedingungen und Entwicklungstendenzen, In: Kunststoffe im Automobilbau, VDI-Verlag, Düsseldorf, **1982**, 105–147; H. Kohn, Fertigung von Kunststoffkraftstoffbehältern (KKB) mit hohem Mechanisierungsgrad, In: Kunststoffe im Automobilbau, VDI-Verlag, Düsseldorf, **1983**, 157–191; W. Daubenbüchel, *Kunststoffe* **1992**, 82, 201–206; H. Siewert, M. Thielen, *Kunststoffe* **1998**, 88, 1218–1221.

4.1-82 R. Kaps, R. Schubbach, Einsatz von Kunststoffen für Gefahrgut-Verpackungen, In: Blasformen'97, VDI-Verlag, Düsseldorf, **1997**, 29–48.

4.1-83 M. Fleißner, *Kunststoffe* **1987**, 77, 45–50; A. Brostow, M. Fleißner, W. F. Müller, *Polymer* **1991**, 32, 419–425; N. Brown, X. Lu, *Polymer* **1995**, 36, 543–548; I. M. Ward, *Macromol. Symp.* **1995**, 98, 1029; M. Fleissner, *Polym. Eng. Sci.* **1998**, 38, 330–340.

4.1-84 http://www.atofina.com; http://www.basell.com; http://www.bpsolvaype.com; http://www.borealisgroup.com; http://www.cpchem.com

4.1-85 A. Avela, R. Karling, J. Takaharhu, *DECHEMA Monographien* **1998**, 134, 3–22.

4.1-86 P. D. Condo, E. J. Coleman, P. Ehrlich, *Macromolecules* **1992**, 25, 750–753.

4.1-87 L. L. Böhm, *DECHEMA Monographien* **1995**, 131, 191–212.

4.1-88 L. Böhm, *Chem. Ind. News,* **2001**, 46, 31–49.

4.1-89 L. L.Böhm, D. Bilda, W. Breuers, H. F. Enderle, R. Lecht, The Microreactor Model – Guideline for PE-HD Process and Product Development, In: Ziegler Catalysts, Hrsg. G. Fink, R. Mülhaupt, H. H. Brintzinger, Springer, Berlin, **1995**, 387–400.

4.1-90 N. Kashiwa, J. Yoshitake, T. Tsutsui, Olefin Polymerization with Highly Active $MgCl_2$ Supported $TiCl_4$ Catalyst System: Comparison on the Behaviors of Propylene, Butene-1, Ethylene and Styrene Polymerizations, In: Olefin Polymerization, Hrsg. W. Kaminsky, H. Sinn, Springer-Verlag, Berlin, **1988**, 33–43.

4.1-91 M. Ferraris, F. Rosati, S. Paroli, E. Giannetti, G. Motroni, E. Albizzati (Montedison) DE 2933997, **1980** [C.A. **1980**, 92, 199055].

4.1-92 G. Thum (Hoechst AG) DE 3620060, **1987** [C.A. **1988**, 108, 205257]; W. Breuers, R. Lecht, L. Böhm (Hoechst AG) EP 0613909, **1994** [C.A. **1995**, 122, 134146].

4.1-93 L. Böhm (Hoechst AG), DE 4017661, **1990** [C.A. **1992**, 116, 84398].

4.1-94 P. Cossee, *J. Catal.* **1964**, 3, 80–88; *E. J. Arlman, J. Catal.* **1964**, 3, 89–98; E, J. Arlman, P. Cossee, *J. Catal.* **1964**, 3 99–104.

4.1-95 L. L. Böhm, *Polymer* **1978**, 19, 545–552; 553–561; 562–566.

4.1-96 W. R. Schmeal, J. R. Street, *AIChE J.* **1971**, 17, 1188–1197.

4.1-97 E. J. Nagel, V. A. Kirillov, W. H. Ray, *Ind. Eng. Chem. Prod. Res. Dev.* **1980**, 19, 372–379.

4.1-98 T. Taylor, K. Y. Choi, H. Yuan, W. H. Ray in Transition Metal Catalyzed Polymerization, Hrsg. H. P. Quirk, Harwood, London, **1983**, 191–222; R. A. Hutchinson, C. M. Chen, W. H. Ray, *J. Appl. Polym. Sci.* **1992**, 44, 1389–1414.

4.1-99 T. McKenna, V. Mattioli, *Macromol. Symp.* **2001**, 173, 149–162.

4.1-100 L. L. Böhm, P. Göbel, P.-R. Schöneborn, *Angew. Makromol. Chem.* **1990**, 174, 189–203; L. L. Böhm, P. Göbel, T. Tauchnitz, Chem. Ind. (Düsseldorf) **1990**, Heft 6, 24–25; L. L. Böhm, P. Göbel, O. Lorenz, T. Tauchnitz, *DECHEMA Monographien* **1992**, 127, 257–273; L. L. Böhm, P. Göbel, P.-R. Schöneborn, T. Tauchnitz, Proceedings of the 4th World Congress of Chemical Engineering, Dechema, Frankfurt(M) **1992**, 605–619.

4.1-101 S. Floyd, K. J. Choi, T. W. Taylor, W. H. Ray, *J. Appl. Polym. Sci.*, **1986**, 32,

2935–2960; S. Floyd, G. E. Mann,W. H. Ray, *Stud. Surf. Sci. Catal.* **1986**, 25, 339–367; S. Floyd, T. Heiskanen, T. W. Taylor, G. E. Mann, W. H. Ray, *J. Appl. Polym. Sci.*, **1987**, 33, 1021–1065; T. F. McKenna, F. Barbotin, R. Spitz, J. *Appl. Polym. Sci.* **1996**, 62, 1835–1841.

4.1-102 L. L. Böhm, H. F. Enderle, M. Fleissner, F. Kloos, *Angew. Makromol. Chem.*, **1997**, 244, 93–120; L. L. Böhm, H. F. Enderle, M. Fleissner, *Plastics, Rubber and Composites Proc. and Applic.*, **1998**, 27, 26–29.

4.1-103 L. L. Böhm, H. F. Enderle, M. Fleißner, *Adv. Mater.* **1992**, 4, 234–235.

4.1-104 J. Scheirs, L. L. Böhm, J. C. Boot, P. S. Leevers, *TRIP* **1996**, 4, 408–415.

4.1-105 H. Lüker, U. Schulte, *Kunststoffe* **1995**, 85, 1127–1128; R. Weinlein, V. Lackner, *Plastics Special* **1997**, Heft 11, 4–10; U. Schulte, *Kunststoffe* **1997**, 87, 203–206; U. Schulte, R. Lecht, *Swiss Plast* **1998**, 20(6), 16–22; U. Schulte, *BBR Wasser Rohrbau* **1999**, Heft 11, 14–21.

4.1-106 B. Burdett, *CHEMTECH* **1992**, 22, 616–623.

4.1-107 T. Xie, K. B. McAuley, J. C. C. Hsu, D. W. Bacon, *Ind. Eng. Chem. Res.* **1994**, 33, 449–479.

4.1-108 J. Werther, *Chem. Ing. Techn.* **1977**, 49, 193–202.

4.1-109 R. S. Brodkey, D. S. Kim, W. Sidner, *Int. J. Heat and Mass Transfer* **1991**, 34, 2327–2337.

4.1-110 T. F. McKenna, D. Cokljat, P. Wild, *Comput. Chem. Eng.* **1998**, 22, 285–292.

4.1-111 T. F. McKenna, R. Spitz, D. Cokljat, *AIChE J.* **1999**, 45, 2392–2410.

4.1-112 G. B. Meier, G. Weickert, W. P. M. van Swaaij, *AIChE J.* **2002**, 48, 1268–1283.

4.1-113 J. M. Jenkins, R. L. Jones, T. M. Jones (Union Carbide Corporation), US 4.543.399, **1985**.

4.1-114 M. I. DeChellis, J. R. Griffin (Exxon Chemical Patents) US 5.352.749, **1994**.

4.1-115 J.-C. Chinh, M. C. H. Fillippelli, D. Newton, M. P. Power, (BP Chemicals) WO 94/28032, **1994**.

4.1-116 Y. Jiang, K. B. McAuley, J. C. C. Hsu, *AIChE J.* **1997**, 43, 13–24.

4.1-117 Katalysatoren: BASF PuriStar™/ Molsieb (Grace u. a.).

4.1-118 K. B. McAuley, J. F. McGregor, A. E. Hamielec, *AIChE J.* **1990**, 36, 837–850.

4.1-119 K. B. McAuley, J. F. McGregor, *AIChE J.* **1992**, 38, 1564–1576; **1993**, 39, 855–866.

4.1-120 K. B. McAuley, D. A. Macdonald, P. J. McLellan, *AIChE J.* **1995**, 41, 868–879.

4.1-121 I. Hyanek, J. Zacca, T. Teymour, W. H. Ray, *Ind. Eng. Chem. Res.* **1995**, 34, 3872–3877.

4.1-122 http://www.basell.com; http://bppetrochemicals.com; http://www.exxonmobilchemical.com; http://www.univation.com

4.1-123 M. Covezzi, *Macromol. Symp.* **1995**, 89, 577–587.

4.1-124 P. Galli, *Plastic, Rubber and Composites Processing and Application* **1995**, 23, 1–10; P. Galli, *J. Macromol. Sci.-Phys.* **1996**, B 33, 427–455.

4.1-125 F. J. Karol, *Catal. Rev. Sci. Eng.* **1984**, 26, 557–595; *Macromol. Symp.* **1995**, 89, 563–576.

4.1-126 F. J. Karol, S.-C. Kao, *New J. Chem.* **1994**, 18, 97–103.

4.1-127 G. Cecchin, G. Morini, F. Piemontesi, Ziegler-Natta Catalysts, In: Kirk-Othmer Encyclopedia of Chemical Technology, John Wiley & Sons 2003, online edition.

4.1-128 H. T. Liu, C. R. Dacey, P. P. Shirodkar, *Macromol. Symp.* **2003**, 195, 309–316.

4.1-129 P. Ferenz, Prodigy™ Bimodal Catalyst (BMC) Technology, In: Polyethylene 2004, Maack Business Services, Zürich, **2004**.

4.1-130 http://www.dow.com; http://www.univation.com; http://www.bpchemicals.com

4.1-131 J. P. Hogan, D. N. Harwood, A. Ayres, *J. Appl. Poylm. Sci., Symp.* **1981**, 36, 49–60.

4.1-132 G. Crespi, A. Valvassori, G. Sartori, Ethylene-Propylene Copolymers as Rubbers, In: High Polymers, Hrsg. G. E. Ham, Wiley-Interscience, New York, **1964**, Vol.18, 231–274.

4.1-133 Y. V. Kissin, *Adv. Polym. Sci.* **1974**, 15, 91–155.

4.1-134 L. L. Böhm, *Angew. Makromol. Chem.* **1980**, 89, 1–32; *J. Appl. Polym. Sci.* **1984**, 29, 279–289.

4.1-135 W. Cooper, Kinetics of Polymerization Initiated by Ziegler-Natta and Related Catalysts, In: Comprehensive Chemical Kinetics, Non Radical Polymerizations, Hrsg. C. H. Bamford, C. F. H. Tipper, Elsevier Scientific Publishing Co. Amsterdam, **1976**, Vol. 15, 133–257.

4.1-136 G. Fink, W. J. Richter, Copolymerisation Parameters of Metallocene-Catalyzed Copolymerisations, In: Polymer Handbook, 4th Ed., Hrsg. J. Brandrup, E. H. Immergut, E. A. Grulke, Wiley, New York, **1999**, 329–337.

4.1-137 A. D. Horton, *TRIP* **1994**, 2, 158–166.

4.1-138 F. Garbassi, L. Gila, A. Proto, *Polymer News* **1994**, 19, 367–371.

4.1-139 M. Aulbach, F. Küber, *Chemie in unserer Zeit* **1994**, 28, 197–208.

4.1-140 I. A. Jaber, W. H. Ray, *J. Appl. Polym. Sci.* **1993**, 49, 1695–1707; 1709–1724; **1994**, 50, 201–215; 217–231.

4.1-141 P. A. Charpantier, S. Zhu, A. E. Hamielec, M. A. Brook, Ind. Eng. Chem. Res. **1997**, 36, 5074–5082; W. J. Wang, E. Kolodka, S. Zhu, A. E. Hamielec, *J. Polym. Sci. A, Polym. Chem.* **1999**, 37, 2949–2957.

4.1-142 S. Hasagawa, M. Sone, M. Tanabiki, M. Sato, A. Yano, *J. Polym. Sci. A, Polym. Chem.* **2000**, 38, 4641–4648.

4.1-143 D. W. Stephan, *Macromol. Symp.* **2001**, 173, 105–115.

4.1-144 D. W.Stephan, J. C. Stewart, S. J. Brown, J. W. Swabey, Q. Wang (Nova Chemicals (International)), EP 0881233, **2002**; D. W. Stephan, J. C. Stewart, D. G. Harrison (Nova Chemicals (International)), EP 0890581, **2003**.

4.1-145 S. J. Brown (Nova Chemicals (International)), US 6.372.864, **2002**.

4.1-146 http://www.dow.com; http://www.novachem.com; http://www.dsm.com

4.1-147 M. Gahleitner, W. Neißl, P. Pikänen, P. Jääskeläinen, B. Malm, *Kunststoffe* **2001**, 91, 59–60.

4.1-148 Y. Bonte, R. Schweda, *Kunststoffe* **2002**, 92, 262–266.

4.1-149 E. P. Moore, The Rebirth of Polypropylene: Supported Catalysts, Hanser Publishers, München, **1998**.

4.1-150 Polypropylene, Past, Present and Future: The Challenge Continues, Montell Polyolefins, Ferrara, **1998**.

4.1-151 G. Natta, *J. Polym. Sci.* **1955**, 16, 143–154; *Angew. Chem.* **1956**, 68, 869–887; *Angew. Chem.* **1964**, 76, 553–566.

4.1-152 G. Natta, P. Pino, P. Corradini, F. Danusso, E. Mantica, E. Mazzanti, G. Moraglio, *J. Am. Chem. Soc.***1955**, 77, 1708–1710.

4.1-153 G. Natta (Montecatini) Ital. Pat. 535712, **1954**.

4.1-154 A. Bosoni, G. Guzetta, I. Ronzoni, F. Sabbioni, *Mater. Plast.* **1956**, 12, 1010–1026; G. Ballabio, *Mater. Plast.* **1957**, 13, 415–419; R. Pozzo, S. Compostella, *Mater. Plast.* **1957**, 13, 425–434.

4.1-155 W. Neißl, H. Ledwinka, *Kunststoffe* **1993**, 83, 577–583; W. Neißl, M. Gahleitner, *Macromol. Symp.* **2002**, 181, 177–188; M. Gahleitner, M. Kirchberger, P. DeMink, *Kunststoffe* **2004**, 94, 108–110.

4.1-156 P. Galli, L. Luciani, G. Cecchin, *Angew. Makromol. Chem.* **1981**, 94, 63–89.

4.1-157 P. Galli, *Prog. Polym. Sci.* **1994**, 19, 959–974.

4.1-158 P. Galli, J. C. Haylock, E. Albizzati, A. DeNicola, *Macromol. Symp.***1995**, 98, 1309–1332.

4.1-159 P. Galli, J. C. Haylock, A. DeNicola, *Macromol. Symp.* **1995**, 100, 95–100.

4.1-160 P. Galli, G. Vecellio, *Prog. Polym. Sci.*, **2001**, 26, 1287–1336.

4.1-161 L. L. Böhm, H. F. Enderle, M. Fleissner, F. Kloos, *Angew. Makromol. Chem.* **1997**, 244, 93–120.

4.1-162 L. Böhm, D. Fischer, Polyolefine: Polymere mit Zukunft und neuen Herausforderungen, In: Anforderungsgerechte Materialeigenschaften, VDI Verlag, Düsseldorf, **2000**, 205–225.

4.1-163 P. C.Barbé, G. Cecchin, L. Noristi, *Adv. Polym. Sci.* **1987**, 81, 1–81.

4.1-164 N. Kashiwa, *Polymer J.* **1980**, 12, 603–608; N. Kashiwa, J. Yoshitake, *Makromol. Chem.* **1984**, 185, 1133–1138.

4.1-165 N. Kashiwa, S. Kojoh, *Macromol. Symp.* **1995**, 89, 27–38.

4.1-166 P. Galli, J. C.Haylock, *Prog. Polym. Sci.* **1991**, 16, 443–462.

4.1-167 G. Cecchin, G. Morini, A. Pelliconi, *Macromol. Symp.* **2001**, 173, 195–209.

4.1-168 L. Luciani, N. Kashiwa, P. C. Barbé, A. Toyota (Montedison, Mitsui Petrochemicals) US 4 331 561, **1982**.

4.1-169 E. Albizzati, U. Giannini, G. Morini, C. A. Smith, R. C. Zeigler, Advances in Propylene Polymerization with $MgCl_2$ Supported Catalysts, In: Ziegler Catalysts, Hrsg. G. Fink, R. Mülhaupt, H. H. Brintzinger, Springer-Verlag Berlin, Heidelberg, **1995**, 413–425.

4.1-170 J. C. Chadwick, *Macromol. Symp.* **2001**, 173, 21–35.

4.1-171 P. Corradini, V. Busico, G. Guerra, Monoalkene Polymerization: Stereospecifity, In: Comprehensive Polymer Science, Hrsg. G. Allen, J. C. Bevington, Pergamon Press, Oxford, **1989**, Vol.4, 29–50; P. Corradini, G. Guerra, *Progr. Polym. Sci.* **1991**, 16, 239–257.

4.1-172 F. R. W. P. Wild, L. Zsolnai, G. Hutter, H. H. Brintzinger, *J. Organomet. Chem.* **1982** 232, 233–247.

4.1-173 J. A. Ewen, *J. Am. Chem. Soc.* **1984**, 106, 6355–6364; Studies in Surface Science and Catalysis, Hrsg. T. Keii, K. Soga, Elsevier, Amsterdam **1986**, Vol. 25, 271–292.

4.1-174 W. Kaminsky, K. Külper, H. H. Brintzinger, F. R. W. P. Wild, *Angew. Chem.* **1985**, 97, 507–508.

4.1-175 W. Spaleck, M. Antberg, V. Dolle, R. Klein, J. Rohrmann, A. Winter, *New. J. Chem.* **1990**, 14, 499–503; W. Spaleck, M. Antberg, M. Aulbach, B. Bachmann, W. Dolle, S. Haftka, F. Küber, J. Rohrmann. A. Winter, New Isotactic Polypropylens via Metallocene Catalysts, In: Ziegler Catalysts, Hrsg. G. Fink, R. Mülhaupt, H. H. Brintzinger, Springer-Verlag, Berlin, **1995**, 83–97.

4.1-176 H. H. Brintzinger, D. Fischer, R. Mülhaupt, B. Rieger, R. Waymouth, *Angew. Chem.* **1995**, 107, 1255–1283.

4.1-177 P. Burger, K. Hortmann, H. H. Brintzinger, *Makromol. Chem., Macromol. Symp.* **1993**, 66, 127–140.

4.1-178 P. Corradini, G. Guerra, L. Cavallo, G. Moscardi, M. Vacatello, Models for the Explanation of the Stereospecific Behavior of Ziegler-Natta Catalysts, In: Ziegler Catalysts, Hrsg. G. Fink, R. Mülhaupt, H. H. Brintzinger, Springer-Verlag Berlin, **1995**, 237–249.

4.1-179 G. Monaco, M. Toto, G. Guerra, P. Corradini, I. Cavallo, *Macromolecules* **2000**, 33, 8953–8962.

4.1-180 R. Kunzer, G. Wieners, *Kunststoffe* **1996**, 86, 666–669.

4.1-181 J. R. Grasmeder, D. Özdemir, F. Stricker, *Kunststoffe* **1998**, 88,1126–1128.

4.1-182 J. Scheirs, W. Kaminsky, Metallocene Based Polyolefins, John Wiley & Sons, Chichester, **1999**.

4.1-183 J. B. P. Soares, A. E. Hamielec, *Polym. React. Eng.* **1995**, 3, 131–200.

4.1-184 A. Razavi, D. Baekelmans, V. Bellia, Y. DeBrauwer, K. Hortmann, M. Lambrecht, O. Miserque, L. Peters, M. Slawinski, S. VanBelle, Syndiospecificity, Main Attributes, Mechanistic Aspects, In: Progress and Development of Catalytic Olefin Polymerization, Hrsg. T. Sano, T. Uozumi, H. Nakatani, M. Terano, Technology and Education Publishers, Tokyo, **2000**, 176–186.

4.1-185 Propylene Handbook (Hrsg. E. P. Moore), Carl Hanser Verlag, München, **1996**.

4.1-186 http://www.atofina.com; http://www.basell.com; http://borealisgroup. com; http://www.bpsolvay.com

4.1-187 D. Suwanda, R. Lew, S. T. Balke, *J. Appl. Polym. Sci.* **1988**, 35, 1019–1032; 1033–1048.

4.1-188 S. Misra, F.-M. Lu, J. E. Spruiell, G. C.Richeson, *J. Appl. Polym. Sci.* **1995**, 56, 1761–1779.

4.1-189 T. Sasaki, T. Ebara, H. Johoji, *Poly. Adv. Techn.* **1993**, 4, 406–414.

4.1-190 C. Fritze, The Evolution of Basell's Metallocene Catalysts: Innovation in Polypropylenes, MetCon **2004**, The Catalyst Group Resources, Houston.

4.1-191 P. Galli, *DECHEMA Monographien* **1998**, 134, 61–79.

4.1-192 Softell^{TM} (Basell Polyolefins).

4.1-193 K. D. Rümpler, J. F. R. Jaggard, R. A. Werner, *Kunststoffe* **1988**, 78, 602–605.

4.1-194 K. D. Hungenberg, J. Kerth, F. Langhauser, B. Marczinke, R. Schlund, Gas Phase Polymerization of α-Olefins with Ziegler-Natta and Metallocene Catalysts: a Comparison, In: Ziegler Catalysts, Hrsg. G. Fink, R. Mülhaupt, H. H. Brintzinger, Springer-Verlag, Berlin, **1995**, 363–386.

4.1-195 B. L.Goodall, A. A.van der Nat, W. Sjardijn (Shell Chemicals) EP 19 312, **1980**.

4.1-196 J. C. Chadwick, J. C. van der Sar (Shell Chemicals) US 4 663 299, **1987**.

4.1-197 S. M. Nestlerode, I. G. Burstain, R. C. Job (Shell Chemicals) US 4 728 705, **1988**; US 4 771 024, **1988**.

4.1-198 R. C. Job (Shell Chemicals), US 4 806 696, **1989**.

4.1-199 A. Villena, R. P. C. van Gaalen, J. C. Chadwick (Shell Chemicals) EP 429 128, **1991**.

4.1-200 J. C. Chadwick, B. J. Ruisch (Shell Chemicals) US 5 061 666, **1991**, US 5 132 379, **1992**.

4.1-201 G. Schweier, J. F. R. Jaggard, R. A. Werner, W. Gruber (BASF) US 4 745 164. **1988**.

4.1-202 R. Zolk, J. Kerth, R. Hemmerich (BASF), EP 306 867, **1989**; EP 307 813, **1989**.

4.1-203 V. Warzelhan, W. Ball, R. Bachl (BASF) US 4 864 005, **1989**.

4.1-204 M. Kersting, K. D. Hungenberg, P. Kölle, J. Kerth (BASF) EP 655 466, **1995**.

4.1-205 N. M. Karayannis, B. V. Johnson, C. R. Hoppin, H. M. Khelghatian, Highly Active Supported Propylene Polymerization Catalysts prepared by Activation of Supports derived from Precomplexed Magnesium Alkyls, In: Olefin Polymerization, Hrsg. W. Kaminsky, H. Sinn, Springer-Verlag, Berlin, **1988**, 231–237.

4.1-206 G. G.Arzoumanidis, S. S. Lee (Amoco Corporation) US 4 540 679, **1985**.

4.1-207 G. G. Arzoumanidis, H. M. Khelghatian, S. S. Lee (Amoco Corporation) EP 171 179, **1986**.

4.1-208 H. S. Tovrog, C. R. Hoppin, B. V. Johnson (Amoco Corporation) US 4 567 155, **1986**.

4.1-209 C. R. Hoppin, B. S. Tovrog (Amoco Corporation) US 4 829 038, **1989**.

4.1-210 http://www.toho-titanium.co.jp

4.1-211 http://www.engelhard.com

4.1-212 http://www.bppetrochemicals.com

4.1-213 D. Geldart, Gas Fluidization Technology, Wiley, New York, **1986**; D. Kunii, O. Levenspiel, Fluidization Engineering, Butterworth Heinemann, Boston **1991**.

4.1-214 M. Covezzi, G. Mei, *Chem. Eng. Sci.* **2001**, 4059–4067.

4.1-215 G. Govoni, R. Rinaldi, M. Covezzi, P. Galli (Montell), **1997**, US 5 698 642; G. Govoni, M. Covezzi, (Montell), **2000**, WO 00/02 929.

4.1-216 A. de Vries, N. Izzo-Immarrone, *DECHEMA Monographien* **2001**, 137, 43–48.

4.1-217 P. Galli, G. Cecchin, J. C. Chadwick, D. DelDucca, G. Vecellio, Propylene: 44 Years young: The Challenge for the 21st Century, In: Metallorganic Catalysts for Synthesis and Polymerization, Hrsg. W. Kaminsky, Springer, Berlin, **1999**, 14–29.

4.1-218 G. Natta, P. Corradini, I. W. Bassi, *Makromol. Chem.* **1956**, 21, 240–244.

4.1-219 V. F. Holland, R. L. Miller, *J. Appl. Phys.* **1964**, 35, 3241–3248.

4.1-220 G. Goldbach, G. Peitscher, *Polym. Letters* **1968**, 6, 783–788.

4.1-221 G. Goldbach, *Angew. Makromol. Chem.* **1973**, 29/30, 213–227; *Kunststoffe* **1974**, 64, 475–481; *Angew. Makromol. Chem.* **1974**, 39, 175–188; **1978**, 74, 123–146.

4.1-222 J. Plenikowski, O. Umminger, *Kunststoffe* **1965**, 55, 822–827.

4.1-223 D. Bigiavi, N. Arich de Finetti, G. Mei, G. Penzo, M. Covezzi, P. Baita, M. S. Tonti (Basell), WO **2004**, 000891.

4.1-224 D. Bigiavi, G. Mei, N. Arich de Finetti, G. Penzo, G. Vitale, M. Covezzi (Basell); WO **2004**, 000895.

4.1-225 G. Morini, F. Piemontesi, G. Vitale, D. Bigiavi, A. Pelliconi, E. Garagnani, P. Baita (Basell), WO **2004**, 048 424.

4.1-226 G. Videtto, A. I. Kovacs, *Kolloid Z. Z. Polym.* **1967**, 220, 1–18.

4.1-227 M. L. Kasakevich, *Kunststoffe* **1990**, 80, 54–57.

4.1-228 N. Arich de Finetti, P. Baita, D. Bigiavi, M. Covezzi, G. Mei, M. S. Tonti, A New Manufacturing Technology for the Production of Polybuten-1, In: Neue Materialentwicklungen und Märkte bei Polyolefinen, Süddeutsches Kunststoff-Institut, Würzburg, **2002**, **I** 1–11.

4.1-229 F. van de Vliet, A. Buffa, K. Könnecke, Polybuten-1: Entering the next Generation, In: Plastic Pipes XII, **2004**, CD, Hrsg. Plastic Pipes Conference Association, UK.

4.1-230 M. Ifwarson, T. Tränker, *Kunststoffe* **1989**, 79, 827–830.

4.1-231 A. Wouters, D. Hopper, Polybutylene Film for Non-retortable Applications, In: Pira 5th International Packeging Conference, London, **1990**.

4.1-232 R. Lee, High Performance Lidding Films from Polybutylene Blends, In: Pira International Conference, Birmingham, **1990**.

4.1-233 Wachstumschance mit Polybuten-1, *Kunststoffe* **2004**, 94, 23.

4.1.3 Übersichtsliteratur

Catalytic Polymerization of Olefins, In: Studies in Surface Science and Catalysis 25, Hrsg. T. Keii, K. Soga, Elsevier, Amsterdam, **1986**.

Transition Metals and Organometallics as Catalysts for Olefin Polymerization, Hrsg. W. Kaminsky, H. Sinn, Springer-Verlag, Berlin, **1988**.

Catalyst Design for Tailor-Made Polyolefins, In: Studies in Surface Science and Catalysis 89, Hrsg. K. Soga, M. Terano, Elsevier, Amsterdam, **1994**.

Makromol. Chem. Macromol. Symp., Hrsg. A.Guyot, R. Spitz, **1993**, 66, 1–334.

Synthetic, Structural and Industrial Aspects of Stereospecific Polymerization, In: Macromol. Symp., Hrsg. I. Tritto, U. Giannini **1995**, 89, 1–586.

Metalorganic Catalysts for Synthesis and Polymerisation, Hrsg. W. Kaminsky, Springer, Berlin, **1999**.

Progress and Development of Catalytic Olefin Polymerization, Hrsg. T. Sano, T. Uozumi,H. Nakatami, M. Terano, Technology and Education Publishers, Tokyo, **2000**, 1–287.

Insertion Polymerisation, Hrsg. W. Spaleck, *Macromol. Symp.* **2001**, 173, 1–261.

R. Mülhaupt, Catalytic Polymerization and Post Polymerization Catalysis Fifty Years after the Discovery of Ziegler's Catalysts, In: *Macromol. Chem. Phys.* **2003**, 204, 289–327.

P. Galli, G. Vecellio, Polyolefins: The Most Promising Large-Volume Materials for the 21st Century, *J. Polym. Sci: Part A, Polym. Chem.* **2004**, 42, 396–415.

4.2-1 Verband Kunststofferzeugende Industrie; Wirtschaftsdaten zu Kunststoffen, aktualisiert 12. 10. 2004.

4.2-2 H. Gausepohl, V. Warzelhan, *Angew. Makromol. Chem.* **1997**, *244*, 17–41.

4.2-3 N. Nießner, U. Breiner, A. Grefenstein, *Kunststoffe* 2001, *91*, 104–106.

4.2-4 Encycl. Polym. Sci. Eng. **1989**, *16*, 1–246.

4.2-5 Industrial Polymers Handbook **2001**, *2*, 789–864.

4.2-6 U. Reichert, *Kunststoffe* **1993**, *83*, 737–740.

4.2-7 K.-H. Förster, G. Jauler, *Kunststoffe* 1995, *85*, 1541–1545.

4.2-8 D. Naegele, *Kunststoffe* **1993**, *83*, 741–743.

4.2-9 H.-G. Elias, Makromoleküle, Bd. 2, 5. Aufl., Hüthig, Heidelberg, **1992** 154–156.

4.2-10 N. Nießner, D. Bender, G. Skupin, A. Wagenknecht, *Kunststoffe* 1995, *85*, 86–88.

4.2-11 H. Läsche, R. van Roessel, *Kunststoffe* **1999**, *89*, 89–94.

4.2-12 N. Dominik, *Kunststoffe* **1995**, *85*, 2165–2171.

4.2-13 DE-PS 550055 (1929) IG Farbenindustrie AG.

4.2-14 H. G. Pohlemann, A. Echte, 50 Years of Polystyrene, in: Review and Preview of Polymer Science – A Tribute to Herman Mark. *Am. Chem. Soc. Symposium Series* **1981**, *175*, 265.

4.2-15 GB-PS 371396 (1932) IG Farbenindustrie AG.

4.2-16 J. L. Amos, *Polym. Eng. Sei.* **1974**, *14*, Nr. 1, 1.

4.2-17 US-PS 2439202 (1948) US Rubber Co.

4.2-18 US-PS 2023204 (1935) C. G. Muntern.

4.2-19 US-PS 2450436 (1948), US-PS 2515250 (1950) O. R. McIntyre.

4.2-20 DE-PS 666415 (1935) IG Farbenindustrie AG.
4.2-21 K. Buchholz, L. Zürn, in: R. Vieweg, G. Daumiller, (Hrsg.): Kunststoff-Handbuch. Bd. 5, München: Carl Hanser **1969**, S. 676.
4.2-22 GB-PS 605863 (1948) Distillers Co.
4.2-23 US-PS 2533629 (1950) Radio Corp. of America.
4.2-24 A. R. Ingram, J. Fogel, in: K. C. Frisch, J. H. Saunders, (Hrsg.): Plastic Foams. Teil 2, New York: Marcel Dekker **1973**, S. 534.
4.2-25 DE-PS 941389 (1951) BASF AG.
4.2-26 DE-PS 845264 (1950) BASF AG.
4.2-27 D. B. Priddy, M. Pirc, B. J. Meister, *J. Polymer Eng.* **1991**, *10*, 333–344.
4.2-28 D. B. Priddy, *Adv. Polymer Sci.* **1994**, *111*, 67–114.
4.2-29 R. Knott, Anionische Blockcopolymere. In: Kunststoff-Handbuch, G. W. Becker, D. Braun, (Hrsg.) **1996**, *4*, 145 ff.
4.2-30 O. W. Webster, *Science* **1991**, *251*, 887.
4.2-31 D. Greszta, D. Madaren, K. Matyjaszewski, *Macromolecules* **1994**, *27*, 638.
4.2-32 M. K. Georges et al., *Trends Polymer Sci.* **1994**, *2*, 66.
4.2-33 N. Ishihara, T. Seimiy, M. Kuramoto, M. Uoi, *Macromolecules* 1986, *11*, 2464.
4.2-34 N. Ishihara, M. Kuramoto, M. Uoi, *Macromolecules* 1988, *21*, 3356.
4.2-35 J. Okuda, S. Arndt, K. Beckerle, K. C. Hultzsch, P. Voth, T. P. Spaniol, *Pure Appl. Chem.* **2001**, *73*, 351.
4.2-36 N. Suzuki, *Top. Organomet. Chem.* **2004**, *8*, 192–195.
4.2-37 P. Wittmer, T. Ankel, H. Genrens, H. Romeis, *Chem.-Ing.-Tech.* **1965**, *37*, 392.
4.2-38 A. W. Hui, A. E. Hamielec, *J. Appl. Polym. Sei.* **1972**, *16*, 749.
4.2-39 A. Husain, A. E. Hamielec, *J. Appl. Polym. Sei.* **1978**, *22*, 1207.
4.2-40 J. Gao, K. D. Hungenberg, A. Peulichs, *Macromol. Symp.* **2004**, *206*, 509–522.
4.2-41 W. V. Smith, *J. Am. Chem. See.* **1946**, *68*, 2059, 2064.
4.2-42 US-PS 3160613 (1964); US-PS 3160614 (1964); US-PS 3160615 (1964); US-PS 3160616 (1964); US-PS 3160617 (1964) Monsanto Co.
4.2-43 US-PS 2646423 (1953) Dow Chem. Co.
4.2-44 US-PS 3014702 (1958) Dow Chem. Co.
4.2-45 US-PS 3243481 (1962) Dow Chem. Co.
4.2-46 In Brandrup, J., Immergut, E. H. (Hrsg.): *Polymer Handbook*, 2. Aufl. 1975, Wiley-New York, Teil 2, S. 1.
4.2-47 J. P. Fischer, *Angew. Makromol. Chem.* **1973**, *33*, 35.
4.2-48 D. Kechajov, *Angew. Makromol. Chem.* **1979**, *81*, 1.
4.2-49 In Brandrup, J., Immergut, E. M. (Hrsg.): *Polymer Handbook*, 2. Aufl. 1975, Wiley-New York, Teil 2, S. 105.
4.2-50 A. W. Hanson, R. L. Zimmermann, *Ind. Eng. Chem.* **1957**, 49, 1803.
4.2-51 DE-AS 1112631 (1959) BASF AG.
4.2-52 FR-PS 1090265 (1952) American Cyanamid Co.
4.2-53 US-PS 4184027 (1974) Monsanto Co.
4.2-54 DE-AS 2220582 (1971) Mitsubishi Jukogyo KK.
4.2-55 L. Carin, Th. Meyer, A. Renken, *Polymer* **2000**, *8*, 201
4.2-56 L. Carin, A. Renken, Th. Meyer, *Polym. React. Eng. J.* **2000**, *8*, 225.
4.2-57 T. T. Szabo, E. B. Naumann, *AIChE J.* **1969**, *15*, 575.
4.2-58 G. E. Molau, *J. Polym. Sei. Part A* **1965**, *3*, 1267, 4235.
4.2-59 G. E. Molau, H. Keskkula, *J. Polym. Sei. Part A* **1966**, *14*, 1595.
4.2-60 B. W. Bender, *J. Appl. Polym. Sei.* **1965**, *9*, 2887.
4.2-61 B. F. Freeguard, *Brit. Polym. J.* **1974**, *6*, 2054.
4.2-62 B. F. Freeguard, M. Karmarkar, *J. Appl. Polym. Sei.* **1971**, *15*, 1657.
4.2-63 US-PS 3541173 (1969) Dow Chem. Co.
4.2-64 Empfehlungen des Bundesgesundheitsamtes, veröffentlicht im *Bundesgesundheitsblatt*. Siehe auch Frank, Kunststoffe, 26. Lieferung Okt. 1979, S. 15-22e.
4.2-65 L. F. Albright, Processes for Major Addition-Type Plastics and their Monomers. New York: McGraw-Hill **1974**, S. 336.
4.2-66 DE-PS 656469 (1938) Röhm & Haas.
4.2-67 *W. S. Fong, Stanford Research Inst. Report*, **1974**, *Nr. 39 A*, 148.

4.2-68 H. Ohlinger, Polystyrol. Berlin, Springer **1955**.
4.2-69 D. J. Stein, P. Wittmer, in: R. Vieweg, G. Daumiller, (Hrsg.): Kunststoff-Handbuch. Bd. 5, München, Carl Hanser, **1969**, S. 120.
4.2-70 US-PS 2496653 (1950) Union Carbide Corp.
4.2-71 US-PS 2727884 (1953) Dow Chem. Co.
4.2-72 W. S. Fong, *Stanford Research Inst. Report,* 1968, *Nr. 39,* 151.
4.2-73 DE-AS 1231898 (1958) Dow Chem. Co.
4.2-74 FR-PS 1410243 (1964) Soc. Nat. des Petroles d'Aquitaine.
4.2-75 DE-OS 2839563 (1978) Hoechst AG.
4.2-76 GB-PS 901997 (1957) Foster Grant Co.
4.2-77 J. L. McCurdy, *Modern Plastics International,* **1979**, *9,* 120.
4.2-78 UHDE GmbH. Firmenschrift (1979).
4.2-79 CA-PS 1068047 (1976) Allarco Developments.
4.2-80 US-PS 3903202 (1973) Monsanto Co.
4.2-81 J. P. A. Wallis, R. A. Ritter, H. Andre, *AIChE-J.* **1975**, *21,* 686.
4.2-82 US-PS 3040013 (1957) Koppers Co.
4.2-83 In [4.2–68], S. 13.
4.2-84 US-PS 3049413 (1958) American Cyanamid Co.
4.2-85 US-PS 2989517 (1954) Dow Chem. Co.
4.2-86 H. Gerrens, *Chem.-Ing.-Tech.* **1980**, *52,* 477.
4.2-87 G. A. Latinen, *Adv. Chem. Ser.* **1962**, *34,* 235.
4.2-88 M. Hess, K. Eise, *Soc. Plast. Eng. Tech. Pap.* **1977**, *23,* 460.
4.2-89 D. Gras, K. Eise, *Soc. Plast. Eng. Tech. Pap.* **1975**, *21,* 386.
4.2-90 US-PS 3981944 (1976) Toray Ind. Inc.
4.2-91 DE-AS 1231898 (1958) Dow Chem. Co.
4.2-92 US-PS 2941985 (1958) Dow Chem. Co.
4.2-93 US-PS 3201365 (1961) Dow Chem. Co.
4.2-94 DE-OS 2400661 (1973) Monsanto Co.
4.2-95 DE-AS 1645600 (1968) Union Carbide Corp.
4.2-96 W. Pauer, *Fortschritt-Ber. VDI, Reihe 3: Verfahrenstechnik* **1996**, *450,* 1–98.
4.2-97 S. Massebeuf, C. Fouteix, S. Hoppe, F. Pla, *J. Appl. Polymer Sci.* **2003**, *87,* 2383–2396.
4.2-98 T. M. Liu, W. E. Baker, V Schytt, T. Jones, M. C. Braun, *J. Appl. Polymer Sci.* 1996, *62,* 1807–1818.
4.2-99 DE-OS 2540517 (1975) Bayer AG.
4.2-100 US-PS 2739142 (1956) Dow Chem. Co.
4.2-101 US 3.747.899 (1971) Monsanto.
4.2-102 R. G. Muller, *Stanford Research Inst. Report,* **1966**, *Nr. 20,* 122.
4.2-103 R. G. Muller, I. Hiraki, *Stanford Research Inst. Report* **1972**, *Nr. 20 A,* 81.
4.2-104 GB-PS 1168760 (1969) Uniroyal Inc.
4.2-105 US-PS 2559155 (1951) Monsanto Co.
4.2-106 In [4.2–103], S. 61.
4.2-107 US-PS 3660535 (1969) Dow Chem. Co.
4.2-108 DE-AS 1770392 (1968) BASF AG.
4.2-109 GB-PS 1175262 (1967) Shell Int. Res. Maatsch.
4.2-110 US-PS 3679651 (1968) Mitsui Toatsu Chem. Inc.
4.2-111 B. W. Bender, *J. Appl. Polym. Sci.* **1965**, *9,* 2887.
4.2-112 US-PS 2862906 (1957) Monsanto Co.
4.2-113 In [4.2–67], S. 163.
4.2-114 DE-OS 2140905 (1972) Dow Chem. Co.
4.2-115 US-PS 3538190 (1970); US-PS 3538191 (1970) Copolymer Rubber Chem. Corp.
4.2-116 In [4.2–103], S. 171.
4.2-117 DE-AS 2533991 (1975) Bayer AG.
4.2-118 US-PS 3751526 (1970) Toray Ind. Inc.
4.2-119 US-PS 3903199, US-PS 3903200 (1974) Monsanto Co.
4.2-120 K. Dinges, H. Schuster, *Makromol. Chem.* **1967**, *101,* 200.
4.2-121 H. Gerrens, *Fortschr. Hochpolym. Forsch.* **1959**, *1,* 234.
4.2-122 GB-PS 1063436 (1967) Du Pont.
4.2-123 DE-OS 2606715 (1975) Monsanto Co.
4.2-124 H. G. Keppler, H. Wesslau, J. Stabenow, *Angew. Makromol. Chem.* **1968**, 2, 1.
4.2-125 L. Bohn, *Angew. Makromol. Chem.* **1971**, *20,* 129.
4.2-126 L. Morbitzer, K. H. Ott, H. Schuster, D. Kranz, *Angew. Makromol. Chem.* **1972**, *27,* 57.
4.2-127 US-PS 3509238 (1970) Monsanto Co.
4.2-128 L. Morbitzer, D. Kranz, G. Hunune, K. H. Ott, *J. Appl. Polym. Sci.* **1976**, *20,* 2691.

4.2-129 In [4.2–102], S. 149.
4.2-130 In [4.2–103], S. 93, 114.
4.2-131 E. Zahn, H. W. Otto, *Kunststoffe* **1967**, *57*, 921.
4.2-132 EP-OS 6697 (1978) Stauffer Chem. Co.
4.2-133 US-PS 4151128 (1968) Mobil Oil Corp.
4.2-134 S. H. Roth, *J. Appl. Polym. Sci.* **1974**, *18*, 3305, 3311.
4.2-135 In [4.2–102], S. 185.
4.2-136 H. G. Pohlemann, A. Echte, Polymer Science – Overview. In: G. A. Stahl (Hrsg.) *ACS Symp. Ser.* **1981**, *175*, 265.
4.2-137 In [4.2–24], S. 536.
4.2-138 In [4.2–24], S. 538.
4.2-139 In [4.2–21], S. 684.
4.2-140 I. de Grave, *Kunststoffe* **1980**, *70*, 625.
4.2-141 In [4.2–21], S. 687.
4.2-142 US-PS 3923706 (1975) Arco Polymers Inc.
4.2-143 FR-PS 1263524 (1959) BASF AG.
4.2-144 S. Belkhiria, T. Meyer, A. Renken, *Chem.-Ing. Tech.* **1994**, *66*, 513–516.
4.2-145 R. P. Kambour, *Macromol. Rev.* **1973**, *7*, 1.
4.2-146 C. B. Bucknall, Toughened Plastics. London: Allied Science Publ. **1977**.
4.2-147 R. L. Balluran, R. H. M. Simon, *J. Polyur. Sci. Part A 2*, **1964**, 3557.
4.2-148 W. M. Prest, R. S. Porter, *Polyur. J.* **1973**, *4*, 154.
4.2-149 W. Retting, *Angew. Makromol. Chem.* **1977**, *58/59*, 162.
4.2-150 R. L. Kruse, *Polyur. Prepr., Am. Chem. Soc., Div. Polyur. Chem.* **1977**, *18*, 838.
4.2-151 A. Echte, *Angew. Makromol. Chem.* **1977**, *58/59*, 175.
4.2-152 B. J. Schmitz, *Z. Angew. Chem.* **1979**, *91*, 286.
4.2-153 A. Echte, H. Gausepohl, H. Lütje, *Angew. Makromol. Chem.* **1980**, *90* 95.
4.2-154 In [4.2–5], S. 855, Tab. 16.

4.3-1 V. Regnault, *Liebigs Ann. Chem.* 14 (1835) 28, 34.
4.3-2 Verband Kunststofferzeugender Industrie, VKE, WiDat August (2003).
4.3-3 W. Wunderlich, *Kunststofftrends*, April (2004) 29.
4.3-4 D. P. Keane et. al., *Hydrocarb. Proces.* 52 (1973) 2, 99.
4.3-5 Case Histories of Accidents.
4.3-6 VC/PVC: Beispiel einer Problemlösung, Frankfurt: Verband Kunststofferzeugender Industrie (1975).
4.3-7 VC/PVC: Maßnahmen zum Gesundheitsschutz Frankfurt: Verband Kunststofferzeugender Industrie (1974).
4.3-8 H. E. David-Fierz, H. Zollinger, *Helv. Chim. Acta*, 28 (1945) 455.
4.3-9 C. S. Marvel, J. H. Sample, M. F. Roy, *J. Am. Chem. Soc.* 61 (1939) 3241.
4.3-10 P. J. Flory, *J. Am. Chem. Soc.* 61 (1939) 1518.
4.3-11 W. H. Starnes Jr., F. S. Shilling, K. B. V. Abbas, R. E. Cais, F. A. Bovey, *Macromolecules* 12 (1979) 556.
4.3-12 A. E. Rigo, G. Palma, G. Talamini, *Makromol. Chem.*, 153 (1972) 219.
4.3-13 A. Caraculacu, E. Buruniana, G. Robila, *J. Polym. Sci. Polym. Symp.*, Ed. 64 (1978) 189.
4.3-14 R. Stockland, *J. Am. Chem. Soc.* 125(3) (2003) 796.
4.3-15 W. Becker, D. Braun, Kunststoff-Handbuch 2. Polyvinylchlorid, 2. Aufl., Carl Hanser Verlag, München, Wien, (1986).
4.3-16 G. Pepperl, J. *Vinyl Addit. Technol.* 6 (2000) 88.
4.3-17 DE-PS 19723976 (1998) Vinnolit Kunststoff G.m.b.H.
4.3-18 DE-PS 2701680 (1976) Hooker.
4.3-19 P. A. Lovell, M. S. El-Aasser, Emulsion Polymerization and Emulsion Polymers, Wiley, New York, Weinheim, Queensland, Singapore, Ontario (1997).
4.3-20 M. S. El-Aasser, E. D. Sudol, Miniemulsion: Overview of Research and Applications, *JCT Research* 1 (2004) 1.
4.3-21 DD-PS 1032542 (1956) Chemische Werke Buna.
4.3-22 H. Westmijze, Initiator selection for PVC manufacture, World PVC Conference, Amsterdam, November 17–18 (1997).
4.3-23 Ullmann's Encyclopedia of Industrial Chemistry, Fifth Completely Revised Edition, Vol 21: Plastics, Properties and Testing of Polyvinyl Compounds, VCH Weinheim 1992.
4.3-24 Firmenschrift CIRS S.p.A, Fine Chemicals for PVC/S (1998).

4.3-25 R. H. Burgess, Manufacture and Processing of PVC, *Applied Science Publishers* (1982) 1.
4.3-26 CIRS S.p.A., US-PS 5.888.589.
4.3-27 M. R.Meeks, *Polym. Eng. Sci.* 9 (1969) 141.
4.3-28 J. D. Cotman, M. F. Gonzales, G. C. Claver, *J. Polym. Sci. Polym. Chem.* 5 (1967) 1137.
4.3-29 W. I. Benough, R. G. W. Norrish, *Proced. Royal Soc.* A220 (1950) 301.
4.3-30 M. W. Allsopp, *Pure Appl. Chem.* 53 (1981) 449.
4.3-31 L. M. Barclay, *Angew. Makromol. Chem.* 52 (1976) 1.
4.3-32 E. Hofmann, I. Kummerst, *Plaste Kautsch.* 23 (1976) 567.
4.3-33 De-PS 2441304 (1974) Chemische Werke Hüls AG.
4.3-34 De-PS 2521780 (1975) Hoechst AG.
4.3-35 Firmenschrift, 5.69H, Klöckner-Humboldt-Deutz AG.
4.3-36 FR-PS 1357736 (1963) Pechiney St.Gobain.
4.3-37 DE-PS 1910984 (1968) Pechiney St.Gobain.
4.3-38 J. Ugelstadt, F. K. Hansen, S. Lange, *Makromol. Chem.* 175 (1974) 507.
4.3-39 M. V. Soldatov, *Plast. Massy* (1972) 1.
4.3-40 T. Y. Xie, A. E.Hamielec, P. E. Wood, D. R. Woods, *Polymer* 32(3) (1991) 537.
4.3-41 D. G. Kelsall, G. C. Maitland, in: Polymer Reaction Engineering, C. K. Reichert, W. Geisch (Hrsg.), Carl Hanser Verlag, München (1983).
4.3-42 Inf. Chimie – Special Report (1975) 87.
4.3-43 US-PS 4229249 (1980) Niro Atomizer.
4.3-44 H. A. Sarvetnick, Plastisols and Organosols, New York, Van Nostrand Reinhold (1972).
4.3-45 D. E. M. Evans in R. H. Burges (Hrsg.), Manufacture and Processing of PVC, Applied Science Publishers, London (1982) 67–75.
4.3-46 US-PS 20684241931, I. G. Farben.
4.3-47 V. W. Smith, R. H. Harkin, *J. Chem. Phys.* 16 (1948) 592.
4.3-48 J. Ugelstad, P. C.Mork, *Br. Polym. J.* 2 (1970) 31.
4.3-49 J. Ugelstad, P. C. Mork, F. K. Hansen, K. H. Kaggerung, T. Ellingsen, *Pure. Appl. Chem.* 53 (1981) 323.
4.3-50 I. Chapek, *Advances Polym. Sci.* 120 (1995), 135.
4.3-51 J. Ugelstadt, H. Flogstad, F. K. Hansen, T. Ellingsen, J. *Polym. Sci. Polym. Symp.* 473 (1973) 42, 473.
4.3-52 A. R. Berens, *J. Appl. Poly. Sci.* 18, 2379 (1974).
4.3-53 A. Penlidis, J. F. Mac. Gregor, A. E. Hamielec, *Chem. Eng. Sci.* 44 (1989) 273.
4.3-54 K. Tauer, I. Müller, *Acta Polymer.* 44 (1993) 285; *Dechema Monogr.* 131, (1995) 95.
4.3-55 S. Omi, T. Ueda, H. Kubota, *J. Chem. Eng. Japan* 2 (1969) 193.
4.3-56 B. W. Brooks, *Br. Polym. J.* 5 (1973) 199.
4.3-57 De-PS 1082734 (1957) BASF AG.
4.3-58 E. Röhrl, *Kunststoffe* 70 (1980) 41.
4.3-59 Life Cycle Assessment of PVC and of principal competing materials, 2004, PE Europe GmbH, Resolution on the PVC green paper of the European Parliament.
4.3-60 N. Pourahmady; P. I. Bak, *Polym. Mat. Sci. Eng.* 63 (1990) 427.
4.3-61 K. S. Minsker, S. V. Kolesov, G. E. Zaikov, Degradation and stabilization of vinylchloride based polymers, Pergamon Press plc, Oxford, New York, Beijing, Frankfurt, Sao Paolo, Sydney, Tokyo, Toronto (1988).
4.3-62 Vinyl 2010 (Hrsg.), Vinyl 2010 – Die Freiwillige Selbstverpflichtung der PVC-Industrie zur nachhaltigen Entwicklung – Fortschrittsbericht 2003, www.vinyl2010.org, Brüssel, 2003.
4.3-63 W. Preusker, S. Lindner, *Kunststoff Trends*, September, 18 (2004).
4.3-64 H. Harnisch, R. Steiner, K. Winnacker, Winnacker-Küchler, Chemische Technologie, Band 6, Organische Technologie II, Carl Hanser Verlag, München, Wien (1982).
4.3-65 H. Batzer, Polymere Werkstoffe, Band III, Technologie 2, Georg Thieme Verlag, Stuttgart, New York (1984).
4.3-66 H. G. Elias, *Makromoleküle – Industrielle Polymere und Synthesen*, Bd. 3, 6. Aufl., Wiley-VCH, Weinheim, New York, Chichester, Brisbane, Singapore, Toronto (2001).

4.3-67 Sicherheitsdatenblatt (91/155/EWG) Vestinol AH, Degussa, 13. 02. 2002.
4.3-68 Khodayar Rais-Bahrami et al. »Follow-up Study of Adolescents Exposed to di-2-Ethylhexyl Phthalate (DEHP) as Neonates on Extracorporeal Membrane Oxygenation (ECMO) Support«, doi: 10.1289/ehp.6901 (available at http://dx.doi.org) Online 7 April 2004.

4.4-1 Jones, E., Fowlie, G. G.: J. Appl. Chem. 3 (1953), 206.
4.4-2 Deléphine, M., Badoche, M.: Compt. Rend. 214 (1942), 777.
4.4-3 Ambras, D.: Chem. Prum. 15 (1965), 370.
4.4-4 Zeininger, H., unveröffentlichte Versuche 1972.
4.4-5 Haddeland, G. E.: Stanford Research Inst. Report Nr. 69 (1971).
4.4-6 Dien, H., Hilt, A., in Ullmanns Encyklopädie der technischen Chemie. 4.Aufl. Bd. 11,S. 687. Weinheim: Verlag Chemie 1976.
4.4-7 EP PS 162252 (1989) Hoechst AG.
4.4-8 GB-PS 752163 (1954) Du Pont.
4.4-9 US-PS 2943701 (1957) Du Pont.
4.4-10 DE-PS 1052971 (1957) Du Pont.
4.4-11 DE-PS 1037705 (1953) Du Pont.
4.4-12 US-PS 2734889 (1954) Du Pont.
4.4-13 GB-PS 766629 (1955) Du Pont.
4.4-14 GB-PS 793673 (1956) Du Pont.
4.4-15 US-PS 3879350 (1973) Asahi Chem. Co.
4.4-16 DE-PS 1037127 (1953) Du Pont.
4.4-17 Vogl, O.: J. Macromol. Sci., Rev. Macromol. Chem. C-12 (1975) Nr. 1, 109.
4.4-18 US-PS 2964500 (1958) Du Pont.
4.4-19 DE-AS 1158708 (1961) Saint Gobain.
4.4-20 US-PS 4097453 (1975) Soc. Italiana Resine.
4.4-21 DE-AS 1145356 (1963) Bayer AG.
4.4-22 JP-AS 48–4108 (1970) Asahi Chem. Ind. Co.
4.4-23 Bartholome, E., Köhler, W., Schecker, H. G., Schulz, G.: Chem.-Ing.-Tech. 43 (1971), 597.
4.4-24 Weissermel, K., Fischer, E., Gutweiler, K., Hermann, H. D., Cherdron, H.: Angew. Chem. 79 (1967), 512.
4.4-25 Kern, W., Jaacks, V.: Kolloid-Z. & Z. Polym. 216/217 (1967), 286.
4.4-26 Penczek, St., Feijin, J., Sadowska, W., Tomaszewicz, M.: Makromol. Chem. 116 (1968), 203.
4.4-27 DE-PS 1161421 (1961) Hoechst AG.
4.4-28 GB-PS 1155932 (1967) Celanese.
4.4-29 BE-PS 722268 (1968) BASF AG.
4.4-30 DE-AS 1720300 (1967) BASF AG.
4.4-31 DE-OS 2263300 (1972) Hoechst AG.
4.4-32 EP PS 0699695 (1996) Hoechst AG.
4.4-33 BE-PS 628412 (1963) Hoechst AG.
4.4-34 BE-PS 722482 (1968) Degussa AG
4.4-35 DE-AS 2435402 (1974) Ube.
4.4-36 DE-AS 1963402 (1969) BASF AG.
4.4-37 DE-PS 1445294 (1961) Celanese.
4.4-38 DE-OS 2527590 (1975) Ube.
4.4-39 DE-AS 1495365 (1964) Celanese.
4.4-40 DE-AS 1242874 (1963) BASF AG.
4.4-41 DE-OS 2840679 (1978) BASF AG.
4.4-42 Kern, W., Cherdron, H.: Makromol. Chem. 40 (1960), 101.
4.4-43 DE-PS 1066739 (1957) Du Pont.
4.4-44 DE-PS 1082404 (1957) Du Pont.
4.4-45 US-PS 3313767 (1964) Celanese.
4.4-46 DE-AS 1669692 (1967) BASF AG.
4.4-47 DE-PS 2301351 (1973) Hoechst AG.
4.4-48 DE-AS 2540207 (1975) Degussa AG.
4.4-49 Wilski, H.: Makromol. Chem. 150 (1971), 209.
4.4-50 Schmidt, H., van Spankeren, U., in Vieweg, R., Reiher, M., Scheurlen, H. (Herausgeber): Kunstston-Handbuch. Bd.11, S. 1. München: Carl Hanser 1971.
4.4-51 Polyacetal-Formstoffe, VDI/VDE-Richtlinie 2477. Berlin: Beuth 1974.
4.4-52 Dröscher, M., Hertwig, K., Reimann, H., Wegner, G.: Makromol. Chem. 177 (1976), 1695.
4.4-53 Brandrup, J., Immergut E. H. (Hrsg.): Polymer Handbook, 2. Aufl. Teil 5, New York, London, Sydney, Toronto, Wiley 1975, S. 63.
4.4-54 Becker, G. W., Braun, D.: Kunststoff-Handbuch B3/1 Polycarbonate, Polyacetale, Polyester, Celluloseester, Carl Hanser Verlag München (1992) S. 300 ff.
4.4-55 Walters, E., Säbel, H. D.: Kunststoffe 62 (1972), 632.
4.4-56 Schütte, W.: Kunststoffe 66 (1976), 604.

4.5-1 H. Fitz, Fluoroplast 2004/MBS/Zürich (CH).
4.5-2 US-PS 2 393 967 (1942) Du Pont.

4.5-3 DE-AS 1720801 (1965) Hoechst AG.
4.5-4 US- PS 2559630 (1951) Du Pont.
4.5-5 DE-AS 2908001 (1980) Hoechst AG.
4.5-6 US-PS 3265679 (1966) Du Pont.
4.5-7 DE-AS 1745907 (1965) Hoechst AG.
4.5-8 H. Fitz, Ullmanns Enzyklopädie der techn. Chemie, 4. Aufl., Bd. 1980, S. 89–106.
4.5-9 US-PS 2810702 (1953) Du Pont.
4.5-10 US-PS 3492259 (1970) Du Pont.
4.5-11 R. E. Uschold, Polymer Data Handbook, Oxford Univ. Press, (1999) 940–944.
4.5-12 US-PS 3154519 (1964) Pennsalt Chemical.
4.5-13 US-PS 2946763 (1960) Du Pont.
4.5-14 GB-PS 781532 (1957) Du Pont.
4.5-15 US-PS 3132124 (1964) Du Pont.
4.5-16 A. F. Hollemann, N. Wiberg, Lehrbuch der Anorganischen Chemie, 91.–100. verb. Auflage (1985) 716–717.
4.5-17 Subhash V.Gangal, Encyclopedia of Polymer Science and Eng., Vol. 16 (1989).
4.5-18 US-PS 3132123 (1964) Du Pont.
4.5-19 US-PS 3536733 (1970) Du Pont.
4.5-20 R. L. Johnson, Encyclopedia of Polymer Science and Technology (1976) 260–266.
4.5-21 www.solvaysolexis.com
4.5-22 R. E. Putnam, Development of Thermoplastic Fluoropolymers, Elsevier Science Publishing Comp., Inc. (1986).
4.5-23 GB-PS 1353535 (1974) Hoechst AG.
4.5-24 US-PS 4975505 (1990) Du Pont.
4.5-25 Swee Chey Yeo, A. Eisenberg, *J. Appl.Polym. Sci.* 21 (1977) 875–898.

4.6-1 E. Trommsdorf, Dr. Otto Röhm, Chemiker und Unternehmer, Econ, Düsseldorf, **1976**.
4.6-2 H. v. Pechmann, O. Röhm, *Ber. Dtsch. Chem. Ges.* 1901, *34*, 427.
4.6-3 DE 724229, **1932**, Röhm & Haas.
4.6-4 H. Sawada, Thermodynamics of Polymerization, Marcel Dekker, New York, **1976**.
4.6-5 M. Stickler, G. Meyerhoff, *Makromol. Chem.* **1980**, *181(1)*, 131.
4.6-6 DE 639095, **1943**, Röhm & Haas.
4.6-7 US 3376371, **1968**, Swedlow Inc.
4.6-8 M. Munzer, E. Trommsdorf, Polymerization in Suspension, in C. E. Schildknecht (Hrsg.), Polymerization Processes, High Polymers, Bd. 29, Wiley, New York, **1977**.
4.6-9 DE 2724360, **1977**, Bayer.
4.6-10 DE 2438927, **1978**, Mitsubishi Rayon.
4.6-11 WO 200004054, **1998**, Mitsubishi Rayon.
4.6-12 K. Matyjaszewski, J. Xia *Chem. Rev.* 2001, *101*, 2921.
4.6-13 EP 686647 B1, **1995**, Elf Atochem.
4.6-14 R. T. A. Mayadunne, R. Rizzardo, J. Chiefari, Y. K. Chong, G.Moad, S. H. Thang, *Macromolecules* 1999, *32*, 6977.
4.6-15 D. Taton, A.-Z. Wilczewska, M. Destarac, *Macromol. Rapid Commun.* **2001**, *22*, 1497.
4.6-16 C. Hawker, *Trends in Polymer Science* 1996, *4*, 183.
4.6-17 M. Sawamoto, M. Kamigaito, *Trends in Polymer Science* 1996, *4*, 371.
4.6-18 G. Schreyer, *Angew. Makromol. Chem*, **1970**, *11*, 159.

4.7-1 A. Einhorn, *Liebig's Ann. Chem.* **300** (1898) 135.
4.7-2 Pat. Offen. DE A 971790 (1956), BE A 532543 (1959), Bayer AG; H. Schnell, *Polymer Reviews*, Bd. 9, Wiley Interscience, New York (1964).
4.7-3 W. F. Christopher, D. W. Fox, *Polycarbonates*, Reinhold, New York (1962).
4.7-4 H. Schnell, *The Chemistry and Physics of Polycarbonates*; Wiley Interscience, New York (1964); U. Grigo, K. Kircher, P. R. Müller, »Polycarbonates« in *Engineering Thermoplastics – Polycarbonates, Polyacetals, Polyesters, Cellulose Esters*, S. 112, (Hrsg.) L. Bottenbruch; Hanser, München, (1996); *Handbook of Polycarbonate Science and Technology*, (Hrsg.) D. G. LeGrand, J. T. Bendler; Marcel Dekker Inc., New York (2000).
4.7-5 M. Goyal, R. Nagahata, J. Sugiyama, M. Asai, M. Ueda, K. Takeuchi, *Polymer* **41** (2000) 2289; W. B. Kim, J. S. Lee, *Chemistry Lett.* (2001) 1044; H. Ishii, *Kobunshi Ronbunshu* **59** (2002) 137.

4.7-6 U. Grigo, K. Kircher, P. R. Müller, »Polycarbonates« in *Engineering Thermo-plastics – Polycarbonates, Polyacetals, Polyesters, Cellulose Esters,* S. 148, (Hrsg.) L. Bottenbruch; Carl Hanser, München (1996); T. Eckel, H. Eichenauer, H. J. Laue, F. Müller, K. H. Ott, D. Wittmann, »Polycarbonat-ABS-Blendsysteme« in Kunststoff-Handbuch, Bd. 3/2: Technische Thermoplaste, S. 149; Carl Hanser, München (1993).

4.8-1 Zahn, E.: *Kunststoffe* 66(1976), 591.
4.8-2 Hargreaves, G. H. Owen, L. N.: *J. Chem. Soc.* (1947), 753–756.
4.8-3 Hopf, H., Müller, A., Wenger, F.: Die Polyamide. Springer, Berlin, Göttingen, Heidelberg, (1954), S. 68 ff.
4.8-4 Dyntham, R. A., Weedon, B. C. L.: *Tetrahedron* 8 (1960), S. 246.
4.8-5 Vasishta, A. K., Trivadi, R. K., Das, G.: *J. Amer. Oil. Chem. Soc.* 67(1990), S. 333.
4.8-6 Wang, M.-S., Huang, J.-C.: *J. Polym. Eng.* 13(1994), S. 155.
4.8-7 Genas, M.: *Angew. Chemie* 74 (1962), S. 535–540.
4.8-8 Screenivaran, B., Kamath, N. R., Kane, J. G.: *J. Amer. Oil chem. Soc.* 33 (1950), 2, S. 61.
4.8-9 Arnold, R. T., Smolinsky, G.: *J. Amer. Chem. Soc.* 81 (1959), 6443; *J. Org. Chem.* 25 (1960), 129.
4.8-10 Fieser, L. F., Fieser, M.: *Adv. Org. Chemistry.* Reinhold, New York, (1961), S. 268.
4.8-11 FR-PS 952985 (16.05.49) P. F. Gregory, M. Genas, O. Kostelitz.
4.8-12 FR-PS 984551 (28.02.51) M. Genas, O. F. Gregory.
4.8-13 FR-PS 1120247 (16.05.56) G. Wetroff, G. Ivachev, J. Khaladji.
4.8-14 Wilke, G.: *Angew. Chem.* 67 (1957), 397; *Angew. Chem.* 75 (1963), 10.
4.8-15 *Chem. Ind.* 27 (1975), 12, S. 735–736.
4.8-16 Weissermel, K., Arpe, H. J.: Industrielle Organische Chemie. VCH, Weinheim (1990), S. 280.
4.8-17 Zakharkin, L. I., Korneva, V. V., Kamzolkin, V. V., Sokova,K. M., Andreyeva, T. P., Bashkirov, A. N.: *Petrol. Chem. USSR.* 2 (1963), S. 83.
4.8-18 Broich, F., Grasemann, H.: *Erdöl, Kohle, Erdgas, Petrochem.* 18 (1965), S. 360; Grasemann, H.: *Erdöl, Kohle, Erdgas, Petrochem.* 22 (1969), S. 751.
4.8-19 Weissermel, K., Arpe, H. J.: Industrielle Organische Chemie. VCH, Weinheim (1990), S. 275.
4.8-20 DE-AS 2420765 (30.10.75) F. List, O. Rauhut, P. Hegenberg, R. Ströbele.
4.8-21 DE-OS 1919228 (22.10.70) und DE-OS 2001182 (22.07.71) H. Röhl, W. Eversmann, P. Hegenberg, E. Hellemans.
4.8-22 Weissermel, K., Arpe, H. J.: Industrielle Organische Chemie. VCH, Weinheim (1990), S. 106.
4.8-23 Strauß, G.: *Chemical Engineering* (28. 07. 1969), S. 106.
4.8-24 Berther, C., Schultze, H.-J.: *Chimie et. Industrie* 103 (1970) 10, S. 1235–1239.
4.8-25 *Plastverarbeiter* 41 (1990) 3, S. 30.
4.8-26 GB-PS 1316740 (26.10.71); 16.05.73.
4.8-27 DE-PS 2905680 (30.08.79; 04.06.87) J. C. Michel, P. Potin.
4.8-28 Biermann, U., Friedt, W., Lang, S., Lühs, W., Machmüller, G., Metzger, J. O., Rüsch, M., Schäfer, H. J., Schneider, M. P.: *Angew. Chem.* 112 (2000), S. 2292–2310.
4.8-29 Aélion, R.: *Chimie* 2 (1948), 5.
4.8-30 Champetier, J., Vergoz, R.: *Receuil Trav. Chim. Pays-Bas* 69 (1950), S. 85.
4.8-31 Bonetskaga, A., Skuratov, S. M.: *Vysokomolekul. Soedin* A11 (1969), S. 532; zitiert in Sawada, H.: Thermodynamics of Polymerisation, M. Dekker, New York (1970), S. 169.
4.8-32 Notarbartolo, N.: *Ind. Plast. mod.* 10 (1958), 2, S. 44.
4.8-33 Schaefgen, J. R., Flory, P. J.: *J. Amer. Chem. Soc.* 70 (1948), S. 2709.
4.8-34 DE-OS 1942452 (23.04.70) A. P. Fowell.
4.8-35 Haas, H.: *Kunststoffe* 45 (1995), S. 435.
4.8-36 DE-OS 2232304 (18. 01. 1973) D. H. Beaton.
4.8-37 US-PS 3031433 (24.04.62) G. C. Monroe jr.
4.8-38 DE-OS 2044105 (16.03.72) H. Scholten, G. Marcy.
4.8-39 DE-OS 1745003 (23.03.72) J. A. Carter.
4.8-40 US-PS2361717 (31.10.44) G. B. Taylor.

4.8-41 EP-AS 129195 (27.12.84) F. Schmidt, G. Pipper, J. G. Floss, F. Zahradnik.
4.8-42 EP-AS 596702 (11.05.94) T. Toki, M. Harada, Y. Inaba.
4.8-43 DE-OS 4317189 (22.05.93) S. Mumcu, F.-E. Baumann.
4.8-44 DE-OS 3912770 (25.10.90) G. Pipper, M. Eckhard.
4.8-45 EP-PS 210511 (04.02.87, 20.03.91) W. Nielinger, H. Brinkmeyer, R. Binsack, L. Bottenbruch, H.-J. Füllmann, EP-AS 39524 (11.11.81) R. J. Gaymans, EP-AS 38094 (21.10.81) R. J. Gaymans, E. H. J. P. Bour; EP-AS 160337 (06.11.85) R. J. Gaymans, A. J. P. Bongers.
4.8-46 Becker, G. W., Braun, D., Bottenbruch, L., Binsack, R. (Hrsg.): Kunststoff-Handbuch Bd. 3/4 Polyamide, München, Carl Hanser (1998), Kap. 2.10 und Kap. 4.4.4.
4.8-47 Illing, G.: *Kunststoffe* 79 (1989) 10, S. 967–972.
4.8-48 DE-OS 2152194 (26.04.73) R. Feinauer, K. A. Müller.
4.8-49 Müller, K. A., Wichardt, G.: *Der Lichtbogen* 155 (1970), S. 6.
4.8-50 EP-AS 530892 (10.03.93) A. Kawakami, T. Shimada, T. Tsumiyama, H. Yamaguchi, Ube Chemical. Ind.
4.8-51 EP-AS 668309 (23.08.95) K.-R. Meyer, H. Ohm, Hüls AG.
4.8-52 Becker, G. W., Braun, D., Bottenbruch, L., Binsack, R. (Hrsg.): Kunststoff-Handbuch Bd. 3/4 Polyamide, München, Carl Hanser (1998), Kap. 4.6, 4.8, 5,5 und 5,7.
4.8-53 Becker, G. W., Braun, D., Bottenbruch, L., Binsack, R. (Hrsg.): Kunststoff-Handbuch Bd. 3/4 Polyamide, München, Carl Hanser (1998), Kap. 3.1 und 3.5.
4.8-54 Saechtling, H., Zebrowski, W. (Hrsg.): Kunststoff-Taschenbuch. 18. Aufl. München, Carl Hanser (1971) S. 270–278.
4.8-55 Fromageot, D., Roger; A., Lemaire, J.: *Angew. Makromol. Chem.* 170 (1989), 71–85.
4.8-56 Bechtold, K., Hess, E., Ligner, G.: *Europ. Coatings J.* (1993), 6–13.
4.8-57 Mulholland, B. M.: EP 430650 (1991); US 441959 (1989).
4.8-58 DE-OS 1919021 (29.10.70) Kriesten, W., Scholten, H.; EP-PS 818491 (14.01.98) Liedloff, H.-J.; WO 99/41297 (19.08.99) Ilg. O., Breiner, U., Julius, M.
4.8-59 DE-OS 4301808 (28.07.94) Mumcu, S., Daebel, H.; DE-OS 4301809 (28.07.94) Mumcu, S., Krämer, W., Kriesten., W. Panoch, H.-J.
4.8-60 Epstein, B. N., Pagilagun, R. U.: EP 73036 (1982), US-PS 295018 (1981).
4.8-61 Wehrenberg, R. : *Plastics World* (Jan 1985) S. 46–49.
4.8-62 Mair, H. J., Roth, S.: »Elektrisch leitende Kunststoffe«, C. Hanser, 2. Aufl. (1989), München, Wien.
4.8-63 DE-OS 2716004 (26.10.78), Jadamus., H., Mumcu, S., Burzin, K., Feldmann, R., Feinauer, R.
4.8-64 Menges, G., v. Harnier, A., Heise, P.: *Proc. Annu. Conf., Reinf. Compos. Inst., Soc. Plast. Ind.*, 11A (1973), 28.
4.8-65 Trewin, E. M., Turner, E. F., Cluley, A. P.: 3rd Intern. Conference on Composite Materials, Paris, August 1980. S. 1796–1813.
4.8-66 Becker, G. W., Braun, D., Bottenbruch, L., Binsack, R. (Hrsg.): Kunststoff-Handbuch Bd. 3/4 Polyamide, München, Carl Hanser (1998), Kap. 4.14 und 4.15.
4.8-67 Becker, G. W., Braun, D., Bottenbruch, L., Binsack, R. (Hrsg.): Kunststoff-Handbuch Bd. 3/4 Polyamide, München, Carl Hanser (1998), Kap. 7.
4.8-68 Becker, G. W., Braun, D., Bottenbruch, L., Binsack, R. (Hrsg.): Kunststoff-Handbuch Bd. 3/4 Polyamide, München, Carl Hanser (1998), Kap. 4.10.5.
4.8-69 EP-AS 911142 (28.04.99) Scholten, H., Christoph, W.
4.8-70 DE-PS 4006870 (04.07.91) Kerschbaumer, F.
4.8-71 Gaymanns et al: *J. Polym. Sci. A Chem.* 27, (1989), S. 423.
4.8-72 EP-AS 299444 (18.01.89).

4.9-1 H. Mark, G. S. Whitby (Hrsg.), »Collected Papers of Wallace Hume Carothers on High Polymeric Substances«, Interscience Publishers, Inc., New York (1940).

4.9-2 J. R. Whinfield, *Nature London* **158**, 930 (1946).
4.9-3 D. Johnson, *Kunststoffe*, **91**, 10 (2001).
4.9-4 M. Rule in »Polymer Handbook«, 4th Ed., (Hrsg.) J. Brandrup, E. H. Immergut, E. A. Grulke, Wiley-Interscience, New York (1999).
4.9-5 K. H. Illers, *Colloid Polym. Sci.* **258**, 117 (1980).

4.10-1 A. S. Hay, *Fortschr. Hochpolym. Forsch.* 4 (1967) 496; *Polym. Eng. Sci.* 16 (1976) 1.
4.10-2 D. Aycock, W. Abolius, D. M. White, Poly(Phenylene ether), Encyclopedia of Polymer Science and Engineering, 2nd ed., Vol. 13, John Wiley & Sons, New York (1988) 1.
4.10-3 H. Lee, D. Stoffey, K. Neville, New Linear Polymers. New York, McGraw-Hill (1967).
4.10-4 F. M. Konrad, in N. M. Bikales, H. F. Mark, N. G. Gaylord (Hrsg.), Encyclopedia of Polymer Science and Technology, Bd. 10, New York-London-Sydney: Wiley (1969) 73.
4.10-5 A. H. Frazer, in H. F. Mark, E. H. Immergut (Hrsg.), Polymer Reviews, Bd. 17, New York: Interscience (1968) 114.
4.10-6 G. E. Feth in J. M. Margolis, (Hrsg.), Engineering Thermoplastics, Marcel Dekker, Inc., New York (1985).
4.10-7 Ullmann's Encyclopedia of Industrial Chemistry, Chemie 4. Aufl., Bd. A21, VCH, Weinheim (1992) 605–614.
4.10-8 W. Wunderlich, *CHEManager* 10 (2004) 7.
4.10-9 SRI Chemical Economics Handbook, Menlo Park, Calif. 1420 (2001) 580.
4.10-10 SRI Chemical Industries, Newsletters/ Issue 2 (2001) 9.

4.11-1 Genvresse, P., *Bull. Soc. Chim. France*, 17 (1987) 599.
4.11-2 Cleary J. W., *Adv. Polym. Synth.*, 31 (1985) 159.
4.11-3 Macallum A. D., *J. org. Synth.*, 13 (1948) 154.
4.11-4 Macallum A. D., US Pat. 2513188 (1950).
4.11-5 Macallum A. D., US Pat. 2538941 (1951).
4.11-6 Lenz R. W., Handlovits C. E., Smith H. A., *J. Polym. Sci.*, 58 (1962) 351.
4.11-7 Lenz R. W., Handlovits C. E., Carrington W. K., US Pat. 3274165 (1966).
4.11-8 Port A. B., Still R. H., *J. Appl. Polym. Sci.*, 24 (1979) 1145.
4.11-9 Edmonds J. T., Hill H. W., US Pat. 3354129 (1967).
4.11-10 Fahey D. R., Ash C. E., *Macromolecules*, 24 (1991) 4242.
4.11-11 Koch W., Heitz W., *Makromol. Chem.*, 184 (1983) 779.
4.11-12 Haubs M., Wagener R., http://www.e-Polymers.org (2002).
4.11-13 Dauben M., Platkowski K., Reichert K.-H., *Angew. Makromol. Chem.*, 234 (1996) 177.
4.11-14 Hawinks R. T., *Macromolecules*, 3 (1976) 189.
4.11-15 Edmonds J. T., Hill W. H., US Pat 3354126 (1967) Phillips Petroleum Corp.
4.11-16 Iizuka Y., Iwasaki T., et al. EP 166368 (1984) Kureha Chemical Industries.
4.11-17 Bayer Patent.
4.11-18 Idemitsu Patent.
4.11-19 Tabor et. al., *Europ. Polym. J.*, 7 (1971) 1127.
4.11-20 Huo P., Cebe P., *Colloid. Polym. Sci.*, 270 (1992) 840.
4.11-21 Lage L. G., Kawano Y., *Polimeros Ciencia e Tecnologia*: Jul/Set (1999) 82.
4.11-22 Brady D. G., Hill H. W., *Modern Plastics* 51 (1974) 60.
4.11-23 BeckH. N., J. *Appl. Polym. Sci.*, 45 (1992) 1361.
4.11-24 Radden P., *Kunststoffe* 10 (1999).
4.12-1 DE-OS 1938806 (1968) Inventa AG.
4.12-2 Gabler, R., Studinka, J.: Chimia 28 (1974), 567.

4.12-3 Elias, H. G.: Neue polymere Werkstoffe. S. 106. München: Carl Hanser 1975.
4.12-4 GB-PS 1060546 (1963) Minnesota Mining Manufg. Co.
4.12-5 GB-PS 1016245 (1962) ICI.
4.12-6 Johnson, R. N., Farnham, A. G., Clendinning, R. A., Hale, W. F., Merriam, C. N.: J. Polym. Sci. Part A-1 5 (1967), 2375.
4.12-7 GB-PS 1078234 (1963) Union Carbide Corp.
4.12-8 Rose, J. B.: Chimia 28 (1974), 561.

4.12-9 Rose, J. B.: Polymer 15 (1974), 456.

4.12-10 Hale, W. F., Farnham, A. G., Johnson, R. N., Clendinning, R. A.: J. Polym. Sci. Part A-1 5 (1967), 2399.

4.12-11 ICI (England und USA): Firmenschriften P-1 Rev 11/1/74, PES 10 (33/972), PES 101 und PES 102.

4.13-1 R. Dönges, *Das Papier* 1997, 12, 653–660.

4.13-2 H. Buchner, in: *Chemische Textilfasern, Filme und Folien,* R. Pummerer, (Hrsg.), F. Enke Verlag, Stuttgart **1953**, 1190–1212.

4.13-3 U. Wachamann, M. Diamantoglou, *Das Papier* **1997**, 12, 660–664.

4.13-4 H.-P. Fink, P. Weigel, A. Bohn, *J. Macromol. Sci.-Phy.* **1999**, B38, 603–613; A. Bohn Dissertation, TU Berlin **2001**

4.13-5 P. Rustemeyer, *1904–2004, 100 Jahre Cellulosediacetat,* Rhodia Acetow GmbH, Freiburg i. Br. **2004**.

4.13-6 A. Amash, P. Zugenmaier, *Polymer* **2000**, 41, 1589–1596 und *Polym. Bull.* **1998**, 40, 251–259.

4.13-7 K. Balser, T. Eicher, M. Wandel, H.-J. Astheimer, Cellulose Esters, in »*Ullmann's Encyclopedia of Industrial Chemistry*«, Vol. A5, VCH, Weinheim **1986**, 419–459; & L. Hoppe, H. Steinmeier, Vol. 6, Wiley-VCH, Weinheim **2003**, 647–693.

4.13-8 F. Müller, Ch. Leuschke, Organische Cellulloseester – Thermoplastische Formmassen, in »*Kunststoff – Handbuch, Vol. 3/1: Technische Thermoplaste*«, G. W. Becker, D. Braun, (Hrsg.), Hanser München **1992**, 396–457.

4.13-9 P. Rustemeyer (Hrsg.), *Macromlecular Symposia,* Cellulose Acetates: Properties and Applications, Wiley-VCH, Weinheim **2004**.

4.13-10 K. J. Edgar, Ch. M. Buchanan, J. S. Debenham, P. A. Rundquist, B. D. Seiler, M. C. Shelton, D. Tindall, *Prog. Polym. Sci.* **2001**, 26, 1605–1688.

4.13-11 C. J. Malm, J. Mench, D. L. Kendall, G. D. Hiatt, *Ind. Eng. Chem.* **1951**, 43, 688–691.

4.14-1 Saunders, J. H., Frisch, K. C. (Hrsg.): High Polymers. Bd. 16, Teil 1. New York-London-Sydney: Interscience 1962.

4.14-2 Oertel, G.: Kunststoff-Handbuch, 3. Aufl., Bd 7, München, Carl Hanser Verlag 1993.

4.14-3 Buist, J. M., Gudgeon, H. (Hrsg.): Advances in Polyurethane Technology, London: Maclaren 1968.

4.14-4 Dieterich, D., Uhlig, K.: in Ullmanns Enzyklopädie der technischen Chemie, 5. Aufl., Bd. 21, S. 665–716, Weinheim, Verlag Chemie 1992.

4.14-5 Dieterich, D.: in Houben-Weyl, Methoden der Organischen Chemie, Bd. E 20, S. 1561–1757, Georg Thieme Verlag 1987.

4.15-1 DRP 233 803 (1909), AP 942 699 (1907), L. H. Baekeland.

4.15-2 L. H. Baekeland, *J. of Ind. and Eng. Chem.* **1909**, *1,* 142.

4.15-3 OE-PS 109 532 (1925) F. Pollak.

4.15-4 SRI Consulting, World Petrochemicals, Phenol-Formaldehyde Resins, January 2004.

4.15-5 SRI Consulting, World Petrochemicals, Urea-Formaldehyde Resins, January 2004.

4.15-6 SRI Consulting, World Petrochemicals, Melamine-Formaldehyde Resins, January 2004.

4.15-7 R. Vieweg, E. Becker, *Kunststoff-Handbuch,* Bd. 10, Carl Hanser Verlag, München 1968.

4.15-8 U. Braun, *Plastverarbeiter* **1991**, *42* (10), 100–101, 104–105.

4.15-9 S. H. Goodman: *Handbook of Thermosets,* 2nd Ed. Noyes Publications, Park Ridge, N. J., 1998.

4.15-10 W. Schönthaler, *Verarbeiten härtbarer Kunststoffe,* Taschenbuch T 40, VDI-Verlag, Düsseldorf 1973.

4.15-11 W. Michaeli, D. Hunold, T. Kloubert, *Plastverarbeiter* **1992**, *43* (12), 42–6.

4.15-12 T. Götze, P. Dörreis, *Kunstharz-Nachrichten* **1983**, *20,* 16–20.

4.15-13 W. Stark, W. Mielke, *Kunstst.-J.* **1995**, *29* (1), 35–37.

4.15-14 W. Bauer, W. Woebcken, »Verarbeitung duroplastischer Formmassen« *Kunststoffverarbeitung,* Vol. 3, Hanser, München 1973.

4.15-15 A. G. Gibson, Handbook of Polymer-Fibre Composites **1994**, 168–171. Editor F. R. Jones, Publisher: Longman Scientific & Technical, Harlow, UK.

4.15-16 A. Rothenspieler, R. Heß, *Kunststoffe* **1972**, *62*, 215.

4.15-17 *Chem. Anlagen + Verfahren* **1980**, *13*, Nr. 4, 122.

4.15-18 A. Smith, Handbook of Polymer-Fibre Composites **1994**, 109–115. Editor: F. R. Jones, Publisher: Longman Scientific & Technical, Harlow, UK.

4.15-19 A. Gardziella, L. A. Pilato, A. Knop, *Phenolic Resins*, Springer, Berlin, Heidelberg 1999.

4.15-20 M. Koschmieder, J. Töpker, T. Wassenberg, *Macromol. Mater. Eng.* **2000**, *284/285*, 52–63.

4.15-21 US-PS 2872425 (1955) American Cyanamid Co.

4.15-22 DE-OS 2109754 (1971) BASF AG.

4.15-23 M. Kraemer, *Kunststoffe* **1995**, *85*(10), 1635–1636.

4.15-24 H. Herma, K. Dietrich, B. Schilling, C. Schulze, W. Teige, *Plaste und Kautschuk* **1984**, *1*, 9–12.

4.15-25 H. Herma, K. Dietrich, B. Schilling, C. Schulze, B. Aleithe, W. Teige, *Plaste und Kautschuk* **1983**, *3*, 132–135.

4.15-26 H. Herma, K. Dietrich, C. Schulze, W. Teige, *Plaste und Kautschuk* **1986**, *9*, 324–328.

4.15-27 D. Braun, H.-J. Ritzert, *Angew. Makromol. Chem.* **1984**, *125*, 27–36.

4.15-28 D. Braun, R. Unvericht, *Angew. Makromol. Chem.* **1995**, *226*, 183–195.

4.15-29 P. Günther, *Kunststoffe* **1988**, *78*(4), 328–329.

4.15-30 H. Degenhardt, *Kunststoffe* 1995, *85*(5), 635–636.

4.15-31 DIN 7708

4.15-32 Ullmann's Encyclopedia of Industrial Chemistry Electronic Edition, 2004, Wiley-VCH, Weinheim.

4.15-33 *DuBois and Pribble's Plastic Mold Engineering Hand Book*, edt. by E. V. Buckleitner, Chapman & Hall, London 1995.

4.15-34 *Mold-Making Handbook*, edt. by G. Menning, Carl Hanser Verlag, Berlin 1998.

4.15-35 W. F. Gum, W. Riese, H. Ulrich, *Reaction Polymers*, Carl Hanser Verlag, Berlin 1992.

4.15-36 Gesundheitsschädliche Arbeitsstoffe, toxikologisch-arbeitsmedizinische Begründung von MAK-Werten, VCH Verlagsges., Weinheim 1972–1998.

4.15-37 Maximale Arbeitsplatzkonzentrationen u. Biologische Arbeitsstofftoleranzwerte 1997, VCH Verlagsges., Weinheim 1997.

4.15-38 K.-L. Ring, S. Schlag, G. Toki, CEH Marketing Research Report by the Chemical Economics Handbook–SRI International, 2002.

4.16-1 W. Abboud, A. Revillon, A. Guyot; *New Polymeric Mater.*, Vol. 1, No. 3, 155–164, (1989).

4.16-2 P. H. Pfromm et. al.; *Journal of Polymer Science Part B: Polymer Physics*, Vol. 36, 797–803 (1998).

4.16-3 H. Cherdron, M.-J. Breckner, F. Osan; *Die Angewandte Makromolekulare Chemie* 223 (1994), 121–133.

4.16-4 Studie: Cyclic olefin copolymers, *Chem Systems* 1995, 5–18.

4.16-5 B. L. Goodall et al. »Routes to high glass transition temperature cyclic olefin based thermoplastics«, MetCon 94.

4.17-1 Sugimoto, H.; Ohbe, Y.; Hayatsu, K., EP 0367278 B1 (1990).

4.17-2 Sugimoto, H.; Ohbe, Y.; Hayatsu, K.; Iwahta, A., EP 0357079 B1 (1990).

4.17-3 Calundann, G. W., »*Industrial Development of Thermotropic Polyester*« in »*High Performance Polymers: Their Origin and Development*«, Hrsg.: Seymour, R. B.; Kirshenbaum, G. S. (1986).

4.17-4 Layton, R.; Cleary, J. W., EP 0347228 A2 (1989).

4.17-5 Kato, Y.; Sugimoto, H.; Hanabata, M., JP P134778–79 (1979).

4.17-6 Waggoner, M. G., EP 0778867 B1 (1996).

4.17-7 Huspeni, P. J.; Stern, B. A.; Frayer, P. D., WO 90/04002 (1990).

4.17-8 Cottis, S. G.; Economy, J.; Nowak, B. E., DE 20 25971 C2 (1970).

4.17-9 Zur weitergehenden Diskussion dieses Schritts sei auf Lehrbücher der Organischen Chemie und der Polymerchemie verwiesen, z. B.:
a) Sykes, P., «*Reaktionsmechanismen der organischen Chemie, Eine Einführung*», 9. Aufl., VCH-Verlags-

gesellschaft, Weinheim (1988), b) Cowie, J. M. G., »*Chemie und Physik der synthetischen Polymere*«, Verlag Vieweg, Braunschweig (1997).

4.17-10 Stern, B. A.; Matzner, M.; Layton, R., EP 0 390 915 B1 (1990).

4.17-11 Alms, G. R.; Samuels, M. R.; Waggoner, M. G., EP 0 0639 204 B1 (1993).

4.17-12 Shiwaku, T.; Fukute, Y., JP 2000248056 A, (2000).

Abschnitt 5

5.1-1 N. N.: Wochenbericht des DIW Berlin 46/03, 2003.

5.1-2 Simon, C. J.: Wirtschaftsdaten und Grafiken zu Kunststoffen, VKE, 2004.

5.1-3 N. N.: DIN 8580, Beuth, Ausgabe 2003.

5.1-4 Michaeli, W.: Einführung in die Kunststoffverarbeitung, 4. Ausgabe, Hanser, München, 1999.

5.1-5 Schwarz, O.: Kunststoffverarbeitung, Vogel, Würzburg, 1991.

5.1-6 Lauer, O., Engels, K., Schmieta, H., Kühne, G.: Aufbereiten von Kunststoffen, Hanser, München, 1985.

5.1-7 White, J. L., Coran, A. Y., Moet, A.: Polymer Mixing, Hanser, München, 2001.

5.1-8 Pahl, M. H.: Mischen beim Herstellen und Verarbeiten von Kunststoffen, 1986.

5.1-9 Verein Deutscher Ingenieure, Hrsg.: Der Doppelschneckenextruder, VDI-Verlag, Düsseldorf, 1998.

5.1-10 N. N.: Vorbereitung des Materials: Trocknung, Firmenschrift, Bayer, 2000.

5.1-11 Hardt, B., Konejung, K.: Trocknung von Makrolon® (PC) für die CD-Herstellung, Plastverarbeiter 1994/6.

5.1-12 Oberbach, K., Schmachtenberg, E., Baur, E., Brinkmann, S.: Saechtling: Kunststofftaschenbuch, 29. Ausgabe, Hanser, München, 2004.

5.1-13 Johannaber, F.: Kunststoff-Maschinenführer, 4. Ausgabe, Hanser, München, 2003.

5.1-14 Verein Deutscher Ingenieure, Hrsg.: Der Einschneckenextruder, VDI-Verlag, Düsseldorf, 2001.

5.1-15 Potente, H.: Fügen von Kunststoffen, Hanser, München, 2004.

5.1-16 Mennig, G.: Werkzeuge für die Kunststoff-Verarbeitung, Hanser, München, 1995.

5.1-17 Müller, A.: Einfärben von Kunststoffen, Hanser, München, 2002.

5.1-18 Johannaber, F., Michaeli, W.: Handbuch Spritzgießen, 2. Auflage, Hanser, München, 2004.

5.1-19 Okamoto, K. T.: Microcellular Processing, Hanser, München, 2003.

5.1-20 Das MuCell®-Verfahren ändert die Kostenstruktur von Spritzgussteilen, Firmenschrift, Trexel, Gummersbach, 2002.

5.1-21 Hensen, F., Knappe, W., Potente, H.: Handbuch der Kunststoff-Extrusionstechnik, Hanser, München, 1989.

5.1-22 Rosato, D. V.: Blow Molding Handbook, 2. Auflage, Hanser, München, 2003.

5.1-23 Throne, J. L., Beine, J.: Thermoformen, Hanser, München, 1999.

5.1-24 N. N.: Produktivitätssteigerung durch Prozessoptimierung, Bayer, Leverkusen, 2001.

5.1-25 DE-P 101 27426: Spritzgussmaschine und Betriebsverfahren für eine Spritzgussmaschine, 2001.

5.1-26 Müller, A.: Farbpräparationen zum Selbsteinfärben, Kunststoffe 7/1992.

5.1-27 Erlenkämper, E.: Einflussgrößen auf die Gestaltung von Dünnwandanwendungen aus Kunststoff, SKZ Seminar Innovative Spritzgießtechnik für Dünnwandanwendungen, Würzburg, 2001.

5.1-28 In-Mold-Decoration in Kombination mit Dünnwandtechnik – Am Beispiel Siemens Gigaset 4000 Micro, Firmenschrift, Bayer, Leverkusen, 2001.

5.1-29 Kohl, W.: Folienhinterspritzen heute und in der Zukunft – Kompetenzbausteine und Anwendungen, Fachtagung Fortschrittliche Technologien beim Spritzgießen, KIMW, Lüdenscheid, 2002.

5.1-30 Protte, R., Konejung, K.: Wasser erhöht die Produktivität, Kunststoffe 93, 2003, 52–56.

5.1-31 Abel, M.: Einfluss der Prozessparameter und der Anschnittgestaltung auf die Auswaschung der Farbe beim

Hinterspritzen rückseitig bedruckter Folien, unveröffentlichte Diplomarbeit, Bayer AG, Leverkusen.

5.1-32 Haubach, P.: Bericht aus der Praxis, SKZ Seminar Physikalisches Schäumen von Thermoplasten, Würzburg, 2002.

5.1-33 N. N.: Verfahrenstechnische Alternativen und Verfahrensauswahl, Bayer, Leverkusen, 2001.

5.1-33 Steinbichler, G.: Entwicklungspotenzial der Verbundspritzgießtechnik, Denkanstöße zur Umsetzung, VDI-Bildungswerk Seminar Sonderverfahren der Kunststofftechnik, Düsseldorf, 1999.

5.1-34 Bürkle, E.: Verfahren und Trends beim Spritzgießen, Kunststoffe 90, 2000, 40–45.

5.1-35 Bürkle, E. Sieverding, M.: Verfahrenstechnik als strategisches Instrument zur Erschließung neuer Märkte, Kunststoffe, 94, 2004, 40–45.

5.1-36 N. N.: Schneckenkonzepte beim Spritzgießen, BASF, Ludwigshafen, 1999.

5.1-37 N. N.: Verarbeitungsdaten und -hinweise, Firmenschrift, Bayer, 2000.

5.1-38 Bichler, M.: Kunststoffteile fehlerfrei spritzgießen, Hüthig, Heidelberg, 1999.

5.1-39 Brunnecker, F., Eitner, U., Fröhlich, T.: Kunststoffschweißen mit Laserstrahlen, Hanser, München, 2005.

5.1-40 Schwarzmann, P., Illig, A.: Thermoformen in der Praxis, Hanser, München, 1997.

5.1-41 Gierth, M.: Methoden und Hilfsmittel zur prozessnahen Qualitätssicherung beim Spritzgießen von Thermoplasten, Augustinus Buchhandlung, Aachen, 1992.

5.1-42 Zipp, T.: Fließverhalten beim 2-Komponenten-Spritzgießen, Augustinus Buchhandlung, Aachen, 1998.

5.1-43 Gastrow, H.: Der Spritzgießwerkzeugbau in 100 Beispielen, 4. Auflage, Hanser, München, 1990.

5.1-44 Throne, J. L.: Thermoplastic Foam Extrusion, Hanser, München, 2004.

5.1-45 Rauwendaal, C., Gramann, P., Davis, B.: Polymer Extrusion, Hanser, München, 2001.

5.1-46 Thielen, M.: Extrusion Blow Molding, Hanser, München, 2002.

5.1-47 Michaeli, W., Dombrowski, U., Hüsgen, U.: Extrusionswerkzeuge für Kunststoffe und Kautschuk, Hanser, München, 1991.

5.1-48 Wortberg, J., Mahlke, M., Effen, N.: Barriereschnecken steigern Homogenität der Schmelze, Kunststoffe 84, 1994.

5.1-49 Spritzblasen von Hohlkörpern aus Makrolon®, Bayer, 1997.

5.1-50 N. N.: Flachfolienanlagen, Reifenhäuser, Troisdorf, 2001.

5.1-51 Wolf, D.: Analyse von Kühlluftsystemen zur Kühlleistungssteigerung und Verbesserung der Folienqualität bei der Herstellung von Blasfolien, Shaker, Herzogenrath, 1996.

5.1-52 Krohmer, C.: Extrusion dünnwandiger Hohlkammerprofile, Shaker, Herzogenrath, 2002.

5.1-53 N. N. Produktivitätssteigerung durch Prozessoptimierung, Bayer, 2001.

5.1-54 N. N.: Selbstformende Schrauben für thermoplastische Kunststoffe, Bayer, 1997.

5.1-55 Maszewski, A.: Schnappverbindungen und Federelemente aus Kunststoff, Bayer, 2000.

5.1-56 Korte, Jörn Laserschweißen von Thermoplasten, Dissertation, Paderborn, 1997.

5.1-57 Johannaber, F., Konejung, K., Plaetschke, R.: Zufall oder Vorsehung? Ausbildung der Wanddicke bei der Gas-Injektions-Technik, Kunststoffe 85, 1995.

5.1-58 Gust, P., Holbach, M.: Produktivität und Qualität weiter verbessern – Neuentwicklungen beim Blasformen, Kunststoffe 90 (10), 2000.

5.1-59 Groß, H.; Michaeli, W.; Pöhler, F.; Ullrich, J.: Membran statt Staubalken. Kunststoffe 84 (10), 1994.

5.1-60 VDI-Gesellschaft Verfahrenstechnik und Chemieingenieurwesen (Hrsg.): VDI-Wärmeatlas, 7. Auflage, Springer, 2002.

5.1-61 EP-A 691 201: Hinterspritzte Laminate mit Farbschicht, 1995.

5.2-1 Becker, G. W., Braun, D., Oertel, G. (Hrsg.): Kunststoff-Handbuch, Band 7: Polyurethane. Carl Hanser Verlag, München 1993.

5.2-2 Uhlig, K.: Polyurethan-Taschenbuch. München; Wien: Carl Hanser Verlag, 1998.

5.2-3 Maier, U., Wirtz, H.-G., Fietz, J., Frahm, A., Rüb, Th.: Polyurethan-Schäumanlagen. In: Kunststoff-Maschinenführer, Friedrich Johannaber (Hrsg.), 4. Ausgabe, Carl Hanser Verlag, München 2003.

5.2-4 Bierdel, M.: Numerische und experimentelle Untersuchungen zum Gegenstrom-Injektions-Mischer. Logos Verlag, Berlin 2001.

5.2-5 Söchtig, W.: LFI-PUR® Maschinen- und Anlagentechnik. In: Polyurethane Engineering 2000. VDI-Verlag, Düsseldorf 2000.

5.2-6 Willmeroth, G., Laeis, Ch.: Großserienfertigungen erfordern neue Produktionstechniken und kürzere Zykluszeiten. In: Polyurethane Engineering 2000. VDI-Verlag, Düsseldorf 2000.

5.2-7 Taverna, M., Bonansea, A.: InterWet – Polyurethane Co-Injection Technology. Society of the Plastics Industry, Polyurethanes EXPO '98, Dallas, Texas, USA, 1998.

5.2-8 Ehbing, H., Dörner, K.-H., Walter, H.-F.: Expertensystem: Schlüssel zur Null-Fehler-Produktion. In: Kunststoffe im Automobilbau, VDI-Verlag, Düsseldorf 2002.

5.2-9 DE 102 37005A1, Offenlegungsschrift, Bayer AG, Leverkusen 2004.

Stichwortverzeichnis

Kunststoffe
Herausgegeben von Wilhelm Keim

ISBN: 3-527-31582-9

d

e

p

q

r